国家卫生和计划生育委员会"十二五"规划教材
全国高等医药教材建设研究会"十二五"规划教材
全国高等学校制药工程、药物制剂专业规划教材
供制药工程、药物制剂专业用

药物制剂工程

主　编　柯　学

副主编　朱艳华　魏振平

编　者（以姓氏笔画为序）

王　伟（中国药科大学）

王立红（沈阳药科大学）

朱艳华（黑龙江中医药大学）

张　旭（辽宁中医药大学）

张兴德（南京中医药大学）

陈凌云（云南中医学院）

赵玉佳（牡丹江医学院）

柯　学（中国药科大学）

黄桂华（山东大学药学院）

魏振平（天津大学化工学院）

人民卫生出版社
PEOPLE'S MEDICAL PUBLISHING HOUSE

图书在版编目（CIP）数据

药物制剂工程 / 柯学主编 . —北京：人民卫生出版社，2014

ISBN 978-7-117-18972-9

Ⅰ. ①药… Ⅱ. ①柯… Ⅲ. ①药物 - 制剂 - 高等学校 - 教材 Ⅳ. ①TQ460.6

中国版本图书馆 CIP 数据核字（2014）第 112966 号

人卫智网	www.ipmph.com	医学教育、学术、考试、健康，购书智慧智能综合服务平台
人卫官网	www.pmph.com	人卫官方资讯发布平台

药物制剂工程

主　　编：柯　学
出版发行：人民卫生出版社（中继线 010-59780011）
地　　址：北京市朝阳区潘家园南里 19 号
邮　　编：100021
E - mail：pmph @ pmph.com
购书热线：010-59787592　010-59787584　010-65264830
印　　刷：北京机工印刷厂有限公司
经　　销：新华书店
开　　本：787×1092　1/16　　印张：26
字　　数：649 千字
版　　次：2014 年 7 月第 1 版　2022 年 12 月第 1 版第 6 次印刷
标准书号：ISBN 978-7-117-18972-9
定　　价：45.00 元

打击盗版举报电话：010-59787491　E-mail：WQ @ pmph.com
质量问题联系电话：010-59787234　E-mail：zhiliang @ pmph.com

出 版 说 明

《国家中长期教育改革和发展规划纲要(2010-2020年)》和《国家中长期人才发展规划纲要(2010-2020年)》中强调要培养造就一大批创新能力强、适应经济社会发展需要的高质量各类型工程技术人才,为国家走新型工业化发展道路、建设创新型国家和人才强国战略服务。制药工程、药物制剂专业正是以培养高级工程化和复合型人才为目标,分别于1998年、1987年列入《普通高等学校本科专业目录》,但一直以来都没有专门针对这两个专业本科层次的全国规划性教材。为顺应我国高等教育教学改革与发展的趋势,紧紧围绕专业教学和人才培养目标的要求,做好教材建设工作,更好地满足教学的需要,我社于2011年即开始对这两个专业本科层次的办学情况进行了全面系统的调研工作。在广泛调研和充分论证的基础上,全国高等医药教材建设研究会、人民卫生出版社于2013年1月正式启动了全国高等学校制药工程、药物制剂专业国家卫生和计划生育委员会"十二五"规划教材的组织编写与出版工作。

本套教材主要涵盖了制药工程、药物制剂专业所需的基础课程和专业课程,特别是与药学专业教学要求差别较大的核心课程,共计17种(详见附录)。

作为全国首套制药工程、药物制剂专业本科层次的全国规划性教材,具有如下特点:

一、立足培养目标,体现鲜明专业特色

本套教材定位于普通高等学校制药工程专业、药物制剂专业,既确保学生掌握基本理论、基本知识和基本技能,满足本科教学的基本要求,同时又突出专业特色,区别于本科药学专业教材,紧紧围绕专业培养目标,以制药技术和工程应用为背景,通过理论与实践相结合,创建具有鲜明专业特色的本科教材,满足高级科学技术人才和高级工程技术人才培养的需求。

二、对接课程体系,构建合理教材体系

本套教材秉承"精化基础理论、优化专业知识、强化实践能力、深化素质教育、突出专业特色"的原则,构建合理的教材体系。对于制药工程专业,注重体现具有药物特色的工程技术性要求,将药物和工程两方面有机结合、相互渗透、交叉融合;对于药物制剂专业,则强调不单纯以学科型为主,兼顾能力的培养和社会的需要。

三、顺应岗位需求,精心设计教材内容

本套教材的主体框架的制定以技术应用为主线,以"应用"为主旨甄选教材内容,注重学生实践技能的培养,不过分追求知识的"新"与"深"。同时,对于适用于不同专业的同一课程的教材,既突出专业共性,又根据具体专业的教学目标确定内容深浅度和侧重点;对于适用于同一专业的相关教材,既避免重要知识点的遗漏,又去掉了不必要的交叉重复。

四、注重案例引入,理论密切联系实践

本套教材特别强调对于实际案例的运用,通过从药品科研、生产、流通、应用等各环节引入的实际案例,活化基础理论,使教材编写更贴近现实,将理论知识与岗位实践有机结合。既有用实际案例引出相关知识点的介绍,把解决实际问题的过程凝练至理性的维度,使学生对于理论知识的掌握从感性到理性;也有在介绍理论知识后用典型案例进行实证,使学生对于理论内容的理解不再停留在凭空想象,而源于实践。

五、优化编写团队,确保内容贴近岗位

为避免当前教材编写存在学术化倾向严重、实践环节相对薄弱、与岗位需求存在一定程度脱节的弊端,本套教材的编写团队不但有来自全国各高等学校具有丰富教学和科研经验的一线优秀教师作为编写的骨干力量,同时还吸纳了一批来自医药行业企业的具有丰富实践经验的专家参与教材的编写和审定,保障了一线工作岗位上先进技术、技能和实际案例作为教材的内容,确保教材内容贴近岗位实际。

本套教材的编写,得到了全国高等学校制药工程、药物制剂专业教材评审委员会的专家和全国各有关院校和企事业单位的骨干教师和一线专家的支持和参与,在此对有关单位和个人表示衷心的感谢!更期待通过各校的教学使用获得更多的宝贵意见,以便及时更正和修订完善。

全国高等医药教材建设研究会

人民卫生出版社

2014 年 2 月

序号	教材名称	主编		适用专业
1	药物化学 *	孙铁民		制药工程、药物制剂
2	药剂学	杨 丽		制药工程
3	药物分析	孙立新		制药工程、药物制剂
4	制药工程导论	宋 航		制药工程
5	化工制图	韩 静		制药工程、药物制剂
5-1	化工制图习题集	韩 静		制药工程、药物制剂
6	化工原理	王志祥		制药工程、药物制剂
7	制药工艺学	赵临襄	赵广荣	制药工程、药物制剂
8	制药设备与车间设计	王 沛		制药工程、药物制剂
9	制药分离工程	郭立玮		制药工程、药物制剂
10	药品生产质量管理	谢 明	杨 悦	制药工程、药物制剂
11	药物合成反应	郭 春		制药工程
12	药物制剂工程	柯 学		制药工程、药物制剂
13	药物剂型与递药系统	方 亮	龙晓英	药物制剂
14	制药辅料与药品包装	程 怡	傅超美	制药工程、药物制剂、药学
15	工业药剂学	周建平	唐 星	药物制剂、制药工程、药学
16	中药炮制工程学 *	蔡宝昌	张振凌	制药工程、药物制剂
17	中药提取工艺学	李小芳		制药工程、药物制剂

注:* 教材有配套光盘。

5

前　言

随着中国加入 WTO，医药行业迅速发展，国家各项药品管理制度日渐完善，制药工业对制剂工程和设备的要求日趋提高，药物制剂工程的重要性也日益凸显。在新形势下，迫切需要既懂得工程技术又有药学专业知识的复合型人才，为此，1998 年教育部在药学教育和化工工程学科中增设了制药工程类专业，要求学生需具备药物制剂工程及设备相关知识。2011 年教育部又推出"卓越工程师教育培养计划"，其核心宗旨也是促进工程教育改革和创新，全面提升我国工程教育人才培养质量。本书主要介绍药品生产企业如何组织制剂生产、监控制剂生产过程、保证制剂生产和产品质量的一致性、重现性，可作为各高等院校制药工程、药物制剂专业本科生教材，为学生将来从事药物制剂的生产和管理打下一定的基础，也可供生产、研究技术人员阅读和参考。

本书将药剂学、制剂工程学及相关学科的理论和方法与制药生产实践过程相融合，结合当前制剂生产实际和发展趋势以及制药工程和药物制剂两个专业的特点，介绍了制剂工程设计、制剂单元操作、制剂生产工程、制剂包装工程、制剂工艺生产设备等内容，遵循最新的药品管理法律法规，基本涵盖了制剂生产企业的主要生产过程的基本知识。

本书第一章绪论由柯学编写，第二章制剂企业生产管理由赵玉佳编写，第三章制剂工程设计由朱艳华编写，第四章验证与认证由王立红编写，第五章包装与标签由王伟编写，第六章固体制剂由魏振平编写，第七章注射剂由黄桂华编写，第八章其他常用制剂由张兴德和张旭编写，第九章中药制剂由陈凌云编写。感谢他们在日常繁重教学工作之余参加了本书的编写，并及时圆满地完成了任务；感谢中国药科大学的研究生唐玥、陈艺、罗睿、韩苗苗、鞠明珠、钱康、包晓燕和杨淼参与本书文献资料的收集、整理、核对等具体工作。

由于编者的研究领域及认识水平所限，本书难免存在缺漏和差错，敬请广大读者批评指正。

编　者
2014 年 4 月于南京

目　录

第一章 绪 论

第一节 药物制剂工程的起源和发展

药物(drug)是指可以暂时或永久改变或查明机体的生理功能及病理状态,具有医疗、诊断、预防疾病和保健作用的物质,但通常不能直接用于患者,必须制成适宜的"剂型"以后才能使用。将药物制成适合临床需要并符合一定质量标准的药剂为制剂(preparation)。药物制剂工程学(engineering of drug preparation, DPE)是一门以药剂学、工程学及相关科学理论和技术来综合研究制剂生产实践的应用科学。其综合研究的内容包括产品开发、工程设计、单元操作、生产过程和质量控制等,主要是如何规模化、规范化生产制剂产品。药物制剂工程学是药剂学在生产实践中的应用,与药剂学有共通之处,但在一些目标的设置上略有区别。制剂工程学以企业的需求为中心,在满足《药品管理法》、《药品生产质量管理规范》及其他法规的前提下,对药品生产过程中所涉及的人员、场地、设备、物料、工序等所有环节,进行全面的统筹安排,深入挖掘生产潜力,充分提高效率,在保证产品质量的同时使企业效益最大化。

国内外的药物制剂都是以天然动植物为原料,从手工操作开始的。关于药物制剂最早的描述源自古埃及与古巴比伦王国遗留下来的《伊伯氏纸草本》(约公元前 1552 年)。被欧洲各国誉为药剂学鼻祖的格林(Galen,公元 131—201 年,罗马籍希腊人),在其著作中记述了散剂、丸剂、浸膏剂、溶液剂、酒剂、酊剂,人们称之为"格林制剂"。到了 19 世纪,药物和药物制备技术随着欧洲科学和工业技术的蓬勃发展而发展,1843 年 William Brockedon 首次发明压片机,开创了机械压片的先河;1847 年 Murdock 发明硬胶囊剂;1886 年 Limousin 发明安瓿,使注射剂得到迅速发展。进入 20 世纪,药剂生产向机械化和自动化发展的趋势愈发明显。

中国古代医药不分家,医生行医开方、配方并加工制剂,大多制剂是即配即用。唐代开始了"前店后坊"式加工,即店面为门市,店后有制药室、贮药库、炊寝房,相当于后世的拆药铺兼营饮片、成药。到了宋代,官方设立专门经营药品的机构"太平惠民局",亦名熟药所,负责制造和出售成药,推动了中成药的发展。当时的生产力水平低下,加工器械主要有称量器、盛器、切削刀、粉碎机、搅拌棒、筛滤器、炒烤锅和模具。加工技术有炒、烤、煎煮、粉碎、搅拌、发酵、蒸馏、生物转化、手搓、模制和泛制。制剂剂型相当丰富,从原药、原汁到丸、散、膏、丹、酒露、汤饮等达 130 余种。明代以后,随着商品经济的发展,作坊制售成药进一步繁荣。1699 年北京同仁堂开业,以制售安宫牛黄丸、苏合香丸、虎骨酒驰名海内外。1790 年广州敬修堂开业,所生产的回春丹很有名。但到 1949 年前夕,中药制药仍散在于各私营药店的后坊中,生产方式十分落后:粉碎药末用石碾、铁槽;大丸、小丸靠手搓、匾滚;提取浓缩用大锅煎熬;成品干燥靠日晒火烤。新中国成立后,从 20 世纪 50 年代初开始,将"后坊"集中、联合组建中药厂,各厂逐步增设一定数量的单机生产设备,较多工序由机械生产取代了手工制作。由于我国的国民经济长期在计划经济体制下运行,制剂生产企业重品种、重产量、轻工程、轻效率,导致劳动生产率低、资源浪费严重。全国的制剂厂星罗棋布,出现数十家甚至数百家厂生产同一制剂产品,导致市场纷乱,设备闲置,原料浪费,无法形成规模化生产。造成这种情况的原因除与当时的经济和技术落后有关外,还直接与缺乏制药工程概念有关。中国制剂企业还没有根本摆脱"一小二多三低",即规模小,企业数量多、产品重复多,科技含量低、管理水平低、生产能力利用率低的局面。

化学药物方面,自 19 世纪中期以后,西药开始进入国内,1882 年首个由国人创办的西药店"泰安大药房"在广州挂牌。1907 年德国商人在上海创办了第一家西药厂"上海科发药厂"。新中国成立后,1951 年上海第三制药厂建立,年产青霉素几十千克,但仍远远不能满足人民医疗的需要。1953—1957 年第一个五年期间,"一五"计划纲要规定,制药工业以发展原料药为重点。华北制药厂是中国"一五"计划期间的重点建设项目,由前苏联援建的156 项重点工程中的抗生素厂、淀粉厂和前民主德国引进的药用玻璃厂组成。华北制药厂的建成投产结束了我国青霉素、链霉素完全依靠进口的历史。

1978 年改革开放以来,随着国门的打开,为了引进发达国家的先进技术,并吸收发达国家的先进管理经验,一批拥有世界先进生产技术和管理水平的外资制药企业开始与我国合资建厂,天津大冢、无锡华瑞、上海施贵宝、西安杨森、苏州胶囊成为第一批医药合资企业。我国制剂新技术、新辅料、新装备和新剂型,从引进、仿制到开发创新,有力地推动了制剂工程的发展。制剂生产从手工发展到机械化,并逐步实现自动化,制剂产品质量从感观到仪器分析,从成分量化到生物量化,生产规模不断扩大,并创下单品种片剂超亿片、针剂超亿支的纪录。

为了与国际主流接轨,我国加强了药品方面的立法工作,自 1985 年 7 月 1 日起实施的《中华人民共和国药品管理法》是专门规范药品研制、生产、经营、使用和监督管理的法律,对于保证药品的质量,保障人民用药安全、有效,打击制售假药、劣药,发挥了重要作用。1988年,原卫生部正式颁布实施《药品生产质量管理规范》,有效地规范了药品的生产环节,扼制了产品低水平重复。

2001 年 12 月 11 日我国正式加入世界贸易组织,成为其第 143 个成员,中国的制药企业面临着前所未有的严峻挑战:没有通过 GMP 认证的企业,不能生产新药,产品也不能进入国际市场;没有现代技术和装备的企业难于在竞争日益激烈的国际市场上立足;没有规模化生产的企业不可能扩大国际市场份额。中国企业希望通过重组、合并、收购来壮大规模,以集团军形式争夺国际市场。但企业底子薄,尤其是在掌握新技术、使用新设备、开发新产品和应用规范化管理方面显得十分困难。这使得企业对高级工程技术人才的需求急剧增加,而真正掌握制剂工程的科技人才却非常缺乏。国家对工程学倍加重视,在医药行业组建了若干个国家工程技术中心,其中包括药物制剂国家工程研究中心。1995 年 8 月,原国家计划委员会批准立项筹建药物制剂国家工程研究中心,以解决中国新型药物制剂研究成果转化的瓶颈——工程化和产业化问题。

在人才培养方面,1998 年,教育部在大量缩减专业设置的情况下,在药学教育和化学与化学工程学科中增设了制药工程专业,特别列出制剂工程学为必修主课。这为培养制药工程人才、缓解企业人才紧缺矛盾,为制药企业的发展注入了活力。2010 年,教育部决定实施"卓越工程师教育培养计划",该计划的主要目标是培养造就一大批创新能力强、适应经济社会发展需要的高质量各类型工程技术人才,为建设创新型国家、实现工业化和现代化奠定坚实的人力资源优势,增强我国的核心竞争力和综合国力,其中就有针对药物制剂工程方面的卓越工程师教育培养计划。这些人才培养计划为我国药物制剂工程的发展夯实了基础。

第二节 GMP 简 介

一、GMP 的概念

所谓 GMP,即药品生产质量管理规范(good manufacturing practice,GMP),是指从负责指导药品生产质量控制的人员和生产操作者的素质到生产厂房、设施、建筑、设备、仓储、生产过程、质量管理、工艺卫生、包装材料与标签,直至成品的贮存与销售的一整套保证药品质量的管理体系。

GMP 的总体内容包括机构与人员、厂房和设施、设备、卫生管理、文件管理、物料控制、生产控制、质量控制、发运和召回管理等方面内容,涉及药品生产的方方面面,强调通过对生产全过程的管理来保证生产出优质药品。

药品生产企业应当建立药品质量管理体系,该体系应当涵盖影响药品质量的所有因素,包括确保药品质量符合预定用途的有组织、有计划的全部活动。而 GMP 作为质量管理体系的一部分,是药品生产管理和质量控制的基本要求,旨在最大限度地降低药品生产过程中污染、交叉污染以及混淆、差错等风险,确保持续稳定地生产出符合预定用途和注册要求的药品。

从专业化管理的角度,GMP 可以分为质量控制系统和质量保证系统两大方面。一是对原材料、中间品、产品的系统质量控制,被称为质量控制系统。另一方面是对影响药品质量的、生产过程中易产生的人为差错和污染等问题进行系统的严格管理,以保证药品质量,被称为质量保证系统。

从硬件和软件系统的角度,GMP 可分为硬件系统和软件系统。硬件系统主要包括对人员、厂房、设施、设备等的目标要求,可以概括为以资本为主的投入产出。软件系统主要包括组织机构、组织工作、生产技术、卫生、制度、文件、教育等方面内容,可以概括为以智力为主的投入产出。

二、GMP 的产生与发展

20 世纪 50 年代后期,原联邦德国格仑南苏化学公司生产了一种镇静药沙利度胺(thalidomide,又称反应停),可减轻妇女怀孕早期出现的恶心、呕吐等反应。1957 年首次在德国开始销售,随后又陆续在英国、瑞士、瑞典、澳大利亚、日本等 28 个国家上市。而实际上,该药有严重的致畸作用,可导致新生儿出现"海豹肢"畸形。畸形婴儿由于臂和腿的长骨发育短小,看上去手和脚像直接连接在躯体上,尤如鱼鳍,形似海豹肢体,因此被称为"海豹胎",同时并有心脏和胃肠道的畸形,这种畸形婴儿死亡率达 50% 以上。在"反应停"出售后的 6 年间,由此导致的畸形婴儿数量保守估计有 15 000 例,其中 8000 例发生在德国和其他欧洲国家,另外,日本迟至 1963 年才停止使用反应停,也导致了 1001 例畸形婴儿的出生。

造成这场"20 世纪最大的药物灾难"发生的原因,是由于"反应停"未经过严格的临床前试验;另外,生产该药的公司虽已收到"反应停"毒性反应的 100 多例报告,但都被他们隐瞒下来。在美国,受到 1937 年"磺胺酏剂"药害事件的深远影响,FDA 要求出口"反应停"

药物的梅瑞公司提供有关药理试验的资料。负责审评"反应停"的凯尔西医生(Dr. Frances Oldham Kelsey)坚持了科学的原则,没有批准"反应停"大批量进口,美国因此得以避免此灾难。但此次药物灾难的严重后果在美国引起了不安,激起公众对药品监督管理和药品法律法规的普遍关注,并最终导致美国国会对《联邦食品、药品和化妆品法》(federal food drug and cosmetic act, FDCA)进行了重大修改,明显加强了药品法的作用。1962 年 10 月 10 日美国国会通过《科夫沃 - 哈里斯修正案》(Kefauver-Harris amendments),该修正案主要有以下几方面的内容:

(1) 要求制药企业对出厂的药品提供 2 种证明材料:不仅要证明药品是"安全的",还要证明药品是"有效的"。

(2) 要求实行新药研究申请制度(investnational new drug, IND)和新药上市申请(new drug application, NDA)制度。

(3) 要求实行药品不良反应(adverse drug reaction, ADR)报告与监测制度和药品广告申请制度。

(4) 要求制药企业实施药品生产质量管理规范(good manufacturing practice, GMP)。

《药品生产质量管理规范》(GMP)最初由美国坦普尔大学 6 名教授起草,1963 年由美国 FDA 首次发布。其后各国及一些工业组织也纷纷出台了相关的 GMP。从 GMP 适用范围来看,现行 GMP 可分为三类:

(1) 具有国际性质的 GMP:如 WHO 的 GMP,北欧七国自由贸易联盟制定的 PIC-GMP(PIC 为 pharmaceutical inspection convention 即药品生产检查互相承认公约),东南亚国家联盟的 GMP 等。

(2) 国家权力机构颁布的 GMP:如中华人民共和国卫生部及国家食品药品监督管理局、美国 FDA、英国卫生和社会保险部、日本厚生省等政府机关制订的 GMP。

(3) 工业组织制订的 GMP:如美国制药工业联合会制订的 GMP,标准不低于美国政府制定的 GMP。

三、国外 GMP 的发展

1. 美国 GMP 1972 年,美国规定:凡是向美国输出药品的药品生产企业以及在美国境内生产药品的外商都要向 FDA 注册,要求药品生产企业能够全面符合美国的 GMP。

1976 年,美国 FDA 对 GMP 进行了修订,并作为美国法律予以推行实施。

1979 年,美国 GMP 修订本增加了包括验证在内的一些新的概念与要求。具体有以下几个方面。

(1) 首次正式提出了生产工艺验证的要求。

(2) 药品质量在整个有效期范围内均应予以保证。因此所有产品均应有由足够稳定性数据支持的有效期。

(3) 不论企业是如何组织的,任何药品生产企业均应有一个足够权威的质量管理部门,该部门要负责所有规程和批记录的审批。

(4) 强调书面文件和规程。执行 GMP 就意味着药品生产和质量管理活动中所发生的每一种显著操作都必须按书面规程执行,并且要有文字记录。

(5) 改正缺错事故调查和生产数据的定期审查。规范要求对不能满足预期质量标准的批或者不能达到预期要求的批,必须调查其原因并采取相应的纠正措施。对所有生产工艺数据至少每年审查一次,以发现可能需要调整的趋势。

美国的 GMP 又称为 cGMP(current good manufacturing practice,cGMP),是为了确保药品和医疗器械生产过程中的安全性与有效性,其法律依据为《联邦食品、药品和化妆品法》(FDCA)。FDCA 中规定,所有药品必须按照 cGMP 的要求生产,否则一律被视为假药(adulterated drug)。

cGMP 的原则性条款都包含在联邦法典 21CFR(code of federal regulations,CFR,第 21 部分)中的 210 和 211 部分中。

21CFR 210 部分规定了药品生产、加工、包装或贮存中使用的现行生产质量管理规范,并定义了法规中涉及的术语。具体结构如下:

210.1　cGMP 法规的地位

210.2　cGMP 法规的适用性

210.3　定义

21CFR 211 部分为成品制剂的 cGMP,具体结构如下:

211-A　总则

211-B　组织与人员

211-C　厂房和设施

211-D　设备

211-E　成分、药品容器和密封件的控制

211-F　生产和加工控制

211-G　包装和标签控制

211-H　贮存和销售

211-I　实验室控制

211-J　记录和报告

211-K　退回的药品和回收处理

此外,FDA 还以行业指南的形式起草和修订不同类型医药产品的 GMP 规范以及具体 GMP 操作的行业规范,这些不断增补和修订的文件统称为 cGMP 指导文件。每份 cGMP 指导文件都是独立的,例如:21CFR 600 为生物制品(biological products);21CFR 606 为血液及血液成分(current good manufacturing practice for blood and blood components)

另有一些医药产品类型的 cGMP 是以行业指南的方式发布的,例如:

行业指南:通过灭菌工艺生产的无菌制剂的 cGMP

行业指南:造影剂生产的 cGMP

行业指南:医用气体的 cGMP

行业指南:复合类型产品(combination products)的 cGMP

更多的 cGMP 指导文件则是针对特定 GMP 操作的指导规范,例如:

行业指南:混粉及终剂型加工剂型分层取样与评估

行业指南:计算机系统验证

行业指南:工艺验证通用原则

行业指南:清洁验证

行业指南:色谱方法验证

行业指南:对制剂和原料药批准上市前工艺验证方案的要求

行业指南:工艺过程分析技术

还有很多行业指南是与新药研发和药品注册相关的指导文件,这些文件中也包含了如何进行实验方法验证、工艺验证等与 GMP 相关的内容,这些文件都是 GMP 检查中需要依从的标准。除此之外,还有一些指导文件属于供 GMP 检查员参考的检查指南,例如:

制剂生产商现场检查指南

原料药现场检查指南

药品质量控制实验室检查指南

药品质量控制微生物实验室检查指南

2. WHO 的 GMP 1967 年,应第 20 届世界卫生大会(world health assembly ,WHA)决议 WHA 20.34 的要求,世界卫生组织(world health organization,WHO)的首版 GMP 草案由一专家小组起草,然后以"药品生产质量管理规范草案"为题提交第二十一届世界卫生大会审议并获得通过。

1968 年,WHO 药品标准专家委员会(expert committee on specifications for pharmaceutical preparations)对该草案的修正案进行了讨论,并将其作为该委员会第二十二次报告的附件发布;修改后的 WHO GMP 于 1971 年作为第 2 版国际药典(the international pharmacopoeia)的附录再次颁布。

1969 年,世界卫生大会在大会决议 WHA 22.50 中推荐第一版"WHO 国际贸易药品质量认证体制"(WHO certification scheme on the quality of pharmaceutical products moving in international commerce,下称"认证体制")时,GMP 作为"认证体制"的一部分得到了大会的认可。

1975 年,修正后的"认证体制"和 GMP 同时得到了大会决议 WHA28.65 的批准。"认证体制"被扩充至包括下述内容的认证:

(1) 人用食源性动物所用药品;

(2) 进、出口成员国有关法规所辖药品的原料药;

(3) 证明药品安全性和有效性的资料(1988 年 WHA41.18 决议)。

1986 年,世界卫生大会通过了 WHO 药物政策修订版,为保证药品安全性和质量有效,应建立国家药品立法和监管系统机制。

1989—1990 年,WHO 对 GMP 指南开展修订和扩展工作。1990 年末,WHO 药品标准专家委员会通过了 GMP 指南修订版。1992 年 WHO 公布了 GMP 指南修订版。指南中的第一部分陈述了 GMP 的理念和基本要素,第二部分涉及生产和质量管理规范。这两部分内容共同组成了 WHO GMP 指南的原则性条款。

1996 年,WHO 公布了生产工艺验证 GMP 指南,用来解释和强调 GMP 原则性条款中验证(validation)的概念,并且帮助在进行验证计划时设定验证重点、选择验证方法。

1997 年 WHO 公布了《药品质量保证:指南和相关资料的概述》,其中药品标准专家委员会通过了关于制药企业"受权人"(authorized person)的作用和职责的解释性条款,对受权人的解释为负责成品批放行的人员。

WHO 颁布的 GMP 内容全面,标准基础但非常严谨,既能让发展中国家感到 GMP 标准可及性强,又能让发达国家接受,为发展中国家向发达国家出口药品提供必要的依据。为了便于发展中国家 GMP 实施的需要,WHO 出版了许多基础、系统、通俗易懂的培训教材或材料。

WHO GMP 指南中的内容力求同其他国际公认的 GMP 内容保持一致,通用性强。WHO GMP 指南是建议性的,各国可以根据具体条件进行采纳,WHO GMP 鼓励各国如果采用了与 WHO GMP 不同的方法,应积极验证替代方法的等效性。

为了提高世界各国的制药质量管理水平,WHO 不但有制剂生产(包括无菌制剂生产和医院制剂生产)GMP 指南,还有原料药生产、辅料生产、包装材料生产的 GMP 指南,以及生物制品生产 GMP 指南、草药生产 GMP 指南、生产工艺验证 GMP 指南,甚至还有临床试验用药 GMP 指南(这些产品通常不根据固定程序生产,与其他药品生产要求有所不同),内容全面广泛。不但有用于药品 GMP 认证或检查的《制药企业检查暂行指南》,还有用于药品物流的检查指南,如《药品流通渠道检查指南》,为各国药品监督管理当局提供了详细的关于流通渠道检查的建议。

3. 其他国家或地区的 GMP 英国于 1971 年制定了第 1 版 GMP,1977 年修订公布了第 2 版,1983 年公布了第 3 版。英国的 GMP 因其橙色封面而被称为"橙色指南"(The Orange Guide)。但英国已于 1992 年开始采用《欧共体 GMP 指南》。

欧盟 GMP 的结构特点是在主体 GMP 章节基础上,以附件形式制定各种类型医药产品的 GMP 指导,目前已发布 19 个附件。2009 年欧盟修订了 GMP,将风险管理引入了药品 GMP 指南。

日本在 1973 年制定了 GMP,1980 年又制定了实施细则,作为法定标准实行。日本政府对实施 GMP 一方面采用引导和鼓励政策,一方面不断加以研究、改进和提高。日本各大制药企业如武田、盐野义、山之内等相继制定了企业内部更加严格、标准更高的企业 GMP。

四、中国 GMP 的发展

1. 历史发展 我国在 20 世纪 80 年代初提出在制药企业中推行 GMP。1982 年,中国医药工业公司参照一些先进国家的 GMP 制订了《药品生产管理规范》(试行稿),并开始在一些制药企业试行。

1984,中国医药工业公司又对 1982 年的《药品生产管理规范》(试行稿)进行修改,经原国家医药管理局审查后,《药品生产管理规范》(修订稿)正式在全国颁布和推行。

1988 年,根据《药品管理法》,原卫生部颁布了我国第一部《药品生产质量管理规范》(1988 年版),作为正式法规执行。

1991 年,根据《药品管理法实施办法》的规定,原国家医药管理局成立了推行 GMP、GSP 委员会,协助国家医药管理局,负责组织医药行业实施 GMP 和 GSP 工作。

1992 年,原卫生部又对《药品生产质量管理规范》(1988 年版)进行修订,形成《药品生产质量管理规范》(1992 年版)。

1992 年,中国医药工业公司为了使药品生产企业更好地实施 GMP,出版了 GMP 实施指南,对 GMP 中一些条文作了比较具体的技术指导,起到了良好的效果。

1993 年,原国家医药管理局制订了我国实施 GMP 的八年规划(1993—2000 年)。提出"总体规划,分步实施"的原则,按剂型的先后,各制药企业应在规划的年限内达到 GMP 的要求。

1995 年,经国家技术监督局批准,成立了中国药品认证委员会,并开始接受企业的 GMP 认证申请和开展认证工作。

1995—1997 年原国家医药管理局分别制订了《粉针剂实施〈药品生产质量管理规范〉指南》、《大容量注射液实施〈药品生产质量管理规范〉指南》、《原料药实施〈药品生产质量管理规范〉指南》和《片剂、硬胶囊剂、颗粒剂实施〈药品生产质量管理规范〉指南和检查细则》等指导文件,并开展了粉针剂和大容量注射液的GMP达标验收工作。

1998年,原国家药品监督管理局总结近几年来实施GMP的情况,对1992年颁布的GMP进行修订,于1999年6月18日颁布了《药品生产质量管理规范》(1998年版),自1999年8月1日起施行,修订后的GMP条理更加清晰,也便于与国际相互交流,是符合国际标准具有中国特色的GMP。同时规定在3年内,血液制品、粉针剂、大输液、基因工程产品和小容量注射剂等剂型、产品的生产要达到GMP要求,并通过GMP认证。实施GMP认证工作与《许可证》换发及年检相结合,规定期限内未取得"药品GMP证书"的企业或车间,将取消其相应生产资格。

2001年,中国医药工业公司、中国化学制药工业协会修订了《药品生产管理规范实施指南》。

2003年1月执行新的《药品生产质量管理规范认证管理办法》,同时规定为了实现药品GMP认证工作的平稳过渡,自2003年1月1日起至2003年6月底前,对条件不成熟、尚未开展药品GMP认证工作的省、自治区、直辖市所在地的药品生产企业,报经省、自治区、直辖市药品监督管理局初审同意后,仍可向国家食品药品监督管理局申请药品GMP认证。

1998年版GMP颁布后,原国家药品监督管理局在全国范围内开展了紧张有序的GMP实施工作,自1998—2003年共发文4次,拟定和部署了实施GMP的工作。截至2004年6月30日,全国所有药品生产企业的所有剂型均已全部按要求在符合GMP的条件下组织生产,为我国药品生产企业第一阶段的GMP强制执行工作画上了圆满的句号。

在制剂和原料药全面实施GMP的基础上,2003年国家食品药品监督管理局将中药饮片、医用氧和体外生物诊断试剂纳入了GMP认证范围。明确规定体外生物诊断试剂自2006年1月1日起,所有医用气体自2007年1月1日起,中药饮片自2008年1月1日起必须在符合GMP的条件下生产,届时对未在规定期限内达到GMP要求并取得《药品GMP证书》的相关中药饮片、医用气体、体外生物诊断试剂生产企业一律停止生产。

至2008年1月1日,国家食品药品监督管理局制定的分步骤、分品种、分剂型组织实施GMP工作的规划全部完成,中国的GMP认证工作取得了令世界瞩目的成绩。同时,国家食品药品监督管理局已将药用辅料、体内植入放射性制品、医疗器械GMP的认证工作纳入日程。

2007年开始执行新的《药品GMP认证检查评定标准》,条款的制定更加细化、严格,不仅取消了限期整改,进一步提高和完善了人员、质量、生产、物料和文件管理的检查项目,还强调与药品注册文件要求相匹配,要求原料药和制剂必须按注册批准的工艺生产。

2010年10月19日,《药品生产质量管理规范(2010年版)》经原卫生部部务会议审议通过,自2011年3月1日起施行。

2011年2月24日,国家食品药品监督管理局根据卫生部令第79号《药品生产质量管理规范(2010年版)》第三百一十条规定,发布无菌药品、原料药、生物制品、血液制品及中药制剂等5个附录,作为《药品生产质量管理规范(2010年版)》配套文件,自2011年3月1日起施行。

2. 2010版GMP的推出　药品GMP是国际通行的药品生产和质量管理必须遵循的基本准则,随着科学技术的发展,国际上药品GMP也处于不断发展的过程中,如近年来,WHO

对其药品 GMP 进行了修订,提高了技术标准;美国药品 GMP 在现场检查中又引入了风险管理理念。而我国 1998 年版 GMP 颁布实施后,很长一段时间未进行修订,无论在标准内容上,还是在生产质量管理理念上,均与国际先进的药品 GMP 存在着一定的差距,如:强调药企的硬件建设,对软件管理特别是人员的要求涉及很少;处罚力度较轻,难以起到真正的规范制约作用;此外,缺乏完整的质量管理体系要求,对质量风险管理、变更控制、偏差处理、纠正和预防措施、超标结果调查都缺乏明确的要求。同时,我国原料药和药品制剂生产企业有 4700 多家,在总体上呈现出多、小、散、低的格局,生产集中度低,自主创新能力不足的问题依然存在。因此修订我国药品 GMP、提高药品 GMP 实施水平,一方面有利于促进企业优胜劣汰、兼并重组、做大做强,进一步调整企业布局,净化医药市场,防止恶性竞争,同时也是保障人民用药安全有效的需要;另一方面也有利于与药品 GMP 的国际标准接轨,加快我国药品生产获得国际认可、药品进入国际主流市场步伐。为此,国家食品药品监督管理局从 2006 年 9 月起正式启动了 GMP 的修订工作。

修订的指导原则是:满足监管的现实需要,提升药品生产企业的国际竞争力,与 WHO 等国际药品生产质量管理规范接轨,以推动我国药品走向国际市场。修订的重点在于:细化软件要求,使我国的 GMP 更为系统、科学和全面,并对 1998 年版 GMP 中的一些原则性要求予以细化,使其更具有可操作性,并尽可能避免歧义。

在上述原则指导下,对 1998 年版的 GMP 进行修订后,原卫生部于 2011 年 3 月 1 日推出了 2010 年版 GMP,并开始在全国实施。

3. 2010 版 GMP 修订的主要内容 2010 年版 GMP 基本要求共有 14 章 313 条,详细描述了药品生产质量管理的基本要求,条款所涉及的内容基本保留了 1998 年版 GMP 的大部分章节和主要内容,涵盖了欧盟 GMP 基本要求以及 WHO 的 GMP 主要原则中的内容,适用于所有药品的生产。

在新版药品 GMP 修订过程中,既注重借鉴和吸收世界发达国家和地区的先进经验,又充分考虑中国国情,坚持从实际出发,总结借鉴与适度前瞻相结合,按照"软件硬件并重"的原则,贯彻质量风险管理和药品生产全程管理的理念,更加注重科学性,强调指导性和可操作性。

与 1998 年版 GMP 相比,2010 年版 GMP 要求企业建立全面的质量保证系统和质量风险管理体系;对委托生产和委托检验也提出了明确要求;新增加了质量受权人、质量风险管理、产品质量回顾分析、持续稳定性考察计划、供应商的审计和批准等内容,另外还增加了变更控制、偏差处理、超标调查、纠正和预防措施等内容。

2010 年版 GMP 在技术要求水准上基本相当于 WHO 和欧盟 GMP 标准,但在具体条款上也结合我国国情做了相应的调整。同时,此版 GMP 的一大亮点是强调药品生产与药品注册以及上市后监管的联系。

2010 年版 GMP 包括基本要求和附录。其中附录包括无菌药品、中药制剂、原料药、生物制品、血液制品、中药饮片、放射性药品、医用气体等内容。

4. 2010 年版 GMP 的特点

(1) 强化人员、体系和文件管理:2010 年版 GMP 中提高了对人员的要求。在"机构与人员"一章,明确将质量授权人与企业负责人、生产管理负责人、质量管理负责人一并列为药品生产企业的关键人员,并从学历、技术职称、工作经验等方面提高了对关键人员的资质要求。例如,对生产管理负责人和质量管理负责人的学历要求由现行的大专以上提高到本科以上,规定需要具备的相关管理经验,并明确了关键人员的职责。

2010年版GMP还明确要求企业建立药品质量管理体系。质量管理体系是为实现质量管理目标、有效开展质量管理活动而建立的,由组织机构、职责、程序、活动和资源等构成的完整系统。此版GMP在"总则"中增加了对企业建立质量管理体系的要求,以保证药品GMP的有效执行。

为规范文件体系的管理,增加指导性和可操作性,2010年版GMP分门别类对主要文件(如质量标准、生产工艺规程、批生产和批包装记录等)的编写、复制以及发放提出了具体要求。

(2) 提高硬件要求:1998年版的药品GMP,在无菌药品生产环境洁净度标准方面与WHO标准(1992年版)存在一定的差距,药品生产环境的无菌要求无法得到有效保障。为确保无菌药品的质量安全,2010年版GMP在无菌药品附录中采用了WHO和欧盟最新的A、B、C、D分级标准,对无菌药品生产的洁净度级别提出了具体要求;增加了在线监测的要求,特别是对生产环境中的悬浮微粒的静态、动态监测,对生产环境中的微生物和表面微生物的监测都做出了详细的规定。

2010年版GMP还增加了对设备设施的要求。对厂房设施分生产区、仓储区、质量控制区和辅助区,分别提出设计和布局的要求,对设备的设计和安装、维护和维修、使用、清洁及状态标识、校准等几个方面也都做出具体规定。这样无论是新建企业设计厂房还是现有企业改造车间,都应当考虑厂房布局的合理性和设备设施的匹配性。

(3) 围绕质量风险管理增设了一系列新制度:质量风险管理是美国FDA和欧盟都在推动和实施的一种全新理念,2010年版GMP引入了质量风险管理的概念,并相应增加了一系列新制度,如:供应商的审计和批准、变更控制、偏差管理、超标调查、纠正和预防措施、持续稳定性考察计划、产品质量回顾分析等。这些制度分别从原辅料采购、生产工艺变更、操作中的偏差处理、发现问题的调查和纠正、上市后药品质量的持续监控等方面,对各个环节可能出现的风险进行管理和控制,促使生产企业建立相应的制度,及时发现影响药品质量的不安全因素,主动防范质量事故的发生。

(4) 与药品注册和药品召回等其他监管环节的有效衔接:药品的生产质量管理过程是对注册审批要求的贯彻和体现。2010年版GMP在多个章节中都强调了生产要求与注册审批要求的一致性。如:企业必须按注册批准的处方和工艺进行生产,按注册批准的质量标准和检验方法进行检验,采用注册批准的原辅料和与药品直接接触的包装材料的质量标准,其来源也必须与注册批准一致,只有符合注册批准各项要求的药品才可放行销售等。

2010年版GMP还注重与《药品召回管理办法》的衔接,规定企业应当召回存在安全隐患的已上市药品,同时细化了召回的管理规定,要求企业建立产品召回系统,指定专人负责执行召回及协调相关工作,制定书面的召回处理操作规程等。

(5) 引入新概念

1) 质量授权人(qualified person):2010年版GMP明确规定了产品放行负责人的资质、职责及独立性,大大强化了产品放行的要求,增强了质量管理人员的法律地位,使质量管理人员独立履行职责有了法律保证。

质量授权人来自于欧盟的管理经验,是企业内部负责质量监督、产品放行的专业人员,独立行使职责,不受企业负责人和其他人员干预。2010年版GMP首次引入质量授权人概念,并将质量授权人纳入药品生产企业的关键人员。

国家食品药品监督管理总局自 2009 年开始推动药品生产企业实施质量授权人制度,先后在血液制品、疫苗、基本药物生产企业全面实施。2010 年版 GMP 将该制度予以明确,意味着所有药品生产企业均应实施质量授权人制度。由于在实践中存在着企业主管质量的副总、质量授权人、质量管理部门负责人的设置和职责如何划分的不同意见,考虑到质量授权人制度与企业质量管理体系的协调关系,故该版 GMP 中,对质量授权人只明确其管理生产质量的独立地位以及相关的职责,其他具体要求将另行研究确定,并以配套文件的形式另行发布。

2) 质量风险管理:2010 年版 GMP 提出了质量风险管理的基本要求,明确企业在药品整个生命周期内,必须根据科学知识及经验对质量风险进行评估,并最终与保护患者的目标相关联。质量风险管理过程中,企业努力的程度、形式和文件应与风险的级别相适应。

3) 变更控制:没有变更控制的要求,改变处方和生产工艺,改变原辅料和与药品直接接触的包装材料质量标准和来源,改变生产厂房、设施和设备而没有追溯的情况在企业中普遍存在。2010 年版 GMP 在"质量管理"一章中专门增加了变更控制一节,对变更提出了分类管理的要求,为制止企业的随意行为提供了管理方法,与最近药品注册管理中提出的变更控制要求相协同,有助于药品生产监管与药品注册管理共同形成监管合力。

4) 偏差处理:2010 年版 GMP 在质量控制与质量保证一章中增加了偏差处理一节,参照 ICH(international conference on harmonization of technical requirements for registration of pharmaceuticals for human use,人用药品注册技术要求国际协调会)的 Q7(原料药的优良制造规范 GMP 指南)、美国 FDA 的 GMP 中相关要求,明确了偏差的定义,规定了偏差分类管理的要求,为制止企业不认真严格制定文件规定的随意行为提供了一个有效管理方法。

5) 纠正和预防措施(corrective action & preventive action,CAPA):2010 年版 GMP 在质量控制与质量保证一章中增加了 CAPA 的要求,要求企业建立纠正和预防措施系统,对投诉、产品缺陷、召回、偏差、自检或外部检查结果、工艺性能和产品质量监测趋势等进行调查并采取纠正和预防措施。调查的深度和形式应与风险的级别相适应。

6) 超标结果调查(out of specification,OOS):2010 年版 GMP 在质量控制与质量保证一章中增加了 OOS 调查的要求,要求企业质量控制实验室应建立超标调查的书面规程,对任何超标结果必须按照书面规程进行完整的调查,并有相应的记录,进一步规范了实验室的操作行为。

7) 供应商审计和批准:2010 年版 GMP 基本要求中单独设立相关章节,明确了在供应商审计和批准方面具体的要求,进一步规范了企业供应商考核体系。

8) 产品质量回顾分析:2010 年版 GMP 基本要求中引入了"产品质量回顾审核"的概念,要求企业必须每年定期对上一年度生产的每一类产品进行质量回顾和分析,详细说明所有生产批次的质量情况,不合格产品的批次及其调查、变更和偏差情况,稳定性考察情况,生产厂房、设施或设备确认情况等内容,这种新方法的引入有力地推动了企业必须长期、时时重视产品质量,必须关注每一种产品的质量和变更情况,特别是与注册批准的内容或要求不一致的情况,并定期加以汇总和评估,这与实施 GMP 的目的,即"确保持续稳定地生产适用于预定用途、符合注册批准要求和质量标准的药品"是一致的。

9) 持续稳定性考察计划:在 2010 年版 GMP 基本要求中引入了持续稳定性考察计划,旨在推动药品生产企业重视对上市后药品的质量监控,以确保药品在有效期内的质量。新要求明确规定了通常在哪些情况下需要进行成品或中间产品的稳定性考察,稳定性考察方案需要包含的内容,如何根据稳定性考察结果分析和评估产品质量变化趋势,并对已上市产品采取相应的措施。这是强化药品上市后监管的方法之一。

10) 设计确认:在前一时期 GMP 实施过程中,药品生产企业对于厂房的新建或改造、设备的选型缺乏充分论证,从而造成或大或小的投资损失。在总结以往教训的基础上,2010年版 GMP 对"设计确认"做出更具体明确的规定,要求企业必须明确自己的需求,对厂房和设备的设计是否符合需求、符合 GMP 的要求予以确认,避免盲目性,增加科学性。

(6) 2010 年版 GMP 附录的变化

1) 无菌药品附录:为了确保无菌药品的安全性,本次按照欧盟和 WHO 标准进行了修改。无菌药品附录采用欧盟和最新 WHO 的 A、B、C、D 分级标准,并对无菌药品生产的洁净度级别提出了非常具体的要求。特别是对悬浮粒子的静态、动态监测,对浮游菌、沉降菌和表面微生物的监测都设定了详细的规定并对监测条件给出了明确的说明。细化了培养基模拟灌装、灭菌验证和管理的要求,增加了无菌操作的具体要求,强化了无菌保证的措施,以期为强有力地保证无菌药品的安全和质量提供法规和科学依据。

2) 生物制品附录:根据生物制品生产的特点,重点强调了对生产工艺和中间过程严格控制以及防止污染和交叉污染的一系列要求,强化了生产管理,特别是对种子批、细胞库系统的管理要求和生产操作及原辅料的具体要求。

3) 血液制品附录:是 2010 年版 GMP 的全新附录,重点内容是确保原料血浆、中间产品和血液制品成品的安全性,对原料血浆的复检、检疫期设定、供血浆员信息和产品信息追溯、中间产品和成品安全性指标的检验、检验用体外诊断试剂的管理、投料生产、病毒灭活、不合格血浆处理等各个环节都特别提出了具体要求,以确保原料血浆、中间产品和成品的安全性。

4) 中药制剂附录:强化了中药材和中药饮片质量控制、提取工艺控制、提取物贮存的管理,对中药材及中药制剂的质量控制项目、提取中的回收溶媒的控制提出了全面的要求。

5) 原料药附录:修订主要依据 ICH 的 Q7,同时删除了 Q7 中与基本要求重复的内容,保留了针对原料药的特殊要求。原料药附录强化了软件要求,增加了经典发酵工艺的控制标准,明确了原料药回收、返工和重新加工的具体要求。

2010 年版 GMP 强调立法理念革新。以前的立法理念,多是在假想监管相对人非诚实守信的前提下制定处罚办法,而 2010 年版 GMP 则引入了一些新的理念,即假想监管相对人是诚实守信的,一旦有弄虚作假、人为的造假记录,马上就判为检查不合格,从而体现了法律的人性化。

2010 年版 GMP 强调药品生产与药品注册以及上市后监管的联系。考虑到 1998 年版GMP 与药品注册管理、药品不良反应监测、药品稽查等相关监管工作关联不够,2010 年版强化了 GMP 与药品注册和上市后监管的联系,使相关要求与最新的《药品注册管理办法》《药品召回管理办法》等规章相匹配,强化了药品注册要求在药品生产环节的严格执行。同时还大大增加了对上市后药品的监管要求,要求企业必须建立纠正和预防措施系统,引入产品质量回顾审核、持续稳定性考察计划,以确保药品在有效期内的质量。

2010 年版 GMP 强调"原则的把握"。现实中企业的情况千差万别,为适应不同的企业,在该版 GMP 大多数章节都增加了"原则"一节,附录也增加了总则的内容。明确了基本原则,以便检查人员将来有章可循、有据可依。

第三节 制药机械简介

一、制药机械分类

制药机械(pharmaceutical machinery)是完成和辅助完成制药工艺的生产设备。GB/T 15692-2008 标准规定了制药机械及设备的术语及其定义,适用于制药机械及设备的设计、制造、流通、使用及监督检验。

药品生产企业为进行生产所采用的各种机器设备统属于设备范畴,其中包括制药设备和非制药专用的其他设备。制药机械的生产制造从属性上应属于机械工业的子行业之一,为区别制药机械的生产制造和其他机械的生产制造,从行业角度而言,将完成制药工艺的生产设备统称为制药机械。广义上,制药设备和制药机械包含内容是相近的,前者更广泛些。

按 GB/T 15692-2008,制药机械分为 8 类:

(1) 原料药机械及设备(machinery and equipment for pharmaceutical material):利用生物、化学及物理方法,实现物质转化,制取医药原料的机械及工艺设备。包括反应设备、塔设备、结晶设备、分离机械及设备、萃取设备、换热器、蒸发设备、蒸馏设备、干燥机械及设备、贮存设备、灭菌设备等。

(2) 制剂机械及设备(preparation machinery and equipment):将药物原料制成各种制剂的机械及设备。包括颗粒剂机械、片剂机械、胶囊剂机械、粉针剂机械、小容量注射剂机械及设备、大容量注射剂机械及设备、丸剂机械、栓剂机械、软膏剂机械、口服液体制剂机械、气雾剂机械、眼用制剂机械、药膜剂机械等。

(3) 药用粉碎机械(pharmaceutical crushing machinery):以机械力、气流、研磨的方式粉碎药物的机械。包括机械式粉碎机、气流粉碎机、研磨机械、低温粉碎机等。

(4) 饮片机械(machinery for making herbal medicine):中药材通过净制、切制、炮炙、干燥等方法,改变其形态和性状制取中药饮片的机械及设备。包括净制机械、切制机械、炮炙机械、药材烘干机械等。

(5) 制药用水、气(汽)设备(water treatment equipment for pharmaceutical use):采用适宜的方法,制取制药用水和制药工艺用气(汽)的机械及设备。包括制药工艺用气(汽)设备、纯化水设备、注射用水设备、离子交换设备等。

(6) 药品包装机械(pharmaceutical packaging machinery):完成药品直接包装和药品包装物外包装及药包材制造的机械及设备。包括药品直接包装机械、药品包装物外包装机械、药包材制造机械。

(7) 药物检测设备(medicine inspection instrument):检测各种药物质量的仪器与设备。包括硬度试验仪、溶出度试验仪、崩解仪、脆碎仪、厚度测试仪、冻力仪、黏度测试仪、融变时限测试仪、粒度分析仪、熔点测试仪等。

(8) 其他制药机械及设备(other pharmaceutical machinery and equipment):与制药生产相关的其他机械及设备。包括输送机械及装置、辅助机械。

二、制药机械代码

按《全国主要产品分类与代码第 1 部分:可运输产品》(GB/T 7635.1-2002,代替 GB 7635-

1987),制药机械的代码是4454,根据代码结构的规定(图1-1),第一个数字4代表其隶属于金属制品、机械和设备大部类;44则表示其属于专用机械设备及其零部件部类;445表示其属于粮油等食品、饮料和烟草加工机器及其零件、制药机械设备大类;4454表示其属于制药机械设备中类。

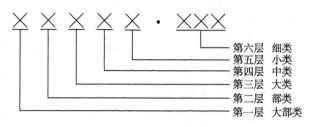

图 1-1　代码结构组成

第六层　细类
第五层　小类
第四层　中类
第三层　大类
第二层　部类
第一层　大部类

根据制药机械的具体分类,又可进一步分为各种小类,如44541为原料药设备及机械小类,44542为制剂机械小类,44543为药用粉碎机械小类,44544为饮片机械小类,44549为其他制药机械设备小类等。

代码分六个层次,第一层到第六层分别命名为大部类、部类、大类、中类、小类、细类。

三、制药机械产品的型号

按照《制药机械产品型号编制方法》,制药机械产品型号由主型号和辅助型号组成。主型号依次按制药机械分类名称、产品类型、产品功能及特征代号(非前述代码)组成,辅助型号包括主要参数、改进设计顺序号。格式见图1-2。

其中制药机械分类名称代号、产品类型、产品功能及特征代号、改进设计顺序号均采用大写拼音字母表示;主要参数用阿拉伯数字表示。

按国家标准,制药机械分为8大类,各类制药机械对应的名称代号分别为:原料药机械及设备L;制剂机械及设备Z;药用粉碎机械F;饮片机械Y;制药用水、气(汽)设备S;药品包装机械B;药物检测设备J;其他制药机械及设备Q。

各个制药机械下有不同的产品类型,如制剂机械及设备Z下有制粒机、压片机、包衣机、大输液机械等,产品类型代号分别为制粒机L、压片机P、包衣机B、大输液机械S,详细的制药机械分类名称代号及产品类型代号可查阅《制药机械产品型号编制方法》。

制药机械的产品功能及特征代号以其有代表性的汉字的首位拼音字母(大写)表示;由1~2个符号组成,主要用于区别同一种类型产品的不同型式。

产品的主要参数有生产能力、面积、容积、机械规格、包装尺寸、适应规格等。一般以阿拉伯数字表示。当需表示二组及以上参数时,用斜线隔开。如LD 500/4型列管式多效蒸馏水器,产品主要参数500/4表示:蒸馏水出水量500kg/h;效数为4。

改进设计顺序号以A、B、C、D……表示,第一次设计的产品不编顺序号。

以BGCB4A型四泵直线型灌装机为例(图1-3),制药机械分类名称代号为B,表示药用

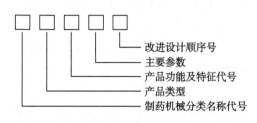

改进设计顺序号
主要参数
产品功能及特征代号
产品类型
制药机械分类名称代号

图 1-2　制药机械产品的型号

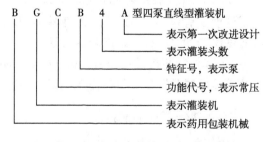

B　G　C　B　4　A 型四泵直线型灌装机
表示第一次改进设计
表示灌装头数
特征号,表示泵
功能代号,表示常压
表示灌装机
表示药用包装机械

图 1-3　BGCB4A 型四泵直线型灌装机

包装设备;产品类型为 G,表示灌装机;产品功能代号为 C,表示常压;特征代号为 B,表示泵;主要参数为 4,表示灌装头数;改进设计顺序号为 A,表示第一次改进。

以 PZ35 型旋转式压片机为例(图 1-4),P 为产品功能代号,表示压片机;Z 为产品型式及特征代号,表示旋转式;35 为产品主要参数,表示 35 冲。

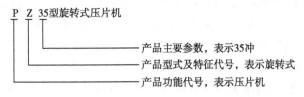

图 1-4　PZ35 型旋转式压片机

以 BG150 型高效包衣机为例(图 1-5),B 为产品功能代号,表示包衣机;G 为产品型式及特征代号,表示高效;150 为产品主要参数,表示每次生产能力为 150kg。

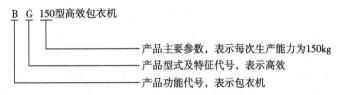

图 1-5　BG150 型高效包衣机

以 QW200 型往复式切药机为例(图 1-6),Q 为产品功能代号,表示切药机;W 为产品型式及特征代号,表示往复式;200 为产品主要参数,表示刀口长度 200mm。

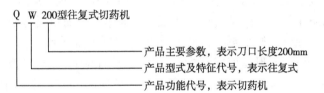

图 1-6　QW200 型往复式切药机

四、制药机械发展动态

目前,制药机械主要是向密闭生产、高效、多功能、连续化和自动化水平发展。制药机械的密闭生产和多功能化,可以提高生产效率、节省能源、节约投资,更重要的是符合 GMP 要求,如防止生产过程对药物可能造成的各种污染,以及可能影响环境和对人体健康的危害等因素。

集多功能为一体的设备多是在密闭条件下操作的,而且往往都是高效的。制剂设备的多功能化缩短了生产周期,减轻了生产人员的操作和物料输送,必然要以应用先进技术、提高自动化水平相适应,这些都是 GMP 实施中对制药机械提出的要求,也是近年来国内外制药机械发展的结果。下面以部分制剂机械及设备为例,介绍近年来制药机械的一些发展动态。

1. 固体制剂设备　固体制剂中混合、制粒、干燥是片剂压片之前的首要操作,围绕这个课题,国内外几十年来一直投入大量技术力量研究新工艺,开发新设备,使操作更符合 GMP 的要求。目前,20 世纪 60~70 年代开发的流化床喷雾制粒器和 70~80 年代开发的机械式混合制粒设备(如比利时 Colltee 公司的 Gral 强化混合制粒机、英国 T.K.Fielder 公司的高速混合制粒机、德国 Diosna 公司的高速混合制粒机)仍在发挥其作用,具有较广泛的实用性,同时随着新工艺的开发和 GMP 的进一步实施,国外开发了大量的多功能混合、制粒、干燥为一体的高效设备,不仅提高了原有设备水平,而且满足了工艺革新和工程设计的需要。

如 20 世纪 70 年代问世的离心式包衣制粒机可以满足缓释颗粒剂或药丸的多层包衣需求,但随着制剂新工艺、新剂型的需要,国外又开发了一些新型包衣、制粒、干燥设备。如 Huttlin 包衣制粒干燥装置适合于大批量全封闭自动化生产,生产效率极高;多功能连续化熔融包衣装置无需溶剂、可进行连续化操作、不需干燥,热熔融包衣大多使用顶喷工艺,采用蜡类或酯类材料在熔融状态下进行包衣,特点是不使用溶剂,生产周期非常短,很适合包衣量比较大的品种和工艺。以上都是对颗粒进行包衣的先进装置。

压片机与压片技术是医药制剂工业中最普遍的亦是最重要的,尽管压片机19世纪初已经出现,但时至21世纪,新的压片机及压片技术仍在不断涌现。

高速高产量始终是压片机生产厂商多年以来追求的目标,目前世界上主要的压片机厂商已拥有每小时产量达到100万片的压片机。目前国内YY0020-90行业标准中规定高速压片机的转台节圆线速度应超过60m/min,而国外生产的压片机大多均超过这个速度,有些压片机转台节圆线速度已达200m/min,如Manestry公司生产的Xpress700型压片机最高产量达100万片/小时;Korsch公司生产的XL800型压片机最高产量达102万片/小时;Courtoy公司生产的Modul D型压片机最高产量达107万片/小时;Fette公司生产的3090i型压片机最高产量达100万片/小时,4090i型压片机最高产量达150万片/小时。

Courtoy公司采用集成组合技术设计了Modul D型压片机,压片机上靠近转台所有接触成品的零部件都可装在一个可以更换的压缩模块化组件ECM上(exchangeable compression module)。一批产品加工完成之后,操作工可简单迅速断开一个ECM,用另一个清洁的ECM来替换它,整个更换过程不超过30分钟,而传统的压片机则需8小时。迅速改型使加工小批量、高附加值或高毒性的产品更加经济,而且使操作者的职业接触限值(occupational exposure limits,OELs)降低至$1mg/m^3$。Courtoy公司目前又推出更高等级的高密封ECM和具备清洗能力的高密封ECM,这两种机型操作的暴露水平均可以降至$1mg/m^3$以下。这种极高的密闭度适合于安全加工激素类或抗癌药以及有毒有害的药品,也不需要操作工穿着密不透风的工作服。压片机中独立的ECM也免除了使用防尘罩,使压片机的能见度大大提高,易于维护保养,可以尽量不使用费用高昂的无尘空间。

Fette公司于2005年年底成功开发了一条经整合的、带在位清洗的一体化压片机,整台片剂成型系统包括上料机、压片、吸尘器、筛片机、检测等多台设备,以及这些设备的联接。该套设备安装在北美PuetoRico的一家药厂使用,经检测,这套可防外泄系统使操作者接触药物的水平降低到$0.7mg/m^3$以下,远远低于以前操作者的OELs标准。

1997年美国FDA为了保证制药企业电子记录与电子签名的可靠性、完整性和保密性,确保其符合GMP,其联邦法规21章第11款颁发了"电子记录、电子签名(ER/ES)"的有关条例,即著名的21 CFR Part 11。电子记录是指诸如文本、图形、数据、音频、图示或其他通过计算机系统所创建、修改、维持、存档、调取或分配的数字形式的信息表达之间的任意组合。电子签名是指由个人执行、采用或授权,并经过计算机数据编译的任意一个或一系列符号,这些与个人手写签名具有同等的法律效力。此项条例的目的在于为药品食品的产品加工过程引入电子技术提供便利,其可以提供适用而又实用的指导方针,指导人们如何通过电子形式来完成过去以书面形式完成的任务。21 CFR Part 11对压片机实施全方位的自动控制,即自动对预压力、主压力、出片力、压力平均值、单个冲模压力值、填料深度、预压上冲入模深度、主压上冲入模深度、预压片厚、主压片厚、冲模负载允许值、产量、转台速度、加料电机速度、润滑和故障等数据进行测量、读取、监控、定时贮存和打印报表;并通过验证,确保上述数据采集和记录的准确性、真实性、可靠性和完整性;同时设置多级密码,对访问人的权限进行限制,以及对文档加密,保证数据设置、运行、读取和管理的安全;它还可以保护数据记录以使它们在整个保留期内都准确,而且加盖时间戳,随时可检索。

2. 注射剂设备 把设备的更新、开发与工程设计更紧密地结合在一起,在总体工程中体现综合效益是近年来国外工业先进国家在制剂工程方面的新思路。

注射剂设备方面,国外已把新一代的设备开发与工程设计中车间洁净要求密切结合起来。如在水针剂方面,德国 Bosch 公司在 ACHEMA 国际展览会上展出了入墙层流式新型针剂灌装设备,机器与无菌室墙壁连接混合在一起,操作立面离墙壁仅 500mm,当包装规格变动时更换模具和导轨只需 30 分钟。检修可在隔壁非无菌区进行,维修时不影响无菌环境。机器占地面积小,更主要的是大大减少了洁净车间中 B 级平行流所需的空间,既节能又可减少工程投资费用,而更重要的意义在于进一步保证了洁净车间设计的要求。

又如在粉针剂设备方面,可提供灌封机与无菌室组合的整体净化层流装置,一方面可保证有效的无菌生产,另一方面使用该装置的车间环境无需特殊设计,能实现自动化。

吹气/灌装/密封系统(简称"吹灌封")是一整套专用机械设备,从热塑性颗粒吹制成容器,到注射液的灌装和密封,整个过程由一台全自动机器连续操作完成。该技术在大容量注射剂中运用较多,近年来欧美国家在塑料安瓿水针剂与滴眼剂中也有较多运用。

五、制药机械生产企业概览

1. 国外制药机械生产企业发展状况 现代制药机械行业可追溯到 1905 年在英国利物浦建立的压片机生产商 Manesty(该公司于 2011 年并入 Bosch 集团包装技术事业部),发展到现在已历经 100 余年。在充分的市场竞争机制下,产生了一批优秀的制药机械生产企业,其中既包括以集团化模式发展的企业,如 IMA、GEA、Bosch 等,也有走差异化发展模式的企业,如 Fette、Glatt、Uhlmann 等。

集团化发展模式主要是通过企业一系列的收购、兼并以整合和完善产品线,提供制药、包装全套解决方案,成为制药及包装机械设计与制造的领先者,能够满足药厂几乎所有装备的需求,从而取得其在市场上的统治性地位。以 IMA 公司为例,1961 年 IMA 在意大利博洛尼亚建立,1967—1972 年茶叶小袋包装机让 IMA 成为该领域的领先者,1976 年开发泡罩包装机将 IMA 引入制药包装领域,1995 年 IMA 在米兰证券交易所成功上市,上市前 IMA 已收购了三家企业,上市后更加快了收购、兼并的步伐,如 2000—2001 年收购 KILIAN 德国(压片机)、GS 意大利(包衣设备)、ICO 意大利(流化床制粒),2008 年收购 EDWARDS 冻干机,上市后 IMA 收购的相关企业有 18 家之多,一系列的收购、兼并使 IMA 成为制药、包装机械领域的领先者。除 IMA 外,GEA 和 Bosch 近几年在制药机械领域也得到了长足的发展:GEA 集团始建于 1920 年,总部位于德国波鸿,该公司已涉及固体制剂的混合、制粒、压片、包衣等完整的工艺流程。Bosch 公司于 1886 年在德国创办,是德国最大的工业企业之一,Bosch 公司博世包装技术事业部(Bosch packaging technology)1974 年成立,通过系统增长和收购,博世包装不断发展至今,已经涵盖全球 30 个国家地区,它一站式提供所有灌装和包装线的各种组件。

差异化发展模式是指企业通过对整个市场的评估,集中力量在某些区域完善经营。如德国 Fette 公司是坚持差异化发展模式的典型,该公司从 1948 年开始发展压片机,在世界压片机制造领域中起步并非最早,但该公司长期坚持差异化战略的发展模式,从 20 世纪 80 年代后期在全球压片机制造商中崭露头角,市场份额大幅增加,最终覆盖了欧洲和全球主要市场。目前,Fette 在全球压片机制造业中居领先地位,也是压片机以及上料、筛片、金属检测等压片外围设备的系统供应商。德国 B+S 公司是注射剂无菌灌装的专业公司,产品包括安瓿、西林瓶、输液、一次性注射器、卡式瓶、口服液瓶等全自动清洗、灭菌、灌装、封口、贴签设备。德国 Glatt 公司的核心技术是流化床制粒、干燥以及包衣,能够覆盖从产品到工艺开发,从实验室、中试到生产设备全过程;Harro Höfliger 则提供各种技术平台,在固体和液体、制药方面为客户准备交钥匙工程;Uhlmann 则是完整的包装解决方案的供应商,对铝塑包装、装盒以及各种包装机械提供充分技术支持。

2. 国内制药机械生产企业发展状况   1998 年,原国家药品监督管理局制定了分步骤、分品种、分剂型组织实施 GMP 认证的规划。为了在规定期限内使自己的企业能够从硬件(厂房、设备、设施)和软件(标准管理规程、标准作业程序、其他各种管理文件)两方面达标完成认证工作,全国各地各药厂进行了 GMP 改造工作。各地医药设计院、制药企业和制药装备行业协会通过制药设备的引进、仿制和消化工作,新的制药设备不断出现。目前,各类制药设备产品总计已有 3000 多个品种规格,基本满足医药企业的装备需要。在这些产品中,不但有先进的符合 GMP 要求的单机设备,而且也有整套全自动生产机组;不仅为国内医药企业的基本建设、技术改造、设备更新提供了大量的优质先进装备,而且还出口到美国、英国、日本、韩国、俄罗斯等 30 多个国家和地区。

近年来,中国制剂设备企业取得了较大的发展,制剂设备新产品不断涌现,如高效混合制粒机、高速自动压片机、大输液生产线、口服液自动灌装生产线、电子数控螺杆分装机、水浴式灭菌柜、双铝热封包装机、电磁感应封口机等。这些新设备的问世,为中国制剂生产提供了相当数量的先进或比较先进的制药装备,一批高效、节能、机电一体化、符合 GMP 要求的高新技术产品为中国医药企业全面实施 GMP 奠定了设备基础。

但也应当看到,在我国专业制药设备厂商中,许多企业实力相当,没有一家或几家大企业能够控制整个市场,并且由于这个行业的产品种类繁多,各个厂家生产的产品,尤其是同一种类,也在质量、构造、外观、服务等方面存在的差别并不大,而其产品目标客户群较为集中,主要是国内各类制药厂,因此行业的竞争较为激烈,所以我国制药机械行业仍然需要不断进行产业升级和行业洗牌。

（柯　学）

参 考 文 献

[1] 董旭,周海洋,齐麟. 符合新版 GMP 要求的质量管理体系建设. 中国卫生产业,2013, (8):172-174

[2] 董怡萱,李佳,陈卓佳,等. 国际工业药学和临床药学. 国际学术动态,2010,4 :19-23

[3] 应诗愉. 国际制药机械行业发展模式和启示. 医药工程设计,2012,33(5):45-48

[4] 贾海霞. 制药机械发展的新特点. 化工设计,2009,19(1):3-5

第二章 制剂企业生产管理

药品生产企业根据市场需求,对企业的生产活动进行计划、组织、实施、协调和控制。本章以片剂和注射剂为例,介绍文件管理、生产计划、生产准备和组织、生产过程及其控制、卫生与消毒、生产自动化、三废治理及综合利用和生产效益分析。

第一节 制剂企业生产概况

生产系统的组织机构、生产体系的文件系统、生产设备和物流管理构成了药物制剂生产工程的体系。

一、组织机构

1. 药品生产企业的组织机构 GMP 规定企业应当建立与药品生产相适应的管理机构,并有组织机构图。药品生产管理负责人和质量管理负责人是药品生产机构的重要组成部分,药品生产企业的机构设置示例参见图 2-1。

企业关键人员应当为企业的全职人员,至少应当包括企业负责人、生产管理负责人、质量管理负责人和质量受权人。

企业应当配备足够数量并具有适当资质(含学历、培训和实践经验)的管理和操作人员,应当明确规定每个部门和每个岗位的职责。岗位职责不得遗漏,交叉的职责应当有明确规定。每个人所承担的职责不应当过多。

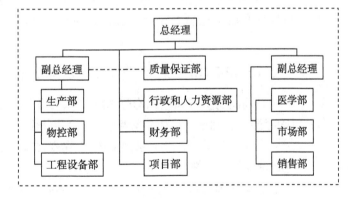

图 2-1 药品生产企业组织机构图

所有人员应当明确并理解自己的职责,熟悉与其职责相关的要求,并接受必要的培训,包括上岗前培训和继续培训。

2. 生产系统的组织机构 药物制剂的生产是连续进行的,各阶段处于连续生产状态,因此,企业应当建立与药品生产相适应的生产管理机构,并有组织机构图。图 2-2 是某制剂企业生产系统的组织机构图。

生产部门负责企业每月生产计划的制订、组织、实施、调控和成本核算,下达产品生产指令,解决生产中出现的各种疑难技术问题,参与组织新产品工业化验证,负责按计划完成各

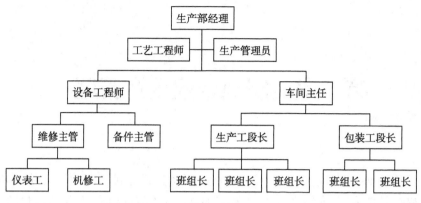

图 2-2   生产系统的组织机构

种制剂产品的生产。

3. 药品生产管理负责人和质量管理负责人的要求

(1) 生产管理负责人应当至少具有药学或相关专业本科学历(或中级专业技术职称或执业药师资格),具有至少三年从事药品生产和质量管理的实践经验,其中至少有一年的药品生产管理经验,接受过与所生产产品相关的专业知识培训。

(2) 质量管理负责人应当至少具有药学或相关专业本科学历(或中级专业技术职称或执业药师资格),具有至少五年从事药品生产和质量管理的实践经验,其中至少一年的药品质量管理经验,接受过与所生产产品相关的专业知识培训。

(3) 生产管理负责人和质量管理负责人不得兼任。企业应当设立独立的质量管理部门,履行质量保证和质量控制的职责。质量管理部门可以分别设立质量保证部门和质量控制部门。

二、2010 年版 GMP 对生产管理规定的基本原则

(一) 所有药品的生产和包装均应当按照批准的工艺规程和操作规程进行操作并有相关记录,以确保药品达到规定的质量标准,并符合药品生产许可和注册批准的要求。

(二) 应当建立划分产品生产批次的操作规程,生产批次的划分应当能够确保同一批次产品质量和特性的均一性。

(三) 应当建立编制药品批号和确定生产日期的操作规程。每批药品均应当编制唯一的批号。除另有法定要求外,生产日期不得迟于产品成型或灌装(封)前经最后混合的操作开始日期,不得以产品包装日期作为生产日期。

(四) 每批产品应当检查产量和物料平衡,确保物料平衡符合设定的限度。如有差异,必须查明原因,确认无潜在质量风险后,方可按照正常产品处理。

(五) 不得在同一生产操作间同时进行不同品种和规格药品的生产操作,除非没有发生混淆或交叉污染的可能。

(六) 在生产的每一阶段,应当保护产品和物料免受微生物和其他污染。

(七) 在干燥物料或产品,尤其是高活性、高毒性或高致敏性物料或产品的生产过程中,应当采取特殊措施,防止粉尘的产生和扩散。

(八) 生产期间使用的所有物料、中间产品或待包装产品的容器及主要设备、必要的操作室应当贴签标识或以其他方式标明生产中的产品或物料名称、规格和批号,如有必要,还应

当标明生产工序。

（九）容器、设备或设施所用标识应当清晰明了，标识的格式应当经企业相关部门批准。除在标识上使用文字说明外，还可采用不同的颜色区分被标识物的状态（如待验、合格、不合格或已清洁等）。

（十）应当检查产品从一个区域输送至另一个区域的管道和其他设备连接，确保连接正确无误。

（十一）每次生产结束后应当进行清场，确保设备和工作场所没有遗留与本次生产有关的物料、产品和文件。下次生产开始前，应当对前次清场情况进行确认。

（十二）应当尽可能避免出现任何偏离工艺规程或操作规程的偏差。一旦出现偏差，应当按照偏差处理操作规程执行。

（十三）生产厂房应当仅限于经批准的人员出入。

第二节 文 件 管 理

文件是指一切涉及药品生产、管理的书面标准和实施过程中的记录结果。2010 年版 GMP 所指文件包括质量标准、工艺规格、操作规程、记录、报告等贯穿于药品生产经营管理全过程的所有文件。企业应将管理体系中的全部要素、要求和规定编制成各项制度、标准或程序，以形成文件体系。

文件管理是指文件的设计、制定、审核、批准、分发、培训、执行、归档和变更等一系列过程的管理活动。文件管理的目的是保证企业生产经营活动全过程规范化运转，使企业在遵循国家各项有关法规的原则下，一切活动有章可循、责任明确、照章办事、有案可查，以达到有效管理的最终目标。文件管理系统是质量保证体系的重要组成部分，书面的文件可以防止口头交流引起的差错并使批的历史具有可追溯性；制剂生产的有序进行也必须依赖生产体系文件系统的建立与指导。因此，制剂企业必须建立良好的 GMP 文件管理系统。

一、文件分类及管理

（一）文件类型

1. 阐明要求的文件 如规范、标准、规定、制度等关于阐明要求的文件，一般分为技术标准、管理标准和工作标准三个方面。

（1）技术标准：技术标准是指药品生产技术活动中，由国家、地方及企业颁布和制定的技术性规范、准则、规定、办法、规格标准、规程和程序等书面要求，如原辅料质量标准、产品质量标准、产品工艺规程等。

（2）管理标准：管理标准是指国家、地方、行政单位所颁布的有关法规、制度或规定等文件，以及企业为了完成生产计划、指挥控制等管理职能，使之标准化、规范化而制定的规章制度、规定、标准或办法等书面要求，如厂房、设施和设备的使用、维护、保养、检修和物料管理制度、GMP 培训制度等。

（3）工作标准：工作标准是企业内部对每一项独立的生产作业或管理活动所制定的规定、标准程序等书面要求，或以人或人群的工作为对象，对其工作范围、职责权限以及工作内容考核所制定的标准、程序等书面要求，如各种岗位操作规程和各种标准操作规程

(SOP)等。

2. 阐明所取得的结果或提供所完成活动的证据的文件。

（1）记录：如岗位操作记录、批生产记录、批包装记录、批档案、日报、周报、月报、产品留样记录、各种台账等。

（2）凭证：如表示物料、物件、设备和操作室状态的单、卡、证、牌以及各类证明文件等。

（3）报告：如工作总结报告、产品质量综合分析以及各类报告书等。

3. 规定组织质量管理体系的文件,如质量手册。

4. 规定用于某一具体情况的质量管理体系要素和资源的文件,如质量计划。

5. 阐明推荐建议的文件,如药品生产质量管理规范实施指南。

（二）文件的编制原则

文件的编制应符合以下原则,包括系统性、动态性、实用性、严密性和可追溯性等。

1. 系统性   文件要从总体出发,涵盖生产、质量管理的所有要素及活动要求。

2. 动态性   药品生产和质量管理是一个持续改进的动态过程,因此,文件必须依照验证和监控的结果不断进行修订。

3. 适用性   制药企业应该根据实际情况,按管理要求制定出符合企业特点的文件。

4. 严密性   文件的书写应该用词准确,标准应统一、量化。

5. 可追溯性   文件中的标准涵盖了所有要素,记录反映了执行的过程,文件的归档要充分反映其可追溯性的要求,为企业的持续改进奠定基础。

6. 其他   文件的标题应能清楚地说明文件的性质;文件的内容应该简练,条理清楚,且用词确切;企业编制各类文件时宜统一格式、统一编号,编号系统应能方便地识别且标示其相关性,便于归档及查找。

（三）文件的相关性与模式

各类文件之间经常是相互关联的,如图 2-3。技术标准和管理标准是由国家、地方及行政所颁布制定的法定标准,再由技术标准、管理标准和质量手册编写工作标准,最后由工作标准确定记录和报告的格式。

根据各类文件的相互关系,企业应建立文件系统。明确文件的主要起草部门、管理部门、执行部门和检查部门。文件系统的模式见图 2-4。

（四）文件管理的变更与归档

文件是质量保证系统的基本要素。企业必须有内容正确的书面质量标准、生产处方和工艺规程、操作规程以及记录等文件。企业应当建立文件管理的操作规程,系统地设计、制定、审核、批准和发放文件。

记录文件应当保持清洁,不得撕毁和任意涂

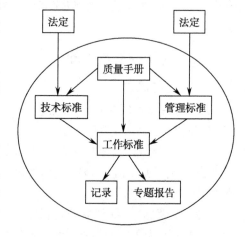

图 2-3   各类文件关联示意图

改。记录填写的任何更改都应当签注姓名和日期,并使原有信息仍清晰可辨,必要时,应当说明更改的理由。记录如需重新誊写,则原有记录不得销毁,应当作为重新誊写记录的附件保存。

每批药品应当有批记录,包括批生产记录、批包装记录、批检验记录和药品放行审核记

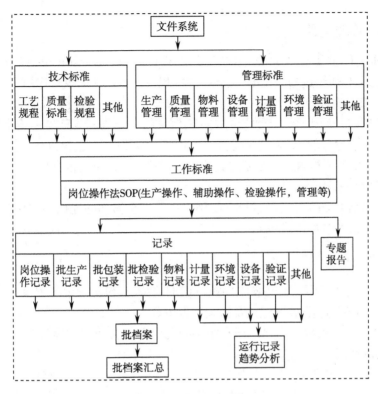

图 2-4 文件系统的模式

录等与本批产品有关的记录。批记录应当由质量管理部门负责管理,至少保存至药品有效期后一年。

质量标准、工艺规程、操作规程、稳定性考察、确认、验证、变更等其他重要文件应当长期保存。如使用电子数据处理系统、照相技术或其他可靠方式记录数据资料,应当有所用系统的操作规程;记录的准确性应当经过核对。

使用电子数据处理系统的,只有经授权的人员方可输入或更改数据,更改和删除情况应当有记录;应当使用密码或其他方式来控制系统的登录;关键数据输入后,应当由他人独立进行复核。

用电子方法保存的批记录,应当采用磁带、缩微胶卷、纸质副本或其他方法进行备份,以确保记录的安全,且数据资料在保存期内便于查阅。

（五）工艺文件的管理

企业的技术档案,除产品在投入生产时交付的研发文件、批准文件及其附件外,还包括每一产品的生产工艺规程和历史沿革过程中相关的一系列技术文件,按照不同分类进行编号、立卷、归档。这些技术资料不仅是技术工作成果的记录,而且也是进行生产活动的技术依据。因此,企业必须建立和健全技术档案管理制度,做好各项技术文件的登记、保管、复制、收发、归档、注销、修改、保密等工作。管好技术文件,保证技术资料齐全、正确、统一、清晰,保证及时提供给需要的部门使用。

（六）批产品检验报告及批生产记录的发放

批产品检验报告书,由质量部负责人审批发放,批生产记录由工艺工程师汇总审核,内容包括记录的完整性和无差错,再交质量部 QA 复审,质量部负责人终审后批准放行。

二、生产管理文件

生产管理文件主要有两大类:生产工艺规程(procedures instruction)和标准操作规程(SOP)。这些规程必须经过书面批准,起着指导并规范人员操作的重要作用。

(一)生产工艺规程

生产工艺规程是为生产特定数量的成品而制订的一个或一整套文件,包括生产处方、生产操作要求和包装操作要求,规定原辅料和包装材料的数量、工艺参数和条件、加工说明(包括中间控制)、注意事项等内容。是制定其他生产管理文件的重要依据。

(二)标准操作规程(SOP)

标准操作规程(SOP)是指经过批准的用以指示安全操作的通用性文件及管理办法,也可作为岗位操作法的基本组成单元。

三、生产记录

记录用来反映实际生产活动各工序执行标准的情况,包括批生产记录、原辅料等台账、各种报表、凭证、销售记录、处方记录及检验报告单等。

1. 批生产记录 每批产品均应当有相应的批生产记录,可追溯该批产品的生产历史以及与质量有关的情况。

批生产记录应当依据现行批准的工艺规程的相关内容制定。记录的设计应当避免填写差错。原版空白的批生产记录应当经生产管理负责人和质量管理负责人审核和批准。批生产记录的复制和发放均应当按照操作规程进行控制并有记录,每批产品的生产只能发放一份原版空白批生产记录的复制件。

批生产记录的内容应当包括:①产品名称、规格、批号;②生产以及中间工序开始、结束的日期和时间;③每一生产工序的负责人签名;④操作人员的签名;必要时,还应当有操作(如称量)复核人员的签名;⑤每一原辅料的批号以及实际称量的数量(包括投入的回收或返工处理产品的批号及数量);⑥相关生产操作或活动、工艺参数及控制范围,以及所用主要生产设备的编号;⑦中间控制结果的记录以及操作人员的签名;⑧不同生产工序所得产量及必要时的物料平衡计算;⑨对特殊问题或异常事件的记录,包括对偏离工艺规程的偏差情况的详细说明或调查报告。

2. 批包装记录 每批产品的包装都应当有批包装记录,以便追溯该批产品包装操作以及与质量有关的情况。

批包装记录应当依据工艺规程中与包装相关的内容制定。记录的设计应当注意避免填写差错。批包装记录的每一页均应当标注所包装产品的名称、规格、包装形式和批号。批包装记录应当有待包装产品的批号、数量以及成品的批号和计划数量。原版空白的批包装记录的审核、批准、复制和发放的要求与原版空白的批生产记录相同。在包装过程中,进行每项操作时应当及时记录,操作结束后,应当由包装操作人员确认并签注姓名和日期。

批包装记录的内容包括:①产品名称、规格、包装形式、批号、生产日期和有效期;②包装操作日期和时间;③包装操作负责人签名;④包装工序的操作人员签名;⑤每一包装材料的名称、批号和实际使用的数量;⑥根据工艺规程所进行的检查记录,包括中间控制结果;⑦包装操作的详细情况,包括所用设备及包装生产线的编号;⑧所用印刷包装材料的实样,并印有批号、有效期及其他打印内容;不易随批包装记录归档的印刷包装材料可采用印有上述内容的复制品;⑨对特殊问题或异常事件的记录,包括对偏离工艺规程的偏差情况的详细说明或调查报告,并经签字批准;⑩所有印刷包装材料和待包装产品的名称、代码,以及发放、使用、销毁或退库的数量、实际产量以及物料平衡检查。

3. 批档案 批档案是指每一批物料或产品与该批质量有关的各种记录的汇总。产品批档案的建立有利于产品质量的评估及追溯考察。批档案分原辅料批档案和产品批档案。原辅料的批档案见图 2-5,产品批档案见图 2-6。

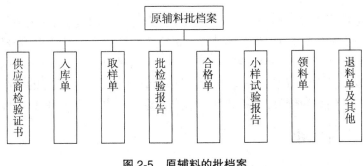

图 2-5 原辅料的批档案

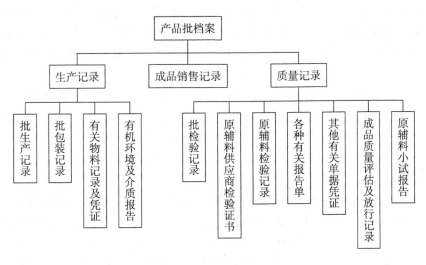

图 2-6 产品批档案

第三节 生 产 计 划

生产计划是从市场需求和生产可能出发,既要满足客户要求,又使企业获得适当利益,而对生产的准备、分配及使用的计划。按时间制定的长短,生产计划分为长期计划、年度计划、季度计划、月计划。按管理范围,生产计划分为厂级计划、部门计划、工段计划及小组计划。

一、生产计划的内容

企业的生产计划通过计划指标来表示,计划指标是指企业在计划期内预期要达到的具体目标和水平。生产计划内容的主要指标有:产品品种指标、质量指标、产量指标和产值指标。

品种指标是指企业在计划期内规定生产的药品品种及各种规格(包括同一品种和同一规格药品的不同包装)。它反映了企业在品种方面满足市场和医疗需求的状况。

质量指标是指企业在计划期内所生产的产品的质量要求。医药产品是特殊的商品,它不允许有次品的存在,一般都以优级品率(%)和一次合格率(%)进行考核。它不但反映了企业的生产技术和经营管理水平,也反映了企业对患者负责的态度。

产量指标是指企业在计划期内产出的符合质量标准的产品数量。它反映了企业生产经营活动有效成果的数量和规模。

产值指标是指用货币表示的产品产量指标。根据产值指标的具体内容及所起的作用不同,通常又分为商品产值、总产值和毛利润。商品产值是商品产量的货币表现,它是以现行商品价格计算的商品产值,又称销售额(含税)。总产值是总产量的货币表现,它反映企业在计划期内生产发展的总规模和总水平,它是以国家制订的不变价计算的商品产值。利润是企业在计划期内新创造的价值,即从商品产值中扣除生产成本后的净值,也称毛利润。

二、生产计划的制订

生产计划的管理可分为计划的编制、执行和调控。

企业的长期计划是 5~10 年的宏观战略性规划,是根据国家宏观发展的导向以及相关经济政策和市场需求的预测,结合本企业发展终端目标所编制的具有产品结构调整特征的战略规划,通常伴有新车间、新设备、新剂型、新产品的投入计划和中长期经营策略的设计以及销售终端网络扩展建设。除个别特殊的新产品外,长期规划通常按产品类别或者销售模式制订经济指标。企业的中期计划是在分解长期计划目标下编制的年度生产计划。企业的短期目标——月生产计划则是企业降低资金运作成本、最有效地集中实施生产组织的计划单元。生产计划根据历年产品销售走势、当期市场预测和订货合同、企业上期生产经营计划完成情况的分析、企业的生产能力等综合情况,分别在生产品种、数量、规格、包装、物料等方面制订计划,以满足市场需求。

生产计划制定后,应将生产计划落实到各车间、部门;各车间、部门应明确各自在计划期内的任务、指标,制订相应的生产作业计划。由于制药企业生产所需的原料、辅料及包装材料规格品种较多,各车间、部门在制订生产作业计划中,还需互相沟通、互相协调。

生产计划在执行过程中,需对指标执行情况进行检查、分析及评价,寻找生产指标与实际执行结果差异的原因并进行分析。然后根据反馈的信息,采取相应措施,纠正影响指标完成的因素,使生产计划得以全面完成。

(一) 生产计划的制订

药品的使用往往依据临床疾病的发生规律呈现季节性的变化。企业编制生产计划首先应考虑各品种的历年销售规律、当期的营销策略,依据市场需求,结合企业的生产能力和存货量编制生产计划,使之既能满足需要不脱销,又不会积压过多。生产计划指标的确定依据如下。

1. 相关药品年度销售量变化的规律　收集国内医院用药情况及发展趋势,了解与本企业产品同类的生产企业的生产销售状况、同类产品的市场容量和走势,通过统计分析,掌握各类产品年度销售量动态曲线图,从而找出市场销售量的季节变化规律,确定各月产品的大致销售量。

2. 当期产品销售合同统计情况。

3. 企业内部产品物流的动态存量分析　企业制订每日产品物流存量动态表,包括产品名称、规格、数量单位、月出库数、累计出库数、月末库存、月排产数量和完成数量。结合合同数量，制订月拟排产数量、当期产品出厂价格、金额和耗用原辅料、包装材料的计划。

4. 当期特色营销策划的产品计划。

5. 市场特殊的信息　通过各种媒体及时了解区域性自然灾害等突发事件，第一时间预见性准备的产品计划。

通常企业分两步制订月生产计划。提前一个月制订初排计划，以便进行生产物料的组织工作；然后再根据销售合同、市场变化和库存对当月计划实行微调处理，最后确定当月生产计划。旺季时生产计划外的库存量可以达到月计划的 30%，淡季时则控制在 10% 以内较好。为了降低生产运作成本，还可以将月生产计划分成上半月和下半月品种计划，在规定的时限内，集中组织生产物料、包装材料，确保生产有序进行。

（二）生产作业计划的编制

生产作业计划是企业贯彻执行生产计划，具体组织日常生产活动的重要手段，是制剂车间生产管理的一个重要组成部分。生产作业计划的编制，应统筹市场需求，结合各工序、各机台与各品种特点数量等因素，以便在产量、耗能、用工、资金占用、供货等方面达到最佳的效果。因此在掌握各工序、各机台产能的情况下，按以下原则编制生产作业计划：①市场需求紧的品种优先；②工序长的品种优先，如口服制剂以包衣产品优先，可提高包衣设备的生产利用率；③对湿热敏感的品种求稳，实行"万事俱备，一气呵成"的生产法；④结合上下工序的要求，统筹好不同数量规格品种，规格小的品种制粒量少、压片数量高，制粒工时率低、压片工时率高，作业计划编制要适当搭配不同规格品种。各工序生产作业计划的调整，通常是根据设备产能，通过每日早、中、夜三班生产班次实现。

现假设某药厂片剂车间设计生产能力为年产片剂 5 亿片，该厂 4 月份计划生产片剂4700 万片，共三个品种，三个品种产量规格见表 2-1。该厂片剂车间主要生产设备见表 2-2。

表 2-1　片剂 A、B、C 三个品种产品规格

品种	计划产量 / 万片	规格	包装及规格
A	2000	0.1g（薄膜包衣）	100 片 / 瓶
B	1500	0.3g（薄膜包衣）	12 片 ×2 瓶 / 盒
C	1200	0.1g	12 片 ×2 瓶 / 盒

表 2-2　片剂车间主要设备

序号	设备名称	型号	数量	生产能力
1	粉碎机	30B	1 台	100~200kg/h
2	漩涡振荡筛	GZS-500	1 台	100~1300kg/h
3	湿法混合颗粒机	HLSG-220	1 台	100kg/ 批
4	沸腾干燥机	FG-120	1 台	120kg/ 批
5	热风循环烘箱	RXH-54-C	1 台	480kg/ 批
6	三维混合机	SYH-1000	1 台	400~600kg/ 批
7	压片机	GZPL32C	1 台	21 万片 / 小时
8	压片机	ZP35A	2 台	15 万片 / 小时
9	高效包衣机	GBG-150B	1 台	150kg/ 批
10	泡罩铝箔包装机	DPP-250	2 台	10 万 ~20 万片 / 小时
11	瓶装包装机		1 条	60 瓶 / 分钟

1. 制颗粒   根据处方计算每个品种颗粒总重量,编制颗粒生产作业计划,见表 2-3。

表 2-3   颗粒重量测算

产品名称	计划产量 / 万片	片重 /(kg/ 万片)	颗粒总重 /kg
A	2000	1.228	2456
B	1500	3.436	5154
C	1200	1.183	1419.6

HLSG-220 型湿法制粒机每锅最大投药量为 100kg,根据颗粒总重计算颗粒应分成多少锅生产。

$$颗粒锅数 = 颗粒总数(kg)/100(kg/锅)$$

根据批号划分的要求,固体、半固体制剂在成型或分装前使用同一台混合设备,一次混合量所产生的均质产品为一批,因此片剂以所制得的干颗粒连同润滑剂、崩解剂等辅料混合均匀后为一批。SYH-1000 型三维混合机容积为 1000L,装料系数为 80%,干颗粒容重比(体积 / 重量)一般为 40%。每批所投颗粒量应根据颗粒容重比决定。每次混合颗粒重量在400~600kg 之间。可根据下式计算批号数量。

$$批号数量 = \frac{颗粒总重}{400~600kg}$$

根据三个品种的规格、生产量及设备生产能力计算,品种 A 为 5 个生产批号,品种 B 为10 个生产批号,品种 C 为 3 个生产批号(表 2-4)。

表 2-4   湿颗粒投料数及生产批号

产品名称	颗粒总重 /kg	计划湿颗粒投料锅数	每批混合颗粒重量 /kg	计划批号数量	生产批号
A	2456	25 锅	491.2	5 批	020401~020405
B	5154	52 锅	515.4	10 批	020406~020415
C	1419.6	14 锅	473.2	3 批	020416~020418

2. 压片   该车间设 ZP35A 型压片机两台,生产能力最大为 15 万片 / 小时;GZPL32C压片机一台,最大生产能力为 21 万片 / 小时。实际生产能力根据片重大小有所差异,ZP35A型一般为 11 万 ~14 万片 / 小时,GZPL32C 为 15 万 ~20 万片 / 小时。该月片剂生产品种 A需压片 45.5 小时,品种 B 需压片 34.1 小时,品种 C 需压片 28 小时(表 2-5)。

表 2-5   压片耗时

产品名称	生产量 / 万片	每小时压片总产量 / 万片	需生产时间 / 小时
A	2000	44	45.5
B	1500	44	34.1
C	1200	44	28

3. 包衣   该车间设 GBG-150B 型高效包衣机一台,每次可包薄膜衣片 150kg,包衣时间为 3~4 小时 / 次。根据该月片剂生产计划,包衣需 52 锅,每班可生产 2 锅,包衣次数见表 2-6。

表 2-6 包衣次数

产品名称	片剂重量 /kg	包衣次数 / 次
A	2456	17
B	5154	35

4. 包装 该车间该月生产品种 A 为 PVC 塑料瓶包装,每瓶装 100 片,其余两品种为水泡眼铝塑包装,该车间瓶装生产线生产能力为 60 瓶 / 分钟,DPP-250 平板式铝塑包装机 2 台,每台每小时可包装 12 万片。三个品种所需包装时间见表 2-7。

表 2-7 包装时间

产品名称	生产量 / 万片	包装时间 / 小时
A	2000	56
B	1500	63
C	1200	50

5. 生产计划 根据上述对各工序实际情况的分析,制订当月生产计划(见表 2-8)。

表 2-8 4 月份生产计划

工序	生产日期		
	产品 A	产品 B	产品 C
粉碎、过筛	3 月 26 日至 30 日	4 月 3 日至 16 日	4 月 18 日至 21 日
粉碎、过筛间清洁	4 月 2 日	4 月 17 日	4 月 22 日
配料	3 月 27 日至 4 月 2 日	4 月 4 日至 17 日	4 月 19 日至 24 日
配料间清洁	4 月 3 日	4 月 18 日	4 月 2 日
制粒、干燥	3 月 27 日至 4 月 2 日	4 月 4 日至 17 日	4 月 19 日至 24 日
制粒、干燥间清洁	4 月 3 日	4 月 18 日	4 月 25 日
总混	3 月 28 日至 4 月 3 日	4 月 6 日至 18 日	4 月 20 日至 24 日
总混间清洁	4 月 4 日	4 月 19 日	4 月 26 日
压片	3 月 29 日至 4 月 6 日	4 月 11 日至 19 日	4 月 23 日至 26 日
压片间清洁	4 月 9 日	4 月 20 日	4 月 27 日
包衣	3 月 30 日至 4 月 11 日	4 月 12 日至 30 日	
包衣间清洁	4 月 11 日	4 月 30 日	
包装			
塑料瓶包装线	4 月 2 日至 12 日	4 月 13 日至 23 日	
铝塑包装线		5 月 8 日至 9 日	4 月 24 日至 30 日

6. 生产指令 根据生产计划,由技术部门下达产品生产指令,其内容包括产品品名、规格、产量、批号、生产依据、生产日期、处方、包装材料及操作要求等。口服固体制剂见表 2-9,无菌粉针剂见表 2-10。

表 2-9 片剂批生产指令
编号：

生产部门：		编制人：		编制日期： 年 月 日	
复核人：	复核日期： 年 月 日		批准人：	批准日期： 年 月 日	
产品名称			规格：	产品批号	
理论产量		片	操作日期： 年 月 日		
执行工艺规程					

物料代号	物料名称	物料厂家	批号	投料量 /kg	湿品含量 /kg	折纯量 /kg

表 2-10 粉针剂批生产指令
编号：

生产部门：		编制人：		编制日期： 年 月 日	
复核人：	复核日期： 年 月 日		批准人：	批准日期： 年 月 日	
产品名称				装量范围（±2%）	
产品批号		规格	g/ 瓶	标准装量	g
理论产量	瓶				
投产日期	年 月 日	生产线编号			
工艺规程	生产工艺规程（编号： ）				

原料

原料名称				原料批号	
生产厂家					
领入量	kg	含量	%	水分	%	色泽	< 号

内包材料

名称 ＼ 内容	领用数量	
模制瓶		个
管制瓶		个
丁基胶塞		粒
复合铝盖		个

标签

名称 ＼ 内容	生产日期	有效期至	领用数量

备注：

生产部部长签名：　　　　　　　　　　　　　　　　　　　　　日期： 年 月 日

第四节 生产准备和劳动组织

一、生产准备

生产车间在接到生产指令后,应根据生产指令内容开始生产前的准备工作。生产准备分为原辅料、包装材料的购进、检验和生产车间内的操作人员、场地、设施设备等部分。

1. 人员 需根据生产指令内容,确定各工序人员。

2. 物料 根据生产指令内容及车间生产作业计划,分别领取原料、辅料。应按生产指令内容仔细核对原辅料名称、代码、规格、批号、数量(重量),必须做到物料的名称、代码、批号、规格、数量准确无误。

3. 设施及设备 检查空气净化系统运行是否正常,生产区域内空气中的尘埃粒子及微生物是否符合相应洁净级别的要求。检查生产设备是否完好,生产大输液及注射剂的生产车间需检查纯化水及注射用水系统是否处于良好的运行状态。

4. 场地 检查生产场地是否已清场,设备是否已清洁,做到生产区域“六面”(地面、墙壁、天花板)清洁,设备器具清洁(灭菌)且摆放整齐有序,空气洁净度和压力符合工艺要求,标记牌确认完好,无与本批生产无关的物料和文件。

5. 文件 应检查现行文件(质量标准,SOP 等)与生产指令内容相适应,如有差异,应向文件批准部门提出处理意见。

二、劳动组织

(一) 组织形式

企业应配备与其生产产品、规模和技术特点相适应的组织机构与生产人员,有效的生产管理系统和合格的人员是 GMP 的基本要求。

生产部经理对本部产品制造过程负责,包括全面落实 GMP 的生产,保证生产人员按规定的文件和规程操作,保证生产计划的完成。

工艺工程师是生产经理的主要技术助手,其职责包括向各工段下达工艺指令,解决生产工艺上发生的各种技术问题、车间问题及车间 GMP 的实施,逐批审查批生产记录;调查并负责处理生产过程中发生的所有偏差;负责实施产品工艺验证;协助研究部门进行新产品中试或产业化工艺放大试验等。

车间的生产设备可以由车间设备主管管理,也可由工程部门负责管理,其职责主要包括:分析并组织解决生产过程中出现的设备故障、能源供应问题,参与生产设备的管理,包括设备的各种技术验证。

(二) 劳动定额

劳动定额是指在一定的生产技术和合理的劳动组织条件下,为生产一定的产品或完成一定的工作所规定的必要劳动量的标准。劳动定额有两种表现形式:工时定额和产量定额。工时定额是指为完成某件产品或某道工序所必须消耗的工时。产量定额是指在单位时间内应当完成的产品数量。

劳动定额是企业计划管理的重要依据,企业的生产计划、成本计划、劳动工资计划等,都要以劳动定额为依据;生产计划中的各种工作进度,也要根据劳动定额计算后决定。劳动定额是合理组织劳动力的依据。由于劳动定额规定了完成各项工作的工时消耗量,所以它是组织各项互相联系的工作和时间上配合、衔接的依据。劳动定额也是核算劳动成果、确定劳动报酬的重要依据。总之,劳动定额是企业正确组织生产和分配的一项重要的基础工作。

劳动定额的水平必须先进合理,也就是在正常的生产条件下大多数工人经过努力能够达到,部分工人可以超过,少数工人能够接近的水平。劳动定额制订的方法如下:

(1) 经验估工法:一般由车间管理人员及生产部有关人员,根据实际经验结合生产工艺、设备及其他生产条件,直接估算制订劳动定额。

(2) 统计分析法:是在生产同类产品或大体相同产品时,根据过去的工时或产量的统计资料,分析当前生产条件的变化,来制订劳动定额。

(3) 技术测定法:是在充分挖掘生产潜力的基础上,根据合理的技术组织条件和工艺方法,对工时定额的各部分时间的组成进行分析计算和测定,从而确定定额的方法。

(4) 工作日写实法:对操作者整个工作日的工时利用情况,按时间的顺序,进行观察、记录、统计和分析的一种方法。该方法适用于完全依赖于手工操作的作业,如包装工序等。

(三) 岗位定员

企业在确定生产规模和产品方案的前提下,编制人员规划和确定机构设置,包括确定人员数量、素质要求、职责范围、组织机构及劳动组织形式等方面的内容。企业在岗位定员中既要精打细算合理安排劳动力,又要保证以较高的工作效率完成生产任务。定员的方法如下:

(1) 按劳动定额定员:根据生产任务和劳动生产率来计算定员人数。该法适用于手工操作的作业,如片剂的包装。产量和劳动生产率的高低取决于工人的数量和工作的熟练程度,合理的定员是降低生产成本的重要因素。

$$定员人数 = \frac{一轮班次应完成的工作量}{工人每班平均劳动定额 \times 计划出勤率} \times 每日轮班次数$$

(2) 按设备定员:根据设备的数量、工人的操作定额和准备开设的班次来计算人员。制药企业设备的生产能力大多由设计所确定,但对设备所配备的人员则由企业根据设备状况、人员素质、产品品种而定。如 ZP35 压片机,设计最大生产能力为 15 万片 / 小时,如果生产规格 0.1g 的片剂,则 15 万片 / 小时的产量有可能达到,如果生产规格 0.5g 的片剂,则产量就要大幅度下降。同样是压片工序,如果颗粒的性能较好,则一个工人可管理多台压片机,反之可能管理一台也会手忙脚乱。此外还应考虑工人的熟练程度等,因此应结合实际情况来制定。

$$定员人数 = \frac{完成生产任务所需设备台数}{工人操作定额 \times 计划出勤率} \times 开设班次$$

(3) 按岗位定员:根据工作岗位的多少,各岗位的工作量、工作班次和出勤率来计算所需定员人数的方法。

(4) 按比例定员:按职工总数或某一类人员总数的比例来计算某些非直接生产人员和部分辅助生产人员的定员人数。

企业在定员过程中,一般是先定额,后定员;先车间,后辅助单位;先工人,后服务人员。既要定人员数量,又要定人员质量,定经济责任制,把责、权、利有效地结合起来。

(四) 生产调度

生产调度是企业生产作业计划工作的继续,是对企业日常生产活动直接进行控制和调节的管理形式,是组织实现生产作业计划的重要手段。

1. 生产调度的主要工作 生产调度的主要工作是检查生产作业计划的执行情况和生产准备工作的进行情况,并在发现问题后及时处理。在制剂生产过程中,除原料药外,所需辅料、包装材料品种多,规格复杂。如片剂除主药外,各品种可能还需要稀释剂、吸收剂、润湿剂、黏合剂、崩解剂、润滑剂及包衣材料等。包装材料则有瓶(铝箔)、标签、纸盒、纸箱、说明书等。如果缺少其中一种,生产就会受影响。因此,生产调度需要了解原辅料、包装材料的库存情况,将生产计划与物资供应紧密结合起来,同时尽量避免库存积压和浪费资金。在实际生产过程中也可能发生种种意外而影响生产计划的正常运行,此时也需要对生产任务作适当的调整。

2. 生产调度的基本要求

(1) 计划性:计划性是生产调度的基础,调度必须维护计划的严肃性,确保生产计划的实施和顺利完成。

(2) 统一性:统一性是调度工作的可靠保证,为保证生产有序地进行,生产调度的权力必须相对集中,并建立强有力的调度制度和调度系统。

(3) 预见性:对生产中出现的问题应及时解决,当机立断;要根据市场需求,及时、灵活地调整生产计划。

3. 生产调度的措施和方法 生产调度主要是通过部门经理协调企业各部门、生产各环节的进度,如生产车间和动力车间之间能源供应矛盾的协调,中心化验室与供应部门在原、辅料检查中发生矛盾的协调等。根据销售部门临时提出的销售计划,及时组织原辅料、包装材料,调整生产计划,满足市场需求。根据需要合理调配劳动力,以免影响生产的正常进行。检查设备运行情况,发现故障时组织有关部门进行抢修。检查各车间、班组生产进度和统计报表,及时向主管领导汇报生产动态。

搞好生产调度,关键要建立健全包括值班制度、调度报告制度等一整套调度工作制度。定期检查计划执行情况和生产作业情况。在计算机已普遍使用的今天,应尽可能采用计算机管理,将库存的原辅料、包装材料、产成品、销售计划及在制品等信息输入计算机,通过计算机管理使生产调度更为合理。

第五节 生产过程及过程控制

生产过程是指从准备生产开始,直到此产品产出的全过程,是劳动者借助于劳动资料直接或间接地作用于劳动对象,使之成为产品的过程。医药企业的生产过程,主要包括生产准备过程、基本生产过程、辅助生产过程、生产结束清场与清洗。

生产准备过程见本章第四节。基本生产过程是指直接对劳动对象进行加工,把劳动对象变为药品的过程,如片剂从原料成为已包装制剂产品的过程。辅助生产过程是指各种辅助生产活动所构成的过程,如动力车间提供水、电、气,车间提供纯化水、注射用水、输送洁净空气等过程。生产结束清场与清洗是防止药品混淆、差错和交叉污染而进行的一系列过程。清场一般先把本工序加工的本批产品(半成品)转交至仓库(中间站)或下道工序,剩余物料贴上标签,与剩余包装材料一起按 GMP 规定,退回指定的仓库;生产记录文件在统计核算后随产品流入下一工序。对生产区和辅助区域的墙壁、地面、顶棚及露出设施表面吸尘、清扫废料,再行湿拭或清洗,清洗设备和器具;对灭菌制剂生产场地、设备和器具经彻底清洁、清洗后,还需杀菌消毒,经检查合格后撤换生产标志牌,挂上"已清洁"或"已灭菌"标志牌,填写清场和设备清洗记录。已完成清场的场地不得留有除生产设备外的一切其他物品。

药品的剂型较多,各剂型的生产工艺又不尽相同,有时差异还很大,但都必须按照 GMP 组织生产。其中颗粒剂、胶囊剂的生产工艺流程与片剂有多处相似,因此目前国内较多企业在片剂车间 GMP 技改中,将颗粒剂、胶囊剂和片剂设在同一车间内,总称为固体制剂车间。生产过程中将粉碎、过筛、制粒、干燥、总混及包装等工序的设备、场地共用。有些企业因产品工艺需要,在固体制剂车间增加设备及场地,如增加干式制粒机及场地、增加颗粒剂包装设备等,这样既增加了产品品种,又节省了改造投资。但由于增加了剂型和品种,也增加了混药和差错的可能,因此,在生产中必须制订防止混药和污染的措施,认真做好清场等有关工作。

下面以片剂和注射用粉针剂生产为例,简述制剂的生产过程。

一、片剂的生产过程

(一) 片剂产品的生产工艺规程和岗位标准操作规程

1. 片剂产品的生产工艺规程　生产工艺规程是保证制剂产品稳定、可靠、一致的技术支撑,贯穿于产品生产的全过程。它是各级生产指挥人员、生产技术管理人员、技术经济管理人员和生产者开展工作的共同技术依据。各种产品的生产工艺技术规程都是用文字、图表将产品、原料、工艺过程、工艺设备、工艺指标、安全技术等主要内容给予具体的规定和说明。它是一项综合性的技术文件,具有技术法规的作用。

凡正式生产的产品都必须制定工艺规程,以片剂为例,其生产工艺规程内容包括目的、适用范围、责任、程序和岗位标准操作规程。

在程序项下,涵盖:概述;处方;原辅料的质量标准及分析方法编号;产品工艺流程图及生产区域洁净级别;生产操作要求及工艺条件;质量控制要点;成品的法定标准及内控标准;经济指标及质量指标计算;包装材料;药品说明书;主要生产设备及仪器一览表;生产周期、劳动组织与岗位定员;安全、防火、工业卫生及劳动保护;计量单位等内容。

在每一具体项下,又进行了详细的规定和说明。以片剂生产操作要求及工艺条件为例,内容包括:①物料外包装清洁;②制粒工序:称量配料、制粒、干燥、整粒、总混、工艺技术参数以及物料平衡、制粒收率、理论收粒量及内控指标。③压片工序:颗粒压片、中间产品质量要求、压片收率和压片物料平衡的计算公式及内控指标。④薄膜包衣工序:包衣液的配制、包衣技术参数指标、中间产品质量要求、薄膜包衣收率和物料平衡的计算公式及内容指标。⑤包装工序:铝塑机包装装量、内包装质量要求、外包装装量、外包装质量要求、包装收率和包装物料平衡计算公式及内控指标。⑥成品暂存:将已包装好的成品凭《生产部成品暂存单》暂存于成品仓的待检区中,挂上待检标志。⑦入库:成品检验合格且批生产记录审核无误后,凭《生产部成品交库凭证》办理成品入库。

2. 岗位标准操作规程　岗位标准操作规程是岗位安全生产、正确操作生产合格产品的法规。其内容包括:①岗位工作的目的和要求;②生产操作法;③岗位关键控制点、控制方法和指标;④原始记录的标准模式;⑤半成品质量标准及控制规定;⑥异常情况的处理和报告;⑦设备维护和使用;⑧安全与劳动保护;⑨工艺卫生与环境卫生;⑩计量衡器的检查与校正。

企业的技术、人事部门要定期组织操作工人和管理人员认真学习工艺规程和岗位标准操作规程,定期考核;新职工必须按规定培训学习考核合格后,才能上岗独立操作。

按 GMP 规定,《产品工艺规程》和《岗位标准操作规程》等技术文件由车间主任组织编写,经企业技术部门组织专业审查、GMP 办公室形式核查、总工程师或厂技术负责人批准后颁布执行。一般情况下工艺规程每 3~5 年修订一次,岗位操作标准操作规程每 1~2 年修订一次,修订稿的编写、审查、批准程序与制订时相同。确实经验证需要修改的,由生产车间提出申请,其余审查、批准程序与制订时相同。

(二) 生产过程

根据生产计划和批生产指令,生产部门领取该批产品所需物料(原、辅料及包装材料),并对产品名称、规格、代号、批量、批号进行核对。核对无误后,下达到各工段,各工段按批生产指令和批包装指令组织生产,做好批生产记录。各工段操作人员应了解该批生产指令所要求生产的产品名称、规格、数量、批号。

1. 物料前处理工序

(1) 外包装清洁:核对所领用物料的品名、厂家、批号、数量后,除去外包装,不能脱去外包装的物料,用 75% 乙醇擦拭物料外包装,经气闸传入备料室。用饮用水润湿的清洁布擦净物料内包装表面。

(2) 原辅料粉碎和过筛:根据片剂的工艺要求,一般均需对原料进行粉碎、过筛,通常以能通过 80~100 目筛较合适。粉碎区为 D 级洁净区。粉碎过程容易产生大量粉尘,为了防止粉尘对其他区域产生交叉污染,粉碎区相对邻近区域应保持负压。目前国内较多使用带除尘系统的万能粉碎机,可以将粉碎过程中产生的粉尘经捕尘器捕集。

粉碎过筛操作如下:检查粉碎区的温度控制是否达到 18~24℃,相对湿度 45%~70%。检查各种称量衡器是否符合要求。检查粉碎机、过筛机状态牌,粉碎机及筛网应完好,筛网规格应与工艺要求一致。检查捕尘系统是否完好。根据生产指令及原、辅料领料单,对物料部门送来的原、辅料进行核对。检查物料标签上的名称、代号、批号、数量、来源等与领料单是否一致,并对原、辅料称重以核对数量。按粉碎机 SOP 操作,将原料投入粉碎机粉碎,并按工艺处方要求进行过筛。称量筛后的粉头,装入规定的容器,贴上标签,标注名称、批号、数量,按规定退粉头仓处理。过筛后的原料称量后装入洁净的不锈钢桶内,桶外贴标签,注明名称、代号、批号、重量、日期、操作者姓名。将固体辅料分别粉碎过 100 目筛,称量后装入洁净的不锈钢桶内,桶外贴标签,注明名称、代号、批号、重量、日期、操作者姓名。分别对粉碎、过筛后的原料及辅料计算收率(见下式)。如收率超过工艺规程规定的范围(偏差),应立即汇报,由 QA 按有关规程处理。将操作情况准确填入批生产记录。将过筛后的原、辅料交配料岗位。

$$原(辅)料收率 = \frac{粉碎过筛后的原(辅)料重量}{粉碎前原(辅)料重量} \times 100\%$$

2. 配料工序　检查各种称量衡器应符合要求。核对粉碎工序送来的原、辅料的名称、代号、批号与本批生产指令是否一致。

配料人员根据生产指令分别对物料称量,以每锅制粒所需原、辅料为称量数。称量后的物料分别装入洁净容器内。容器外贴标签,标注原料名称、代号、批号、重量及用于生产的产品名称、批号、规格、日期、操作人和复核人的签名。为避免差错,物料称量必须由一人操作,另一人复核。

其中,原料药的投药量按照标示量计算。例如:生产布洛芬片100万片,每片含布洛芬0.2g,测得本批原料按干燥品计算的含量为99.7%,干燥失重为0.3%,问需投原料多少?

$$1\ 000\ 000\ 片投料量 = \frac{0.2 \times 10^6 \times 10^{-3}}{99.7\% \times (1-0.3\%)} = 201.2kg$$

称量剩余的物料交中间站。剩余物料的桶外贴标签,标注物料名称、代号、批号、数量、日期、称量人等。

制剂的配料、投料是关键的生产工序,必须保证所配的物料准确。因此不仅需对物料的称量加以监督,而且对物料取自哪一只容器,又转移到新容器均应由第二人复查,包括重量是否正确、原容器是否有合适的标签、新容器是否贴有适合的标签等。为便于减少差错和检查,所用容器应有桶号标志。

将称量后的物料送到中转站或直接转入制粒工序。填写配料记录。

3. 制粒工序　湿法制粒是国内片剂制备中应用最为广泛的制粒方法,主要包括挤压制粒、转动制粒、高速搅拌制粒、流化床制粒和喷雾制粒等。

从中间站领取已称量的本批产品所需的原、辅料。对照工艺处方,核对每桶原、辅料的名称、代号、批号、重量及本批产品名称、规格、批号。对每桶原、辅料称重复核。

检查制粒机,应挂"完好"、"已清洁"状态标志牌。配制黏合剂。

将已配原辅料置湿法混合颗粒机中,按工艺要求的时间、转速搅拌混合均匀,加入黏合剂,按颗粒机SOP操作制粒,按规定时间、转速继续搅拌至粒度均匀、结实。完成制粒后,打开出料阀门,颗粒装入洁净容器内,送干燥室干燥。按以上顺序连续第二锅、第三锅……进行颗粒的制作。

制粒结束,将制粒机注入纯化水,按制粒机清洗的SOP进行清洗。

操作人员填写操作记录,复核人复核。

一些关键工艺参数,如原料与辅料的混合时间、制粒的搅拌和切碎时间等,均应通过工艺验证决定。在验证中,可以检测各个混合时间段主药混合的均匀性,从而决定混合时间;可以检测制粒不同时间形成的颗粒质量,从而决定搅拌切碎时间。以国产HLSG-220型湿法制粒机的设计生产能力为例,每锅可投料80~120kg,一般宜投料100kg,对于黏性较大的物料,适当减少投料。

4. 干燥工序　除流化制粒所得颗粒已被干燥外,其他方法制得的湿颗粒必须再用适宜的方法(箱式干燥、沸腾干燥)加以干燥。以沸腾干燥为例:

将湿颗粒置沸腾制粒机中,设定干燥进口温度、出粒温度、干燥时间等,进行流化态干燥。所得干颗粒测水分,应控制在规定的范围内。用旋振筛、多功能式整粒机整粒。将整粒后的颗粒送至混合间。填写操作记录,计算收率。清场并清洁设备。

5. 混合工序　混合主要采用各种形式的混合机,以三维混合机及V形混合机为主。

按工艺指令称取外加辅料,与颗粒一起交叉倒入混合机中,按规定时间混合。取样测水分,应在控制范围内。将混合后的颗粒放入洁净容器内,称重,贴上标签,标注产品名称、代号、批号、重量、日期、操作人等。颗粒取样检测含量,应控制在规定范围内。将颗粒送中间站。计算收率。制粒结束,按设备清洗SOP进行清洗,做好清场工作。

上述各工序的操作记录和工艺参数可按表2-11模式记录。

表 2-11 XXX 片操作记录和工艺参数

黏合剂制备	制粒		干燥			整粒		总混	
	混匀/分钟	制粒时间/分钟	进口温度/℃	出口温度/℃	时间/分钟	干燥水分/%	筛孔规格/目	水分/%	混合时间/分钟

上述各工序的物料衡算如下：

$$配料物料平衡 = \frac{配料后物料量(kg)+废弃物量(kg)}{配料前物料量(kg)} \times 100\%$$

（内控：99.5%~101.5%）

$$制粒收率 = \frac{实际收粒量(kg)}{理论收粒量(kg)} \times 100\%（内控：97.0\%~101.0\%）$$

$$\left[理论收粒量 = \frac{原辅料总量 \times (1-拌料水分)+黏合剂折干量}{1-干粒水分}\right](kg)$$

$$总混收率 = \frac{进仓量(kg)}{总混前总投料量(kg)} \times 100\%（内控：99.5\%~101.5\%）$$

$$制粒物料平衡 = \frac{实际收粒量(kg)+废弃物量(kg)+取样量(kg)}{理论收粒量(kg)} \times 100\%$$

（内控：97.0%~101.0%）

$$总混物料平衡 = \frac{进仓量(kg)+废弃物量(kg)+取样量(kg)}{总混前总投料量(kg)} \times 100\%$$

（内控：99.8%~100.5%）

6. 压片工序 国内制药企业所用压片机大致分为普通压片机及高速压片机。普通压片机多为 19 冲、33 冲、35 冲等。高速压片机具有预压和强迫加料装置，在快速压片过程中能克服因颗粒流动性差而造成的片重差异，有的具有自动检测控制及自动记录仪，能自动抽样，检出不合格的片子。压片机的整机密封性好，有较好的除尘和消音装置。为减轻劳动强度及减少加料时粉尘的产生，可采用颗粒提升及加料机。固定后，由加料机提升到一定高度，将颗粒桶旋转 180 度，再将加料口对准压片机上的加料斗，打开颗粒桶加料口的蝶阀，即可进行放料。

压片的操作过程如下：

检查称量天平，应符合要求。检查压片机冲模，应与生产指令一致。检查颗粒名称、批号与生产指令是否一致。

对片重调节轮和压力调节轮进行调整，使达到设定值。取颗粒按工艺要求试压片，调好压力、片重、片厚，检查外观、片重、片厚、重量差异、硬度、崩解时限，合格后方可正式开始压片。取样检测外观、重量差异、含量、溶出度等，合格的片剂装入洁净容器内，称量后贴上标签，标注产品名称、代号、规格、批号、重量、日期、操作人等。然后送中间站。开始试压或过程中不合格的片剂同样装入洁净容器内，称量后不合格品贴红色标签，标明产品名称、代号、规格、批号、重量、日期、操作人。送中间站另行处理。填写操作记录。计算收率。

本批产品压片结束后，如仍为同一产品，可不做全面清洁，但需对压片机进行清扫，清除上批产品残留物。如更换产品品种,则需对压片机进行全面清洁,具体方法和要求按压片机清洁 SOP 操作。需对除尘系统进行清洁。

7. 包衣工序　滚转包衣法是最经典、最常用的包衣方法,使用的主要设备是荸荠包衣锅和高效包衣机两种。荸荠包衣锅是传统包衣设备,较适宜包糖衣,一般使用直径 1m 的规格,每次约可包糖衣片 40kg。高效包衣机尤其适宜薄膜包衣,具有速度快(需 3~4 小时)、质量好、可自动控制等优点。国产设备有 GBG-75、GBG-150 等型号。一般使用 GBG-150 型较多,每次可包 150kg 的薄膜片。高效包衣锅的包衣操作过程如下:

检查高效包衣机应完好,所附属的送风柜及除尘柜应完好。从中间站领取片芯,核对片芯的名称、代号、规格、批号与生产指令是否符合,包衣材料与生产指令是否符合。按工艺处方和《包衣液配制标准操作规程》配制包衣液。每桶包衣液桶外贴标签、标注名称、浓度。

按高效包衣机 SOP 操作,设定进风温度、包衣锅转速、雾化压力和包衣时间。启动包衣机,加入片芯,包衣。在包衣过程中,按规定检查干燥温度、控制水分、冷却。包衣结束,关闭高效包衣机,取出包衣片,装入洁净桶内,称重,贴外标签,标注产品名称、代号、规格、批号、重量、日期、操作人。将包衣片送中间站。填写包衣操作记录。

收率及物料平衡计算公式如下:

$$薄膜包衣收率 = \frac{包衣片进仓量(片)}{领取素片量(片)} \times 100\%（内控:98.0\% \sim 101.0\%）$$

$$物料平衡 = \frac{包衣片进仓量(片) + 可回收物量(片) + 废弃物量(片) + 取样量(片)}{领取素片量(片)} \times 100\%$$

(内控:98.0%~101.0%)

8. 包装工序　包装分为内包装和外包装。片剂的内包装主要有塑料瓶、铝塑、双铝三种包装。包装设备多种多样,片子的计数多为电子计数机,塑料瓶采用铝膜封口。包装从理瓶、计数、塞纸、加盖、拧盖、贴签等工序基本实现机械化或自动化操作。

相对其他工序,包装工序更易发生混批、混药,因此是生产管理的重要部分之一。对包装的要求:检查塑料瓶、铝膜、PVC 片等的外包装,应密封,内部清洁干净,经抽检合格方可使用。内包装质量要求见表 2-12。

表 2-12　片剂产品内包装质量控制

批号	数量	网纹	铝箔	硬片
正确、清晰、端正、不穿孔	无空白板、无缺片、重片、碎片	网纹清晰、无走位、顶底、穿孔;边缘网格≥3mm	印子清晰、不褪色、不变色	色泽均匀、无异物、无泡眼

包装区内只允许有一个批号的产品和相应的包装材料。同一包装区内有不同产品进行包装操作时,必须有隔板、隔屏隔开,隔墙高度不应低于 1.8m。每批包装作业前必须进行清场。

内包装操作程序如下:

按批包装生产指令核对有关产品的名称、规格、代号、生产日期、有效期等。按包装材料清单核对包装材料的名称、规格、数量,检查包装材料的外包装完好情况,检查标签、包装盒上所印批号、生产日期、有效期等是否正确、清晰。检查包装设备的完好情况。

按生产指令要求对产品进行包装。包装过程中应定时检查产品名称、规格、批号是否与生产指令一致;抽查包装内计数是否正确,标签、打印、包装是否完好。包装结束后应检查零箱的产品,确保外纸箱上所示瓶数与实际装瓶数一致;药品零头包装只限两个批号为一个合箱,并在箱外标明全部批号。

包装结束后应统计标签的实用数、报废数和剩余数,计算标签使用率。已印有批号的剩余标签,按标签管理的 SOP 予以销毁。剩余标签应退回仓库。统计标签应数额平衡,否则需找出原因。填写包装记录,计算包装收率。

以铝塑包装片为例,产品的外包装操作程序如下:

外包装小盒、中盒、合格证均需按指定位置打印批号、有效期和生产日期。外包装材料质量要求见表 2-13。

表 2-13 片剂外包装质量控制

包材打印内容	包装质量
小盒、中盒、纸箱的批号、生产日期、有效期打印正确、清晰、端正,合格证打印内容正确、清晰、端正	整洁、无装量差异,说明书、检封证、防伪标识正确齐全、粘贴正确

将合格的铝箔片加说明书装入小盒,每小盒装一板或二板;每一中盒装 10~50 小盒,每中盒贴检封证,贴防伪标识;每一纸盒装 20~50 中盒,内贴合格证,封箱,纸盒外打印批号、生产日期及有效期,贴防伪标识封,捆扎。外包装质检员随机进行成品检测。

包装工序的收率和物料平衡计算公式如下:

$$包装收率 = \frac{进仓量(片)}{领料量(片)} \times 100\% (内控:98.0\% \sim 101.0\%)$$

$$包装物料平衡 = \frac{进仓量(片)+ 可回收物量(片)+ 废弃物量(片)+ 取样量(片)+ 留样量(片)}{领料量(片)}$$

$$包装材料物料平衡 = \frac{使用量 + 剩余量 + 残损量}{领用量} \times 100\%$$

(说明书、小盒、中盒、纸箱都为 100%)

9. 成品暂存 将已包装好的成品凭《生产部成品暂存单》暂存于成品仓库的待检区中,挂上待检标志。

10. 入库 成品检验合格且批生产记录审核无误后,凭《生产部成品交库凭证》办理成品入库。

11. 生产过程质量控制要点 片剂生产质量控制总表见表 2-14。

表 2-14 片剂生产质量控制总表

工序	质量控制点	质量控制项目	频次
配料	原辅料投料	品名、厂家、批号、外观、数量	1次/份
颗粒	黏合剂	品名、批号、黏合剂配制、外观、数量	1次/桶
	制粒	品名、批号、数量、混匀时间、拌料水分、黏合剂用量、制粒时间	1次/份
	干燥	滤袋的完好性,进、出口温度,水分	1次/份
	整粒	筛网规格、筛网完好性、颗粒外观	1次/桶
	总混	品名、批号、数量、物料外观、水分	1次/批

续表

工序	质量控制点	质量控制项目	频次
压片	颗粒	品名、批号、规格、数量	1 次 / 班
	模具	冲模	1 次 / 班
	素片	外观、片重(10 片)	1 次 /20 分钟
		重量差异	1 次 /2 小时
		崩解时限、硬度、片厚	1 次 / 班
包衣	包衣液	品名、批号、外观、数量	1 次 / 桶
	包衣	转速、喷枪出液、进出口温度、片外观	前 30 分钟：1 次 /5 分钟；之后 60 分钟：1 次 /10 分钟；最后 1 次 /20 分钟
	包衣片	品名、批号、外观、数量、崩解时限、重量差异、水分	1 次 / 缸
内包装	包衣片	品名、批号、外观、数量	1 次 / 班
	模具	吸塑模具	1 次 / 班
	铝箔	品名、规格	1 次 / 班
	铝箔片	批号、装量、外观	不定时 / 班
外包装	外包装打印	品名、规格、批号、生产日期、有效期	定时 / 班
	入盒	品名、规格、批号、装量、说明书、生产日期、有效期、检封证、防伪标识	定时 / 班
	装箱	品名、规格、装量、合格证内容、批号、生产日期、有效期、防伪标识	1 次 / 箱
洁净区环境		温度、湿度	2 次 / 班
		尘埃粒子数	1 次 / 季
		沉降菌	1 次 / 月

12. 成品的法定标准与内控标准　以某制剂成品为例,法定标准与内控标准见表 2-15。

表 2-15　某制剂成品的法定标准与内控标准

指标名称		法定标准	内控标准
性状		本品为白色薄膜衣片,除去包衣后显白色	本品为白色薄膜衣片,除去包衣后显白色
鉴别	(1) HPLC	供试品溶液的保留时间应与对照品溶液的保留时间一致	供试品溶液的保留时间应与对照品溶液主峰的保留时间一致
	(2) 显色反应	应呈正反应	应呈正反应
检查	溶出度	限度为标示量的 80%	限度为标示量的 85%
	重量差异	±5%	±4%
	细菌数 /(CFU/g)	不得过 1000	不得过 500
	真菌、酵母菌数 /(CFU/g)	不得过 100	不得过 50
	大肠埃希菌 /g	不得检出	不得检出
含量		应为标示量 90.0%~110.0%	应为标示量的 95.0%~105.0%

13. 经济指标及质量指标计算公式

$$收率 = \frac{实际产量（片）}{理论产量（片）} \times 100\%$$

$$理论产量 = \frac{总投料折纯量（g）}{片标示量（g/片）} \times 100\%（片）$$

片剂产品的经济指标及质量指标见表2-16。

表2-16　片剂生产的经济指标及质量指标

收率 %	优级品率 %	一检合格品率 %	物料平衡 %
96.00~101.0	≥60	≥99.0	90.00~101.00

二、注射用粉针剂的生产过程

（一）粉针剂产品生产工艺规程和岗位操作规程

1. 粉针剂产品生产工艺规程　注射用粉针剂的生产工艺规程内容包括目的、适用范围、责任、程序。

在程序项下，涵盖：概述；处方和原料质量标准；装量计算公式；产品工艺流程图及生产区域洁净级别；生产操作要求及工艺条件；质量监控要点；成品的法定标准及内控标准；有关技术经济指标及质量考核指标；包装材料规格要求及耗损定额；药品说明书；主要生产设备及仪器一览表；生产周期、劳动组织与岗位定员；安全、防火、工业卫生及劳动保护；计量单位等内容。

在每一具体项下，又进行了详细的规定和说明。以生产操作要求及工艺条件为例，内容包括：①物料外包装清洁；②管制瓶的清洁和灭菌；③丁基胶塞的处理；④铝塑组合盖干燥；⑤分装；⑥轧盖；⑦生产场地的清洁和灭菌；⑧灯检；⑨贴签；⑩分装收率和物料平衡的计算公式及内控指标；⑪外包装及包装规格；⑫包装收率和物料平衡的计算；⑬成品暂存；⑭成品入库。

以安全、防火、工业卫生及劳动保护为例，内容包括：①空调净化系统的配置、维护和清洁；②设备定期维修、保养和异常处理；③操作间照明、防火、灭火、防爆、防尘的设施要求；④人员卫生要求和培训规范操作；⑤劳动纪律和劳动卫生要求。

2. 岗位标准操作规程　粉针剂产品岗位操作规程见片剂中岗位操作规程。

（二）生产过程

生产前首先检查生产区间的温度是否符合规定，设备是否运行正常，物料的品名、批号、数量等与批指令是否一致，物料清除外包装、清洁备用。

1. 管制瓶的洗涤及灭菌　把管制瓶整齐排列在盘内，瓶口向上，注意把变形、缺口的瓶子拣出。将管制瓶放在超声波洗瓶机内清洗，先用纯化水冲洗，再用注射用水冲洗，某型号洗瓶机要求水压、气压不低于0.3MPa。洗净的瓶经输送带进入隧道式灭菌干燥机，加热温度350℃，保温温度310℃（灭菌），设定干燥时间为12分钟，经冷却至室温后供分装用。

RURH06型超声波清洗机按超声波清洗机操作规程使用，经冷却至室温后供分装用。

灭菌后的瓶子应在12小时内使用。操作过程中，操作工应保持双手洁净，并注意检查循环水的洁净情况，当循环水达不到洁净要求时，应及时进行洁净处理。

2. 丁基胶塞处理

(1) 螺杆分装机丁基胶塞处理:胶塞送到准备间,脱去外包装,进入 C 级洁净区。取胶塞,放入不锈钢桶内,加纯化水漂洗并不断搅拌 15 分钟,重复 3 次,再用注射用水清洗一次。将清洗合格的胶塞放在不锈钢盘内,于干燥箱内 121℃烘 4 小时,取出供分装用。操作过程中应注意:认真做好数量、温度、时间的记录;放盘时自上而下,取盘时自下而上;清洗后的胶塞应立即干燥灭菌;灭菌后的胶塞应在 24 小时内使用。

(2) 气流分装机丁基胶塞处理:胶塞送到准备间,脱去外包装,进入 C 级洁净区。将胶塞放入全自动胶塞清洗机料斗中,抽吸入腔体,然后进入自动清洗、干燥、灭菌程序。其中,清洗工艺条件:用纯化水喷淋 5 分钟,混洗循环 2 次,每次用纯化水清洗 4 分钟,真空脱泡 4 分钟;再用纯化水漂洗 5 分钟,注射用水漂洗 3 分钟,漂洗后进行终洗水的可见异物检查,应符合规定。灭菌工艺条件:蒸汽灭菌,F_0 值≥10。干燥工艺条件:真空干燥,干燥时间 25 分钟。冷却工艺条件:真空冷却至 60℃以下。操作过程应注意:经质检员抽检终洗水合格后,方可将干燥冷却后的胶塞卸料,如不合格应重洗;干燥灭菌后的胶塞应在 2 小时内使用,若超过时限应重洗。

3. 铝塑组合盖干燥　铝盖送到准备间,脱去外包装,目检,剔除破盖、缺口、污盖、斑痕等不合格的铝盖。清洗外包装,进入 C 级洁净区。把合格的铝盖放入烘箱,120℃干燥 2 小时,供轧盖使用。

4. 分装　分装室、缓冲室、无菌走廊等区域按其相应洁净级别的要求消毒处理。同一品种连续生产一个月或更换品种时,对 C 级、局部 A 级洁净区域的尘埃数测定一次,沉降菌每天测定一次。

检查温度、相对湿度是否符合规定,分装室温度控制在 18~24℃,相对湿度控制在 30%~55%。工作期间每隔 1 小时观察温度、相对湿度 1 次,并做好记录。分装前氮气流总流量应为 4~7L/min。

定期对无菌衣、口罩、手套进行无菌检查,外衣胸口、前臂、帽兜头处小于等于 5CFU/Ⅲ,手套小于等于 3CFU/Ⅲ,口罩小于等于 5CFU/Ⅲ。

原料桶先用纯化水抹洗,再用 0.2% 戊二醛溶液或 0.1% 新洁尔灭溶液擦抹消毒,用 75% 乙醇溶液擦抹消毒,经传递柜传入备料室,使用前用 75% 乙醇溶液擦抹。接触药粉的机器部件、盘具先用 75% 乙醇溶液消毒,晾干后装机,开机前机台、转盘、台面等先用 75% 乙醇溶液消毒。校正电子天平零点及检查是否准确灵敏。

按控制装量范围,将原料上机分装,充氮,并盖上胶塞。

操作过程中注意:取用原料时,应核对原料的品名、批号、产地、规格、重量,符合要求才能使用;装量范围由工艺员根据原料含量、按处方工艺计算公式进行计算。

5. 轧盖　轧盖室生产条件要求:温度 18~26℃,相对湿度 45%~65%;同一品种连续生产 1 个月或更换品种时,对 C 级洁净区域的尘埃数测定 1 次,每天检测沉降菌。同一品种连续生产两周或更换品种前必须对洁净室进行甲醛重熏灭菌。分装好的产品经轧盖机轧盖。抽检时,以三个手指拧住按顺时针方向轻轻旋动,无松动感为合格。

6. 灯检　轧盖后送灯检机进行灯检,挑出空瓶、少量、多量、污瓶及有色点、玻璃、异物等不合格品。

7. 贴签　打印标签,将标签牢固贴于瓶的中间位置,标签应粘贴牢固、平整。

8. 分装计算公式及指标

$$理论产量 = \frac{原料投入量}{标准装量} \times 100\%$$

$$分装收率 = \frac{中间产品入库量}{理论产量} \times 100\%（分装内控标准：95.0\%～101.0\%）$$

$$分装物料平衡 = \frac{中间产品入库量 + 破损量 + 废弃物量 + 取样量}{理论产量} \times 100\%$$

（分装物料平衡内控标准：97.0%～101.0%）

9. 包装　每瓶放一小盒，每 10 小盒放一中盒，每 20 中盒放一箱，每箱共计 200 瓶；亦可每中盒 20 瓶，每 30 中盒一箱，每箱共计 600 瓶。取产品 1 瓶放入胶托内规定位置，放一张说明书在托面，然后放入小盒内，合上盒盖，在小盒正面贴上一张防伪标识。中盒合缝处贴一张检封证，在中盒正面规定的位置贴上一张防伪标识。在大箱印有防伪标识处贴上两张防伪标识。

包装的收率及物料平衡等的计算公式与指标如下：

$$包装收率 = \frac{成品量}{中间产品领出量} \times 100\%（包装收率内控标准：99.0\%～101.0\%）$$

$$包装物料平衡 = \frac{成品量 + 破损量 + 留样量}{中间产品领出量} \times 100\%$$

（包装物料平衡内控标准：99.0%～101.0%）

$$包装材料物料平衡 = \frac{使用数 + 剩余数 + 残损数}{中间产品领出量} \times 100\%$$

（纸箱、胶托、封检证、防伪标识、合格证的物料平衡均为 100%）

10. 成品暂存　将已包装好的成品凭暂存单暂存于成品仓待检区，挂上待检标志。

11. 成品入库　成品检验合格且批生产记录审核无误后，凭证入库。

12. 质量监控要点　注射用粉针剂质量控制要点见表 2-17。

表 2-17　粉针剂质量控制要点

工序	监控点	监控项目	质量要求	检查方法	频次	操作人
制水	注射用水	pH、氯化物、氨	《中国药典》	《中国药典》	1次/2小时	操作人
	纯化水	pH、电导率	电导率 <2μs/cm	《中国药典》电导率仪	1次/2小时	操作人
洗胶塞	清洗后胶塞	可见异物	毛点、白点合计≤3个/50粒	取50粒加300ml可见异物检查合格的注射用水，目检	1次/箱	质检员
	干燥后胶塞	可见异物	毛点、白点合计≤3个/50粒		1次/箱	质检员
		水分	<3%	干燥失重法	1次/箱	
洗瓶	清洗后玻瓶	可见异物	毛点、白点合计≤3个/50粒	取20瓶，每瓶加可见异物检查合格的注射用水10ml，目检	1次/2小时	质检员
	灭菌后玻瓶	可见异物	毛点、白点合计≤3个/50粒		1次/2小时	质检员
		水分	<3%	干燥失重法	1次/班	质检员

续表

工序	监控点	监控项目	质量要求	检查方法	频次	操作人
分装	原料	性状、可见异物	外观不得变色、潮解,无异物、异味。毛点、白点、色点合计≤3个	每桶取5瓶,每瓶取粉量按规格抽取,加100ml可见异物检查合格的注射用水溶解,目检	1次/桶	质检员
	分装后中间产品	装量	标准装量±2%	千分之一天平	1次/小时 1次/20分钟	质检员 操作人
		可见异物	毛点、白点、色点合计≤3个	《中国药典》	3瓶/(2小时·台)	质检员
轧盖	轧盖后中间产品	紧密度	合格率>98%	三指扭法	随时/台 1次/小时	操作人 质检员
		外观	无裙边、无牙边	抽取10瓶目检	随时/台 1次/小时	操作人 质检员
灯检	轧盖后中间产品	外观	无破损、色点、气泡或结石	抽取10瓶目检	随时/台 1次/小时	操作人 质检员
贴检	贴检后中间产品	外观	标签牢固、平整、适中、内容符合要求	抽取10瓶目检	随时/台 1次/小时	操作人 质检员
包装	包装材料的打印	批号、生产日期、有效期	内容正确、字迹清晰	目检	1次/小时	操作人 质检员
	入盒	数量、标签、小盒、中盒、说明书、防伪标识、检封证(小盒无)	内容正确、字迹清晰	目检	1次/小时	质检员
	装箱	数量、批号、生产日期、有效期、产品合格证、防伪标识	内容正确、字迹清晰	目检	1次/小时	质检员

13. 成品的法定标准和内控标准　以某粉针剂产品为例,其法定标准和内控标准见表2-18。

表2-18　某粉针剂产品法定标准和内控标准

标准	性状	含量%	溶液颜色/号	溶液澄清度/号	可见异物	水分%	pH	装量差异%
法定标准	白色或类白色结晶性粉末	90.0~110.0	≤9.0	≤1	毛点、白点、色点合计≤8个	8.0~11.0	6.0~8.0	±5
内控标准	白色或类白色结晶性粉末	95.0~105.0	≤7.0	≤0.5	毛点、白点、色点合计≤5个	8.0~10.0	6.0~8.0	±4

14. 药品说明书　要求以附件形式附上国家食品药品监督管理总局颁发的该产品的药

品使用说明书。

15. 包装材料规格要求及耗损定额　以 10ml 低硼硅玻璃管制注射剂瓶为例,注射用粉针剂产品的包装材料质量控制见表 2-19。其包装材料的耗损控制见表 2-20。

表 2-19　粉针剂产品包装材料质量控制

包装材料	包装种类	包装材料内控标准编号	包装材料验收方法编号
内包装	10ml 低硼硅玻璃管制注射剂瓶	TSD-BN-009-02	SOP-ZL-009-02
	注射用无菌粉末用卤化丁基橡胶塞	TSD-BN-008-02	SOP-ZL-008-02
外包装	抗生素玻璃瓶用铝塑组合盖	TSD-BN-011-02	SOP-ZL-011-02
	标签	TSD-BN-024-01	SOP-ZL-005-01
	小盒、中盒	TSD-BN-012-01	SOP-ZL-012-01
	纸箱	TSD-BN-014-01	SOP-ZL-014-01
	检封证	TSD-BN-025-01	SOP-ZL-021-01
	防伪标识	—	SOP-ZL-015-01
	说明书	TSD-BN-013-01	SOP-ZL-013-01

表 2-20　粉针剂产品包装材料损耗控制

品名	计算单位	损耗率 %	品名	计算单位	损耗率 %
说明书	张	≤1.0	管制瓶	个	≤10.0
标签	张	≤3.0	丁基胶塞	个	≤12.0
小盒	个	≤4.0	铝塑组合盖	个	≤10.0
中盒	个	≤1.0	纸箱	个	≤0.5
检封证	枚	≤1.0	—	—	—

包装材料的损耗率、损耗量等计算公式如下:

$$损耗率 = \frac{生产中损耗量}{生产使用量} \times 100\%$$

$$生产中损耗量 = 生产使用总量 - 实际产量$$

$$生产使用总量 = 领料量 - 退库量$$

16. 主要设备　注射用粉针剂螺杆分装线主要设备见表 2-21,气流分装线主要设备见表 2-22。

表 2-21　注射用粉针剂螺杆分装线主要设备

设备名称	型号	台数	主要技术参数
超声波清洗瓶	KCZP-1	1	280 瓶 / 分钟
灭菌干燥机	GMS-1	1	200 瓶 / 分钟
螺杆分装机	KFG	2	100 瓶 / 分钟
轧盖机	KGL120	2	100 瓶 / 分钟
灯检机	KGL120	2	100 瓶 / 分钟
贴签机	KK916	1	200 瓶 / 分钟
热风循环烘箱(胶塞)	RXH-1	1	40 000~60 000 粒 / 次
热风循环烘箱(铝盖)	RXH-1	1	40 000 支 / 次

表 2-22 注射用粉针剂气流分装线主要设备

设备名称	型号	台数	主要技术参数
超声波洗瓶机	RUUH06	1	140 瓶 / 分钟
隧道式灭菌干燥机	TLQB04	1	140 瓶 / 分钟
气流分装机	AFG320	1	140 瓶 / 分钟
轧盖机	KGL120	2	100 瓶 / 分钟
灯检机	V90-4	1	140 瓶 / 分钟
贴签机	KK916	1	200 瓶 / 分钟
CDDA 系列全自动胶囊清洗剂	CDDA-09R	1	60 000 粒 / 次
热风循环烘箱	RHX-1	1	40 000 支 / 次

17. 有关技术经济指标及质量考核指标

$$收率 = \frac{实际产量}{理论产量} \times 100\%$$

$$实际产量 = 进库成品量 + 零散进库量 + 留样量$$

$$理论产量 = \frac{总投料量(折纯量)}{标示量} \times 100\%(内控标准:95.0\% \sim 101.0\%)$$

$$一检合格率 = \frac{一检合格品入库量}{成品入库量} \times 100\%(内控标准:\geqslant 95.0\%)$$

$$优级品率 = \frac{成品优级品量}{成品入库量} \times 100\%(内控标准:\geqslant 75.0\%)$$

$$物料平衡 = \frac{入库产量 + 破损量 + 废弃物量 + 取样量 + 留样量}{理论产量} \times 100\%$$

(内控标准:97.0% ~ 101.0%)

三、过程控制及管理

(一)设备运转与维护

设备在工业生产中有着极其重要的地位。对于一个企业,其生产能力的大小,产品质量、性能的好坏与生产设备的数量、规模及设备的性能、技术水平的先进与否密切相关;而对生产设备的运行管理、维修影响到产量、质量、成本、安全、环保等,关系到企业生产能否正常运行。应掌握设备的应用现状、技术状况及变动情况,管好、用好、维修好现有设备,使设备处于良好的工作状态,以有效地发挥设备的效能。对过时的、不能适应生产要求的设备及时更新和改造,以确保产品质量和提高劳动生产率。

生产设备的资产管理工作一般包括建立设备资产台账,定期清点账物,做到账物相符,账目应准确、及时反映设备现状;对购入或报废的设备应及时登记;监督设备资产的维护和修理,对设备检修制度的执行情况进行检查和监督,并以资金保证维修计划的实现;监督和考核固定资产的利用效果,通过检查设备利用时间和设备实际生产能力两项指标,促使企业改善设备的利用状况和使用效率;及时处理多余、闲置的生产设备,通过处理闲置设备以减少企业固定资金的占用。

设备的分类与编号是设备管理的一项基础工作,可方便企业对设备进行有序的管理,制剂生产企业设备分类见表2-23。设备编号应注意体现国家规定的统一编号内容。一个编号只用一次,即使该设备已报废或调出,该编号仍应保留,不能用于新增或其他设备。设备附件和附属设备不另外单独编号。生产流水线设备应按工艺属性分成若干单元,单独编号。自动线设备按一条线为一台设备编号。每套(台)设备必须在明显处钉上固定资产编号牌。

表2-23　设备分类

按管理工作对象分	生产设备:直接为生产服务,并直接影响产品质量及生产能力的设备
	辅助生产设备:企业生产过程中间接为生产服务,对生产过程及产品质量有间接影响的设备
	非生产设备:指企业中由行政、生活福利及基建等部门使用和保管的设备
按维修类别分	A类设备:指维修重点设备,即生产中的关键设备、没有备用机组的生产设备、对安全有重大影响的设备、对环境有重大影响的设备、事故后果严重的设备,以及国家指定年度强检的设备
	B类设备:维修要点设备,指对生产有一般影响的设备,且已掌握其故障规律,并对故障预兆有监测手段的设备(如洁净厂房的空调设备)
	C类设备:维修一般设备,指所有非生产设备及生产辅助设备中有备用机组的设备及事故后果轻微的设备
按维修专业特点分	机械类设备:传输、动能发生、工业窑炉、透平、水处理、金加工等设备
	动力管道类设备:各类传输管道及管道附件设施
	电力供应、控制、仪表类设备:变配电、各类自控设备及显示控制仪表类设施

生产设备还应建立技术档案。设备技术档案是指生产设备从设备调研、订购、运输、开箱、安装、调试、使用、维修、改造直至报废全过程中所形成的合同、图纸、说明书、合格证、装箱清单、凭证、记录等文件资料。

每台生产设备均应有《设备操作规程》,以利于操作者能正确按要求操作设备。同时培训职工掌握正确使用设备的知识和技能,包括熟悉设备结构、性能和安全知识,能够做到"三好"(管好、用好、修好设备)、四会"(会使用、会维修、会检查、会排除故障)、"四项要求"(整齐、清洁、润滑、安全)等。

建立每台设备的《维修保养制度》,每台设备均应定机、定人进行维护、保养。应建立设备运转记录,设备故障分析记录,设备事故记录等。设立设备运行状态标志,如完好、待检修、检修中、报废等。

设备的维修是恢复设备各部分规定的技术状态和工作能力所进行的工作,维修方式分为三方面。①定期维修:以设备运行时间或产量为依据,对设备进行周期维修,它的优点是可事先确定维修时间及工作量,对所需设备条件、材料可以预计。②视情维修:以设备状态为基础,它是根据设备的点检、状态监测和诊断提供的信息,经过分析和处理来判断设备的状态,属于故障发生前加以维修,能保持设备的完好状态。③事后维修:属于故障发生后必需的维修。

编制设备维修计划。维修计划分年度计划和月度计划,年度计划主要包括大修理内容、实施时间、参与修理的工种及工时数、大修理的标准、所需备件及材料等;月度计划是年计划的具体实施,包括实施日期及检修计划、参加人员、检修方案、所需物资准备、安全措施、检修质量标准、试车、验收等。

对于设备维修管理工作,鉴于目前国内制药企业所有制的多样化,已很难有统一的模式,但只要能用科学的管理方法对设备实施有效地管理,保证药品生产稳定可靠,安全的运行,就能达到目的。

(二)中间站管理

中间站也就是物料的中转站,是固体制剂生产中必不可少的一个环节,可以起到调节各生产工序对物料需求的平衡作用。例如,片剂生产中,前工序颗粒的生产是均衡的,每天生产的颗粒量应该相差不大,压片工序中,压片机的生产能力已固定,大片与小片的生产量相差也不大,但同样数量的大片与小片对颗粒的需求量却可相差 4~5 倍,这样就需要在生产计划安排中对大片、小片的生产做一定的搭配,以求最大限度地利用设备生产能力。通过中间站存放一定的颗粒,可以调节前后工序的需求。再如,固体制剂生产中需对各工序进行清场和清洗工作,在更换品种时需对场地和设备进行全面清洁,从而有可能影响正常生产,中间站在此时又能起到调节作用。

由于中间站存放有各种产品的原辅料、中间体和半成品,因此存在混药的可能性。加强对中间站的管理,是药品生产管理的重要内容之一。

中间站必须由专人负责验收,保管原辅料、中间体及半成品。车间领回的原辅料交中间站工作人员,中间站工作人员应按生产指令及送料单核对原辅料的名称、代号、规格、批号、数量是否一致,包装是否完好,否则不予收货;确认符合要求后,应填好车间收料记录,并对原辅料分别按品种、规格、批号堆放,标注明显的标志,车间存放的原辅料不宜超过两天的使用量。对少量必须存放在车间的整装原辅料,每次启封后,剩余的散装原辅料应及时密封,由操作人在容器上注明启封日期、剩余数量及使用者;再次启封使用时,应核对记录。中间站对收到的中间体、半成品应按品种、规格、批号分别堆放,标注明显的标志,并对收到的中间体、半成品做好记录;车间生产的待包装产品,应放置于规定区域,贴上待检验标签,写明品名、规格、批号、生产日期、数量,待检验合格后,方可发放包装工序。

各工序在领取原辅料、半成品时,应仔细核对生产指令与物料的名称、代号、规格、批号、数量是否一致。领料人应在领料时记录登记签名。中间站还应对车间内各种周转容器及盛具进行管理,各工序使用后的容器及盛具清洗、烘干后送到中间站,由中间站工作人员检查、发放。车间内设置的中间站的空气洁净度应与其所在区域的洁净度一致。

(三)批号管理

1. 批的概念　按 GMP 规定,同一批原料药在同一连续生产周期内采用同一台生产设备生产的均质产品为一批。口服制剂工艺过程因有混料工序,通常以一个混合容器内混合后的物料定为一个批次,生产的每批药品均应指定生产批号。

2. 批号的编制方法　批号是用于识别批的一组数字或字母加数字,据此能查明该批的生产日期和生产检验、销售等记录。批号的编码方式通常为:年 - 月 - 日(流水号),通常由六位数字表示。前两位为年份,中间两位为月份,后两位为日期或流水号;也有单位采用八位数字表示,前四位为年份,中间两位为月份,后两位为日期或流水号。例如:批号 070820,即 2007 年 8 月 20 日生产或 8 月第 20 批的生产批号。

3. 混合批号仅用于制剂的包装中　同一效期的两个批号的药品零头可合为一箱,但每箱仅允许放两个批号的药品零头,在合箱外标明全部批号,并建合箱记录。

(四)药品有效期的标示

药品有效期截止时间的计算为生产月加上规定效期再减去一个月,如某产品为 2006 年

12 月生产,有效期为 2 年,产品有效期应至 2008 年 11 月。

四、清场清洗管理

在药品的应用过程中发现,许多药品的不良反应与药品质量有关,而药品的质量问题往往来自于生产过程。生产过程中最危险且难以被成品抽检发现的是药品的混淆和交叉污染,所以在生产过程中防止药品的混淆和交叉污染非常重要。清场的一个重要目的就是为了防止药品混淆和交叉污染。

(一) 清场与清洁

1. 清场 清场是将与本批生产无关的物料和文件清除出生产现场的作业。每道工序的开始和结束都必须清场。应当有专门的操作规程规定清场的每个细节,实施清场的人员和复核人员。清场每一步作业都必须有记录和签名。越是容易发生混淆的工序,如贴标签、灭菌、生产开始前、更换批号前,清场的要求就越严格。执行严格的清场(尤其是更换生产品种前进行彻底的清洁)和数额平衡计算,能有效防止药品混淆。

2. 清洁 清洁一般指对设备与药品接触的表面进行的清洗,一般有拆洗和在线清洗两种手段。无论用哪种方式,都必须有经过验证的清洗规程,详细规定清洁的方法,清洁液的成分、浓度、温度,清洗时间、流量等参数。每次清洁都必须有相应的记录和签名,以证明确实按照预定的方法进行了有关的清洁。

为防止或减少微生物繁殖造成的污染,通常采用消毒或灭菌的方法。与清洁类似,消毒和灭菌也有单独和在线两种形式,一般应在清洁后进行。要保证消毒或灭菌效果,同样必须具备详细的操作规程和记录,以证明确实按照预定的方法进行了有关的消毒或灭菌。

(二) 清场工作

1. 人员 生产车间所有人员(包括维修人员)均应定期接受培训。培训内容除包括 GMP 理念及 SOP 等,应使 GMP 行为成为员工的自觉行为,确保员工熟悉 SOP 并严格执行。使员工养成按规程办事、按规定如实填写记录、遇事及时汇报等良好工作作风,从而最大限度地防止混药/混批的人为因素。外来人员必须经过批准并在指定人员的陪同及指导下方可进入车间。任何私人药品均不得带入车间。

2. 设备 生产设备应易于清洁,尽量避免出现凹槽等难清洁部位。使用结束后必须将产品及包装材料从设备上清理出去,并按规定程序进行清洁/洗和(或)灭菌。拆洗、在线清洗与在线灭菌条件、方法、步骤及频率应根据生产实际情况制定,但所用清洁剂、消毒剂及方法必须经过验证,以确保能达到预期效果。一般情况下,生产产品更换时必须进行拆洗或在线清洗,以防止混药。当产品中发生微生物超标时,必须进行在线灭菌。

每台设备均应有状态标识,如"待清洁"、"已清洁"、"已灭菌"、"某物料配制中"等。生产线的设计应流畅,产品无需中途离开生产线。各固定管道应标明内容物名称及流向。

3. 清场时间 为防止药品生产中不同批号、品种、规格之间的污染和交叉污染,各生产工序在生产结束、更换品种及规格或换批号前,应彻底清理及检查作业场所,确保把所有与生产无关的产品及原辅料清除出生产线。清场结束至操作开始这段时间不可太长,如下午进行清场而在第二天上午进行生产,需重新清场,除非清场区域上锁且非授权人无法进入。清场结束后应挂上写有"已清场"字样的指示牌。

4. 清场人员 有丰富的生产经历且经专门培训并考核合格的人员方可被授权进行清场及清场检查。生产部门可授权工段长进行培训和考核,考试合格者发给清场资格证书。

清场及检查清场不得由同一人担任。

质量保证部有关人员应定期参加清场,以评价清场的有效性。实际执行中往往采用由中控人员定期与清场检查人员共同进行清场检查的形式。

5. 清场的内容

(1) 地面无积灰、无结垢,门窗、室内照明灯、风管、墙面、开关箱外壳无积灰,室内不得存放与生产无关的杂品。

(2) 使用的工具、容器应清洁、无异物,无前次产品的遗留物。

(3) 设备内外无前次生产遗留的药品,无油垢。

(4) 非专用设备、管道、容器、工具应按规定拆洗或灭菌。

(5) 直接接触药品的机器、设备及管道工具、容器应每天或每批清洗或管理。同一设备连续加工同一非无菌产品时,其清洗周期遵循设备清洗的有关规定。

(6) 包装工序调换品种时,多余的标签及包装材料应全部按规定处理。

(7) 固体制剂工序调换品种时,对难以清洗的用品,如烘布、布袋,应予以调换。

(8) 前一操作已结束且已完成清洁。

(9) 生产线上无产品(包括成品、半成品、样品或废品)、包装材料。

(10) 没有与下一操作无关的文件。

6. 清场程序 由授权清场人员负责依据清场清单进行清场,由清场检查人员进行独立复查。清场人员及清场检查人员均需在相应清场清单上签名。

若清场过程中发现了任何不应出现的产品或包装材料等,必须立即移走,同时书面报告生产经理和质量保证部。这些报告可为内部审计提供资料。

7. 清场记录 清场工作应有清场记录,清场记录应包括工序、清场前产品的品名、规格、批号,清场日期、清场项目、检查情况、清场人、复核人及签字。

清场结束由生产质量部门质量员复查合格后发给"清场合格证"。清场合格证作为下一个品种(或同一品种不同规格)的生产凭证附入生产记录。未领得"清场合格证"不得进行下一步的生产。

8. 清场要求 必须有清场指令详细规定如何进行清场,并规定检查点。对于难以检查到的地方,如生产线下面、桌子或椅子下面等,应在清场指令中特别提出。在相应的生产指令后应附清场清单,清场清单应列出所有需检查的内容。

贴标签应紧接着上一道工序进行,若两道工序间不能有效连接,则必须有如何防止混淆的书面规程。

总之,防止生产过程中的污染和交叉污染,要做到如下几条:

(1) 严格按产品工艺要求在规定洁净度的生产场所生产,采取措施防止尘埃的产生和扩散,并定期监控生产环境的清洁及卫生状况。

(2) 不同产品品种、规格的生产操作不得在同一生产操作间同时进行;有数条包装线同时进行包装时,应采取隔离或其他有效防止污染或混淆的设施。

(3) 生产过程中应防止物料及产品所产生的气体、蒸汽或生物体等引起交叉污染。

(4) 每一生产操作间或生产用设备、容器应有所生产的产品的物料名称、批号、数量等状态标志。

(5) 生产前应确认无上次生产遗留物,防止混淆。

(6) 中药生产中,拣选后药材的洗涤应使用流动水,用过的水不得洗涤其他药材。不同药性的药材不得在一起洗涤。洗涤后的药材及切制和炮制品不宜露天干燥;药材及其中间产品、成品的灭菌方法应以不影响质量为原则。直接入药的药材粉末,配料前应做微生物检查。

(7) 灭菌制剂生产场地、设备和器具经彻底清洁、清洗后,还需杀菌消毒,经检查合格后撤换生产标志牌,挂上"已清洁"或"已灭菌"标志牌,填写清场和设备清洗记录。

(8) 返工,包括重新加工、重新包装、重新贴签等。返工产品的操作必须作为单独的一个批,与其他批严格分开。若对一批产品中的一部分进行返工,则此部分必须作为一个单独的小批,与原批号分开。

（三）包装中混药 / 混批的预防

包装作业较其他工段更易发生混药 / 混批问题,因此对包装作业的管理一直是生产管理的重要部分。包装管理的主要内容可概括为以下几点:①包装作业中包装材料的管理;②裸露产品污染的预防;③预防操作人员接触裸露产品;④有效的清场。

1. 基本要求　包装线必须有明显的标志,标明正在进行包装产品的批号、名称、规格及有效期。包装区内只允许有一个批号的产品及相应的包装材料。同一包装区内进行不同包装操作时,必须有物理隔断隔开,隔断高度不得低于 1.8 米。作业期间,未经许可的人员不得进入包装区域。吃饭、休息及下班等工作区内无人时,工作区应上锁。待包装产品(如片剂、胶囊等)必须贮存于相应的级别区域。包装作业的指令只能由受权人下达,如一个批号内分若干小批,则由受权人负责按小批分放在指定地点,并有明显标记。包装前一工序结束后应立即进行包装,若因客观原因不能立即进行包装,则必须将待包装产品放置于指定地点,并做好标记以防混淆。

2. 清场内容　每批包装作业开始前,均应按书面规程进行清场,并在作业线上标出产品名称、规格、批号及有效期。可以把清场清单和记录作为批包装记录的一部分。清场应至少检查包装传送带、灯检工作台、废物桶、贴签机、条码识别器、地面、生产线、标志牌等。

3. 包装清场

(1) 包装准备:按包装记录核对有关产品名称、生产日期、批号、有效期等。按包装材料清单核对仓库送来的包装材料是否正确、数量是否相符,并检查封口签是否完整。核对无误的,包装材料应放在指定位置,并做好标记。把印刷包装材料的条形码代号输入条形码识别器进行核对。调整打印批号及有效期的设置,并打印一张,检查内容是否正确、位置是否符合要求。由另一人对以上操作进行复核。

(2) 包装操作:检查包装产品的名称、数量、批号、生产日期等是否与生产指令一致。检查标签上所印批号、有效期是否准确、清晰,位置是否适中。按批包装记录完成每一步包装作业。包装过程中由班长或受权人定时抽查标签、打印、包装是否完好、准确。

装箱人员应确保所有产品均贴有标签,标签上均印有批号和有效期,且打印位置符合要求。对贴签不符合要求者,应撕下标签重新手工贴签。对于报废的标签必须将其代号撕下贴在批包装记录上,对于无法撕下代号的标签,必须在批包装记录上加以说明,并经班长或受权人复核签字。标签数额平衡时,这些报废的标签应计算在内。

包装结束时应检查零箱的产品,确保外纸箱上所示瓶数与实际装瓶数一致,并检查合格证、瓶标签及外纸箱上的批号、有效期是否清晰准确。

若中途停止包装,必须空出包装线,将未贴签的产品放入专门容器中,并在此容器上标明产品名称、规格、批号、生产日期及数量。

包装过程中包装线以外的材料必须作废品处理。拿离生产线的待包装产品,必须立即返回生产线,且需经第二人核查无误。若待包装产品拿至包装区外或离开生产线时间过长,则一般不得返回生产线。任何返回的产品必须在相应批包装记录上加以记录。

每批产品均应进行标签的数额平衡。若发现标签数额不平衡,则必须找出原因,必要时需进行返工。

(3) 包装材料的增补与退库:包装过程中由于损耗而引起包装材料不足时,应填写"增补领料单",注明所需包装材料的名称、代号、数量,经受权人签字后到仓库领料。

包装结束后多余的包装材料,若已打印了批号,则作报废处理;未打印批号的,则应分别放入专门容器中,封口,并贴上标签,注明名称、代号、数量,连同填写好的"回单"一同返回仓库。

第六节　卫生与消毒

制药卫生是药品生产管理的一项重要工作内容,是指生产过程中所采取的各种防止微生物污染的措施,是 GMP 对药品生产企业的基本要求之一。在制药生产中,卫生工作贯穿着药品生产的全过程,卫生管理包括药品生产环境卫生、洁净室卫生、物料卫生、人员卫生、设备设施卫生等,卫生管理是确保药品质量的重要手段。

一、药品生产环境卫生

药品生产环境是指与药品生产相关的空气、水源、地面、生产车间、设备、空气处理系统、生产介质和人等方面的卫生。环境卫生包括厂区环境卫生、厂房环境卫生和仓储区环境卫生等。

1. 厂区环境卫生要求　生产区周围的厂区环境清洁、整齐,排水通畅,无杂草,无积水,无蚊蝇滋生地。生产区、行政区、生活区、辅助区分开,并且有明显、清晰的标志。

厂区绿化可以减少露土面积,美化环境,绿化面积应达到 50%~70%。绿化以种植草皮及绿色灌木为主,不宜选种观赏花木及高大乔木,不得种植产生花絮、绒毛、花粉等对空气产生污染的植物。厂区道路采用混凝土路面,路面保持清洁、通畅、平整、不起尘、排水通畅。人流物流分开,运输不对药物及辅料产生污染。厂区内不得堆放废弃物及垃圾。生产工作中的废弃物及垃圾必须采用有效的隔离措施,放在密封容器内或袋中,及时送到厂区外规定的堆放地点,不得对厂区环境产生污染。厂区邻近的废弃物、垃圾堆放站必须与厂区之间有有效隔离措施和消毒措施,位置要远离生产区,并由专人及时清除,随时将盛装容器处理干净、进行消毒。

2. 生产场所卫生要求　保持生产场地平整干净,地面无积水,地沟、地漏畅通不堵塞,无微生物滋生。清洁工具清洗后按指定位置存放。

3. 仓储区环境卫生要求　仓储区周围环境整洁,无粉尘、有害气体、垃圾及污水等严重污染源;地面平坦、整洁、无积水,沟渠畅通,地势干燥。

库房内表面光洁、平整、无积尘、无霉斑、无渗漏、无不清洁死角,做到窗明壁净;地面光滑、无缝隙、清洁干净、无积水、无杂物;门窗结构严密,设置能有效防止昆虫、鸟类、鼠类等动物进入的设施,如房门口设置防昆虫的灯,库房的通风窗上安装纱网,设置防鼠器具,防蚊蝇的风幕、风帘等。

仓储区应划分办公区及库房。办公区整齐、清洁,库房实行定置管理,仓库内包括物资、运输工具、衡器等所有物品,均按定置要求,定位、定量码放整齐。库内所有物品应清洁,无积尘、地油污。

二、洁净室卫生

洁净室的卫生工作是重要的一个环节,通常包括清洁、消毒与灭菌三个方面。

(一)污染物的来源

GMP 旨在最大限度地降低药品生产过程中污染、交叉污染以及混淆、差错等风险,确保持续稳定地生产出符合预定用途和注册要求的药品。故制药企业必须防范"粒子"和"微生物"等污染物。污染物的来源主要有:空气过滤系统未能除掉的尘粒;人员活动及脱落产生的粒子;物料本身及其活性降解产物,还有物料在运输和混合时的污损;设备、厂房散发出的粒子等。其中,人员为最主要的污染物来源,据资料统计,洁净室内 80% 的尘埃污染来自操作人员。

(二)洁净室的清洁

清洁的目的就是要消除活性成分的交叉污染,消除不溶性微粒、降低或消除微生物及热原对药品的污染。应根据洁净度不同的区域分别制定清洁规程,生产结束后对厂房进行清洁,清洁效果在未生产的情况下 3 日内有效。洁净区停产 24 小时以上,再次生产前应进行消毒。按有关规定定期进行尘粒、微生物数量的检测,根据检测结果更换高效过滤器。生产区不得存放非生产物品和个人杂物,生产中的废弃物应及时处理。

1. 清洁方法 厂房清洁包括洁净室的天花板、墙壁、地面及室内的管线等。常用的清洁卫生方法有:①湿法,即用湿抹布擦拭;②擦洗法,即用擦洗机利用其摩擦力进行擦洗;③高压冲洗法,此方法可减少用水量且效果好于普通擦洗法;④冲洗法,先真空吸尘后湿拖,此法适用于有粉末物料的区域,前提是其排气要装上过滤器。

设备的清洁方法分为手工、半自动及全自动清洁三种类型。①手工清洗,又称拆机洗,如灌装机头、软管等,大部分生产设备都采用这种方法进行清洁;②半自动清洗,又称超声波清洗;③全自动清洗,大型固定设备(系统)需采用在线清洗,在线清洗是指在一个预定的时间内,将一定温度的清洁液和淋洗液以控制的流速通过待清洗的系统循环而达到清洁目的的手段,在线清洗系统可达到均匀一致的清洁效果,并可再现。

2. 清洗介质和清洁剂的选择 常用的清洗介质有水和有机溶媒。水的优点是无毒、无残留物,且价格低廉,是最常用的清洗介质。无菌洁净室及设备最终的冲洗应使用注射用水。当生产设备上的残余物可溶于有机溶媒时,可选择丙酮、庚烷等有机溶媒进行清洗。

清洁剂的选择取决于待清洗设备的表面及表面污染的性质。一般来说,由于碳酸氢钠可作为注射剂的原料,因此氢氧化钠常用来调节注射剂的 pH,它们兼具有去污力强及易被淋洗掉的特点,因而成为在线清洗首选的清洁剂。螯合剂与金属离子形成络合物,可增加金属离子的溶解度。助悬剂使残余物悬浮在冲洗液中,易被冲洗掉而不会沉积在设备的其他部位。这些清洁剂都可根据污染物的性质进行选择。

(三)消毒

消毒是指杀死大多数病原微生物或者使之减少到一定程度的处理方式。洁净室常用的消毒方法有紫外线照射消毒、消毒剂消毒、气体消毒等。

1. 紫外线照射消毒 是一种电磁辐射法,只限于物体表面及空气消毒。紫外线照射对不同细菌的杀菌率不同,一般需照射 0.5 小时以上才有灭菌作用;在 20℃、相对湿度 40%~60% 条件下,紫外灯的灭菌效果最好;紫外灯一般对空气有效照射体积为 6~15m³,紫外线照射角度愈大、距离愈远、则照射强度愈小;同时,紫外灯的杀菌力随使用时间增加而减退,一般国产紫外灯的平均寿命为 2000 小时左右。

2. 消毒剂消毒　属于化学消毒,常用的消毒剂有新洁尔灭、戊二醛、75% 异丙醇、75% 乙醇等。一般来说,消毒剂仅对细菌繁殖体有效,并不能杀死芽孢,但利用消毒剂的协同杀菌作用,可以达到较好的杀芽孢效果。消毒剂的消毒效果依赖于微生物的种类、数目、消毒剂的性质以及物体表面光滑与否。为了避免细菌对某一种消毒剂产生耐药,应注意消毒剂使用一段时间后要进行更换。无菌室用的消毒剂必须在层流工作台用 0.22μm 滤膜过滤后方能使用。

3. 气体消毒　在一定条件下让消毒液蒸发产生气体来熏蒸消毒。消毒液有甲醛、环氧乙烷、过氧乙酸、苯酚等。其中甲醛消毒是当前制药洁净室常用的一种消毒方式。当温度在 24~40 ℃、相对湿度在 65% 以上时,消毒效果最好。使用甲醛熏蒸会出现多聚甲醛的白色粉末,易附着在厂房、设备、管道表面,堵塞高效过滤器,而且对风管有一定的腐蚀,目前已逐渐采用臭氧取代甲醛用于洁净室的消毒。

臭氧消毒具有高效、广谱的特点,不仅可杀灭细菌、肝炎病毒,对真菌的杀灭效果也很好。由于不存在任何有毒残留物,被称为无污染消毒剂。臭氧消毒需要安装臭氧发生器,可采用内循环局部灭菌,也可利用 HVAC 系统通过风管送、回风进行消毒。臭氧消毒简便快捷,每日空气灭菌只需开机 1~1.5 小时。由于其安全方便和消毒效果好的特点,臭氧消毒已越来越被制药企业所应用。

三、物料卫生

GMP 要求进入洁净区的物料需达到相应的净化级别。物料净化与人员净化路线应分开独立设置,避免交叉。流体可以通过密闭管道输送,减少被污染的几率;固体物料如原辅料、包装材料等进入有空气洁净度要求的区域,应有清洁措施,如设置原辅料外包装清洁室、包装材料清洁室等。从一般生产区进入洁净区,必须经物料净化系统(缓冲室和传递窗)在缓冲室脱去外包装,若不能脱去外包装的,应对外包装进行吸尘等洁净处理后,经有出入门联锁的气闸室或传递窗(柜)进入洁净区。进入不可灭菌产品生产区的原辅料、包装材料和其他物品,需在缓冲间内用消毒液擦洗,然后通过气闸室或传递窗(柜)用紫外灯照射或用洁净空气吹淋后传入。传递柜应具有良好的密闭性,并易于清洁。物料进入洁净区内,整齐码放于规定位置并挂上状态标识牌。

物料从洁净区到一般生产区,也要经过气闸室或传递窗(柜)传出,以保证洁净区域的洁净度和正压。生产过程中产生的废弃物出口不宜与物料进出口合用一个气闸或传递窗(柜),宜单独设置专用传递设施。

四、人员卫生

人是洁净室中最大的微生物污染源,人在代谢过程中会释放和分泌污染物,人体表面、衣服能沾染、携带污染物,人在洁净室内的各种动作也会产生微粒和微生物。

1. GMP 对人员卫生方面的要求　企业应当对人员健康进行管理,并建立健康档案。直接接触药品的生产人员上岗前应当接受健康检查,以后每年至少进行一次健康检查。采取适当措施,避免体表有伤口、患有传染病或其他可能污染药品疾病的人员从事直接接触药品的生产。所有人员都应当接受卫生要求的培训,建立人员卫生操作规程,最大限度地降低人员对药品生产造成污染的风险。

任何进入生产区的人员均应当按照规定更衣。参观人员和未经培训的人员不得进入生产区和质量控制区,特殊情况确需进入的,应当事先对个人卫生、更衣等事项进行指导。进入洁净生产区的人员不得化妆和佩戴饰物。生产区、仓储区应当禁止吸烟和饮食,禁止存放食品、饮料、香烟和个人用药品等非生产用物品。操作人员应当避免裸手直接接触药品、与药品直接接触的包装材料和设备表面。

2. 人员净化用室和生活用室的设置　人员净化用室应根据产品生产工艺和空气洁净度等级要求设置。不同空气洁净度等级的医药洁净室(区)的人员净化用室宜分别设置。人员净化用室应设置雨具存放室、换鞋室、存外衣室、盥洗室、消毒室、更换洁净工作服室、气闸等设施。

人员净化用室和生活用室的布置应避免往复交叉,应符合下列要求:①人员净化用室入口处,应设置净鞋设施;②存外衣和更换洁净工作服的设施应分别设置,外衣存衣柜应按设计人数每人一柜设置;③人员净化用室中的更衣室、气闸室,应送入与洁净室(区)净化空调系统相同的洁净空气,人员净化用室各房间的空气应由里向外流动;④盥洗室应设洗手和消毒设施,宜装烘干器,水龙头按最大班人数每 10 人设一个,龙头开启方式以不直接用手为宜;⑤厕所、淋浴室、休息室等生活用室可根据需要设置,但不能对医药洁净室(区)产生不良影响,厕所和浴室不得设置在医药洁净区域内,宜设置在人员净化用室外,需设置在人员净化用室内的厕所应有前室,供进入前换鞋、更衣用;⑥医药洁净区域的入口处应设置气闸室,气闸室的出入门应采取防止同时被开启的措施;⑦青霉素等高致敏性药品、某些甾体药品、高活性药品及有毒害药品的人员净化用室,应采取防止有毒有害物质被人体带出人员净化用室的措施;⑧医药工业洁净厂房内人员净化用室和生活用室的面积,应根据不同空气洁净度等级和工作人员数量确定,一般可按洁净区人数平均每人 4~6m^2 计算。

3. 人员净化程序　非无菌洁净区人员净化程序包括:换鞋;脱外衣、洗手;穿洁净工作服、手消毒;进入气闸室;进入非无菌洁净区域。无菌洁净区人员净化程序包括:换鞋;脱外衣、洗手、洗腕部、手消毒;穿无菌外衣、穿无菌鞋、手消毒;进入气闸室;进入无菌洁净区。

离开洁净区按进入洁净区更衣的逆向顺序进行。在实际操作时,多数药厂在一更(脱外衣处)处脱去洁净服,放入专门盛装洁净服的容器里面,因为人在脱洁净服的时候会有很多皮毛掉落,二更(穿无菌外衣处)与缓冲间最接近,故可能容易把皮毛带入洁净区生产车间,影响产品的质量。

4. 洁净工作服的洗涤灭菌　洁净工作服的选材、式样及穿戴方式应与生产操作和空气洁净度等级要求相适应,不得混用;洁净工作服的质地应光滑,不产生静电、不脱落纤维和颗粒物质。无菌工作服必须包盖全部头发、胡须及脚部,并能阻留人体脱落物。

工作服应编号进行管理,洁净工作服、手套、面罩等应定期更换、清洗,必要时使用一次性服装;不同空气洁净度等级使用的工作服应分别清洗、整理,必要时消毒或灭菌,灭菌时不应带入附加的颗粒物质;洁净工作服的洗涤、干燥,其洁净度可低于生产区一个级别;无菌服装的整理、灭菌和存放室,洁净级别宜与生产区相同。

洁净服及洁净鞋用洗衣粉溶液洗涤后,经纯化水漂洗、甩干后进行整理,然后经过灭菌(自由设定程序:真空 3 次,灭菌 121℃ 30 分钟,干燥 12 分钟),灭菌后应在 48 小时内使用,超过时间应重新灭菌;非洁净区的工作服和鞋用洗衣粉溶液洗涤,饮用水漂洗、甩干后进行整理,存放时用紫外灯照射 1 小时以上,每周至少清洗两次,更换品种时清洁一次;参观用大衣每次参观结束后清洗一次。

五、设备设施卫生

1. 设备、容器具清洗室　洁净区的设备及容器具宜在本区域外清洗,其清洗室的空气洁净度不应低于 C 级。设备的维修在洁净区内进行时应使用洁净的工具,在维修工作期间,如不能保持所要求的洁净度或无菌标准,应在生产重新开始前,对该区进行清洗并适当的消毒。

2. 与药品直接接触的辅助气体　用于灭菌的无菌蒸汽应经净化处理,并在使用点设置无菌过滤器;与药品直接接触的干燥用空气应经净化处理;与药品直接接触的压缩空气、惰性气体应根据生产需要进行除油、除湿、除尘和除菌处理,并在使用点设置终端过滤器。

(1) 压缩空气的净化:空气→压缩机→缓冲罐→四通阀除水→缓冲罐→ 15μm 钛滤棒粗滤→ 0.22μm 微孔滤柱精滤→使用点

(2) 氮气:氮气→缓冲罐→浓硫酸→碱性焦性没食子酸溶液→注射用水→缓冲罐→ 15μm 钛滤棒粗滤→ 0.22μm 微孔滤柱精滤→使用点

(3) 二氧化碳:二氧化碳→缓冲罐→浓硫酸→硫酸铜溶液→高锰酸钾溶液→注射用水→缓冲罐→ 15μm 钛滤棒粗滤→ 0.22μm 微孔滤柱精滤→使用点

粗过滤介质每季度更换一次,精滤微孔滤柱用起泡点实验监测(0.22μm 聚四氟乙烯材质的滤材应不小于 0.25MPa),达不到要求则更换。

3. 注射用水、纯化水贮罐及管路的清洁　注射用水或纯化水贮罐及管路在安装后,首先经注射用水、纯化水预冲洗,1% NaOH 循环清洗 30 分钟,然后用注射用水、纯化水冲洗,采用 8% 硝酸溶液 49~52℃循环 60 分钟进行钝化,再次使用注射用水、纯化水冲洗,3% 双氧水溶液循环 2 小时,最后用注射用水、纯化水冲洗,清洁蒸汽消毒,方可投入使用。

在投入使用后,注射用水 / 纯化水贮罐、管路每月按以下步骤清洁一次:1% NaOH 溶液循环 30 分钟,注射用水 / 纯化水冲洗;氧化剂循环 2 小时,注射用水 / 纯化水冲洗;清洁蒸汽消毒。氧化剂为 3% 双氧水溶液和二氧化氯溶液(1000ppm),每次一种,交替使用;清洁蒸汽消毒保证终端温度不低于 121℃,时间在 20 分钟以上。停产三天以上(包括三天),注射用水贮罐、管路用清洁蒸汽消毒 1 次。

注射用水贮罐及管路每周、每月清洁后需检测以下出水点质量:蒸馏水机出口、贮罐、总送水口、总回水口、浓配、稀配、配炭;纯化水每周、每月清洁后需检测以下出水点质量:反渗透设备出口、纯化水贮罐总送水口、总回水口。

4. 洁净区清洁工具　空气质量要求同配套的操作车间一致,并有专门的收集及存放区域,且与生产区域不能产生交叉污染。

第七节　生产自动化和计算机应用

一、生产自动化的意义

在现代科学技术的众多领域中,自动控制技术起着越来越重要的作用。所谓自动控制是指在没有人直接参与的情况下,利用外加的设备或装置(称控制器),使机器、设备或生产过程(称被控制对象)的某个工作状态自动按照预定的参数(即被控量)运行。

自动控制可以解决人工控制的局限性与生产要求复杂性之间的矛盾。生产实行自动控制具有提高产品质量、提高劳动生产效率、降低生产成本、节约能源消耗、减轻体力劳动、减少环境污染等优越性。自 20 世纪中叶以来,自动控制系统及自动控制技术得到了飞速的发展,制剂生产中越来越广泛地采用自动化控制,例如:物料的加热,灭菌温度的自动测量、记录和控制;洁净车间空调系统的温度、湿度及新风比的自动调节;多效注射用水机对所产注射用水的温度、电导率检测的控制;注射剂生产中所使用的脉动真空蒸汽灭菌柜对灭菌温度、灭菌时间的自动控制和程序控制等。

二、自动化的内容

(一)自动检测

在制剂生产过程中,需要连续对产品进行检测,以控制和保证产品质量或检测生产状况。

例如,在粉针剂生产流水线中,为便于对分装、轧盖、灯检等工序进行考核和计算收率,可在各工序后的输送带上设光电计数器,通过计数器全面掌握各工序生产状况。

在片剂生产中,片重差异是片剂的重要指标之一,因为不可能对每片进行称量,很难防止片重不合格的片子进入终产品中。目前一些压片机已可自动检测片重不合格的片子并将其剔除。其基本原理为:压片中对冲头采用液压传动,所施加的压力已确定,当片重低于或大于合格范围后,冲头所产生的压力也将小于或大于设定值,压力传感器将信号传送给压力控制器,通过微机与输入的设定值比较,将超出设定范围的信号转换成剔除废片的信号,启动剔除废片执行机构,将废片剔除。

在粉针剂生产中,洗净的管制瓶需在隧道烘箱内干燥和灭菌,灭菌温度需达到 350℃,并保持 5 分钟,因此必须保证隧道烘箱内部的温度保持在规定温度范围内。图 2-7 是隧道烘箱温度控制系统方块图,隧道烘箱预热段、灭菌段及保温段各段需控制的温度经设定后,由温度传感器、石英加热管及稳定控制系统自行检测和控制。

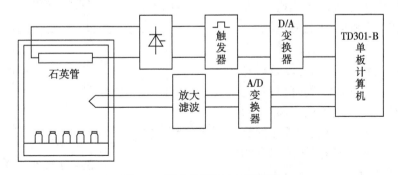

图 2-7 隧道烘箱温度控制系统

(二)自动保护

在制剂生产过程中,有时需对某设备或某部件进行自动保护,否则将可能影响产品质量或产生其他不利影响。以下介绍一些自动保护装置。

1. 防金属微粒的保护 粉针剂生产过程中,主要采用螺杆式分装机对药粉进行分装。

分装机的分装头主要由螺杆和粉盒组成,螺杆和粉盒锥底均由不锈钢制成,螺杆与底部出粉口的间隙很小。为防止螺杆与出粉口摩擦,造成金属微粒进入药粉中,在分装头上增设防金属微粒保护装置(图2-8)。当螺杆与出粉口相接触,电路即接通,螺杆将停止转动,并报警。

2. 无瓶保护 粉针剂分装过程中,管制瓶不断由输送轨道进入等分盘,但难免也有瓶不能进入等分盘,为防止无瓶时分装头仍继续下药粉,在等分盘附近设有保护装置(图2-9)。正常运转时,管制瓶将保护片向外推出,保护片的凸出部分挡住光电管,分装头运转,将粉送出;而当等分盘缺口内无瓶时,保护片不动,光电管无信号发出,分装控制器未接收到工作指令,分装头不运转,因此不会因无瓶时仍然落粉而污染工作面。

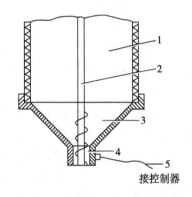

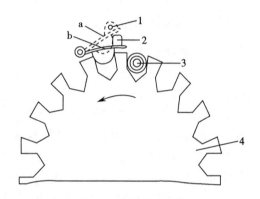

图2-8 防金属微粒保护装置
1.粉盒;2.螺杆;3.锥底;4.出粉口;5.导线

图2-9 空瓶保护装置
1.光电管;2.保护片;3.西林瓶;4.等分盘

(三)自动调节

液体制剂生产过程中的混液机可以采用自动控制系统,实现自动调节。该设备为一自动配料罐,罐顶设一个电磁阀,控制进液口,底部有一带电磁阀的出液口;罐壁上下各安装一个液位传感器;为了加热并检测罐内液体温度,罐内还安装了一个电加热器及温度传感器;为了使液体混合均匀,在罐顶设置搅拌机(图2-10)。打开电源后,启动按钮,进液电磁阀打开,液体进入罐内,当液体达到上液位后,传感器发出信号,进液电磁阀关闭,搅拌机启动,并开启电加热器,当达到设定温度后,温度传感器发出信号,即自动停止加热和搅拌,出料电磁阀打开,使已混合的液体流出。当液面低于下液位传感器后,出料阀门关闭,可重复开始上述过程。整个过程的程序流程图见图2-11。

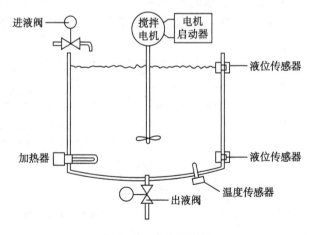

图2-10 自动混液机

(四)计算机在制剂生产中的应用

在制剂生产中,已越来越多地使用计算机控制,以提高产品的质量,如固体制剂中的包衣机、压片机,冻干剂生产中的冻干机,大输液生产中的灭菌柜等都可采用计算机编程控制。

图 2-12 是国内比较典型的 STP-85 型微机控制片剂包衣自控系统,它与糖衣机配套使用,能使整个包衣过程自动化。该机由动力柜、微机控制操作台、高压无气喷雾机三大部分组成。

该机的核心部件是微机控制部分,它采用以微型计算机为中心的大规模集成电路,当按工艺要求设定程序后,该机能自动完成预热、喷浆、干燥等全部包衣工序。该机还具有自动显示、打印记录、自动校检、故障检查、超量报警等多种功能。该机的工作原理为:选择开关选择包衣锅参数后输入至单板计算机进行运算,运算后输出控制信号,控制信号到达逻辑电路一方面由显示电路显示(如某种 LED 显示输出大小),另一方面输入至光电耦合电路使其输出驱动信号到达可控硅驱动电路,驱动电路输出指令分别到达喷雾机和动力柜进行包衣。参见图 2-13。

包衣的计算机控制已普遍应用在高效包衣机上。改进的高效包衣机还可以对送入包衣机内的风量进行检测和调节。因为随着使用时间的增加,经高效过滤器进入包衣机内的风量会因过滤器的堵塞而减少,由于干燥时间已设定在确定的范围内,因此风量的减少会影响

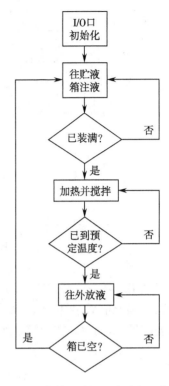

图 2-11 自动混液机程序流程示意图

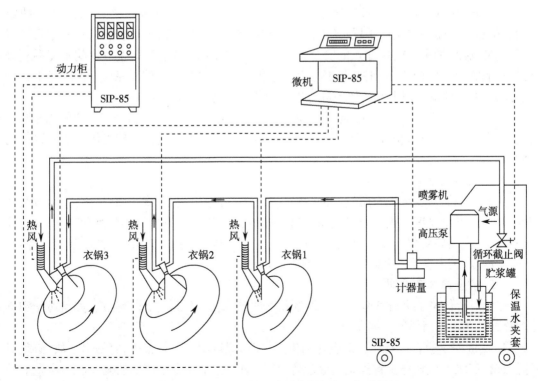

图 2-12 STP-85 型微机控制片剂包衣无气喷雾机

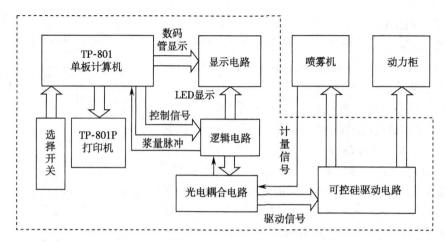

图 2-13　STP-85 型控制机工作原理

干燥效果。随着过滤器阻力的增加,两端的压差也随之增加,如果高效过滤器两端的压差大于某一确定值后,微机控制系统即指令风机增加转速,增加风压,使进入包衣机的风量达到需要的量,从而保证在设定时间内达到应有的干燥水平。

第八节　生产安全和劳动保护

一、生产安全

实现安全生产的最基本条件就是保证人和机器设备在生产中的安全。人是生产的决定因素,机器设备是主要生产手段,如果没有人和机器设备的安全,生产就不能顺利进行。特别是人的安全,如果不能保证人的安全,机器设备的作用也无法发挥,生产也就不能顺利进行。企业的劳动保护工作,正是职工在生产过程中安全和健康的重要保证。保障职工在生产劳动中的安全就必须把安全作为进行生产的条件,也就是必须安全第一。

各企业的生产方式、生产性质、生产条件不同,安全管理的内容也有所差异,但总原则是适合本企业、能有效防止或减少人员和设备损伤事故的发生。安全管理工作主要有以下几个方面。

(一) 安全制度

企业应根据对安全生产所制定的政策法规,结合企业的生产特点,制订出科学合理、适合本企业的安全制度。主要的安全制度有:安全机构和安全网制度,安全教育制度,安全检查制度,安全措施管理制度,事故管理制度,车间动火制度,劳动防护用品管理制度,登高作业安全制度,压力容器安全制度,尘毒岗位安全制度。

(二) 安全教育及培训

必须对全体员工进行安全生产的教育和培训,让员工懂得如何安全生产,如何防止和排除事故的发生,从而保证生产安全。

1. 三级安全教育　新职工对企业的生产情况、规章制度了解很少,容易出事故,必须对他们进行三级安全教育。首先是厂级教育,介绍国家关于安全生产的法规、政策,本企业的生产特点及主要安全制度。其次是车间教育,介绍车间的生产情况特点,车间的主要安全制度和典型事故实例等。最后是班组教育,介绍本班组的性质和特点,安全设施的使用方法,个人防护用品的使用方法及事故案例等。

2. 在职职工的日常安全教育 定期对在岗职工进行安全教育和培训。培训内容主要结合岗位技术安全操作法,讲解基础技术知识、操作原理、可能出现的异常情况及处理办法等;有关防火、防爆、防毒、防伤的基础技术知识和安全专业知识,如静电知识、燃烧原理等。

(三)安全措施

1. 防火防爆 制剂生产要注意各种溶剂以及制粒过程的粉尘爆炸问题,如高浓度乙醇作为润湿或黏合剂的情况。所有采用易燃易爆有机溶剂的工序,应按防火防爆要求装备设施、管线和照明,并配备防爆缓冲间。在有火灾、爆炸危险的生产区域及仓库区域内,严格禁止吸烟、明火照明及进行可能引起火灾、爆炸的作业,如焊割作业等;检修动火时必须严格执行动火证制度。

2. 防止产生静电 静电对安全生产的危害很大,但往往因不为人们所察觉而忽视。控制静电的主要措施有:对容易产生静电的设备、贮槽、管道等应有良好的接地;提高空气湿度以消除静电荷的积累,在有静电危险的场所,空气的相对湿度应在70%以上,最低应不低于30%;将易燃液体或气体转移到其他容器或贮罐时,输送管道不能采用塑料管道;控制流速不能太快,如甲醇、乙醇在管道中的流速为 2~3m/s;采用防静电材料,如禁止穿丝绸或化纤织物的工作衣裤进入易燃易爆生产区域。

3. 其他 车间内临时存放易燃和可燃物品时,应根据生产需要,限额存放,一般不得超过当天用量。易燃易爆液体不能用敞开容器盛装;有可燃气体、蒸汽和粉尘的车间,必须加强通风;在洁净区域含有较多粉尘的作业场所内,空气必须经除尘后排放;对使用易燃易爆液体的生产区域,必须按防爆要求进行设计,例如片剂生产中的包衣间,对送入该区域的空气不宜回收;禁止穿带钉鞋类进入易燃易爆的生产区域,禁止金属在该区域内的撞击;电线接地应连接紧固,以防接触电阻过大,发热起火。

(四)安全检查

安全检查的目的是搜索和发现不安全因素和隐患,是对劳动过程中的安全进行经常性、突击性或者专业性的检查活动。检查内容主要概括为查思想、查制度、查措施、查设备、查设施(灭火器、报警器等)、查教育、查工作环节、查操作行为、查防护用品的使用、查伤亡事故的处理等。对安全检查中查出的问题和隐患,应从全面安全管理的角度出发,寻找问题的根源,提出消除隐患的措施,对整改项目要有专人负责,整改项目要有具体内容,如整改方法、进度计划及验收标准。整改完成后,由有关部门负责组织检查验收。

(五)事故处理

已发生的事故需按照事故性质分别由各职能部门负责处理,以便于发现工作中存在的问题,便于改进工作,避免类似事故的发生。对发生的事故做到三不放过,即事故原因不查清楚不放过,事故责任人和职工没有受到教育不放过,没有防范措施不放过。对发生的死亡事故、重伤事故必须认真做好伤亡事故的调查、统计、报告工作,并向上级上报调查处理的书面报告。

二、劳动保护

为改善劳动条件,保护职工在劳动生产过程中的健康,预防和消除职业中毒,国家制订了涉及劳动卫生的各种法律规范。这些法律文件既包括劳动卫生工程技术措施,也包括了预防医学的保健措施。我国现行的劳动卫生方面的法规主要有:《工厂安全卫生规程》、《国务院关于防止厂矿企业吸尘危害的决定》、《工业企业设计卫生标准》、《工业企业噪声卫生标准》、《微波辐射暂行卫生标准》、《放射性同位素工作卫生防护管理办法》、《防暑降温暂行办法》、《职业病范围和职业病患者处理办法》等。

目前的劳动保护措施主要是五防:

1. 防尘　预防粉尘危害的措施有:通过工艺改革和生产设备改进,努力减少生产过程中粉尘的飞扬。凡是能生产粉尘的设备均应尽可能密闭,并用局部机械吸风捕尘,使密闭设备内保持一定的负压,防止粉尘外溢;抽出的含尘空气必须经过除尘净化处理,才能排出,避免污染大气。目前,国内生产的部分粉碎机、压片机均采用该措施。

2. 防静电　预防静电危害的措施有:从工艺改进着手尽量减少静电产生,利用泄漏导走的方法迅速排除静电,利用中和电荷的方法减少静电积累,利用屏蔽的方法限制静电产生危害,改变生产环境,减少易燃易爆物的泄放。

3. 防毒　预防职业中毒的防治措施有:通过工艺改革,使用无毒或低毒物质代替有毒或高毒物质;降低毒物浓度,控制毒物逸散,采用远距离控制或采用局部抽风等方法,减少或消除工人接触毒物的机会,同时要加强设备的维修,防止有毒物质的跑、冒、滴、漏污染环境;个人防护方面,应严格执行防护用品的使用规定,在有毒物质的作业过程中要佩戴防毒口罩或防毒面具,保证良好的个人卫生状况,加强体育锻炼,提高机体的抵抗能力;严格做好环境监测与健康检查,定期监测作业场所空气中的毒物浓度,将其控制在最高容许浓度之下,实行就业前健康检查,排除职业禁忌者参加接触毒物的作业。坚持定期健康检查,尽早发现工人健康问题并及时处理。

4. 防噪声　防止噪声的措施有:控制和消除噪声源,采用无声或低声设备代替发生噪声的设备;提高机器的精度,以减少机器部件撞击、摩擦和振动所产生的噪声;通过将噪声源移至车间外等措施或通过使用消声材料间隔封闭噪声污染;在设备基础和地面、墙壁连接处设减振装备,如减振垫、胶垫、沥青等,以防止通过地板和墙壁等固体材料传播振动噪声;当需要在较高噪声条件下工作时,工作人员佩戴耳塞或耳罩,加强个人防护,是保护听觉器官的有效措施,隔声效果可达 30dB 左右。

5. 防辐射　预防辐射危害的措施有:将电磁能量限制在规定的空间内,阻止其传播扩散;选用铜、铝等金属材料作为屏蔽材料,利用金属的吸收和反射作用,使操作地点的电磁场强度减低,屏蔽罩应有良好的接地,以免成为二次辐射源;在屏蔽辐射源有困难时,可采用自动或半自动的远距离操作;在场源周围设置明显标志,禁止人员靠近;在难以采取其他措施时,操作人员短时间作业可穿戴专用的防护衣帽和眼镜。

第九节　三废治理和综合利用

环境是人类赖以生存和社会可持续发展的客观条件和空间。工业生产排放的污物是环境污染的主要污染源之一,因此,有效地控制污染,保护环境,也成为药品生产企业的一项重要内容。

尽管制剂生产企业所排放"三废"的量比较小,浓度比较低,处理相对较容易,但作为影响环境质量的生产企业,必须对生产的"三废"进行治理,以减小对环境的影响。

一、制剂生产中的三废

1. **废气** 制剂生产中的含尘废气主要来自固体制剂生产中的粉碎、碾磨、筛分、压片、胶囊填充及粉针分装等工序。虽然粉尘的浓度并不太大,但粉尘及药品粉尘会对环境造成危害,尤其是青霉素、头孢类粉尘排入大气后,有可能危及受害者的生命。

2. **废水** 在制药企业产生的污染物中,以废水的数量最大、种类最多、危害最严重,对生产可持续发展的影响也最大,它是制药企业污染物无害化处理的重点和难点。制剂生产中的废水,主要是生产设备和包装容器的洗涤水、生产场地的地面清洁废水以及冷却水等。

3. **固体废料** 制药企业固体废料是制药过程中产生的固体、半固体或浆状废物,如破损的瓶、裁切后的 PVC 板边角料、废包装材料、不合格的药品及某些剂型生产中产生的废活性炭等,是制药工业的主要污染源之一。

二、环境保护要求和工作内容

(一)环境保护政策

我国历来重视保护生态环境,消除污染、保护环境已成为我国的一项基本国策。特别是改革开放以来,我国先后完善和颁布了《环境保护法》、《大气污染防治法》、《水污染防治法》、《海洋环境保护法》、《固体废弃物污染环境防治法》、《环境噪声污染防治法》以及与各项法规相配套的行政、经济法规和环境保护标准,基本形成了一套完整的环境保护法律体系。所有企业、单位和部门都要遵守国家和地方的环境保护法规,采取切实有效的措施,限期解决污染问题。

凡新建、改建和扩建项目都必须按国家基本建设项目环境管理办法的规定,切实执行"环境评价报告"制度和"三同时"制度。做到先进行环境评价,后建设;环保设施与主体工程同时设计、同时施工、同时投产,防止发生新污染。

环境影响评价制度,把环境影响评价作为开发和建设项目可行性的一个重要组成部分,对每个项目,不仅从经济角度进行评价,而且要从环境保护角度进行评价。实行环境保护目标责任制,规定各级政府领导人在当地环境质量改善方面,在自己的任期内要达到的环境目标;实行城市环境综合整治定量考核制度;实行排污许可证制度,根据宏观控制计划,分配落实到户,企业根据排污证规定的量排放污染物;实行污染期治理制度,对老污染源提出限期治理,加速老污染源的治理;实行污染集中控制及排污收费制度,由社会为污染治理提供有偿服务,以经济手段加强对环境的管理。

(二)制剂生产的三废防治

1. **废气** 利用多孔过滤介质分离捕集气体中的粉尘。运行中应注意除尘袋的清洁,否则将影响排风量。对于吸湿性较大的粉尘,除尘袋应选用疏水性织物,避免药粉吸湿后黏附在除尘袋上。青霉素类药物的尾气应进入含 1% 氢氧化钠溶液的吸收器内,经二级吸收,尾气再经高效过滤器过滤后排放,所排放的空气中青霉素浓度应小于 0.0008U/ml,氢氧化钠吸收液进入废水处理系统中做进一步处理。

2. **废水** 首先应清污分流,将可利用的冷却水集中处理,然后循环使用。污水可采用一级处理和二级处理:首先采用沉淀、中和等物理化学方法进行一级处理,然后采用活性污泥或生物膜法等进行二级处理,使废水达到排放标准。

制剂废水成分复杂,有时还含有对生化处理有抑制作用的头孢类抗生素和难处理的大分子物质。厌氧生物铁水解法是制剂污水处理的方法之一。该方法通过生物铁强化 - 水解酸化处理,可改变含抗生素废水的分子结构,把难降解的大分子有机物转化为小分子有机物,降解抗生素的毒性,为好氧生物铁处理和接触氧化处理(微电解生物铁废水处理技术)创造有利条件。

微电解生物铁废水处理技术则是利用生物铁具有的微电池反应、絮凝和亲铁细菌的生物降解等综合作用,对废水进行处理。钢铁是由铁和碳化铁及其他一些成分组成的合金,碳化铁和其他成分以极小的颗粒分散在钢铁中,当钢铁浸入废水中,就构成了无数个腐蚀微电池,其中铁为阳极,碳化铁为阴极。微电池反应产物具有很高的化学活性,在阳极产生新生态二价铁,在阴极产生活性氢,均与废水中许多污染物组分发生氧化还原反应,使大分子物质分解为小分子物质,使某些难以生化降解的物质转变成容易处理的物质,提高有机废水的可生化性。

同时,微电解阳极反应产生的二价铁,易被氧化成三价铁,生成具有强吸附能力的氢氧化铁胶体絮状物,具有极强的吸附能力,可以吸附废水中的悬浮物及一些有色物质,形成共沉淀而除去。

在微电池反应中,二价铁和三价铁在一定条件下发生氧化还原反应而相互转化,某些细菌能从铁的化学反应中获得养料,在三价和二价铁的转化过程中消耗微生物腐烂时产生的化合物,如乙酸和乳酸之类。事实还证明这些细菌分解有机质的能力比产甲烷菌和硫酸盐还原菌强得多,只要有铁的存在,铁还原菌总是首先将正铁还原为亚铁,并带动其他细菌滋生繁衍。这些细菌会紧贴于铁的表面以便于在不断流过的水中获取溶于水中的铁源,于是,便在铁的表面形成不断繁衍代谢的菌膜。

在铁的电解 - 生物铁废水处理装置中,上述几种反应是协同作用产生综合效应的。在起始阶段,微电池反应、絮凝为主要作用,当亲铁细菌大量繁衍,在铁屑表面形成菌膜后,生物铁降解污染物就发挥主导作用,这时铁屑被菌膜包囊,铁的腐蚀大为减缓,使生物铁结构能维持相当长的寿命。

目前我国废水排放的主要指标:化学需氧量小于 100mg/L,生化需氧量小于 60mg/L,总悬浮物小于 100mg/L。

3. 固体废料　对固体废料应进行分类处理,能回收综合利用的尽量回收。由于制剂生产的固体废料较少,除需经特殊处理的固体废料外,其余可作工业废料,由土地填埋处理。

三、三废利用

在粉针剂、注射剂及大输液剂生产中,大量的废水主要来自洗瓶水,约占全车间用水的50% 以上。洗瓶排放的废水水质较好,如某企业粉针剂洗瓶废水的电导率为 50~80μs/cm,而自来水的电导率却高达 300μs/cm。我国是严重缺水的国家,节约用水是我国的基本国策,因此可将洗瓶废水集中后,经过滤进入该车间纯化水系统的原水箱中,作为原水的补充水,这样不但节约用水,而且可延长反渗透膜的使用寿命。

将制剂生产中的固体废料按类别集中,如粉针剂、大输液生产中的玻瓶,集中后可由玻瓶厂回收。废的包装纸箱收集后由造纸厂回收等。

第十节　生产效益分析

一、生产成本

产品成本是指生产和销售产品过程中所消耗的各项费用的总和。产品的成本指标既是判定产品价格的一项重要依据,也是考核企业生产经营和管理水平的一项综合性指标。产品成本直接关系到企业的经济效益,如何降低产品成本是现代企业的一个永恒的研究课题。

生产过程同时也是生产的耗费过程,生产耗费包括生产资料中的劳动手段和劳动对象的耗费,以及劳动力等方面的耗费。产品成本是企业在生产过程中已经耗费的,用货币表现的生产资料的价值与相当于工资的劳动者为自己劳动所创造的价值的总和。这种成本称为理论成本。

我国企业的成本管理制度实行制造成本法。该法是目前世界各国普遍采用的一种方法,其特点是把企业全部费用划分为生产成本和期间费用两个部分。

(一) 生产成本的构成

1. 原、辅材料费　原辅材是指直接用于产品生产,构成产品的原料、主要材料以及有助于产品形成的辅助材料。各种原、辅材料费可按下式计算:

$$材料费 = 消耗定额 \times 材料价格$$

其中材料价格由材料的采购价、运费、运输损耗、装卸费和管理费共同构成。

2. 燃料、动力费　燃料、动力费又称公用工程费,是指直接用于产品生产的外购和自制的燃料和动力。

3. 直接人工费　是生产过程中直接发生并伴随产量增减而变动的人工费用,包括生产工人的工资、加班津贴、奖金及职工福利费等。

4. 制造费用　是企业为组织生产和管理生产经营活动而发生的共同费用,包括管理人员的工资、折旧费、修理费、物料消耗费、办公费、水电费、劳动保护费、环境保护费、检修期的停工损失等。

(二) 期间费用的构成

1. 销售费用　包括销售产品或者提供劳务过程中发生的应当由企业负担的运输费、装卸费、包装费、保险费、展览费、差旅费、广告费以及专设销售机构的人员工资和其他经费等。

2. 管理费用　是指企业行政管理部门为组织和管理经营活动而发生的各项费用。包括企业经费、工会经费、职工教育经费、劳动保险费、待业保险费、董事会会费、咨询费、诉讼费、税金、土地使用费、土地损失补偿费、技术转让费、技术开发费、无形资产推销、业务招待费、坏账损失、毁损和报废以及其他管理费用。

3. 财务费用　指为筹集资金而发生的各项支出。包括企业经营期间发生的利息净支出、汇总净损失、银行手续费等。

(三) 产品费用成本与产品产量的关系

按照成本费用的发生与产量变化的关系,可将产品费用成本划分为固定费用和变动费用。前者是指不随产品产量变动而增减的费用,后者是指随产品产量变动而增减的费用。这种划分有利于加强成本费用的管理,寻求降低成本费用的途径。其中,节约固定费用主要从降低其绝对额和提高产品产量着手,而节约变动费用则应从降低单位消耗来努力。

二、经济效益指标

1. 利润总额　利润是企业从事生产经营活动以及其他业务而取得的净收益,它是企业经营水平的重要评价标准。企业利润总额由营业利润、投资净收益和营业外收支净额组成。

营业利润是指营业收入减去营业成本和营业费用,再减去营业税金后的金额。投资净收益是指企业对外投资取得的利润,股票投资取得的股利,债券投资获得的利息等扣除发生的投资损失后的数额。营业外收支净额是指与企业生产经营无直接关系的各项收入减去各项支出后的数额。营业外收入包括固定资产盘盈,处理固定资产收益等。营业外支出包括固定资产盘亏,处理固定资产损失,各项滞纳金和罚款支出,非常损失,职工劳动保险费支出等。

企业一般按月计算利润,按月计算确有困难的,经主管财政部门批准,可以按季或按年计算。

2. 劳动效率　劳动效率是劳动者在生产中的劳动效率,这是反映劳动利用效益的重要指标,是每一个员工提供的劳动成果。劳动成果可以用产值表示,也可以用产量表示。

三、企业经济效益盈亏平衡分析

企业经济效益分析方法很多,盈亏平衡分析是十分有用的分析方法之一。所谓盈亏平衡分析是在一定的市场、生产能力及经营管理条件下,研究成本与收益关系的一种方法。它的核心问题是计算盈亏平衡点,通过盈亏平衡点找出能够减少亏损、增加盈利的有效措施,以达到提高经济效益的目的。

1. 基本假设　为了便于理解和掌握盈亏平衡分析的基本原理,必须对实际生产经营活动中的一些复杂问题做如下简化处理:假定企业的生产量同销售量相等;假定固定成本总额、单位变动成本及产品售价不随业务量的变化而变化,假定企业仅生产销售单一品种的产品。

2. 盈亏平衡　盈亏平衡点又称零利润点、保本点、盈亏临界点、损益分歧点、收益转折点。通常是指全部销售收入等于全部成本时的产量。当销售收入高于盈亏平衡点时企业盈利,反之,企业就亏损。盈亏平衡点可以用销售量来表示,即盈亏平衡点的销售量;也可以用销售额来表示,即盈亏平衡点的销售额。

3. 盈亏平衡点的计算公式　关于盈亏平衡分析的平衡点,是相对评价指标,此值越低越好。但说"此点为保本点",很容易引起误解。这是因为盈亏平衡点的计算,在这一点上的销售利润为零。这对于投资者来说不仅无利可图,而且仅靠折旧摊销偿还借款本金和收回投资本金的时间漫长,必然失去自有资金的利润或贴上借来作为自有资金的资金成本,对于投资者来说,实际是亏损点。由于各年的固定成本和可变成本不同,各年的产品销售价格、销售额可能不同,所以各年的盈亏平衡点不同。计算盈亏平衡点的公式是:

$$某年的盈亏平衡点 = 该年固定成本 \div [(该年含税销售额 - 该年可变成本 - 该年销售税金及附加) \div 该年生产负荷]$$

盈亏平衡点的基本算法:假定利润为零和利润为目标利润时,先分别测算原材料保本采购价格和保利采购价格;再分别测算产品保本销售价格和保利销售价格。

以数量表示的盈亏如何止盈和止损平衡点计算公式:

$$盈亏平衡点 = \frac{总固定成本}{单位产品毛利}$$

以金额表示的盈亏平衡点计算公式：

$$盈亏平衡点 = \frac{总固定成本}{1-(单位变动成本 / 单位销售价格)}$$

四、提高生产效益的思路

医药企业的生产经营活动,除了要满足人民群众医疗用药的需求外,还需获取一定的利润,为自身的发展创造条件。因此,制药企业向社会提供的产品必须具有良好的质量和合理的价格,同时还需要努力增加企业的经济效益。为提高经济效益,企业可以从降低生产经营费用(降低生产经营成本)、扩大生产规模、开发高附加值产品、提高产品质量等几个方面入手。

1. 降低生产经营费用 原材料、辅料和包装材料是构成医药制剂产品成本的主要费用,一般占产品总成本的 50% 左右。通过加强管理,减少原辅料和包装材料的消耗,可降低生产经营成本。

在制剂生产中,能源的消耗在产品成本中也占有一定的比例,尤其在大输液、水针剂、粉针剂的生产中,能源消耗占产品成本的 5%~10%,降低水、电、气等能源的消耗也是降低成本的重要途径之一。

同时,提高生产力水平,提高劳动生产率也是降低经营费用的有效措施。

2. 扩大生产规模 在产品的成本构成中,分可变成本和固定成本两类。一件产品即使不生产,也需支出其中的固定成本费用,因此若生产量越大,则单位产品所含固定成本的金额就越小,成本就越低,利润就越高。

3. 开发高附加值产品 开发新产品,尤其是开发技术含量高的产品是企业获取高效益的措施之一,但开发新产品的投入较大,同样也存在较大的风险。

4. 提高产品质量 提高产品质量,不仅可以提高产品市场竞争力,还能大大降低成本(见质量控制工程),提高经济效益。

(赵玉佳)

参 考 文 献

[1] 徐卫国,靳利军. 新版 GMP 要求下的文件管理. 中国制药装备,2013,7(7):1-8

[2] 郑静,谢科范. 基于 GMP 的企业生产管理信息化解决方案. 武汉理工大学学报,2004,26(5):99-102

[3] 修雪芳. 关键控制要素方法在制药企业生产管理中的应用. 武汉理工大学学报,2005,27(1):217-220

[4] 龙文,吴义生,李祥全,等. 中药制造企业生产计划管理研究. 计算机与应用化学,2005,22(8):667-670

[5] 刘志文,陈文戈,黄剑锋. 制药企业生产计划系统研究与应用. 计算机工程与应用,2006,(11):230-232

第三章 制剂工程设计

第一节 概　述

工程设计是将工程项目(一个药厂、一个车间或车间的 GMP 改造等)按照其技术要求,由工程技术人员用图纸、表格、文字的形式表达出来,是一项涉及面很广的综合性技术工作。制剂工程设计是一门以药学、药剂学、GMP 和工程学及相关科学理论和工程技术为基础的应用性工程学科,是一个综合性、整体性很强,必须统筹安排的系统工程和技术学科。它的研究内容是如何组织、规划并实现药物的大规模工业化生产,其最终成果是建设一个质量优良、生产高效、运行安全、环境达标的药品生产工厂或车间。

一、制剂工程设计的重要性

药品是直接关系国计民生、与人民身体健康和生命安全息息相关的特殊产品。一种药物制剂从实验室产品转化为工业产品,制剂工程设计是必经阶段。制剂工程设计就是将药物制剂的生产工艺经一系列相应的单元操作进行组织,设计出一个参数可靠、生产流程合理、技术装备先进、工程经济可行的成套工程装置或一个生产车间,然后选择一个适宜的地区建造厂房,布置生产设备,配套其他公用工程,最终使这个工厂(或车间)按照预期设计顺利投产运行,这一过程就是制剂工程设计的全过程,也是把一项医药工程从设想变成现实的建设环节。

安全性和可靠性是制药工程设计的根本出发点,是工程设计工作的第一要务,通常由经过资格认证并获得主管部门颁发设计证书、专业从事医药设计的单位或技术人员,根据建设业主或单位的需求,设计和建设药物制剂生产厂或生产车间。设计必须以 GMP 作为基本规范和准则,设计成果关系到项目投资、建设速度、经济效益和社会效益,是一项综合性、整体性、政策性很强的工作。

二、制药工程项目设计的基本程序

设计工作仅仅是制药工程项目建设程序诸多工作阶段中的一部分,设计阶段与其他各阶段有着密切的关系。要搞好设计阶段的工作,必须了解其他各阶段的工作内容和深度要求,特别是各阶段的衔接工作。制药工程设计由工艺设计以及非工艺设计两部分所组成,非工艺设计包括土建、设备安装、采暖通风、电气、给排水、动力、自控、概预算等。从事项目设计的制药工程专业的技术人员需要了解设计程序和标准规范,并具有丰富的生产实践和各专业知识,才能提供必要的设计条件和设计基础资料,协同设计单位完成符合标准规范要求并满足药品生产要求的设计工作。

制药工程项目设计的基本程序分为设计前期、设计中期和设计后期三个阶段,这三个阶段相互联系,步步深入。在设计前期阶段,由法人单位(药厂)提出项目建议书,经上级主管部门审批后,进行可行性研究并形成可行性研究报告,可行性研究报告审核批准后编写设计任务书。在设计中期阶段,首先进行初步设计,经审查通过后开始施工图设计。在设计后期阶段,组织工程施工,进行设备安装、试生产、竣工验收、交付使用。

按照项目性质,工程项目分为新建、扩建、改建、恢复和迁建项目;按照项目规格,可划分为大、中、小型项目。不同的工程项目在工程设计各个阶段工作的内容和深度上有所不同。小型简单的工程项目,根据具体情况也可以经过上级主管部门批准,适当简化程序的某些阶段,提高工作效率。

(一) 设计前期工作阶段

设计前期工作阶段也称为投资前期,该阶段主要是根据国民经济和医药工业发展的需要,提出欲建设制药工程项目所在地区、生产药品种类与规模、工艺技术方案、原辅料来源、制药设备选择、项目总投资及分配、公用工程项目及其他配套设施情况,目的是对项目建设进行全面分析,对项目的技术可靠性、工程的外部条件、社会效益等进行研究分析。设计前期工作主要包括项目建议书及主管部门的批复文件、可行性研究报告及主管部门的批复文件和设计任务书。

1. 项目建议书 项目建议书是项目建设筹建单位或项目法人,根据国民经济的发展、国家和地方中长期规划、产业政策、生产力布局、国内外市场、所在地的内外部条件,提出的某一具体项目的建议文件,是对拟建项目提出的框架性的总体设想。项目建议书是建设项目前期工作的第一步,此时由于项目条件还不够成熟,仅有规划意见书,对项目的具体建设方案还不明晰,市政、环保、交通等专业咨询意见等均尚未办理。项目建议书主要论证项目建设的必要性,建设方案和投资估算也比较粗,只是初步分析建设项目条件是否具备,是否继续投入人力、物力应做进一步研究。从总体上看,项目建议书属于定性性质的。

(1) 项目建议书的作用:项目建议书是国家挑选项目的依据,尤其是对大中型项目的比较选择和初步确定,均通过审批项目建议书来进行。项目建议书的审批过程实际上就是国家对众多新提议的项目进行比较筛选、综合平衡的过程。项目建议书经审批后,项目才能列入国家规划。涉及利用外资的项目,在项目建议书批准后,方可对外开展工作。经审批后的项目建议书也是编制可行性研究报告和作为拟建项目立项的依据。因此编制项目建议书既要全面概括,又要重点突出,结论要明确客观。

(2) 项目建议书的主要内容:①项目概况:项目名称、项目建设主管单位和负责人、项目建设单位简介、拟建项目地址、建议书编制依据;②项目背景与建设必要性;③项目前期调研和所开展的工作:主管部门批文,收集到的国家和拟建地区的工业建设政策、法令和法规,项目实施单位的优势、基本风险、厂址建设条件、其他条件分析(政策、资源、法律法规等);④建设规模与产品方案;⑤技术方案、设备方案和建设方案:生产方法、工艺流程、主要设备选型及来源、构筑物的建筑特征、结构及面积方案(平面图、规划图)、建筑安装工程量;⑥项目建设进度安排;⑦投资估算及资金筹措:建设投资估算(先总述总投资,后分述建筑工程费、设备购置安装费等)、流动资金估算、资金筹措(包括自筹资金和其他来源);⑧经济效益、社会效益分析:生产规模、销售收入估算、成本费用估算(编制总成本费用表和分项成本估算表)、利润与税收分析、投资回收期、投资利润率;⑨结论。

2. 项目可行性研究 可行性研究是在投资决策之前,对所建项目进行全面的技术和经济分析论证。在投资管理中,可行性研究是指对拟建设项目有关的自然、社会、经济、技术等进行调研分析比较及对建成后的社会经济效益进行预测。在此基础上,综合论证项目建设的必要性、财务的盈利性、经济的合理性、技术的先进性和适应性以及建设条件的可能性和可行性,从而为投资决策提供科学依据。

(1) 可行性研究的作用:可行性研究是项目建设的起点,也是以后一系列工作的基础,其作用体现在以下几个方面:①作为项目论证、审查、决策的依据;②作为编制设计任务书和初步设计的依据;③作为与项目有关部门签订合作、协作合同或协议的依据;④作为筹集资金或向银行申请贷款的重要依据;⑤作为环境部门审查项目对环境影响的依据;⑥作为引进技术、进口设备和对外谈判的依据。

(2) 可行性研究报告的内容:项目的意义和必要性,包括国内外现状、技术发展趋势、产业关联度分析及市场分析;项目的技术基础,包括成果来源及知识产权情况,已完成的研究开发工作及中试情况,技术或工艺特点,与现有技术或工艺比较所具有的优势,该重大关键技术的突破对行业技术进步的重要意义和作用;建设方案、规模、地点;技术特点、工艺技术路线、设备选型及主要技术经济指标;原材料供应及外部配套条件落实情况;环境污染防治;建设工期和进度安排;项目实施管理、劳动定员及人员培训;项目承担单位或项目法人所有制性质及概况;投资估算,资金筹措,贷款偿还计划,所需流动资金来源;项目内部收益率、投资利润率、投资回收期、贷款偿还期等指标的计算和评估;经济效益和社会效益分析;项目风险分析;结论。

可行性研究报告的编制属于工程咨询范畴,需要由有工程咨询资质证书的机构来编制,国家颁发的工程咨询资质证书分为甲、乙、丙三级。

项目可行性研究报告批准后,应招标选定有相应资质的设计单位,依照批准的可行性研究报告进行方案设计。

3. 设计任务书　设计任务书是指导和制约工程设计和工程建设的决定性文件。它是根据可行性研究报告及批复文件编制的。编制设计任务书阶段,要对可行性研究报告的内容再进行深入研究,落实各项建设条件和外部协作关系,审核各项技术经济指标的可靠性,比较、确定建设厂址方案,核实建设投资来源,为项目的最终决策和编制设计文件提供科学依据。对于规模较小的项目,设计任务书也可以合并到可行性研究报告中,从而简化了审批手续。

(二) 设计中期工作阶段

本阶段是通过技术手段把可行性研究报告和设计任务书的构思和设想变为现实。一般按工程的重要性和技术的复杂性,将设计工作阶段分为三段设计、两段设计或一段设计。三段设计包括初步设计、扩大初步设计和施工图设计,适用于重大工程、技术上新颖和复杂工程;两段设计包括初步设计、施工图设计,多为技术成熟的中小项目;一段设计只有施工图设计,多为技术简单、规模较小的工程项目。制药工程设计一般采用两段设计。

1. 初步设计阶段　设计单位得到主管部门下达的设计任务书以及建设单位的委托设计书,即可开始初步设计工作。初步设计是根据设计任务书、批准的可行性研究报告,确定全厂性设计原则、设计标准、设计方案和重大技术问题,如工厂组成,总图布置,全厂贮运方案,车间或单体工程工艺流程,生产方法,详细工艺管路流程,水、电、气(汽)的供应方式和用量,关键设备及仪表选型,消防、劳动安全与工业卫生,环境保护及综合利用以及各专业设计方案等。初步设计的成果就是编制出图纸、说明书与概算。

初步设计应满足下列要求:①设计方案的比较、选择和确定;②主要设备的订货和加工安排;③主要原材料、建设材料的安排;④土地征用;⑤建设投资的控制;⑥劳动定员和人员培训;⑦主管部门和有关单位的设计审查;⑧施工图的设计和编制;⑨施工准备和生产准备。

2. 施工图设计　施工图设计是根据已批准的初步设计(或扩大初步设计)及总概算开

展设计工作的,它由说明书和施工图纸两部分组成。

施工图纸包括:土建建筑及结构图、设备制造图、设备安装图、管道安装图、供电、供热、给排水、电信及自控安装图等。

说明书包括:设备和管道的安装依据、验收标准及注意事项,对安装、试压、保温、吹扫、运转安全等要求,如对初步设计的内容进行修订,应详细说明修订的理由和原因。在施工图设计中,通常将施工说明、验收标准等直接标注在图纸上,不必写在说明书中。

施工图设计应满足下列要求:①设备及材料的订货和安排;②非标设备的订货、制作及安排;③施工准备、编制施工预算和施工组织计划的要求;④土建及安装工程的要求;⑤对施工质量进行监控和验收的要求。

(三)设计后期工作阶段

设计后期工作阶段即指施工、试车、验收和交付生产。项目建设单位收到施工图纸后,在具备施工条件后,通常依据设计概算或施工图预算制定标底,通过招投标的形式确定施工单位,设计人员要协助建设单位的工程招标。招标完成后,设计人员、建设单位和施工单位进行施工技术交底,深入现场指导施工,配合解决施工中存在的设计问题,还要参与设备安装、调试、试运转和工程验收,直至项目运营正常。

施工单位根据施工图编制施工预算和施工组织计划。施工中凡涉及方案问题、标准问题和安全问题的变动,必须与设计部门协商,取得一致意见后,方可改动。因为项目建设的设计方案是经过各个阶段研究确定的,施工中擅自改动,势必影响竣工后的使用要求。施工结束后,整个设计工程的验收是在建设单位的组织下,以设计单位为主,施工单位参加共同进行。

第二节 制剂工程基本设计

建设一个药厂,应对工厂总体布局进行认真仔细的规划设计。一个工程项目的总体布局,是根据已经确定的生产规模、产品方案、厂址地形及地质条件等方面的特点,根据生产工艺流程、技术和功能上的需要及相互关系,从企业的宏观和整体出发,对建设项目的各个组成部分的相互位置及其布置方式等,在设计最初阶段所做出的统筹规划与安排。若设计上有缺陷可能造成企业经营、发展不可挽回的损失。

一、厂址选择

厂址选择是根据拟建项目所必须具备的条件,结合制药企业的特点,在一定范围内进行详细的调查和勘测,并通过方案比较,选择和确定拟建项目建设的地点和区域,并在该区域内具体地选定项目建设的坐落位置,编制厂址选择报告,经上级主管部门批准后,即可确定为厂址。厂址选择是基本建设的一个重要环节,选择的好坏对工程的进度、投资数量、产品质量、经济效益以及环境保护等方面具有重大影响。

GMP中对厂房选址有明确规定:"厂房的选址、设计、布局、建造、改造和维护必须符合药品生产要求,应当能够最大限度地避免污染、交叉污染、混淆和差错,便于清洁、操作和维护。"具体选择厂址时,应考虑以下各项因素。

1. 环境 GMP指出:"应当根据厂房及生产防护措施综合考虑选址,厂房所处的环境应当能够最大限度地降低物料或产品遭受污染的风险。"这就要求药品生产企业必须有整洁的生产环境。生产环境包括内环境和外环境,药品生产内环境应根据产品质量要求有净化级别的要求;外环境对内环境有一定影响,因此对药品外环境中大气含尘浓度、微生物量应有了解,并从厂址选择、厂房设施和建筑布局等方面进行有效控制,以防止污染药品。

从总体上来说,制剂生产厂应选在大气条件良好,含尘、含菌浓度低,空气污染少,无有害气体、无水土污染,自然环境好,对药品质量无有害因素,卫生条件较好的区域,如城镇交界处。尽量避开散发大量粉尘和有害气体的闹市区、化工区(如化工厂、染料厂)、风沙区,应远离铁路、码头、机场、交通要道以及屠宰厂、仓贮、堆场等有严重空气污染、水质污染、振动和噪音干扰的区域。如不能远离严重空气污染区,则应位于其全年最大频率风向上风侧。

2. 水源 药品生产是洁净生产,会使用大量水,水在药品生产中是保证药品质量的关键因素。制剂工业用水分非工艺用水和工艺用水两大类。非工艺用水(自来水或水质较好的井水)主要用于产生蒸汽、冷却、洗涤等;工艺用水分为饮用水、纯化水和注射用水。因此,制剂生产厂的厂址应靠近水量充沛和水质良好的水源。

3. 能源 制剂生产厂生产时需要大量的动力和蒸汽。动力的来源一是由电力提供,二是由燃料产生。在选择厂址时,应考虑建在电力供应充足和邻近燃料供应的地点,有利于满足生产负荷,降低产品生产成本和提高经济效益。

4. 交通运输 拟建的制剂生产厂周围应该有已建成或即将建成的市政道路设施,能提供快捷方便的公路、铁路或水路等运输条件;消防车进入厂区的道路不少于两条。在厂区内部,人流通道和物流通道不交叉,因此在选择厂址时要注意地形地貌,方便人流、物流的安排。

5. 自然条件 应充分考虑拟建项目所在地的气候特征,如四季气候特点、日照情况、气温、降水量、汛期、风向、雷雨、灾害天气等。地质地貌应无地震断层和基本烈度为9度以上的地震;土壤的土质及植被好,无泥石流、滑坡等隐患。排水良好,地势利于防洪、防涝或厂址周围有蓄积、调节供水和防洪等设施。当厂址靠近江、河、湖泊或水库地段时,厂区场地的最低设计标高应高于最高洪水位0.5m。

6. 环保 选厂址时应注意当地的自然环境条件,对工厂投产后给环境可能造成的影响做出预评价,并得到当地环保部门的认可。选择的厂址应当便于妥善地处理"三废"和治理噪声等。

7. 符合在建城市或地区的近、远期发展规划 目前和可预见的市政区域规划应不会使厂址环境产生不利于药品质量的影响。节约用地,但应留有发展的余地。

8. 协作条件 厂址应选择在贮运、机修、公用工程和生活设施等方面具有良好协作条件的地区。

9. 下列地区不宜建药厂 有开采价值的矿藏地区;国家规定的历史文物、生物保护和风景游览地;地基允许承受力(地耐力)在0.1MPa以下的地区;对机场、电台等使用有影响的地区。

二、总平面布置设计

在厂址确定后,根据生产品种、生产规模、生产工艺及安全、运输等要求,考虑和总体解决工厂内部所有建筑物和构筑物、运输网、工程网及绿化设施在平面和竖向上的相对位置,进行工厂的总平面布局(又称总图布局)。总平面布置设计是制药工程设计的重要组成部分,若设计不协调会导致总体布局紊乱、建设投资增加,在建成后还会带来生产、生活、管理上的问题,甚至影响产品质量及企业的经济效益。

(一)总平面布置设计的依据

总平面布置设计的依据有:①政府部门下发、批复的与建设项目相关的管理文件,如设计任务书等;②建设地点的设计基础资料,如厂区地貌、工程地质、水文地质、气象条件等自然条件资料和设计规模、车间组成等生产工艺资料;③有关的设计规范和标准,如《化工管道设计规范》、《洁净厂房设计规范》、《工矿企业总平面设计规范》等;④建设项目所在地区控制性详细规划;⑤建设单位提供的有关设计委托资料。

(二)总平面布置设计的范围

1. 平面布置设计　根据建设用地外部环境、工程内容的构成确定厂址范围内建筑物、构筑物、地上地下工程技术管网等设施的平面位置。

2. 立面布置设计　根据厂区地形特点、厂外道路高度确定目标物的标高,并计算项目的土石方工程量,合理确定厂址范围内建筑物、构筑物、管线等设施的立面位置。

3. 交通运输布置设计　根据生产要求、运输特点和人流、物流分布情况,合理规划厂内交通运输路线和设施,并进行运输量统计。

4. 绿化布置设计　确定厂区绿化方式、绿化面积及绿化区的平面布置设计。

(三)总平面布置设计的原则

GMP指出:"企业应当有整洁的生产环境;厂区的地面、路面及运输等不应当对药品的生产造成污染;生产、行政、生活和辅助区的总体布局应当合理,不得互相妨碍;厂区和厂房内的人流、物流走向应当合理。"故药厂按功能不同由生产区(制剂生产车间、原料药生产车间等)、辅助生产区(机修车间、仪表、仓库、动力设施、公用工程设施、环保设施)、行政区(厂部办公楼、中心化验室、药物研究所等)、生活区(食堂、宿舍、活动室、医院等)组成。在进行制剂厂区总平面布置时应满足以下原则和要求。

1. 生产要求

(1)有合理的功能分区和避免污染的总体布局:总图设计时,要求从整体上把握四个区域的功能,分区布置合理,四个区域既要不互相妨碍,又要保证相互便于联系、便于管理、彼此服务。

1)将生产区布置在厂区中心,辅助生产区布置在它的附近。医药工业洁净厂房风口与市政交通主干道道路红线之间的距离宜大于50m,从这个角度考虑生产区不宜靠近大门布置。

2)下风原则:生产区、办公区、生活区应放置于该地区全年主导风向的上风处,产生有害气体、粉尘的生产区、辅助生产区应置于下风处。地区的全年主导风向由风向频率玫瑰图确定。风向频率玫瑰图表示一个地区的风向和风向频率,所谓风向频率是指各种风向在一定时间中出现次数占所有观察次数的百分率。风向频率玫瑰图在直角坐标系中绘制,坐标原点代表药厂位置,风向可以按8个、12个或16个方位指向厂址,如图3-1所示。

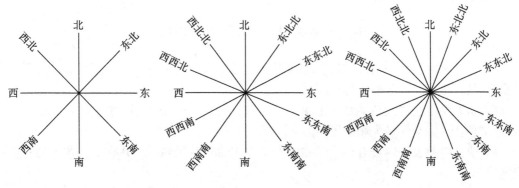

图3-1　风向方位图

气象部门根据多年的风向观测资料,将各个方向的风向频率按比例和方位标绘在直角坐标系中,并用直线将各相邻方向的端点连接起来,构成一个形似玫瑰花的闭合折线,即为风向频率玫瑰图。图 3-2 为某地全年风向的风向频率玫瑰图,图中虚线表示夏季的风向频率玫瑰图,由图可见,该地的全年主导风向为东南风。我国部分城市的风向频率玫瑰图见图 3-3。

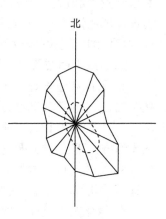

图 3-2   某地风向频率玫瑰图

3) 生产性质相类似或工艺流程相联系的车间要集中布置。生产厂房要考虑工艺特点和生产时的交叉污染,合理布局,间距恰当。例如对于兼有原料药车间和制剂车间的药厂,原料药生产区应置于制剂区的下风侧,中药材的前处理、提取、浓缩厂房应在制剂厂房下风侧;青霉素生产厂房的设置应严格考虑与其他产品的交叉污染,生产应有单独的厂房,位于其他生产厂房全年最大频率风向的下风侧,且其空气净化系统的排风口不得位于其他厂房进风口的附近。

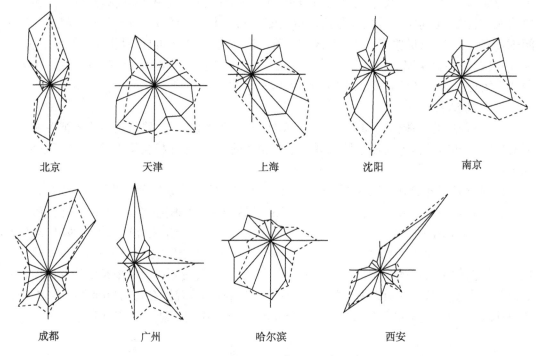

北京   天津   上海   沈阳   南京

成都   广州   哈尔滨   西安

图 3-3   我国部分城市的风向频率玫瑰图

4) 运输量大的车间、仓库、堆场等布置在货运出入口及主干道附近,避免人、物流交叉污染,并使厂区内外运输路径短捷顺直。

5) 动力设施应接近负荷量大的车间,三废处理、锅炉房、配电室、水站等有严重污染的区域,应位于厂区全年最大频率风向的下风侧。

6) 动物房的设置应符合国家颁布的有关规定,布置在僻静处,并有专用的排污和空调设施。

7) 危险品库应设于厂区安全位置,并有防冻、降温、消防措施;麻醉药品和剧毒药品应设专用仓库,并有防盗措施。

(2) 有协调的人流、物流途径:药厂的人、物要进入或离开厂区,或从一个车间到达另一车间,有时候人流、物流非常集中,如上、下班时,会对一些区域形成干扰。故应对人、物流在厂区的流动进行规划,采取分散、定向的流动比较适合,这就是人、物流分流原则。厂区可设置几个大门,如为人设置的人流门,用于生产及管理人员出入或他们往来于不同的区域;主要为物设置的物流门,用于仓储区与各生产或辅助生产区之间的物流输送。

(3) 有适当的建筑物及构筑物布置

1) 确定药厂各部分建筑的分配比例:厂房占厂区总面积的15%;生产车间占总建筑面积的30%;库房占总建筑面积的30%,辅助车间占总建筑面积的15%;管理及服务部门占总建筑面积的15%;其他占总建筑面积的10%。

2) 提高建筑系数、土地利用系数及容积率,节约建设用地:为满足洁净生产和安全防火需要,药物制剂厂的建筑系数、土地利用系数都较低。设计中,在保证药品生产工艺技术及质量的前提下,在符合消防安全和尽量减少互相交叉污染的原则下,宜减少独立厂房栋数,建立联合厂房,提高建筑系数、土地利用系数及容积率,以减少厂区道路及物料运输造成的污染,减少厂区运输量和缩短运输线路,节约建设用地,减少项目投资。

厂房集中布置或车间合并是提高建筑系数、土地利用系数的有效措施之一,如水针车间和大输液车间由于生产性质相近,对洁净度、卫生、安全防火要求也接近,可合并在一座楼房内分层生产(即立面合并);片剂、胶囊剂、颗粒剂、散剂等固体制剂,单元操作相近,可合并在一层楼层内生产(平面合并)。要注意的是,在设计时要考虑合并的可能性,保证药品质量。

$$建筑系数 = \frac{建(构)筑物占地面积 + 堆场、作业场占地面积}{全厂占地面积} \times 100\%$$

$$厂区利用系数 = \frac{建(构)筑物、堆场、作业场、道路、管线的总占地面积}{全厂占地面积} \times 100\%$$

(4) 有周密的工程管线综合布置:药厂涉及的工程管线主要有生产和生活用的上下水管道、热力管道、压缩空气管道、物料管道等。另外还有通讯、广播、照明、动力等电线电缆。总图布置时要综合考虑,一般要求管线之间,管线与建筑物、构筑物之间应协调,还要方便施工、安全生产、便于检修。药厂管线的铺设,有地下埋入法、地下综合管沟法和架空法等几种形式。

(5) 有较好的绿化布置:制药企业厂区内不能有裸露的土地,洁净厂房周围应绿化。厂房与道路之间应有一定距离的卫生缓冲带,缓冲带可种植草坪,不应种植易散发花粉、绒毛、絮状物或对药品生产产生不良影响的植物。树木周围以卵石覆盖土壤,绿化设计做到"土不见天"。绿化面积应不少于50%。

2. 安全要求 药品生产企业厂房周围宜设环形消防车道(可利用交通道路),如有困难时,可沿厂房的两个长边设置消防通道。产生或使用易燃易爆物质的厂房,应尽量集中在一个区域;有安全隐患或有毒有害区域应集中单独布置,并采取有效的防护措施,以达到安全和卫生的要求。对性质不同的危险物质的生产或使用,尤其是两者混合会产生爆炸物质的生产区域应分开设置。防爆区域内有良好的通、排风系统及电气报警系统并与其他区域用防爆墙隔离。

3. 发展规划要求 药厂的总平面布置要能较好地适应工厂的近期、远期规划,留有一定的发展余地,在设计上既要考虑药厂的发展远景和标准提高的可能,又要注意今后扩建时不影响生产及扩大生产规模时的灵活性。

（四）总平面布置设计的成果

总平面布置设计的成果包括设计图纸和设计表格,其中设计图纸包括鸟瞰图、区域布置图、平面布置图（如图 3-4）、立面布置图、管道综合布置图、道路等标准横断面图,土石方作业

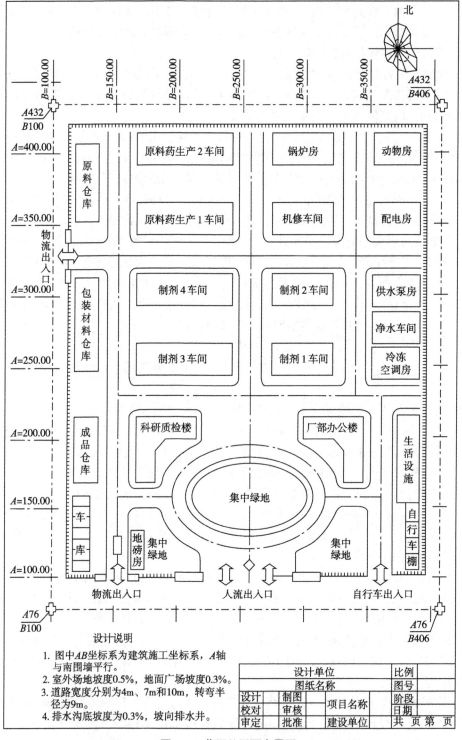

图 3-4　药厂总平面布置图

图等;设计表格包括总平面布置的主要技术经济指标和工程量表、设备表、材料表等。

第三节 工艺流程设计

工艺流程设计包括实验工艺流程设计和生产工艺流程设计两部分,实验工艺流程设计多用于实验室的小试,对于国内已大规模生产、技术成熟、中试已通过的产品,其工艺流程设计一般属于生产工艺流程设计。

一、工艺流程设计的重要性

生产工艺流程设计是车间工艺设计的核心,与车间布置设计一起决定了车间的基本状况。制药企业生产的最终目的在于得到高品质、低成本的产品,而这取决于工艺流程的可靠性、合理性及先进性,而且制剂工程设计的其他项目均受制于工艺流程设计,也就是说其他项目的设计必须满足工艺流程设计的要求。生产工艺流程设计是工程设计中最重要、最基础的设计步骤,对后续的物料衡算、能量衡算、工艺设备设计、车间平面布置设计、管道布置设计起决定性作用。

二、工艺流程设计的原则

工艺流程的设计原则是选择先进、可靠的工艺技术路线,选取成熟、先进的技术和适合的设备,通过工艺单元操作的设计达到装置要求的设计能力和产品质量,满足 GMP 要求,同时还需考虑工艺方案优化,以降低原材料消耗和能源消耗,对废物综合利用、处理,尽可能减少三废排放,实现文明、清洁、环保的生产。

药品的特殊性决定了设计过程中还要注意以下一些原则性问题。

(1) 按 GMP 要求对不同的药物剂型进行分类的工艺流程设计,有合理的净化级别区域与净化程序等。

(2) β- 内酰胺类药品(包括青霉素类、头孢菌素类)按单独分开的建筑厂房进行工艺流程设计。

(3) 避孕药、激素、抗肿瘤药、生产用毒菌种与非生产用毒菌种、生产用细胞与非生产用细胞、强毒与弱毒、死毒与活毒、脱毒前与脱毒后的制剂、活疫苗与灭活疫苗、人血液制品、预防制品的剂型及制剂生产按各自的特殊要求进行工艺流程设计。

(4) 遵循"三协调"原则,即人流物流协调、工艺流程协调、洁净级别协调,正确划分生产工艺流程中生产区域的洁净区别,按工艺流程合理布置,避免生产流程的迂回、往返和人、物流交叉等。

三、工艺流程设计的任务和成果

1. 工艺流程设计的任务 工艺流程设计是所有工程设计项目中最先进行的,但随着后续管道设计等其他专业设计的进展,还要不断地完善和修改,结果几乎是最后完成。在两段设计中工艺流程设计主要是在初步设计阶段完成,施工图设计阶段只是对初步设计阶段中提出的审查意见进行修改,其任务包括以下几个方面。

(1) 确定流程的组成:确定原料车间各单元反应和制剂车间单元操作的具体内容、顺序以及它们之间的相互连接,各单元部分对环境的卫生要求,这些是流程设计的基本任务。

（2）确定载能介质的技术规格和流向：明确水蒸气、水、冷冻盐水、压缩空气和真空等载能介质的种类、规格和流向。

（3）确定生产控制方法：对需要控制的工艺参数应确定其检测点、检测仪表安装位置及其功能。

（4）确定"三废"的治理方法：根据国家法律法规的要求，结合自己企业产品特点确定"三废"组成及处理方法。

（5）制定安全技术措施：制定预防、制止事故发生的安全技术措施，如报警装置、防毒、防爆、防火、防尘、防噪音等措施。

（6）绘制工艺流程图。

（7）编写工艺操作方法：根据工艺流程图编写生产工艺操作说明书，说明每个步骤、每个过程的具体操作方法。

2. 工艺流程设计的成果　　在初步设计阶段，工艺流程设计的成果是绘制工艺流程示意图、物料流程图、带控制点的工艺流程图和工艺操作说明；在施工图设计阶段，则是带控制点的工艺流程图，即管道仪表流程图（PID）。两者的要求和深度不同，后者是根据初步设计的审查意见，并考虑到施工要求，对前者进行修改完善而成，二者都需作为正式设计成果编入设计文件中。

3. 工艺流程图　　工艺流程图是以图解的形式表示工艺流程。各个阶段的设计成果都是用各种工艺流程图和表格表达出来的。工艺流程图按照设计阶段的不同，可以分为工艺流程框图、工艺流程简图（设备工艺流程图）、物料流程图、带控制点的工艺流程图。

（1）工艺流程框图　　方框流程图是在工艺路线选定后，工艺流程进行概念性设计时完成的一种流程图，是一种定性图纸，便于方案比较和物料衡算，不编入设计文件中。工艺流程框图以方框表示单元操作，以圆圈表示物料，以箭头表示物料流向，用文字说明单元反应、单元操作及物料的名称，图3-5以硬胶囊为例进行说明。

（2）工艺流程简图　　工艺流程简图（设备工艺流程图）是一个半图解式的工艺流程图，是方框流程图的深入，以设备的几何图形表示单元反应和单元操作，以箭头表示物料和载能介质的流向，用文字表示设备、物料和载能介质的名称，示意出工艺流程中各装置间的相互关系。如图3-6为硬胶囊生产工艺流程简图，供工艺模拟计算时使用。工艺流程简图也不列入设计文件。

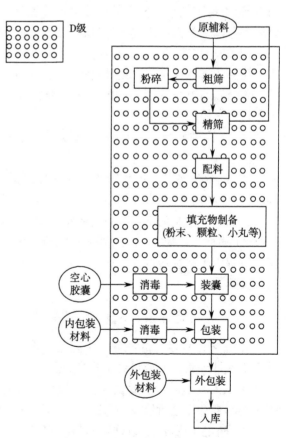

图3-5   硬胶囊剂生产工艺流程方框图及环境区域划分

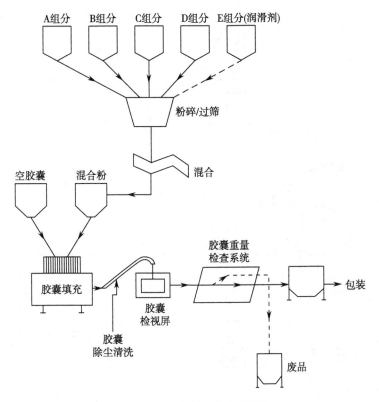

图 3-6 硬胶囊剂工艺流程简图

(3) 物料流程图 工艺流程框图和工艺流程简图属于定性设计,而物料流程图是在二者基础上进行物料衡算,完成定量工作,需列入初步设计阶段的文件中。物料流程图有两种表示方法。一种是以方框流程表示单元操作及物料成分和数量,如图 3-7 某固体制剂车间的物料流程图;另一种是在工艺流程简图上表示物料组成和量的变化,图中应有设备位号、操作名称、物料成分和数量。在物料流程图中,整个物料量是平衡的,又称为物料平衡图,它为设备计算与选型、车间布置、工艺管道设计提供了计算依据。

(4) 带控制点的工艺流程图 带控制点的工艺流程图是用图示的方法把工艺流程所需的全部设备、管道、阀门、管件、仪表及其控制方法等表示出来,是工艺设计中必须完成的图样,它是施工安装和生产过程中设备操作、运行和检修的依据。作为设计的正式成果编入初步设计阶段的设计文件中。

1) 基本要求:表示出生产过程的全部工艺设备,包括设备图例、位号和名称;表示出生产过程的全部工艺物料和载能介质的名称、技术规格及流向;表示出生产过程的全部物料管道和各种辅助管道(如水、蒸汽、压缩空气等)的代号、材质、管径及保温情况;表示出生产过程的全部工艺阀门以及阻火器、视镜及疏水器等管件,不必绘出法兰、弯头、三通等一般管件;表示出生产过程的全部仪表和控制方案,包括仪表的控制参数、功能、位号以及检测点和控制回路等。

2) 一般规定:在带控制点的工艺流程图中,应该有图幅、比例、图例、相同系统的绘制方法、图形线条、字体、图形绘制和标注。

应该绘出设备一览表上所列的所有设备(机器)外形、设备位置、设备标注。设备外形按

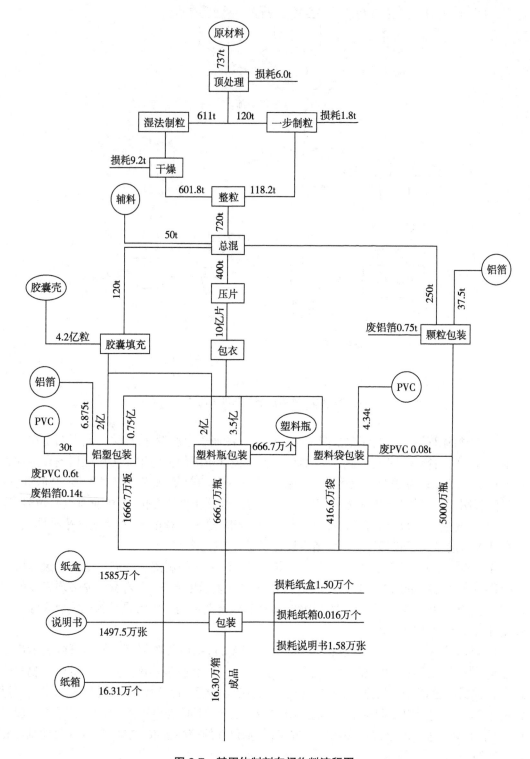

图 3-7　某固体制剂车间物料流程图

注:年工作日 250 天,片剂 5 亿片 / 年,70% 瓶装、15% 铝塑包装、15% 袋装;胶囊
2 亿粒 / 年,50% 瓶装、50% 铝塑包装;颗粒剂 5000 万袋 / 年

规定图例绘出,未做规定的根据其特征简化画出。设备位置一般按照流程顺序从左至右排列,其相对位置一般考虑便于管道的连接和标注。设备标注如图3-8,包括设备位号、位号线和设备名称;其中设备位号由设备分类代号、主项号、设备顺序号、相同设备尾号组成。

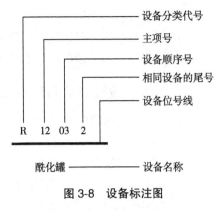

图 3-8 设备标注图

应绘出全部管道,包括阀门、管件、管道附件。管道及仪表流程图的管道应标注四个部分,即管道号(或称管段号)(由第一至第三单元组成)、管径(第四单元)、管道等级(第五单元)和隔热或隔声(第六单元),总称为管道组合号。管道号和管径为一组,用一短横线隔开;管道等级和隔热或隔声为另一组,用一短横线隔开,两组间留适当的空隙。一般标注在管道的上方,如:

PG	13	10	——	300	A1A—H
第一单元	第二单元	第三单元		第四单元	第五单元 第六单元

在管道号(管段号)中,第一单元为物料代号,第二单元为按工程规定的主项编号,第三单元为管道顺序号。第四单元管径以毫米为单位,只标注数字,不标注单位;第五单元管道等级主要包括压力和管材;第六单元为隔热或隔声代号,可缺项或省略。

应绘出全部检测仪表、调节控制系统及分析取样系统。仪表控制点的图形符号是一细实线圆圈,在图中一般用细实线将检测点和圆圈连接起来,上部分第一个字母为参数代号,后续为功能代号,下部分写数字,第一个字母为主项号,后续为仪表序号,仪表序号是按工段号或工序编制的,可用两位数表示。如:

 T:被测变量代号(温度);I:仪表功能代号(指示)
2:工段或工序;02:仪表序号

四、工艺流程设计的基本程序(初步设计阶段)

1. 对选定的工艺进行工程分析和处理　根据工艺和数据进行工程分析,进行单元操作和工序的分解,确定基本操作步骤及各单元操作的生产环境、洁净级别、人净物净措施、载能介质流向等。

2. 绘制工艺流程框图　①确定工艺流程方案,进行工艺计算,完成全流程的模拟计算,即完成物料平衡和能量平衡的计算工作,提出主流程工艺流程图;②在物料平衡计算的基础上进行设备分析、计算,完成设备一览表、设备工艺数据表和建议的设备布置图;③在能量平衡计算的基础上提出公用工程及能量的规格、消耗定额和消耗量;④提出必需的辅助系统和公用系统方案,并进行初步的计算,提出初步的公用工程流程图;⑤提出污染物排放及治理措施;⑥进行初步的安全分析;⑦进行设备概略布置研究和危险区划分的研究;⑧完成供各专业做准备和开展工作用的管道及仪表流程图。

3. 进行方案比较。

4. 绘制设备工艺流程图。

5. 绘制初步设计阶段的工艺管道及仪表流程图。

6. 绘制施工图阶段的工艺管道及仪表流程图。

五、工艺流程设计的技术处理

应以工业化实施的可行性、可靠性和先进性为基点,使流程满足生产、经济和安全等诸多方面的要求,实现优质、高产、低消耗、低成本、安全等综合目标。

(一)工艺流程设计的基本方法

药物的合成、中药提取分离、制剂等或因原料路线不同、或因加工体系不同、或因采用的过程工序不同、或因过程设备及控制技术不同,而有不同的工艺流程,相应的会有不同的工艺流程方案供设计选用。在综合考虑原料来源、产品收率、能量单耗、设备投资、操作费用和环境污染等因素后,对工艺技术的先进性、合理性和可靠性进行方案的比对,对不同的完整流程进行模拟和环境评价;优化每个流程的操作条件,进行成本核算,最终确定适宜的工艺路线。

在比较设计方案、优化流程结构时应注意,有许多方法能用来完成每个独立的任务,也有许多方法能把所有独立的任务相互连接起来。这就意味着必须对大量的流程进行模拟并优化其操作条件,方案比较时应注意制药过程的复杂性。

(二)工艺流程设计的技术处理

1. 确定生产线数目　根据生产规模、产品品种、换产次数、设备能力等因素决定生产线数目。

2. 确定操作方式　根据物料性质、反应特点、生产规模、工业化条件是否成熟等因素,决定采用连续、间歇还是联合的操作方式。

(1)连续操作:工艺参数在设备内任何一点不随时间而变,因而产品质量稳定,易于实现自动化操作,设备生产能力大,能耗小,投资小,因此对于产量大、技术上可行的产品应尽量采用连续操作。

(2)间歇操作:过程中的参数随时间变化。对小批量生产更经济,可以调整产品生产方案,灵活改变生产速率,使用多功能设备生产不同产品,最适于设备的定期清洗和消毒的要求,是一种最常用的操作方式。

(3)联合操作:是连续操作和间歇操作的联合。此法比较灵活,在制药工业生产中,很多产品的全流程是间歇的,而个别步骤又是连续的。

3. 保持设备的能力平衡、提高利用率。

4. 以生产为中心,完善生产过程。

5. 提高能量利用率,降低能耗　合理安排设备间的相对高度,尽量采用物料自流,节约输送物料消耗的能源;研究换热流程及换热方案,改进传热方式,提高设备的传热效率,进行热量回收,对系统进行热集成,充分利用余热、余能,还应选用保温性良好的材料,减少热量损失;带压操作结束以后,在放料时仍有一定的压力,可充分利用这部分余压输送物料,以降低能耗。

六、工艺流程的完善和简化

整个流程确定后,还要全面检查、分析各个过程的操作手段和相互连接方式;考虑开、停车或非正常状态下的预警、防护措施,增添必要的备用管线和管件;尽量减少物料循环量、简化流程管线。

第四节　制剂工程计算

一、物料衡算

物料衡算是指根据各种物料之间的定量转化关系对进出整个生产过程、生产过程的某一部分、单元操作、反应过程、设备的某一部分的各种物料的数量及组成进行平衡计算。它是在工艺流程确定后首先进行的工艺计算。

1. 物料衡算的作用　物料衡算是整个工艺设计中非常关键的环节,是指导生产过程的重要依据。通过原料与产品之间的定量转化关系,可以计算原料的消耗量,各种中间产品、产品和副产品的产量,生产过程中各阶段的消耗量以及组成;同时为热量衡算、设备工艺计算、管道计算、辅助工序及公用工程设计计算、生产成本核算等提供依据;此外,在确定生产装置由几条生产线组成以及工艺参数的确定中也发挥着重要作用。

2. 物料衡算的理论依据　物料衡算以质量守恒定律为基础,理论上,单位时间内进入系统的全部物料质量应该等于离开该系统的全部物料质量,再加上损失掉的和回收的物料质量。物料衡算通式如式 3-1:

$$\sum G_{投入} = \sum G_{产品} + \sum G_{回收} + \sum G_{流失} \qquad 式(3-1)$$

式中,$\sum G_{投入}$—投入系统的物料总量;$\sum G_{产品}$—系统产出的产品和副产品总量;$\sum G_{回收}$—系统中回收的物料总量;$\sum G_{流失}$—系统中流失的物料总量,包括除产品、副产品及回收量以外各种形式的损失量,污染物排放量即包括在其中。

对于没有化学反应的生产过程来说,根据质量守恒定律:

物料进入量 = 物料离开量 + 装置内积累量 + 过程损失量。

对于有化学反应的生产过程来说,根据质量守恒定律:

物料进入量 = 物料离开量 + 反应消耗量 + 装置内积累量 + 过程损失量。

对于没有化学及物理化学变化的密封设备或工序,如泵、换热器等可不进行物料衡算;对于只有物料损失的设备或工序,如切粒机、打包机等可只做总物料衡算;对于有化学或物理化学变化的设备或工序,如反应器、精馏塔、蒸发器、结晶器、干燥装置等,不仅要进行总物料衡算,还要对各组分及组成分别进行物料衡算。

3. 物料衡算的计算步骤

(1) 画出物料平衡关系示意图:在了解工艺操作过程的基础上,根据工艺流程草图画出物料平衡关系示意图。设备或工序可用方框表示,无物料变化的设备或工序可省去不画,图中应标明物料名称及流向。

(2) 注明变化过程:明确物料在各工序或设备中发生的化学及物理化学变化,写出主、副反应方程式。

(3) 收集数据资料:包括生产规模、生产时间、相关技术指标(如原料消耗量、各设备损失量、配料比、循环比、回流比、转化率、单程收率、回收率等)、质量标准(原料、中间产物和产品规格)、化学及物理化学变化的变化关系等。

(4) 选择计算基准及计算单位:整个计算过程应保持计算基准与计算单位一致,避免出错。有时根据特殊需要局部工序或设备可另设计算基准及单位,最后要求进行单位换算,建立各工序或各设备之间正确的物料平衡关系。对于间歇操作常取一批原料或 1kg 原料,对于连续操作通常取单位时间处理的物料量。

(5) 确定计算顺序:对于已有生产装置进行的标定或挖潜改造做的物料衡算,可直接采用顺流程计算;对于待建生产装置的工艺设计,先将产量换算成单位时间处理原料量,然后采用顺流程计算;对于复杂的生产过程,可先将生产过程分解到工序并对各工序进行物料衡算,然后将各个工序分解到各个设备并进行物料衡算。对于简单的生产过程可直接对整套装置中的各个设备进行物料衡算。

(6) 计算:根据所收集的数据资料及选择的计算基准和单位,按照确定的计算顺序运用质量守恒定律、进料比、相平衡关系、化学平衡关系、转化率等知识,逐个工序、逐台设备建立物料平衡关系式,进行物料平衡计算。

(7) 整理并校核计算结果:对每个工序或设备进行物料衡算后,必须立即根据约束条件对计算结果进行校核,确保计算结果正确无误。当计算全部结束后必须及时整理、编写物料衡算说明书,包括数据资料、计算公式、全部计算过程及计算结果等。

(8) 绘制物料流程图、编写物料平衡表:物料流程图及物料平衡表是说明物料衡算结果的一种简捷而清晰的表示方法,它们能够清楚地表示出各种物料在流程中的位置、数量、组成、流动方向、相互之间的关系等。

物料衡算结束后,必须利用计算结果对全流程进行经济分析与评价,考查生产能力、生产效率、生产成本等是否符合预期的要求,物料消耗是否合理,工艺条件是否合适等,同时及时发现和解决流程设计中存在的问题。

4. 物料衡算举例　某厂年生产速效感冒胶囊 2 亿粒,年工作时间为 250 天,一天一班,实行 8 小时工作制。

【处方】

对乙酰氨基酚	0.3g	维生素 C	0.1g
胆汁粉	0.1g	咖啡因	0.003g
马来酸氯苯那敏	0.003g	10% 淀粉浆	适量
食用色素	适量		

速效感冒胶囊工艺流程:粉碎、过筛、填充、包装。现只针对粉碎工段进行物料衡算,其他相同。

处方中对乙酰氨基酚、维生素 C、胆汁粉、咖啡因、马来酸氯苯那敏都要经过粉碎。并且考虑 10% 的富余量。

$$对乙酰氨基酚每日用量 = \frac{200\,000\,000 \times 0.3 \times 10^{-3}}{250} \times 110\% = 264\text{kg}$$

$$维生素 C 每日用量 = \frac{200\,000\,000 \times 0.1 \times 10^{-3}}{250} \times 110\% = 88\text{kg}$$

$$胆汁粉每日用量 = \frac{200\,000\,000 \times 0.1 \times 10^{-3}}{250} \times 110\% = 88\text{kg}$$

$$咖啡因每日用量 = \frac{200\,000\,000 \times 0.003 \times 10^{-3}}{250} \times 110\% = 2.64\text{kg}$$

$$马来酸氯苯那敏每日用量 = \frac{200\,000\,000 \times 0.003 \times 10^{-3}}{250} \times 110\% = 2.64\text{kg}$$

根据以上计算,选择粉碎设备生产能力应在 100kg/h 以上。

二、能量衡算

当物料衡算完成后,对于没有热效应的过程,可直接确定设备的型式、数量和主要工艺尺寸。而对于伴有热效应的过程,还必须进行能量衡算。能量有多种形式,势能、动能、热能、化学能等,其中,热能是一种最主要的能量形式,能量衡算实际上是热量衡算。生产过程中产生的热量或冷量会使物料温度上升或下降,为了保证生产过程在一定温度下进行,则外界须对生产系统加入或排出热量。对需加热或冷却设备进行热量计算,可以确定加热或冷却介质的用量,以及设备所需传递的热量。

热量衡算有两种情况:对单元设备做热量衡算及对整个过程进行热量衡算。当各个工序或单元操作之间有热量交换时,必须做全过程的热量衡算。

1. 能量衡算的作用　通过能量衡算,可以计算能耗指标,比较多种生产方案,选定生产工艺;确定设备或装置的热负荷,根据热负荷的大小以及物料的性质和工艺要求,可进一步确定传热设备的型式、数量和主要工艺尺寸;能量衡算还是生产管理、经济核算和最优化的基础,也是确定加热剂或冷却剂用量的依据。

2. 设备的热量衡算方程式　热量衡算依据能量守恒定律,当内能、动能、势能的变化量可以忽略,在无轴功的条件下,进入系统的热量与离开系统的热量应该平衡,在实际中对传热设备的热量衡算可由式 3-2 表示:

$$Q_1+Q_2+Q_3=Q_4+Q_5+Q_6 \qquad\qquad 式(3-2)$$

式中,Q_1—所处理的物料带入设备中的热量;Q_2—加热剂或冷却剂传给设备和物料的热量;Q_3—过程的热效应;Q_4—物料离开设备带走的热量;Q_5—加热或冷却设备各部件所消耗的热量;Q_6—设备向环境散失的热量

故:
$$Q_2=Q_4+Q_5+Q_6-Q_1-Q_3 \qquad\qquad 式(3-3)$$

由式 3-3 可求出 Q_2,即设备的热负荷。若 Q_2 为正值,表明需要向设备及所处理的物料提供热量,即需要加热;反之,则表明需要从设备及所处理的物料移走热量,即需要冷却。此外,对于间歇操作,由于不同时间段内的操作情况可能不同,因此,应按不同的时间段分别计算 Q_2,并取其最大值作为设备热负荷的设计依据。

为求出 Q_2,必须求出式中其他各项热量的值:

(1) 物料带入(带出)设备中的热量——Q_1 与 Q_4 计算

$$Q_1(Q_4)=\sum mC_P(t-t_0) \qquad\qquad 式(3-4)$$

式中,m—物料质量(kg),数值可由物料衡算结果而定;C_P—物料平均等压比热容[kJ/(kg·℃)],可从手册中查得,或用估算法得到;t—物料的温度(℃),数值由生产工艺确定;t_0—计算基准温度(℃)。

(2) 消耗在加热或冷却设备上的热量——Q_5 计算

$$Q_5=\sum MC_P(t_2-t_1) \qquad\qquad 式(3-5)$$

式中,M—设备各部件的质量(kg);C_P—设备各部件的比热容[kJ/(kg·℃)];t_1—设备各部件的初温度(℃);t_2—设备各部件的终温度(℃)。

(3) 设备向环境散失的热量——Q_6 计算

$$Q_6=\sum A_w\alpha_T(t_w-t_0)\tau \qquad\qquad 式(3-6)$$

式中,A_w—设备散热表面积(m²);α_T—散热表面向周围介质的联合给热系数[W/(m²·℃)];

t_w—器壁向四周散热的表面温度（℃）;t_0—周围介质温度（℃）;τ—过程连续时间（s）。

（4）过程热效应——Q_3 计算

$$Q_3=Q_c+Q_p \qquad\qquad 式（3-7）$$

式中 Q_c—化学反应热效应（kJ）;Q_p—物理过程热效应（kJ）。

化学反应热的计算,可以用标准反应热、标准生成热、标准燃烧热计算。物理变化热是指物料的浓度或状态发生改变时所产生的热效应,如蒸发热、冷凝热、结晶热、熔融热、升华热、凝华热、溶解热、稀释热等。

3. 单元设备热量衡算步骤　明确衡算对象,划定衡算范围,绘制设备的热平衡图;收集有关资料,如温度、压力、相态等已知条件;选择计算基准温度,热力学数据大多数是 273K 或 298K 的数据,故选此温度为基准温度,计算比较方便;计算各种形式热量的值;整理并校核计算结果,列出热量平衡表。

4. 加热剂和冷却剂的选用原则　常用的热源包括蒸汽、热水、导热油、电、熔盐、烟道气;常用的冷源包括冷却水、冰、冷冻盐、液氨。应选用化学稳定性高,无毒性、无腐蚀作用,无火灾或爆炸危险性,在较低压力下可达到较高温度,温度易于调节,热容量大,冷凝热大,价格低廉的加热剂或冷却剂。

在能量衡算中除了对生产耗能进行计算外,还要对空调净化系统的能耗进行控制。由于药厂洁净室设计的主要矛盾是微粒,因此节能设计一直没有受到应有的重视。随着我国医药工业全面实施 GMP,GMP 达标的药厂洁净室建设规模正在迅速发展与扩大,因此,从药厂洁净室设计上采取有力措施降低能耗、节约能源变得尤为重要。

药厂洁净室能耗较大的因素很多。仅以净化空调系统为例,其高能耗主要表现在制冷负荷和洁净室 HVAC 系统（Heating Ventilation and Air Conditioning）的能耗。

药厂洁净室各类制冷负荷主要有新风、风机温升、工艺设备、围护结构、照明、人等。其中最重要的是前三项,并以新风最大。药厂洁净室新风主要是满足生产人员的卫生要求、维持正压条件下的缝隙漏风量、弥补排风量、弥补系统漏风量。按照设计规范,新风总量相当于一般空调总风量的 1~1.5 倍。除此以外,风机温升负荷是很容易忽略的,它主要是静压箱中风机和电机把热都散到送风气流之中,导致空调器能耗增加。

洁净室 HVAC 系统的能耗主要受到气流平均速度、换气次数、空气输送系统阻力、空调参数、排风量、工艺设备发热量、HVAC 系统的设备效率等因素的影响。除 HVAC 系统的设备效率外,以上各因素都与工艺生产相关。

通过制定严格管理办法,降低洁净室内污染源,保证洁净室在使用期间处于较低的污染状态,减少排风量等措施可以减少新风负荷;通过热回收等专业手段可以减少工艺负荷;将风机、电机外置,减少风机、电机温升负荷;合理确定换气次数、采用低阻过滤器等可以减少空调运行动力负荷等,这些都可以达到节能的目的。

第五节　车间布置设计

一、车间布置概述

车间布置设计是对厂房的配置和设备的位置做出合理的安排,是车间工艺设计的两大环节（工艺流程设计、车间布置设计）之一,也是工艺专业向其他专业提供开展车间设计的基础资料之一,关系着日后正常生产、设备安全运行与维修、能量利用、物料输送、人流走向、车间管理等各个方面。

1. 车间布置设计任务　一是确定车间的火灾危险等级及卫生标准;二是确定车间建筑(构筑)物和露天场所的主要尺寸,并对生产、辅助生产、行政和生活区域位置做出安排;三是确定全部工艺设备的空间位置。三者同时进行,设备布置草图是车间平面布置的前提,而最后确定的车间平面布置又是设备工艺设计定稿的依据。

2. 制药车间布置的特殊性　制药生产包括原料药生产和制剂生产两大部分。原料药生产属于化学工业范畴,具有一般化工的特征;制剂生产中药品种类多,更新快,产量悬殊。二者的生产都要符合GMP要求。GMP的宗旨就是防止生产过程中的交叉污染、混淆。为降低污染和交叉污染的风险,车间布置应做到:

(1) 厂房、生产设施和设备应当根据所生产药品的特性、工艺流程及相应洁净度级别要求合理设计、布局和使用。

(2) 生产区和贮存区应当有足够的空间,确保有序地存放设备、物料、中间产品、待包装产品和成品,避免不同产品或物料的混淆、交叉污染,避免生产或质量控制操作发生遗漏或差错。

(3) 应当根据药品品种、生产操作要求及外部环境状况等配置空调净化系统,使生产区有效通风,并有温度、湿度控制和空气净化过滤,保证药品的生产环境符合要求。

(4) 各种管道、照明设施、风口和其他公用设施的设计和安装应当避免出现不易清洁的部位,应当尽可能在生产区外部对其进行维护。

(5) 制剂的原辅料称量通常应当在专门设计的称量室内进行。

(6) 产尘操作间(如干燥物料或产品的取样、称量、混合、包装等操作间)应当保持相对负压或采取专门的措施,防止粉尘扩散、避免交叉污染并便于清洁。

(7) 用于药品包装的厂房或区域应当合理设计和布局,以避免混淆或交叉污染。如同一区域内有数条包装线,应当有隔离措施。

(8) 生产区内可设中间控制区域,但中间控制操作不得给药品带来质量风险。

二、制剂车间的布置

制剂车间包括生产部分、辅助生产部分和行政 - 生活部分。生产部分包括洁净生产区和一般生产区;辅助生产部分包括物料净化用室(原辅料外包装清洁室、包装材料清洁室、灭菌室)、称量室、配料室、设备容器具清洁室、清洁工具洗涤存放室、洁净工作服洗涤存放室、空调机房、分析化验室、配电室等;行政 - 生活部分包括人员净化用室、办公室、休息室、卫生间等。

GMP对制剂车间的一些要求包括:休息室的设置不应当对生产区、仓储区和质量控制区造成不良影响。更衣室和盥洗室应当方便人员进出,并与使用人数相适应。盥洗室不得与生产区和仓储区直接相通。维修间应当尽可能远离生产区。存放在洁净区内的维修用备件和工具,应当放置在专门的房间或工具柜中。

(一) 厂房形式

1. 集中式和分散式厂房　制剂生产厂房有集中式和分散式(单体式)。医药、精细化工的生产规模较小,多采用集中式厂房布置,将生产、辅助生产、生活 - 行政部分集中安排到一个厂房中;生产规模较大,车间较多时多采用分散式厂房布置,将组成车间的一部分或几部分相互分离并分散布置在几栋厂房中。

2. 单层或多层厂房　根据工艺流程的特点,厂房可以设计成单层,多层或是单层与多层相结合的形式;从建筑要求上,必须满足采光和通风的要求。医药工业厂房多采用单层大跨度厂房。

(二) 平面布置

厂房平面布置方案一般有长方形、L形、T形、U形四种,其中以长方形为多。长方形厂房便于总面积的布置,有利于设备排列,便于安排交通和出入口,自然采光和通风较好,但生产车间较多时,会给仓库、辅助车间的配置以及整个车间的管理带来困难和不便。T、L、U形适用于较复杂的车间布置。

(三) 洁净厂房基本要求

洁净厂房在设计时,建筑平面和空间布局应具有适当的灵活性。洁净区的主体结构不宜采用内墙承重。洁净厂房主体结构的耐久性应与室内装备、装修水平协调,并应具有防火、控制温度变形和不均匀沉陷性能。建筑伸缩缝应避免穿过洁净区。洁净区内应设置技术夹层或技术夹道,用以布置风管和各种管线,通道应有适当宽度,以利于物料运输、设备安装、检修等。如果有防爆的区域,宜靠外墙布置,并符合国家相关规定。

洁净厂房每层高度应满足洁净室操作面净高和技术夹层布置管线要求的净空高度。洁净室(区)内各种管道、灯具、风口以及其他公用设施,在设计和安装时应考虑避免出现不易清洁的部位。厂房应有防止昆虫和其他动物进入的措施。避免所使用的灭鼠药、杀虫剂、烟熏剂等对设备、物料、产品造成污染。放射性药品生产厂房应符合国家关于辐射防护的有关规定。

(四) 洁净车间设计的技术要求

1. 药品生产区域的环境参数　为了保证药品生产质量、防止生产环境对药品的污染,生产区域必须满足规定的环境参数标准。药品生产区域应以空气洁净度(尘粒数和微生物数)为主要控制对象,同时还应对其温度、湿度、新鲜空气量、压差、照度、噪声等参数作出必要的规定。

(1) 药品生产洁净室(区)内的空气洁净度级别的划分及其适用范围

1) 空气洁净度级别:洁净区分为 A 级、B 级、C 级和 D 级。划分标准如表 3-1、3-2。

表 3-1　洁净区空气洁净度各级别空气悬浮粒子的标准

洁净度级别	悬浮粒子最大允许数 / 立方米			
	静态		动态	
	≥0.5μm	≥5.0μm	≥0.5μm	≥5.0μm
A 级	3520	20	3520	20
B 级	3520	29	352 000	2900
C 级	352 000	2900	3 520 000	29 000
D 级	3 520 000	29 000	不作规定	不作规定

表 3-2　洁净区微生物监测的动态标准

洁净度级别	浮游菌 cfu/m³	沉降菌（φ90mm）cfu/4 小时	表面微生物	
			接触（φ55mm）cfu/碟	5 指手套 cfu/手套
A 级	<1	<1	<1	<1
B 级	10	5	5	5
C 级	100	50	25	—
D 级	200	100	50	—

2）空气洁净度级别的适用范围：《药品生产质量管理规范》（2010 年版）附录 1 中对于无菌制剂规定：

A 级：高风险操作区，如灌装区、放置胶塞桶和与无菌制剂直接接触的敞口包装容器的区域及无菌装配或连接操作的区域，应当用单向流操作台（罩）维持该区的环境状态。单向流系统在其工作区域必须均匀送风，风速为 0.36~0.54m/s（指导值）。应当有数据证明单向流的状态并经过验证。在密闭的隔离操作器或手套箱内，可使用较低的风速。

B 级：指无菌配制和灌装等高风险操作 A 级洁净区所处的背景区域。

C 级和 D 级：指无菌药品生产过程中重要程度较低操作步骤的洁净区。

口服液体和固体制剂、腔道用药（含直肠用药）、表皮外用药品等非无菌制剂生产的暴露工序区域及其直接接触药品的包装材料最终处理的暴露工序区域，应当参照"无菌药品"附录中 D 级洁净区的要求设置，企业可根据产品的标准和特性对该区域采取适当的微生物监控措施。

3）局部净化：由于 A 级洁净能耗较大，为节约能源，在工艺允许的条件下，通常设法缩小 A 级范围，设计成 B 级背景下的局部 A 级，如无菌粉针剂、冻干剂、大输液的灌装，无菌原料药的精、烘、包等生产时，常用 B 级背景下局部 A 级层流保护的净化空调系统。

局部空气洁净度 A 级的单向流装置的设置，应符合下列要求：应覆盖暴露非最终灭菌无菌药品、包装容器及传送设施的全部区域；当单向流装置面积较大，且采用室内循环风运行时，应采取减少空气洁净度 A 级区域与室内周围环境温差的措施，空气洁净度 A 级区域内的温度不应大于室内设计温度 2℃，并不应高于 24℃；空气洁净度 A 级的单向流装置，应采用侧墙下部或地面格栅回风。局部空气洁净度 A 级的单向流装置外缘宜设置围帘，围帘高度宜低于操作面，单向流装置的设置应便于安装、维修及更换空气过滤器。

（2）温度和相对湿度：洁净室（区）的温度和相对湿度应与药品生产工艺相适应。无特殊要求时，温度应控制在 18~26℃，相对湿度应控制在 45%~65%。

（3）压差：洁净室必须维持一定的正压，可通过使送风量大于排风量的办法达到，并应有指示压差的装置。洁净区与非洁净区之间、不同级别洁净区之间的压差应当不低于 10Pa。必要时，相同洁净度级别的不同功能区域（操作间）之间也应当保持适当的压差梯度。工艺过程产生大量粉尘、有害物质、易燃易爆物质，以及生产青霉素类强致敏性药物、某些甾体药物、任何认为有致病作用的微生物的生产工序，其操作室与其相邻房间或区域应保持相对负压。

2. 工艺布置的基本要求

（1）人流、物流布置要求：工艺布局要防止人流、物流之间的混杂和交叉污染，并符合下列要求:①分别设置人员和物流进入生产区域的通道,必要时应设置极易造成污染的物料和废弃物的专用出入口;②用于生产、贮存的区域不得作为非本区域内工作人员的通道;③人员和物料使用的电梯宜分开。电梯不宜设置在洁净区内,必须设置时,电梯前设气闸室或采取确保洁净区空气洁净度的其他措施。

(2) 设备、设施布置要求:洁净室(区)内各种设施的布置,应满足气流流型和空气洁净度等级的要求,并应符合下列规定:①单向流医药洁净室(区)内不宜布置洁净工作台;在非单向流医药洁净室(区)内设置单向流洁净工作台时,其位置宜远离回风口;②易产生污染的工艺设备附近应设置排风口;③有局部排风装置或需排风的工艺设备,宜布置在医药洁净室(区)下风侧;④有发热量大的设备时,应有减少热气流对气流分布影响的措施;⑤余压阀宜设置在洁净空气流的下风侧,生产操作区内应只设置必要的工艺设备和设施。

(3) 生产辅助用室布置要求:生产辅助用室的布置和空气洁净度等级,应符合下列要求:

1) 取样室宜设置在仓储区内,取样环境的空气洁净度等级应与使用被取样物料的医药洁净室(区)相同。无菌物料取样室应为无菌洁净室,取样环境的空气洁净度等级应与使用被取样物料的无菌操作环境相同,并应设置相应的物料和人员净化用室。

2) 称量室宜设置在生产区内,称量室的空气洁净度等级应与使用被称量物料的医药洁净室(区)相同。

3) 存放区域内应安排待验区、合格品区和不合格品区,并按下列要求布置:在药品洁净生产区域内应设置与生产规模相适应的备料室、原辅材料、中间体、半成品、成品存放区域,其空气洁净度与生产区空气洁净度相同。备料室可视生产规模设置在仓库或生产车间内,并配备相应的称量室(区),备料室宜靠近称量室布置,空气洁净度等级应与称量室相同;原辅材料、中间体、半成品存放区尽可能靠近与其相联系的生产区域,减少运输过程中的混杂和污染;不合格中间体、半成品需设置专用回收间,其空气洁净等级宜同生产区的等级;成品待检可布置在生产区或入库前区,成品待检区与成品仓库区应有明显区别标志,不得发生混杂。

4) 设备、容器及工器具清洗室的设置,应符合下列要求:空气洁净度 A 级、B 级医药洁净室(区)的设备、容器及工器具宜在本区域外清洗,其清洗室的空气洁净度等级不应低于 D 级;如需在医药洁净区内清洗的设备、容器及工器具,其清洗室的空气洁净度等级应与该医药洁净区相同;设备、容器及工器具洗涤后应干燥,并应在与使用该设备、容器及工器具的医药洁净室(区)相同的空气洁净度等级下存放;无菌洁净室(区)的设备、容器及工器具洗涤后应及时灭菌,灭菌后应在保持其无菌状态措施下存放。

(4) 医药洁净室(区)的布置:医药洁净室(区)的布置应符合下列要求:①在满足工艺条件和噪声级要求的前提下,为了提高净化效果、节约能源,空气洁净度要求高的房间宜靠近空气调节机房,房间面积合理布置;空气洁净度相同的房间或区域相对集中;不同空气洁净度房间之间相互联系应有防止污染措施,如气闸室或传递窗(柜)等。②下列情况的医药洁净室(区)应予以分隔:生产的火灾危险性分类为甲、乙类与非甲、乙类生产区之间或有防火分隔要求时;按药品生产工艺有分隔要求时(如操作间与工艺走廊);生产联系少,且经常不同时使用的两个生产区域之间。

三、车间布置举例

以某药厂固体制剂综合车间的设计图(图 3-9)为例,在此综合车间中包括有颗粒剂、片

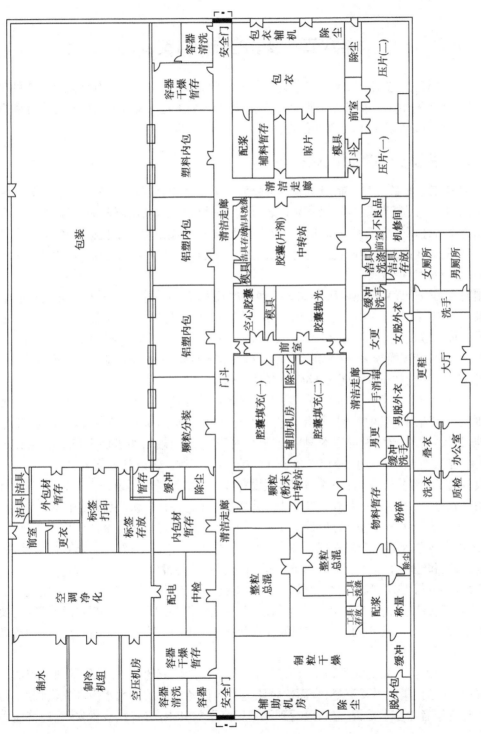

图 3-9 固体制剂综合车间设计图

剂和胶囊剂的生产。单元操作包括粉碎、制粒干燥、整粒总混、胶囊填充、压片、包衣、内包装与外包装等工序。人员净化通道与物料净化通道布置合理,在清洁走廊两侧有利于逃生的安全门。

第六节　设备的选型与安装

工艺设备设计、选型与安装是工程计算的重要内容,任何生产工艺都必须有相应的生产设备,同时所有的生产设备都是根据生产工艺要求设计来选择确定的。设备的设计和选型是在生产工艺确定后以物料衡算和能量衡算为基础进行的。

一、工艺设备的设计和选型

1. 制药工业设备分类　制药工业设备分为 8 类:原料药设备及机械、制剂机械、药用粉碎机械、饮片机械、制药用水设备、药品包装机械、药品检测设备、制药辅助设备。

制药设备还可分为机械设备和化工设备两大类,药物制剂生产以机械设备为主,化工设备为辅,目前应用最多的生产剂型有片剂、注射剂、胶囊剂、颗粒剂、口服液等,生产每种剂型都需要一套专用生产设备。

制剂专用生产设备又有两种形式。一种是单机生产,由操作者衔接工序和运送物料,如片剂等固体制剂,其规格可大可小,较为灵活,容易掌握,但受人员素质影响较大,生产效率低。另一种是联动化(自动化)生产线,是通过机械加工、传送和控制完成生产,如输液剂、粉针剂等,其生产规模较大,效率高,但操作、维修技术要求高,对原辅料、包装材料质量要求高,设备的一部分出现问题就会影响整个联动线的生产。

2. 工艺设备设计和选型的任务　在工艺设备设计和选型工作中,应该根据工艺的要求决定单元操作所用设备的类型、所有工艺设备的材料、设备的型号或牌号以及台数;对于已有标准图纸的设备,确定标准图的图号和型号;对于非定型设备,通过计算和设计,确定设备的主要结构及主要工业尺寸,提出设备设计的条件单;编制工艺设备一览表。

设备选型工作完成后,将该成果按定型设备和非定型设备编制设备一览表,作为设计说明书的组成部分,并为下一步施工图设计以及其他非工艺设计提供必要的条件。

3. 工艺设备设计与选型的步骤　在工艺设备设计与选型中,应该遵循技术先进、工艺适用、经济合理的原则。表现在以下 8 个方面:工艺性、生产性、可靠性、维修性、节能性、环保性、灵活性和经济性,对上述因素要统筹兼顾、全面权衡利弊。

工艺设备设计与选型分两个阶段。第一阶段包括:定型机械设备和制药机械设备的选型,计量贮存容器的计算,定型化工设备的选型,非定型设备的形式、工艺要求、台数、主要尺寸的确定;第二阶段是解决工艺过程中的技术问题,例如传热面积、干燥面积、过滤面积和各种设备的主要尺寸等。

首先了解所需设备的大致情况,国产还是引进,生产厂家的技术水平,其他厂家的使用情况等;其次是搜集所需要资料,全面比较国内外各设备厂家的技术水平和先进程度;再次要核实与使用者的要求是否一致;最后到设备厂家了解其生产条件、技术素质、经济能力和售后服务。

根据上述调查研究情况和物料衡算结果,确定所需设备的名称、型号、规格、生产能力、生产厂家等。一般先确定设备类型,然后确定其规格。

4. 工艺设备设计与选型要点　设备的选型和设计应满足生产规模及生产工艺的要求；用于制剂生产的配料、混合、灭菌等主要设备和用于原料药精制、干燥、包装的设备其容量应与生产批量相适应。

(1) 设备的设计、选型、安装、改造和维护必须符合预定用途，应当尽可能降低产生污染、交叉污染、混淆和差错的风险，便于操作、清洁、维护，以及必要时进行消毒或灭菌。

(2) 生产设备不得对药品质量产生任何不利影响。与药品直接接触的生产设备表面应当平整、光洁、易清洗或消毒、耐腐蚀，不得与药品发生化学反应、吸附药品或向药品中释放物质。生产无菌药品的设备、容器、工器具等应采用优质低碳不锈钢。

(3) 生产和检验用仪器、仪表、量具、衡器等的适用范围和精密度应符合生产的质量要求。应当确保关键的衡器、量具、仪表、记录和控制设备以及仪器经过校准，有明显的标识，标明其校准有效期。不得使用未经校准、超过校准有效期、失准的衡器、量具、仪表以及用于记录和控制的设备、仪器。

(4) 洁净室(区)内的设备，应易于清洗、消毒或灭菌，便于生产操作和维修、保养，并能防止差错和减少污染，设计和选用时应满足下列要求：结构简单，需要清洗和灭菌的零部件要易于拆装，不便拆装的设备要设清洗口；设备的传动部件要密封良好，所用的润滑剂、冷却剂等不得对药品或容器造成污染，应当尽可能使用食用级或级别相当的润滑剂；洁净室(区)内使用的设备尽量密闭，并具有防尘、防微生物污染的措施，无菌作业所需的设备应满足灭菌的需要；对生产中发尘量大的设备如粉碎、过筛、混合、制粒、干燥、压片、包衣等设备，应附带防尘围帘和捕尘、吸粉装置，排风应设置气体过滤和防止空气倒灌的装置；干燥设备进风口应有过滤装置，出风口有防止空气倒流装置；无菌药品生产所使用的灭菌柜宜采用双扉式，并具有自动监测、记录装置，其容积应与生产规模相适应；无菌药品生产药液接触的设备、容器具、输送泵等应采用优质耐腐蚀材质，密封垫宜采用硅橡胶等材料，无菌制剂生产中使用的封闭性容器应用蒸汽灭菌，宜在原地清洗、灭菌；应设计或选用轻便、灵巧的物料传送工具(如传送带、小车等)，不同洁净级别区域传递工具不得混用。

(5) 设备的自动化或程控设备的性能及准确度应符合生产要求，并有安全报警装置。

(6) 药液过滤不得使用吸附药物组分和可能释出纤维的药液过滤装置，禁止使用含石棉的过滤装置。

(7) 设备外表不得采用易脱落的涂层。洁净室内使用或加工易燃易爆介质的设备，既要满足洁净要求又要满足防火、防爆要求。

(8) 设备的设计或选用应能满足产品验证的有关要求，合理设置有关参数的测试点。

(9) 用于制剂包装的机械，应操作简单、不易产生差错。出现不合格、异物混入或性能故障时，应有调整或显示的功能。

二、设备的安装

设备应布局合理，其安装不得影响产品的质量；安装间距要便于生产操作、拆装、清洁和维修保养，并避免发生差错和交叉污染。设备穿越不同洁净室(区)时，除考虑固定外，还应采用可靠的密封隔断装置，以防止污染。

医药洁净室(区)内的各种设备均应选用低噪声产品。对于辐射噪声值超过洁净室容许值的，应设置专用隔声设施。医药洁净室(区)与周围工程楼内强烈振动的设备及其管道连接时，应采取主动隔振措施。有精密设备、仪器仪表的医药洁净室(区)，应根据各类振源对其影响采取被动隔振措施。洁净室(区)内的设备,除特殊要求外,一般不宜设地脚螺栓。

第七节　管道设计

管道是制药企业生产中必不可少的重要部分,起着输送物料及传递介质的重要作用,关系到建设项目指标是否先进合理、生产操作能否正常进行,关系到设备运转的顺畅和整个车间生产操作的成效,关系到车间布置的整齐美观和通风采光良好等问题。因此正确地设计和安装管道,对减少工厂基本建设投资和维持日后的正常操作具有重要意义。

一、管道设计的内容及步骤

1. 管道设计的内容　在初步设计阶段,设计带控制点流程图时,需要选择和确定管道、管件及阀件的规格和材料,并估算管道设计的投资;在施工图设计阶段,还需确定管沟的断面尺寸和位置,管道的支撑间距和方式,管道的热补偿与保温,管道的位置及施工、安装、验收的基本要求。

2. 管道设计的步骤　包括选择管道材料,选择介质的流速,确定管径,确定管壁厚度,确定管道连接方式,选择阀门和管件,选择管道的热补偿器,选择绝热形式、绝热层厚度及保温材料,布置管道,计算管道的阻力损失,选择管架及固定方式,确定管架跨度,选定管道固定用具,绘制管道图,编制管材、管件、阀门、管架及绝热材料综合汇总表,选择管道的防腐措施。

二、管道、阀门和管件的选择

1. 管道材料、阀门和管件选择依据　管道、管件等材料和阀门应根据所输送物料的理化性质和使用情况选用。采用的材料和阀门应满足工艺要求,不应吸附和污染介质。

工艺物料的干管不宜采用软性管道,不得采用铸铁、陶瓷、玻璃等脆性材料。当采用塑性较差的材料时,应有加固和保护措施。引入医药洁净室(区)的明敷管道,应采用不锈钢或其他不污染环境的材料。

输送无菌介质和成品的管道材料宜采用内壁抛光的优质低碳不锈钢或其他不污染物料的材料;输送纯水的管道材料应无毒、耐腐蚀、易于消毒,并宜采用内壁抛光的优质不锈钢或其他不污染纯化水的材料,储罐的通气口应安装不脱落纤维的疏水性过滤器;输送注射用水的管道材料应无毒、耐腐蚀,并应采用内壁抛光的优质低碳不锈钢管或其他不污染注射用水的材料,储罐的通气口应安装不脱落纤维的疏水性除菌器。

管道上的阀门、管件材质,除满足工艺要求外,应采用拆卸、清洗、检修均方便的结构形式,还应与连接的管道材质相适应。管道与阀门连接宜采用法兰、螺纹或其他密封性能优良的连接件。凡接触物料的法兰和螺纹的密封应采用聚四氟乙烯。无菌药品生产中,药液输送管的安装尽量减少连接处,密封垫宜采用硅橡胶等材料。管道与设备宜采用金属管材连接。采用软管连接时,应采用金属软管。

2. 管道材料的类型　管道材料有金属和非金属管两大类。①钢管:包括无缝钢管、电焊钢管、水煤气钢管、不锈钢管;②铸铁管:用于室外给水和室内排水管线,也可用来输送碱液或浓硫酸,埋于地下或管沟;③有色金属管:铜管与黄铜管(用于换热设备、传送有压力的流体,如油压系统、润滑系统),铝管(用于输送浓硝酸等物料,或用作换热器);④非金属管:硅酸盐材料管(有陶瓷管、玻璃管,耐腐蚀性能强);钢筋混凝土管,石棉水泥管(用于室外排水管道);塑料管(输送温度在60℃以下的腐蚀性介质);橡胶管(能耐酸碱,抗蚀性好,且有弹性可任意弯曲,但不作为永久管道)。

3. 管件和阀门

(1) 管件:常用管件见图3-10。

1) 弯头:主要作用是用来改变管路的走向,常见的有90°、45°、180°弯头。

2) 三通:当一条管道与另一条管道相连通时,或管道需要有旁路分流时,其接头处的管件称为三通,根据接入管的角度不同或口径大小差异,可定名为正接三通,斜接三通,或等径三通、异径三通。如需要更多接口,可用四通、五通等管件。

3) 短接管:当管道装配中短缺一小段,或因检修需要在管路中设置一小段可拆的管段时,经常采用短接管。它是一短段直管,有的带连接头(如法兰、丝扣等)。

4) 异径管:将两个不等管径的管口连通起来的管件称为异径管,通常叫大小头。

5) 法兰、活络管接头、盲板:为便于安装和检修,管路中采用可拆卸式连接,法兰和活络管接头是常用的连接零件。绝大多数钢管管道采用法兰连接,活络管接头则大多用于管径不大的水煤气钢管。为清理和检修,有的管路上需要设置手孔盲板,也有的直接在管端装盲板。

弯头　　　　　正接三通　　　　斜接三通　　　　异径三通

短接管　　　　　　　　　异径管

法兰　　　　活络管接头　　　　盲板

图 3-10　常用管件

(2) 阀门:主要用于调节流量,切断或切换管道,对管道起安全控制作用。可以根据工作压力、介质温度、介质性质、操作要求等选择。常用阀门见图3-11。

1) 旋塞:结构简单,外形尺寸小,启闭迅速,操作方便,管道阻力损失小。用于压力和温度较低的流体管道中,不适于控制流量,不宜输送高压、高温的流体。适用于介质中含有晶体和悬浮物的流体管道中,如水、煤气、油品、黏度低的介质。

旋塞　　　　　截止阀　　　　　闸阀　　　　　隔膜阀　　　　　球阀

针形阀　　　　　止回阀　　　　　安全阀　　　　　减压阀　　　　　疏水器

图 3-11　常用阀门

2）截止阀：操作可靠，易密封，易调节流量和压力，最高耐温达 300℃。缺点是阻力大，杀菌蒸汽不易排掉，灭菌不完全，不能用于输送含晶体和悬浮物的管道中。常用于水、蒸汽、压缩空气、真空、油品介质。

3）闸阀：阻力小，没有方向性，不易堵塞，适用于不沉淀物料管线安装。一般用于大管道中作启闭阀。使用介质包括水、蒸汽、压缩空气等。

4）隔膜阀：结构简单，密封可靠，便于检修，流体阻力小，适用于输送酸性介质和带悬浮物质流体的管道，特别适用于发酵工业，但所采用的橡皮隔膜应耐高温。

5）球阀：结构简单，体积小，开关迅速，阻力小，常用于发酵罐的配管中。

6）针形阀：能精确地控制流体流量，主要用于取样管道上。

7）止回阀：靠流体自身的力量开闭，不需要人工操作，其作用是阻止流体倒流。也称止进阀、单向阀。

8）安全阀：在锅炉、管道和各种压力容器中，为了控制压力不超过允许数值，需要安装安全阀。安全阀能根据介质工作压力自动启闭。

9）减压阀：减压阀的作用是自动地把外来较高压力的介质降低到需要压力。减压阀适用于蒸汽、水、空气等非腐蚀性流体介质，在蒸汽管道中应用最广。

10）疏水器：作用是排除加热设备或蒸汽管线中的蒸汽凝结水，同时能阻止蒸汽的泄漏。

4. 管径的计算与选择

（1）查表法：通过流量、流速、管径、阻力损失列表，已知其中三个量就可以查得另一个量。

（2）查图法：应用有关流速、流量、管径图求取管径。

（3）公式法：根据流体在管内的常用速度，可根据式 3-8 求得管径。

$$d=\sqrt{\frac{V_{秒}}{\frac{\pi}{4}u}}$$

式 (3-8)

式中,d—管道的直径(m);$V_积$—通过管道的流量(m^3/s);u—流体的流速(m/s)。

计算管径时,关键是流速的选用:流速大、管径小,可以节省材料,但是增加了流体输送过程的能量消耗,即增大了生产费用;流速小,管径大,设备材料耗用多,投资大。应根据输送介质的种类、性质和输送条件选择合适的流速。除特殊情况外,液体流速一般不超过3m/s,气体流速一般不超过100m/s。允许压力降较小的管线,如常压自流管线,应选用较低的流速;允许压力降较大的管线可选用较高流速。

三、管道连接

车间管道布置设计的任务是用管道把由车间布置固定下来的设备连接起来,使之形成一条完整连贯的生产工艺流程。在管路系统中往往是几种连接方式同时运用。

1. 螺纹连接 螺纹连接用于低压流体输送用焊接钢管及外径可以攻螺纹的无缝钢管的连接。但是由于管道受冷、热、震动等的影响,活接头的接口易松动,使密封面不能严密而造成渗漏;如在输送液体时,因液体快速流动造成局部真空,在渗漏处将外界空气吸入,空气中的菌就被带入管道中进入药品造成染菌。

2. 焊接连接 方法简便、密封可靠;空气灭菌系统、培养液灭菌系统和其他物料管道以焊接连接为好。

3. 法兰连接 适用于需要经常拆卸检修处;靠近设备的管道,如空气管道、油管等,均用弯管、焊接、法兰连接取代弯头、管接头、活接头、三通、四通、大小头等化工管件连接的方法,这样可以减少接头处渗漏染菌。

此外还有承插连接、卡套连接和卡箍连接等。

四、管道安装

1. 一般规定 医药洁净室(区)内应少敷设管道。工艺管道的干管,宜敷设在技术夹层或技术夹道中,引入洁净室(区)的支管宜暗敷。需要拆洗和消毒的管道宜明敷。易燃、易爆、有毒物料管道应明敷,当需穿越技术夹层时,应采取安全密封措施。洁净室(区)内配电设备的管线应暗敷,进入室内的管线口应严格密封,电源插座宜采用嵌入式。

在设计和安装管道时,不应出现使输送介质滞留和不易清洁的部位。在满足工艺要求的前提下,工艺管道宜短。工艺管道的干管系统应设置吹扫口、放净口和取样口。工艺管道不宜穿越与其无关的医药洁净室(区)。

输送有毒、易燃、有腐蚀性介质的工艺管道,应根据介质的理化性质控制物料的流速,设备的放散管应引至室外,并应设置相应的阻火装置、过滤装置和防雷保护设施。输送可燃气体和氧气管道的末端或最高点应设置放散管。引至室外的放散管应高出屋面1m,并应采取防雨和防异物侵入措施。

2. 管道的安装、保温 工艺管道的连接宜采用焊接。不锈钢管应采用内壁无斑痕的对接氩弧焊。管道与阀门连接宜采用法兰、螺纹或其他密封性能优良的连接件。接触工艺物料的法兰和螺纹的密封圈应采用不易污染介质的材料。

穿越医药洁净室(区)墙、楼板、顶棚的管道应敷设套管,套管内的管段不应有焊缝、螺纹和法兰。管道与套管之间应有可靠的密封措施。

医药洁净室(区)内的各类管道,均应设置指明内容物名称及流向的标志,且应排列整齐,宜减少阀门、管件和管道支架的设置。管道支架应采用不易锈蚀、表面不易脱落颗粒性物质的材料。管道外壁应采取防锈措施。

应根据管道的表面温度、发热或吸热量及环境的温度和湿度确定医药洁净室(区)内管道的保温形式。冷保温管道的外壁温度不得低于环境的露点温度。管道保温层表面应平整和光洁,不得有颗粒性物质脱落,并宜采用不锈钢或其他金属外壳保护。

五、管道布置图

管道布置图又称配管图。一般采用1:25或1:20的比例绘制,管道少或设备过大时也可用1:50的比例;配管图上,设备外形用细线表示,接口只画有关部分,无关附件不必画出;$\Phi150mm$及以下的管道用单粗线表示;$\Phi150mm$以上的管道用双细线表示。

第八节 空调净化系统设计

药品是特殊的商品,质量的好坏与人们的健康息息相关,药品的特殊性决定了药品对生产环境的洁净度、温度、空气排放、操作人员、防止交叉污染等各个方面提出了各自特殊的要求。如静脉注射的药物必须确保不受微生物的污染,而悬浮在空气中的微生物大都依附在尘埃粒子表面,进入洁净室的空气若不除尘,就难以保证药品的质量;在固体制剂生产过程中也会产生各种粉尘,必须去除以防止药物交叉污染和对大气环境的污染。

空气净化(air purification)技术是以创造洁净空气为主要目的的空气调节措施。制药行业中的空气净化需要生物洁净,即在除掉空气中各种尘埃的同时除掉各种微生物等。空气净化措施与环境的空气状态以及生产对空气的要求密切相关。

药品生产对洁净技术的要求:防止药物受到空气中粉尘和微生物的污染;防止生产过程中药物粉尘污染环境和造成不同药物相互污染(即交叉污染);符合GMP对药品生产洁净厂房的规定。因此药品生产洁净厂房的空气处理系统即净化空调系统,必须具备通排风除尘、调节温度和湿度的功能。

一、洁净室粉尘的来源

粉尘是指悬浮在空气中的固体颗粒。洁净室内的粉尘一部分来自外部环境,此外,生产中固体物料的机械粉碎研磨、粉状物料的混合、筛分、收集、包装、运输、物质的燃烧等都会产生粉末状微粒。工作人员操作产生的气流、受热设备表面产生的热空气上升、机器设备运行等都带动着周围空气运动,运动着的空气流带动粉末状的微粒扩散,从静态变成悬浮于空气中的粉尘。一般洁净室内,人是最大的污染源,主要是人体把外界的尘粒带入,同时,人体本身会散发大量的皮屑。洁净室粉尘来源分析见表3-3。

表3-3 洁净室粉尘来源分析

发尘源	所占比例	发尘源	所占比例
空气中漏入	7%	生产过程中产生	25%
原料中带入	8%	人员因素造成	35%
设备运行中产生	25%		

空气中含尘浓度常用计数浓度与质量浓度表示。计数浓度是指每立方米空气中所含粉尘个数(个/m³)。质量浓度是指每立方米空气中所含粉尘的质量(mg/m³)。

含尘浓度有多种测定方法,其中尘埃粒子计数器是应用光散射原理计数。当含尘气流以细流束通过强光照射的测量区时,空气中的每个尘粒发生光散射,形成光脉冲信号,并转换成正比于散射光强度的电脉冲信号,散射光的强度正比于尘粒的表面积,脉冲信号的次数与尘粒数目对应,最后由数码管显示粒径与粒子数目。

滤膜显微镜计数测定法是利用微孔滤膜真空滤过含尘空气,把尘粒捕集在滤膜表面,用丙酮蒸气熏蒸,使滤膜形成透明体,然后用显微镜计数。根据采样的空气量及粒子数可计算空气的含尘量。此法可直接观察尘埃的形状、大小、色泽等物理性质,这对分析洁净室污染情况是极为宝贵的资料。

光电比色计数法是采用滤纸真空滤过含尘空气、捕集尘粒于滤纸表面,测定滤过前后的透光度,根据透光度与积尘量成反比(假设尘埃的成分、大小和分布相同),计算含尘量。常用于中、高效滤过器的渗漏检查。

二、洁净室(区)的净化设施

药厂净化空调系统设计及使用时,首先要了解药厂所处的地域特点和当地的气候特点,其次要了解药厂的生产特点,才能设计出适合的洁净空调系统,使洁净厂房的空气净化,选用回风或集中空调系统既可以达到洁净度的要求,又可以节约能源,同时便于今后的运行管理。

(一) 空气过滤器

过滤器是实现空气净化的主要手段,是洁净空调的主要设备之一。

1. 过滤器性能 过滤器性能主要以过滤效率、过滤阻力和过滤器容尘量来衡量。过滤效率是指在额定风量下,过滤器进、出口空气含尘浓度之差与过滤器进口空气含尘浓度之比的百分数。即过滤器捕集粉尘的量与未过滤空气中的粉尘量之比。

气流经过过滤器纤维时产生微小阻力,无数纤维的阻力之和就是过滤器的阻力。过滤器阻力随气流量增加而提高,增大过滤材料面积可以降低穿过滤料的相对风速,减小过滤器阻力。未粘尘时,通过额定风量的阻力为初阻力;粘尘后阻力随粘尘量增加而增大,需更换时的阻力为终阻力。终阻力通常定为初阻力的两倍。

在通过额定风量,过滤器的阻力到达终阻力时,过滤器容纳的尘粒量为该过滤器的容尘量。

2. 空气过滤器分类 按照过滤性能,空气过滤器可分为初效、中效、亚高效和高效过滤器(图 3-12)。

1) 初效过滤器:初效过滤器为预过滤器,也称为粗效过滤器,初阻力≤29.42Pa(3mmH$_2$O)。主要滤除室外和室内空气中粒径大于 10μm 的悬浮粉尘,还可以防止中、高效过滤器被大粒子堵塞,通常把它设置在上风侧的新风口,以延长中、高效过滤器的寿命。滤材一般采用粗、中孔泡沫塑料(聚氨基甲酸酯)或无纺布等合成纤维材料,其空气阻力较小,易清洗,易更换。空气的滤速一般为 0.4~1.2m/s,主要是靠尘粒的惯性作用沉积,对粒径≥0.5μm 尘粒的过滤效率一般在 20%~30%。初效过滤器一般采用易于拆换的平板式、袋式、自动卷绕式、油浸式等。

2) 中效过滤器:中效过滤器的初阻力≤98.07Pa(10mmH$_2$O),主要滤除 1~10μm 的尘粒,一般置于风机后高效过滤器之前,用以保护高效过滤器,延长其使用寿命。滤材一般采用可清洗的中、细孔泡沫塑料、无纺布、玻璃纤维、天然纤维、化学纤维等材料。空气的滤速一般为 0.2~0.4m/s,对粒径 0.3μm 尘粒的过滤效率为 20%~90%。中效过滤器的外形结构大体与初效过滤器相似,两者主要的区别是滤材。常见的有平板式、袋式、自动卷绕式、分隔板式、静电式等。

3) 亚高效过滤器:初阻力 ≤147.1Pa(15mmH₂O),与高效过滤器的结构基本相同,滤材主要采用玻璃纤维纸或短纤维滤纸。主要用于滤除小于 5μm 的尘粒,对粒径 0.3μm 尘粒的过滤效率为 90%~99.97%。常见的有分隔板式、管式、袋式等。

4) 高效过滤器:初阻力 ≤245.17Pa(25mmH₂O),主要用于滤除小于 1μm 的尘粒,一般装在通风系统的末端,即设置在洁净室送风口,必须在初、中效过滤器的保护下使用,即成为三级过滤的末级过滤器。滤材主要采用超细玻璃纤维滤纸或超细石棉纤维滤纸,纤维直径大部分小于 1μm。为了减小阻力并增加对尘粒的扩散沉积作用,必须采用低滤速,一般在 0.01~0.03m/s,对粒径 0.3μm 尘粒的过滤效率在 99.97% 以上。高效过滤器的特点是效率高、阻力大、不能再生,安装时正反方向不能倒装。它能过滤掉细菌,对细菌的穿透率为 0.0001%,对病毒的穿透率为 0.0036%,故通过高效空气过滤器的空气可视为无菌。高效空气过滤器能使用 3~4 年,其结构主要是折叠式空气过滤器,过滤面积为过滤器截面积的 50~60 倍。

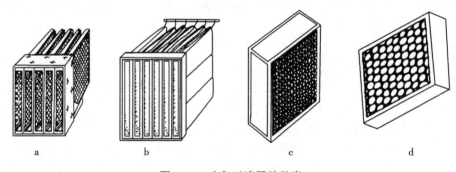

图 3-12 空气过滤器的种类

a. 楔式空气过滤器图;b. 袋式空气过滤器图;c. 折叠式空气过滤器图;d. 板式空气过滤器图

空气滤过器的效率与滤过器的材料密切相关,各种空气滤过器的材料与性能汇总于表 3-4。

表 3-4 空气滤过器的分类

类别	材料	型式	作用粒径	适用浓度	效率	容尘量(g/m²)
粗效滤过器	金属丝网,玻璃丝,粗孔聚氨酯泡沫塑料,化学纤维等	板式、袋式	>5μm	中-大	计数,≥5μm 20%~80%	500~2000
中效滤过器	中细孔泡沫塑料,无纺布,玻璃纤维	袋式	>1μm	中	计数,≥1μm 中效 20%~70% 高中效 70%~90%	300~800
亚高效滤过器	超细聚丙烯纤维,超细玻璃纤维	隔板式 无隔板式	<1μm	小	计数,≥0.5μm 95%~99.9%	70~250
高效滤过器	超细聚丙烯纤维,超细玻璃纤维	折叠式	<1μm	小	钠盐法 ≥99.9%	50~70

(二)气流组织

所谓气流组织就是为了在药品生产洁净室内达到特定的空气洁净级别,以限制和减少尘粒的污染而采用的空气流动和分布状态。通过合理地组织进入洁净室内的洁净气流的流动,可以使室内空气的温度、湿度、速度和洁净度满足生产的需要。

1. 气流组织形式 按气流流动状态,洁净室的空气组织形式分为乱流和层流。层流又分垂直层流和水平层流。因而洁净室有乱流洁净室、垂直层流洁净室和水平层流洁净室。通风口的形式、位置、回风口位置及洁净室的形状是影响气流组织效果的诸因素中的重要因素。

(1)乱流洁净室:从送风口经散流器进入室内的洁净空气气流迅速向四周扩散,与室内空气混合、稀释室内污染的空气,并与之进行热交换,混合后的气流带着室内的尘粒,在正压作用下,从下侧回风口排走,室内气流因扩散、混合作用而非常杂乱,有涡流,故称之为乱流洁净室。乱流洁净室自净能力较低,只能达到较低的空气洁净度级别,通常在 C 级、D 级范围,换气次数一般在 10 次 / 小时至 100 次 / 小时,其一次投资与运行费用均较低。

根据送风口样式不同,乱流洁净室分为以下几种:①流线型散流器顶送,此种气流组织方式适用于 4 米以上的高大厂房;②侧送同侧下侧回,此种形式适用于层高较低的厂房,多用于旧厂房改造,侧送室内涡流多,洁净度只能达到 B 级,但工程造价低;③全孔板顶送,风速小,气流分布均匀,可达到 1000 级洁净度;④带扩散板高效过滤器风口顶送,可获得 1000级到 D 级洁净度,是一种常用的气流组织形式;⑤局部孔板顶送,与全孔板顶送比,风速大,在墙侧有涡流并部分沿测墙向上翻卷,经顶棚到中间,随洁净气流向下流,混入和污染洁净气流,其洁净度可达 B 级;各种乱流气流组织示意图见图 3-13。

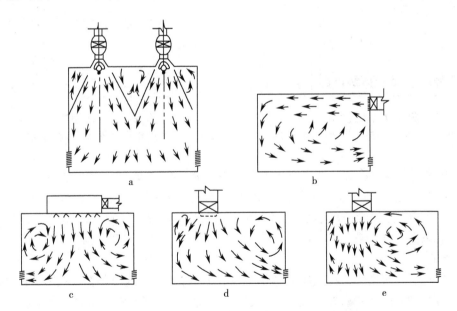

图 3-13 乱流洁净室送、回风布置形式
a. 密集流线形散发器顶送双侧下回;b. 上侧送风同侧下回;c. 孔板顶送双侧下回;d. 带扩散板高效过滤器风口顶送单侧下回;e. 无扩散板高效过滤器风口顶送单侧下回

(2)层流洁净室:层流洁净室的进风面布满高效过滤器,整个送风面是一个大送风口,送风气流经静压箱和高效过滤器的均压均流作用,从送风口到回风口气流流线彼此平行,充满全室断面,以匀速向前推进,就像个大活塞,把室内原污染空气排入回风口,从而达到净化室内空气的目的。由于气流的流线始终是平行的,无涡流,因此层流亦称平行流洁净室。根据气流组织形式分垂直层流洁净室和水平层流洁净室。

1) 垂直层流洁净室:垂直层流洁净室顶棚布满高效过滤器,地面布满格栅地板。空气自上而下,呈垂直层流状态流经工作区,吸收携带工作区散发的尘粒、余热、余湿,经格栅地板进入回风静压箱(图3-14)。

在垂直层流室内,由于过滤器安装骨架和布置灯具要占去部分顶棚面积,所以顶棚高效过滤器的布满率并未达到百分之百,但应不少于60%,灯具之间、相邻两个过滤器之间、过滤器与墙壁之间的间距不能太宽,以缩小因间距形成的倒三角涡流区,避免影响工作区层流的形成。垂直层流以合适的气流流速控制多方位污染和满足适当的自净时间。垂直层流洁净室内断面风速大于0.25m/s。全顶棚送风,两侧墙下部回风的垂直层流洁净室亦常被采用,它节省了昂贵的格栅地板和下夹层,降低了层高,解决了振动,给人一种安全感。

2) 水平层流洁净室:水平层流洁净室侧面送风墙布满高效过滤器,对面的回风墙布满中效过滤器(或与回风格栅组合)。气流通过高效过滤达到洁净,并沿水平方向以层流状态匀速流过工作区,带走工作区散发的尘粒、余热、余湿,经回风墙进入回风静压箱(图3-15)。水平气流必须克服尘粒的重力沉降现象,为此水平层流室内断面风速不得小于0.35m/s,高效过滤器占送风墙面积应不少于40%。

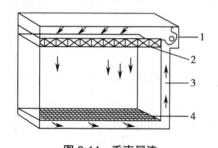
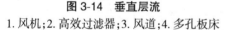

图 3-14　垂直层流
1. 风机;2. 高效过滤器;3. 风道;4. 多孔板床

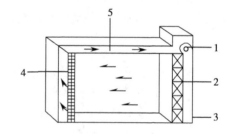

图 3-15　水平层流
1. 风机;2. 高效过滤器;3. 外壁;4. 预过滤器;5. 风道

2. 送风量与换气次数　在垂直层流和水平层流洁净室,送风量等于洁净室断面面积与风速的乘积;在乱流(非单向流)洁净室,送风量等于洁净室容积和换气次数的乘积。对于换气次数,一般规定,B级洁净室换气次数$n \geq 45$次/小时,C级洁净室换气次数$n \geq 20$次/小时,D级洁净室换气次数$n \geq 15$次/小时,并且要求换气次数的规定应根据热平衡及风量计算加以验证。

3. 新风流量的确定　在正压的作用下,洁净室内的空气通过门窗、壁板等围护结构缝隙无组织地不断往外渗漏,要保证室内一定的正压值不至下降,洁净室内应保证供给与渗漏空气等值的新风。其数值应取下列风量中的最大值:①乱流洁净室总送风量的10%,平行流洁净室总送风量的2%;②补偿室内排风和保持室内正压值所需的新风量;③保证室内每人每小时的新风量不少于40m³。

4. 医药洁净室(区)的排风系统　在设计洁净室(区)的排风系统时,应采取防止室外气体倒灌的措施;对排放易燃、易爆物质气体的局部排风系统,应采取防火、防爆措施;对直接排放超过国家排放标准的气体,排放时应采取处理措施;对含有水蒸气和凝结性物质的排风系统,应设置坡度及排放口;生产青霉素等特殊药品的排风系统应符合规定。

　　下列情况的排风系统应单独设置:不同净化级别要求的空气调节系统;散发粉尘或有害气体的区域;排放介质毒性为中度危害以上的区域;排放介质混合后会加剧腐蚀、增加毒性、产生燃烧和爆炸危险性或发生交叉污染的区域;排放易燃、易爆介质的区域。

　　5. 洁净室的送风与回风形式　送风形式对气流组织影响较大,常见的有侧送风与顶部送风。侧送风是将送风口安装于送风管或墙上,向房间横向送入气流。这类送风口形式较多,如图 3-16a 所示,其中双层百叶送风口和三层百叶送风口可应用于洁净度较高的空调房间。顶部送风是将散流器装设于房间的顶部送风口,使气源从风口向四周以辐射状射出,与室内空气充分混合,如图 3-16b。

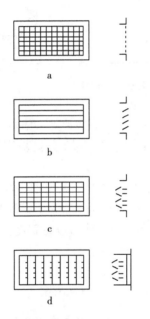

图 3-16a　侧送风口型式
a. 格栅送风口;b. 单层百叶送风口;c. 双层百叶送风口;d. 三层百叶送风口

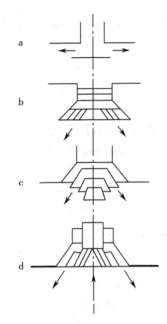

图 3-16b　散流器型式
a. 盘式散流器;b. 直片式散流器;c. 流线型散流器;d. 送吸式散流器

　　回风形式对气流组织影响不大,一般安装于墙下,以调节回风量和防止杂物被吸入。回风口的形式有金属网格、百叶或各种形式的格栅等。

　　(三) 净化空调系统

　　净化空调系统对进入洁净室(区)的空气进行过滤除尘处理,调节进入洁净室(区)的空气温度和相对湿度,以达到生产工艺要求的空气洁净级别;同时在满足生产工艺条件的前提下,净化空调系统还可以利用循环回风,调节新风比例,合理节省能源,确保并排除洁净室(区)内在生产中发生的余热、余湿和少量的尘粒。

　　由于空气中所含尘粒的粒度范围非常广,只用一个滤过器往往不能同时除掉所有粒度范围的尘粒,因此在洁净技术中通常使用三级滤过,即粗效滤过、中效滤过、高效滤过,这种组合方式可以使空气逐步净化。组合的滤过器级别不同,得到的净化效果也不同。如洁净度为 A 级的空气净化系统,其末级滤过器必须是高效滤过器;洁净度为 D 级的空气净化处理,末级可以采用亚高效或高效滤过器。

　　药厂多采用集中式净化空调系统。该系统由空气初、中效过滤器与热湿处理设备(风机、冷却器、加热器、加湿器)组成空调箱(空调机),置于空调机房,并用管道与空调室进风口的静压箱及箱内的高效过滤器连接,如图 3-17。系统中的冷源可以由冷冻站或在空调机房安装制冷机提供;热源由锅炉房、热交换站或在空调机内设电加热器提供。

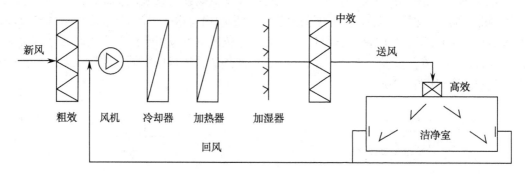

图 3-17　净化空调系统空气处理基本流程

　　因为洁净室的造价很高,而且室内操作人员的动作无法彻底消除人为造成的污染,为此经常采用局部净化环境的措施加以解决。如 A 级洁净度的局部工作区域安装在 B 级洁净室内,以确保洁净要求。

　　超净工作台是最常用的局部净化装置(图 3-18),其工作原理是使通过高效滤过器的洁净空气在操作台内形成低速层流气流,直接覆盖整个操作台面,以获得局部 A 级洁净环境。超净工作台的送风方式有水平层流和垂直层流两种。超净工作台设备费用少、可移动、对操作人员的要求条件相对较少,是提高空气洁净级别的一种重要方法。

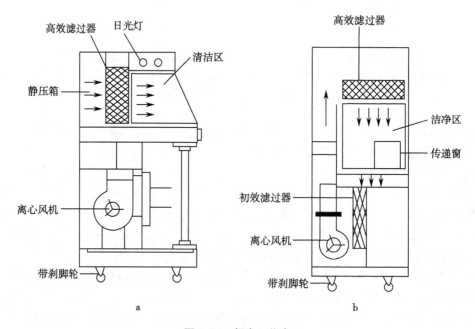

图 3-18　超净工作台
a. 水平层流;b. 垂直层流

（四）洁净室压力的调控

GMP要求：洁净区与非洁净区之间、不同级别洁净区之间的压差应当不低于10Pa。必要时，相同洁净度级别的不同功能区域（操作间）之间也应当保持适当的压差梯度。

对生产过程中散发粉尘的医药洁净室（区）；生产过程中使用有机溶媒的医药洁净室（区）；生产过程中产生大量有害物质、热湿气体和异味的医药洁净室（区）；青霉素等特殊药品的精制、干燥、包装室及其制剂产品的分装室；病原体操作区、放射性药品生产区，应与相邻医药洁净室（区）保持相对负压。

在不同空气洁净度等级的洁净室（区）之间、无菌洁净室与非无菌洁净室之间、需保持相对负压的房间、人员净化用室和物料净化用室的气闸室均应设置指示压差的装置。

（五）有特殊要求的净化空调系统

净化空调系统还需满足一些特殊药品的生产要求：青霉素类等高致敏性药品、避孕药品、激素类、抗肿瘤类化学药品、放射性药品、强毒微生物及芽胞菌制品加工或操作病原体等任何有致病作用的微生物的房间室内要保持正压，与相邻房间之间要保持相对负压。上述房间的送风口和排风口均应安装高效空气过滤器。①青霉素类等高致敏性药品的生产必须使用独立的厂房与独立的空气净化系统，分装室应保持相对负压，排至室外的废气应经净化处理并符合要求，排风口应远离其他空气净化系统的进风口；生产β-内酰胺结构类药品必须使用专用设备和独立的空气净化系统，并与其他药品生产区域严格分开。②避孕药品的生产应采用独立且专用的空气净化系统；激素类避孕药品生产时，空气净化系统排放的气体应经净化处理。③生产激素类、抗肿瘤类化学药品应避免与其他药品使用同一空气净化系统；不可避免时，应采用有效的防护、清洁措施和必要的验证。④放射性药品生产区排出的空气不应循环使用，排气中应避免含有放射性微粒，并符合国家关于辐射防护的要求与规定。⑤强毒微生物及芽胞菌制品的区域与相邻区域应保持相对负压，并有独立的空气净化系统。⑥有菌（毒）操作区与无菌（毒）操作区应有各自独立的空气净化系统，病原体操作区的空气不得再循环，来自危险度为二类以上病原体的空气应通过除菌过滤器排放，滤器的性能应定期检查。

第九节　公用工程设计

一、建筑设计与厂房内部装修

（一）工业建筑概论

工业建筑是指从事各类工业生产及直接为生产服务的房屋。工业建筑一词的概念是广义的，既包括用于生产、辅助生产、为生产提供动力的厂房，也包括为生产提供贮存及运输的房屋。《医药工业洁净厂房设计规范》中对药厂厂房建筑的一般要求规定：建筑平面和空间布局应具有灵活性。医药洁净室（区）的主体结构宜采用大空间或大跨度柱网，不宜采用内墙承重体系。厂房围护结构的材料应满足保温、隔热、防火和防潮并具有隔声性能等要求。洁净室（区）内的通道应留有适当宽度，物流通道宜设置防撞构件。

1. 工业厂房结构分类　按构成材料分，工业厂房主要有钢筋混凝土结构、全钢框架结构、混合结构等，按层数分有单层、双层和多层结构。

（1）单层厂房：随着建筑技术与建筑材料的快速发展，参考国内外新建的符合GMP厂房的设计,制剂车间以建造单层大跨度的厂房最为适宜,其特点如下:以水平运输为主,有条件采用机械化输送便于联动化生产;便于安排人流、物流,使其很好分开,避免了交叉污染的可能;柱子减少,有利于按区域分割房间,便于以后工艺变更;设备安装方便;车间布局合理紧凑,生产中交叉污染、混杂的机会最小。不足之处是占地面积大。

(2) 双层厂房:双层厂房上、下两层的柱网不同,底层采用小柱网,这样可以减少楼板的跨度;二层采用大柱网,可以满足生产工艺的要求,双层厂房的结构中水平运输与垂直运输相结合,可满足二层运输的要求。可在二层布置生产车间,底层布置辅助车间、仓库等。双层厂房节省占地面积,减少建筑体积,并相应减少外层围护结构的面积,从而降低建筑造价。

(3) 多层厂房:工作人员在不同的楼层操作,材料和成品的运输采用垂直和水平运输相结合的方式,以垂直运输为主,占地面积少,节约建筑用地;缩短了厂区道路、管网和围墙的长度;形状、色彩变化较多,可树立自己的企业文化。

2. 工业厂房结构组成　无论是工业建筑还是民用建筑,一般是由地基、基础、墙、柱、梁、楼板、屋顶、楼梯和门窗等组成。

(1) 地基:是建筑物的地下土壤部分,它支撑建筑物的全部重量。

(2) 基础:是建筑物与土壤直接接触的部分,承担厂房结构的全部重量,并将其传到地基中去。

(3) 墙:是建筑物的承重和维护部分。作为承重部分,承受着建筑物由房顶或楼板层传来的荷载,并将这些荷载再传给基础;作为围护部分,外墙起着抵御自然界各种因素对室内的侵袭,内墙起着分割空间、组成房间、隔声、遮挡视线等作用。

(4) 柱:柱是承重构件,应用最多的是预制钢筋混凝土柱,柱的截面有矩形、圆形、工字形等。

(5) 梁:梁是建筑物中水平放置的受力构件,除承担楼板和设备等荷载外,还起着联系各构件的作用,梁与柱、承重墙等组成建筑物的空间体系以增加建筑物的刚度和整体性。梁的常用截面为高大于宽的矩形或 T 形。

(6) 屋顶:屋顶起着围护和承重的双重作用,由屋面和结构层组成,屋面层抵御自然界风、雨、雪及太阳照射与寒冷对顶层房间的侵袭;结构层承受房屋顶部荷载,并将这些荷载传给墙或柱。

(7) 楼板:楼板是楼房建筑中水平方向的承重构件,按房间层高将整幢建筑物沿水平方向分为若干部分,承受设备、家具和人体荷载以及本身自重,并将这些荷载传给墙或柱,同时,它还对墙身起着水平支撑的作用。洁净厂房的楼板地面承重设计时必须满足:生产车间 $\geq 1000 kg/m^2$、库房 $\geq 1500 kg/m^2$、实验室 $\geq 800 kg/m^2$、办公室 $\geq 800 kg/m^2$。

(8) 楼梯:楼梯是楼房建筑的垂直交通设施,供人们上下楼层和紧急疏散之用,多层厂房应设置两个楼梯。要求其具有足够的通行能力以及防火和防滑能力。

(9) 门和窗:门的数目和大小取决于建筑物用途、使用上的要求,人的通过数量和出入货物的性质和尺寸,运输工具的类型以及安全疏散的要求等。洁净室要求窗防尘和密闭等,并与室内墙齐平。安全门应向疏散方向开启。

3. 工业厂房的结构尺寸　承重结构柱子在平面上排列所形成的网格称为柱网。柱网的尺寸由柱距和跨度组成,柱距指的是相邻两柱之间的距离;跨度是指屋架或屋面梁的跨度。

(1) 柱距尺寸的确定:我国单层厂房设计主要采用装配式钢筋混凝土结构体系,其基本柱距为 6m,柱距尺寸受材料影响,当采用砖混结构时,其柱距宜小于 4m,可以是 3.9m、3.6m、3.3m 等。

(2) 跨度尺寸的确定:跨度尺寸主要是根据下列因素确定:生产设备的大小及布置方式;车间内部通道的宽度;满足《厂房建筑模数协调标准》的要求——当屋架跨度 ≤18m 时,采用扩大模数 3m 的数列;当屋架跨度 ≥18m 时,采用扩大模数 6m 的数列;当工业布局有明显优越性时,跨度尺寸方可采用 21m、25m、33m。

随着科学技术的发展,厂房内部的生产工艺、生产设备、运输设备等在不断地变化、更新,为了使厂房能适应这种变化,应采用扩大柱网,常用的扩大柱网(跨度 × 柱距)为:12m×12m、15m×12m、18m×12m、24m×12m、18m×18m、24m×24m。

(二) 洁净厂房的内部装修

1. 基本要求 洁净区的室内装修应选用气密性良好,且在温度和湿度变化的作用下变形小的材料。洁净室墙壁和顶棚的表面应无裂缝、光洁、平整、不起灰、不落尘土、耐腐蚀、耐冲击、易清洗、避免眩光(如采用瓷釉漆涂层墙面和金属隔热夹芯板),阴阳角均宜做成圆角,以减少灰尘积聚和便于清洁。洁净室地面应整体性好,平整、无缝隙、耐磨、耐腐蚀、耐撞击、不易积静电、易除尘清洗(如采用环氧自流平整地坪或现浇水磨石地面)。洁净室的门窗造型要简单、平整、不易积尘、易于清洗,密封性能好。门窗不应采用木质等引起微生物繁殖的材料,以免生霉或变形。门窗与内墙宜平整,不应设门槛,不留窗台。洁净室内的门宽度应能满足一般设备安装、修理、更换的需要。气闸室、吹淋室的出入门应有不能同时打开的措施。

2. 洁净厂房的内部装修材料 洁净厂房的内部装修材料应能满足耐清洗、无孔隙裂缝、表面平整光滑、不得有颗粒物质脱落的要求,对选用材料要考虑该材料的使用寿命、施工是否简便、价格来源等因素。常用的洁净厂房内部装修材料见表 3-5。

表 3-5 洁净厂房的内部装修材料

项目	材料
吊顶	夹层彩钢板、塑料贴面板、聚酯类表面涂料、防霉涂料、乳胶漆
墙面	夹层彩钢板、铝合金板、塑料钢板材、聚脂类涂料、防霉涂料、乳胶漆
隔断	砖、夹层彩钢板、玻璃板、铝合金型材、铝合金板
地面	水磨石(间隔用铜条)、环氧脂类材料、半硬质橡胶、可塑胶贴面板
门	铝合金、钢板、不锈钢板、彩钢板、中密度板观面贴塑
窗	铝合金、不锈钢板

二、电气设计

(一) 供电系统与配电设备的设置

1. 供电系统 医药工业洁净厂房用电通常由工厂变电所或由供电网直接供电,车间用电电压大小不一,所以必须变压后才能使用。医药工业洁净厂房的电气设计具备独特性。一般生产区电气设计可按一般要求实现,洁净区内的用电设备包括工艺设备和空调设备等,一般都要求就地控制,虽然大部分用电设备都带有配套控制设备,但是进入洁净区的每一配电线路均应设置切断装置。

《医药工业洁净厂房设计规范》要求:"医药洁净室(区)内的配电设备,应选择不易积尘、便于擦拭和外壳不易锈蚀的小型加盖暗装配电箱及插座箱。医药洁净室(区)内不宜设置大型落地安装的配电设备,功率较大的设备宜由配电室直接供电。"一般在每个生产间设置一个小型挂墙式暗装配电箱。从小型配电箱再分配电至生产间内的各用电设备。这样既便于检修,又能提高用电安全性。大型的落地安装的配电设备设置在配电室。从配电室供电至每个生产间的小型配电箱,距离较近的两个或三个配电箱可由一条配电线路供电,但最多不宜超过三个。功率较大的用电设备,如空调机组等可由配电室直接供电,需配套设置电源切断装置。

2. 线路敷设 医药洁净室(区)内的电气管线宜敷设在技术夹层或技术夹道内,管材应采用非燃烧体。洁净室(区)内连接至设备的电线管线和接地线宜暗敷,电气线路保护管宜采用不锈钢或其他不易锈蚀的材料,接地线宜采用不锈钢材料。电气管线管口,以及安装于墙上的各种电器设备与墙体接缝处均应密封。

(二)人工照明

1. 照度标准 为稳定室内气流及节约冷量,光源上宜采用气体放电的光源而不采用热光源。我国洁净厂房中主要工作室一般照明的照度值宜为300lx,照度均匀度不应小于0.7;辅助工作室、走廊、气闸室、人员净化和物料净化用室的照度值不宜低于150lx以上,对照度要求高的部位可增加局部照明。

2. 灯具及布置

(1) 照明灯:采用荧光灯具,应选用外部造型简单、不易积尘、便于擦拭的照明灯具。洁净灯的安装方式可采用吸顶式或嵌入式,灯具与顶棚接缝处应采用可靠密封措施。通过实践发现,嵌入式安装存在灯具安装、检修及维护不便,天花板与灯具之间的连接处难以完全密封,致使洁净区的洁净度达不到要求等问题。最好采用吸顶式安装。

(2) 应急灯:洁净区应设置供疏散用的事故照明,在应急安全出口和疏散通道及转角处设置疏散标志灯,疏散标志灯采用可充电、免维护镉镍电池组。

(3) 电击灭蚊蝇灯:在洁净区的入口,洁净区的货物出口以及一般区主要走廊和出入口均要设置电击灭蚊蝇灯,可以有效地防止蚊蝇进入洁净厂房。

(4) 紫外线消毒灯:紫外线消毒灯用于洁净间的消毒。紫外线消毒灯的开关应与普通照明开关在颜色上、安装高度上严格区分。紫外线消毒灯开关应设在操作室外,一般人在入室前开启紫外线消毒灯1~2小时,关闭后才能进入洁净室。

除此之外,有爆炸危险的医药洁净室,应选用防爆照明灯具,医药工业洁净厂房的技术夹层内宜按需要设置检修照明。

(三)通信

为方便沟通,医药工业洁净厂房内可以设置与厂房内外联系的通信装置。选用不易积尘、便于擦拭、易于消毒灭菌的洁净电话。还可根据生产管理和生产工艺的要求,设置闭路电视监视系统。

从安全角度,医药工业洁净厂房的生产区(包括技术夹层)应设置火灾探测器。易燃、易爆气体的储存、使用场所、管道入口室及管道阀门等易泄漏的地方,应设置可燃气体探测器。有毒气体的储存和使用场所应设气体检测器。洁净厂房生产区及走廊应设置手动火灾报警按钮。可以在医药洁净室(区)外设置消防值班室或控制室,内设消防专用电话总机。易报警信号应联动启动或手动启动相应的事故排风机,并应将报警信号送至控制室。医药洁净室(区)内火灾报警应进行核实。

（四）静电防护

1. 静电产生的原因　当两种不同物体接触或摩擦时,一种物体的电子会越过界面进入另一种物体,产生静电,当电荷积聚时就形成很高静电压。当带有不同电荷的两个物体分离或接触时出现电火花,这就是静电放电的现象。产生静电的原因主要有摩擦、压电效应、感应起电、吸附带电等。

2. 静电的危害　静电对工业生产有一定的危害,如静电放电造成的火灾事故等,同时对人体也会产生伤害。随着石化工业的飞速发展,易产生静电的材料越来越多,用途也越来越广泛,其危险性也随之加大。

3. 预防静电的措施　常用的预防静电的措施有接地、消除电位差、添加化学物质、减少摩擦、防喷射、降低浓度、增大湿度,操作人员避免穿化纤衣物和导电性能低的胶底鞋。预防和消除静电危害的方法还有金属屏蔽法和惰性气体保护法(向输送或储存易燃、易爆液体、气体及粉尘的管道、储罐中充入二氧化碳或氮气等惰性气体以防止静电火花引起爆燃等)等。

（五）防火防爆

在制药工业厂房的安全防火中,要考虑和确定建筑物自身的耐火等级和厂房结构,并设计防火墙、防火门、防爆墙以及用于泄压的轻质屋顶和轻质墙,这些主要依据生产过程中使用、产生及存储的原料、中间品和成品的物理化学性质、数量、火灾爆炸危险程度和生产过程的性质等。

1. 生产的火灾危险性分类　根据我国《建筑设计防火规范》的规定,生产火灾危险分为甲、乙、丙、丁和戊类,建筑物防火方面应区别对待,采取必要的措施使损失降到最小。

2. 厂房的耐火等级　《建筑设计防火规范》将厂房的耐火等级分为一、二、三、四级,一级最高,四级最低。各耐火等级的建筑物除规定了建筑构件最低耐火极限外,对其燃烧性能也有具体要求,因为具有相同耐火极限的构件若其燃烧性能不同,其在火灾中的情况是不同的。

一般说来,一级耐火等级建筑是钢筋混凝土结构或砖墙与钢混凝土结构组成的混合结构;二级耐火等级建筑是钢结构屋架、钢筋混凝土柱或砖墙组成的混合结构;三级耐火等级建筑物是木屋顶和砖墙组成的砖木结构;四级耐火等级是木屋顶、难燃烧体墙壁组成的可燃结构。

对于化学合成原料药的生产厂房,其建筑物应采用一、二级耐火等级;对于原料药的结晶精制、干燥等工序以及制剂生产用洁净厂房,耐火等级要求不低于二级。

3. 医药工业洁净厂房的消防设施　医药洁净室(区)的顶棚和壁板(包括夹芯材料)应采用非燃烧体,且不得采用燃烧时产生有害物质的有机复合材料。顶棚的耐火极限不应低于 0.4 小时,壁板的耐火极限不应低于 0.5 小时,疏散走道的顶棚和壁板的耐火极限不应低于 1.0 小时。技术竖井井壁应采用非燃烧体,其耐火极限不应低于 1.0 小时。井壁上检查门的耐火极限不应低于 0.6 小时;竖井内各层或间隔一层楼板处,应采用与楼板耐火极限相同的非燃烧体作水平防火分隔;穿越水平防火分隔的管线周围空隙,应采用耐火材料紧密填堵。

甲、乙类医药工业洁净厂房的面积,单层厂房宜为 3000m²,多层厂房宜为 2000m²。医药工业洁净厂房每一生产层、每一防火分区或每一洁净区的安全出口数目不应少于两个,甲、乙类生产厂房或生产区建筑面积不超过 100m²,且同一时间内的生产人数不超过 5 人时,可设一个。安全出口应分散设置,从生产地点至安全出口不应经过曲折的人员净化路线,并应设置疏散标志,安全疏散门应向疏散方向开启,并应加设闭门器,门扇四周应密闭。厂房地下室、半地下室的安全出口数目不应少于两个,地下室、半地下室如用防火墙隔成几个防火分区时,每个防火分区可利用防火墙上通向相邻分区的防火门作为第二安全出口,但每个防火区必须有一个直通室外的安全出口。

洁净厂房及医药洁净室(区)同层外墙应设置供消防人员通往厂房洁净室(区)的门窗,门窗的洞口间距大于 80m 时,应在该段外墙设置专用消防口。专用消防口的宽度不应小于750mm,高度不应小于1800mm,并应设置明显标志。楼层的消防口应设置阳台,并应从二层开始向上层架设钢梯。

医药工业洁净厂房消火栓的设置应符合下列要求:①消火栓宜设置在非洁净区域或空气洁净度等级低的区域。设置在医药洁净区域的消火栓宜嵌入安装;②消火栓给水系统的消防用水,不应小于 10L/s,每股水量不应小于 5L/s;③消火栓同时使用的水枪数不应少于两支,水枪充实水柱不应小于 10m;④消火栓的栓口直径应为 65mm,配备的水带长度不应大于25m,水枪喷嘴口径不应小于 19mm。

医药工业洁净厂房配置的灭火器,当设置气体灭火系统时,不应采用卤代烷以及能导致人员窒息的灭火剂;当设置自动喷水灭火系统时,宜采用预作用式自动喷水装置。

4. 洁净厂房的安全技术   医药工业洁净厂房内存放及使用易燃、易爆、有毒介质设备的放散管应引至室外,并应设置相应的阻火装置、过滤装置和防雷保护设施。输送易燃介质的管道,应设置导除静电的接地设施。下列部位应设置易燃、易爆介质报警装置和事故排风装置,报警装置应与相应的事故排风装置相连锁:甲、乙类火灾危险生产的介质入口室,管廊、技术夹层或技术夹道内有易燃、易爆介质管道的易积聚处,医药洁净室(区)内使用易燃、易爆介质处。医药工业洁净厂房内不得使用压缩空气输送易燃、易爆介质。各种气瓶应集中设置在医药洁净室(区)外,但当日用气量不超过一瓶时,气瓶可设置在医药洁净室(区)内,但必须采取不积尘和易于清洁的措施。

三、给水排水

(一) 药厂给水排水

1. 供水条件   制药企业用水按照水的性质包括饮用水、软水、纯化水、注射用水、冷冻水、循环冷却水等。饮用水通常由城镇给水管网供给,而锅炉用水则是将饮用水经过离子交换树脂处理而成的软水,药物制剂以及基因药物生产过程用水则要求使用纯化水作为工艺水,配制注射剂、滴眼剂等则需使用注射用水,循环冷却水多用作生产设备的传热介质或其他二次利用。

制药企业用水按照使用部位不同分为:

(1) 生活消防用水:包括厕所、淋浴室、洗涤间用水,需要掌握车间总人数及最大班人数、生产特性、工作温度、消防特点等。

(2) 生产用水:包括用水设备名称及数量,需要的水温、水质、水压,连续用水或间断用水。

(3) 化验用水:包括生产产品品种数量,生产能力等。

2. 排水条件   药厂排水系统根据排水性质的不同可划分为:清洁废水系统、生活污水系统、生产污水系统、雨水排水系统。生产污水系统排出的污水经处理,应达到国家排放标准后排出。制药工业排水系统由排水设备、排污点、排水管、地面污水收集,排出的集水坑、地沟等与各种水质监测、控制用仪器仪表组合而成。

(1) 生活下水：包括厕所、淋浴室、洗涤间，需要掌握车间总人数及最大班人数，雨季时间及年平均降水量等信息。

(2) 生产下水：包括两部分。一部分是生产过程中产生的污水，达到标准直接排入下水道，未达标的经污水处理后再排放；另一部分是洁净下水，如冷却水，应直接回收后循环使用。

（二）医药洁净室（区）给水排水要求

引入医药洁净室（区）内的给排水干管、支管宜暗敷，应敷设在技术夹层或技术夹道内，也可地下埋设。给排水支管穿越医药洁净室（区）顶棚、墙壁和楼板处宜设置套管，管道与套道之间应密封，无法设置套管的部位应采取密封措施。

1. 给水　医药洁净室（区）应根据生产、生活和消防等各项用水对水质、水温、水压和水量的要求，分别设置直流、循环或重复利用的给水系统。医药工业洁净厂房周围宜设置洒水设施。给水管材的选择，应符合下列要求：生活给水管应选用耐腐蚀、安装连接方便管材，也可采用塑料给水管、塑料和金属复合管、铜管、不锈钢管及经防腐处理的钢管；循环冷却水管道宜采用钢管；管道的配件宜采用与管道材料相应的材料。人员净化用室的盥洗室内宜供应热水。工艺用水储存和输送有特殊要求：

(1) 工艺用水储存：纯化水储存罐宜采用不锈钢材料或已验证无毒、耐腐蚀、不渗出污染离子的其他材料制作。储罐通气口应安装不脱落纤维的疏水性除菌滤器。储罐内壁应光滑，接管口和焊缝不形成死角或沙眼。不宜采用可能滞水污染的液位计和温度表。纯化水储存周期不宜大于 24 小时。

注射用水储存罐应采用优质低碳不锈钢或其他经验证合格的材料制作。储罐宜采用保温夹套，保证注射用水在 80℃以上存放。无菌制剂用注射用水宜采用氮气保护。不用氮气保护的注射用水储罐的通气口应安装不脱落纤维的疏水性除菌滤器。储罐宜采用球形或圆柱形，内壁应光滑，接管和焊缝不应有死角和沙眼。应采用不会形成滞水污染的显示液面、温度、压力等参数的传感器。注射用水储存周期不宜大于 12 小时。

储存纯化水和注射用水的储罐要定期清洗、消毒灭菌，并对清洗、灭菌效果进行验证。

(2) 工艺用水输送：纯化水宜采用循环管路输送。管路设计应简洁，应避免盲管和死角。管路应采用不锈钢管或经验证无毒、耐腐蚀、不渗出污染离子的其他管材。阀门宜采用无死角的隔膜阀。

注射用水应采用循环管路输送。管路应保温，注射用水在循环中应控制温度不低于70℃。管路设计简洁，应避免盲管和死角，从供水主干线的中心线为起点，不宜具有长于 6 倍直径的死终端。管路应采用优质低碳不锈钢管。阀门宜采用无死角隔膜阀。

纯化水和注射用水宜采用易拆卸清洗、消毒的不锈钢泵输送。在需用压缩空气或氮气输送纯化水和注射用水的场合，压缩空气或氮气必须净化处理。应当对制药用水及原水的水质进行定期监测，并有相应的记录。输送纯化水和注射用水的管道、输送泵应按照操作规程定期清洗、消毒灭菌并有相关记录。发现制药用水微生物污染达到警戒限度、纠偏限度时应当按照操作规程处理，验证合格投入使用。所谓警戒限度是指系统的关键参数超出正常范围，但未达到纠偏限度，需要引起警觉，可能需要采取纠正措施的限度标准；纠偏限度是指系统的关键参数超出可接受标准，需要进行调查并采取纠正措施的限度标准。

2. 排水　医药工业洁净厂房的排水系统，应根据生产排出的废水性质、浓度、水量等确定。有害废水应经废水处理,达到国家排放标准后排出。

医药洁净室(区)内的排水设备以及与重力回水管道相连的设备,必须在其排出口以下部位设置水封装置,水封高度不应小于 50mm。排水系统应设置透气装置。排水立管不应穿过空气洁净度 A 级、B 级的医药洁净室(区);排水立管穿越其他医药洁净室(区)时,不应设置检查口。排水管道材料的选择,应符合下列要求:排水管道应选用建筑排水塑料管及管件,也可选用柔性接口机制排水铸铁管及管件;当排水温度大于 40℃时,应选用金属排水管或耐热塑料排水管。

医药洁净室(区)内地漏的设置,应符合下列要求:空气洁净度 A 级的医药洁净室(区)内不应设置地漏;空气洁净度 C 级、D 级的医药洁净室(区)内,应少设置地漏;需设置时,地漏材质应不易腐蚀,内表面应光洁、易于清洗,应有密封盖,并应耐消毒灭菌;空气洁净度 A 级、B 级的医药洁净室(区)内不宜设置排水沟。

(朱艳华)

参 考 文 献

[1] 于颖,卢存义.浅析 2010 版 GMP 与无菌粉针机械工程.医药工程设计,2011,32(3):37-42

[2] 刘伟国.化学原料药及制剂装置工程设计探讨.化工设计,2006,16(1):19-20

[3] 缪德骅.工程设计:实施 GMP 的源头—新编国家标准《医药工业洁净厂房设计规范》简介.洁净与空调技术,2009,(4):63-68

[4] 陈奕.洁净空调系统设计探讨.医药工程设计,2013,34(3):57-60

第四章 验证与认证

第一节 概 述

我国《药品生产质量管理规范(2010年版)》(以下简称 GMP 2010 年版)中验证的定义为"有文件证明任何操作规程(或方法)、生产工艺或系统能够达到预期结果的一系列活动"。而确认的定义为:"有文件证明厂房、设施、设备能正确运行并可达到预期结果的一系列活动"。由此可见,确认与验证本质上是相同的概念,确认通常用于厂房、设施、设备、检验仪器,而验证则用于生产工艺、操作规程、检验方法或系统。在此意义上,确认是验证的一部分。因此,在 GMP 2010 年版中称为"确认与验证"。

从定义可以看出,验证是一系列活动,经过这一系列活动要证明药品生产和质量管理中与其有关的机构与人员、厂房与设施、设备、物料、卫生、文件、生产工艺、质量控制方法等是否达到预期目的,从而确保持续、稳定地生产出符合预订用途和注册要求的药品。验证是GMP 的重要组成部分,它涉及 GMP 的各个要素,是生产质量管理治本的必要基础。验证能够确保制药企业有关操作的关键要素得到有效控制,确保产品质量符合规定,从而确保患者的生命安全。

GMP 是制药行业特有的行业生产质量管理规范,是药品生产和质量管理的基本准则。实施药品 GMP 认证,是国家依法对药品生产企业的 GMP 实施状况进行监督检查并对合格者予以认可的过程,是国家依法对药品生产和质量进行管理,确保药品质量的科学、先进、符合国际惯例的管理方法,也是与国外认证机构开展双边、多边认证合作的基础。因此,在我国实施药品 GMP 认证制度不仅是非常必要的,而且有着深远的意义。

本节主要介绍验证的由来、验证的定义和分类、验证的意义、验证的组织实施及验证文件,以及 GMP 认证的概念、基本准则和认证的意义等。

一、验证

(一) 验证的由来

20 世纪 70 年代的美国,由于污染的输液导致了多起败血症的发生,触目惊心的药难事件引起了 FDA 的重视,责成特别调查小组对美国的注射剂生产商进行了全面的调查,调查的内容包括:

1. 水系统　包括水源,水的预处理,纯化水及注射用水的生产及分配系统
2. 厂房及空调净化系统
3. 灭菌柜的设计、结构及运行管理
4. 产品的最终灭菌
5. 氮气、压缩空气的生产、分配及使用

6. 与产品质量相关的公用设备

7. 仪器仪表及实验室管理

8. 注射剂生产作业及质量控制的全过程

调查结果表明,发生败血症的原因并不是注射剂生产商没做无菌检查,也不是违反药事法规的条款,将无菌检查不合格的批号投放了市场,而是以下原因:

1. 无菌检查本身的局限性

2. 设备或系统设计建造的缺陷

3. 生产过程中的各种偏差及问题

FDA 从调查的事实清楚地看出,输液产品的污染与各种因素有关,如厂房、空调净化系统、水系统、生产设备、工艺等。例如,调查中 FDA 发现箱式灭菌柜设计不合理,安装在灭菌柜上部的压力表及温度显示仪并不能反映出灭菌柜不同部位被灭菌产品的实际温度。

FDA 将这类问题归结为"过程失控",即企业在投入生产运行时,没有建立明确的控制生产全过程的运行标准,或是在实际生产运行中缺乏必要的监控,以致工艺运行状态出现了危及产品质量的偏差。从质量管理是系统工程的观念出发,FDA 当时认为有必要制订一个新的文件,以"通过验证确立控制生产过程的运行标准,通过对已验证状态的监控,控制整个工艺过程,确保质量"为指导思想,强化生产的全过程控制,进一步规范企业的生产及质量管理实践。这个文件即是 1976 年 6 月 1 日发布的"大容量注射剂 GMP 规程(草案)",它首次将验证以文件的形式载入 GMP 史册。实践证明,验证使 GMP 的实施水平跃上了一个新的台阶,该规程是 GMP 发展史上新的里程碑。

(二) 验证的定义

我国 GMP 2010 年版中验证的定义为"证明任何操作规程(或方法)、生产工艺或系统能够达到预期结果的一系列活动。"

2011 年出版的 FDA 工艺验证指南中已经将"验证"的定义删除,但对验证的要求仍然延续了在 1987 年 FDA 工艺验证指南中的定义:"建立一套文件证据,以高度保证某项特定的工艺确实能始终如一的生产出符合预定标准及质量的产品。"

EU GMP 中规定验证的定义为:"用实际行动证明,任何程序、工艺、设备、物料、活动或系统能按照良好生产规范原则产生预期结果。"

WHO GMP 补充指南中验证定义为:"验证是通过建立文件证明来高度保证既定工艺能始终如一的按照预期制定结果进行。"

综上所述,验证是 GMP 法规的要求,是药品生产及质量管理中一个全方位的质量活动,证明质量是建立在受控工艺基础上的。

(三) 验证方式

按照产品工艺的要求以及原辅料变更、设备工艺变更等均需通过验证的特点,可以把验证分成四种类型。

1. 前验证　前验证通常指投入使用前必须完成并达到设定要求的验证。这一方式通常用于产品要求高,但没有或缺乏历史资料,靠生产控制及成品检查不足以确保重现性及产品质量的生产工艺或过程。

无菌产品生产中所采用的灭菌工艺,如蒸汽灭菌、干热灭菌以及无菌过滤等应当进行前验证,因为药品的无菌不能只靠最终成品无菌检查的结果来判断。大输液类产品中采用的配制系统及灌装系统的在线灭菌、冻干剂生产相应的无菌灌装工艺都属于这种类型。验证可以认为是这类型安全生产的先决条件,因此要求在工艺正式投入使用前完成验证。新品种、新型设备及其生产工艺的引入应采用前验证的方式,而不管新品种属于哪一类剂型。前验证的成功是实现新工艺从开发部门向生产部门转移的必要条件。它是一个新品种开发计划的终点,也是常规生产的起点。

前验证的一般步骤及要点可用图4-1来说明。图的左边列出了从设计到投产过程中企业应完成验证不同阶段的工作内容,右边则标出了实施验证的责任及参与单位。从图中可以看出,企业对验证的全过程负责,但实施验证过程中,验证的具体工作却并非完全由企业的人员承担。

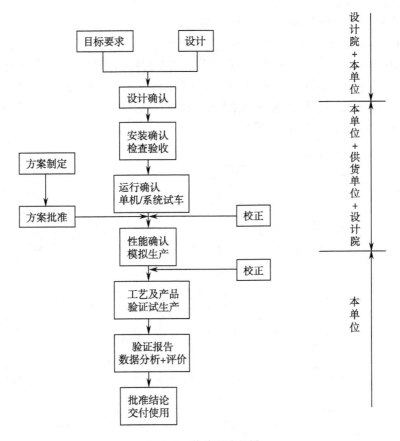

图 4-1 前验证流程图

2. 同步验证 同步验证是指在工艺常规运行的同时进行的验证,即从工艺实际运行过程中获得的数据来确立文件的依据,以证明某项工艺达到预定要求的活动。如果同步验证的方式用于某种非无菌制剂生产工艺的验证,通常有以下先决条件:

(1) 有完美的取样计划,即生产及工艺的监控比较充分;

(2) 有经过验证的检验方法,灵敏度及选择性等比较好;

(3) 对所有验证的产品或工艺已有相当的经验和把握。

在这种情况下,工艺验证即是特殊监控条件下的试生产,而在试生产性的工艺验证过程中,可以同时获得两样东西:一是合格的产品;二是验证的结果,即"工艺的重现性及可靠性"的证据。验证的客观结果往往能证实工艺条件的控制达到了预计的要求。但应当注意到这种验证方式可能带来产品质量上的风险,如在无菌药品生产工艺中采用这种验证方式风险就会太大,口服制剂中一些新品及新工艺比较复杂,采用这种验证方式也会存在质量的风险,因此切勿滥用这种验证方式。

3. 回顾性验证　当有充分的历史数据可以利用时,可以采用回顾性验证的方式进行验证。同前验证的几个批或一个短时间运行获得的数据相比,回顾性验证所依托的积累资料比较丰富;从对大量历史数据的回顾分析可以看出工艺控制状况的全貌,因而其可靠性也更好。回顾性验证也应具备若干必要的条件。这些条件包括:

(1) 通常需要有 20 个连续批号的数据;

(2) 检验方法经过验证,检验的结果可以用数值表示并可用于统计分析;

(3) 批记录符合 GMP 的要求,记录中有明确的工艺条件;

(4) 有关的工艺变量是标准化的,并一直处于控制状态。

回顾性验证是质量控制中常见的一种手段,它的适用范围较宽,可用于辅助系统及生产系统的许多工艺过程。回顾性工艺验证通常不需要预先制订验证方案,但需要一个比较完整的生产及质量监控计划,以便能够收集足够的资料和数据对生产和质量进行回顾性总结。下面利用图 4-2 来说明它的流程及应用。

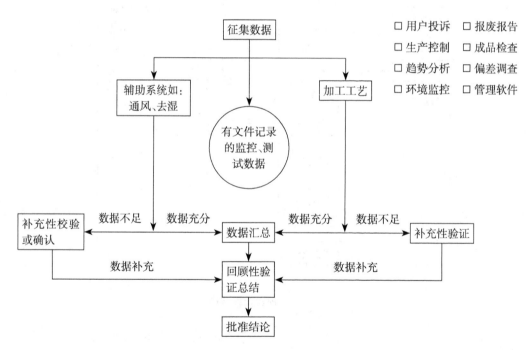

图 4-2　回顾性验证流程图

4. 再验证　系指一项生产工艺、一个系统、一台设备或者一种原材料经过验证并在使用一个阶段以后,旨在证实其"验证状态"没有发生漂移而进行的验证。根据再验证的原因,可以将再验证分为下述三种类型:

(1) 药监部门或法规要求的强制性再验证:例如无菌操作的培养基灌装试验(WHO GMP指南的要求);计量器具的强制检定,包括:计量标准,用于贸易结算、监测方面并列入国家强制检定目录的工作计量器具,安全防护、医疗卫生、环境监测方面并列入国家强制检定目录的工作计量器具。此外,一年一次的高效过滤器检漏也正在成为验证的必查项目。

（2）发生变更时的"改变"性再验证:例如原料、包装材料质量标准的改变或产品包装形式的改变;工艺参数的改变或工艺路线的变更;设备的改变;生产处方的修改或批量数量级的改变;常规检测表明系统存在着影响质量的变迁迹象。在上述条件下,应根据运行和变更情况以及对质量影响的大小确定再验证对象,并对原来的验证方案进行回顾和修订,以确定再验证的范围、项目及合格标准等。重大变更条件下的再验证犹如前验证,不同之处是前者有现成的验证资料可供参考。

（3）每隔一段时间进行的"定期"再验证:有些关键设备和关键工艺对产品的质量和安全性起着决定性的作用,例如无菌药品生产过程中使用的灭菌设备、关键洁净区的空调净化系统等,因此,即使是在设备及规程没有变更的情况下也应定期进行再验证。

（四）验证的组织管理

组织机构是管理的主体。企业应根据本企业的具体情况及验证的实际需要来确定适当的组织机构。中国 GMP 2010 年版规定了生产管理负责人涉及验证的职责为"确保完成各种必要的验证工作",质量管理负责人涉及验证的职责为"确保完成各种必要的确认或验证工作,审核和批准确认验证方案和报告",生产管理负责人和质量管理负责人共同的职责为"确保完成生产工艺验证"。验证涉及的专业领域多,就不可避免地需要组建验证专职管理机构,同时通过建立良好的文件记录来确保验证活动的准确性。验证专职管理机构的职责一般包括:

1. 验证管理及操作规程的制订和修订

2. 变更控制的审核

3. 验证计划、验证方案的制订和监督实施

4. 日常验证活动的组织、协调

5. 参加企业新建和改建项目的验证以及新产品生产工艺的验证

6. 验证的文档管理等

常设的验证职能机构一般能够适应验证日常管理的需要。图 4-3 是常见的验证职能结构示意图。

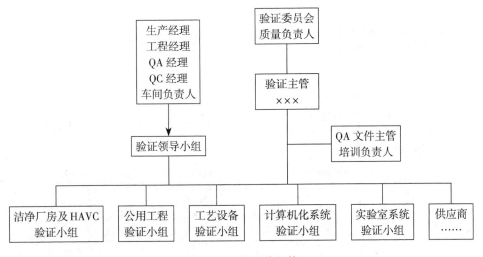

图 4-3　验证职能机构

企业如不设验证的专职机构,则须明确验证的日常工作由哪个职能部门主管,哪些部门协助,应有适当的管理程序阐明验证的组织及实施办法,以使验证这一重要的基础管理工作落到实处。

(五) 验证文件

GMP 2010年版第一百四十五条规定:"企业应当制定验证总计划,以文件形式说明确认与验证工作的关键信息。"第一百四十六条规定:"验证总计划或其他相关文件中应当作出规定,确保厂房、设施、设备、检验仪器、生产工艺、操作规程和检验方法等能够保持持续稳定。"

因此,验证文件的概念应体现到标准的制订、各类合同文件、卖方设计报告书、测试检查和最后试车等各个方面。对新的厂房设备而言,文件和记录的要求是遵循验证总计划,按周密制订的计划进行验证并做好记录。验证总计划明确了文件化的要求,因此它是实施 GMP 的起点。

为了获得验证文件,每一个新的项目都必须有一个全面而完整的文件系统。如同质量体系文件在质量管理中的地位和作用一样,验证文件在验证活动中起着十分重要的作用。它是实施验证的指导性文件,也是完成验证、确立生产运行各种标准的客观证据。由图4-4可以看出,验证文件主要包括验证总计划、验证计划、验证方案、验证报告、验证总结及实施验证过程中形成的其他相关文档或资料。

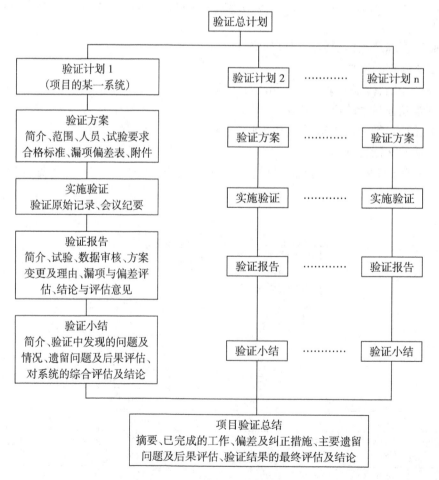

图4-4　验证文件的组成

二、GMP 认证

(一)认证的概念及基本准则

药品 GMP 认证,是药品监督管理部门依法对药品生产企业药品生产质量管理进行监督检查的一种手段,是对药品生产企业实施药品 GMP 情况的检查、评价并决定是否发给认证证书的监督管理过程。国家食品药品监督管理总局主管全国药品 GMP 认证管理工作,负责注射剂、放射性药品、生物制品等药品 GMP 认证和跟踪检查工作;负责进口药品 GMP 境外检查和国家或地区间药品 GMP 检查的协调工作。省级药品监督管理部门负责本辖区内除注射剂、放射性药品、生物制品以外其他药品 GMP 认证和检查工作,以及国家食品药品监督管理总局委托开展的药品 GMP 检查工作。省级以上药品监督管理部门设立的药品认证检查机构,承担药品 GMP 认证申请的技术审查、组织现场检查、结果评估等技术监督工作。

GMP 2010 年版(卫生部令第 79 号)自 2011 年 3 月 1 日起施行。依据《药品管理法》和第 79 号卫生部令的规定,自 2011 年 3 月 1 日起,凡新建药品生产企业、药品生产企业新建(改、扩建)车间均应符合 GMP 2010 年版的要求。现有药品生产企业血液制品、疫苗、注射剂等无菌药品的生产,应在 2013 年 12 月 31 日前达到新版药品 GMP 要求;其他类别药品的生产均应在 2015 年 12 月 31 日前达到新版药品 GMP 要求。未达到新版药品 GMP 要求的企业(车间),在上述规定期限后不得继续生产药品。

(二)GMP 认证的意义

制订和实施 GMP 的主要目的是为了保护消费者的利益,保证人们用药安全有效;同时也是为了保护药品生产企业,使企业有法可依、有章可循;另外,实施 GMP 是政府和法律赋予制药行业的责任,并且也是中国加入 WTO 之后,实行药品质量保证制度的需要,因为药品生产企业若未通过 GMP 认证,就可能被拒之于国际贸易的技术壁垒之外。

由此可见,GMP 的推行不仅是药品生产企业对人民用药安全有效高度负责精神的具体体现,也是企业和产品竞争力的重要保证,这是医药产品进入国际市场的先决条件。因此可以说,实施 GMP 是药品生产企业生存和发展的基础,通过 GMP 认证是产品通向世界的"准入证"。另外,药品 GMP 认证对促进医药经济结构调整和产业升级,进一步增强我国医药产业国际竞争能力也有着非常重要的意义。

第二节　工　程　验　证

根据 WHO GMP 要求,每个制药企业应确定验证所需进行的工作,以证明其特定操作的关键方面是受控的。中国 GMP 2010 年版第一百三十八条中规定:"企业应当确定需要进行的确认或验证工作,以证明有关操作的关键要素能够得到有效控制。确认或验证的范围和程度应当经过风险评估来确定"。

虽然每个项目上的生产操作和设施在规模和复杂性上存在着很大的不同,但是典型的关键要素均包括了用于制药产品生产的厂房、设施、设备、检验方法、生产工艺等的验证。

一、厂房与设施的验证

药品生产企业的厂房与设施是指制剂、原料药、药用辅料和直接接触药品的包装材料生产中所需的建筑物以及与工艺配套的公用工程。GMP 2010 年版第三十八条规定:"厂房的选址、设计、布局、建造、改造和维护必须符合药品生产要求,应当能够最大限度地避免污染、交叉污染、混淆和差错,便于清洁、操作和维护"。为达到这一目的,制药企业生产必须具备与其生产相适应的厂房和设施,这包括规范化厂房及相配套的净化空气处理系统、通风、照明、水、气体、洗涤与卫生设施、安全设施等。因此,厂房与设施验证的主要内容就是与药品生产过程有直接联系的空气净化系统、水系统以及直接接触药品的工业气体等。

(一)空气净化系统验证

医药工业根据生产工艺的特殊用途,对生产环境提出了一定的要求,如室内温度、相对湿度、空气的气流速度及洁净度。空气净化系统就是将空气处理成要求的状态后送入房间内,以满足上述要求。该系统一般由空气处理装置、空气输送和分配设备等组成,其验证主要包括测试仪器校准、安装确认、运行确认、洁净度测定等。

1. 空气净化系统测试仪器的校准　在空气净化系统的测试、调整及监控过程中,需要对空气的状态参数和冷、热介质的物理参数、空调设备的性能、房间的洁净度等进行大量的测定工作,将测得的数据与设计数据进行比较、判断。这些物理参数的测定需要通过比较准确的仪表和仪器来完成。空气净化系统测试的仪表仪器主要包括测量空气温度、相对湿度的仪表,测量风速、风压及风量的仪表,常用电工仪表、高效过滤器检漏用仪器、细菌采样用仪器及其他测试仪器。

一般来说,凡是仪表都必须进行校准,可按照国家《计量法》的规定和验证的要求对计量仪表进行检定,即使是标明符合国家标准的器具也不例外。所有仪器仪表的校准必须在设备确认及环境监控前完成,并记录在案,作为整个验证的一个重要组成部分。

2. 空气净化系统的安装确认　空气净化系统安装确认的主要内容包括:空气处理设备的安装确认,风管制作、安装的确认,风管及空调设备清洁的确认,空调设备所用的仪表及测试仪器的一览表及检定报告,空气净化系统操作手册,标准操作规程(SOP)及控制标准,高效过滤器的检漏试验。

(1) 空气处理设备的确认:空气处理设备(主要是空调器和除湿机)的安装确认主要是指机器设备安装后,对照设计图纸及供应商提供的技术资料,检查安装是否符合设计及安装规范。检查的项目有:电、管道、蒸汽、自控、过滤器、冷却和加热盘管。设备供应商应提供产品合格证及盘管试压报告,安装单位应提供设备安装图及质量验收标准。

(2) 风管制作、安装的确认:空气净化系统是通过风管将空气处理设备、高效过滤器、送风口、回风口等末端装置连接起来,形成一个完整的空气循环系统,因此风管的制作是很重要的一环。风管制作、安装的确认主要是对照设计流程图检查风管的材料、保温材料、安装紧密程度、管道走向等。这个过程是在施工过程中完成的。

医药工业洁净室空调系统的风管宜采用镀锌薄钢板、PVC板、不锈钢板,不宜采用玻璃钢风管。风管的保温应采用不燃型的保温材料。空气输送系统应根据防火区的划分在风管上安装防火阀。一般来说,空气净化系统风机的转速和压头都较高,需安装适用于净化系统的消声器。

(3) 风管及空调设备清洁的确认:对于有洁净度要求的空气净化系统通风管道必须进行清洁,一般在风管吊装前先用清洁剂或乙醇将内壁擦洗干净,并在风管两端用纸或PVC封住,等待吊装。空调器拼装结束后,内部先要清洗,再安装初效及中效过滤器。风机开启后运行一段时间,最后再安装末端的高效过滤器。

(4) 空调设备所用的仪表、测试仪器一览表及检定报告:空调设备包括空调器及除湿机,安装在这些设备上的仪表主要有压力表、流量计、风压表等。空气净化系统的测试仪器有风速仪、风量计、微压计、粒子计数器、微生物采样器等。所有这些仪表、仪器均要列表，写明用途、精度、检定周期，并附上自检合格证书或外检合格证书。

(5) 空气净化系统操作手册、SOP 及控制标准：包括由制造商提供的空调器、除湿机、层流罩等设备的操作手册、技术数据，由空气净化系统管理部门编写的环境控制、空调器操作等的 SOP，以及控制区温度、湿度、洁净度的控制标准。

(6) 高效过滤器的检漏试验：高效过滤器检漏的目的是通过测出允许的泄漏量，发现高效过滤器及其安装的缺陷所在，以便采取补救措施。国外通过长期的研究和实践，对过滤器及其组成的过滤装置进行检漏测试已标准化。现在普遍采用的是以气溶胶作为尘源，与气溶胶光度计配合使用的检漏方法。常用的气溶胶有邻苯二甲酸二辛酯(DOP)、聚 α- 烯烃 (ploy-alpha-olefin，简称 PAO)等。

3. 空气净化系统的运行确认　空气净化系统的运行确认是为证明空调净化系统是否达到设计要求及生产工艺要求而进行的实际运行试验。在安装确认阶段，除做检漏试验需开动风机外，其余设备可以不开；在运行确认阶段，所有的空调设备必须开动，与空调系统有关的工艺排风机、除尘机也必须开动，以利于空气平衡，调节房间的压力。

空调净化系统的运行确认主要由工程部门完成。其内容有：空调设备测试，高效过滤器的风速及气流流向，空调调试和空气平衡及其他测试项目。

(1) 空调设备的测试：空调设备主要是指空调器和除湿机。空调器测试的项目包括风机的转速、电流、电压；过滤器的压差；冷冻水、热水、蒸汽等介质的流量；盘管进出口压力、温度等。除湿器测试的项目包括处理风机和再生风机的转速、电流、电压、风量；蒸汽的压力或电加热的功率；再生排放温度。

(2) 高效过滤器风速及气流流向测定：高效过滤器的风速及气流流向测定可与检漏试验同时进行，并记录在同一张表格上。

(3) 空调调试及空气平衡：空调调试及空气平衡包括风量测定及换气次数计算，房间风压及温度、湿度测试。

(4) 其他测试项目：其他测试项目还包括气流均匀性测试、诱导泄漏测试、气流流型测试、恢复能力测试、粒子扩散试验等，可根据实际需要选取。

空气净化系统验证的测定内容和程序大致如表 4-1 所列。表中的顺序是可变动的，例如调整温度、湿度可以放在洁净度测定之后进行。调整风量如已在安装中效或高效过滤器之前进行，则过滤器安装后仍可能需要再作调整，也可以在过滤器安装后一次调整。

表 4-1　空气净化系统验证的测定内容和程序

阶段	项目	日程					
		工程竣工					
安装确认	1. 风机空吹		▲				▲
	2. 室内清扫			▲	▲	▲	▲	▲
	3. 初步调整风量			▲			
	4. 安装中效过滤器				▲		
	5. 安装高效过滤器					▲	
	6. 高效过滤器检漏						▲

续表

阶段	项目	日程								
运行确认	7. 系统运行			▲	▲	▲	▲	▲	▲	▲
	8. 调整风量			▲						
	9. 调整室压				▲					
	10. 调整温度、湿度					▲				
	11. 其他测定						▲			
环境监测	12. 室内洁净度测定								▲	
	13. 微生物测定									▲
	14. 和生产设备有关的工作和调整	▲	▲	▲	▲	▲	▲	▲	▲	▲

4. 洁净度测定　在生产环境验证中,性能确认是对空气净化系统是否能达到规定的洁净度做出判断,因此性能确认也就是常规意义上或狭义上的"验证"。在空气净化系统验证中,我们将性能确认称为"洁净度测定"。医药工业洁净室的洁净度包括悬浮粒子和微生物两个方面,因此洁净度的测定主要是进行悬浮粒子和微生物的测定。

(1) 悬浮粒子测定:悬浮粒子主要有显微镜法及自动粒子计数法进行测定。目前,药品生产企业主要应用自动粒子计数法进行测定,该法是把洁净室中粒径大于 $0.5\mu m$、$5\mu m$ 的粒子,按悬浮状态连续计数的方法。其检测原理是利用空气中悬浮粒子在光的照射下产生光散射现象,散射光的强度与粒子的表面积成正比。

悬浮粒子洁净度监测的采样点数目及其布置应根据产品的生产工艺及生产工艺关键操作区设置。一般高效过滤器装在末端的空调净化系统以及层流罩下,只需在工作区(离地 $0.8\sim1.5m$ 处)设置测点即可;而高效过滤器装在空调器内以及亚高效过滤器(效率大于95%)的空调净化系统,除在工作区设置测点外,还需在每个送风口处(离开风口约 $0.3m$)设置一个测点。悬浮粒子洁净度测定的最小采样量和最少采样点数目参见《粒子测试方法》的规定。

(2) 微生物测定:活微生物测定的目的是确定浮游的生物微粒浓度和生物微粒沉降密度,以此来判断洁净室是否达到规定的洁净度。因此活微生物的测定有浮游菌和沉降菌两种测定方法。

浮游菌测定采用计数浓度法,即将悬浮在空气中的生物性粒子收集于专门的培养基中,经若干时间,在适宜的生长条件下让其繁殖到可见的菌落进行计数,从而判定洁净环境内单位体积空气中的活微生物数。

沉降菌测定采用沉降法,即通过自然沉降原理收集空气中的生物粒子于培养基平皿,经若干时间,在适宜的条件下让其繁殖到可见的菌落进行计数,以平板培养皿中的菌落数来判定洁净环境内的活微生物数,依此来评定洁净区(室)的洁净度。

(二) 水系统验证

《中国药典》2010 年版中所收载的制药用水,按其使用范围不同分为饮用水、纯化水、注射用水及灭菌注射用水。GMP 2010 年版第九十七条至第一百零一条明确规定:制药用水的制备从系统设计、材质选择、制备过程、贮存、分配、使用和消毒均应符合 GMP 的要求。

水处理系统的规模取决于原水水质、生产用水量及工艺对水质的要求,其中原水水质和工艺对水质的要求决定制水流程的繁简,而用水量只决定设备的大小。一般来说当原水为自来水时,预处理的设备较少;而当工艺对水质的要求较高时,用于去离子、除菌及除微粒的设备较多。然而对于水处理系统来说,由于其动态变化较大,原水几天前的抽样结果往往在几天后是无效的;而这些原水又被大批量的用来生产药品,所以从某种程度来说,水处理装置又是不可靠的,必须事先进行验证,然后进行日常严密地监测和控制。因此,水系统验证的目的就在于考验该水处理系统在未来可能发生的种种情况下,有能力稳定地供应规定数量和质量的合格用水,验证就意味着要提供这方面文字性的证据。要完成水系统验证的任务,就需要在一个较长的时间内,对系统在不同运行条件下的状况进行抽样试验。

本节主要阐述药品生产企业普遍使用的纯化水和注射用水的验证,注射用水为纯化水经蒸馏所得的水,因此纯化水和注射用水制备系统的预处理设备往往是共用的,所以这些预处理设备的安装确认、运行确认可以一起完成。

1. 水系统验证方案的内容　水系统验证方案的主要内容有:①对系统详细的描述资料;②合格标准(设计标准,可作为上述资料的组成部分,并单独列出);③系统流程图;④取样点位置及编号(在平面图上反映出来);⑤取样和监控计划;⑥长期监控结果及数据表;⑦偏差处理及对系统可靠性的评估。

2. 水系统验证的阶段　按 FDA 在高纯水检查指南中阐述的论点,纯化水、注射用水系统的验证可分为以下三个阶段:

(1) 初始验证阶段:当确认所有设备和管路均已正确安装并能按要求运行后,则可进入水系统的初始验证阶段。在此阶段,应制定出运行参数、清洁、消毒规程及其频率。

(2) 运行阶段:通过系统验证的第二阶段应能证明,按 SOP 运行,系统能始终稳定地生产出符合质量标准的水。取样方案及检测时间与第一阶段相同。

(3) 长期考察阶段:通过系统验证的第三阶段证明,按 SOP 运行,系统能在相当长的时间内始终产生符合质量要求的水。在此阶段,应找出原水的任何质量变化而给系统运行和成品水质所造成的影响,即寻找原水、水系统及出水水质的相关性。

上述验证方案不是水系统验证的唯一方法,现在普遍采用的方法是采用二阶段制,即安装以后的验证和运行以后一年数据的积累。

3. 水系统验证的文件　对于纯化水、注射用水系统的验证,除 GMP、国家标准、行业标准外,企业还可以制定严于国家标准和行业标准的企业标准,这些文件有:

(1) 验证管理程序方面的文件,如水系统验证的责任和定义。

(2) 与验证一致的标准或规定,如纯化水系统的设计标准、注射用水系统的设计标准、纯化水系统的日常监测、注射用水系统的日常监测等。

(3) 水系统安装确认、运行确认和验证指南,用于指导验证方案的编写和组织实施。如纯化水系统确认指南、注射用水系统确认指南、纯化水系统验证指南、注射用水系统验证指南。

(4) 参考分析方法,如城市自来水细菌化验方法、水系统分析的容器准备和采样方法、异养生物平面计数的培养皿浇注方法、清洁蒸汽的监测计划、纯化水或注射用水微生物超标的调查等。

4. 纯化水、注射用水系统的安装确认　纯化水系统安装确认所需文件包括①由质量部门或技术部门认可的流程图、系统描述及设计参数;②水处理设备及管路安装调试记录;③仪器仪表的检定记录;④设备操作手册及标准操作、维修规程 SOP。

纯化水、注射用水系统的安装确认主要是根据生产要求,检查水处理设备和管道系统的安装是否合格,包括制备装置的安装确认,管道分配系统的安装确认,检查仪表的校准以及操作、维修规程的编写。

(1) 制备装置的安装确认:制备装置的安装确认是指机器设备安装后,对照设计图纸及供应商提供的技术资料,检查安装是否符合设计及规范。纯化水及注射用水处理装置主要有机械过滤器、活性炭过滤器、电渗析、混合床、水泵、蒸馏水机等,检查的项目有电气、连接管道、蒸汽、压缩空气、仪表、供水、过滤器等的安装、连接情况。

(2) 管道分配系统的安装确认

1) 管道及阀门的材料:管道选用不锈钢(304、316L、321 等型号)。不锈钢材料的特点是:钝化后呈化学惰性;易于消毒;工作温度范围广。阀门应采用隔膜阀,因为隔膜阀便于去除阀体内的溶解杂质,微生物不易繁殖。

2) 管道的连接和试压:纯水及注射用水输送管道应采用热熔式氩弧焊焊接,要求内壁光滑,应检查焊接质量,记录焊接接头的数量,并做 X 光拍片。焊接结束后再用去离子水进行试压,试验压力为工作压力的 1.5 倍,无渗漏为合格。

3) 管道的清洗、钝化、消毒:不锈钢管道的处理可大致分为纯水循环预冲洗→碱液循环清洗→纯化水冲洗→钝化→纯化水再次冲洗→排放→纯蒸汽消毒等几个步骤。

4) 完整性试验:贮水罐上安装的各种通气过滤器必须做完整性试验。

(3) 仪器仪表的校准:纯水及注射用水处理装置上所有的仪器仪表必须定期校验或认可,使其误差控制在允许的范围内。常用的仪表有:电导仪、时间控制器、流量计、温度控制仪 / 记录仪、压力表以及分析水质用的各种仪器。

(4) 操作手册和 SOP:列出纯化水及注射用水系统所有设备的操作手册和日常操作、维修、监测的 SOP 清单。

5. 纯化水、注射用水系统的运行确认   纯化水、注射用水系统的运行确认是为证明该系统是否能达到设计要求及生产工艺要求而进行的实际运行试验,所有的水处理设备均应开动。运行确认的主要工作如下:

(1) 系统操作参数的检测:①检查纯化水及注射用水处理各个设备的运行情况。逐个检查所有的设备,如机械过滤器、活性炭过滤器、软水器、混合床、蒸馏水机运行是否正常,检查电压电流、压缩空气、大炉蒸汽、供水压力。②测定设备的参数。各个设备有不同的要求,如机械过滤器主要是去除悬浮物,活性炭过滤器主要去掉有机物和氯化物,混合床去掉阴、阳离子。通过化验分析每个设备进、出口处的水质来确定该设备的去除率、效率、产量,看是否达到设计要求。水质分析的指标应根据该设备的性质和用途来定,可对照操作手册上的参数来进行。如混合床应测定其电阻率、流量、pH、Cl⁻ 以及阴、阳离子交换树脂的牌号、数量、交换能力、再生周期、酸碱浓度和每次再生用量。③检查管路情况,堵漏、更换有缺陷的阀门和密封圈。④检查水泵,保证水泵按规定方向运转。⑤检查阀门和控制装置工作是否正常。⑥检查贮水罐的加热保温情况,纯化水可在 60~70℃左右贮藏,注射用水应在 80℃以上贮藏。

(2) 纯化水及注射用水水质的预先测试分析:在正式开始纯化水及注射用水验证之前,先对水质进行测试,以便在测试时发现问题并及时解决。对纯化水来说,测试项目主要是化学指标及微生物指标,测点可选择在去离子器、反渗透装置或蒸馏水机出口处。对注射用水来说,测试项目主要是热原,测点可选择在蒸馏水机或清洁蒸汽发生器出口处。

6. 纯化水系统的验证   纯化水系统按照设计要求正常运行后,记录日常操作的参数,如活性炭的消毒情况,贮水罐充水及放水的时间,各用水点及贮水罐进口水的温度、电导率,然后安排监测,即狭义上的"验证"。这里所说的监测是指纯化水系统新建或改建后的监测。纯化水的验证分为初期验证和后期验证两个部分或阶段。

(1) 纯化水的初期验证:纯化水系统按设计要求安装、调试、运转正常后即可进行验证。验证需 3 周,包括 3 个验证周期,每个验证周期为 5 天或 7 天。

1) 取样频率:每次取样前,必须先冲洗取水口,并建立起采样规程。贮水罐、总送水口、总回水口在 3 个验证周期内天天取样,并记录水温。各使用点,每个验证周期取水 1 次,共 3 次,记录使用点水温。以后使用时亦按此办理。

2) 清洗、消毒效果验证:通过对纯化水贮罐、输送管道的清洁、消毒验证,证实按其预定的清洁消毒操作规程,纯化水贮罐及输送管道系统内残留的污染物,达到了规定的清洁限度要求,并具有稳定性和重现性。通常纯化水的设备和管道消毒方法有巴氏消毒、紫外线消毒、臭氧消毒、蒸汽消毒等。

3) 纯化水合格标准:纯化水水质分析主要有化学指标、电导率、总有机碳、易氧化物、不挥发物及微生物指标等。合格标准及分析方法应按照《中国药典》或各企业的标准。各企业应该按照《中国药典》的要求并结合企业实际情况制定相应的内控标准,来更加严格的控制纯化水的质量。

全部取样点每次取样均需做微生物测试;每个使用点每个验证周期测一次化学指标,全部验证共测 3 次化学指标。参考合格标准为:pH 5.0~7.0,微生物 <100CFU/ml,电导率 <1.1μS/cm,细菌数:无,总固物 <0.001%(1mg/100g),其余化学指标符合规定。

4) 重新取样:由于取样、化验等因素,有时会出现个别取样点水质不合格的现象,这时必须考虑重新取样化验。①在不合格的使用点再取一次样;②重新化验不合格的指标;③重测这个指标必须合格。

(2) 纯化水的后期验证:纯化水的后期验证应根据日常监控程序(表4-2)完成取样和测试。该阶段将持续一年的时间,而且是紧接着初期验证进行。积累所有数据后加入到初期验证的报告中。

表 4-2　纯化水日常监测计划

采样点	管道连接方式	系统运行方式	测试状态	采样频率	监控指标
最远处使用点的回水支管	并联	批量式或连续式	生产	每天 1 次	化学、微生物
送回水总管及支管	并联	批量式或连续式	生产	每周 1 次	微生物
各使用点轮流采样	并联	批量式或连续式	生产	每月 1 次	微生物
	串联	批量式或连续式	生产	每周 1 次	微生物
最远处用水点	串联	批量式或连续式	生产	每天 1 次	化学、微生物
贮罐	并联	批量式	生产	每个周期 1 次	化学、微生物
	串联	连续式	生产	每周 1 次	化学、微生物

7. 注射用水系统的验证　注射用水系统同纯化水系统一样,按照设计要求正常运行后,记录日常操作的参数,如混合床的再生频率、活性炭的消毒情况、贮水罐充水及放水的时间,各用水点及贮水罐进口水的温度、电阻率,然后安排监测,即狭义上的"验证"。这里所说

的监测是指注射用水系统新建或改建后的监测。注射用水的验证分为初期验证和后期验证两个部分或阶段。

(1) 注射用水的初期验证：注射用水系统按设计要求安装、调试、运转正常后(包括确认已完成)，即可进行验证。先记录水处理系统开始运行的日期、贮水罐注水及排放的日期、贮水罐投入使用的日期和水温；记录管道分配系统的冲洗日期、使用点和回水总管的水温。验证需3周，包括3个验证周期，每个验证周期为5天(5个工作日，也可定为7天)。

1) 批量式运行方式

a. 贮罐：需3个验证周期。①每个验证周期的第一天在贮罐中注满同一个批号的注射用水并脱离制备装置，在验证期间不得有新的注射用水流入贮罐。②每个贮罐的验证周期根据期望的日常注射用水使用量而定，一般为7~10天，一个完整的验证共有3个周期。在每个周期的最后一天，贮罐可以根据今后打算的日常制备方法注水，如将水排光后重新注入注射用水或者掺入新鲜的注射用水。但一旦验证完成，今后须按此验证的方法操作。③一个验证周期每天测试贮罐中注射用水的微生物及细菌内毒素(热原)的指标，每个验证周期测一次化学指标。如果贮罐没有取样点，则以管道分配系统中的第一个使用点代表贮罐。

b. 分配系统：验证周期同贮水罐，也是3个周期。①每个使用点每天需测微生物和细菌内毒素(热原)指标，每周测一次化学指标。②总回水管每天需测试微生物、化学和细菌内毒素(热原)指标，若总回水管没有测试口，则以管路系统的最后一个用水点代表总回水管。

2) 连续式运行方式

a. 贮罐：①验证周期开始时先注满注射用水，然后在验证期间模仿今后生产使用的情况，至少排掉一次水(排掉部分注射用水)，然后注满新鲜水。②整个水质监测(验证)分为3个验证周期，每个周期约5天(5个工作日，也可定为7天)。③注射用水贮水罐在3个验证周期内天天取样，测微生物和细菌内毒素(热原)指标，每周测一次化学指标。

b. 管路分配系统：①每次取样前，必须先冲洗取水口，并建立起采样规程，以后使用时亦按此办理。②验证周期同贮水罐一样，也是3周(3个周期)。③各个使用点在3个验证周期内天天取样，测试微生物和细菌内毒素(热原)指标，每周测一次化学指标。总回水管每天取样测微生物、化学和细菌内毒素指标。若总回水管上没有取样点，则以管路上的最后一个使用点代替。

3) 注射用水验证的合格标准：注射用水水质分析主要是pH、重金属、电导率、总有机碳及微生物指标。各企业应该按照《中国药典》的要求并结合企业实际情况制定相应的内控标准，来更加严格的控制注射用水的质量。注射用水水质除符合纯化水要求外，对热原有严格规定，热原可用细菌内毒素检查法测定(如鲎试剂检测法)，注射用水细菌内毒素小于0.25EU/ml。微生物测试的结果应小于10CFU/100ml。注射用水的电阻率应大于 $1M\Omega \cdot cm$，TOC指标应小于 5×10^{-10}。

(2) 注射用水的后期验证：注射用水第二阶段的验证是证明注射用水系统按SOP操作和运行一个相当长的阶段，它都可以连续地生产出符合质量要求的注射用水。在验证的第二阶段，取样、重新取样、测试和纠偏行动都与日常操作程序一致。这个阶段需持续至少一年的时间，而且是紧接着第一阶段进行。在第二阶段结束时，总结所有的测试数据并追加到第一阶段的验证报告中去。注射用水日常监测计划见表4-3。

表 4-3　注射用水日常监测计划

采 样 点	管道连接方式	系统运行方式	测试状态	采样频率	监控指标
回水总管	串联、并联	连续式	生产时	每天 1 次	化学、微生物、细菌内毒素(热原)
	串联、并联	批量式	生产时	每天 1 次	化学、微生物、细菌内毒素(热原)
用水点每天轮流采样	串联	连续式	生产时	每月至少 1 次	微生物、细菌内毒素(热原)
	并联		生产时	每周至少 1 次	微生物、细菌内毒素(热原)
	串联	批量式	生产时	每月至少 1 次	微生物、细菌内毒素(热原)
	并联		生产时	每周至少 1 次	微生物、细菌内毒素(热原)
注射用水贮罐	串联	批量式	生产时	每个储罐①	化学、微生物、细菌内毒素(热原)
	并联	连续式	生产时	每天 1 次	化学、微生物、细菌内毒素(热原)
	并联	批量式	生产时	每个储罐①	化学、微生物、细菌内毒素(热原)

注:①根据验证所定的使用天数,每批注射用水批准使用前必须测化学、细菌内毒素(热原)和微生物的指标,并注明本批注射用水的失效日期。

(3) 重新取样:由于取样、化验等的因素,有时会出现个别取样点水质不合格的现象,这时必须考虑重新取样化验。①在不合格的使用点再取一次样;②重新化验不合格的指标;③重测这个指标必须合格。

8. 纯化水、注射用水系统的再验证　一般药品生产企业的制水系统应当每年进行一次再验证,但在如下情况时应当及时进行再验证。①系统新建或改建后(包括关键设备、部件、使用点的改变)必须作验证。②注射用水正常运行后一般循环水泵不得停止工作,若较长时间停用,在正式生产 3 个星期前开启水处理系统并做 3 个周期的监控。

(三) 工业气体的验证

药品生产企业所用的工业气体主要指压缩空气和氮气。压缩空气是一种重要的动力源,可驱动各种风动机械和风动工具,如溶液搅拌、粉状物料输送、风钻、控制仪表和自动化装置等。氮气则可作为无菌药品、糖浆的保护性气体,以防止发生氧化和玷污。因此对这些气体的洁净度、干燥度等要求很高。

工业气体的验证包括安装确认、运行确认及纯度、尘粒和微生物测试,其确认和验证方案与空气净化系统相同,这里以无油压缩空气为例说明其要点。如图 4-5 所示,无油压缩空气系统通常包括无油空压机、干燥器、贮气罐和过滤装置等。

1. 安装确认

(1) 无油空压机及干燥器的安装确认包括:按设计要求检查实际设备的规格;证明压缩机内不采用油或其他的润滑油;证明压缩机、干燥器的动

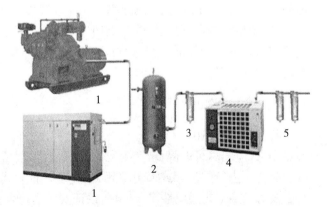

图 4-5　典型的压缩空气制备流程
1. 空压机;2. 贮气罐;3. 预过滤器;4. 干燥器;5. 过滤器

力安装连接正确情况;压缩机、干燥器上仪表的校准报告;操作手册和SOP。

(2) 压缩空气贮气罐的安装确认包括:确认建造材料符合设计和工艺要求;对贮气罐的采购规格和实际情况进行核对;进行压力试验,确定泄漏率符合标准;检查贮气罐的清洁程序、步骤和结果;贮气罐上的压力表等校准报告。

(3) 分配系统的安装确认包括:确认管道材料符合设计和工艺要求,尤其是使用末端过滤器后的材料应是316L不锈钢,以便于拆装、清洁、消毒;对照实际情况的竣工图;管路系统的压力试验报告;检查管路清洁的程序、步骤和结果;检查末端的过滤器是否合适。

2. 操作确认 操作确认是对压缩空气使用点进行如下项目测试:氧气含量、二氧化碳含量、一氧化碳含量、含油量、水分及气味,合格标准见表4-4。

表4-4 压缩空气技术要求

指标名称	指标	指标名称	指标
氧气含量	20%~22%(体积分数)	含油量	<1mg/m³
二氧化碳含量	<1400mg/m³	水分(与露点温度有关)	<100mg/m³
一氧化碳含量	<11mg/m³	气味	没有异味和恶臭

3. 运行测试即验证主要包括以下内容

(1) 纯度测试:根据需要测定空气中各组分(如氧气、氮气等)的纯度。

(2) 露点测试:这是测量空气中微量水分的一种方法。露点即在恒定的压力下气体中的水蒸气达到饱和时的温度,可用露点仪来测定。在恒定压力下,被测气体以一定的流量流经露点仪测定室中的抛光金属镜面,该镜面的温度可以人为地降低并可精确地测量。当气体中的水蒸气随着镜面温度的逐渐降低而达到饱和时,镜面上开始出现露,此时所测量到的镜面温度即为露点温度。由露点和气体中水分含量的换算式或查表,即可得到气体中微量水分含量。

(3) 尘粒测定:可用粒子计数器进行。在系统最恶劣的地方或用气点进行测定,这时测试点的管道上安装减压装置或调节阀,使流出来的空气压力不要太大。

(4) 含油量测定:用分析方法测定空气中的碳氢化合物含量。气体分析的方法可分为化学分析法和物理分析法两类。前者是根据气体的化学性质进行分析,如被测气体与某试剂产生化学反应而被吸收,由气体被吸收后体积的变化或其效应来进行测定。后者是根据气体的物理性质,如相对密度、热导率、电阻率、气相色谱等进行分析。

(5) 微生物测定:可在培养基上切口或采用采样仪。由于上述压缩空气的含量、纯度、露点测定需较复杂的仪器、设备和技巧,可以请协作单位来完成,或者由气体供应商提供这方面内容的合格报告。

二、设备验证

我国GMP 2010年版第七十一条规定:"设备的设计、选型、安装、改造和维护必须符合预定用途,应当尽可能降低产生污染、交叉污染、混淆和差错的风险,便于操作、清洁、维护,以及必要时进行的消毒或灭菌。"因此,设备验证是指对设备设计、选型、安装及运行等准确与否及对产品工艺适应性作出评估,以证实是否符合设计要求。设备验证通常由预确认、安装确认、运行确认和性能确认组成。各种剂型的设备各有其特点,确认的内容和重点是不同的,这里只介绍一般的做法。

（一）设备预确认

设备的设计确认即预确认,主要是对设备选型和订购设备的技术规格、技术参数和指标适用性的审查,参照机器说明书,考察它是否适合生产工艺、校准、维修保养、清洗等方面的要求,以及对供应商的优选。

设计确认首先要制定用户需求说明(user requirements specification,URS)。也就是使用方对设备、厂房、硬件设施系统等提出自己的使用要求标准。客户根据自己的使用目的、环境、用途等提出要求,设备供应商依据客户的URS进行设备设计,在使用方完成设计确认后,再进行设备的制造。制定URS是验证获得成功最关键的第一步,URS是进一步验证的基础。

（二）设备安装确认

安装确认是一个连续的过程,目的是以文件形式记录所确认的设备在安装方面的要求、合格标准,证实并描述该设备的安装位置正确,使用目的明确。成功地完成确认,可以证明此设备是按制造商的规范及生产工艺的要求安装的。

1. 设备安装确认的范围　设备安装确认的范围包括安装设备的外观检查;测试的步骤、文件、参考资料以及合格标准,以证实设备的安装确实是按照制造商的安装规范进行的。

2. 设备安装确认的方案　设备安装确认之前,先要拟定一个方案或计划,协调各部门完成这一工作。方案中至少要包含安装确认的目的;安装确认的合格标准;各有关部门的职责,如工程部、设备部的责任,设备使用部门的责任,验证小组的责任以及质量保证部的责任;设备的描述,描述设备的功能和运行条件,即提供适当的信息,例如设备名称、零部件名称和供应商,描述设备运行的条件,说明机器是如何操作的。

3. 安装确认的实施　检查设备,将设备的技术参数记录在相应的表格中,核对设备安装是否符合设计、安装规范;检查设备安装的有关工程图纸是否齐全。记录所有安装确认的审核、检查和证实的项目和内容。如果检查或核对试验结果不能满足要求,需完成一份偏差报告,说明偏差情况,指出所采取的任何修正活动或其他适当的措施,并提交批准。准备被评定设备的安装确认总结报告,概要说明设备安装确认的结果,包括解释偏离技术参数的原因,修正程序及最终合格标准。

4. 安装确认报告完成　证明确认方案提供的记录表中所有的试验项目都已完成,并附在总结报告上。证明所有修改和偏差已得到记录和批准,并附在报告上。请有关部门批准。表4-5的设备安装确认表格供参考。

表4-5　设备安装确认表格

设备基本资料

设备名称		设备型号	
制造商		系列号	
固定资产资产申请		订单号	
安装时间		安装地点	
铭牌数据:			
设备主要技术参数:			
操作手册名称		存放地点	

检查人:_____　日期:_____

与设备安装有关的工程图纸索引

序号	设计单位	竣工图名称	图号	图纸存放部门

检查人：_____ 日期：_____

设备清单（包括附属设备/替换件和备品备件）

序号	附属设备/备品备件	编号	生产厂家	存放地点

检查人：_____ 日期：_____

电气检查表——电源

电器元件名称	供电电压	供电相数	总负载（电源）	电源面板	开关规格	保险丝尺寸

检查人：_____ 日期：_____

电气检查表——互锁及安全装置

装置名称	安装位置	功能

检查人：_____ 日期：_____

电气检查表——电动机连接情况

序号	电动机名称	型号	系列	电压	相位	电流	功率	转速	功能	类别

检查人：_____ 日期：_____

其他公用工程检查表——管道与介质

序号	管道名称	介质	服务日期	连接管路尺寸	材料	管道安装技术规范	保温材料名称

检查人：_____ 日期：_____

其他公用工程检查表——通风、除尘系统

序号	系统	流量	温度要求	风管道尺寸	材料	风管安装技术规范	保温材料

检查人：_____　日期：_____

仪表及自控系统——仪器仪表一览表

序号	仪表代号	生产商/型号	材料	校准日期	安装位置	重要性

检查人：_____　日期：_____

确认设备控制板安装符合设计和(或)制造规范

序号	名称及功能根据所列文件安装	是否根据所列文件安装	检查人/日期
1	开/关电源/启动控制		
2	指示灯		
3	报警装置		
4	微处理器/回路控制器		
5	转盘/变速/速率控制		
6	紧急停车		

注：其他安装确认的记录表格如润滑油清单、过滤器清单等略。

(三)设备运行确认

设备运行确认是通过记录及文件证实设备有能力在规定的限定范围和误差范围内运行,并收集设备使用操作状况、报告及审查验证测试的数据。

1. 设备运行确认范围　设备运行确认必须在生产工艺验证前完成。原有设备须根据现有的文件如图纸、操作手册、SOP等,来决定所有操作参数。

2. 设备运行确认方案　设备运行确认前,先要拟定一个方案或计划,协调各部门来完成这一工作,方案至少包含运行确认的目的;安装确认的合格标准;各相关部门的职责;设备描述,包括简单描述设备每个重要部件的功能,设备如何正常操作,阐明设备的限制条件,例如对某种型号的混合机可描述为:FG—3型V形混合机是制药生产中的一个关键设备,其进料是通过罗茨风机的真空吸料系统;卸料是通过重力自然落到容器内。根据工艺要求,本混合机的混合速度和时间可以设定。

3. 设备运行确认的实施步骤　包括:仪器仪表的检查;机器的初步检查,检查项目根据设备而定;运行操作检查,首先列出机器运行的操作标准或参数,然后运转机器,进行功能测试,对不符合技术参数的关键项目进行调查,并采取纠正行为;运行确认报告的完成。

(四)设备的性能确认

设备的性能确认是负载运行机器,以符合相应的药典和GMP要求所展开的,它是从设计、制造到使用最重要的一个环节。具体过程如下:

1. 在设备模拟生产运行或实物生产运行中观察设备运行的质量、设备功能的适应性、连续性和可靠性。

2. 检查设备实物运行时的产品质量,确认各项性能参数的符合性,如离心机的生产能力和分离效果;筛分机的过筛率;包衣机的包衣外观、包衣层的质量;粉碎机的粉碎粒度及一次出粉合格率;颗粒机的颗粒粒度和细粉含量;硬胶囊充填机的胶囊装量差异;软胶囊机的胶囊接缝质量和液体装量;压片机的片重差异限度;混合机的颗粒成分含量;灌装机的灌装计量;清洗机的清洗效果等。

3. 检查设备质量保证和安全保护功能的可靠性,如自动剔废、异物剔除、超压、超载报警、卡阻停机、无瓶止灌、缺损示警等。

4. 观察设备操作维护情况,检查设备的操作是否方便灵活;是否符合人机工程学;装拆是否方便;操作安全性能是否良好;急停按钮、安全阀是否作用。

5. 观察设备清洗功能使用情况,检查设备清洗是否彻底,是否影响其他环节,是否渗漏等。

设备的性能确认是证明新设备对生产的适用性,是在工艺技术指导下的试生产,往往和生产工艺验证一起完成。生产工艺验证一定要用到设备,验证完成了,设备的性能确认也就同时完成了。

下面以快速混合制粒机的性能确认为例,列举其性能确认内容。首先确认所使用的材料,依表 4-6 比例配制,然后按表 4-7 方法测试。取样、检测部分内容同工艺验证设立方法。

表 4-6　材料比例表

项目	名称	成分	数量 /kg
1	原料	某药物	46.28
2	辅料	微晶纤维素 102	0.20
		硬脂酸镁	0.52
3	色料	蓝色 1 号	0.025
4	黏合剂	某黏合剂	×××

表 4-7　测试方法

步骤	方法	应有现象	是否合格		备注
			是	否	
1	将主刀与切刀的叶片固定于混合桶内				
2	关闭出料口				
3	原料和辅料加入混合桶中至最大负荷	记录添加之重量			添加 kg
4	加入色料,盖上桶盖并扣紧	记录添加之重量			添加 kg
5	打开电源启动马达,并设定计时器,按下主刀慢速开关,开始混合至计时器停止				
6	打开桶盖,检测色料分布情形				
7	再盖紧桶盖,由桶盖上的加料口加入黏合剂,启动主刀(慢速)及切刀	记录添加之重量			添加 kg

续表

步骤	方法	应有现象	是否合格		备注
			是	否	
8	视察电流计所示的电流强度	读数应逐渐增大			
9	电流强度读数达—A 时,打开排料口排出颗粒	药物应形成适当大小之颗粒			
10	关闭电源,准备清洁设备				

操作人:＿＿＿＿　日期:＿＿＿＿

核对人:＿＿＿＿　日期:＿＿＿＿

三、生产工艺验证

生产工艺验证的目的是证实某一工艺过程能始终如一地生产出符合预定规格及质量标准的产品。为此,首先必须要制定切实可行的、保证产品质量的工艺处方、合理的质量标准和准确可靠的化验方法。工艺处方一旦确定就要严格执行,任何外来因素的变化必须通过验证试验,必要时还要进行稳定性试验考察,通过各级审批程序方可变动。

(一) 试产前处方和生产操作规程的验证

采用草拟的试产前工艺处方和生产操作规程进行中试,所用中试设备应具有与生产相同或相似的性能,符合质量标准的批次不得少于 3 个批次;通过加速稳定性试验和室温条件或该品种规定的贮存条件下的留样观察,考查验证处方和工艺条件的合理性,并提出结论性报告。

根据中试批次的质量和稳定性试验小结,确定及草拟供生产商业批次的工艺处方和生产操作规程,并采用大生产设备进行试生产。

(二) 生产工艺验证

使用大生产设备试生产至少 3 个商业批次,验证工艺处方和生产操作规程;根据试生产情况,必要时可调整工艺条件和参数;调整后工艺处方和生产操作产品对质量有重大影响者,需重新进行工艺验证;通过加速稳定性试验,考查验证生产处方和工艺条件对生产的适应性,并提出结论性报告;制定切实可行的工艺处方和生产操作规程。

(三) 产品工艺验证

新产品工艺验证通常可以和产品从中试向大生产的移交相结合,如果设备为新设备,也可根据产品的具体情况将设备的性能确认与本工序的工艺验证结合在一起进行,以减少人力资源和物力资源的耗费。

下面以 ××× 包衣片产品工艺验证方案的主要内容为例进行介绍。

1. 目的　详细描述产品工艺验证步骤和要求,确保设定工艺在现有设备条件下能够生产出质量稳定、符合质量标准的产品。

2. 范围　此次验证包括 3 个批次 ××× 包衣片,每批 315kg,折合 100 万片,片剂外观为白色椭圆形片,片面带有公司缩写标志和含量规格,采用主要设备详见设备 / 系统描述,按照 GMP 要求提供验证用的生产卡、生产操作规程,连续生产 3 个批次,并按取样计划进行取样、监测,按经验证的质量标准、分析方法进行测定。验证完毕,根据实际情况对生产操作规程相关参数进行确认和必要的调整。

3. 验证小组职责分工 验证小组职责分工见表4-8。

表4-8 职责分工

所在部门	姓名	职责范围
制造部	×××	起草验证草案和验证报告,负责小组协调
产品试制部	×××	工艺验证的技术支持
维修部	×××	仪器、仪表的预先校准,保证设备正常运行
QA	×××	制定取样计划,安排开批及取样
QC	×××	样品的分析和数据统计
验证部	×××	起草验证方案草案,对验证各部审核指导

4. 产品处方 按处方列出每片、每千片所用主药、辅料、包衣材料的用量或百分比。素片或包衣片应标明每片的理论重量。

5. 工艺简介 按生产操作规程要求,主料及辅料进行粉碎或过筛后进行备料,使用混合制粒机湿法制粒,湿颗粒在流化干燥器中干燥,干颗粒整粒后加入崩解剂和润滑剂,在专用混合桶中总混合,用高速旋转式压片机压片,在薄膜包衣锅中包衣,在 Uhlman 包装线上进行铝塑包装。

6. 设备/系统描述 备料工序包括粉碎、过筛及备料,设备见表4-9。颗粒工序包括制粒、干燥、整粒及总混合,设备见表4-10。压片工序的设备见表4-11。如为胶囊剂,装囊工序的设备见表4-12。包衣工序设备见表4-13。包装工序设备见表4-14。

表4-9 备料工序

设备名称	型号	设备编号	IQ/OQ 状态(文件号)
粉碎机			
过筛机			

表4-10 颗粒工序

设备名称	型号	设备编号	IQ/OQ 状态(文件号)
混合制粒机			
沸腾干燥机			
整粒机/筛网			
混合桶/架			

表4-11 压片工序

设备名称	型号	设备编号	IQ/OQ 状态(文件号)
高速压片机			
金属检测器			
除尘器			

表 4-12　装囊工序

设备名称	型号	设备编号	IQ/OQ 状态(文件号)
MG2 装囊机			
囊重检测 6D			
金属检测器			

表 4-13　包衣工序

设备名称	型号	设备编号	IQ/OQ 状态(文件号)
薄膜包衣锅			
喷射系统			
溶解罐			

表 4-14　包装工序

设备名称	型号	设备编号	IQ/OQ 状态(文件号)
包装线			
方单机①			
装箱机①			

注:①部分包装线包括叠方单和装箱,但大多数工厂是单机

7. 工艺流程图　参考片剂、胶囊剂生产工艺流程图,具体品种具体制定流程图。有条件时,可标上主要设备图及主要参数,优点是更加直观,便于各相关人员配合工作。

8. 工艺　考察计划和验证合格标准。

(1) 对原辅料进行备料前监控:质量管理部门需对原辅料逐一进行检验,合格后方可放行,验证小组相关人员须复核化验报告单(表 4-15),包括供应商、包装情况、有效期等。

表 4-15　化验报告单

原辅料名称	质量标准	化验结果(附 QC 报告单)	其他	检验人 / 日期
A				
B				
C				
D				
E				
F				

(2) 备料:主要考察粉碎机的粉碎效果。试验条件的设计包括速度、筛目大小及型号、刀的方向,每次至少取 5 个样品。评估项目包括粒度及粒度分布、松密度。按生产操作规程规定条件粉碎,质量应符合要求。

(3) 制粒:试验条件的设计包括搅拌条件及时间、干燥温度及时间、黏合剂浓度及用量,每次至少取 5 个样品。评估项目包括水分、筛目分析、松密度。按生产操作规程规定参数制粒,质量应符合要求。如需调整,需作好记录。

(4) 总混合:试验条件的设计:如某产品规定混合时间为 10 分钟,验证时间可设为 5 分钟、10 分钟、15 分钟,必要时再设 20 分钟。每次根据设备情况设置 5~10 个点。评估项目包括含量、均匀度、水分,检查粒度、松密度,不同颜色组分的产品须检查色泽均匀度。验证 10 分钟 混合时间是否合理。如需调整,需提出数据作为变更的依据。

(5) 压片:试验条件的设计:确定适当的转速、压力后,根据压片时间设定每 15 分钟 取样一次,直至 300 分钟。如批量较大,亦可减少中途取样频率,直至本批结束,但结束前的 15 分钟须取样一次,以便对照。评估项目包括外观、片重差异、硬度、溶出度、含量,检查厚度、脆碎度。按生产操作规程参数压片,验证能否适应包衣要求,并符合中控质量标准。

(6) 包衣:试验条件的设计:锅速、进风 / 排风温度、喷射速率、喷雾粒度、直径、包衣液浓度、用量,每次取 5~10 个样品。评估项目包括外观、片重、片重差异、溶出度。按生产操作规定参数包衣,应符合质量标准要求。

(7) 装囊:试验条件的设计:确定适当的转速后,根据装囊时间设定每 5 分钟 取样一次,直至 300 分钟。如批量较大,亦可减少中途取样频率,直至本批结束,但结束前的 15 分钟,须取样一次,以便对照。评估项目包括外观、囊重、囊重差异、溶出度、含量。按生产操作规定参数装囊,应符合中控质量标准要求。

(8) 热合包装:试验条件的设计:运行速度、热封温度参数、热材压力。设定每 15 分钟取样一次,直至 300 分钟。评估项目包括外观、渗漏试验。按包装操作规程操作,质量应符合相关 SOP 要求。

9. 取样计划和记录   取样计划包括取样时间、取样点、取样量、取样容器及取样编号,设计取样记录表格。表 4-16 取样记录供参考。

表 4-16   ×××制药厂工艺验证取样记录

×××包衣片生产工艺验证	规格:30mg	验证编号,Y0002	总××页 第××页
		版本号,第 1 版	

样品编号,数据 S4/1-S4/10(总混合工序)

批号	样品编号	取样量	取样人 / 日期	备注
	S4/1			
	S4/2			
	S4/3			
	S4/4			
	S4/5			
	S4/6			
	S4/7			
	S4/8			
	S4/9			
	S4/10			
	总计			
	S4/1			
	S4/2			

续表

批号	样品编号	取样量	取样人／日期	备注
	S4/3			
	S4/4			
	S4/5			
	S4/6			
	S4/7			
	S4/8			
	S4/9			
	S4/10			
	总计			

10. 相关文件　相关文件包括生产操作规程及附表；包装操作规程；产品质量标准及分析方法；产品中控质量标准及分析方法；相关的 SOP 及《中国药典》。

11. 验证报告　根据本方案进行验证，在验证活动完成后整理收集有关数据，提出总结报告。

12. 结论及批准　由相关人员认真审阅验证报告和数据，作出结论，报相关部门主管批准，至此，验证活动即告完成，验证报告、结论和建议均获批准。

13. 附录　附录包括验证报告及数据、漏项及偏差项一览表，各阶段化验报告及稳定性试验数据。

四、清洁验证

GMP 2010 年版第一百四十三条规定："清洁方法应当经过验证，证实其清洁的效果，以有效防止污染和交叉污染。清洁验证应当综合考虑设备使用情况、所使用的清洁剂和消毒剂、取样方法和位置以及相应的取样回收率、残留物的性质和限度、残留物检验方法的灵敏度等因素。"因此，清洁验证就是通过科学的方法采集足够的数据，以证明按规定方法清洁后的设备，能始终如一地达到预定的清洁标准。验证结论的准确性与完整性，是验证的核心。验证的方法学是保证验证结论完整可靠的关键。从方法学上考虑，科学、完整的清洁验证一般可按图 4-6 所示几个工作阶段依次进行。

（一）验证方案

清洁验证方案可有多种形式，其共性是必须体现方案的科学性。一般而言应当包含的内容有：

1. 目的　明确待验证的设备和清洁方法。

2. 清洁规程　待验证的清洁方法的 SOP，即清洁规程。清洁规程应当在验证开始前确定下来，在验证方案中列出清洁规程，以表明清洁规程已经制定。

3. 验证人员　列出参加验证人员的名单，说明参加者所属的部门和各自的职责，对相关操作人员的培训要求。

4. 确定参照物和限度标准　在本部分应详细阐述确定参照物的依据，确定限度标准的计算过程和结果。

5. 检验方法学　本部分应说明取样方法、工具、溶剂，主要检验仪器，取样方法和检验

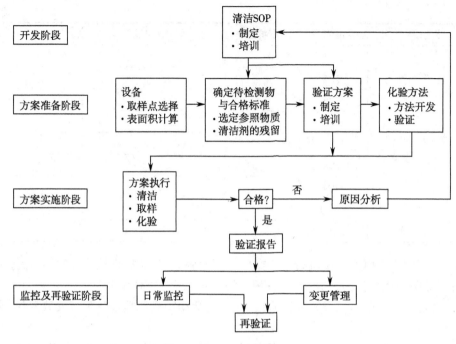

图 4-6　清洁验证流程

方法的验证情况等。

6. 取样要求　用示意图、文字等指明取样点的具体位置和取样计划,明确规定何时、何地、取多少样品,如何给各样品标记。这部分的内容对方案的实施和保证验证结果的客观性是至关重要的。

7. 可靠性判断标准　在本部分,应规定为证明待验证清洁规程的可靠性,验证试验须重复的次数。一般至少连续进行 3 次试验,所有数据都符合限度标准方可。

(二)清洁验证方案的准备

清洁验证方案必须符合一般验证方案的共性要求,包括最难清洁物质、最难清洁部位和取样部位,以及验证的合格标准(即最大允许残留)等。验证方案中最关键技术问题为如何确定限度,用什么手段能准确地定量残留量,这包括取样方法和检测方法的开发和验证。

1. 参照物质与最难清洁物质　在一定的意义上,清洁是一个溶解的过程,因此,通常的做法是从各组分中确定最难清洁的物质,以此作为参照物质。通常,相对于辅料,人们更关注活性成分的残留,因为它可能直接影响下批产品的质量、疗效和安全性。因此活性成分的残留限度必须作为验证的合格标准之一。如当存在两个以上的活性成分时,其中最难溶解的成分即可作为最难清洁物质。

2. 最难清洁部位和取样点　一般而言,凡是死角、清洁剂不易接触的部位(如带密封垫圈的管道连接处),压力、流速迅速变化的部位(如有歧管或岔管处)、管径由小变大处、容易吸附残留物的部位(如内表面不光滑处)等,都应视为最难清洁的部位。显然,取样点应包括各类最难清洁部位。

3. 残留物限度的确定　鉴于生产设备和产品性质的多样性,由药品监督机构设立统一的限度标准和检验方法是不现实的。企业应当根据其生产设备和产品的实际情况,制定科学合理的、能实现并能通过适当方法检验的限度标准。

目前企业界普遍接受的限度标准基于以下原则：①分析方法客观能达到的能力，如浓度限度——百万分之十（1×10^{-5}）；②生物活性的限度，如正常治疗剂量的 1/1000；③以目检为依据的限度，如不得有可见的残留物。

4. 残留溶剂的限度标准　药品生产和清洁中可能用到除水外的有机溶剂。人用药品注册技术要求国际协调会（ICH）在"残留溶剂指南"中将溶剂分为 3 个级别。其中一级溶剂是由于毒性或危害环境等原因应避免在制药生产中使用的溶剂。如果确实无法替代，其浓度限度见表 4-17。二级溶剂是动物非诱变致癌溶剂、可能有神经毒性或致畸性等不可逆转性毒性、怀疑有其他明显但可逆转毒性的溶剂，在药品生产中这类溶剂的控制标准如表 4-18。三级溶剂是具有潜在低毒性的溶剂，分别为乙酸、庚烷、丙酮、异丙基苯、戊烷、乙醇、乙酸异丙酯、苯甲醚、乙酸异丁酯、1-戊醇、乙酸乙酯、1-丙醇、1-丁醇、乙酸甲酯、2-丁醇乙酸异丙酯、2-丙醇、甲酸乙酯、乙酸丙酯、3-甲基-1-丁醇、乙酸丁酯、甲基乙基酮、甲酸、四氢呋喃。

表 4-17　一级溶剂浓度限度

溶剂	浓度限度 $\times10^{-6}$	原因	溶剂	浓度限度 $\times10^{-6}$	原因
苯	2	致癌物	四氯化碳	4	毒物，危害环境
1,2-二氯乙烷	5	毒物	1,1,1-三氯乙烷	1500	危害环境
1,1-二氯乙烷	8	毒物			

表 4-18　二级溶剂控制标准

溶剂	最大允许摄入量/mg.d^{-1}	浓度限度 $\times10^{-6}$	溶剂	最大允许摄入量/mg.d^{-1}	浓度限度 $\times10^{-6}$
乙腈	4.1	410	乙烷	2.9	290
氯苯	3.6	360	甲醇	30.0	3000
氯仿	0.6	60	2-甲氧基乙醇	0.5	50
环己烷	38.8	3880	甲氧乙基酮	0.5	50
1,2-二氯乙烷	18.7	1870	甲基环乙烷	11.8	1180
二氯甲烷	6.0	600	1-甲基-2-吡咯烷酮	48.4	4840
1,2-二甲氧基乙烷	1.0	100	硝基甲烷	0.5	50
N,N-二甲基甲酰胺	10.9	1090	嘧啶	2.0	200
N,N-二甲基乙酰胺	8.8	880	环丁砜	1.6	160
1,4-二氯杂环乙烷	3.8	380	1,2,3,4-四氢萘	1.0	100
2-乙氧乙醇	1.6	160	甲苯	8.9	890
1,2-二羟基乙烷	6.2	620	三氯乙烯	0.8	80
甲酰胺	2.2	220	二甲苯	21.7	2170

ICH"残留溶剂指南"规定：一级溶剂、二级溶剂仅在不可替代的情况下用于药品生产，但不能用作清洁剂。在无法避免时，三级溶剂可作为清洁剂，其在下批生产中允许的溶剂残留浓度不应超过初始溶剂浓度的 0.5%。

5. 微生物污染控制标准　微生物污染水平的制定应满足生产和质量控制的要求。发达国家 GMP 一般明确要求控制生产各步的微生物污染水平,尤其对无菌制剂,产品最终灭菌或除菌过滤前的微生物污染水平必须严格控制。如果设备清洁后立即投入下批生产,则设备中的微生物污染水平必须足够低,以免产品配制完成后微生物项目超标。微生物的特点是在一定环境条件下会迅速繁殖,数量急剧增加。而且空气中存在的微生物能通过各种途径污染已清洁的设备,设备清洗后存放的时间越长,被微生物污染的几率越大。因此企业应综合考虑其生产实际情况和需求,自行制定微生物污染水平应控制的限度及清洗后到下次生产的最长贮存期限。

6. 取样与检验方法学

(1) 最终淋洗水取样:为大面积取样方法,其优点是取样面大,对不便拆卸或不宜经常拆卸的设备也能取样。尤其适用于设备表面平坦、管道多且长的液体制剂的生产设备。取样的方法为根据淋洗水流经设备的线路,选择淋洗线路相对最下游的一个或几个排水口为取样口。

(2) 擦拭取样:擦拭取样的优点是能对最难清洁部位直接取样,通过考察有代表性的最难清洁部位的残留物水平,评价整套生产设备的清洁状况。通过选择适当的擦拭溶剂、擦拭工具和擦拭方法,可将清洗过程中未溶解的、已"干结"在设备表面或溶解度很小的物质擦拭下来,能有效弥补淋洗取样的缺点。

(3) 取样方法验证:取样过程需经过验证。通过回收率试验验证取样过程的回收率和重现性。要求包括取样回收率和检验方法回收率在内的综合回收率一般不低于 50%,多次取样回收率的 RSD 不大于 20%。取样过程的验证实际上是对药签、溶剂的选择、取样人员操作、残留物转移到药签、样品溶出过程的全面考察。

(4) 检验方法:检验方法应经过验证。检验方法对被检测物质应有足够的专属性和灵敏度。方法验证还包括检测限度、精密度、线性范围、回收率试验。对用于清洁验证的检验方法的定量要求不必像成品质量检验那样严格。一般要求线性范围应达到残留物限度的 50%~150%,代表精密度的 RSD 小于 10% 即可。

(三) 验证的实施

验证实施应严格按照批准的方案执行。本阶段的关键在于清洁规程的执行和数据的采集。验证实施后写出验证报告。验证报告至少包括以下内容:①清洁规程的执行情况描述,附原始清洁作业记录;②检验结果及其评价,附检验原始记录和化验报告;③偏差说明,附偏差记录与调查;④验证结论。

(四) 清洁方法的监控与再验证

在日常生产过程中对清洁方法进行监控的目的是进一步考察清洁程序的可靠性。验证过程中进行的试验往往是有限的,它包括不了实际生产中各种可能的特殊情况,监控则正好弥补了这方面的不足。监控方法一般为肉眼观察是否有可见残留物,必要时可定期取淋洗水或擦拭取样进行化验。通过对日常监控数据的回顾,以确定是否需要再验证或确定再验证的周期。

对已验证设备、清洁规程的任何变更以及诸如改变产品处方、增加新产品等可能导致清洁规程或设备改变的变更,应由专门人员如验证工程师、生产经理等审核变更申请,决定是否需要进行再验证。企业应有变更管理 SOP,统一规范所有变更行为。

在发生下列情形之一时,须进行清洁规程的再验证:①清洁剂改变或清洁程序作重要修改;②增加生产相对更难清洁的产品;③设备有重大变更;④清洁规程有定期再验证的要求。

五、检验方法验证

药品的生产过程中,原料、中间体、成品均需进行检验,检验结果既是过程受控的依据,也是评价产品质量的重要依据,检验结果应准确可靠。而检验方法的验证为检验结果的准确及可靠提供了有力保障。

(一)检验方法验证的内容

检验方法验证的目的是证明所采用的方法达到相应的检测要求。由于分析性质的差异,本节中所讨论的验证内容不适用微生物分析方法。

检验方法验证的基本内容包括方案的起草及审批,检测仪器的确认,适用性验证(包括准确度试验、精密度测定、线性范围试验、专属性试验等)和结果评价及批准四个方面。最关键的是检验方法的适用性试验。

(二)检测仪器的确认

检验仪器是一个统称,它实际分为两类。一类是测量仪器,只进行测量,不涉及分析过程,如计时器、温度计、天平等。另一类是分析仪器,它不仅进行测量,还有分析过程,如高效液相色谱系统。

测量仪器只需进行安装确认和校正。分析仪器则需要进行安装确认、运行确认、性能确认、预防性维修确认和再确认。因为测量仪器的确认比较简单,所以在此着重讨论分析仪器的确认。下面以熔点测定仪的确认为例,介绍检验仪器的确认内容。

1. 概述　本仪器为 BUCHI 510N 型熔点测定仪,专供测定样品的熔点(表 4-19)。该仪器由加热器、搅拌器、传温液等组成,升温速度可选择不同档次控制。

表 4-19　熔点测定仪确认

仪器名称:熔点测定仪		代号:L21
生产厂家及型号:BUCHI510N	设备登记号:536764	页次:
起草/日期:曹××	批准/日期:程××	仪器负责人:肖××

2. 安装确认　指资料检查归档、备件验收入库、检查安装是否符合设计和安装要求有记录和文件证明的一系列活动。①参加人员:肖××、王××。②检查清单,见表 4-20。③维修服务,包括服务单位名称、地址、联系人、电话号码、传真号码及银行账号等。④结论:所有物品与检查清单相符。实验室水、电、气设计安装合理,实验室通风系统运行良好,符合仪器安装要求。

表 4-20　检查清单

名称	编号	数量	存放处	负责人签收
采购定单	建厂时统一进口	—	进口设备科	李××
操作手册	L21-1	1本	QC-208室	肖××
维修手册	L21-2	1本	QC-208室	肖××
设备卡	L21-3	—	化学实验室	肖××
使用手册	L21-4	1本	QC-208室	肖××

名称	编号	数量	存放处	负责人签收
备件清单	L21-5	—	QC-208 室	王××
熔点温度计		共 3 支	QC 备品备件库	王××
测定熔点用毛细管		2 管(进口)	QC 备品备件库	王××
照明小灯泡		4 只(进口)	QC 备品备件库	王××
传温液硅油		500ml(进口)	QC 备品备件库	王××

3. 运行确认 运行确认即为空载试验,在不使用样品的前提下,确认仪器达到设计的要求。运行确认的检查内容见表 4-21。

表 4-21 运行确认检查内容

检查项目	认可质量标准		检查结果
熔点观察灯	正常明亮		符合要求
升温速度控制	实测值不得超过设定值的 ±20%		符合要求
	设定升温速度 /℃·min^{-1}	实测升温速度 /℃·min^{-1}	偏差 /%
	0.2	0.2	0
	0.5	0.4	20%
	1.0	1.0	0
	2.0	1.9	5%
	3.0	2.9	3.4%

注:熔点温度计一般由指定机构定点生产、校正,故运行确认中不包括此项。

4. 性能确认 ①目的:使用供试品以确认仪器性能符合规定要求。②确认步骤:分别取甲硝唑和甲氰脒胍适量,按《中国药典》2010 年版二部熔点测定法第一法进行测定,平行测定 3 次。③合格标准:3 次结果偏差不得过 ±0.5℃。④测定结果:见表 4-22。结果偏差均小于 0.5℃,符合要求。

表 4-22 测定结果

样品名称	规定熔点 /℃	实测熔点 /℃		
甲硝唑	159~163	160.0~162.3	160.1~162.6	160.3~163.6
甲氰脒胍	140~145	142.5~144.6	142.3~144.5	142.6~144.6

5. 预防性维修 每隔一段时间需对此熔点测定仪进行例行维修,以确保其符合要求。预防性维修的内容见表 4-23。初定为每三个月一次,以后视实际使用情况进行修订。

表 4-23 预防性维修检查内容

检查项目	认可质量标准
熔点观察灯	正常明亮
升温速度控制	用一秒表检查升温速度,实测值不得超过设定值的 ±20%

(三) 检验方法验证过程

1. 验证方案的制订　检验方法的验证方案通常由研究开发实验室提出,主要按照人用药品注册技术要求国际协调会(ICH)的 GMP 指南要求、《中国药典》2010 年版及中国制药企业 GMP 指南要求,根据产品的工艺条件、原辅料化学结构、中间体、分解产物查阅有关资料,提出需验证的项目、各项目的指标要求及具体的操作步骤,由质量检验中心批准。

2. 验证的实施　应由有一定理论知识和操作经验的实验室操作人员进行验证。实验室操作人员在接收到已经批准的验证方案后,首先应做好以下准备工作:①检查所涉及的仪器是否已经确认并在有效期内;②检查所涉及的对照品是否齐全并在有效期内;③检查所用容器、试剂等是否都符合实验要求;④检查样品溶液是否稳定,若不稳定则需首先确认样品溶液的有效期,或采用新鲜配制的方法。

准备工作结束后,即可根据验证方案中规定的项目及方法进行验证,得出实验结果。所记录的实验结果应能真实反映实验情况。每个结果后均应有操作人员签名确定,必要时须由第二个人复核。

3. 验证报告　方法验证结束后,应由方法开发人员写出验证报告,将试验数据资料进行汇总分析,对检验方法作出正确的评价。验证报告需包括实验目的,验证要求,所用仪器名称、品牌及设定条件,所用试剂,具体操作方法、结果及结论。试验中的主要偏差应有适当的解释。原始记录及图谱应附在报告后。报告需由实验室操作人员、方法开发人员签字确认,最后经部门负责人批准方可生效。

第三节　认　证

为加强药品 GMP 检查认证工作的管理,进一步规范检查认证行为,推动 GMP 2010 年版的实施,原国家食品药品监督管理局根据《药品管理法》、《药品管理法实施条例》及其他相关规定,对《药品生产质量管理规范认证管理办法》进行了修订。原国家食品药品监督管理局 2011 年第 19 号公告表明,自 2011 年 3 月 1 日起受理按照 GMP 2010 年版及申报要求提出的认证申请。由于 GMP 认证工作是一项系统工程,涉及对国家政策法规的理解和消化,也涉及企业生产与管理等方方面面规范的提高。因此,本节就 GMP 认证工作程序、认证申报资料的准备要求及 GMP 证书的管理进行介绍。

一、药品 GMP 认证工作程序

(一) 申请、受理与审查

申请药品 GMP 认证的生产企业,首先要填写《药品 GMP 认证申请书》,并报送相关资料,省级以上药品监督管理部门对药品 GMP 申请书及相关资料进行形式审查,并报国家食品药品监督管理总局。

(二) 现场检查

药品认证检查机构完成申报资料技术审查后,制定现场检查工作方案,并组织实施现场检查。检查按首次会议、现场检查、结果评定、末次会议的顺序进行。现场检查结束后,检查组应对现场检查情况进行分析汇总,并客观、公平、公正地对检查中发现的缺陷进行风险评定。检查缺陷的风险评定应综合考虑产品类别、缺陷的性质和出现的次数。缺陷分为严重缺陷、主要缺陷和一般缺陷,其风险等级依次降低。具体如下:严重缺陷指与药品 GMP 要求有严重偏离,产品可能对使用者造成危害的;主要缺陷指与药品 GMP 要求有较大偏离的;一般缺陷指偏离药品 GMP 要求,但尚未达到严重缺陷和主要缺陷程度的。申请企业对检查中发现的缺陷无异议的,应对缺陷进行整改,并将整改情况及时报告派出检查的药品认证检查机构。如有异议,可做适当说明。现场检查工作完成后,检查组应根据现场检查情况,结合风险评估原则提出评定建议。

(三) 审批与发证

药品认证检查机构可结合企业整改情况,对现场检查报告进行综合评定。必要时,可对企业整改情况进行现场核查。综合评定应采用风险评估的原则,综合考虑缺陷的性质、严重程度以及所评估产品的类别对检查结果进行评定。现场检查综合评定时,低一级缺陷累计可以上升一级或二级缺陷,已经整改完成的缺陷可以降级,严重缺陷整改的完成情况应进行现场核查。

当只有一般缺陷,或者所有主要和一般缺陷的整改情况证明企业能够采取有效措施进行改正的,评定结果为"符合";当有严重缺陷或有多项主要缺陷,表明企业未能对产品生产全过程进行有效控制的,或者主要和一般缺陷的整改情况或计划不能证明企业能够采取有效措施进行改正的,评定结果为"不符合"。

药品认证检查机构完成综合评定后,应将评定结果予以公示。对公示内容无异议或对异议已有调查结果的,药品认证检查机构应将检查结果报同级药品监督管理部门,由药品监督管理部门进行审批。经药品监督管理部门审批,符合药品 GMP 要求的,向申请企业发放《药品 GMP 证书》;不符合药品 GMP 要求的,认证检查不予通过,药品监督管理部门以《药品 GMP 认证审批意见》方式通知申请企业。

药品监督管理部门应将审批结果予以公告。省级药品监督管理部门应将公告上传国家食品药品监督管理总局网站。

二、药品 GMP 认证申请资料要求

申报资料是企业向药品监督管理部门表达认证申请、介绍企业基本情况及实施 GMP 现状的综合资料,是药品监督管理部门决定是否受理申请并派出现场检查小组的主要依据。因此申报资料是企业获得现场检查资格的关键。

(一) 申报资料的内容

1.《药品生产企业许可证》和《营业执照》(复印件)。

2. 药品生产管理和质量管理自查情况(包括企业概况、GMP 实施情况及培训情况)。介绍企业 GMP 实施情况时,应能反映出药品生产全过程的质量控制措施和质量保证能力,突出 GMP 的三项重点:降低人为差错、防止交叉污染和混杂以及建立药品生产全过程的质量保证体系。

3. 药品生产企业(车间)的负责人、检验人员文化程度登记表;高、中、初级技术人员的比例情况表。人员列表栏目要全,如可设姓名、年龄、文化程度、毕业院校及时间、学历、专业、职称、工作部门及职务,从事医药(专业)工作的年限等,质检或化验人员表还可增设取得专业培训合格证时间、证书号及发证部门。

4. 药品生产企业(车间)的组织机构图(包括各组织部门的功能及相互关系,部门负责人)。组织机构图要重点突出药品生产全过程中与药品质量关系较密切的部门以及这些部门之间的功能和关系。

5. 药品生产企业(车间)生产的所有剂型和品种表。剂型品种表内容要全,其栏目可设剂型、品名、规格、批准文号、执行标准、注册商标、产品注册年度等。

6. 药品生产企业(车间)的环境条件、仓储及总平面布置图。厂区总平面布置图上应能显示厂区周围环境、运输条件、环保、绿化、人流与物流通道、厂区功能划分等内容。仓储平面图应显示出库房数量和面积及功能区分区情况。

7. 药品生产车间概况及工艺布局平面图(包括更衣室、盥洗间、人流和物料通道、气闸等,并表明空气洁净度等级、正负压类别)。工艺布局平面图应按工艺流程,布局合理,功能齐备。应用不同符号标明不同洁净级别、人流和物流方向及开门方向等。

8. 所生产剂型或品种工艺流程图,并注明主要过程控制点。工艺流程图要注明主要过程的控制点,因此不宜用方框示意图代替,最好提供带控制点的工艺设备管道流程图(图中可看出取样口和控制仪表)。

9. 药品生产企业(车间)的关键工序、主要设备验证情况和检验仪器、仪表校验情况。药品生产的关键工序是指对产品质量有重大影响的关键岗位,其验证情况可列表叙述,列表栏目可设验证内容、验证方法、验证次数、验证结果等,主要设备的验证也可列表叙述,仪器仪表的校验要说明校验周期,最后一次检验日期、检验部门和检验结果等。

10. 药品生产企业(车间)生产管理、质量管理文件目录。提供文件目录时,应将文件名称和文件编号同时列出,便于现场检查时查阅。

11. 对于新开办的药品生产企业(车间)申请 GMP 认证,还须报送开办药品生产企业(车间)批准立项文件和拟生产品或剂型的三批试生产记录。

(二)申报资料准备的注意事项

1. 申报资料的内容应严格按《药品 GMP 认证管理办法》中规定的内容来整理准备,不必贪多求全,也不能缺项。

2. 申报资料的准备应以企业开展的 GMP 工作为基础,要求真实、准确、不得编造。

3. 尽可能利用图表的形式来说明问题,图表最好采用电脑绘制。

4. 准备好的申报资料应符合外观装订整齐、内容全面、文字简练、图表清晰、数字准确的要求。

三、药品 GMP 证书管理

我国《药品生产质量管理规范认证管理办法》中第六章对药品 GMP 证书管理有明确规定:

1.《药品 GMP 证书》载明的内容应与企业药品生产许可证明文件所载明的相关内容相一致。企业名称、生产地址名称变更但未发生实质性变化的,可以药品生产许可证明文件为凭证,企业无需申请《药品 GMP 证书》的变更。

2.《药品 GMP 证书》有效期内,与质量管理体系相关的组织结构、关键人员等如发生变化的,企业应自发生变化之日起 30 日内,按照有关规定向原发证机关进行备案。其变更后的组织结构和关键人员等应能够保证质量管理体系有效运行并符合要求。原发证机关应对企业备案情况进行审查,必要时应进行现场核查。如经审查不符合要求的,原发证机关应要求企业限期改正。

3. 有下列情况之一的,由药品监督管理部门收回《药品 GMP 证书》:

(1) 企业(车间)不符合药品 GMP 要求的;

(2) 企业因违反药品管理法规被责令停产整顿的;

(3) 其他需要收回的。

4. 药品监督管理部门收回企业《药品 GMP 证书》时,应要求企业改正。企业完成改正后,应将改正情况向药品监督管理部门报告,经药品监督管理部门现场检查,对符合药品GMP 要求的,发回原《药品 GMP 证书》。

5. 有下列情况之一的,由原发证机关注销《药品 GMP 证书》:

(1) 企业《药品生产许可证》依法被撤销、撤回,或者依法被吊销的;

(2) 企业被依法撤销、注销生产许可范围的;

(3) 企业《药品 GMP 证书》有效期届满未延续的;

(4) 其他应注销《药品 GMP 证书》的。

6. 应注销的《药品 GMP 证书》上同时注有其他药品认证范围的,药品监督管理部门可根据企业的申请,重新核发未被注销认证范围的《药品 GMP 证书》。核发的《药品 GMP 证书》重新编号,其有效期截止日与原《药品 GMP 证书》相同。

7. 药品生产企业《药品 GMP 证书》遗失或损毁的,应在相关媒体上登载声明,并可向原发证机关申请补发。原发证机关受理补发《药品 GMP 证书》申请后,应在 10 个工作日内按照原核准事项补发,补发的《药品 GMP 证书》编号、有效期截止日与原《药品 GMP 证书》相同。

8. 《药品 GMP 证书》的收(发)回、补发、注销等管理情况,由原发证机关在其网站上发布相关信息。省级药品监督管理部门应将信息上传至国家食品药品监督管理总局网站。

按照《关于贯彻实施〈药品生产质量管理规范(2010 年版)〉的通知》的要求,对通过新修订药品 GMP 检查认证的剂型(产品),进行编号并发放新版本的《药品 GMP 证书》。对按照规定于 2011 年 3 月 1 日前受理并按照《药品生产质量管理规范(1998 年版)》标准检查认证的剂型(产品),在通过认证后发放原版本《药品 GMP 证书》。新版本《药品 GMP 证书》颜色为淡蓝色,内容、格式与原版本《药品 GMP 证书》相同。

(王立红)

参 考 文 献

[1] 翁新愚,陈玉文,毕开顺. 世界卫生组织 2006 年版 GMP 验证指南简介. 中国医药工业杂志,2013,44(6):639-642

[2] 侯玉岭,陈广晶,赵一帆,等. 我国药品认证的起源和发展. 首都医药,2013,(6):8-12

[3] 陶雪筠,李伟举,谷雪蔷. 总有机碳 TOC 分析在制药设备清洁验证中的应用. 药物分析杂志,2013,33(3):478-485

[4] 毕军,邹毅. 中美药品 GMP 检查体系对比分析. 中国药事,2013,27(6):578-583

第五章 包装与标签

第一节 概　　述

一、药品包装的基本概念

（一）药品包装的概念

药品包装是指为药品在运输、贮存、管理和使用过程中提供保护、分类和说明的作用,选用适宜的包装材料或容器,采用适宜的包装技术对药品或药物制剂进行分(罐)、封、装、贴签等加工过程的总称。广义药品包装包括对药品包装材料的研究、生产和利用包装材料实施包装过程所需要进行的一系列工作。

（二）药品包装的分类

药品包装主要分为单剂量包装、内包装和外包装三类。

单剂量包装是指按照用途和给药方法,对药品进行分剂量包装的过程。如将颗粒剂装入小包装袋,注射剂的玻璃安瓿包装,将片剂、胶囊剂装入泡罩式铝塑材料中的分装过程等,此类包装也称分剂量包装。

内包装是指将数个或数十个药品装于一个容器或材料内的过程。如将数粒成品片剂或胶囊包装入泡罩式的铝塑包装材料中,然后装入纸盒、塑料袋、金属容器等,以防止潮气、光、微生物、外力撞击等因素对药品造成破坏和影响。

外包装是指将已完成内包装的药品装入箱或袋、桶和罐等容器中的过程。外包装的目的是将小包装的药品进一步集中于较大的容器内,以便药品的贮存和运输。

（三）药品包装的作用

1. 保护作用　视包装材质与方法不同,包装能保证容器内药物不穿透、不泄漏;并且包装具有缓冲作用,可防止药品在运输、贮存过程中免受各种外力的震动、冲击和挤压;包装还可以保护产品不受外界环境——如温度、水分、光照及气体等的影响。因此合适的包装对于药品的质量起到关键性的保证作用。美国 FDA 和我国国家食品药品监督管理总局在评价一个药物时,都要求该药物的包装在整个使用期内能够保证其药效的稳定性。新药研究过程中就应当将制剂置于上市包装内进行稳定性考察。

2. 标示作用

(1) 标签与说明书:标签是药品包装的重要组成部分,每个单剂量包装上都应具备。标签与内包装中均应有单独的药品说明书,目的是科学准确地介绍具体药物品种的基本内容,便于使用时识别。《药品包装管理办法》规定标签内容包括:注册商标、品名、批准文号、主要成分及含量、装量、主治、用法、用量、禁忌、厂名、生产批号、生产日期、有效期等。说明书上除标签内容外,还应当更详细介绍药品的成分、作用、功能、使用范围、使用方法及有特殊要求时的使用图示、注意事项、贮存方法等。

(2) 包装标志:包装标志是为了药品的分类、运输、贮存和临床使用时便于识别和防止用错。包装标志除品名、装量外,往往还有一些特殊标志,如安全标志和防伪标志。安全标志是对剧毒、易燃、易爆等药品应加特殊且鲜明的标志,以防止不当处理和使用。如在剧毒、药品的标签上用黑色标示"毒";用红色标示"限制";在外用药品标签上标示"外用";兽用药品上也要有特殊标志,以防误用。防伪标志是在包装容器的封口处贴有特殊而鲜明的标志,配合商标以防伪和打假。

为防止药品在贮存和运输过程中质量受到影响,每件外包装(运输包装)上应有运输保存标志。应在包装上明确标出对装卸、搬运操作的要求或存放保管条件,如"向上"、"防湿"、"小心轻放"、"防晒"、"冷藏"等。外包装上一般还有识别标志,常用三角形等图案配以代用简字,作为发货人向收货人表示该批货的特定记号,同时,还要标出品名、规格、数量、批号、出厂日期、有效期、体积、重量、生产单位等,以防弄错。

3. 便于药品的使用和携带   药品在研究过程中,在考察包装材料(单剂量包装和内包装)对药物制剂稳定性影响的同时,还应当精心设计包装结构,以方便使用和携带。

(1) 单剂量包装:单剂量包装方便患者使用及药店销售,同时也可以减少药品的浪费。单剂量包装时,可采用一次性包装,适用于临时性、必要时或一次性给药的药品,如止痛药、抗晕药、抗过敏药、催眠药等;也可采用一个疗程一个包装,如抗生素药物、抗癌药、驱虫药等。

(2) 配套包装:包括使用方便的配套包装和达到治疗目的的配套包装。前者如输液药物配带输液管和针头,后者如将数种药物集中于一个包装盒内,便于旅行和家用。

(3) 小儿安全包装:该包装是为配合儿童用药方便和安全而设计的,经过特殊处理的包装容器或材料既方便给药,又使儿童打不开,可防止小儿误食。

二、药品包装材料及其质量评价

(一) 药品包装材料的作用与分类

1. 药品包装材料在药品包装中的作用

(1) 药品包装材料是药品包装的基础:在药品包装中,包装材料及容器决定了药品包装的整体质量,没有药品包装材料就谈不上药品包装,它是制约医药包装工业发展速度和水平的关键因素。

(2) 药品包装材料是实现药品保护功能的重要保证:药品包装材料及容器的强度特性能有效地减少药品的破损,保护药品的质量;而包装材料的避光、防潮、阻隔性、耐腐蚀等特性,可以提高药品的稳定性,延缓药品的变质,保证药品的有效期。

(3) 新型药品包装材料的出现,促进了药品包装技术的发展:一些新型包装材料和容器,如收缩包装、真空充气包装、塑料制安瓿、多层非输液共挤膜、蒸煮袋、冷冲压成型等,促进了药品包装技术及工艺的改进,促进了药品包装机械乃至包装设计的发展。

2. 药品包装材料的分类   常用药品包装材料按化学成分分为五类,即玻璃、塑料、橡胶、金属及复合材料。按所使用的形状可分为四类,即容器(口服固体药用高密度聚乙烯瓶等);片、膜、袋(聚氯乙烯固体药用硬片、药用复合膜、袋等);塞(药用氯化丁基橡胶塞)和盖(口服液瓶撕拉铝盖)。

(二) 药品包装材料的质量评价

1. 药品包装材料的质量要求   药品包装材料应具备下列特性:保护药品在贮藏、使用过程中不受环境影响,同时不污染药品生产环境(例如塑料热封时产生的刺鼻气味),保持药物原有属性;与所包装的药品不能有化学、生物反应;在贮藏、使用过程中应有较好的稳定性;不得含有对所包装药物有影响的物质。所有药品包装材料的质量标准需证明该材料具有上述特性,并得到有效控制。为此各国对药品包装材料制定了相应标准。

2. **药品包装材料质量标准体系**

(1) 药典附录:发达国家药典附录中列有药品包装材料的技术要求(主要针对材料)。主要包括安全性项目(如异常毒性、溶血、细胞毒性、化学溶出物、玻璃产品中的砷、聚氯乙烯中的氯乙烯、塑料中的添加剂等)、有效性项目(材料的确认、水蒸气渗透量、密封性、扭力)等。

(2) ISO 体系:ISO 体系根据形状制定标准(如铝盖、玻璃输液瓶),基本上涉及药品包装材料的所有特性,但缺少材料确认项目、也缺少证明使用过程中不能消除的其他物质(细菌数)和监督抽查所需要的合格质量水平。

(3) 各国工业标准体系:已经逐渐向 ISO 标准转化。国内药品包装材料标准体系形式上与 ISO 标准相同,安全项目略少于先进国家药典要求。目前主要项目、格式与 ISO 标准相类似,某些技术参数略逊。安全项目如"微生物数"、"异常毒性"等也有涉及。国家食品药品监督管理总局颁布施行的第一批药品包装材料标准(试行)有低密度聚乙烯输液瓶等 14 项标准(试行)。

3. **药品包装材料的质量标准**　根据药品包装材料的特性,药品包装材料的标准主要包含以下项目。

(1) 材料的确认(鉴别):主要确认包装材料的特性,防止掺杂,确认材料来源的一致性。

(2) 材料的化学性能检查:材料在各种溶剂(如水、乙醇和正己烷)中的浸出物(主要检查有害物质、低分子量物质、未反应物、制作时带入物质、添加剂等)、还原性物质、重金属、蒸发残渣、pH、紫外吸收度等;检查材料中特定的物质,如聚氯乙烯硬片中氯乙烯单体、聚丙烯输液瓶催化剂、复合材料中溶剂残留;检查材料加工时的添加物,如橡胶中硫化物、聚氯乙烯膜中增塑剂(邻苯二甲酸二辛酯)、聚丙烯输液瓶中的抗氧剂等。

(3) 材料、容器的使用性能:容器需检查密封性、水蒸气透过量、抗跌落性、滴出量(如有定量功能的容器)等;片材需检查水蒸气透过量、抗拉强度、延伸率;若材料、容器组合使用,还需检查热封强度、扭力、组合部位的尺寸等。

(4) 材料、容器的生物安全检查:微生物数检查,根据该材料、容器被用于何种剂型,测定各种类微生物的量;安全性检查:根据该材料、容器被用于何种剂型,需选择测试异常毒性、溶血细胞毒性、眼刺激性、细菌内毒素等项目。

三、药品包装技术

药品的种类繁多,可采用的包装材料、容器各异,包装的方法也多种多样,但是形成一个药品基本的独立包装件的工艺过程和步骤是一致的。把形成一个药品基本的独立包装件的技术和方法称为药品包装基本技术。主要包括:药品充填、灌装技术和方法,裹包与袋装技术和方法,装盒与装箱技术,热成型和热收缩包装技术,封口、贴标、捆扎技术和方法等。

为进一步提高包装药品质量、延长包装药品的贮存期,在药品包装的基本技术基础上又逐渐形成了药品包装的专门技术,如真空包装、无菌包装、条形包装、充气包装、喷雾包装、防潮包装、儿童安全包装和危险品包装等。

当前对药品包装的要求越来越高,新材料、新工艺、新方法逐步被应用于各种药品包装,药品包装技术和方法处在不断的变化发展之中。不同药品有不同的特性和包装要求,应选用不同包装材料和技术方法,因此,掌握药品基本包装技术是各种包装技术发展创新的基础。

(一)真空包装

真空充气包装是指将药品装入气密性包装容器,用氮、二氧化碳等气体置换容器中原有空气的一种包装方法。

(二)无菌包装

无菌包装是指将药品、包装容器、材料或包装辅助器材灭菌后,在无菌环境中进行充填和封合的一种包装方法。

(三)条形包装

条形包装是指将一个或一组药片、胶囊之类的小型药品,包封在两层连续的带状包装材料之间,使每个或每组产品周围热封合形成一个单元的一种包装方法。每个单元可以单独撕开或剪开以便于使用或销售。这种包装也可以用于包装少量的液体、粉末或颗粒状药品。

(四)充气包装

与真空包装相似,主要目的是破坏微生物赖以生存繁殖的条件;区别在于充气包装在抽真空后立即充入一定量的理想气体如氮、二氧化碳等,置换出包装内的空气。充气包装既有效地保全包装药品的质量,又能解决真空包装的不足,使内外压力趋于平衡而保护内装药品,并使其保持包装形体美观。

(五)喷雾包装

喷雾包装是将液体或膏状药品装入带有阀门和推进剂的气密性包装容器中,当开启阀门时,药品在推进剂产生的压力作用下被喷射出来。

(六)防潮包装

防潮包装是指为防止潮气浸入包装件影响药品质量而采取一定防护措施的包装。如直接用防潮包装材料密封产品,或在包装容器内加入适量的干燥剂以吸收残存的潮气和通过包装材料透入的潮气。

(七)儿童安全包装

儿童安全包装系一种能够保护儿童安全的包装,其结构设计使大部分儿童在一定时间内难以开启或难以取出一定数量的药品。

(八)危险品包装

危险品是指易燃、易爆、有毒、有腐蚀性或有辐射性的药品。危险品包装应能控制温度、防潮、防止混杂、防震、防火以及将包装与防爆、灭火等急救措施相结合。

(九)热成型包装

热塑性的塑料薄片加热成型后形成的泡罩、空穴、盘盒等可清楚地看到药品的外观;此包装便于陈列和使用,同时在运输和销售过程不宜损坏。此类包装主要包括泡罩包装和贴体包装。

此外,还有专用包装与通用包装、内销包装与外销包装、回收包装与不回收包装等。无论哪一种形式的包装,都必须有利于保护药品的质量,有利于药品的装卸、储存、运输、销售及使用,单纯为了促销而采用生活用品式包装是不可取的。

四、药品包装机械的组成与分类

（一）药品包装机械

在国家标准 GB/T 4122.2-1996《包装术语机械》中,对包装机械的定义是:"完成全部或部分包装过程的机器,包装过程包括成型、充填、裹包等主要包装工序,以及清洗、干燥、杀菌、贴标、捆扎、集装和拆卸等前后包装工序,转送等其他辅助工序。"

（二）药品包装机械的作用

现代医药生产中,主要包括三大基本环节,即原料处理、中间加工和药品包装。包装是生产中相当重要的环节。药品包装机械是使药品包装实现机械化、自动化的根本保证,因此包装机械在医药现代工业生产中起着重要的作用。

药品包装机械实现了药品包装生产的专业化,可降低劳动强度,改善劳动条件,大幅度地提高生产效率。

当手工包装液体产品时,易造成产品外溅;包装粉状产品时,往往造成粉尘飞扬,既污染了环境,又浪费了原材料。采用机械包装能防止产品的散失,既保护了环境,又节约了原材料。

采用机械包装,避免了人手和药品的直接接触,减少了对药品的污染。同时由于机械包装速度快,药品在空气中停留时间短,从而减少了污染机会,有利于药品的卫生和安全,提高药品包装质量,增强市场销售的竞争力。

采用真空、换气、无菌等包装机,可使药品的流通范围更加广泛,延长药品的保质期。

当药品采用手工包装时,由于包装工人多,工序不紧凑,所以包装作业占地面积大,基建投资多。而采用机械包装,药品和包装材料的供给比较集中,各包装工序安排比较紧凑,减少了包装的占地面积,可以节约基建投资。

（三）药品包装机械的组成

药品包装机械是包装机械的一部分,因此它也具备包装机械的特点,包括以下八个组成因素。

1. 药品的计量与供送装置　是对被包装药品进行整理、排列及计量,并输送至预定包装工位的装置。

2. 包装材料的整理与供送系统　是对包装材料进行定长切断或整理排列,并逐个输送至预定包装工位的装置。有的在供送过程中还完成纸袋或包装容器竖起、定型和定位。

3. 主传送系统　是把包装药品和包装材料由一个包装工位顺序传送到下一个包装工位的装置。单工位包装机没有主传送系统。

4. 包装执行机构　是直接进行裹包、充填、封口、贴标、捆扎和容器成型等包装操作的机构。

5. 成品输出机构　是将包装成品从包装机上卸下、定向排列并输出的机构。有的机器是由主传送系统或靠成品自重卸下。

6. 动力机与传送系统　是将动力机的动力与运动传递给包装执行机构和控制元件,使之实现预定包装动作的系统。通常由机、电、光、液、气等多种形式的传动、操纵控制以及辅助等装置组成。

7. 控制系统　由各种自动和手动控制装置等组成,是现代药品包装机的重要组成部分,包括包装过程及其参数的控制、包装质量、故障与安全的控制等。

8. 机身　用于支撑和固定有关零部件,保持其工作时要求的相对位置,并起一定的保护、美化外观的作用。

(四) 药品包装机械的分类

药品包装机械分类方法很多,没有统一的规定,但大体可以分为用于加工包装材料的机械和用于完成包装过程的机械两大类。

按包装机械的主要功能进行划分,可将其分为:成型机、填充剂、真空与充气包装机、裹包机、计量机、贴标机、灌装机、收缩包装机、装盒装箱机、捆扎机和堆垛等。此外还有制袋、充填、封口机等多功能包装机械。

除了完成主要工作过程的包装机,还有完成前期和后期工作过程的辅助设备,如清洗机、灭菌剂、烘干机、选别与分类机、输送运输联接机等。

将几台自动包装机与某些辅助设备联系起来,通过检测与控制装备进行协调就可以构成自动包装线;如包装机之间不是自动输送和连接起来,而由人工完成某些辅助操作,则称之为包装流水线。

五、药品包装的标准与法规

包装是药品生产的一个重要环节,是保证药品安全有效的措施之一。我国对药品的包装非常重视,制定了有关的法规。就药品而言,国家在一些药品管理法规中都列有包装专章。如 2001 年 2 月全国人大常委会审议通过的《中华人民共和国药品管理法(修订草案)》的第六章为"药品包装的管理"。全章包括三条:

第五十二条规定:"直接接触药品的包装材料和容器必须符合药用要求,符合保障人体健康、安全的标准,并由药品监督管理部门在审批药品时一并审批。药品生产企业不得使用未经批准的直接接触药品的包装材料和容器"。第五十三条规定:"药品包装必须适合药品质量的要求,方便贮存、运输和医疗使用。发运中药材必须有包装。在每件包装上,必须注明品名、产地、日期、调出单位,并附有质量合格的标志"。第五十四条规定:"药品包装必须按照印有或贴有标签并附有说明书。标签或者说明书上必须注明药品的通用名称、成分、规格、生产企业、批准文号、产品批号、生产日期、有效期、适应证或者功能主治、用法、用量、禁忌、不良反应和注意事项。麻醉品、精神药品、医疗用毒性药品、放射性药品、外用药和非处方药的标签,必须印有规定的标志"。

《药品包装管理办法》于 1981 年出台,经过修改与完善,1988 年国家颁布了《药品包装管理办法》(以下简称《办法》),包括 7 个部分共 44 条。该《办法》明确提出包装的目的是为了保证药品质量,为此规定"各级医药管理部门和药品生产、经营企业必须有专职或兼职的技术管理人员负责包装管理工作"。国家设立各级药品包装质量检测机构。《办法》要求,"选用直接接触药品的包装材料、容器(包括油墨、黏合剂、衬垫、填充物等)必须无毒,与药品不发生化学作用,不发生组分脱落或迁移到药品当中,必须保证和方便安全用药","直接接触药品(中药材除外)的包装材料、容器不准采用污染药品和药厂卫生的草包、麻袋、柳筐等包装。标签、说明书、盒、袋等物的装潢设计,应体现药品的特点,品名醒目、文字清晰、图案简洁、色调鲜明","严禁模仿和抄袭别厂的设计"。

标签内容应包括:注册商标、品名、卫生行政部门批准文号、主要成分含量(化学药)、装量、主治、用法、用量、禁忌、厂名、批号、生产日期、有效期等。麻醉药品、精神药品、毒性药品、放射性药品和外用药品必须在其标签、说明书、瓶、盒、箱等包装物的明显位置上印刷规定的标志。

说明书除标签所要求的内容外,还应包括成分(中成药)、作用、功能、应用范围、使用方法及必要的图示、注意事项、保存要求等。

《办法》的3~10条,对药品包装效果提出了基本要求。要求药品无包装者不得出厂,有箱包等包装物的明显位置上印刷规定的标志。有包装的必须封严,附件齐备,无破损;运输包装必须牢固、防潮、防震动,凡怕冻、怕热药品在不同时令发送到不同地区,须采取相应的防寒或防暑措施。《办法》还对从事包装的工作人员,包装的厂房环境,包装管理工作的监督、检查、处罚等问题都作了明文规定。

GMP 2010年版第九章生产管理对药品的包装以及对一般药品的包装材料、标签、说明书的要求和管理都作了明确规定。

六、我国药品包装行业的现状与发展方向

(一)我国药品包装行业的现状

我国药品包装经历了三个阶段。第一阶段为20世纪五六十年代,如棕色玻璃瓶、草板纸盒、直颈安瓿等药品包装,以实用为原则。第二阶段为20世纪七八十年代初,此阶段处于调整、徘徊状态。20世纪80年代至今为第三阶段。经过多年的磨合,药品包装业得以健康发展。在包装形式上,除片、散、丸、膏、水、针、粉之外,又开发了适应栓剂、口服液、气雾剂、胶丸、胶囊、贴剂、咀嚼剂等剂型的包装。在材料方面,铝塑、纸塑、激光防伪等复合材料逐渐普及。

近十年来,通过大规模的引进原材料生产设备、印刷设备、复合设备等,包装材料生产企业无论是企业规模、生产技术、管理规模还是产品品种、质量都有了显著的进步。有些企业的生产条件、技术设备已达到国际水平。企业对包装越来越重视,许多制药企业开始对药品包装材料生产企业进行产品质量体系和现场管理审计,逐步开展药品包装用材料与药品相容性实验。新产品、新技术得到了广泛的应用,落后的产品和技术正逐步被淘汰。

(二)我国药品包装行业的发展方向

1. 新型药品包装材料的研发 与层出不穷的新剂型相比,与之相匹配的药品包装材料的发展速度还较慢,不能完全适应新药发展的需求。如现在药品包装中使用的普通铝盖将很快被全部淘汰,取而代之的是更为安全有效的铝塑组合盖。以生物学和遗传学为基础的新药不断出现,这些药品大都对光线、水汽及氧气具有严格的要求,以塑料为底膜的泡罩包装已不能完全保证其在使用期内的质量,更不用说在不同的气候条件下所起的保护作用。目前较适合的包装形式为:容易打开(触破、撕开、剥开),适合于多种剂型的包装,采用高阻隔性复合成型材料替代聚氯乙烯(PVC)用于泡罩包装,并实现冷冲泡成型,这种成型铝复合材料采用尼龙/铝箔/热封塑料薄膜层,经黏合剂两次复合而成,能够满足保护药品质量的要求。随着人们对健康的关注、药品质量的要求以及生产技术的发展,需要研制更多的优质新型药品包装材料。

2. 防伪包装有待发展 我国以前大部分药品包装比较简单,有的仅在外包装盒上贴上防伪标签,而药品的包装盒制造和印刷都比较简陋,在客观上为造假者提供了便利。以往我国医药企业的防伪包装技术比较落后,在具体技术上投资偏少,并且早期的防伪技术含量不高,容易被模仿。近年来,很多企业投入上百万元资金采用三维激光防伪、数码防伪和压膜防伪等技术,增强了防伪效果。

3. 医药包装的绿色要求 在设计药品包装时,对贵重药品或附加值高的药品,应选用

价格性能比较高的药品包装材料;对于价格适中的常用药品,除考虑美观外,还要多考虑经济性,其所用的药品包装材料应与之协调;对于价格较低的普通药品,在确保其安全性和保护功能的同时,应注重实惠性,选用价格较低的药品包装材料。

减少包装材料的使用有利于环境保护。绿色包装设计着眼于人与自然的生态平衡关系,着重于降低在制造包装时对环境造成污染的程度,提高原材料的利用率,降低包装使用中或使用后废弃物所造成的环境危害。

第二节　药品包装材料

一、药品包装材料的分类

药品包装材料可以按照三种不同的形式分类。按照药品包装材料的使用方式,可分为Ⅰ类、Ⅱ类和Ⅲ类包装材料。Ⅰ类药品包装材料是直接接触药品且直接使用的药品包装材料、容器。多为高分子聚合物,如药用丁基橡胶瓶塞,PTP铝箔,复合膜(袋),固体、液体药用塑料瓶,塑料输液瓶,软膏管,气雾剂喷雾阀门等;Ⅱ类药品包装材料是直接接触药品,经清洗后需要消毒灭菌的药品包装材料、容器,多为玻璃材料,如玻璃输液管、玻璃管(模)制抗生素瓶、玻璃管(模)制口服液瓶、玻璃(黄料、白料)药瓶、安瓿、玻璃滴眼液瓶、输液瓶、天然胶塞等;Ⅲ类药品包装材料是间接使用或者非直接接触药品的包装材料、容器,如铝(合金铝)盖、铝塑组合盖。

按照药品包装材料的形状分类,可分为容器(如口服固体药用高密度聚乙烯瓶等);片、膜、袋(如聚氯乙烯固体药用硬片,药用复合膜、袋等);塞(如药用氯化丁基橡胶塞);盖(如口服液瓶撕拉铝盖)以及辅助用途容器(如药用玻璃管等)。

按照药品包装材料的组成分类,可分为塑料(如聚碳酸酯瓶、PVC输液袋、聚苯乙烯、聚对苯二甲酸乙二醇酯类);玻璃(如玻璃输液瓶等);橡胶(如丁基橡胶塞等);金属(如铝箔)以及其他类(如布类、陶瓷类、纸类、干燥剂、复合材料类)。

二、药品包装材料的性能要求

1. 力学性能　药品包装材料的力学性能,主要包括弹性、强度、塑性、韧性和脆性等。弹性是指材料发生弹性形变后可以恢复原来状态的一种性质。药品包装材料的弹性越好,其缓冲性能越好。塑性是指药品包装材料在外力作用下发生形变,移去外力后不能恢复原来形状的性质,这种形变称为塑性变形或永久变形。药品包装受外力作用,拉长或变形的量越大,且没有破裂现象,说明该包装材料的塑性良好。

2. 物理性能　药品包装材料的物理性能主要包括密度、吸湿性、阻隔性、导热性、耐热性、耐寒性。

现代医药生产需要的药品包装材料应具有密度小、质轻、易流通的特点,因此密度是表示和评价一些药品包装材料的重要参数,它不但有助于判断这些药品包装材料的紧密度和多孔性,而且对于确定药品包装材料生产时的投料量很重要。吸湿性是指药品包装材料在一定的温度和湿度条件下,从空气中吸收或放出水分的性能。阻隔性是指药品包装材料对气体的阻隔性能。导热性是指药品包装材料对热量的传递性能。耐热性和耐寒性是指药品包装材料耐温度变化的性能。耐热性取决于药品包装材料的配比和均匀性,晶体耐热性大于非晶体,无机材料耐热性大于有机材料,金属最好,玻璃次之,塑料最低。一般来说,熔点越高,耐热性越好。低温会使材料脆化、冲击强度降低。材料低温下丧失柔韧性和变脆的性质取决于聚合物的种类、结构、增塑剂的种类及其他添加剂等。评价塑料或橡胶耐寒性有考察硬度程度的硬度试验、模量试验等,考察脆化程度的冲击脆化试验,考虑结晶情况下 T-R 试验及压缩永久变形试验等各种不同的试验方法。

3. 化学稳定性 药品包装材料在外界环境影响下,应不易发生化学变化(如老化、锈蚀等),具有较高的化学稳定性。其中,老化是指高分子材料在可见光、空气及高温作用下,材料结构受到破坏,物理机械性能剧烈变化的现象。老化会造成材料变软发黏,机械性能变差。

4. 加工成型性 药品包装材料应能够适应工业生产的加工处理,应能根据使用对象的需要,加工成不同形状的容器,对于某些药品来说,还要求包装材料具有可印刷和可着色的性质。

5. 生物安全性(卫生性) 药品包装材料必须无毒(不含或不溶出有害物质、与药物接触不产生有害物质)、无菌(或微生物限度控制在合理的范围内)、无放射性,具有一定的生物安全性。

6. 绿色、环保 药品包装工业的发展给社会带来了"白色污染"、"包装垃圾"的危害,选择合适的药品包装材料及包装形式,特别是使用可回收的药品包装材料,研究药品包装材料再利用的可能性,发展绿色和环保的药品包装和药品包装材料,是亟待解决的问题之一。

三、药品包装材料的选择原则

1. 对等性原则 在设计药品包装时,除了必须考虑保证药品的质量外,还应根据药品的物流或相应的商品价值,选择包装材料。

2. 适应性原则 药品包装材料的选用应与流通条件,包括气候、运输方式、流通对象与流通周期等相适应。

3. 根据药物制剂选择包装材料及容器 药品包装材料及容器必须与药物制剂相容,并能抗外界气候、抗微生物、抗物理化学作用的影响,同时密封性好、防篡改、防替换、防儿童误服用等。

4. 美学性 药品的包装是否符合美学标准,在一定程度上会改变一个药品的命运。从药品包装材料的选用来看,主要考虑药品包装材料的颜色、透明度、挺度、种类等。如包材颜色不同,外观效果不同。

5. 药品包装材料与药品的相容性 药品包装材料与所包装的药品之间不能有物理、化学和生物反应,即两者之间应具有良好的相容性。因此在选择药品的包装材料时,除符合前述原则外,还应考察药品包装材料与药品的相容性。所有试验都应根据具体的包装形式和药物,设计试验方案并按《药品非临床研究质量管理规范》进行实验。所有样品均为上市包装。所有试验均应至少取 3 个不同的批号。包装中的药物,能通过药物稳定性试验的所有项目;同一包装单元中,从首次至末次使用均应保证药物的一致性;根据生产工艺要求,药品包装材料还应具有耐受特殊处理的能力,如 ^{60}Co 消毒等;具有抵抗恶劣运输、贮存环境的能力。

四、常用的药品包装材料

(一)玻璃

1. 玻璃的化学成分及分类 玻璃的主要成分是酸性氧化物(如 SiO_2、Al_2O_3、B_2O_3)、碱性氧化物（Na₂O、K₂O）和碱土金属氧化物（CaO、MgO、BaO、PbO、ZnO）等。玻璃的性质与玻璃的组成和结构有密切的联系。SiO_2 是玻璃的主要成分,硅氧四面体构成玻璃的基本骨架;B_2O_3 能降低玻璃的热膨胀系数,提高玻璃的热稳定性和改善玻璃的成型性能;Al_2O_3 可增加玻璃的弹性、硬度和化学稳定性;Na_2O 可降低玻璃液的黏度,加快玻璃的熔制。

玻璃按成分可分为钠钙玻璃、硼硅酸盐玻璃、铝玻璃及高硅氧玻璃等,其中药用玻璃主要是钠钙玻璃和硼硅酸盐玻璃。药用玻璃的材质类型以线热膨胀系数 a 和 B_2O_3 的含量来界定,美国药典将钠钙玻璃和硼硅酸玻璃分为 4 类型,其分类如表 5-1。

表 5-1   钠钙玻璃、硼硅酸盐玻璃的分类

类别	说明	一般用途
I	高阻抗硅硼玻璃	化学中性,耐腐蚀性好,可用于酸、碱药液瓶、安瓿
II	表面经处理的钠钙玻璃	碱性腐蚀耐受性差,用于 pH<7 的缓冲水溶液、干燥粉末、油性溶液
III	钠钙玻璃	化学耐腐蚀性较差,用于注射用干燥粉末、油性溶液
IV	一般用途的钠钙玻璃	化学耐腐蚀性最差,仅用于片剂、口服溶液、混悬液、软膏和外用制剂,不适用于注射剂的包装

国际标准 ISO12775-1997 将药用玻璃分为 3 种类型:3.3 硼硅酸盐玻璃、(国际)中性硼硅玻璃和钠钙玻璃。我国药用玻璃按材质分为 4 种类型:3.3 硅硼玻璃、5.0 中性玻璃、低硼硅玻璃和钠钙玻璃。国内的分类标准如表 5-2:

表 5-2   玻璃牌号、化学组成及性能(国内)

化学组成(%)及性能	3.3 硅硼玻璃	5.0 中性玻璃	低硼硅玻璃	钠钙玻璃
B_2O_3	12~13	8~12	5~8	<5
SiO_2	≈81	≈75	≈71	≈70
R_2O	≈4	4~8	≈11.5	12~16
RO	—	≈5	≈5.5	≈12
Al_2O_3	2~3	2~7	3~6	0~3.5
平均线热膨胀系数 × $10^{-6}K^{-1}$)(20~300℃)	3.2~3.4	4~5	6.2~7.5	7.6~9
耐酸性能	1 级	1 级	1 级	1~2 级
耐碱性能	2 级	2 级	2 级	2 级
主要应用领域	管制冻干粉针玻璃瓶	用途最广泛,安瓿、管制冻干粉针玻璃瓶、管制注射剂玻璃瓶	管制注射剂玻璃瓶及其他管制玻璃瓶	管制注射剂玻璃瓶、模制抗生素瓶、输液瓶、其他模制瓶

2. 药用玻璃材料的加工成型工艺   药用玻璃材料的加工成型工艺流程如图 5-1。

(1) 配料:配料时应综合考虑玻璃的组

配料 → 熔制 → 成型 → 退火 → 检验包装

图 5-1   药用玻璃材料加工成型工艺

成、玻璃的性质及原料来源、价格等因素。铁的含量以及配料比例对玻璃的性能、质量、产量、成本均有影响。

(2) 熔制：熔制是玻璃生产的重要工序，是将配料经过高温加热，形成均匀的、无气泡的并符合成型要求的玻璃液。玻璃的许多缺陷如结石、气泡、条纹等都是在熔制过程中造成的。玻璃的熔制是一个非常复杂的过程，包括一系列物理的、化学的以及物理化学的反应。其过程大致可分为硅酸盐形成、玻璃形成、澄清、均化和冷却成型 5 个阶段。

在熔制过程中，配料的化学组成不同，熔化温度亦不同。如二氧化硅等难熔氧化物比值越高，对熔制的要求也就越高；其次，原料的性质及种类对熔制影响较大，如石英颗粒的大小和形状、所含杂质、配料的气体率以及碎玻璃等。熔制温度是影响玻璃熔制过程的首要因素。熔制温度决定玻璃的熔化速度，温度越高硅酸盐反应越剧烈，石英颗粒熔化速度越快，而且对澄清、均化过程有显著的促进作用。药用玻璃的熔制火焰温度一般在 1600℃ 左右。

(3) 成型：成型是指熔融的玻璃液转变为具有固定几何形状的过程。玻璃必须在一定的温度范围内才能成型。生产过程中玻璃制品的成型分为两个阶段：第一阶段赋予制品一定的形状，第二阶段把制品的形状固定下来。药用玻璃制品按其不同的成型工艺方式，可分为三大类：①模制玻璃器皿：在玻璃模具中成型的产品称为模制瓶，包括模制抗生素玻璃瓶、模制玻璃输液瓶、模制玻璃药瓶等。②管制玻璃器皿：首先制成玻璃管，随后切割并通过独立的操作成型（重新加热后）。③压制玻璃器皿：很少用于包装容器。

(4) 退火：药用玻璃制品在生产过程中经受激烈的、不均匀的温度变化，使玻璃制品产生热应力。热应力会降低制品的强度和热稳定性，甚至引起制品自行破裂。退火就是消除或减小玻璃中的热效应力至允许值的热处理过程。为了消除玻璃中的热应力，必须将玻璃加热至低于玻璃转变温度 T_g 附近的某一温度进行保温、均热，使应力松弛，以消除各部分由于温度梯度而造成的结构梯度，这个保温均热温度为退火温度。玻璃制品的退火过程一般分为 4 个阶段：①将制品从入炉温度加热到退火温度，称为加热阶段；②加到退火温度后保持一定时间，以便使制品各部分温度均匀，使应力尽可能消除，称为保温阶段；③从退火温度缓冷到最低退火温度（应变点），称为慢冷阶段；④从最低退火温度冷却到常温的快冷阶段。此外，普通钠钙硅酸盐玻璃在退火工艺过程中，还要对玻璃表面进行中性化处理。一般的方法是向退火炉或玻璃中加入一定量的 SO_x 气体或含硫化合物，使退火炉中的酸性气体同玻璃表面的碱性物质发生化学反应，在玻璃表层生产钠盐（白霜），俗称硫霜化处理。这层"白霜"很容易经水洗除，从而减少了玻璃表面的碱含量，改善了玻璃的化学稳定性。反应机制如下：

$$Na_2O + SO_2 \longrightarrow Na_2SO_3$$
$$Na_2O + SO_3 \longrightarrow Na_2SO_4$$

(5) 检验包装：是药用玻璃生产工艺的最后一道工序，也是评价产品质量、剔除不合格品以及控制和保证产品质量的一个关键环节。主要检验药用玻璃的理化性能、规格尺寸、外观质量等。

3. 玻璃药品包装材料的应用　大多数无菌注射剂和部分口服制剂均采用玻璃作为直接接触药品的包装材料。常用的玻璃材料的包装容器有：

(1) 安瓿：曲颈易折安瓿常用于水针剂包装，有无色玻璃和棕色玻璃两种（如图 5-2）。使用色点易折曲颈安瓿时，将刻痕的标志

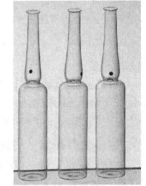

图 5-2　药用安瓿瓶

向上,两手斜握安瓿的两端,右手向下用力,即可折断。使用色环易折安瓿时,无方向性,只需用手斜握安瓿两端,右手向下用力,即可折断。

(2) 输液瓶:玻璃输液瓶具有光洁透明、易消毒、耐侵蚀、耐高温、密封性能好等特点,是大输液的一种包装容器。

(3) 模制注射剂瓶和管制注射剂瓶:模制注射剂瓶的特点是价格低廉、强度高;管制注射剂瓶的特点是质量轻,外观透明度好,但价格较高且易破碎。约 70% 的粉针剂使用模制瓶包装,且呈逐步上升趋势。从国内外抗生素粉针包装的发展趋势看,模制瓶仍将占据主导地位。

(4) 玻璃药瓶:玻璃药瓶大部分用于口服制剂,但不断地被塑料瓶、铝塑包装替代。

(二) 塑料

塑料是近几十年发展起来的新兴包装材料,随着生产设备、工艺技术和原材料的发展,塑料包装已经广泛应用到各个领域。塑料药品包装材料的特点是:①密度小,重量轻;②可透明,也可不透明;③阻隔性良好,耐水耐油;④化学性质优良,耐腐蚀;⑤有适当的机械强度,韧性好,结实耐用;⑥易热封和复合,便于成型、加工;⑦价格较便宜。但塑料药品包装材料耐热性差,在高温下易变形,易于磨损或变脆,废弃物不易分解或处理,造成对环境的污染,应加强塑料的回收利用和可降解塑料的研究。

塑料可分为热固型塑料(如酚醛树脂、三聚氰胺甲树脂、醇酸树脂、环氧树脂和聚氨酯等)和热塑性塑料(如聚烯烃、聚氯乙烯、聚苯乙烯、聚酯、聚氯乙烯等)。塑料可区分为热固性与热塑性二类,前者无法重新塑造使用,后者可以再重复生产。热可塑性其物理延伸率较大,一般在 50%~500%。在不同延伸率下力不完全成线性变化。

1. 常用的药用塑料包装材料

(1) 聚乙烯(PE):聚乙烯是一种典型的热塑性塑料,产量最大、应用最广。为无臭、无味、无毒的可燃性白色粉末。聚乙烯具有良好的阻湿、抗溶剂性,不受强酸和强碱影响。它是由乙烯单体聚合而成,以—CH_2—为重复单元连接而成,按照密度的不同,可将聚乙烯分为高密度聚乙烯(HDPE)、中密度聚乙烯(MDPE)和低密度聚乙烯(LDPE)三种,随着密度的增加对气体的阻隔率和抗拉伸强度增强,但伸长率和抗冲击强度减弱。因此 LDPE 用于薄膜包装,而 HDRE 用于容器材料。

(2) 聚丙烯(PP):聚丙烯重量轻,是通用塑料中最轻的一种。聚丙烯具有优良的耐热性,是唯一能在水中煮沸的通用塑料;但其耐低温性能不如聚乙烯,低温下易脆裂是聚丙烯的主要缺点。聚丙烯是一种非极性塑料,具有优良的化学稳定性,并且结晶度越高,化学稳定性越好。除强酸(如发烟硫酸、硝酸)对其有腐蚀作用外,室温下还没有一种溶剂能使聚丙烯溶解,只是低分子量的脂肪烃、芳香烃和氯化烃对它有软化或溶胀作用。它的吸水性很小,吸水率还不到 0.01%。聚丙烯在成型和使用中易受光、热、氧的作用而老化。聚丙烯在大气中12 天就老化变脆,室内放置 4 个月就会变质,通常需添加紫外线吸收剂、抗氧剂、炭黑和氧化锌等来提高聚丙烯制品的耐受性。聚丙烯广泛用作容器和薄膜包装。作为药品包装材料,主要包括聚丙烯输液瓶、聚丙烯药用滴眼剂瓶、口服固体药品聚丙烯瓶、口服液体药用聚丙烯瓶、多层共挤输液用膜(袋)、药品包装用复合膜组成等。

(3) 聚氯乙烯(PVC):聚氯乙烯是无毒、无臭的白色粉末,其力学性能取决于聚合物的分子量、增塑剂和填料的含量。聚合物分子量越大,力学性能、耐寒性、热稳定性越高,但成型加工越困难;分子量低则正好相反。在聚氯乙烯中加入增塑剂,能提高流动性,降低塑化温度,而且能使其变软。不同硬度 PVC 用途如表 5-3。为了防止聚氯乙烯在储存和加工过程中出现老化或降解,必须添加稳定剂以提高其稳定性。常用的稳定剂系统包括有机锡(如辛基硫代锡复合物)、钙 - 锌盐、钡或镉 - 锌盐、过氧化材料以及较新型的醚化锡。聚氯乙烯本身无毒,但残留的单体氯乙烯和加工助剂锡有毒,用作药品包装材料时,单体残留量应控制在 1ppm 以下,且要严格使用无毒稳定剂。我国早已生产药品及食品包装用 PVC 透明硬片、热塑薄膜。

表 5-3　软、硬质 PVC 的性质

类别材质	硬质聚氯乙烯	软质聚氯乙烯
应用	药片、胶囊的水泡眼吸塑薄膜、药瓶、药盒	输液袋的主要材料
灭菌要求	热压灭菌(115℃)	2.5 Mardγ射线照射灭菌

(4) 聚苯乙烯(PS):聚苯乙烯是质硬、脆、透明、无定型的热塑性塑料。由于苯基的空间位阻,聚苯乙烯具有较大的刚性,是最脆的塑料之一。常采用共混或接枝共聚技术改善。聚苯乙烯收缩率较低,加工性能好,是优良的模塑材料。作为药品包装材料,具有成本低、吸水性低、易着色等优点,常用来盛装固体制剂;但会被化学药品侵蚀和溶解,造成开裂、破碎,因此一般不用于液体制剂包装,特别不适合用于包装含油脂、醇、酸等有机溶剂的药品。

(5) 聚对苯二甲酸乙二醇酯(PET):PET 系结晶型聚合物,在热塑性塑料中具有最大的强韧性,其薄膜拉伸强度可与铝箔相匹敌,为聚乙烯的 9 倍,聚碳酸酯和尼龙的 3 倍。PET 在较高温度下,也能耐氢氟酸、磷酸、乙酸、乙二酸,吸水性低。作为药品包装容器,PET 具有多种优点。首先 PET 瓶质轻且牢固,强度和弹性明显高于其他塑料材料制作的塑料瓶,可以承受相当大的冲击力而不会破损,最适合做成壁薄、质轻、强度高的药品包装瓶。在盛药容积相同的情况下,PET 瓶重量只相当于玻璃瓶的 1/10。同样外径的包装瓶,PET 瓶的容积是玻璃瓶的 1.5 倍。用 PET 原料可以制作透明或不透明棕色的瓶体。药用 PET 瓶具有良好的气体阻隔性,在常用塑料中,PET 瓶阻隔水汽、氧气的性能最为优良,可完全满足药品包装的特殊存储要求。

PET 瓶具有优良的耐化学药品性能,能用于除强碱和一部分有机溶剂外的所有物品的包装。经双向拉伸后,PET 形成双向拉伸聚酯薄膜(BOPET),具有极高的机械强度和刚性,耐热性极高,耐药品性能好,透明和光泽度十分优良,水气和氧气透过性较小,具有特别好的保香性,这一点是其他所有薄膜不可比拟的。由于其透明性好、强度高、尺寸稳定性优异、气密性好且无味无毒,常用来代替玻璃容器和金属容器用于片剂、胶囊剂等固体制剂的包装以及中药饮片的包装。另外,由于具有优良的防止异味透过性和防潮性,可作为多层复合膜中的阻隔层,以保证药品在有效期内不变质,不受光线照射而裂解。PET 的缺点是在热水中煮沸易降解,不能经受高温蒸汽消毒。

(6) 聚碳酸酯(PC):聚碳酸酯是无色或微黄色透明颗粒,无味、无臭、无毒。聚碳酸酯的模塑收缩率低,机械性能良好,具有优异的冲击强度和耐蠕变性,拉伸强度和弹性模量也较高,水汽透过率相当低。常用来制作完全透明的容器,如图 5-3。

图 5-3　聚碳酸酯药瓶

（三）橡胶

橡胶具有适宜的弹性，在药品包装中主要以胶塞、密封垫片形式，做密封件应用。良好的橡胶应具有以下特性：①富于弹性及柔软性，密封性良好，针头易刺入，刺穿后密封性良好；②具有耐溶性，不增加药液中的杂质；③可耐受高温灭菌；④有高度化学稳定性；⑤对药液中药物或者附加剂的吸附作用小；⑥无毒性，无溶血作用。橡胶的检查项目有材料鉴别、尺寸外观、物理性能（硬度、穿刺力、穿刺落屑、瓶塞容器密合性、自密封性等）、化学性能和生物性能（无急性毒性、无热原、无溶血性）。

根据来源，橡胶可分为天然橡胶和合成橡胶，天然橡胶在药品包装中已被淘汰，现主要应用丁基橡胶、卤化丁基橡胶、丙烯酸酯橡胶等合成橡胶。

（1）丁基橡胶（HIR）：丁基橡胶是气密性最好的橡胶，它的耐热性、耐臭氧氧化性能都很突出。最高使用温度可达200℃，能长期暴露于阳光和空气中而不易损坏。其耐化学腐蚀性好，耐酸、碱和极性溶剂。目前我国大力推广使用丁基橡胶。

（2）卤化丁基橡胶（XIIR）：常用的有氯化丁基橡胶（CIIR）和溴化丁基橡胶（BIIR）两类。卤化丁基橡胶（如图5-4）在丁基橡胶分子结构中引入活泼卤素原子的同时保存了异戊二烯双键，不仅具备了丁基橡胶的优良性能，还减少了抗氧化剂的污染，提高了纯度，加快了硫化速度，更可实现无硫硫化、无锌硫化，大大减少了有害物质对药物的污染和副作用。卤化丁基橡胶具有优良的抗氧化性，抗老化性和耐水性，一般不加防老化剂，是直接接触药品的首选密封材料。

图 5-4　药用卤化丁基橡胶塞

（3）丙烯酸酯橡胶（ACM）：由不同链长酯基的丙烯酸酯为主单体经共聚而得的新型弹性体，使用性能因单体的组成不同而有所差异，一般具有耐热、耐有机溶剂、耐臭氧、耐热氧老化和耐光老化等优异性能。丙烯酸酯橡胶优异的使用性能完全符合制药工业，并且这种橡胶对生物体安全无害。

（四）金属

1. 铝箔　铝箔是用高纯度铝经过多次压延制而得的极薄的基材产品，具有优良的防潮性和漂亮的金属光泽。在现代包装中，几乎所有要求不透光或高阻隔复合材料的产品，都采用铝箔做包装制品的阻隔层。作为包装材料用的铝箔，分为硬铝和软铝两种，硬铝为薄片状，常用于片剂、胶囊的泡罩包装（PTP包装）、铝-铝包装。软铝使用厚度为7~9μm，一般不能单独作为包装材料使用，而是与塑料、纸、玻璃纸等制成复合软包装材料。PTP铝箔从内到外依次是黏合层、内侧印刷、铝箔基材、外侧印刷、保护层（如图5-5）。根据不同的包装需要，PTP可有或无印刷层。

2. 铝容器　药用铝制容器可分为铝管和铝瓶。药用铝管用于包装软膏剂等半固体制剂。铝瓶重量轻，具有良好的耐腐蚀性，无毒性，无吸附性。铝瓶主要用作气雾剂容器。

（五）复合膜

1. 复合膜的组成　复合膜的结构从外到内可表示为：表层/印刷层/黏合层/铝箔/黏合内层（热封层），如表5-4。

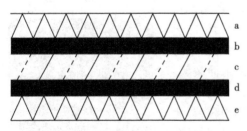

图 5-5　PTP 铝箔的结构示意图
a. 保护层；b. 外侧印刷；c. 铝箔基材；d. 内侧印刷；e. 黏合层

表 5-4 复合膜结构示意图

复合膜结构	表层	中间阻隔层（印刷层、黏合层、铝箔）	黏合内层
特性	透明、有良好的印刷性，耐热，耐磨、耐刺穿、对中间层有良好的保护作用	能很好地阻止内外气体或液体渗透，避光性好（透明包装除外）	无毒性、具有良好的化学惰性，不与包装物发生作用而产生腐蚀渗透作用，良好的热封性，良好的机械强度，耐刺穿，耐撕破，耐冲击，耐压，透明的包装要求内封层透明性好
常用基材	PET/BOPP PT/BOPA/ 纸	镀铝膜 /BOPA/EVOH、PVDC	PE/PP/EVA

注：PET（聚对苯二甲酸乙二醇酯）；BOPP（双向拉伸聚丙烯薄膜）；PT（聚丙烯）；BOPA（双向拉伸尼龙薄膜）；EVOH（乙烯醇共聚物）；PVDC（聚偏氯乙烯）；EVA（乙烯 - 醋酸乙烯共聚物）。

胶黏剂：胶黏剂是涂于两固体之间的一层媒介物质，其种类繁多，组成各不相同。复合膜所用的胶黏剂属于合成胶黏剂，通常由四个部分组成：

（1）黏合物质：构成胶黏剂的主要材料，决定了胶黏剂的主要性质。

（2）固化剂：胶黏剂必须在流动的状态下涂覆并浸润被粘物质表面，然后通过适当的方法，使其成为固体才能承受各种负荷，这个过程称为固化。固化可以是物理过程，如溶剂挥发，乳液的凝固等，现在常用的都是化学反应，胶黏剂的主剂与固化剂之间起化学反应，同时被黏着物的表面也起相应的化学反应。

（3）溶剂：用来溶解黏合物质及调节胶黏剂的黏度，增加胶黏剂对被粘物质浸润性。

（4）其他助剂：增塑剂、防腐剂、填料、消泡剂。

2. 复合膜的生产工艺

（1）干式复合法：该法是将黏合剂通过复合机涂布在基材的表面，以加热辊压附在其他薄膜上，形成复合膜，加工成型过程如图 5-6。

（2）湿式复合法：将水溶性黏合剂（明胶、淀粉）、水分散性黏合剂（醋酸乙烯乳胶等）涂布于基材表面，在湿润状态下与其他材料复合，然后用辊压附和干燥，形成复合膜。

（3）挤出复合法：这是复合膜加工中最常用的方法，用挤出机将 PP、PE、

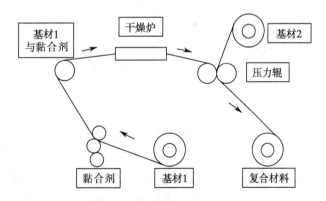

图 5-6 干式复合法加工成型工艺

EVA（乙烯 - 醋酸乙烯共聚物）离子型树脂等挤出薄膜状，与掺入加工剂（聚乙烯亚胺、聚氨酯系树酯等）在各种薄膜上复合，再经冷却、固化，加工成型，过程如图 5-7。

3. 常用复合膜

（1）复合膜制袋：复合膜制袋代替纸袋和塑料袋，在药品包装中广泛应用于颗粒、散剂或片剂、胶囊剂等固体以及膏体的包装，一般是三边或四边热密封的平面小袋，如图 5-8。

（2）SP：SP 包装又称条型包装，是在两层条状 SP 膜中间置片剂、胶囊或栓剂，然后在药剂周边的两层 SP 膜内侧热合封闭，压上齿痕，形成单位包装如图 5-9。

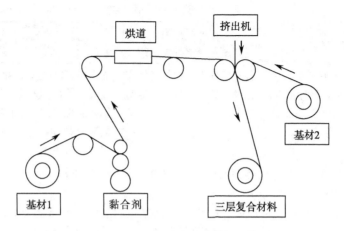

图 5-7　挤出复合法加工成型工艺

图 5-8　复合膜袋

图 5-9　条型包装

（3）双铝包装（铝-铝包装）：双铝包装与条形包装相似，是采用两层涂覆铝箔将药品夹在中间，然后热合密封、冲裁成一定板块的包装形式。该包装对要求密封或避光的片剂、胶囊、丸剂等具有优越性，如图 5-10。

（4）泡罩包装：涂有黏合剂的药用铝箔在一定温度、压力条件下与塑料薄片进行热封，从而形成 PTP，如图 5-11。

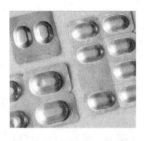

图 5-10　双铝包装

图 5-11　泡罩包装

（5）聚烯烃多层共挤输液袋：如前塑料药品包装材料所述，最常用的非 PVC 输液——聚烯烃多层共挤输液袋已经成为当今输液体系中最理想的输液包装形式。

（6）复合软管：复合软管包括全塑复合软管和铝塑复合软管。后者是将具有高阻隔性的铝箔与具有柔韧性和耐腐蚀性的塑料挤出，复合成片材，然后经制管机加工而成。目前，软膏的包装已基本淘汰铅锡管和低质塑料制品，广泛使用复合软管。

（7）其他应用：在药品包装中，复合包材还用于制备瓶盖用封口膜、铝纸复合密封垫片、铝塑复合密封垫片等。

第三节　药品包装技术

一、药品包装技术概述

在药品运输、贮存、管理和使用过程中，药品包装提供了保护、分类和说明的作用。药品包装是选用适宜的包装材料或容器以及适宜的包装技术，对药品或药物制剂进行分、灌、封、装、贴签等加工过程的总称。随着人们生活水平的提高和健康意识的增强以及我国医药业的迅速发展，医药包装随之不断完善。

药品包装技术是指采用的包装方法、机械仪器等各种操作手段及其包装操作遵循的工艺措施、检测监控手段和保证包装质量的技术措施等的总称。显然，药品包装是药品生产的关键过程，药品包装技术水平直接影响着药品包装的质量和效果，影响着包装药品的贮运和销售。

为进一步提高包装药品质量和延长包装药品的贮存期，在药品包装的基本技术基础上又逐渐形成了药品包装的专门技术，主要包括：真空包装、充气包装、无菌包装、条形包装、喷雾包装、防潮包装、儿童安全包装和危险品包装等。

不同药品有不同的特性和包装要求，根据不同的特性和要求，采用合理的包装技术方法，设计包装工艺路线，选择机械设备，是各种包装技术发展创新的基础。

二、无菌包装技术

无菌包装技术是指无菌的被包装物、包装容器或材料、包装辅助器材在无菌环境中进行充填和封合的一种包装技术。

（一）无菌包装分类

1. 按药品在容器内外灭菌分　可分为最后灭菌和无菌加工。最后灭菌是指被包装药品充填到容器中后，进行严密封口，再进行灭菌处理。无菌加工是在无菌环境（含设备）下，将灭菌后的药品充填到无菌包装容器中，并进行严格密封。

2. 按灭菌方法分　可分为物理灭菌和化学灭菌。物理灭菌主要包括干热灭菌法、湿热灭菌法、射线灭菌法、滤过灭菌法。化学灭菌主要包括气体灭菌法和化学药剂灭菌法。

（二）灭菌技术

无菌包装的包装容器（或材料）必须不附着微生物，同时具有对气体及水蒸气的阻隔性，否则也容易使药品变质。所以，除了杀灭被包装药品的细菌，还要对与其接触的容器、材料和环境进行灭菌处理。包装容器（或包装材料）的灭菌通常有药物灭菌、紫外线灭菌技术等。

（三）无菌包装系统

无菌包装是指药品的输入、包装容器或材料的输入，药品的充填以及最后的封合、分切等一系列过程都在无菌环境中进行。为了适用不同的包装容器及包装材料，无菌包装系统的结构也不相同，下面举几例加以说明。

1. 无菌罐装系统　图5-12为无菌罐装系统，在系统中药品与包装罐分别进行消毒

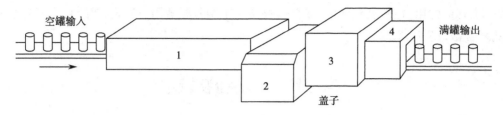

图 5-12　无菌罐装系统
1.包装罐灭菌部位;2.充填部位;3.包装罐盖灭菌部位;4.封罐部位

灭菌。包装罐由传送带送入机器的消毒灭菌部位,被过热蒸汽消毒灭菌,蒸汽的温度约为200℃,但不是饱和蒸汽,因此这种蒸汽的杀菌效果与热空气相类似。经消毒灭菌后,包装罐到达冷却部位,用过压无菌空气降低包装罐的温度。当包装罐通过充填部位时,预先灭菌的药品在充满过压无菌空气的无菌环境下,充填入罐。加上消毒灭菌的罐盖,接口处用特殊设备焊接。最后将已封入药品的包装罐由输送带输出。

2. 塑料瓶无菌罐装系统　图 5-13 所示为塑料瓶无菌罐装系统,采用过氧化氢对包装材料进行化学灭菌。两个塑料材料卷筒(一个做容器体,一个做容器盖)分别送入系统。卷筒1提供底部材料,卷筒13提供上盖材料。材料经过过氧化氢液洗涤,然后退过 3、4 两段,在那里过氧化氢或其中一部分因负压而分解,而后由 4、11 两个干燥器作用使残留的过氧化氢分解。干燥部分同时用于软化塑料。成型器 6 使容器成型,成型后的容器通过充填区域 8。充填部位保持在过压无菌空气下充填,充填后容器离开充填部位进入封口部位 12。同时上盖的材料通过过氧化氢槽 9,再经加热元件 10 除去过氧化合物。然后将封口密封后的包装件输出。

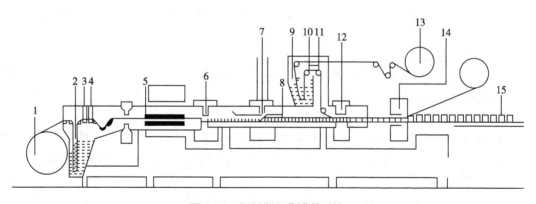

图 5-13　塑料瓶无菌罐装系统
1.材料卷筒;2、9.过氧化氢槽;3.吸气吸液工位;4、11.干燥器;5.加热元件;6.热塑材料成型(用无菌空气);7.无菌充填部位;8.充填区域(无菌通道);10.负压干燥;12.真空封口;13.铝箔材料卷筒(上盖);14.冲剪模;15.输出

3. 塑料袋无菌包装系统　图 5-14 所示为塑料袋无菌包装系统,在系统中两个卷筒塑料薄膜上下合在一起,然后制成各自独立的小袋子。根据塑料的种类,可对这些包装袋采用不同的方式灭菌。已经过灭菌的药品由无菌针将药品灌进这些预先杀菌的包装袋内,满袋装后,在灌装点一下封口,完成无菌包装,输出无菌包装件。

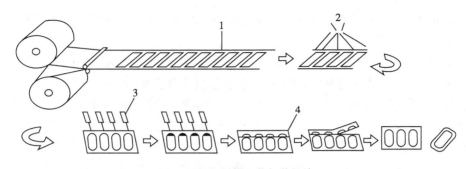

图 5-14　塑料袋无菌包装系统
1. 制袋；2. 灭菌；3. 无菌充填；4. 封口

三、防潮包装技术

防潮包装是为防止药品受空气中水蒸汽损坏而采取的一种包装方法。一般采用防潮材料隔绝外界湿气，同时使包装内的空气保持干燥，使被包装药品处于临界相对湿度以下，达到防潮目的。

（一）防潮包装的目的和保持干燥的方法

潮湿是引起药品变质的重要因素，药品防潮包装的目的在于：①防止含有水分的药品因脱湿（干燥）而发生变质；②防止药品因受潮而促进真菌的生成；③防止药品的变色；④防止易吸湿药品潮解变质。

防潮包装就是采用防潮材料对药品进行包装，隔绝外界湿气对药品的影响，同时使包装内的空气保持干燥，达到被包装药品处于临界相对湿度以下，以达到防潮目的。为此，就必须把包装时封入容器内空气中的水分予以排除，并限制因包装材料的透湿性而透入容器内的水蒸气量。

除去包装内潮气保持干燥的方法有两种：即静态干燥法和动态干燥法。静态法是用装入包装内一定数量的干燥剂，吸去内部的水分来防止被包装产品受潮，其防潮能力决定于包装材料的透湿性、干燥剂的性质和数量、包装内空间的大小等等，一般适合于小型包装和有限期的防潮包装。动态法是采用降湿机械，将经过干燥除湿的空气输入包装内，将包装内潮湿的空气换出，达到控制包装内的相对湿度，使包装物保持干燥状态，这种方法适合于大型包装和长期储存包装。

（二）防潮包装分类

按包装目的，一般的防潮包装方法分为两类，一类是为了防止被包装的含水药品失去水分，保证产品的性能稳定。另一类是为了防止被包装物品增加水分，在包装容器内装入一定数量的干燥剂，吸收包装内的水分和吸收从包装外渗透进来的水分，可以延长防潮包装有效期。

（三）防潮包装材料

1. 防潮材料与容器　具有阻隔潮气功能的材料均可作为防潮包装材料。传统材料中，金属或玻璃本身的透湿度接近于零，瓶盖处可施涂液体高分子密封，以确保玻璃瓶盖的密封。现代防潮包装中使用了许多的塑料薄膜，如高低密度聚乙烯（HDPE）、低密度聚乙烯（LDPE）、聚丙烯（PP）、聚氯乙烯（PVC）、聚偏二氯乙烯（PVDC）等。根据产品对保护性的不同要求，也可采用多功能的复合材料，如铝箔 /PE。

用作防潮包装的容器有高密度聚乙烯(HDPS)盒、多层复合膜封套、金属容器、木箱、玻璃瓶罐等。

2. 吸湿材料 对于吸潮后质量会下降的干燥产品,除了用阻湿性包装容器外,还要在包装容器内加入一定数量的密封干燥剂,以吸收包装件内的水蒸汽。

常用的干燥剂主要有硅胶干燥剂(图 5-15)和蓝胶指示剂(图 5-16)。硅胶的分子式是 $SiO_2 \cdot xH_2O$,表面层覆盖有许多羟基,有很好的亲水吸附功能,故吸湿速度显著,且可再生使用。蓝胶指示剂是以细孔球形或块形硅胶为原料,经氯化钴液浸染,制得蓝色或浅蓝色玻璃状颗粒,该指示剂必须与专门的湿度指示色图配合使用。变色硅胶的变色范围与氯化钴液浓度有关,且有一定腐蚀性,因此不可与金属品直接接触。

图 5-15 硅胶干燥剂

图 5-16 蓝胶指示剂

四、改善和控制气氛包装技术

目前,改善和控制气氛包装得到广泛的使用,最常用的方法就是真空和充气包装、改善气氛包装(MAP)和控制气氛包装(CAP)。药品真空和充气包装都是通过改变包装药品环境条件而延长药品的保质期,而 MAP 和 CAP 是在真空充气包装技术基础上的进一步发展。

(一)真空包装

真空包装是应用最早的一种简单的气调包装形式,被包装药品装入气密性容器中,密闭之前抽真空,使密封后的容器内达到预定真空度的一种包装方法。

药品表面的微生物一般在有氧条件下才能繁殖。真空包可以显著减少包装内氧气的含量,使微生物的生长繁殖失去条件,防止包装药品的霉腐变质。同时,真空包装还可以抑制药品因氧化而引起的变质,保持药品原有的性质,延长保质期。为了保证药品真空包装的保质效果,有时还要结合合理的其他包装技术,如包装后进行适当的灭菌、冷藏。

(二)充气包装

充气包装与真空包装相似,都是通过破坏微生物赖以生存繁殖的条件来延长药品的保质期,其区别在于充气包装在抽真空后便立即充入一定量的理想气体如氮、二氧化碳等,置换出包装内的空气。充气包装既有效地保全了包装药品的质量,又能解决真空包装的不足,使内外压力趋于平衡而保护内装药品,并使其保持包装形体美观。

充气包装常用的充填气体主要有二氧化碳、氮气及其混合气体。二氧化碳在低浓度下能促进许多微生物的繁殖,但浓度超过 30% 就足以抑制细菌增长,因而对药品有防霉和防腐作用。同时二氧化碳溶于水中会产生弱酸性的碳酸,pH 的降低也会对微生物产生抑制作用,有利于药品贮藏。

氮气是一种理想的惰性气体,一般不与药品发生化学作用,它在气调包装中的作用是取代、抑制药品本身和微生物的呼吸,也可以作为一种充填气体。对于极易氧化变质的药品,充氮包装能有效地延缓药品的氧化变质并保全药品质量。

在应用充气包装技术时,根据被包装药品的性能特点,可选用单一气体或不同气体组成的理想气体充入包装内,以达到理想的保质效果。

(三) 真空和充气包装工艺设计

为了保持或维持包装容器里的气氛状态,真空包装和充气包装均需选用气密性良好的包装材料。真空包装的关键在于阻止氧气渗入,因此要求透氧度低。充气包装既要阻止氧气渗入,又要对充入气体如氮气、二氧化碳有良好的阻隔性。衡量气体对某种塑料薄膜渗透性的大小一般可用透气系数表示,透气系数越小,则气体对塑料薄膜的透过越困难,气密性越好。

根据药品保鲜特点,用于真空、充气包装的包装材料对透气性要求分为两类:一类是高阻隔性材料,可减少容器内的含氧量和混合气体各组分浓度的变化,EVOH是兼有乙烯聚合物的易加工性和聚乙烯醇阻隔性的新型阻隔性材料,EVOH树脂最显著的特点是气体阻隔性高,在通常相对湿度如65%时,阻氧性明显高于任何其他材料,大约是聚乙烯的一万倍;另一类透气性包装材料,用于充气包装时维持药品低的呼吸速度。

由于各种包装材料对气体的渗透速度与环境温度有着密切关系,所以要注意贮存环境温度对真空充气包装效果的影响,一般真空和充气包装的药品应低温贮存;同时注意真空和充气包装过程的操作质量,要严格控制杀菌温度和时间。

(四) MA 和 CA 气调系统原理

1. MA 和 CA MA 即改善气氛,指采用理想气体组成一次性置换或在气调系统中建立起预定的调节气体浓度,在贮存期间不再受到人为的调整。

CA 即控制气氛,指控制产品周围的全部气体环境,在气调贮藏期间,选用的气体调节浓度一直受到保持稳定的管理或控制。

薄膜气调包装系统模式如图 5-17 所示,在这个系统中同时存在着两种过程:一是产品(包括微生物)的生理生化过程,即新陈代谢的呼吸过程;二是薄膜透气作用是产品与包装内气体的交换过程。这两个过程使薄膜气调系统成为一个动态系统,在一定条件下可实现动态平衡。各种薄膜气调系统的差异表现在:能否在气调期内出现动态平衡点。通过对建立起来的环境气氛是否具有调整和控制功能来判断一个气调系统是CA型还是MA型。

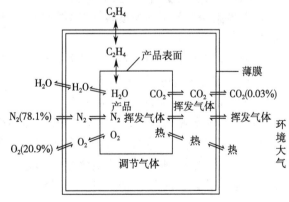

图 5-17 薄膜气调包装系统模式图

2. MAP 和 CAP 改善和控制气氛包装,也称气调包装,是最有发展前景的药品包装技术。MAP 与 CAP 的不同在于包装材料对于内部气氛的控制程度是否对包装内气体具有自动调节作用,从这个意义上看,传统的真空、充气包装均属于 MAP 的范畴。

(1) MAP:即改善气氛包装,指用一定理想气体组分充入包装,在一定温度条件下改善包装内环境的气氛,并在一定时间内保持相对稳定,从而抑制药品变质,延长药品保质期。

(2) CAP:其包装材料气体具有选择透过性,对包装内的环境气氛状态有自动调节作用,以适应内装产品的呼吸作用。

包装内的理想气氛状态可由内包装后产品的呼吸作用自发形成,也可在包装时人为提供(配气)。一般来说,对本来就有较长贮藏寿命且气调是为了延长产品贮藏期的产品,可用自发形成的方式;而对那些只有很短贮存寿命的产品,则可考虑人工提供理想环境气氛,使包装系统很快进入气调稳定状态。图 5-18 为 GM 型气体比例混合装置,可对氮、氧和二氧化碳进行设定比例的自动混合。

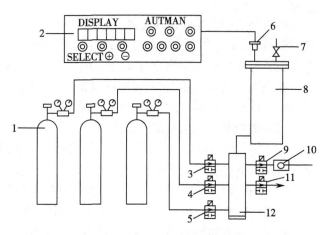

图 5-18　GM 型气体比例混合装置
1. 气体钢瓶;2.微机控制器;3、4、5.充气电磁阀;6.压力传感器;7.放气阀;8.汽体混合桶;9.真空电磁阀;10.真空泵;11.放气电磁阀;12.连接管件

(五)脱氧包装

脱氧包装是指在密封的包装容器内,封入能与氧起化学作用的脱氧剂,从而除去包装内的氧气,使被包装物在氧浓度很低甚至几乎在无氧的条件下保存。

脱氧包装最显著的特点是在密封包装内,氧降低到很低水平,甚至产生一个几乎无氧的环境。封入脱氧剂包装是在真空和充气包装出现之后形成的一种新的包装方法,具有操作简单、高效、使用灵活等优点。在生产实践中,为提高包装效果和效率,可将封入脱氧剂包装与真空包装和充气包装结合起来应用。

目前的脱氧剂主要有铁系脱氧剂、亚硫酸盐系脱氧剂、葡萄糖氧化酶等,与包装内的氧发生化学反应而消耗氧,使氧的含量下降到要求的水平甚至达到基本无氧。

根据脱氧速度,脱氧剂可以分为速效性和缓释型。亚硫酸盐系脱氧剂吸氧速度最快,属速效型;铁系脱氧剂吸氧速度较慢,属缓效型。两种配合使用,并加入助剂,可使脱氧效果迅速、持久。

脱氧剂随环境温湿度升高而活性变大,脱氧速度加快,其正常工作温度为 5~40℃,若低于 -5℃,则脱氧能力明显下降。

一般脱氧剂需要在有水分条件下才能发生反应,因此可以分为自力反应型和水分依存型。自力反应型脱氧剂自身含有水分,一旦接触空气即可发生吸氧反应,脱氧速度由水分含量、贮藏温度等而定。水分依存型脱氧剂自身不含有水分,一般在空气少时几乎不发生吸氧反应,一旦感知到高水分药品中的水分时,即发生快速吸氧反应。此类脱氧剂使用保藏方便。在包装时可根据产品特点选择不同的脱氧剂。

五、热成型包装技术

热成型包装可以清楚地看到药品的外观;便于陈列和使用;在运输和销售过程不宜损坏。下面主要介绍泡罩包装和贴体包装。

(一)泡罩包装

泡罩包装又称水泡眼包装,是将塑料薄片加热软化并置于模具内,通过压缩空气吹塑、抽真空吸塑或模压成型的方法使之成型为泡罩,然后将药品装入泡罩内,再用涂有黏合剂的药用覆盖材料在一定温度、压力下进行热封,从而形成泡罩包装(如图 5-19)。目前,药品泡罩包装已成为我国片剂、胶囊、丸剂等固体制剂包装的主流。

泡罩包装主要由塑料片材、热封涂料、印刷油墨、纸板等组合而成,如图 5-20。泡罩用的主要材料是纤维素类,如醋酸纤维素、丁酸纤维素、丙酸纤维素;苯乙烯类如单向拉伸聚苯乙烯(OPS)、耐冲击聚苯乙烯(PS);乙烯基类,如增软性 PVC、不增塑硬性 PVC;聚酯薄膜类。热封涂料有溶剂型乙烯基型,其主要性能是热黏性、流变性及流动性等。印刷油墨要有较高的耐热封温度(230~250℃)、耐磨损、安全性好。

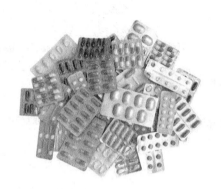

图 5-19　泡罩包装结构

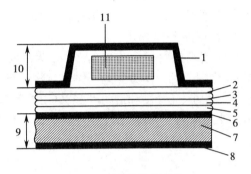

图 5-20　泡罩包装结构
1. 塑料片材;2. 热封涂层;3. 印刷油墨层;
4、5. 白土涂层;6、8. 化学表面处理层;7. 内施胶;9. 原纸;10. 泡罩;11. 产品

泡罩包装的工艺步骤是:塑料薄膜片材放置在模具内,利用加热并抽真空的方法形成泡罩凹腔;经过模切,放入热封合器具内;药品放入泡罩凹腔内;把涂了热封涂料的卡纸板放到热封器具内,将热封合工具移到加热封合区,经加压加温至薄膜片与卡纸黏合完成。图 5-21 为

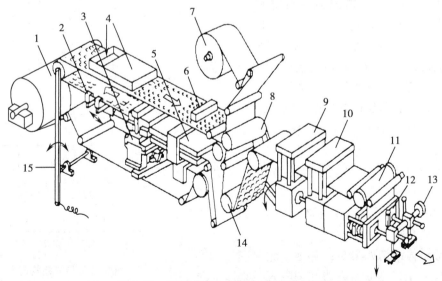

图 5-21　泡罩成型充填封合机结构示意图
1. 塑料薄膜卷筒;2. 卷带牵引及制动夹头;3. 泡罩吹塑成型装置;4. 自动喂料充填装置;
5. 预热装置;6. 红外线扫描器;7. 铝箔卷筒;8. 牵引热封辊;9. 撕裂缝冲眼装置;10. 压印装置;11. 牵引辊;12. 泡板冲切装置;13. 吸嘴;14、15. 张紧辊

泡罩成型充填封合机结构示意图。

（二）贴体包装

贴体包装是指将产品置于纸板或者气泡布上,将贴体膜进行加热后,在抽真空作用下紧贴产品,并与底板封合的包装。

贴体包装的结构形式与泡罩包装有相似之处,其区别在于是以产品本身的形状作为模型(阳模),通过对覆盖其上的塑料膜(贴体泡)抽真空并加热,形成紧贴于产品的贴体泡罩,再使其与底板(卡纸板)热封黏合,如图 5-22 所示。

贴体包装塑料薄膜主要有三种:低密度聚乙烯(LDPE)、聚氯乙烯(PVC)和离子键聚合物。热封涂料要求渗透性小、光泽度和透明度好,可用熔剂型涂料,也可用水基涂料;印刷油墨应使纸板表面与热封合涂料黏合,与产品相适应;使用孔隙较大的纸板,以便能透过空气。

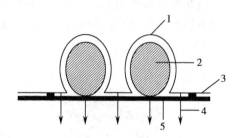

图 5-22　贴体包装结构
1. 塑料膜片;2. 产品;3. 热封涂层;4. 抽真空;5. 卡纸板

六、喷雾包装技术

喷雾包装被广泛应用于医药卫生用品领域,如吸入用药、肛肠用药和皮肤用药等,属于压力容器包装,有推进剂喷雾和机械泵喷雾两大方式。

（一）喷雾包装技术原理

在充填好的容器内,喷雾包装内容物一般占全容积的四分之三以上,上部空间则充满气体。当拨动开关,阀门开启,容器中气体迫使内容物经阀门以雾状喷出。

推进剂,亦称抛射剂,是迫使内容物从容器口喷射而出的能源,有时兼有药物溶剂作用。可分三大类:碳氟化合物、碳氢化合物和压缩空气。目前常用推进剂有:液化石油气(LPG)、HFC-134a 和 HFC-152a、二甲醚(DME)以及压缩气体。它们有着各自的优缺点,可根据不同情况选择不同的推进剂。

（二）喷雾包装技术的结构类型

喷雾包装容器材料有钢板、铝板、玻璃、不锈钢和塑料,喷雾包装的促动方法有按钮式、机械泵式、压缩空气式。

阀是喷雾包装中影响产品使用质量的重要因素。主要作用是控制产品的流动并以预定的形态释放,如泡沫状、喷雾状、喷流装。有直立式操作阀和按钮式喷雾阀。

喷雾罐体结构如图 5-23 所示。钢制喷雾罐容器规格尺寸用包括双重卷边在内的直径乘以下底双重卷边至上部双重卷边的高度来表示。欧洲以毫米为单位的内径表示,美国以英寸为单位的三位数来表达,其中第一位为英寸整数,第二三位表示

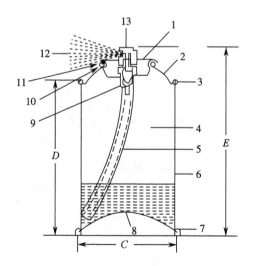

图 5-23　罐体结构简图
1. 安装杯;2. 钟形顶盖;3. 顶部双卷边缝;4. 蒸气箱;5. 液下管;6. 罐身;7. 底部双卷边缝;8. 底端;9. 壳体;10. 罐突缘;11. 阀拱项;12. 喷雾;13. 按钮;C. 直径;D. 高度;E. 总高

非整数,并以 1/16 in 为单位数。表 5-5 所示为典型的按钮式喷雾罐的尺寸和容量系列。

容器材料有镀锡薄钢板、镀铬板等,日本研制出一种金属铬和氧化铬双层镀铬钢板(ECCS),其镀层非常均匀,成本也较低,它对涂漆黏附性很好。

表 5-5 典型的按钮式喷雾罐的尺寸和容量系列

规格	公称尺寸/(mm×mm)	包括双重卷边的直径/(C/mm)	从底到上部双重卷边的高度/(D/mm)	总高度/(E/mm)	容量/mL
202×214	54×73	55.3	72.7	82.8	142
202×509	54×141	55.3	141.0	151.1	278
207.5×701	63×179	62.7	179.1	199.2	477
211×413	68×122	68.7	122.0	142.2	389
211×604	68×159	68.7	158.8	178.8	503
300×709	76×192	76.6	192.0	212.1	764

在美国,按运输部(DOT)的危险品运输法规,将按钮式喷雾罐的耐压值分为三类:第一类为无规范类,第二类为 DOT 规范 2P,第三类为 DOT 规范 2Q。这三类规范中的产品的耐压力、最小厚度、塑性变形压力和爆破压力的要求是逐渐增加的。按法规,喷雾罐是在 55℃时的压力下进行校验的。DOT 还要求对喷雾罐成品作热水槽处理(57~71℃,40~120s)以确保 55℃时能达到特定压力验收值。

为了增加容器对内装物料的耐蚀性,容器内壁常涂以单层、双层或三层内涂料。内涂层作业是在制罐身和罐底前进行的。内涂层使用环氧-酚醛树脂,辅以甲醛-环氧树脂等。对某些不含水、与罐体材料无化学反应的产品,则容器内可不涂内涂料。

特殊按钮式喷雾罐主要有边沿排气式罐体、衬袋式罐体(如图 5-24)和气囊式喷雾。机械泵式喷雾罐分为推压按钮式和枪击式。

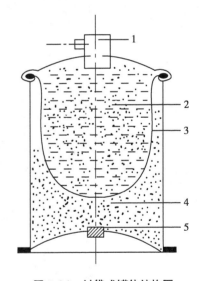

图 5-24 衬袋式罐体结构图
1. 阀门;2. 物料;3. 衬袋;4. 推进剂;5. 底塞

七、辅助包装技术

在各种包装技术与方法中,一些具有通用性工序,如封缄、捆扎、贴标、打印和防伪包装等,常被称为辅助包装技术。防伪包装技术是指在药品包装过程中对制作假冒伪劣药品的行为起遏制作用的一系列技术手段。

目前的防伪技术有两个显著的特点:一是防伪手段的技术含量越来越高;二是防伪手段的有效周期越来越短。目前防伪包装手段名目众多,但从总体分析,防伪包装技术集中于以下几方面:防伪标识、特种材料工艺、印刷技术和包装结构等。

(王 伟)

参 考 文 献

[1] 孙智慧.药品包装学.北京:中国轻工业出版社,2011.

[2] 李亚琴,周建平.药物制剂工程.北京:化学工业出版社,2008.

[3] 朱盛山.药物制剂工程.北京:化学工业出版社,2002.

[4] 李洋.浅析医药包装的发展趋势.印刷质量与标准化,2011,8:14-15.

[5] 孙蓉芳.防潮包装的技术与应用.包装工程,1994,4:157-162.

[6] 孙怀远,廖跃华.我国药品泡罩包装现状及发展.信息与资讯,2004,5(25):113-115.

[7] 洪亮,程利伟.浅谈药品泡罩包装材料及设备.包装天地,2007,10:37-39.

[8] 王晓林.药物制剂辅料与包装材料.北京:人民卫生出版社,2009.

[9] 李永安.药品实用包装手册.北京:化学工业出版社,2003.

[10] D.A.安迪,E.R.埃文斯,I.H.霍尔.药品包装技术.北京:化学工业出版社,2006.

[11] 孙怀远.药品包装技术与设备.北京:印刷工业出版社,2008.

第六章 固体制剂

第一节 固体制剂生产工艺

一、片剂生产工艺

(一)片剂概述

片剂(《中国药典》2010年版一部附录IA)系指药物与适宜辅料混匀压制而成的圆片状或异形片状的固体制剂。片剂生产制备简单、成本低廉、包装保存运输简便,同时剂量准确、口感温和、服用方便,因此一直是现代药物制剂中应用最为广泛的剂型之一。

片剂始于19世纪40年代,到19世纪末随着压片机械的出现和不断改进,片剂的生产和应用得到了迅速发展。自片剂面世以来,其制备方法主要是压制法和模制法。其中压制法易于大规模生产各种形状的片剂,是目前普遍使用的片剂生产方法。常见的片剂多为圆形、椭圆形、三角形,此外还有长方形、圆柱形等。

近十几年来,片剂生产技术与机械设备方面也有较大的发展,如流化制粒、全粉末直接压片、半薄膜包衣、新辅料、新工艺以及生产联动化等。随着对片剂成型理论的深入研究,新型辅料、新的机械、新的生产工艺也在不断被开发。

1. 片剂的特点

(1)片剂的优点:①剂量准确,含量均匀,以片数作为剂量单位;药片上也可压制凹纹,可以分成两半或四份,便于取用较小剂量而不失其准确性;②质量稳定,片剂属于干燥固体剂型,压制后体积小、致密,受外界空气、光线、水分等因素的影响较少,必要时可通过包衣加以保护;③携带、运输、服用均较方便;④生产的机械化、自动化程度较高,产量大、成本及售价较低;⑤可以制成不同类型的各种片剂,如分散片、控释片、肠溶包衣片、咀嚼片和口含片等,以满足不同临床医疗的需要。

(2)片剂的不足之处:①儿童和昏迷患者不易吞服;②制备、贮存不当时会逐渐变质,以致在胃肠道内不易崩解或不易溶出;③含挥发性成分的片剂久贮易致含量下降。

2. 片剂的分类 片剂种类繁多,主要包括口服片、口腔用片、外用片等,其中以口服片种类最多,应用最广。片剂的具体分类如下。

(1)普通片:药物与辅料混合、压制而成的未包衣常释片剂。

(2)糖衣片:以蔗糖为主对片剂进行包衣,可掩盖药物的不良臭味,有利于提高药物的稳定性。

(3)薄膜衣片:该片表面覆盖一薄层水溶性或胃溶性物质,大多为具有成膜性的多聚物,薄膜衣片除了具有糖衣片的优点外,还有大大缩短包衣操作时间的优点。

(4)肠溶衣片:指用肠溶性包衣材料进行包衣的片剂。为防止药物在胃内分解失效、对胃刺激或控制药物在肠道内定位释放,可对片剂包肠溶衣;为治疗结肠部位疾病等,可对片剂包结肠定位肠溶衣。

(5)泡腾片:指含有碳酸氢钠和有机酸(如酒石酸、柠檬酸、富马酸等)、遇水产生二氧化碳气体而呈泡腾状的片剂。泡腾片中的药物应是易溶性的。适用于老人、儿童及吞服药片有困难的患者。

(6)咀嚼片:是一种在口腔嚼碎后下咽的片剂,其大小与一般片剂相同,硬度应适宜。多用于治疗胃部疾患,如氢氧化铝凝胶片等。

(7)分散片:是一种遇水可迅速崩解并分散均匀的片剂,分散片中的药物应是难溶性的。分散片可加水分散后口服,也可将分散片含于口中吮服或吞服。

(8)缓释片:指在规定的释放介质中缓慢地非恒速释放药物的片剂。口服给药后能在机体内缓慢释放药物,使达有效血药浓度,且能维持相当长时间的片剂,具有服药次数少、治疗作用时间长等优点。

(9)控释片:指在规定的释放介质中缓慢地恒速释放药物的片剂。具有血药浓度平稳、服药次数少、治疗作用时间长等优点。

(10)口腔崩解片:将片剂置于口腔内时能迅速崩解或溶解,吞咽后发挥全身作用的片剂。特点是服药不用水,适用于吞咽困难的患者或老人、儿童。

(11)含片:指含于口腔中缓慢溶化产生局部或全身作用的片剂。含片中的药物应是易溶性的,主要起局部消炎、杀菌、收敛、止痛或局部麻醉作用。

(12)舌下片:指置于舌下能迅速溶化,药物经舌下黏膜吸收而发挥全身作用的片剂。舌下片中的药物与辅料应是易溶性的,主要适用于急症的治疗。

(13)可溶片:指临用前能溶解于水的非包衣片或薄膜包衣。可溶片应溶解于水中,溶液可呈轻微乳光。可供口服、外用、含漱等。

3. 片剂的质量要求　优良的片剂一般要求:①含量准确,重量差异小;②硬度和崩解度要适当;③色泽均匀,光亮美观;④在规定时间内稳定性好、不降解;⑤溶出速率和生物利用度符合要求;⑥符合卫生学检查要求。特殊质量检查按《中国药典》具体项下进行。

4. 片剂常用辅料　片剂由药物和辅料组成。辅料是片剂中所有惰性物质的统称。有些辅料可以改善药物的加工和压制等特性,如稀释剂、黏合剂、助流剂和润滑剂;有些辅料对片剂的质量、外观、使用等有帮助,如崩解剂、着色剂、掩味剂、溶出阻滞剂等。

(二)片剂生产工艺技术与流程

片剂所具有的特性受自身处方和加工工艺的影响。片剂的工艺技术与流程必须按照需要、有利条件、制法及所用的设备来设计。制备片剂的主要单元操作是粉碎、过筛、称量、混合、制粒、干燥及压片、包衣和包装等。据其制备工艺分为湿法制粒压片法、干法制粒压片法和直接压片法等(图6-1)。在各个工艺单元中都必须控制温度和湿度,以满足 GMP 的要求,并保证药品的质量。

1. 粉碎与过筛

(1)粉碎:粉碎主要是借机械力将大块固体物质碎成适宜大小的颗粒或细粉的操作过程。医药工业上也可借助其他方法将固体药物粉碎至微粉。

粉碎的目的:①增加药物的表面积,促进药物的溶解与吸收,提高药物的生物利用度;②便于适应多种给药途径的应用;③加速药材中有效成分的浸出;④有利于制备多种剂型,

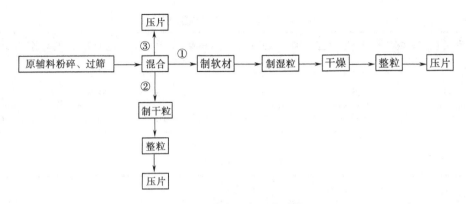

图 6-1 片剂制备工艺流程
①湿法制粒 ②干法制粒 ③粉末直接压片

如混悬液、片剂、胶囊剂等。

粉碎度是固体药物粉碎后的细度。常以未经粉碎药物的平均直径(d)与已粉碎药物的平均直径(d_1)的比值(n)来表示,即 $n=d/d_1$。粉碎度与粉碎后的药物颗粒平均直径成反比,即粉碎度越大,颗粒越小。对于药物所需的粉碎度,既要考虑药物本身性质的差异,亦需注意使用要求的不同。过度的粉碎不一定切合实用:例如易溶的药物不必研磨成细粉,难溶的药物需要研磨成细粉以便加速其溶解和吸收;制备外用散剂需要极细粉末,但在浸出药物中有效成分时,极细的粉末易于形成糊状物,不易达到浸出目的,而且也浪费劳力及提高成本。所以固体药物的粉碎应随需要而选用适当的粉碎度。

药物粉碎度对制剂的质量至关重要。固体药物粉末粉碎度的大小直接或间接地影响制剂的稳定性和有效性,大块的固体药物无法制备药物制剂及发挥其疗效。此外,药物粉碎不匀可能造成药物混合不匀,影响制剂的剂量或含量。

(2) 过筛:药物粉碎后,粉末有粗有细,可以通过一种网孔性工具使粗粉与细粉分离,这种操作过程叫过筛或筛分,这种网孔性工具称为筛。筛分的目的是为了获得较均匀的粒子群,这对药品的质量以及制剂生产的顺利进行都有重要的意义。如《中国药典》对颗粒剂、散剂等粉末制剂都有粒度要求;粉体的粒度对物料的混合度、流动性以及片剂的片重差异、硬度、溶出度等有重要影响。

按制筛的方法不同可分为编织筛与冲眼筛两种。前者的筛网用不锈钢丝、铜丝、铁丝等金属丝或用尼龙丝、绢丝、马尾、细竹丝等非金属丝编织而成,优点是单位面积上的筛孔多、筛分效率高,可用于细粉的筛选,但筛线易于移位而使筛孔变形,分离效率下降。后者是在金属板上冲压出圆形或多角形的筛孔而制成,这种筛坚固耐用,孔径不易变动,但筛孔不能很细,多用于高速旋转粉碎器械的筛板及药丸的筛选。

筛孔的大小由筛号表示,筛子的孔径规格各个国家都有自己的标准。《中国药典》规定了 9 种规格的药筛筛号。一号筛的筛孔内径最大,依次减小,至九号筛的筛孔内径最小,具体见表 6-1。目前制药工业上习惯以目数来表示筛号及粉末的粗细,目为每英寸(2.54cm)长度上的筛孔数目,如每英寸有 120 孔的筛为 120 目筛,能通过 120 目筛的粉末就叫 120 目粉。工业筛规格见表 6-2。

表 6-1 《中国药典》标准筛规格表

筛号	一号筛	二号筛	三号筛	四号筛	五号筛	六号筛	七号筛	八号筛	九号筛
筛孔平均内径(μm)	2000 ±70	850 ±29	355 ±13	250 ±9.9	180 ±7.6	150 ±6.6	125 ±5.8	90 ±4.6	75 ±4.1
目号	10 目	24 目	50 目	65 目	80 目	100 目	120 目	150 目	200 目

表 6-2　工业筛规格

	筛孔内径(mm)			
目数	锦纶涤纶	镀锌铁丝	铜丝	钢丝
10		1.98		
12	1.6	1.66	1.66	
14	1.3	1.43	1.375	
16	1.17	1.211	1.27	
18	1.06	1.096	1.096	
20	0.92	0.954	0.995	0.96
30	0.52	0.613	0.614	0.575
40	0.38	0.441	0.462	
60	0.27		0.271	0.30
80	0.21			0.21
100	0.15		0.172	0.17
120			0.14	0.14
140			0.11	

　　粉碎后的粉末必须以适当筛号的药筛筛过,才能得到粒度比较均匀的粉末,以适应制剂生产需要。筛过的粉末包括所有能通过该药筛筛孔的粉粒,例如通过一号筛的粉末,是所有小于 2mm 直径粉粒的混合物。富含纤维素的药材在粉碎过筛时,可以直立地通过筛网,其直径小于筛孔,但长度可能超过筛孔直径。一般可根据实际要求控制粉末的均匀度。

　　《中国药典》2010 年版规定了 6 种粉末,规格如下:最粗粉是指能全部通过一号筛,但混有能通过三号筛不超过 20% 的粉末;粗粉是指能全部通过二号筛,但混有能通过四号筛不超过 40% 的粉末;中粉是指能全部通过四号筛,但混有能通过五号筛不超过 60% 的粉末;细粉是指能全部通过五号筛,并含有能通过六号筛不少于 95% 的粉末;最细粉是指能全部通过六号筛,并含有能通过七号筛不少于 95% 的粉末;极细粉是指能全部通过八号筛,并含能通过九号筛不少于 95% 的粉末。

　　2. 混合　在片剂生产过程中,根据处方分别称取主药与辅料后,必须将其混合均匀,以保证片剂质量。混合不匀往往会导致片剂的含量均匀性、崩解时限、硬度等出现问题。

固体粉粒的混合一般有以下 3 种形式。

(1) 对流混合:固体粒子群在机械作用下(如容器自身或桨叶的旋转)发生较大的位移,从而产生的总体混合。

(2) 剪切混合:由于粒子群内部作用力的结果产生滑动面,破坏粒子群的团聚状态而进行的局部混合。

(3) 扩散混合:由于粒子的无规则运动,在相邻粒子间发生相互交换位置而进行的局部混合。

上述 3 种混合方式在实际的操作过程中并不是独立存在的,而是相互联系的。只不过所表现的程度因混合器的类型、粉体性质、操作条件等不同而存在差异。一般来说,混合开始阶段以对流与剪切混合为主导作用,随后扩散的混合作用增加。大量生产时可采用混合机、混合筒或气流混合机进行混合。

3. 制粒　除某些结晶性药物或可供直接压片的药粉外,一般粉末状药物均需事先制成颗粒才能进行压片。这是由于:①粉末之间的空隙存在着一定量的空气,当冲头加压时,粉末中部分空气不能及时逸出而被压在片剂内;当压力移去时,片剂内部空气膨胀,可导致片剂松裂;②有些药物的细粉较疏松,容易聚积,流动性差,不能由饲料斗中顺利流入模孔,因而影响片重,使片剂含量不准;③处方中如有几种原辅料粉末,且密度差异比较大,在压片过程中会由于压片机的振动而使重者下沉,轻者上浮,产生分层现象,以致含量不准;④在压片过程中形成的气流容易使细粉飞扬,黏性的细粉易黏附于冲头表面,造成黏冲现象。因此必须按照药物的不同性质、设备条件和气候等情况合理地选择辅料,制成一定粗细松紧的颗粒以克服上述问题。

制粒工艺种类繁多,现介绍如下。

(1) 湿法制粒:采用湿法制粒然后压片是片剂制备最常用的方法。该法的优点在于:①在粉末中加入黏合剂,可提高物料的可压性和黏着性,提高设备的使用寿命并减少压片机的损耗;②通过湿法制粒,可使流动性较差且剂量高的药物获得适宜的流动性和黏着性;③可使低剂量的药物含量更均匀;④可防止压片时多组分处方组成的分离。湿法制粒的主要缺点是劳动力、时间、设备、能源损耗较多,所需场地较大。湿法制粒适用于对湿、热不敏感的药物。

制颗粒前需先制成软材,将原辅料置于混合机中,加适量润湿剂或黏合剂混匀。润湿剂或黏合剂的用量以能制成适宜软材的最少量为原则。由于原辅料性质不同,很难制定出统一的软材标准,一般要求制成的软材达到"握之成团,触之即散"的标准。

取上述制得的软材放在适宜的筛网上,以手压过筛制成湿颗粒。大量生产时用机器进行,按情况不同分为一次制粒和多次制粒,用较细筛网(14~20 目)制粒时,一般只要通过筛网一次即得。但在有色的或润湿剂用量不当以及有条状物产生时,一次过筛不能得到色泽均匀或粗细松紧适宜的颗粒,可采用多次制粒法,即首先使用 8~10 目筛网,通过 1~2 次后,再通过 12~14 目筛网。这样可得到所需要的颗粒,并比单次制粒法少用 15% 左右润湿剂。一些黏性较强的药物如磺胺嘧啶有时难以制粒,可采用 8 目的筛网二次制粒,也可采用分次投料法制粒,即将大部分药物(80% 左右)或黏合剂置于混合机中,首先制成适宜的软材,然后加入剩余的药物,混合片刻,即可制得较紧密的湿颗粒。

湿颗粒的粗细和松紧需视具体品种加以考虑。如核黄素片片形小,颗粒应细小;吸水性强的药物如水杨酸钠,颗粒宜粗大而紧密。在干燥颗粒中需加细粉压片时,其湿颗粒亦需紧密;用糖粉、糊精为辅料的产品,其湿颗粒宜较疏松。总之,湿颗粒应显沉重、少细粉,整齐而无长条,但个别品种有例外。湿颗粒制成后,应尽可能迅速干燥,放置过久颗粒也易结块或变形。

(2) 流化制粒:流化床制粒也称一步制粒法,是将常规湿法制粒的混合、制粒、干燥 3 个步骤在密闭容器内一次完成的方法。1959 年,美国威斯康星州 Wurster 博士首先提出流化制粒技术,随后该技术迅速发展并广泛用于制药、食品及化工行业。目前,流化制粒技术在我国药厂已得到普遍应用。

在流化床制粒机中,流化床层上的物料粉末受到下部热气流的作用,自下而上运动,至最高点时向四周分开下落,至底部再次被热气流吹起,处于沸腾的流化状态。黏合剂溶液由泵进入管道,在压缩空气的作用下由喷嘴雾化,喷至处于流化状态的粉末中。粉末接触到液滴被润湿,聚结在液滴周围形成粒子核,继续喷入的液滴黏附在粒子核表面,通过架桥作用使粒子核与粒子核之间、粒子核与粒子之间相互结合,逐渐形成更大的颗粒。在热空气的作用下颗粒被干燥,粉末间的液体桥变成固体桥,即得到外形圆整的多孔颗粒(图 6-2)。

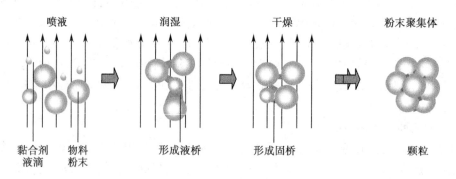

图 6-2　流化床制粒原理

由于物料的混合、制粒、干燥在同一台设备内完成,与湿法制粒相比减少了操作环节,因此节约了生产时间。制粒过程在密闭环境中进行,不仅可防止外界对药物的污染,而且可减少操作人员同药物和辅料接触的机会,更符合 GMP 规范要求。所制备的颗粒密度小,粒子强度低,但粒度均匀,流动性、压缩成形性好,更适合高速压片机的片剂制备。

(3) 干法制粒:该法使用较大的压力,将粉末物料首先压成相当紧密的大块状,再经粉碎得到适宜大小的颗粒。其最大优点是不需要另添加任何水或是其他液体黏合剂,特别适用于遇湿热易分解失效或结块的物料进行造粒。

干法制粒需要物料必须具有一定的黏性,因此有时在处方中需加入干燥黏合剂,如微晶纤维素等。该法需要较大的压力才能使粉末黏结成块状,有可能会对药物的溶出造成影响,同时该法不适用于小剂量片剂,易造成含量不均匀现象。

4. 干燥　干燥是利用热能除去湿物料中的湿分(水分或其他溶剂)、获得干燥物品的操作。在药剂生产中,新鲜药材除水,原辅料除湿,水丸、片剂、颗粒剂等制备过程中均用到干燥。

在干燥过程中,物料表面液体首先蒸发,紧接着内部液体逐渐扩散到表面,继续蒸发至干燥。如果干燥速度过快,会导致物料表面的蒸发速度明显快于内部液体扩散到物料表面的速度,表面粉粒出现黏着或熔化结壳等现象,阻碍了内部水分的扩散和蒸发,即假干燥现象。假干燥的物料不能很好地保存,也不利于继续制备操作。

被干燥物料的性质,如形状、大小、料层厚薄、水分的结合方式等对干燥速率的影响较大。一般来说,物料呈结晶状、颗粒状、堆积薄者,较粉末状、膏状、堆积厚者干燥速率快。物料中的自由水(包括全部非结合水和部分结合水)可经干燥除去,但平衡水不能除去。

在适当范围内,提高空气的温度有利于物料的干燥,但应根据物料的性质选择适宜的干燥温度,以防止某些热敏性成分被破坏。

空气的相对湿度越低,干燥速率越大,因此降低有限空间的相对湿度也可提高干燥效率。实际生产中常采用生石灰、硅胶等吸湿剂吸除空间水蒸气,或采用排风、鼓风装置等更新空间气流。

空气的流速越大,干燥速率越快。这是因为提高空气的流速,可以减小气膜厚度,降低表面气化阻力,从而提高等速干燥阶段的干燥速率。而空气流速对内部扩散无影响,故与降速阶段的干燥速率无关。

干燥方式也对干燥速率有较大影响。在采用静态干燥法时,应使温度逐渐升高,以使物料内部液体慢慢向表面扩散,源源不断地蒸发。否则,物料易出现结壳等假干燥现象。在采用动态干燥法时,颗粒处于跳动、悬浮状态,可大大增加其暴露面积,有利于提高干燥效率;但必须及时供给足够的热能,以满足蒸发和降低干燥空间相对湿度的需要。沸腾干燥、喷雾干燥由于采用了流态化技术,且先将气流本身进行干燥或预热,使空间相对湿度降低、温度升高,故干燥效率显著提高。

压力与蒸发量成反比,因而减压是改善蒸发、加快干燥的有效措施。真空干燥能降低干燥温度,加快蒸发速度,提高干燥技率,且产品疏松易碎,质量稳定。

5. 压片　片剂压制中的基本机械单元是两个钢冲和一个钢冲模。物料填充进入冲模中,上下两冲头加压而形成片剂。圆形冲头较为常见,其他形状如椭圆形、胶囊形、扁平形、三角形或其他不规则形状冲头(亦称异形冲)亦多有使用。冲头表面的形状决定了片剂的形状。

6. 包衣　片剂包衣是指在素片(或片芯)外层包上适宜的衣料,使片剂与外界隔离。包衣可增加对湿、光和空气不稳定药物的稳定性;掩盖药物的不良臭味,减少药物对消化道的刺激和不适感,或者避免胃肠道对药物的降解;包衣还可以控制药物的释放速度;防止复方成分发生配伍变化;改善片剂外观,使产品具有一定的识别度。

19世纪40年代就有糖衣片,20世纪50年代出现压制包衣片,随后又出现空气悬浮包衣,美国雅培制药厂最先推出了薄膜衣片,成为目前片剂包衣的主要方法。近年来,新型包衣材料不断研发面世,例如国内外普遍使用的水性材料薄膜衣,可消除使用有机溶媒时的缺点和危险,而且包衣速度快,所需时间短。

根据使用的目的和方法,片剂的包衣通常分糖衣、薄膜衣及肠溶衣等。包衣方法有锅包衣、流化包衣、转动包衣、压制包衣等。

(三) 片剂生产洁净区域划分

按工艺流程,片剂车间可分为"控制区"和"一般生产区",其中"控制区"包括粉碎、配料、混合、制粒、压片、包衣、分装等生产区域,其他生产区域则属于"一般生产区"。凡进入"控制区"的空气应经过初、中双效过滤器除尘。按照GMP的要求,"控制区"的洁净度要求应达到D级。片剂生产工艺流程示意图及环境区域划分如图6-3所示。

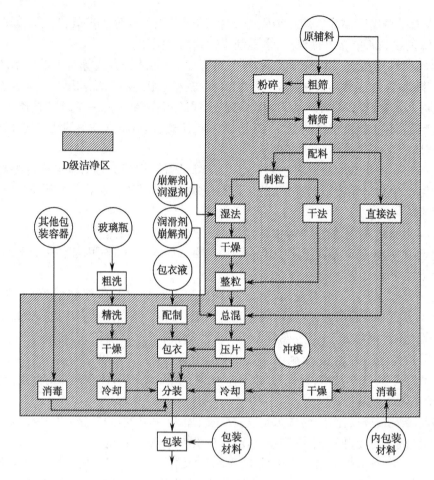

图 6-3　片剂生产工艺流程图及洁净区域划分

二、硬胶囊剂生产工艺

（一）胶囊剂概述

胶囊剂系指将药物装于空心硬质胶囊中或密封于弹性软质胶囊中所制成的固体制剂。其中可以填装粉末、液体或半固体。胶囊壳的材料可以是明胶、甘油、水或其他药用材料。

1. 胶囊剂分类　胶囊剂可分为硬胶囊、软胶囊（胶丸）以及肠溶胶囊，一般均供口服应用。

硬胶囊系将固体或半固体药物制成粉末、小片或小丸等填充于空心胶囊中而制成，目前应用较广泛。随着科学技术的发展，硬胶囊现在也可装填液体和半固体药物。

软胶囊系将油类或对明胶无溶解作用的液体药物或混悬液，封闭于软胶囊中而成的一种圆形或椭圆形制剂。因制备方法不同，软胶囊剂又可分两种：用压制法制成的，中间往往有压缝，故称有缝胶丸；用滴制法制成的，呈圆球形而无缝，则称无缝胶丸。

肠溶胶囊不溶于胃液，但能在肠液中崩解并释放活性成分。往往是将硬胶囊或软胶囊经用适宜的肠溶材料和方法处理加工而成。

2. 胶囊剂的特点　胶囊剂可掩盖药物的苦味及臭味；可避免湿气、氧和光线的作用，提高药物的稳定性；含油量高的药物或液态药物可制成软胶囊，方便服用；由于制备时往往不加入黏合剂,也不需压制,因而在胃肠道中分散快、吸收好,有利于提高药物的生物利用度;胶囊剂也可以控制药物的释放,如肠溶胶囊和缓控释胶囊。胶囊剂可用各种颜色或印字加以区别,同时利于服用、携带方便。

胶囊壳的主要材料是水溶性明胶,是由大型哺乳动物的皮、骨、腱加工出的胶原,经水解后浸出的一种复杂蛋白质,其相对分子质量为 17 500~450 000。由于明胶的性质,对所填充的药物有一定的限制,水溶性或稀乙醇溶液会使囊壁溶化;易风干的药物会使囊壁软化;易潮解药物可使囊壁脆裂,均不宜制成胶囊剂。胶囊壳在体内溶化后,局部药物浓度很高,因此易溶性刺激的药物也不宜制成胶囊剂。同时在某些忌用动物材质的地区,也限制了胶囊剂的使用。

(二) 硬胶囊剂的制备

硬胶囊剂是在空胶囊(胶壳)内填充各种药物而成的制剂。制备过程可分为空胶囊的制备和药物填充两个步骤。

1. 空胶囊的制备 空胶囊呈圆筒形,由囊身、囊帽两节密切套合而成。按容积从大到小,有 000,00,0,1,2,3,4,5 号八种规格。胶囊填充药物后应密闭,以保证囊体和囊帽不分离。目前生产的空胶囊有普通型和锁口型两种。锁口型空胶囊的囊帽和囊壳有闭合用的槽圈,套合后不易松开,这就使胶囊在运输、贮存过程中不易漏粉,适合工业化大生产。

明胶是空胶囊的主要成囊材料,是由骨、皮水解而制得(由酸水解制得的明胶称为 A 型明胶,由碱水解制得的明胶称为 B 型明胶,二者等电点不同)。以骨骼为原料制得的骨明胶,质地坚硬,性脆且透明度差;以猪皮为原料制得的猪皮明胶,富有可塑性,透明度好。生产中常将骨胶与皮胶混合使用,其制备的胶囊较理想。

此外,胶囊壳中还有其他一些附加剂,如增塑剂、着色剂、防腐剂和加工助剂等。增塑剂可提高胶壳的可塑性,如甘油、山梨醇、天然胶等,用量低于 5%;食用色素可增加美观,便于识别。添加遮光剂(如 2%~3% 二氧化钛)可制备不透明的胶囊壳,适用于光敏药物。此外,加入少量表面活性剂(如月桂醇硫酸钠)可以使胶囊壳的厚薄均匀,具有光泽;琼脂可以增加胶液的胶冻力;防腐剂可以减少胶囊壳的霉变。

空胶囊的生产过程大体分为溶胶、蘸胶、干燥、脱模、截割、套合等工序。操作环境的温度应为 10~25℃,相对湿度为 35%~45%,空气洁净度应达到 10 000 级。

(1) 溶胶:一般先称取一定量的明胶,用蒸馏水洗去表面灰尘。加蒸馏水浸泡数分钟,取出,滤去过多的水,放置使充分吸水膨胀。然后移置夹层蒸汽锅中,依次加入增塑剂、防腐剂或着色剂及足量的热蒸馏水,于 70℃之下加热熔融成胶液,再用滤袋(约 150 目)过滤,滤液于 60℃条件下静置,以除去泡沫,澄明后备用。胶液浓度直接影响硬胶囊囊壁的厚薄与均匀性,因此明胶在使用前应先测定其含水量。

(2) 蘸胶翻转制坯:用固定于平板上的若干对钢制模杆以一定深度浸于胶液中。浸蘸数秒钟,然后提出液面,将模板翻起,吹以冷风,使胶液均匀冷却固化。囊体、囊帽分别一次成型。模杆要求大小一致,外表光滑,否则影响囊体和囊帽的大小规格,导致不能紧密套合。模杆浸入胶液的时间应根据囊壁厚薄要求而定。

(3) 干燥:将蘸好胶液的胶囊囊坯置于架车上,推入干燥室,或由传送带传输,通过一系列恒温控制的干燥空气,使之逐渐而准确地排除水分。在气候干燥时,可用喷雾法喷洒水雾使囊坯适当回潮后,再进行脱模操作。如干燥不当,囊坯则容易发软而粘连。

(4) 脱模切割:囊坯干燥后即进行脱模,然后截成规定的长度。

(5) 检查包装备用：制成的空胶囊经过灯光检查剔去废品。

如需要还可在空胶囊上印字，在食用油墨中加 8%~12% 的聚乙二醇 400 或类似的高分子材料，以防所印字迹磨损。空胶囊壳含水量应控制在 13%~16%，当低于 10% 时，胶壳变脆易碎；当高于 18% 时，胶壳软化变形。胶壳含水量还影响其大小，在 13%~15% 含水量改变 1%，胶壳大小约有 0.5% 的变化。环境湿度可影响胶壳的含水量，空胶囊应装入密闭的容器中，严防吸潮，贮于阴凉处。

2. 硬胶囊的填充

(1) 空胶囊大小的选择：胶囊填充药物多用容积来控制其剂量，但是药物和辅料的密度、形态会影响其体积，故应按药物剂量所占容积来选用适宜大小的空胶囊。可根据经验试装后决定，但常用的方法是先测定待填充物料的堆密度，然后根据剂量计算该物料容积，以决定应选胶囊的号数。

(2) 处方组成：硬胶囊剂一般是填充粉状药物或颗粒状药物，但近来也有填装液体或半固体药物，两者在生产上的处方和设备有所不同。

(3) 药物的填充：生产应在温度 25℃、相对湿度 35%~45% 的环境中进行，以保持胶壳含水量不致有大的变化。除少量制备时用手工填充外，大量生产时常用自动填充机。

(三) 硬胶囊剂的质量要求及生产流程洁净区域划分

根据《中国药典》2010 年版规定，胶囊剂的一般检查项目包括水分、装量差异、崩解时限、微生物限度等。具体内容可参见《中国药典》或相应参考书。硬胶囊剂的生产工艺流程及环境区域划分与片剂类似，如图 6-4 所示。

三、颗粒剂生产工艺

颗粒剂系指药物粉末与适宜的辅料混合而制成的具有一定粒度的干燥颗粒状制剂。有可溶颗粒、混悬颗粒、泡腾颗粒、肠溶颗粒、缓释颗粒和控释颗粒等。供口服用。颗粒剂的生产工艺较为简单，片剂生产压片前的各道工序再加上定剂量包装就构成了颗粒剂的整个生产工艺。

(一) 一般生产工艺

可参见片剂生产工艺，在制得颗粒后进行定剂量分装即可。所谓定剂量分装，是将一定剂量的颗粒剂装入薄膜袋中，并将周边热压密封后切断。定量方法有重量法与体积法两种。前者是称取固定重量作为一个剂量；后者是量取等量体积作为一个剂量，较前者更易于实现机械化。在体积定量

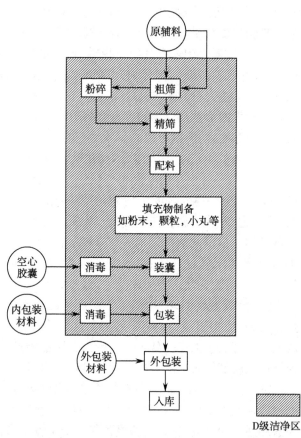

D级洁净区

图 6-4　硬胶囊剂生产工艺流程及环境区域划分

过程中,由于颗粒间存在空隙,因此要求所填装的颗粒空隙率(即松密度)一致。

装袋的过程包括制袋、装料、封口、切断几个步骤。薄膜卷(聚乙烯、纸、铝箔、玻璃纸或上述材料的复合包装材料)连续自上而下进料,由平展状态先折叠成双层,然后进行纵封热合与下底口横封热合,同时充填一个剂量的颗粒,最后进行上口横封热合,打印批号并切断。

(二)一般性质量要求与生产厂房的洁净区分级

《中国药典》2010年版对颗粒剂的一般性质量要求包括粒度、干燥失重、溶化性、装量、装量差异等。具体请参见《中国药典》或相关参考书。颗粒剂的质量要求、生产工艺、生产洁净区分级等均与片剂、胶囊剂类似。控制区洁净级别为D级。

四、软胶囊剂生产工艺

(一)概述

软胶囊又称胶丸,系指将一定量的液体药物直接包封,或将固体药物溶解或分散在适宜的赋形剂中制备成溶液、混悬液、乳状液或半固体,密封于球形或椭圆形的软质囊材中的胶囊剂。软胶囊也可有其他形状,如长方形、筒形等。软胶囊可根据临床需要制成内服或外用的不同品种。

软胶囊整洁美观、容易吞服;可掩盖药物的不适恶臭气味;可提高药物的稳定性;装量均匀准确,溶液装量精度可达±1%,尤其适合药效强、过量后副作用大的药物,如甾体激素口服避孕药等;软胶囊特别适合于油状药物、难以压片或贮存中会变形的低熔点固体药物;此外,生物利用度差的疏水性药物也适合制成软胶囊,有利于提高药物的生物利用度。

软胶囊剂也有不足之处,表现在以下几方面:①遇高温、热易分解;②软胶囊一般不适用于婴儿及消化道有溃疡的患者;③药物的水溶液或稀醇溶液能使明胶溶解。

1. 囊材 软胶囊的囊材是用明胶、甘油、增塑剂、防腐剂、遮光剂、色素和其他适宜的药用材料制成。制备软胶囊时,囊壳的质量直接关系到胶囊的成型与美观。最常用的胶料是明胶、阿拉伯胶。明胶的质量要符合《中国药典》规定,还要符合胶冻力、黏度及含铁量的标准。其勃鲁姆强度(Bloom strength)一般应为150~250;强度高,胶壳的物理稳定性好。黏度范围为25~45mPa·s,对吸湿性强的药物,宜采用胶冻力高、强度低的明胶。

软胶囊剂可塑性强、弹性大,这与增塑剂、明胶、水三者的比例有关。当干明胶与干增塑剂的重量比为1:0.3时,制成的胶囊比较硬;比例为1:1.8时,制得的胶囊较软。通常干明胶与增塑剂的比例在1:(0.4~0.6)时较为适宜;水与干明胶以(1~1.6):1较适宜。

常用增塑剂为甘油、山梨醇,单独或混合使用均可。常用遮光剂有二氧化钛(钛白)、炭黑、氧化铁等,前者最为常用。常用防腐剂包括对羟基苯甲酸甲酯、对羟基苯甲酸丙酯以及他们的混合物;色素应为可用于食品、药品着色的水溶性染料,单独或混合使用;香料有乙基香兰醛、香精等。为避免明胶氧化导致的胶壳老化,囊壳的配方中还常常加入少量的抗氧剂。在软胶囊剂中加入明胶量50%的聚乙二醇400(PEG400),作为辅助崩解剂,可以有效缩短胶囊的崩解时间;为了减缓软胶囊的老化速度,可以添加6%的柠檬酸;此外,在胶囊壳中加入山梨糖酐或山梨糖醇,可使软胶囊的硬化速度延缓;加入环糊精也可改善软胶囊的崩解。

2. 囊内填充物的要求 软胶囊中最好填充非水的液态药物,这是因为液态药物具有较高的生物利用度。填充固体药物时,药物粉末应当能通过五号筛,并混合均匀。不能充分溶解的固体药物可以制成混悬液,但混悬液必须具有与液体相同的流动性。混悬液常用的分散介质是植物油或植物油加非离子表面活性剂。若用植物油作为分散介质时,油量的多少要通过实验比较加以确定。此外,混悬剂中还可以使用助悬剂或润湿剂,以提高软胶囊内容物的稳定性。

(二)软胶囊的制备

1. 内容物配制 当软胶囊剂中的药物是油类时,只需加入适量抑菌剂,或再添加一定数量的其他油类(如玉米油),混匀即得。药物若是固态,首先将其粉碎过 100~200 目筛,再与植物油混合,经胶体磨研匀,使药物均匀悬浮于油中。软胶囊大多填充药物的非水溶液,若要添加与水相混溶的液体如 PEG、吐温 -80 等,应注意其吸水性,因胶囊壳水分会迅速向内容物转移,而使胶壳的弹性降低。在长期储存中,酸性内容物使明胶水解造成泄漏,碱性内容物能使胶壳溶解度降低,因而内容物的 pH 应控制在 2.5~7.0 为宜。醛类药物会使明胶固化而影响溶出。

2. 化胶 软胶囊壳与硬胶囊壳相似,主要含明胶、阿拉伯胶、增塑剂、防腐剂、遮光剂和色素等成分,其中明胶:甘油:水以 1:(0.3~0.4):(0.7~1.4) 的比例为宜。根据生产需要,按上述比例将以上物料加入夹层罐中搅拌,蒸汽夹层加热,使其溶化,保温 1~2 小时,静置待泡沫上浮后,保温过滤,成为胶浆备用。

3. 软胶囊的制备 在生产软胶囊剂时,药物填充与胶囊成型是同时进行的。制备方法分为滴制法和压制法。

(1)滴制法:由具有双层滴头的滴丸机完成。油状药物与明胶液分别由滴制机喷头的内外层按不同速度喷出,一定量的明胶液将定量的油状液包裹后,滴入另一种不相混溶的液体冷却剂(必须安全无害,和明胶不相混溶,一般为液状石蜡、植物油、硅油等)中,胶液接触冷却液后,由于表面张力作用而使之形成球形,并逐渐凝固成软胶囊。制备过程中必须控制药液、明胶液和冷却液三者的密度,以保证胶囊有一定的沉降速度,同时有足够的时间冷却。滴制法设备简单,投资少,生产过程中几乎不产生废胶,产品成本低。

(2)压制法:将明胶与甘油、水等溶解制成胶带,再将药物置于两块胶板之间,调节好胶皮的厚度和均匀度,用钢模压制而成,连续生产采用自动旋转轧囊机。两条机器自动制成的胶带相向移动,到达旋转模前,一部分已加压结合,此时药液从填充泵中经导管进入两胶带间,旋转进入凹槽,后胶带全部轧压结合,将多余胶带切割即可。压制法产量大,自动化程度高,成品率也较高,计量准确,适合于工业化大生产。

4. 干燥、检查与包装 制得的软胶囊在室温(20~30℃)条件下冷风干燥,经石油醚洗涤两次,再经 95% 乙醇洗涤后于 30~35℃烘干,直至水分合格,即得软胶囊。检查剔除废品即可包装,包装方法及容器与片剂相同。

5. 软胶囊的印字 在软胶囊上可将商标、图文等借助于食用色膏(俗称油墨)印刷在表面,可提高防伪功能和识别效果,增加患者的亲和力。

(三)质量要求与生产厂房洁净区域划分

软胶囊的质量要求与硬胶囊相同。因各种原因,软胶囊本身存在着一些稳定性问题,如贮存期内的崩解不合格、胶囊内发生迁移等,但可通过调整增塑剂、改善工艺过程等方法加以解决。

在软胶囊的生产过程中,各种囊材、药液及药粉的制备,明胶液的配制,制丸,整粒和干燥等暴露工序在 D 级净化条件下操作。不能热压灭菌的原料的精制、干燥、分装等暴露工序在 D 级条件下操作。其他工序在"一般生产区"内完成,无洁净级别要求,流程图见图 6-5。

生产工艺环境要求:①软胶囊工艺室:温度 22~24℃,相对湿度 20%;②软胶囊干燥室:温度 22~24℃,相对湿度 20%;③软胶囊检测室:温度 22~24℃,相对湿度 35%。

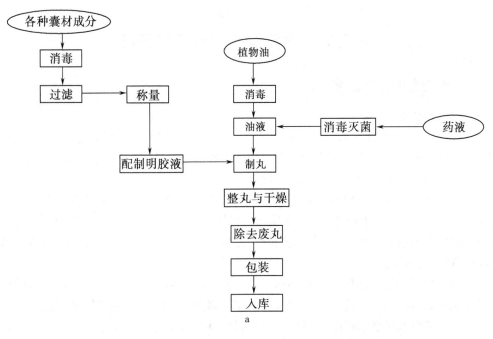

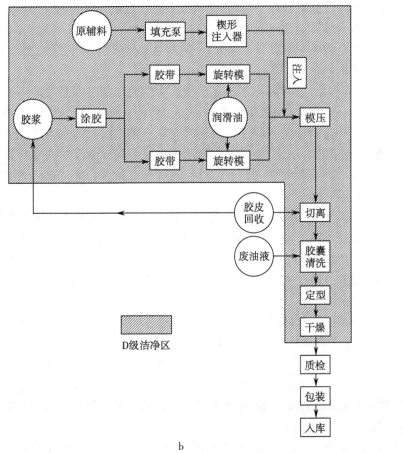

图 6-5 制备软胶囊生产工艺流程及洁净区域划分

a.滴制法;b.压制法

第二节　固体制剂生产工艺设备

一、片剂生产工艺设备

（一）粉碎技术与设备

粉碎过程主要是借助外加作用力如剪切力、冲击力、压缩力和碾磨力等来破坏分子间的内聚力，被粉碎的物料受到外力作用后在局部产生很大的应力，当应力超过物料分子间力时即产生裂隙，并进一步发展为裂缝，最后破碎或开裂。

1. 粉碎方法和技术　粉碎方法有单独粉碎和混合粉碎，干法粉碎和湿法粉碎，低温粉碎和超微粉碎技术等。选择什么方法应根据物料的性质进行，应保证药物的组成和药理作用不变，避免有效成分的损失，不做过度粉碎，以减少药物损失和能源消耗；对于有毒或刺激性强的药物应注意保护。

（1）单独粉碎和混合粉碎：单独粉碎是将各药物成分独自粉碎的过程。单独粉碎能够减少贵重药物或有毒有刺激性药品的损耗，有利于大多数药物在不同复方制剂中的配伍应用；对于特殊性药物如氧化性或还原性药物也必须单独粉碎，避免引起爆炸。

混合粉碎是将药品混合在一起同时粉碎，采用混合粉碎可使混合与粉碎同时进行，节约成本与时间。混合粉碎适用于处方中性质和硬度相似的药物，也适用于黏性强或含油量大的组分。对于混合粉碎中含有共熔成分，可能发生液化或潮解现象的，能否混合粉碎要取决于制剂的具体要求。

（2）干法粉碎和湿法粉碎：干法粉碎是指药物在粉碎前一般经过适当的干燥处理，使其水分含量降低到一定限度（一般少于 5%）再进行粉碎。而湿法粉碎则是指将适量的水或其他液体加入药物中进行研磨粉碎。湿法粉碎中有一种方法叫做水飞法，是将药物与水共置于粉碎机械中一起研磨，一定时间后，将漂浮于液面或混悬于水中的细粉倾出，余下的粗料再加水反复操作，至全部药物研磨完毕，然后将所有混悬液合并，沉降，倾去上层清液，湿粉干燥，从而得到极细粉。

（3）低温粉碎：低温粉碎是利用物质在低温状态下的脆性对物料进行粉碎的方法，适用于一些常温下不易破碎的物料。在温度降低到一定程度时，物质内部原子间间距显著减小，使得吸收外力变形的能力变差，导致物质丧失部分弹性而显示脆性；且在快速降温过程中，物质内部不均匀收缩而产生的内应力导致物质出现微裂纹，此时，外部较小的作用力即可使其裂纹迅速扩大而破碎。

（4）超微粉碎技术：超微粉碎具有产品纯度高，粒度细且粒度分布狭窄，能满足生产或科研的实际要求；生产自动化程度高，工艺简单能耗低等优点。可分为机械粉碎、物理化学粉碎以及化学粉碎 3 种方法。机械粉碎的优点是简单，机械化程度较高，缺点是能耗大，对药物粒子的粒径、形状、表面性质及其带电性不能很好控制，导致粉体流动性差。物理化学粉碎包括采用机械粉碎与喷雾干燥、溶胶技术以及超临界流体等技术的结合使用；化学粉碎包括溶剂转化法、重结晶法等。

除了以上 4 类方法，根据被粉碎物料的性质，产品粒度以及粉碎设备，大生产时还可采用不同的粉碎方式，如闭塞粉碎与自由粉碎，开路粉碎与循环粉碎等。

2. 粉碎设备　目前在制药行业中常用的粉碎设备按其作用方式，主要有截切式、挤压式、撞击式、碾磨式和锉削式等。

(1) 截切式粉碎设备:是利用刀片的剪切原理,将物料切制成片状,又称为切药机、切片机或截切机等。一般用于将中药的根、茎、叶等药用部分切成片、细条或碎块等,以供进一步粉碎、提取或调配处方之用。其中以往复式切药机和旋转式切药机较为常见,具体内容请参见第九章。

(2) 挤压式粉碎设备:又称辊压机或滚压机(图6-6),其主体是两个相向转动的辊子或滚筒,输送设备将脆性物料送入装有重量传感器的称重仓,而后通过挤压机的进料装置,进入两个大小相同、相对转动的辊子之间,由辊子一面将物料拉入辊子中,另一面则以高压将物料压成密实的物料饼,最后从辊隙中落下,由输送设备送至下一道工序,对物料做进一步的分散或粉磨。由于其实现了几十至几百兆帕高压条件下的粉碎,不仅使物料的粒度大幅度降低,而且产品内部微细纹裂增加,使物料的易磨性得到明显改善。

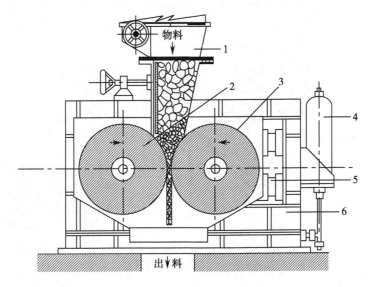

图6-6 辊压机结构示意图
1.加料装置;2.固定辊;3.活动辊;4.储能器;5.滚压油缸;6.机架

(3) 撞击式粉碎设备:撞击式粉碎设备一般采用锤子、钢齿或大板等特殊装置,在密闭的机壳内做高速转动,物料受到强烈的撞击、劈裂与碾磨等作用而粉碎。

1) 锤式粉碎机:锤式粉碎机主要依靠冲击作用破碎物料(图6-7)。物料进入粉碎室,受到高速回转的锤头冲击而破碎,破碎的物料从锤头处获得动能,高速冲向粉碎室的器壁,与此同时物料之间也相互撞击,多次撞击粉碎后,小于筛条间隙的物料可从间隙中排出,从而获得所需粒度的产品。

2) 刀式粉碎机:是利用高速旋转的刀板与固定齿圈的相对运动对物料进行粉碎,外观如图6-8所示。刀式粉碎机进一步可分为普通刀式、斜刀式、组合立式和立式侧刀式。

3) 齿式粉碎机:典型代表是万能磨粉机,又称不锈钢粉碎机、高效粉碎机、多功能粉碎机等,其工作原理是利用活动齿盘

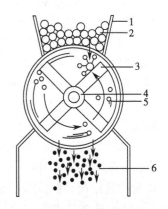

图6-7 锤击式粉碎机示意图
1.料斗;2.原料;3.锤头;4.旋转轴;5.未过筛颗粒;6.过筛颗粒

和固定齿盘之间的高速相对运动,物料受到冲击、摩擦等综合作用被粉碎,被粉碎的物料可直接由主机的磨腔中排出。通过更换不同孔径的网筛,可控制物料的粒度。本机结构简洁、坚固,运转平稳,粉碎物料快速、均匀,效果良好。由于适用于粉碎各种干燥的非组织性药物、中药的根茎皮及干浸膏等,故有"万能"之称(图6-9)。但由于转速较高,粉碎过程中机器和物料易发热,因而不宜用于含有大量挥发性成分的药物和具有黏性的药物,也不宜用于腐蚀性、剧毒及贵重药物的粉碎。

图6-8　刀式粉碎机外观示意图

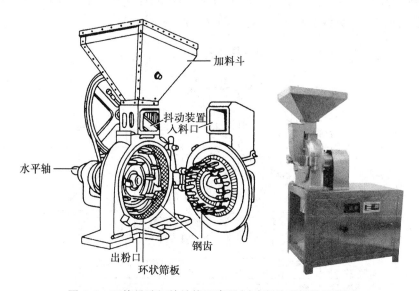

图6-9　万能粉碎机的结构示意图(左)和外观结构图(右)

　　万能磨粉机一般由加料斗、粉碎室、物料收集箱以及吸尘器等组成,一些机型还带有降温装置,可使机温降低,有利于机器平稳运行。物料由加料斗进入粉碎室,粉碎室的转子及室盖面上装有相互交叉排列的钢齿,转子上的钢齿能围绕室盖上的钢齿旋转,药物自高速旋转的转子获得离心力而抛向室壁,因而产生剧烈撞击作用;药物在急剧运行过程中亦受钢齿间的劈裂、撕裂与研磨作用。由于转子的转速很高,因而粉碎作用很强烈。被粉碎的物料在气流的帮助下,较细的粉粒通过室壁的环状筛板进入集粉器,已缓冲了的气流带有少量较细的粉尘进入放气袋(一般用厚布制成),气体通过滤过的作用排出,粉尘则被阻回于集粉器中,收集的粉末自出粉口放出到盛粉袋。

　　万能粉碎机在粉碎过程中产生大量粉尘,故必须装有集尘排气装置,以利安全与收集粉末。万能磨粉机操作时应先关闭塞盖,开动机器空转,待高速转动时再加入欲粉碎的药物,以免阻塞钢齿,增加电动机启动时的负荷。加入的药物应大小适宜,必要时预先切成段块。万能磨粉机的生产能力根据型号的不同,可从每小时几千克到几百千克不等,具体应用时应根据实际需求以及被粉碎药物的性质和粉碎度的不同而选用。

　　(4)磨式粉碎设备

　　1)球磨机:球磨机系在不锈钢或陶瓷制成的圆柱筒内装入一定数量不同大小的钢球或

瓷球,使用时将药物装入圆筒内,加盖密封,当圆筒转动时带动钢球转动,并升至一定高度,然后在重力作用下抛落下来,球的反复上下运动使药物受到强烈的撞击和研磨,从而被粉碎(图6-10)。

球磨机的粉碎效果与圆筒的转速、球与物料的装量、球的大小与重量等因素有关。球磨机必须有一定的转速,如果球罐的转速过小,主要发生研磨作用,粉碎效果较差;球罐的转速过大,则离心力可能超过球的重力,使球紧贴于罐壁,不能粉碎物料。只有当球罐的转速适宜时,球的上升角度随之增大,大部分球随筒体上升至一定高度,并在重力与惯性力作用下沿抛物线抛落,此时物料在球体的冲击和研磨联合作用下,粉碎效果最好。

使用球磨机时,还应注意根据物料的粉碎程度选择适宜大小的球体。一般来说,球体的直径越小、密度越大,越适合于物料的微粉碎。球磨机中所采用圆球

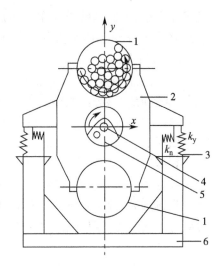

图6-10　球磨机示意图
1.筒体;2.支承板;3.隔振弹簧;4.主轴;
5.偏心重块;6.机座

的大小,与被粉碎药物的最大直径、圆筒内径、药物的弹性系数和圆球的重量等有关。应使圆球具有足够的重量,以使其在下落时,能粉碎药物中最大的物块为度;一般圆球直径不小于65mm。欲粉碎药物的直径亦不应大于圆球直径的1/4~1/9为宜。圆球大小不一定要求完全一致,直径不同的圆球可以增加研磨作用。一般球和粉碎物料的总装量为罐体总容积的50%~60%时,粉碎效果最好,而圆球的数量占圆筒容积的30%~35%为宜。

球磨机是最普遍的粉碎机之一,适用于粉碎结晶性药物、脆性药物以及非组织性中药如儿茶、五倍子、珍珠等。球磨机由于结构简单,不需要特别管理,且采用密封操作,可减少粉尘飞扬。因此,常用于毒剧药物、贵重药、吸湿性或刺激性强的药物,亦可用在无菌条件下进行无菌药物的粉碎和混合,必要时可以充入惰性气体。除应用于干法粉碎外,球磨机还可进行湿法粉碎,所以应用范围较广。缺点是该法粉碎效率低,粉碎时间长。

2)重压式粉碎机:又称重压研磨式超微粉碎机,粉碎细度较高,可达1000目以上,其设计原理与中药沿用多年的研船相似,是利用转轮与研磨槽底部的挤压和下侧部的研磨实现

粉碎,见图6-11。它主要由两个以上压轮与研磨槽组成,并配置粉末分级装置。压轮采用旋转压力机构,可保证旋转均匀,压力一致。当物料由风机风力吸入粉碎室时,在压轮的压力作用下,物料在压轮与研磨槽之间发生研磨、冲击与碰撞,又在离心力带动下,物料反复进入压轮与研磨槽之间,被充分挤压与研磨,从而实现超微粉碎。

与其他一些高速粉碎机高达几千转的转速相比,重压研磨式粉碎机中压轮的旋转速度较慢,只有200~400r/min。较低的转速带来了很多的好处,一是产生的热量小,耗能低;二是有利于分级,低转速激扬起的粉末速度也不会很快,一般按自身重量分级,轻而细

图6-11　重压式粉碎机外观图

的粉末在上,粗而重的粉末在下,因而有利于分级;三是噪声低。由于重压研磨式粉碎机具有反复挤压研磨的作用,因此特别适用于一些纤维性以及高硬度物料的粉碎。

(5) 其他粉碎设备

1) 气流粉碎机:又称流能磨、气流磨等。基本结构包括气体压缩机、气流粉碎机室、旋风分离器、除尘器等。气体压缩机产生 7~10 个大气压的高压气体,通过喷嘴沿切线进入粉碎室时产生超音速气流,物料被气流带入粉碎室被气流分散、加速,并在粒子与粒子间、粒子与器壁间发生强烈撞击、冲击、研磨而得到粉碎。

粉碎后的细粉被压缩空气夹带进入旋风分离器,在转子旋转所产生的离心力作用下,粉体按粒径大小分开。粗颗粒受重力和离心力的作用下沉,被转子叶片抛向筒体四周并沿筒体下滑,返回粉碎室继续粉碎;达到粒度要求的颗粒由于受到较小离心力的作用,通过强制分级叶片之间的缝隙进入收集系统,见图 6-12。

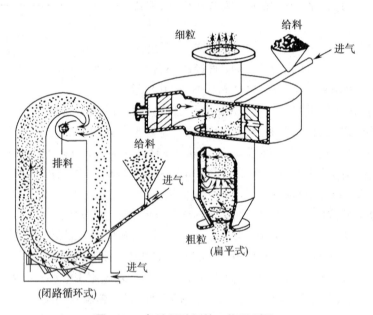

图 6-12　气流粉碎机的工作原理图

采用气流粉碎机,可使物料粉碎至 $3~20\mu m$,实现超微粉碎,因而具有"微粉机"之称;同时,由于高压空气从喷嘴喷出时产生焦耳 - 汤姆逊冷却效应,因此物料在粉碎过程中温度并不明显升高,故适用于热敏性物料如抗生素、酶和低熔点物料的粉碎;气流粉碎机的设备简单、易于对机器及压缩空气进行无菌处理,因此还可用于无菌粉末的粉碎;但相对来说,粉碎费用较高。

气流粉碎机的种类很多,根据结构形式,可分为扁平式(又称圆盘式)气流粉碎机、循环管式气流粉碎机、单喷式(又称靶式)气流粉碎机、对喷式气流粉碎机和汇聚式气流粉碎机,其中,单喷式、对喷式和汇聚式气流粉碎机也称流化床式气流粉碎机。

2) 胶体磨:胶体磨一般分为分立式和卧式两种规格,主机部分由壳体、定子、转子、调节机构、冷却机构和电机等组成。其基本原理是流体或半流体物料通过高速转动的圆盘(与外壳间仅有极小的空隙,可以调节至 0.005mm 左右),物料在空隙间受到极大的剪切及摩擦,同时在高频震动、高速旋涡等作用下,物料有效地分散、乳化、粉碎和均质,从而获得极小的粒径。见图 6-13。

不同的粉碎设备有自己的特点和优势,待粉碎的物料应根据具体情况选择合适的粉碎设备。

(二) 筛分设备

筛分操作时,将欲分离的物料放在筛网面上,采用一定的方法使粒子运动,并与筛网接触,小于筛孔的粒子漏到筛下,大于筛孔的粒子则留置筛面上,从而将不同粒径的粒子分离。按运动方式,筛分设备主要有摇动筛、振动筛和气流筛等。

(1) 摇动筛:小批量生产时常使用摇动筛。应用时可取所需号数的药筛,按筛号大小依次叠成套,套在接收器上,上面盖上盖子,固定在摇动台上

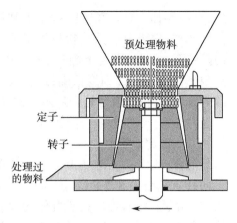

图 6-13 胶体磨结构示意图

进行摇动和振荡,处理量少时可用手摇动,处理量大时可用马达带动,即可完成对物料的分级。常用于测定粒度分布或少量剧毒药、刺激性药物的筛分。

(2) 振动筛:其基本原理是利用振动源使振动筛分机做不平衡运动,然后将之传递给筛面,使物料在筛面上做外扩渐开线运动,从而达到筛分的目的。振动筛的结构如图 6-14 所示,上部重锤使筛网产生水平圆周运动,下部重锤使筛网发生垂直方向运动,若改变重锤的相位角可改变物料的运动轨迹,如做圆周运动,涡旋运动等,故筛网的振荡方向具有三维性。物料加在筛网中心部位,筛网上的粗料由上部排出口排出,筛分的细料由下部的出料口排出。

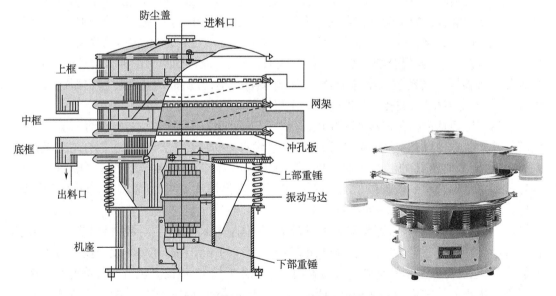

图 6-14 振动筛结构示意图(左)和外观图(右)

振动筛往复振动的幅度比较大,粉末在筛面上滑动,故适用于筛析无黏性的植物药或化学药物的粉末。由于在密闭箱中筛析,对有毒性、刺激性及易风化或潮解的药粉也适宜。振荡筛具有分离效率高、单位筛面处理能力大、维修费用低、占地面积小、重量轻等优点,因而被广泛应用。

(3) 气流筛:又称为气旋筛,由电机、机座、圆筒形筛箱、风轮和气 - 固分离除尘装置组

成,见图6-15。它是在密闭状态下利用高速气流作载体,使充分扩散的粉料以足够大的动能向筛网喷射,达到快速分离的目的。气流筛的筛分效率高,产量大,细度精确,适用细度范围一般为50~800目。因为是全封闭结构,因此无粉尘溢散现象,同时噪声小,能耗低。

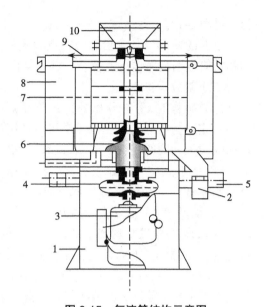

图 6-15　气流筛结构示意图
1. 机座;2. 排渣口;3. 电机;4. 挠性连接;5. 回风道;6. 激振器;7. 筛网;8. 上盖;9. 料斗

(三) 混合设备

混合,从广义上讲是指把两种或两种以上不同性质的组分在空间上分布均匀的过程,包括固 - 固、固 - 液、液 - 液等组分的混合。在药物制剂生产过程中,常以微细粉体作为混合的主要对象。混合对于药物制剂的意义非常重大,混合的结果直接影响制剂的外观质量及内在质量。如在片剂生产中,混合不好会产生外观不佳、含量均匀度不合格等问题,影响药效等。因此,合理的混合操作是保证制剂产品质量的重要措施。

固体的混合设备主要有容器旋转型、容器固定型和复合型3种。

容器旋转型是靠容器本身的旋转作用带动物料上下运动,使物料混合。传统旋转型混合机的容器有圆筒形,双锥形或 V 形等形状。这些混合机的混合容器一般随定轴定向转动,还有一些新型混合机的容器是在空间作多维运动,从而使粉体得到更为充分的混合,如摇滚式混合机和摇摆式混合机。容器旋转型混合机在混合流动性好、物性相似的物料时,可以得到较好的混合效果,当混合物料物性差距较大时,一般不能得到理想的混合物;同时因混合物料需与容器同时转动进行整体混合,其装料系数较小,且所需的能耗比固定型混合机要大;而且与固定型相比,回转型的混合机噪声相对较大。

容器固定型是物料在容器内靠叶片、螺带、飞刀或气流的搅拌作用进行混合。对凝结性、附着性强的混合物料有良好的适应性,且当混合物料之间物性差异较大时,混合均匀度也较好,还能进行添加液体的混合和潮湿易结团物料的混合,同时其装载系数大、能耗相对小。但容器固定型混合机一般难以彻底清洗,难以满足换批清洗要求,且装有高速转子的机型,对脆性物料有再粉碎倾向,易使物料升温。

所谓复合型,就是在容器旋转型的基础上,在容器内部增设了搅拌物料的装置,也可以说是容器旋转型的延伸,如摇滚混合机、内装搅拌叶片的 V 形混合机等。复合型兼容了容器旋转型的特点,克服了物料有凝结或附着物料的混合不均匀,使此类设备混合更均匀。该类设备常适用于固体制剂与非无菌制剂生产,当用于无菌制剂生产时应有相应的清洗与灭菌手段予以保证。

1. V 形混合机　是一种容器旋转型混合设备。由两个圆筒呈 V 形交叉结合而成,物料在圆筒内旋转时,被分成两部分,再使这两部分物料重新汇合在一起,这样反复循环,在较短时间内即能混合均匀,见图6-16。V 形混合有两种,一种是对称型 V 形混合,混合的装料系数 30%,混合均匀度可达 90%;另一种是不对称型混合,混合的装料系数可达 40%,混合均匀度可达 96% 以上。V 形混合器的缺点是体积大,回转空间大,内部不易全抛光,易造成死

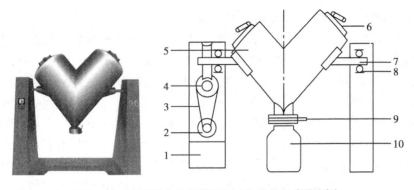

图 6-16　V 形混合机外观图(左)和结构示意图(右)

1.机座;2.电机;3.传动皮带;4.蜗轮蜗杆;5.容器;6.盖;7.旋转轴;8.轴承;9.出料口;10.盛料器

角和交叉污染。

2. **双锥形混合机**　类似于 V 形混合机。双锥形混合机是将粉末或粒状物料通过真空输送或人工加料到双锥容器中,随着容器的不断旋转,物料在容器中进行复杂的撞击运动,达到均匀的混合,见图 6-17。因为物料只做单向运动,混合效果不良,已趋于淘汰。

3. **槽型混合机**　是一种容器固定型混合设备。由断面为 U 形的混合槽和螺旋状搅拌桨组成,混合槽可以绕水平轴转动以便于卸料。在搅拌桨的作用下,物料不停地朝上下、左右、内外各方向运动,从而达到混合均匀的作用,见图 6-18。混合时物料主要以剪切

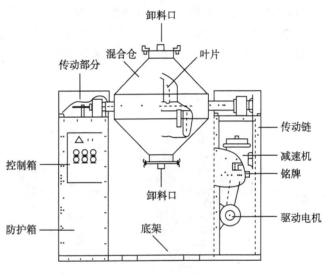

图 6-17　双锥形混合机示意图

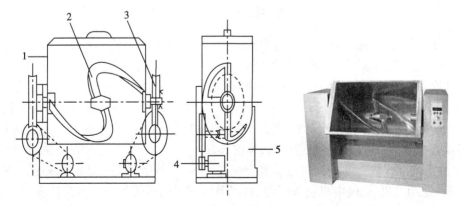

图 6-18　槽型混合机结构示意图(左)和外观图(右)

1.混合槽;2.搅拌桨;3.蜗轮减速器;4.电机;5.机座

为主,混合时间较长,混合度与 V 形混合机类似。

其主要特点是一般用在称量后、制粒前的混合,与摇摆式颗粒机配套使用,目的是使物料达到均匀分布,以保证药物剂量准确。一般装料约占混合槽容积的 80%。优点是价格低,操作简便,易于维修;缺点是混合时间长,搅拌效率低,搅拌轴两端易漏粉,污染环境,对人体健康不利。

4. 锥形螺旋混合机　是一种容器固定型混合设备。由锥形容器和内装的螺杆组成,螺杆的轴线与容器锥体的母线平行,几个螺杆的运动为非对称。混合机既有自转又有公转,由一套电机及摆线针轮减速机来完成,采用非对称搅拌,使物料搅拌范围更大。在混合过程中,物料在螺杆的推动下自底部上升,又在公转的作用下在全容器内产生涡旋和上下循环运动,使得混合更均匀,混合速度快,动力消耗较其他混合机少,比较适合于比重悬殊、混配比较大的物料。

类似的还有锥形螺带混合机,结构与锥形螺旋混合机相似,只是主轴上有大小不同的两圈或三圈螺带。启动混合机后,外层螺旋将物料从两侧向中央汇集,内层螺旋将物料从中央向两侧输送,形成对流混合,同时物料在混合室内沿壁以自下而上的圆周移动而进行提升或抛起,当物料达到中心位置或最高点时,便靠重力向下运动,从而使物料在锥形混合室内相互扩散、对流、剪切、错位和掺混,迫使物料作全方位的空间不规则复合运动。螺带混合机对于黏性或有凝聚性的粉粒体中添加液体及糊状物料的混合有良好效果,见图 6-19。

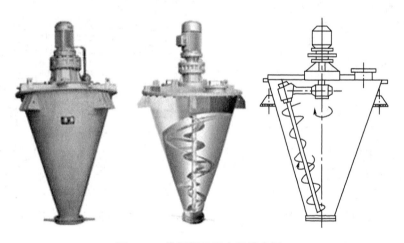

图 6-19　锥形螺旋混合机示意图

5. 三维运动混合机　是一种复合型混合设备,又称摇滚式混合机或多向运动混合机,由机座、主动轴、从动轴、摇臂、容器等组成。主轴转动一周时,混合容器在两空间交叉轴上、下颠倒 4 次,容器在空间既有公转,又有自转和翻转。物料在容器内除被抛落、平移外,还作翻倒运动,进行有效的对流混合、剪切混合和扩散混合。混合筒多方向运动,物料无离心力作用,无比重偏析及分层、积聚现象,各组分可有悬殊的重量比,混合率达 99.9% 以上,是目前各种混合机中的一种较为理想的产品,见图 6-20。

6. 摇摆式混合机　是一种复合型混合设备,又称二维运动混合机。主要由机座曲臂、混合料筒、摆动电机、旋转电机、转动轮连杆以及物料导向板等组成。其筒体有两个运动方向,一方面绕其对称轴作自旋,另一方面还绕一根与其对称轴正交的水平轴作摇摆运动。筒体参与的运动是水平和摇动两个方面的复合运动,而不是单一的定轴转动。再加之桶体内

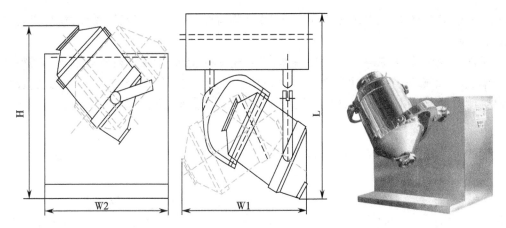

图 6-20 三维混合机结构示意图(左)和外观图(右)

壁焊有物料导向板,有类似搅拌器的功能,从而使物料混合更加充分,见图6-21。二维运动混合机的特点是占有空间小,混合量大,混合的装料系数达50%~60%,混合均匀度最高可达98%以上。

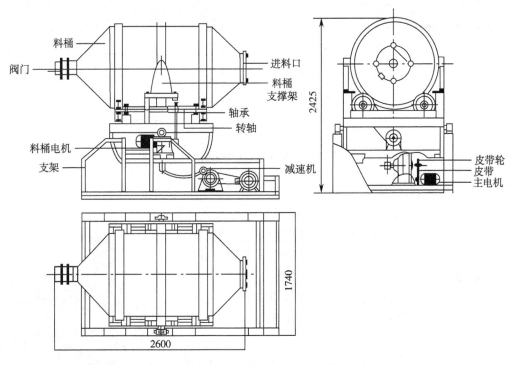

图 6-21 二维运动混合机示意图

(四) 制粒设备

1. 干法制粒设备 干法制粒通常包括压片法和滚压法。压片法系将固体粉末先在重型压片机上压成直径为20~25mm的胚片,再破碎成所需大小的颗粒。滚压法系利用滚压机将药物粉末滚压成片状物,再通过进一步的碾碎和筛分得到一定大小的颗粒,是目前常规的大生产方法。

在使用干法制粒机制备颗粒时,将混合物由制粒机的顶部加入,经预压进入轧片机内,在轧片机的双辊挤压下,物料变成了片状,片状物料经过破碎、整粒、筛粉等过程,得到需要的粒状产品。

干法制粒机(图 6-22 和图 6-23)由加料器、轧片机、破碎机和整粒机等组成。物料经机械压缩成型,不破坏物料的化学性能,不降低产品的有效含量,整个过程封闭,无杂质流入,产品纯度高,且对环境无污染,生产流程自动化,适用于大规模生产。

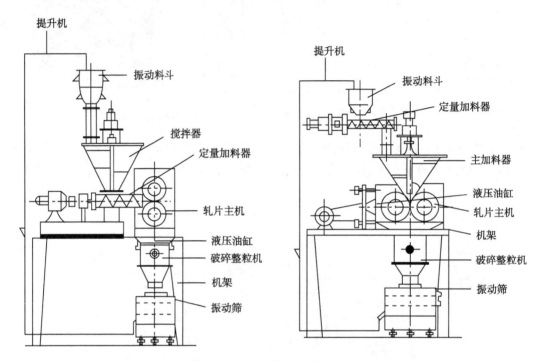

图 6-22　干法制粒机结构示意图

2. 湿法制粒设备

(1)挤压制粒设备:先将药物粉末与处方中的辅料混合均匀,然后加入黏合剂制软材,用强制挤压的方式将软材通过筛网而制粒。这类制粒设备有螺旋式挤压、摇摆式挤压、旋转式挤压等。

1)螺旋式挤压制粒机:利用螺旋杆的转动推力,把软材压缩后输送至一定孔径的制粒板前部,强迫软材挤压通过小孔而制粒,见图 6-24。

2)摇摆式挤压制粒机:摇摆式颗粒机在结构上由电机、三角带轮、蜗杆蜗轮传动,在偏心曲轴和升降齿条的作用下,使齿轮轴带的五角滚刀作周期性的往复旋转。料斗中的软材不断运动并由筛网和转子间隙控制及挤出颗粒。见图 6-25。

图 6-23　干法制粒机实物图

此外,在用铁丝网底时,摇摆式颗粒机也可以作为将大颗粒破碎成小颗粒机械。此时,凝结成块状的物料在由五角滚刀制成的滚筒中进行冲撞粉碎,并强迫干料通过筛网,此过程在制剂工艺中叫做整粒,目的是使干燥过程中黏合在一起的大块物料破碎成大型均匀的颗粒,便于颗粒剂分装,或胶囊剂填充以及片剂压制。

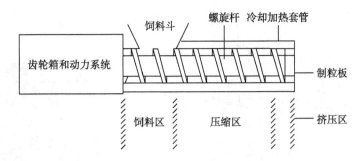

图 6-24 螺旋式挤压制粒机示意图（轴式）

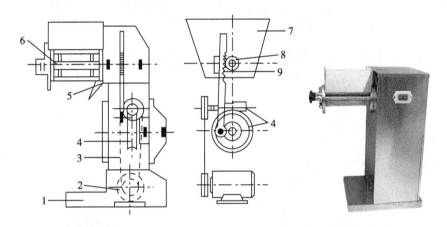

图 6-25 摇摆式挤压制粒机结构示意图（左）和实物图（右）

1.底座；2.电动机；3.传动皮带；4.蜗轮蜗杆；5.齿条；6.七角滚轮；7.料斗；8.转轴齿轮；9.挡块

摇摆式颗粒机是以机械传动,在摩擦力的作用下滚筒自转,粉状物料在旋转滚筒的正、反旋转作用下从筛网孔中排出送出机外。调节筛网的松紧与滚筒的转速,可在一定程度上控制颗粒的粒度与密度。一般情况下,筛网绷得越紧,制成的湿颗粒就越软,反之则越硬。此外,颗粒的结实程度与制粒用筛网的材料有关,同样的软材,从尼龙筛网中挤出的颗粒要比从铁丝筛网中挤出的颗粒要硬,干燥后的密度更大。颗粒的密度对于单纯颗粒剂的影响较小,由于颗粒的密度与其流动性和可压性都有密切关系,因此,在胶囊剂和片剂的制备中,颗粒的制备与质量控制显得尤为重要。

3) 旋转式制粒机:有一个圆筒,圆筒两端各有一种小孔作为不同筛号的筛孔,一端孔径比较大,另一端孔径比较小,借以适应粗细不同颗粒的选用。本机不用金属筛网,因此不致有从筛网掉下的金属屑。但由于刮板与圆筒间没有弹性,其松紧难以掌握恰当。软材中黏合剂用量不好控制,稍多时所成颗粒过于坚硬或压制成条状;用量稍少则成粉末。本机仅适用于含黏性药物较少的软材,其生产量小于摇摆式,故现在已少用。

(2) 高速搅拌制粒设备:又称为三相制粒机,是 20 世纪 80 年代发展起来的集混合与制粒于一体的设备。有立式和卧式两种,结构分别见图 6-26 和图 6-27。

高速搅拌制粒机主要由混合桶、搅拌桨、切割刀和动力系统组成。大搅拌桨的作用是使物料上下、左右翻动并进行均匀混合,小切割刀则将物料切割成均匀的颗粒。操作时,将原辅料按处方量加入混合桶中,密盖,开动搅拌桨,将干粉混合 1~2 分钟,待混合均匀后加入黏合剂或润湿剂,再搅拌 4~5 分钟,物料即被制成软材,然后,再开动切割刀,容器内的物料在

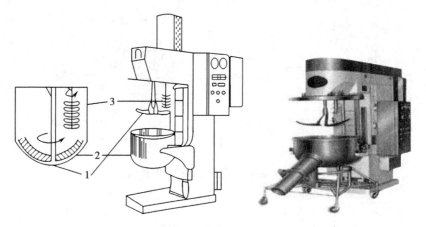

图 6-26 立式高速搅拌制粒机的结构示意图(左)与实物图(右)
1.搅拌桨;2.混合桶;3.切割刀

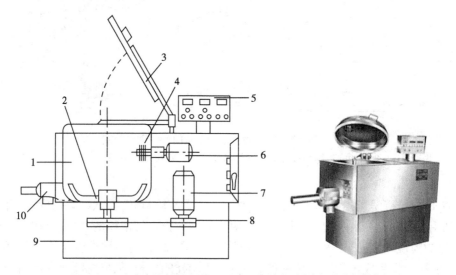

图 6-27 卧式高速搅拌制粒机的结构示意图(左)与实物图(右)
1.盛料桶;2.搅拌器;3.桶盖;4.制粒刀;5.控制器;6.制粒电机;7.搅拌电机;8.传动皮带;9.机座;10.出料口

搅拌桨、切割刀的快速翻动和转动下,短时间内被制成大小均匀的颗粒。

高速搅拌制粒机将混合、制粒二道工序一步完成,与传统的摇摆式制粒工艺相比,效率提高 4~5 倍。在高速搅拌制粒机上制备一批颗粒仅需 8~10 分钟,黏合剂用量比传统工艺节约 15%~25%,而且所制成的颗粒在粒度均匀性、片子硬度、溶出度、片子光洁度等方面也优于传统工艺制成的颗粒。同时,高速搅拌制粒机采用全封闭操作,无粉尘飞扬,最大限度地降低污染,符合 GMP 规范和劳动保护要求。因此,高速搅拌制粒机是一种比较理想的进行混合制粒过程的设备。

(3) 流化制粒设备:流化制粒设备由空气压缩系统、加热系统、喷雾系统及控制系统等组成(图 6-28),有容器、空气分流板、喷嘴、过滤袋、空气进出口、物料排出口等结构,也称为一步制粒机。按其喷液方式的不同,又可分为顶喷、底喷、切线喷等(图 6-29),制粒一般选择顶喷流化床。

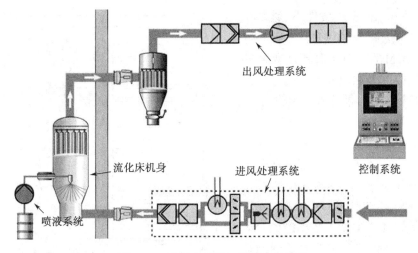

图 6-28　流化床制粒机的结构示意图

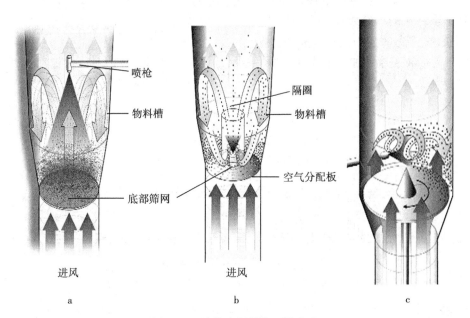

图 6-29　流化床制粒的 3 种方法

a. 顶喷,用于普通流化床制粒机;b. 底喷,用于 Wurster 气流悬浮柱;c. 切线喷,用于旋转
流化床制粒机

（五）干燥设备

干燥方法可按不同的情况进行分类。按操作方式,可分为连续式干燥和间歇式干燥;按
操作压力,可分为减压干燥和常压干燥;按热量传递方式,可分为传导干燥、对流干燥、辐射
干燥、介电加热干燥等;按结构形式,可分为厢式、隧道式、转筒式、气流式等。

1. 减压干燥设备　又称真空干燥器,其方法是在密闭容器中抽去空气后进行干燥。减
压干燥可显著减少干燥介质所带走的热量损失,并容易收集从物料中所分出的、有价值的
(或有害的)蒸气。适用于干燥热敏性的或有爆炸危险性的物料,以及从湿物料回收溶剂等。
该类设备主要由干燥器本身、冷凝器和真空泵组成。如图 6-30 所示。

冷冻干燥机也是一种真空干燥器,它是将物料冷冻至冰点以下,放置于高度真空的冷冻

干燥器内,在低温、低压条件下,物料中水分由固体冰直接升华成水蒸气而被除去,达到干燥目的。由于升华所需的热量是由空气或其他加热介质以传导方式供给,所以冷冻干燥器亦属于传导加热的真空干燥器。

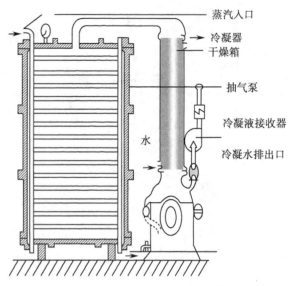

图 6-30　真空干燥器的示意图

2. 红外干燥设备　红外线干燥设备是利用辐射进行传热干燥。红外线辐射器所产生的电磁波,以光的速度直线传播到达被干燥的物料,当红外线的发射频率和被干燥物料中分子运动的固有频率相匹配时,引起物料中的分子强烈振动,在物料的内部发生激烈摩擦产生热而达到干燥的目的。红外线干燥设备干燥速度快,生产效率高,干燥质量好,特别适用于大面积表层的加热干燥;同时设备小,建设费用低;但电能消耗大,振动噪声大。如图 6-31 所示。

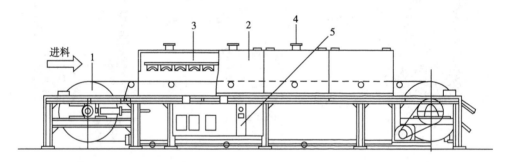

图 6-31　远红外线干燥装置
1. 输送带;2. 干燥室;3. 辐射器;4. 排气口;5. 控制器

3. 微波干燥设备　传统干燥方法,如火焰、热风、蒸汽、电加热等,均为外部加热干燥,物料表面吸收热量后,经热传导,热量渗透至物料内部,随即升温干燥。而微波干燥则完全不同,它是一种内部加热的方法。微波是一种高频电磁波,频率为 300GHz~300MHz,其波长为 1mm~1m。湿物料处于振荡周期极短的微波高频电场内,内部的水分子发生极化,并沿着微波电场的方向整齐排列,而后迅速随高频交变电场方向的交互变化而转动,并产生剧烈的碰撞和摩擦(每秒钟可达上亿次),结果一部分微波能转化为分子运动能,并以热量的形式表现出来,使水的温度升高而离开物料,从而使物料得到干燥。也就是说,微波进入物料并被吸收后,其能量在物料电介质内部转换成热能。因此,微波干燥是利用电磁波作为加热源、被干燥物料本身为发热体的一种干燥方式。

与传统干燥方式相比,微波干燥具有干燥速率大、节能、生产效率高、干燥均匀、清洁生产、易实现自动化控制和提高产品质量等优点,因而越来越受到重视。微波干燥设备包括:微波 - 热风干燥设备,微波 - 真空干燥设备,微波 - 冷冻干燥设备等。图 6-32 为微波真空连续干燥机示意图。

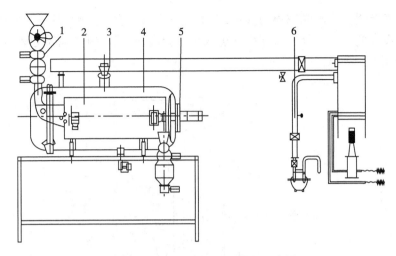

图 6-32　微波真空连续干燥机示意图
1. 进料系统；2. 输送系统；3. 微波系统；4. 真空干燥室；5. 出料系统；6. 真空系统

4. 厢式干燥器　又称热风循环烘箱，简称烘箱，如图 6-33 所示。待干燥的物料分装在烘盘中并依次放置在烘干车上；风机带动风轮，将风源送至加热器（可以利用蒸汽或电作为热源），产生的热风经由风道至烘箱内室，与烘盘中的湿物料交换带走水分，并携带热湿空气至出口处，排出箱外。通过强制通风循环方式，大量热风在箱内进行循环，新风不断从进风口进入箱体补充，然后不断从排气口排出，使箱内物料水分逐渐减少。

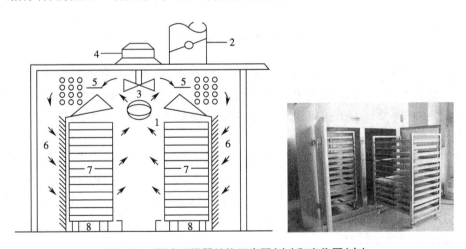

图 6-33　厢式干燥器结构示意图(左)和实物图(右)
1. 空气入口；2. 空气出口；3. 风机；4. 电动机；5. 加热器；6. 挡板；7. 盘架；8. 移动轮

为了使干燥均匀，干燥盘内的物料层不能太厚，必要时在干燥盘上开孔，以使空气透过物料层。厢式干燥器最大的特点是对各种物料的适应性强，干燥产物易于进一步粉碎。但湿物料得不到分散，干燥时间长，完成一定干燥任务所需的设备容积及占地面积大，热损失多。因此，主要用于产量不大、品种需要更换的物料干燥。

5. 喷雾干燥设备　喷雾干燥器是通过喷雾器将溶液、浆液或悬浮液分散成雾状细滴，分散于热空气中，使水分迅速汽化而达到干燥的目的。喷雾干燥设备主要由空气加热系统、雾化器、干燥室、气 - 固分离系统和控制系统组成。其基本原理是：料液由贮槽进入雾化器，利用压缩空气经喷嘴喷洒成细小的雾粒,在干燥室中与热空气接触,迅速干燥成粉末,沿器壁落入塔底收集桶中。部分干料随排气进入旋风分离器,经旋风分离器分离后富集在布袋中,进行二次收集。如图 6-34 所示。

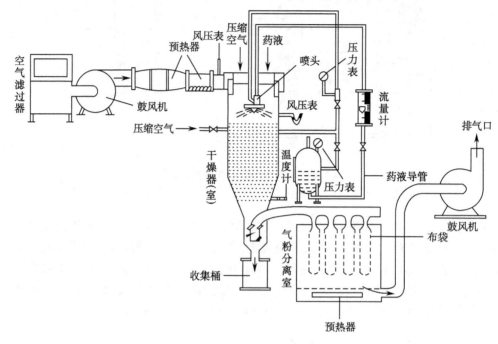

图 6-34　喷雾干燥装置示意图

　　喷雾的液滴蒸发面积大,因此干燥时间短,干燥速度快,颗粒或细粉粒度均匀,适合于热敏物料及无菌操作的干燥,如制备抗生素、奶粉等。但是由于原料的湿含量高,热量消耗大。

　　喷雾器是喷雾干燥器的关键组成部分,常用的雾化器有 3 种,分别是离心式、气流式和压力式。

　　(1) 离心式喷雾器:又称转盘式雾化器,为一高速的圆盘,圆盘转速可达 4000~20 000r/min,在离心盘加速作用下,料液被高速甩出,形成薄膜、细丝或液滴,并即刻受周围热气流的摩擦、阻碍与撕裂等作用而形成雾滴。这种喷雾器的优点是操作简单,适用范围广,料路不易堵塞,动力消耗小,多用于大型喷雾干燥;但结构较为复杂,制造和安装技术要求高,检修不便,有时润滑剂会污染物料。

　　(2) 气流式雾化器:是将压缩空气或蒸汽以较高的速度从环形喷嘴喷出,高速气流产生的负压将液体物料从中心喷嘴以膜状吸出。液膜与气流的速度差产生较大的摩擦力,液膜被分散成为雾滴。一般液膜与高速气流在环形喷嘴内侧混合者称为内混式,而在外侧混合者称为外混式。气流式喷嘴结构简单,磨损小,对高、低黏度的物料,甚至含少量杂质的物料都可雾化,调节气液量之比还可控制雾滴大小,即控制了成品的粒度,缺点是动力消耗较大。

　　(3) 压力式雾化器:是利用高压液泵,以 2~20MPa 的压力将液态物料加压喷出,从切向入口送入雾化器旋转室,料液高速旋转,再从喷嘴喷出。锥体液膜由于伸长而变薄,最后分裂为细小的雾滴。压力式喷雾器又称机械式喷嘴。用高压泵将料液压力提高至3MPa~20MPa,其特点是制造成本低,操作、检修和更换方便,动力消耗较气流式雾化器要低得多;但这种雾化器需要配置一台高压泵,料液黏度不能太大,而且要严格过滤(不能含有固体颗粒),否则易发生堵塞;喷嘴的磨损也较大,往往要用耐磨材料制作。

6. 流化床干燥器 又称沸腾干燥器,是一种运用流态化技术对固体物料进行干燥的方法,可以用于湿颗粒的干燥等。在流化床中,颗粒分散在热气流中,上下翻动,互相混合和碰撞,气流和颗粒间又具有大的接触面积,因此流化干燥器具有较高的体积传热系数。在流化干燥器中,热空气或烟道气经气体分布板进入流化的物料层中,湿物料直接加进床层,与床内的干物料充分混合。气固两相在流化床中进行热量传递和质量传递,穿过流化床的气体,经旋风分离器回收所夹带的粉尘后离去,干燥产品从出料口溢出。

在流化床干燥器中,物料与气流可充分接触,接触面积较大,因此干燥速率较快;可根据需要调节物料在床内停留的时间,特别适用于难以干燥或含水量要求较低的颗粒状物料干燥;但物料在床内停留时间分布不均,易引起物料的返混,因此不适用于易结块及黏性物料的干燥;流化床干燥器结构简单、造价低、活动部件少、操作维修方便,对物料的磨损较轻,气固分离较易,热效率高。

流化床干燥器种类很多,下面主要介绍立式流化床和卧式多室流化床。立式流化床干燥器有单层和多层之区别。由于物料的返混,单层流化床干燥器不可能得到含水量很低的干燥产品。而在多层流化床干燥器中,气体与物料作逆向流动,不仅提高热量利用率,而且减少了物料的返混,因此干燥产品的含水量可降到很低程度。如图6-35所示。

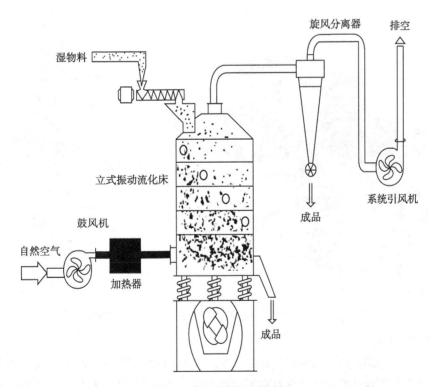

图 6-35 立式流化床示意图

卧式多室流化床干燥器的横截面为矩形,沿长度方向用垂直挡板隔成若干室(一般为4~8室)。隔板底部与分布板间留有几十毫米的间隙(一般为静止料层高度的1/4~1/2)。热气流由分布板自下而上穿过流化物料层,经旋风分离器回收所夹带产品的粉尘后离去。湿物料由床层一侧加入,依次通过各室。干燥产品由另一侧溢出,见图6-36。进入各室的气体流量按需要调节。通常最后一室吹入冷风,使干燥产品迅速冷却,便于包装贮存。流化干燥要求所处理的物料未因受潮而结块,粒径宜为0.03~6mm。粒径过细,流化干燥时易产生沟流;粒径过大则必须在高气速下操作,能耗较大。

在选择干燥器时,应根据湿物料的形状、特性、处理量、处理方式及可选用的热源等选择适宜的干燥器类型。

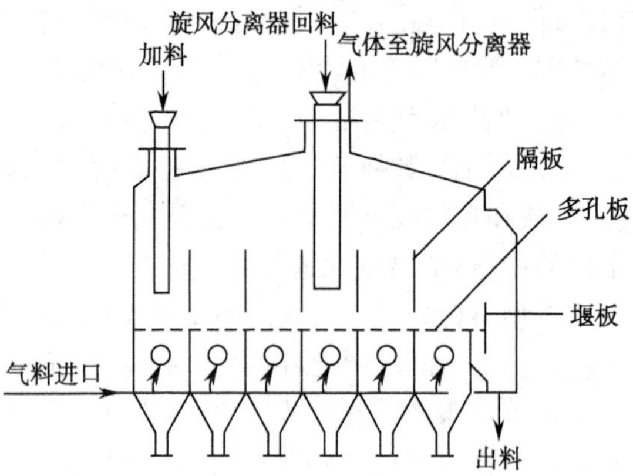

图6-36 卧式多室流化床干燥器

(六) 压片机

压片机是将干性颗粒状或粉状物料通过模具压制成片剂的机械。常用压片机按其结构分为单冲压片机和旋转压片机;按压制片形分为圆形片压片机和异形片压片机;按压缩次数分为一次压制压片机和二次压制压片机;按片层分为双层压片机和有芯压片机等。

1. 单冲压片机 单冲压片机(图6-37)是一种单歇式生产设备,一般适用于小批量生产和实验室试制。主要由冲模、加料机构、填充调节机构、压力调节机构和出片机构组成。

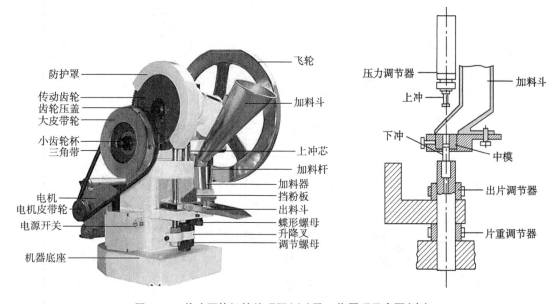

图6-37 单冲压片机的外观图(左)及工作原理示意图(右)

(1) 冲模的安装

1) 安装下冲:旋松下冲固定螺钉、转动手轮使下冲芯杆升到最高位置,把下冲杆插入下冲芯杆的孔中(注意使下冲杆的缺口斜面对准下冲紧固螺钉,并要插到底),最后旋紧下冲固定螺钉。

2) 安装上冲:旋松上冲紧固螺母,把上冲芯杆插入上冲芯杆的孔,要插到底,用扳手卡住上冲芯杆下部的六方、旋紧上冲紧固螺母。

3) 安装中模:旋松中模固定螺钉,把中模拿平放入中模台板的孔中,同时使下冲进入中模的孔中、按到底然后旋紧中模固定螺钉。放中模时须注意把中模拿平,以免歪斜放入时卡住,损坏孔壁。

用手转动手轮,使上冲缓慢下降进入中模孔中,观察有无碰撞或摩擦现象,若发生碰撞或摩擦,则松开中模台板固定螺钉(两只),调整中模台板固定的位置,使上冲进入中模孔中,再旋紧中模台板固定螺钉,如此调整直到上冲头进入中模时无碰撞或摩擦,方为安装合格。

(2) 出片的调整:转动手轮使下冲升到最高位置,观察下冲口面是否与中模平面相齐(或高或低都将影响出片),若不齐则旋松蝶形螺丝,松开齿轮压板,转动上调节齿轮,使下冲口面与中模平面相齐,然后仍将压板按上,旋紧蝶形螺丝。

(3) 充填深度的调整(即药片重量的调整):旋松蝶形螺丝,松开齿轮压板。向左转动下调节齿轮,使下冲芯杆上升,则充填深度减少(药片重量减轻);反之则增加填充深度。调好后仍将轮齿压板按上,旋紧蝶形螺丝。

(4) 压力的调整(即药片硬度的调整):旋松连杆锁紧螺母、转动上冲芯杆,向左转使上冲芯杆向下移动,则压力加大,压出的药片硬度增加;反之则压力减少,药片硬度降低,调好后用扳手卡住上冲芯杆下部的六方,仍将连杆锁紧螺母锁紧。至此,冲模的调整基本完成,再启动电机试压十余片,检查片重、硬度和表面光洁度等质量,如合格,即可投料生产。在生产过程中、仍须随时检查药片质量,及时调整。

(5) 压片过程:①上冲抬起,饲粉器移动到模孔之上;②下冲下降到适宜深度,饲粉器在模上摆动,颗粒填满模孔;饲粉器由模上移开,使模孔中的颗粒与模孔的上缘相平;③上冲下降并将颗粒压缩成片,此时下冲不移动;④上冲抬起,下冲随之抬起到与模孔上缘相平;将药片由模孔中推出,同时进行第二次饲粉,如此反复饲粉、压片、推片等操作。见图6-38。

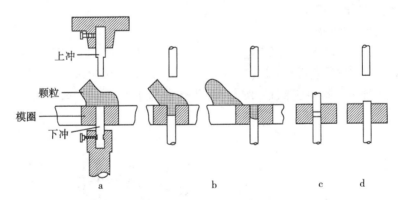

图6-38 压片过程示意图
a.饲料;b.刮平;c.压片;d.推片

2. 旋转式压片机 旋转式压片机用于将各种颗粒原料压制成圆片及异形片,是片剂大生产的主要设备。主要工作部分包括:机台、上下压轮、片重调节器、压力调节器、加料斗、饲粉器、吸尘器和保护装置等(图6-39)。

旋转式压片机的压片过程如下:当下冲转到饲粉器之下时,其位置最低,颗粒填入模孔中;当下冲运行至片重调节器之上时略有上升,经刮粉器将多余的颗粒刮去;当上冲和下冲运行至上、下压轮之间时,两个冲之间的距离最近,将颗粒压缩成片;然后上冲和下冲抬起,下冲将片剂抬到恰与模孔上缘相平,药片被刮粉器推开。每套冲模都如此反复进行饲粉、压片、推片等操作。

压片时转盘的速度、物料的充填深度、压片厚度均可调节。机上的机械缓冲装置可避免

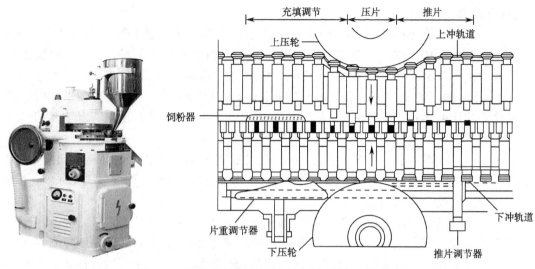

图 6-39　旋转式压片机实物图（左）和结构示意图（右）

因过载而引起的机件损坏。机内配有吸粉箱,通过吸嘴可吸取机器动转时所产生的粉尘,避免粘结堵塞,并可回收原料重新使用。

　　旋转压片机有多种型号,按冲数分有 16 冲、19 冲、27 冲、33 冲、55 冲、75 冲等。按流程分单流程和双流程两种。单流程仅有一套上下压轮,旋转一周每个模孔仅压出一个药片;双流程有两套压轮、饲粉器、刮粉器,片重调节器和压力调节器等,均装于对称位置,中盘转动一周,每副冲模压制两个药片。

（七）片剂的包衣设备

　　包衣的基本类型有糖包衣、薄膜包衣和压制包衣等,包衣的方法有滚转包衣法、流化包衣法和压制包衣法。包衣装置可分为锅包衣装置、转动包衣装置、流化包衣装置和压制包衣装置。

　　1. 倾斜包衣锅　倾斜包衣锅（图 6-40）为传统包衣锅,包衣锅的轴与水平面夹角为

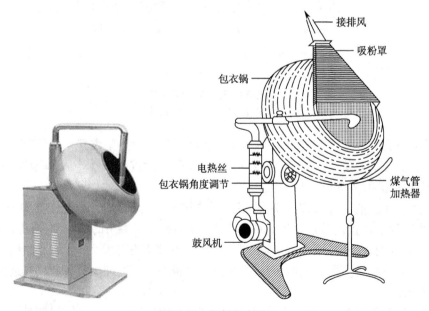

图 6-40　倾斜包衣锅

30°~50°,在适宜转速下,使物料既能随锅的转动方向滚动,又能沿轴的方向运动,作均匀而有效的翻转。但包衣锅内干燥空气只存在于片芯的表面,而片剂中又没有可使水分渗出的结构机制,故传统包衣锅干燥效率不太理想,不宜用于薄膜包衣。

2. 埋管包衣锅 埋管包衣锅(图 6-41)是在倾斜包衣锅的基础上进行了改良,在物料层内插进喷头和空气入口,使包衣液的喷雾在物料层内进行,热气通过物料层,不仅能防止喷液的飞扬,而且加快物料的运动速度和干燥速度。

3. 高效包衣机 高效包衣机的基本工作原理是:被包衣的药片或药丸在包衣机洁净密封的旋转滚筒内,不停地作复杂的轨迹运动,翻转流畅,交换频繁;由恒温搅拌桶搅拌的包衣介质,经过蠕动泵的作用,从喷枪喷洒到片芯或药丸上,同时在热风和负压作用下,由热风柜供给的洁净热风穿过片芯或药丸,对其进行干燥,同时排风柜排出废气,随着溶剂的挥发,包衣介质在片芯或药丸表面快速干燥,形成坚固、致密、光滑的表面薄膜。见图 6-42。

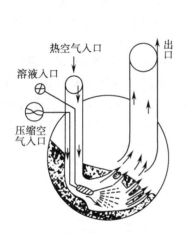

图 6-41 埋管喷雾包衣体系

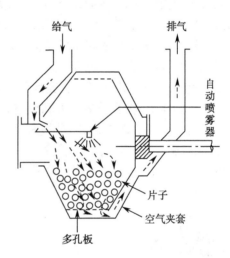

图 6-42 高效包衣机工作示意图

高效包衣机主要包括主机、热风柜、排风柜,以及电脑控制系统、喷雾装置、控温装置、自动清洗装置及下料装置等部件(图 6-43 和图 6-44),为保证片剂等在锅内有效翻转,包衣锅内安装有导流板式搅拌器(图 6-45)。高效包衣机从热交换形式分有孔包衣机和无孔包衣机,

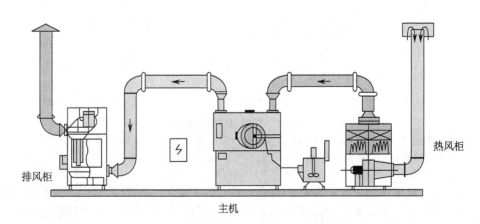

图 6-43 高效包衣机组成结构示意图

喷枪   滚筒内部

图 6-44 高效包衣机   图 6-45 高效包衣机内部结构

有孔包衣机热交换效率高,主要用于片剂、较大丸剂等的有机薄膜衣、水溶薄膜衣和缓控释包衣;无孔包衣机热交换效率较低,常用于微丸、小丸、滴丸等包制糖衣、有机薄膜衣、水溶薄膜衣和缓控释包衣。高效包衣机中粒子运动比较稳定,不易磨损片芯;装置密闭、卫生、安全、可靠,是目前比较常见的包衣设备。

4. 转动包衣装置 转动包衣装置是在转动造粒机的基础上发展起来的,其原理是将物料加于旋转的圆盘上,物料受离心力和旋转力的作用,在圆盘上做圆周旋转运动,同时受圆盘外缘缝隙中上升气流促进,物料沿壁面垂直上升,至一定高度后,粒子受到重力作用向下滑动,落入圆盘中心,这样物料在旋转过程中形成麻绳样漩涡状的环流。喷雾装置安装于颗粒层斜面上部,将包衣液或黏合剂向粒子层表面定量喷雾。见图 6-46。

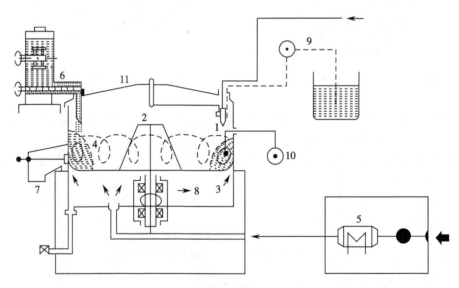

图 6-46 转动包衣机示意图

1. 喷雾;2. 转子;3. 进气;4. 粒子层;5. 热交换器;6. 粉末加料器;7. 出料口;8. 气室;9. 计量泵;10. 湿分计;11. 容器盖

该设备中,粒子运动主要靠圆盘的机械运动,不需用强气流带动,可以防止粉尘飞扬;由于粒子运动激烈,可减少小粒子包衣时颗粒间的粘连;在操作过程中可开启装置的上盖,直接观察颗粒的运动与包衣情况。但是也存在一些缺点,包括:由于粒子运动激烈,易磨损颗粒,不适合脆弱粒子的包衣;干燥能力相对较低,包衣时间较长。

5. 流化包衣装置　流化床设备除可用于制粒、干燥外,还常用于小粒子、颗粒或微丸的水溶性或有机溶剂的包衣。在流化床中,向上的气流使被包衣的物料处于流态化,包衣液经蠕动泵输送至喷枪,由压缩空气进行雾化,与流态化的物料均匀接触,附着成膜,同时热空气与包衣液进行热交换,湿分被气化蒸发,包衣材料之间逐渐形成固体桥,最后形成衣膜(图 6-47)。

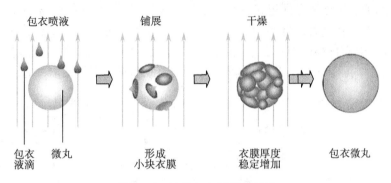

图 6-47　流化包衣原理示意图

类似于流化床制粒,流化包衣也有 3 种包衣方法。

(1) 底端喷洒:是流化床包衣的主要应用形式,已广泛应用于微丸、颗粒,甚至粒径小于 50μm 粉末的包衣。底喷装置的物料槽中央有一个隔圈,底部有一块开有很多圆形小孔的空气分配盘,由于隔圈内 / 外对应部分的底盘开孔率不同,因此形成隔圈内外的不同进风气流强度,使颗粒形成在隔圈内外有规则的循环运动。喷枪安装在隔圈内部,喷液方向与物料的运动方向相同,因此隔圈内是主要包衣区域,隔圈外则是主要干燥区域。颗粒每隔几秒种通过一次包衣区域,完成一次包衣 – 干燥循环。所有颗粒经过包衣区域的概率相似,因此形成的衣膜均匀致密。

(2) 切线喷洒:物料槽为圆柱形,底部带有一个可变速的转盘。圆盘和料槽壁上的雾化喷嘴加入到料槽内。喷嘴喷射的方向与物料流化状态的方向一致,将包衣料切线喷入料槽内。物料在料槽内的运动呈螺旋状,均匀,有序。这是由 3 个力的作用形成的:物料自身的重力导致物料向下运动;通过间隙的向上的气流使得物料向上运动;转盘转动产生的离心力使物料向转盘周围运动,3 个力的合力使得物料呈螺旋状运动。切线喷液技术与底喷技术很相似,有 3 个主要的物理特点都相同:①同向喷液,喷嘴埋在物料内,这样液滴的行程最短;②颗粒流化经过喷射液雾的概率均等;③在喷液区域,颗粒高度密集。由于这些特性,故切线喷液形成的衣膜质量均一、连续,与底喷的衣膜质量完全可以媲美,已成功地用于小于 250μm 的颗粒包衣,可同时用于有机溶液或水溶液。

(3) 顶端喷洒:顶喷装置中颗粒受进风气流推动,从物料槽中加速运动经过包衣区域,喷枪喷液方向与颗粒运动方向相反。经过包衣区域后颗粒进入扩展室,扩展室直径比物料槽直径大,因此气流线速度减弱,颗粒受重力作用又回落到物料槽内。与底喷和切线喷相比,顶喷的包衣效果相对较差,一是由于颗粒流化运动状态相对不规则,因此少量的颗粒粘连常常不可避免,特别是对于粒径小的颗粒。二是逆向喷液方式。包衣喷液与颗粒运动方向相反,因此包衣液从喷枪出口到颗粒表面的距离相对增加,进风热空气对液滴介质产生挥发作用,可能影响液滴黏度和铺展成膜特性,工艺控制不好甚至会造成包衣液的大量喷雾干燥现象,因此尽量不采用顶喷工艺进行有机溶液包衣。

6. 压制包衣法 压制法包衣亦称干法包衣,是一种较新的包衣工艺,是用颗粒状包衣材料将片芯包裹后在压片机上直接压制成型,该法适用于对湿热敏感药物的包衣。

压制包衣机的基本原理是:将两台旋转式压片机用单传动轴配成一套机器,执行包衣操作时,先用一台压片机将物料压成片芯,然后由特制的传动器将片芯传递到另一台压片机的模孔中,传动器由传递杯、柱塞以及传递杯和杆相连接的转台组成。当片芯从模孔推出时,即由传递杯捡起,通过桥道输送到包衣转台,桥道上有许多小孔眼与吸气泵相连接,吸除片面上的粉尘,可防止在传递时片芯颗粒对包衣颗粒的混杂。在片芯到达第二台压片机之前,模孔中已填入了部分包衣物料作为底层,然后片芯置于其上,再加入包衣物料填满模孔,进行第二次压制成包衣片。见图6-48。在机器运转中,不需要中断操作即可抽取片芯样品进行检查。

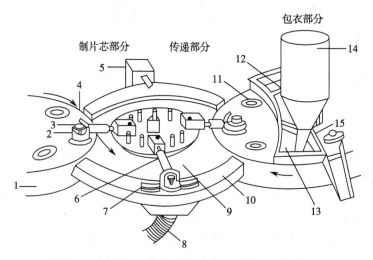

图 6-48 压制包衣机示意图

1. 片模;2. 传递杯;3. 负荷塞柱;4. 传感器;5. 检出装置;6. 弹性传递导臂;7. 除粉尘小孔眼;8. 吸气管;9. 计数器轴环;10. 桥道;11. 沉入片芯;12. 充填片面及周围用包衣颗粒;13. 充填片底用的包衣颗粒;14. 包衣颗粒漏斗;15. 饲料框

为了保证所压成的包衣片均含有片芯,该设备采用了一种自动控制装置,可以检查出不含片芯的空白片,如发现无片芯的片剂,并未能传递到包衣转台上时,机器上设置的精密传感器立即停止并将空白片抛出,如果片芯在传递时被黏住不能置于模孔中,则该装置也可将其抛出。

加芯系统是压制压片机的关键,其涉及片芯位置的精确定位和检测。由吸粉装置、加芯装置和加芯嘴装置组成。

吸粉装置由吸粉嘴、阻尼销、弹簧与调节螺钉等组成。吸粉嘴固定在机架上,其吸粉口对准芯盘节圆上,而吸口位上不可调,满足吸芯片要求;在吸粉嘴的前通孔中通过弹簧顶住阻尼销,调节螺钉顶在弹簧上,调节螺钉则用来调整弹簧松紧,使阻尼销的端面紧贴加芯盘,可消除由三组齿轮传动带动加芯盘时所产生的齿轮侧隙,使加芯盘运转平稳,相应提高了包芯的合格率。机器运转时,吸粉装置可采用负压将卡住的芯片和粉末吸出,可避免芯片表面易产生粉末吸附在芯盘孔内卡位芯片,而发生"卡芯"现象则会造成片剂缺芯率上升,严重时被卡芯片会破裂使加芯过程不能进行。

加芯装置由转台、加芯盘、下冲杆、下冲加芯轨及齿轮组成。其中,转台的中心连接有中心轴,转盘节圆上均布有冲模孔;而加芯盘的中心连接有加芯轴,盘节圆上均布有加芯孔;下冲加芯轨上固定连接下冲加芯压下轨,下冲杆在下冲加芯压下轨的轨道上滑动,同时下冲加芯轨与水平有一夹角,使转台的节圆与加芯盘节圆相交二点。这样,此套特殊装置将落芯片位置由相切一点改为二点,使得落芯时位置准确,达到芯片与中模运行同步,确保了加芯的准确度,也提高了运行的稳定性。

加芯嘴装置属分体式结构,加芯管可通过调节支架来调节其径向和上下位置,经调整的加芯嘴位置能使芯片既不跑偏又不卡死。

二、硬胶囊剂生产工艺设备

根据胶囊生产工序,可将胶囊充填机分为半自动型及全自动型,其中全自动胶囊充填机按其工作台运动形式,又可分为间歇运转式和连续回转式。根据胶囊充填方式,可分为冲程法、填塞式(夯实及杯式)定量法、插管式定量法等多种。

1. 胶囊充填的工艺过程　不论间歇式或连续式胶囊充填机,其工艺过程几乎相同,一般分为以下几个步骤:空心胶囊自由落料;空心胶囊定向排列;胶囊帽和体分离,未分离的胶囊清除;胶囊体中充填物料;胶囊帽体重新套合及封闭;充填后胶囊成品被排出机外,如图6-49。半自动、全自动充填机中的落料、定向、帽体分离原理几乎相同,仅充填药粉计量机构按运转方式不同而有变化。

2. 机器组成及传动　机器组成如图6-50所示。

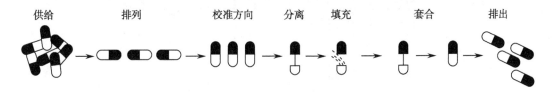

供给　　　排列　　　校准方向　　分离　　填充　　　套合　　　排出

图 6-49　全自动胶囊填充机填充操作流程示意图

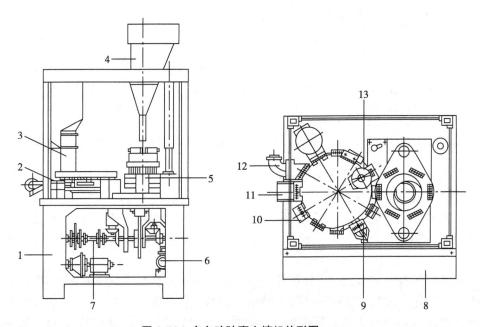

图 6-50　全自动胶囊充填机外形图

1.机架;2.胶囊回转机构;3.胶囊送进机构;4.粉剂搅拌机构;5.粉剂充填机构;6.真空泵;7.传动装置;8.电气控制系统;9.废胶囊剔出机构;10.合囊机构;11.成品胶囊排出机构;12.清洁吸尘机构;13.颗粒充填机构

　　硬胶囊全自动充填机的传动原理见图 6-51。主电机经减速器、链轮带动主传动轴,在主传动轴上装有两个槽凸轮、四个盘凸轮以及两对锥齿轮。中间的一对锥齿轮通过拨轮带动胶囊回转机构上的分度盘(回转盘),拨轮每转一圈,分度盘转动 30°,回转盘上装有 12 个滑块,受上面固定复合凸轮的控制,在回转的过程中分别作上、下运动和径向运动。右侧的一对锥齿轮通过拨轮带动粉剂回转机构上的分度盘,拨轮每转一圈,分度盘转动 60°。

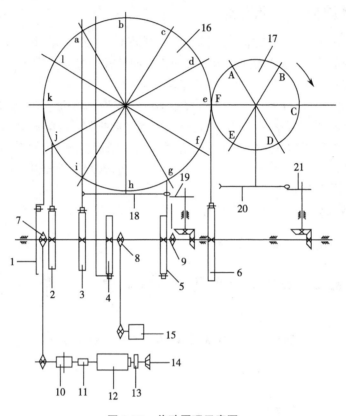

图 6-51　传动原理示意图

1. 成品胶囊排出槽凸轮;2. 合囊盘凸轮;3. 分囊盘凸轮;4. 送囊盘凸轮;5. 废胶囊剔出盘凸轮;6. 粉剂充填槽凸轮;7. 主传动链轮;8. 测速器传动链轮;9. 颗粒充填传动链轮;10. 减速器;11. 联轴器;12. 电机;13. 失电控制器;14. 手轮;15. 测速器;16. 胶囊回转盘;17. 粉剂回转盘;18. 胶囊回转分度盘;19、21. 拨轮;20. 粉剂回转分度盘

　　主传动轴上的槽凸轮 1 通过推杆的上下运动将成品胶囊排出,盘凸轮 2 通过摆杆的作用控制胶囊的锁合,盘凸轮 3 通过摆杆的作用控制胶囊的分离,盘凸轮 4 通过摆杆的作用控制胶囊的送进运动,盘凸轮 5 通过摆杆作用将废胶囊剔出,槽凸轮 6 通过推杆的上下运动控制粉剂的充填。主传动轴上还有两个链轮,一个带动测速器,另一个带动颗粒充填装置。

　　胶囊回转盘有 12 个工位,分别是:a-c 送囊与分囊,d 颗粒充填,e 粉剂充填,f、g 废胶囊剔出,h-j 合囊,k 成品胶囊排出,l 吸尘清洁。粉剂回转盘有 6 个工位,其中 A-E 为粉剂计量充填位置,F 为粉剂充入胶囊体位置。目前国内有的分装机取消颗粒充填,将回转盘简化为 10 个工位,并从结构上做了改进,但胶囊充填原理是相同的。

　　(1) **胶囊送进机构**:胶囊送进机构是本机开始工作的第 1 个机位,其功能是将空胶囊由垂直叉、水平叉和矫正座块自动地按大头(胶囊帽)在上、小头(胶囊体)在下、每六个一批垂直送入胶囊回转机构的上模块内,再利用真空将胶囊身体吸入下模块,使其帽、体分开,然后由胶囊回转机构送至下步工序。

胶囊送进机构(图6-52)主要由胶囊料斗1、箱体11、垂直叉3、水平叉5、矫正座块6、摆杆13、长杠杆12等组成。整个机构由4根支柱螺栓17安装在工作台上。凸轮19的转动使长杠杆12动作,并经由关节拉杆16拉动摆杆13反复运动,导致水平叉5作水平前进后退动作,垂直叉3作上下往复运动。在垂直叉向上运动时,叉板的上部插入胶囊料斗1内,胶囊就进入叉板上端的六个孔内,并顺序溜入叉板槽内。

图6-53显示了空胶囊的自由落料过程。当垂直叉在下行进囊时,卡囊簧片脱离开胶囊,胶囊靠自重进入;当垂直叉上行时,压簧又将簧片架压回原来位置,卡囊簧片将下一个胶囊卡住,排囊板(即垂直叉)一次行程只能完成一个胶囊的下落动作。

由于垂直叉和卡囊簧片的作用,胶囊逐个落入矫正座块内,此时胶囊的大小头尚未理顺。在矫正座块中,在推爪的作用下,胶囊总是小头在前、大头在后(图6-54),这样,当压爪向下动作时,胶囊均以大头在上、小头在下的方式送入上模块,实现空心胶囊的定向排列。进入上模块后,利用真空将囊体吸入下模块中,使空胶囊的帽和体分开(图6-55)。分囊后,胶囊被带入下步工作程序。

由于胶囊有多种规格,它们的长度和直径都不同,因此在生产不同规格胶囊时,必须更换相应的上下模块、水平叉、垂直叉及矫正座块等。

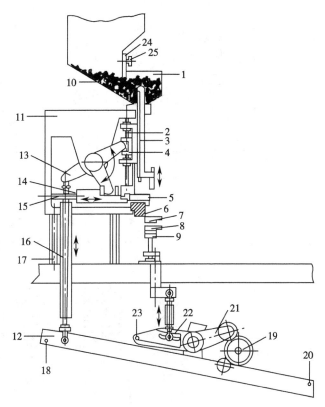

图6-52　胶囊送进机构

1.胶囊料斗;2.垂直轴;3.垂直叉;4.凹形座块;5.水平叉;6.矫正座块;7.上模块;8.下模块;9.铜座块;10.胶囊;11.箱体;12.长杠杆;13.摆杆;14.滑块;15.水平轴;16.关节拉杆;17.支柱螺栓;18、20、23.拉力弹簧;19.凸轮;21.杠杆;22.螺栓;24.闸门;25.螺母

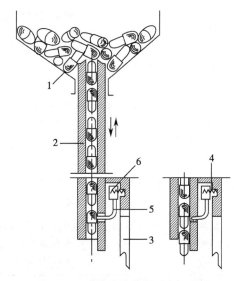

图6-53　胶囊自由落料过程示意图

1.贮囊盒;2.排囊板(垂直叉);3.压囊爪;4.压簧;5.卡囊簧片;6.簧片架

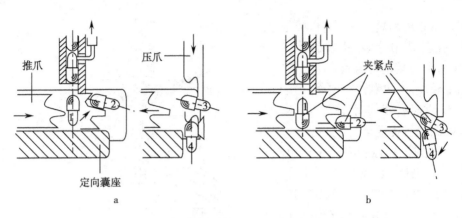

图 6-54   胶囊定向排列原理示意图
a. 胶囊帽在上时；b. 胶囊帽在下时

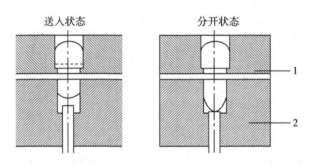

图 6-55   胶囊的分离机构
1. 胶囊上模块；2. 胶囊下模块

胶囊送进机构是本机的关键部位之一，容易产生故障，表 6-3 所列为故障原因及排除的方法举例。

表 6-3   胶囊送进机构故障原因及排除方法

序号	故障	原因	排除方法
1	垂直叉板槽内无胶囊	料斗无料 闸门口开得太小	重新加足胶囊 旋开螺母，加大开口并固紧
2	没有胶囊落入矫正座块， 或落入不足 6 个胶囊	簧片架的簧片变形或伸出太长 簧片架上的簧片不齐 挡轮块挡轮位置不对	矫正簧片或重新更换 调整整齐后紧固 松开挡轮块调整到挡轮等挡住簧 片架上的小轮位置后紧固
3	胶囊帽与胶囊体脱不开	真空吸管漏气 真空泵有故障	检查真空泵及真空管，修理或更换
4	垂直叉与水平叉动作不 协调	关节拉杆固定端松动 拉力弹簧有问题，未能使拉杆 力点紧靠凸轮	重新调整关节拉杆长度并固紧 修理或更换拉力弹簧

（2）粉剂搅拌机构：本机构是由一对锥齿轮和丝杆、电机减速器、料斗及螺杆构成，见图6-56。其功能是将药粉搅拌均匀，并将药料送入计量分配室，通过转动手柄和丝杠，可以调

整下料口与计量分配室的高度到适当位置,下料粉通过接近开关实现自动控制,当分配室的药料高度低于要求时,自动启动电机送料,达到所需高度便自动停止。

(3) 粉末充填机构:该机构主要由凸轮、分度槽轮、定位杆、料盘、铜环、充填座、充填杆构成。经多级定量夯实,将药粉压成有一定密度和重量相等的粉柱,便于充填入胶囊中。装药量的大小要由料盘上药料的厚度(以下简称料盘厚度)来确定,料盘厚度还与药料的密度有关,由于药料的粒度、流动性不同,选定料盘后应实际调试。

粉盘上共有6个充填位置,在前5个充填位置中逐次增加粉柱的夯实量,最后一个位置将夯实的粉柱冲入胶囊体内。调整充填杆浸入深度,可改变粉柱的压实程度和一致性,以获得较理想的装量差异,同时对装量也有微调作用。由于胶囊规格不同,更换胶囊时,也必须同时更换充填杆和料盘。

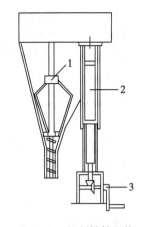

图 6-56 粉剂搅拌机构
1. 搅拌螺杆;2. 丝杆;3. 手柄

(4) 废胶囊剔除装置:本装置的作用是将没有打开、未装药的空胶囊剔除出去,以免混入成品内,见图6-57。工作时,回转盘每转一个位置,凸轮9就推动杠杆7,以支脚8下端为支点摆动一次,该动作经接杆组件2带动滑柱5,滑柱5的上下滑动带动剔除顶杆1上下滑动。在运动过程中,剔除顶杆1插入上模块4内,已分开的胶囊不会被顶出,而没有分开的胶囊被顶出上模块,使废胶囊进入集囊箱3内。顶杆初始位置及行程调整,可由顶杆下部螺母及双向螺母6的调整达到。弹簧10的作用是保证杠杆7上的滚轮始终与凸轮9接触。

(5) 合囊机构:本机构的作用是将已装好药的体和帽锁合,见图6-58。当上模2和下模1转到本工位时,凸轮推动杆6和顶杆5向上,使胶囊体向上插入帽中,由于帽被压板3所限,上下囊即锁合。8为导向座,滚柱7在导向槽内运动,使杆6、5不会发生偏转。顶杆5位置调整,可以松开其下部螺母,再调顶杆,锁紧螺母即可。亦可调整杆6与双头螺栓(图中未画出)。

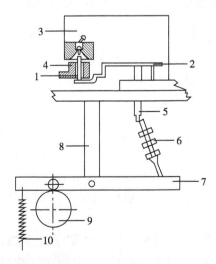

图 6-57 废胶囊剔除装置
1. 剔除顶杆;2. 接杆组件;3. 集囊箱;4. 模块;5. 滑柱;6. 螺母;7. 杠杆;8. 支脚;9. 凸轮;10. 弹簧

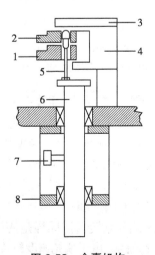

图 6-58 合囊机构
1. 下模;2. 上模;3. 压板;4. 压板支座;5. 顶杆;6. 凸轮推动杆;7. 滚柱;8. 导向座

（6）成品胶囊排出机构：本机构用于将成品胶囊排出，见图 6-59。上模 2 和下模 1 转到本工位时，槽凸轮 7 转动，推杆 4 向上，顶杆 3 将胶囊推出上模，自动掉入倾斜的导槽 5 落下。其中 6 为导向座，槽凸轮再继续转动，顶杆 3 下降。顶杆高度调整，与合囊机构相同。

3. 充填方式　由于胶囊内容物形式多样，因此必须选择不同的充填方式。制药厂可按药物的流动性、吸湿性、物料状态等选择适合的充填方式和机型，以确保生产操作和装量差异符合要求。

（1）冲程法：本法是依据药物的密度与容积和剂量的关系，通过调节充填机速度，变更推进螺杆的导程，来增减充填时的压力，以控制分装的重量及差异（图 6-60）。半自动充填机采用此法适应性强，一般粉末及颗粒均适用此法。

（2）填塞式定量法：又称夯实式及杯式定量。药粉从锥形储料斗通过搅拌输送器直接进入计量粉斗，计量粉斗里有

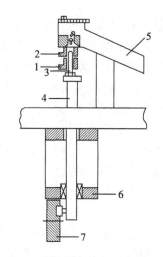

图 6-59　成品胶囊排出机构
1. 下模；2. 上模；3. 顶杆；4. 推杆；
5. 导槽；6. 导向座；7. 槽凸轮

多组孔眼，组成定量杯，填塞杆经多次将落入杯中的药粉夯实，最后一组将已达到定量要求的药粉充入胶囊体（图 6-61）。本法装量准确，误差较小，适用于流动性差的药物，可通过调节参数控制充填重量。

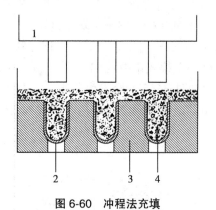

图 6-60　冲程法充填	图 6-61　填塞式定量法
1. 充填装置；2. 囊体；3. 囊体盘；4. 药粉	1. 计量盘；2. 定量环；3. 药粉或颗粒；4. 填塞杆

（3）插管式定量法：插管定量装置分为间歇式和连续式两种，如图 6-62 所示。

间歇式插管定量法的原理是将空心计量管插入药粉斗，由管内的活塞将管内药粉压紧，计量管离开药粉旋转 180°，活塞下降，将孔里的药料压入胶囊体中。填充效果主要取决于贮料斗内粉末的流动性及粉床高度。为了减少填充差异，药粉需具备一定的高度和流动性，故药物处方中常加入一些润滑剂或助流剂。在生产过程中采用间歇式操作由于要单独调整各计量管，因而比较耗时。

连续式插管定量法同样是用计量管计量，但其插管、计量、充填是随机器本身在回转过程连续完成的。由于填充速度较快，插管在药粉中停留时间很短，所以对药粉的流动性及可压缩性要求更高，且药粉各组分密度应相近，不易分层。为了避免计量器从粉床中抽出后在粉床内留有空洞影响填充精度，贮料斗内常设置有机械搅拌装置以保证粉体的流动性及均匀性。

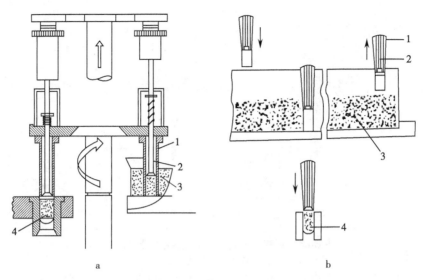

图 6-62 插管式定量装置的结构与工作原理
a. 间歇式；b. 连续式
1. 定量管；2. 活塞；3. 药粉斗；4. 胶囊体

（4）双滑块定量法：该法是利用双滑块以计量室容积控制进入胶囊的药粉量，适用于混有药粉的颗粒充填，对于几种微粒充入同一胶囊体特别有效，见图 6-63。

（5）活塞-滑块定量法：本法同样是容积定量法。料斗下方有多个平行的定量管，每个定量管内均有一个可上下移动的定量活塞。料斗与定量管之间设有可移动的滑块，滑块上开有圆孔。当滑块移动并使圆孔位于料斗与定量管之间时，料斗中的药物微粒或微丸经圆孔流入定量管。随后滑块移动，将料斗与定量管隔开。此时，定量活塞下移至适当位置，使药物经支管和专用通道填入胶囊体（图 6-64）。调节定量活塞的上升位置可控制药物的填充量。

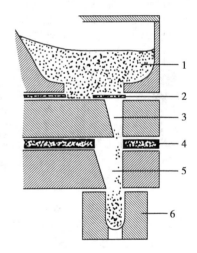

图 6-63 双滑块定量装置结构
1. 药粉斗；2. 计量滑块；3. 计量室；
4. 出料滑块；5. 出粉口；6. 囊体套

（6）定量圆筒法：本法的本质为一种连续式活塞-滑块定量法。其核心部件为一个设有多个定量圆筒的转盘，每个圆筒内设有一个可上下移动的定量活塞。工作时，定量圆筒随转盘一起转动。当定量圆筒转至第一料斗下方时，定量活塞下行到一定距离使第一料斗内物料进入定量圆筒。当定量圆筒转至第二料斗下方时，定量活塞又下行一定距离，使第二料斗中的物料内物料进入定量圆筒。随着转盘转动，药物填充过程可连续进行。由于该装置设有两个药斗，因此可将不同药物的颗粒或微丸装入同一胶囊中（图 6-65）。

（7）定量管法：也称为真空填充法，亦是一种容积定量法。采用真空吸力将药物颗粒吸附于定量管内，定量管逐步插入转动的定量槽内，定量活塞控制管内的计量腔体积，以满足装量要求（图 6-66）。

（8）片剂或丸剂的充填：粉末和颗粒既可单独填入胶囊，也可混合填入，因而两种或多种

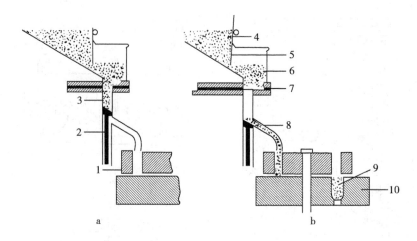

图 6-64 活塞 - 滑块定量装置的结构及工作原理
a. 药物定量；b. 药物填充
1. 填料器；2. 定量活塞；3. 定量管；4. 料斗；5. 物料高度调节板；6. 药物颗粒或
微丸；7. 滑块；8. 支管；9. 胶囊体；10. 囊体盘

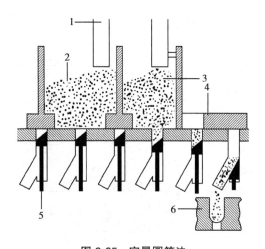

图 6-65 定量圆筒法
1. 料斗加料；2. 第一定量斗；3. 第二定量斗；4. 滑
块底盘；5. 定量活塞；6. 囊体盘

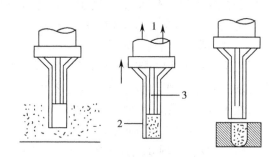

图 6-66 定量管法
1. 真空；2. 定量管；3. 定量活塞

不同形状、不同种类的药粉及小片能充填入同一胶囊里。但被充填的片芯、小丸、包衣片等必须具有足够的硬度，防止其在送入定量腔或在通道里排列和排出时破碎。一般不用素片，而用糖衣片和药丸作为充填物。

被充填的固体药物尺寸公差应要求严格，否则很难在输送管里排列。从流动性来看，圆形最好排列。为保证其充填顺利，糖衣片和糖衣药丸的半径与长度之比为 1.08 和 1.05 较合适。固体药物的充填主要采用滑块定量法（图 6-67）。

（9）液体药物的充填：充液胶囊（liquid filled hard capsules）采用明胶或 HPMC（羟丙甲基纤维素）外壳，经过特别密封设计，以填充液体和半固体制剂。充液胶囊的填充物主要分为以下几类：低熔点药物；低生物利用度难溶性药物；低剂量或强效药物；吸湿性药物及缓控释药物。充液胶囊要求充入的液体对明胶无副作用。由于明胶可溶于极性溶剂，所以应控制充入液体的含水量，一般应低于 15%。

充液胶囊技术的关键在于物料为液体,对于高黏度药物的充填,料斗和泵应可加热,以防止药物凝固,同时料斗里应装有搅拌系统,以保证药物的流动性,还应配套封口设备。充填设备和胶囊调动设备、封口设备在同一条生产线,充填设备能够连续地执行装填操作,调动设备及时地将被充填胶囊转运到封口设备进行封口,整段工序的完成时间短而紧凑,在转运过程中显著减少了液体的损失,也提高了生产力。在充填时采用技术性喷管,同时适当调节液体黏

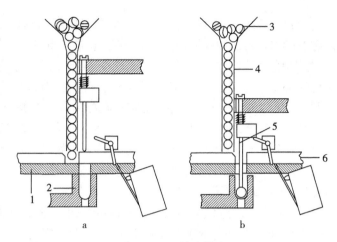

图 6-67 滑块定量法
a. 计量;b. 充填
1. 底板;2. 囊体板;3. 料斗;4. 溜道;5. 加料器;6. 滑块

度,防止充填液体的飞溅;密封的胶囊将防止液体泄漏。在空胶囊充填之前先进行残次胶囊壳的检查,将其抛出系统外;在封口操作之后进行封口状态的检测,处理不合格品。

三、软胶囊剂生产工艺设备

成套的软胶囊剂生产设备包括明胶液熔制设备、药液配制设备、软胶囊压(滴)制设备、软胶囊干燥设备、回收设备等。下面主要介绍滚模式软胶囊机和滴制式软胶囊机。

1. 滚模式软胶囊机 滚模式软胶囊机见图 6-68 和图 6-69,主要由胶带成型装置、软胶囊成型装置、药液计量装置、剥丸器、拉网轴组成。

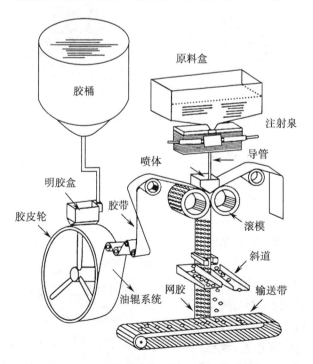

图 6-68 滚模式软胶囊压制机外形示意图

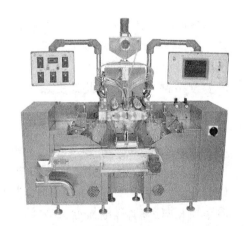

图 6-69 滚模式软胶囊压制机

(1) 胶带成型装置:由明胶、甘油、水及附加剂制备而成的明胶液放置于胶桶中,温度控制在 60℃ 左右。明胶液通过保温导管,靠自身重量流入位于机身两侧的明胶盒中。

明胶盒是长方形的,其纵剖面如图 6-70 所示。盒内有电加热元件,保持盒内胶液的温度在 36℃ 左右,既维持胶液的流动性,又防止胶液冷却凝固。在明胶盒后面及底部各安装了一块可以调节的活动板,使明胶盒底部形成一个开口。通过前后移动流量调节板可以控制胶液的流量,通过上下移动厚度调节板可以控制胶带的厚度。明胶液通过此开口,依靠自身重量涂布于下方的胶皮轮(又称鼓轮)上。鼓轮的宽度与滚模长度相同,其外表面很光滑,同时转动非常平稳,从而保证生成均匀光滑的胶带。冷风(温度在 8~12℃ 较好)从主机后部吹入,使涂布于鼓轮上的明胶液冷却形成胶带。

在胶带成型过程中还设置了油辊系统,保证胶带在机器中连续、顺畅地运行。油辊系统是由上、下两个平行钢辊引领胶带移动,在两钢辊之间有两个"海绵"辊子,利用"海绵"的毛细作用吸饱可食用油并涂敷在经过其表面的胶带上,使胶带外表面更加光滑。

(2) 软胶囊成型装置:软胶囊成型装置主要包括楔形喷体和一对完全相同的滚模。每个滚模上有许多凹槽,相当于半个胶囊的形状,均匀分布在其圆周表面。滚模轴向凹槽的个数与喷体的喷药孔数相等,而滚模周向凹槽的个数和供药泵冲程的次数及自身转数相匹配(图 6-71)。滚模上凹槽的形状、大小不同,即可生产出形状、大小各异的软胶囊。每个凹槽的外周是一圈凸台,高度为 0.1~0.3mm,其作用是将两张胶带互相挤压黏合。

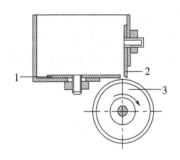

图 6-70　明胶盒示意图
1. 流量调节板;2. 厚度调节板;
3. 胶带鼓轮

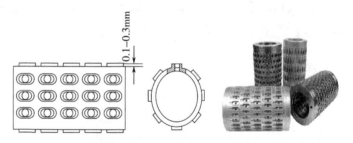

图 6-71　滚模示意图和实物图

楔形喷体如图 6-72 所示,在喷体内装有管状加热元件,其作用是使到达此处的胶带受热变软,以更好地变形,方便药液填充。管状加热元件应与喷体均匀接触,从而保证喷体表面温度一致,使胶带在此处受热变软的程度处处均匀一致。此外,喷体曲面应与滚模外径相吻合。如不能吻合,胶带将不易与喷体曲面良好贴合,会导致药液外渗。

上一步制备成型的连续胶带,经过油辊系统和导向筒,被送到滚模与楔形喷体之间。见图 6-73。喷体的曲面与胶带良好贴合,形成密封状态,同时胶带受热变软。左右两张胶带随着滚模相向运动,逐渐靠近,在两滚模内侧最接近处,滚模凹槽周边的回形凸台对合,将两胶带的下部压紧。此时,供药泵

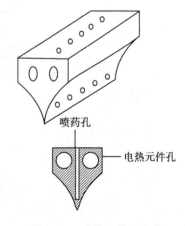

喷药孔

电热元件孔

图 6-72　喷体结构示意图

推动药液通过喷体上的一排小孔喷出,喷射压力使两条已经变软的胶带变形,完全充满滚模的凹槽,在每个凹槽底部都开有小通气孔,软胶囊由于空气的存在很饱满。滚模继续旋转,上部胶带也受到回形凸台的挤压而互相黏结,形成一颗颗完整的软胶囊。

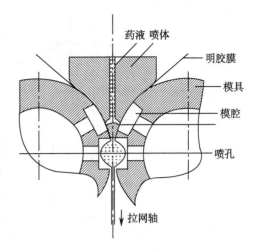

图 6-73 软胶囊成型装置

正常生产软胶囊的关键之一在于保证两个滚模主轴的平行度。如果两轴不平行,则两个滚模上的凹槽及凸台不能够良好地对应,胶囊就不能可靠地被挤压黏合,也不能顺利地从胶带上脱落。通常滚模主轴的平行度要求不大于 0.05mm。为了确保滚模能均匀接触,需在组装后利用标准滚模在主轴上进行漏光检查。

滚模的设计与加工也会影响软胶囊的质量。压制法生产的软胶囊,其接缝处的胶带厚度小于其他部位,有时会在贮存及运输过程中产生接缝开裂漏液现象,主要是因为接缝处胶带太薄,黏合不牢所致。因此,滚模中凸台的设计应恰到好处。当凸台高度合适时,凸台外部空间基本被胶带填满,当两滚模的对应凸台互相对合挤压胶带时,胶带向凸台外部空间扩展的余地很小,大部分被挤压向凸台的内部空间,此时接缝处胶带厚度可达其他部位的 85%以上。若凸台过低,就会产生切不断胶带、软胶囊黏合不上等不良后果。

(3) 药液计量装置:软胶囊的一个重要技术指标是药液装量差异。为了保证装量差异合格,首先需要保证向胶囊中喷送的药液量可调;其次保证供药系统密封可靠,无漏液现象。使用的药液计量装置是柱塞泵,其利用凸轮带动的 10 个柱塞,在一个往复运动中向楔形喷体中供药两次,调节柱塞行程,即可调节供药量大小。

(4) 剥丸器:软胶囊经滚模压制成型后,有一部分软胶囊不能完全脱离胶带,为了将其从胶带上剥离下来,在软胶囊机中安装了剥丸器,结构见图 6-74。在基板上面焊有固定板,将可以滚动的六角形滚轴安装在固定板上方,利用可以移动的调节板控制滚轴与调节板之间的缝隙,一般将两者之间缝隙调至大于胶带厚度、小于胶囊外径,当胶带通过缝隙间时,滚轴将不能够脱离胶带的软胶囊剥落下来。被剥落下来的胶囊沿筛网轨道滑落到输送机上。

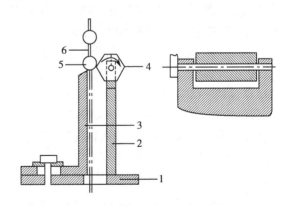

图 6-74 剥丸器
1.基板;2.固定板;3.调节板;4.滚轴;5.胶囊;6.胶带

(5) 拉网轴:随着软胶囊不断地从胶带上剥离下来,同时产生出网状的废胶带,需要回收和重新熔制,为此在剥丸机下方安装了拉网轴,其结构如图 6-75 所示。在基板上有固定支架和可调支架各一个,其上装有滚轴,两滚轴与传动系统相接,并能够相向转动,两滚轴的长度均长于胶带的宽度,调节两滚轴的间隙使其小于胶带的厚度,当剥落了胶囊的网状胶带被夹入两滚轴中间时,被垂直向下拉紧,并送入下面的剩胶桶内回收。

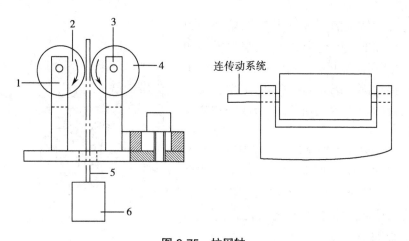

图 6-75　拉网轴
1. 支架；2. 滚轴；3. 可调支架；4. 滚轴；5. 网状胶带；6. 废胶桶

2. 软胶囊定型干燥设备　压制法生产的软胶囊,其胶皮中含有较多量的水分,需要进行干燥。定型干燥是将胶囊放入干燥机转笼中进行动态风干,通常干燥6~8小时。环境要求：18~24℃,相对湿度30%~40%。

干燥机(见图6-76)由若干个转笼组成,每条转笼内外光亮平滑、无毛刺,避免胶丸在干燥过程中的损坏或污染。转向可通过控制系统实现单独正反旋转,工作过程可自行设定,可随意拆装其中一节,而不影响其他各节转笼的正常运转。双进风风机单独送风,具有风力强、干燥快等优点,可有效提高胶丸干燥性能。转动变速部位采用摆线减速、无级变速、PLC程序控制等形式控制运转,可任意选择转笼变速旋转,进一步缩短干燥时间,干燥效率显著提高。

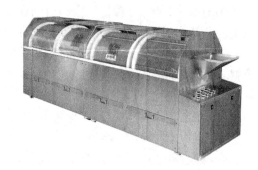

图 6-76　软胶囊定型干燥设备

3. 滴制法生产设备　采用滴制机生产软胶囊剂,将油料和明胶液分别加入不同贮槽中,并保持一定温度;冷却管中放入冷却液。根据每一胶丸内含药量多少,调节好出料口和出胶口,胶液和油料先后以不同的速度从同心管出口滴出,明胶在外层,药液从中心管滴出,明胶液先滴到液状石蜡上面并展开,油料立即滴在刚刚展开的明胶表面上,由于重力加速度的道理,胶皮继续下降,使胶皮完全封口,油料便被包裹在胶皮里面,再加上表面张力作用,使胶皮成为圆球形,由于温度不断地下降,逐渐凝固成软胶囊,将制得的胶丸在室温冷风干燥,经石油醚洗涤两次,再经95%乙醇洗涤,于30~35℃烘干,直至水分合格后为止,即得软胶囊。装置图见6-77。

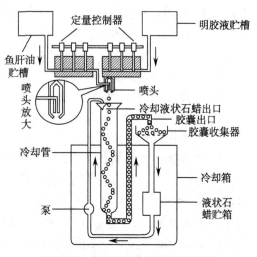

图 6-77　滴制法制备软胶囊的装置

　　在滴制法生产软胶囊时,喷头是一种同心的套管(图 6-78),其中药液由侧面进入喷头并从套管中心喷出,明胶从上部进入喷头,通过两个通道流至下部,然后在套管的外侧喷出,在喷头内两种液体互不相混。只有在严格的同心条件下,两种液体先后有序地喷出才能形成正常的胶囊,而不致产生偏心、拖尾、破损等不合格现象。从时间上看,两种液体喷出的顺序是明胶喷出时间较长,而药液喷出过程应位于明胶喷出过程的中间位置。

　　软胶囊滴制部分的装置还包括凸轮、连杆、柱塞泵、喷头、缓冲管等,见图 6-79。凸轮 1 通过连杆 2 推动柱塞泵内柱塞往复运动,从贮槽内分别吸出明胶液与油状药液,再分别由柱塞泵 3 喷出。其中,明胶液通过连管由上部进入喷头 4,药液经过缓冲管 6 由侧面进入喷头,两种液体均垂直向下,喷到充有稳定流动的冷却液的视盅 5 内,经过冷却固化,即可得球形软胶囊。通过调两凸轮的方位,可以调整两种液体的喷出时间。

　　在软胶囊的制备中,明胶液和药液的计量采用柱塞泵。柱塞泵有多种形式,最简单的柱塞泵见图 6-80。泵体 2 中有柱塞 1,可以在垂直方向上往复运动。当柱塞 1 上行超过药液进口时,将药液吸入;当柱塞下行时,将药液通过排出阀 3 压出,由出口管 5 喷出;喷出结束后,出口阀的球体在弹簧 4 的作用下,将出口封闭,柱塞又进入下一个循环。

　　另一种形式见图 6-81。该泵采用动力机械的油泵原理。当

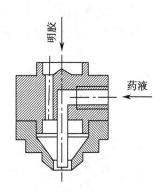
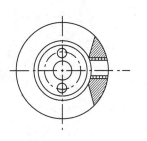

图 6-78　喷头

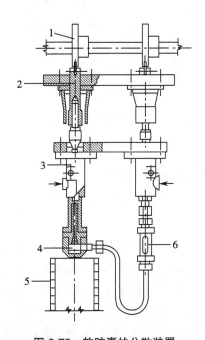

图 6-79　软胶囊的分散装置
1.凸轮;2.连杆;3.柱塞泵;4.喷头;
5.视盅;6.缓冲管

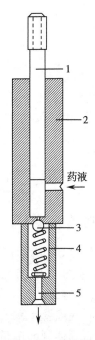

图 6-80　柱塞泵
1.柱塞;2.泵体;3.排出阀;4.弹簧;5 出口管

柱塞 4 上行时,液体从进油孔进入柱塞下方;待柱塞下行时,进油孔被柱塞封闭,使室内油压增高,迫使出油阀 6 克服弹簧 7 的压力而开启,此时液体由出口管排出;当柱塞下行至进油孔与柱塞侧面凹槽相通时,柱塞下方的油压降低,在弹簧力的作用下出油阀将出口管封闭。喷出的液量由齿杆 5 控制柱塞侧面凹槽的斜面与进油孔的相对角度来调节。该泵的优点是可微调喷出量,因此滴出的药液剂量更准确。

三柱塞泵则更为常见,见图 6-82。在泵体中有三个柱塞,起吸入与压出作用的为中间柱塞,其余两个相当于吸入与排出阀的作用。通过调节推动柱塞运动的凸轮方位来调节三个柱塞运动的先后顺序,即可由泵的出口喷出一定量的液滴。

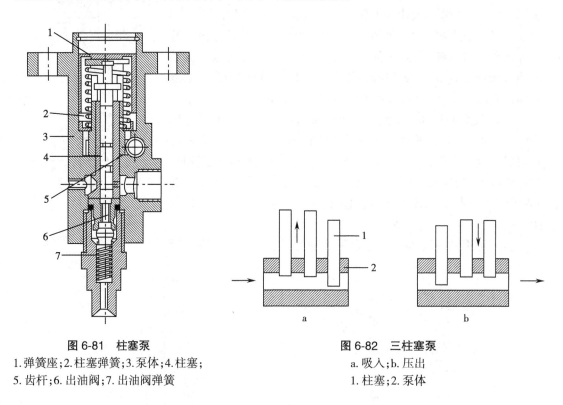

图 6-81　柱塞泵
1.弹簧座;2.柱塞弹簧;3.泵体;4.柱塞;
5.齿杆;6.出油阀;7.出油阀弹簧

图 6-82　三柱塞泵
a.吸入;b.压出
1.柱塞;2.泵体

第三节　固体制剂车间工程设计

一、固体制剂车间 GMP 设计原则

1. 固体制剂车间 GMP 设计原则及技术要求　在固体制剂车间设计中,工艺设计直接关系到药品生产企业的 GMP 验证和认证,非常重要,应遵循以下设计原则和技术要求。

(1) 符合 2010 年修订的《药品质量管理规范》及其实施指南,以及国家关于建筑、消防、环保、能源等方面的规范设计。

(2) 应合理布置固体制剂车间,使车间人流、物流出入口尽量与厂区人流、物流道路相吻合,交通运输方便。由于固体制剂发尘量较大,其总图位置应不影响洁净级别较高的生产车间,如大输液车间等。对生产过程中产生的容易污染环境的废弃物,应设专用出口,避免对原辅料和内包材造成污染。

（3）操作人员和物料进入洁净区应设置各自的净化用室或采取相应的净化措施。人员行为应当符合一定的卫生规范,如:在洁净区内人员进出次数应尽可能的少,同时在操作过程中应尽量减少动作幅度,避免不必要的走动或移动,以保持洁净区的气流、风量和风压等,保持洁净区的净化级别。物料脱外包、外表清洁、消毒后,经缓冲室或传递窗(柜)进入洁净区。若用缓冲间,则缓冲间是双门连锁,空调送洁净风。

（4）若无特殊要求,一般固体制剂车间生产类别为丙类,耐火等级二级。洁净级别应达到 D 级、温度 18~26℃、相对湿度 45%~65%。洁净区设紫外线灯,内设置火灾报警系统及应急照明设施,级别不同的区域之间保持 5~10Pa 的压差并设测压装置。

（5）充分利用建设单位现有的技术、装备、场地、设施。要根据生产和投资规模合理选用生产工艺设备,提高产品质量和生产效率。设备布置便于操作,辅助区布置适宜。为避免外来因素对药品产生污染,洁净生产区只设置与生产有关的设备、设施和物料存放间。空压站、除尘间、空调系统、配电等公用辅助设施,均应布置在一般生产区。

（6）粉碎机、旋振筛、整粒机、压片机、混合制粒机需设置除尘装置。热风循环烘箱、高效包衣机的配液需排热排湿。各工具清洗间墙壁、地面、吊顶要求防霉且耐清洗。

2. 相关工序的特殊要求

（1）备料室的设置:综合固体制剂车间原辅料的处理量大,应设置备料室,并在仓库附近,便于实现定额定量、加工和称量的集中管理。生产区用料时由专人登记发放,可确保原辅料领用。车间与仓库邻近,对 GMP 要求的原辅料前处理(领取、处理、取样)等前期准备工作充分,可减少或避免人为的误操作所造成的损失。仓库设置备料中心,原辅料在此备料,直接供车间使用。车间内不必再考虑备料工序,可减少生产中的交叉污染。

（2）称量室的设置:生产区中的称量室应单独设置,称量室宜布置在带有围帘的层流罩下或采取局部排风除尘,以防止粉尘外逸造成交叉污染。以往对称量室单独设置未引起重视,常在备料室称量,易使剩余的原辅料就地存放,产生交叉污染和混淆。

（3）固体制剂车间产尘的处理:将产尘量大、有噪声的设备集中在一起,既可集中除尘,又方便了车间的管理。发尘量大的粉碎、过筛、压片、充填等岗位,若不能做到全封闭操作,则除了设计必要的捕尘、除尘装置外,还应设计前室,以避免对邻室或共用走道产生污染。除尘室内同时设置回风及排风,风量相同,车间内所有排风系统均与相应的送风系统连锁,即排风系统只有在送风系统运行后才能开启,避免不正确的操作,以保证洁净区相对室外正压。工序产尘时开除尘器,关闭回风;不产尘时开回风,关闭排风。所有控制开关设在操作室内。捕尘、除尘装置见图 6-83。

前室相对洁净走廊为正压,相对工作室为正压。这样可以确保洁净走廊空气不流经工作室,而产尘空气不流向走廊,从气流组织上避免交叉污染。同时可降低室内噪声向外界的传播。如图 6-84 所示,压片间和胶囊充填间与其前室保持 5 Pa 的相对负压。

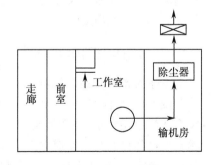

图 6-83　捕尘、除尘布置

房内间排风应采用侧下排风方式,排风口要设置在发尘设备下风向。否则,不仅会使室内存在空气死区,而且还会使上风侧工艺设备或操作对下风侧工艺设备或操作产生污染。除尘器或除尘间应就近布置在发尘工艺设备周围。

（4）固体制剂车间排热、排湿及臭味的处理:配浆、容器具清洗等散热、散湿量大的岗位,除设计排湿装置外,也可设置前室,避免由于散温和散热量大而影响相邻洁净室的操作和环境空调参数。烘房是产湿、产热较大的部位,如果将烘房排气先排至操作室内再排至室外,则会影响工作室的温、湿度。将烘房室排风系统与烘箱排气系统相连,并设置三通管道阀门,阀门的开关与烘箱的排湿连锁,即排湿阀开时,排风口关。此时烘房的湿热

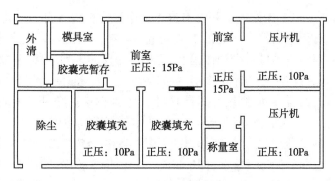

图 6-84　压片间和胶囊充填间与其前室压差

排风不会影响烘房工作室的温度和气流组织。

　　胶囊壳易吸潮,吸潮后易粘连,无法使用,应在 18~24℃、相对湿度 45%~65% 条件下贮存。可使用恒温恒湿机调控。硬胶囊充填相对湿度应控制在 45%~50%,应设置除湿机,避免因湿度而影响充填。胶囊剂特别易受温度和湿度的影响,温度过高易使包装不良的胶囊剂变软、变黏、膨胀并有利于微生物的滋长,因此成品胶囊剂的贮存也要设置专库进行除湿贮存。

　　(5) 排风及防爆:铝塑包装机工作时产生 PVC 焦臭味,故应设置排风。排风口位于铝塑包装热合位置的上方。高效包衣可能会使用大量的有机溶媒,根据安全要求,高效包衣工作室应设计为防爆区,全部采用排风,不回风,防爆区相对洁净区公共走廊为负压。

　　(6) 参观走廊的设置:参观走廊应该保证其直接到达每一个生产岗位、中转物或内包材料存放间。不能把其他岗位操作间或存放间作为物料和操作人员进入本岗位的通道,这样才可有效防止因物料运输和操作人员流动而引起不同品种药品的交叉污染。应尽量减少中间走道,从而避免粉尘通过人、周转桶等途径的传播,避免把粉尘带到其他工段去,控制并避免交叉污染。同时由于固体制剂生产的特殊性及工艺配方和设备不断改进,应适当加宽洁净走廊,减少运输过程中对隔断的碰撞,避免设备更换时必须拆除或破坏隔断。

　　(7) 安全门的设置:设置参观走廊和洁净走廊时就要考虑相应的安全门,它是制药生产车间洁净厂房所必须设置的,其功能是保证出现突然情况时迅速安全疏散人员,因此安全门的开启必须迅速简捷。

二、固体制剂车间设计

(一)片剂车间设计举例

　　图 6-85 所示为片剂车间工艺布置图。该车间生产类别为丙类,耐火等级为二级。其结构形式为单层框架,层高为 5.10m;洁净控制区设吊顶,吊顶高度为 2.70m。车间内的人员和物料通过各自的专用通道进入洁净区,人流和物流无交叉。整个车间主要出入口分 3 处,一处是人流出入口,即人员由门厅经过更衣进入车间,再经过洗手、更洁净衣进入洁净生产区、手消毒;一处是原辅料入口,即原辅料脱外包后由传递窗送入;另一处为成品出口。车间内部布置主要有湿法混合制粒、烘箱烘干、压片、高效包衣、铝塑内包等工序。

(二)胶囊车间 GMP 设计举例

　　图 6-86 所示为胶囊车间工艺布置图,该车间生产类别为丙类,耐火等级为二级。层高为 5.10m,洁净控制区设吊顶,吊顶高度为 2.70m,一步制粒间局部抬高至 3.5m。洁净级别为 D 级。车间内部布置主要有集混合制粒干燥为一体的一步制粒机、全自动胶囊充填机、铝塑内包等工序。

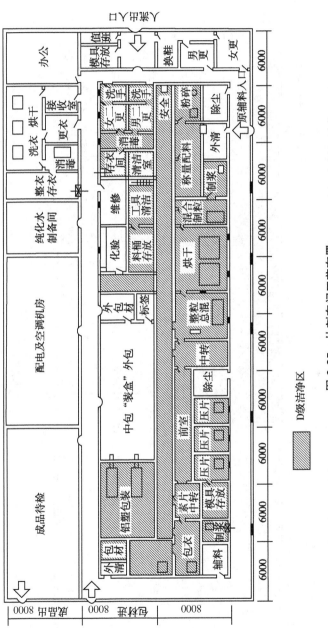

图 6-85 片剂车间工艺布置

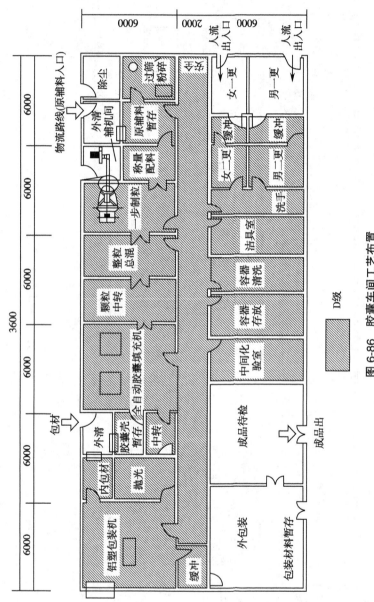

图 6-86 胶囊车间工艺布置

（三）固体综合车间概述

由于片剂、胶囊剂、颗粒剂生产的前段工序,如混合、制粒、干燥和整粒等基本相同,因此可将片剂、胶囊剂、颗粒剂生产线布置在同一洁净区内,这样可提高设备使用率,减少洁净区面积,节约建设资金。在同一洁净区内布置片剂、胶囊剂、颗粒剂 3 条生产线,在平面布置时尽可能按生产工段分块布置,如将造粒工段(混合制粒、干燥和整粒总混)、胶囊工段(胶囊充填、抛光选囊)、片剂工段(压片、包衣)和内包装等各自相对集中布置,这样既可减少各工段的相互干扰,又有利于空调净化系统的合理布置。

1. 中间站的布置　洁净区内应设置与生产规模相适应的原辅料、半成品存放区,如颗粒中间站、胶囊和素片中转间等,有利于减少人为差错,防止生产中混药。中间站布置方式有两种。第一种为分散式,优点为各个独立的中间站邻近操作室,二者联系较为方便,不易引起混药。在这种方式下,如果没有特别要求,操作间和中转间可以开门相通,避免对洁净走廊的污染,但缺点是不便管理。第二种为集中式,即整个生产过程中只设一个中间站,专人负责,划区管理,负责对各工序半成品入站、验收、移交,并按品种、规格、批号加盖区别存放,明显标志。此种布置的优点是便于管理,能有效地防止混淆和交叉污染;缺点是对管理者的要求较高。当采用集中式中间站时,生产区域的布局要顺应工艺流程,不迂回、不往返,并使物料传输距离最短。

2. 固体制剂综合车间的设计举例　现以某固体制剂综合车间为例,如图 6-87 所示。该车间生产片剂、胶囊和颗粒 3 种剂型的产品,且 3 种剂型为不同成分的产品。根据我国新版 GMP,由于这 3 种剂型所要求的生产洁净级别相同,都是 D 级,且其前段制粒工序,即粉碎、过筛、造粒、干燥、总混工序相同,故可集中共用;而后段工序,包括压片、包衣、胶囊填充等不同,需分块布置。最后包装工序有部分相同,也可集中设置。通过合并相同工段等方式,可以明显降低固体制剂生产车间的建设成本。

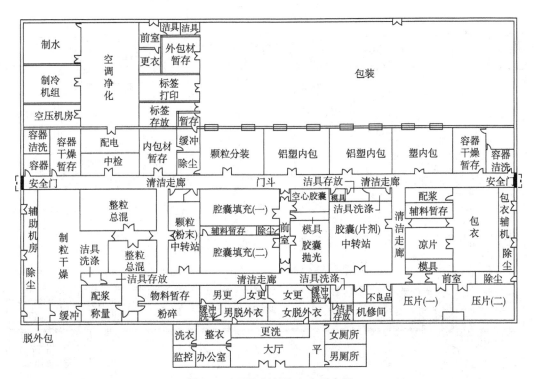

图 6-87　固体制剂综合车间布置

再如,图 6-88 所示分别为同一建筑物内固体制剂车间一、二层工艺平面布置图,该建筑物为两层全框架结构,每层层高为 5.50m。

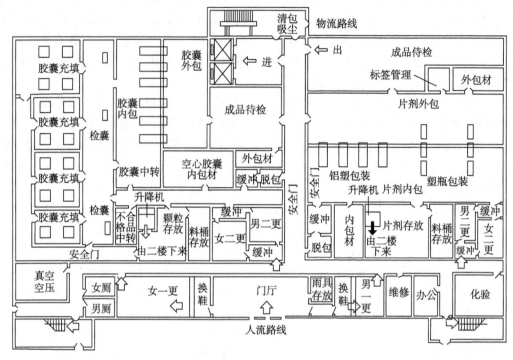

图 6-88a　固体制剂车间一层工艺平面布置

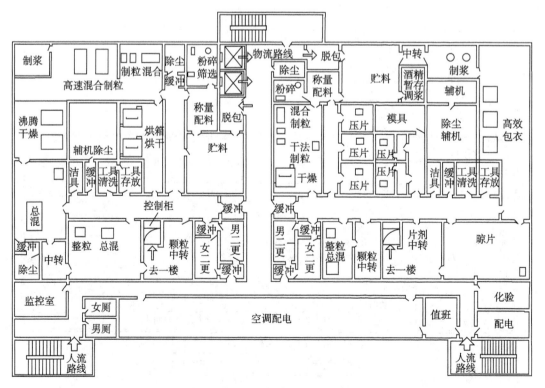

图 6-88b　固体制剂车间二层工艺平面布置

在该建筑物内,利用固体制剂生产运输量大的工艺特点,通过立体位差来布置固体制剂生产车间。在该建筑物内左半部一、二层布置胶囊车间,即物料通过货梯由一层送到二层,二层胶囊车间主要布置有多种制粒方式、沸腾干燥、烘箱烘干、整粒等工序。然后将颗粒由升降机送到一层进行胶囊充填抛光、铝塑内包、外包等。

在该建筑物内右半部一、二层布置片剂车间,即物料通过货梯由一层送到二层片剂车间,二层片剂车间主要布置有制粒、烘箱烘干、整粒、压片、高效包衣等工序。然后将素片或包衣片由升降机送到一层进行片剂铝塑包装、塑瓶包装、外包等工序。

三、软胶囊车间设计

(一)软胶囊车间设计要求

软胶囊生产厂房必须符合 GMP 的要求。应远离发尘量大的道路、烟囱及其他污染源,并于主导风向的上风侧。软胶囊剂车间内部的工艺布局应合理,物流与人流要分开。同时厂房的环境及其设施对保证软胶囊质量有着重要作用。

根据工艺流程和生产要求合理分区。其中囊材、药液及药粉的制备,配制明胶液和油液,制软胶片,压制软胶囊,制丸,整粒,干燥等工序为"控制区",进入的空气应经初、中或初、中、高三效过滤器除尘,以使洁净度控制在 D 级。发尘量大的企业也可以采用初效、中效、高效三级过滤器除尘,局部发尘量大的工序还应安装吸尘设施。其他工序为"一般生产区"。软胶囊剂车间应保持一定的温度和湿度,一般来说温度为 18~26℃,相对湿度为 45%~65%。

进入"控制区"的原辅料必须去除外包装,操作人员应根据规定穿戴工作服、鞋、帽,头发不得外露。患有传染病、皮肤病、隐性传染病及外部感染等人员不得做直接接触药品的岗位工作。生产车间应设置中间站,并由专人负责设置中间站,负责原辅料及各工序半成品的入站、验收、移交、贮存和发放,应根据品种、规格、批号加盖明显标志,区别存放;对各工序的容器保管、发放等也要有严格要求。

(二)软胶囊车间设计举例

图 6-89 为软胶囊车间工艺设计图,整个车间人流、物流分开,洁净区净化级别为 10 万级。

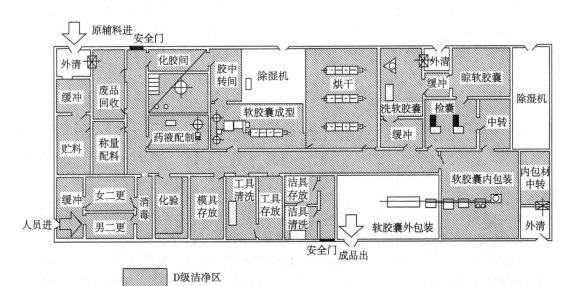

图 6-89　软胶囊车间工艺设计图

第四节　固体制剂的验证

一、固体制剂设备与工艺的验证

固体制剂生产过程中,必须对所使用的设备、工艺进行系统验证。验证的项目和主要内容见表6-4。

表6-4　固体制剂验证工作要点

类别	序号	名称	主要验证内容
设备	1	高速混合制粒机	搅拌桨、制粒刀转速、电流强度、粒度分布、混合时间、水分、松密度
	2	沸腾干燥器	送风温度、风量调整、袋滤器效果、干燥均匀性、干燥效率
	3	干燥箱	温度、热分布均匀性、风量及送排风
	4	V形混合器	转速、电流、混合均匀性、加料量、粒度分布、颜色均匀性
	5	高速压片机	压力、转速、充填量及压力调整、片重及片差变化、硬度、厚度、脆碎度
	6	高效包衣机	包衣液的均匀度、喷液流量与粒度、喷枪位置、进排风温度及风量、转速
	7	胶囊充填机	填充量差异及可调性、转速、真空度、模具的配套性
	8	铝塑泡罩包装机	吸泡及热封温度、热材压力、运行速度
	9	空调系统	尘埃粒子、微生物、温湿度、换气次数、送风位、滤器压差
	10	制水系统	贮罐及用水点水质(化学项目、电导率、微生物)、水流量、压力
工艺	1	设备、容器清洗	药品残留量、微生物
	2	产品工艺	对制粒、干燥、总混、压片、包衣工序制定验证项目和指标
	3	混合器混合工艺	不同产品的装量、混合时间

由于验证内容较多,此处仅以设备验证为例进行说明。设备验证是对设备的设计、选型、安装及运行和对产品工艺适应性作出评估,以证实是否符合设计要求。设备验证按预确认、安装确认、运行确认、性能确认四个阶段进行。下面以旋转式压片机验证为例,介绍设备验证。

二、旋转式压片机验证

1. 预确认　预确认主要内容包括:按图样及标准认真检查设备包装箱是否符合国家标准规定的包装形式,包装箱上的标志、内容是否清晰完整,无破损现象;安装箱单内容检查箱内物品是否齐全;按图样及技术要求检查整机装配质量和机器外观,是否符合设计图样、技术要求及相关标准,有无碰伤等现象。并做好预确认的各种检查记录。

2. 安装确认　旋转式压片机安装确认主要内容包括:①按使用说明书检查机器安装情况,确认机器防震垫是否安装就位,机器是否校准水平,机器四周及高空是否留出大于2cm的空间;②测定环境温、湿度,是否达到GMP规定的环境温度18~26℃、相对湿度45%~65%,用尘埃测定仪测定空气洁净度是否达到D级洁净级别;③按使用说明书检查辅助设施配套情况,如电源、吸粉箱、筛片机、上料器等是否配齐;④机器调试情况,主要目测物料流量调节装置、压力调节装置、充填调节装置、片厚调节装置、速度调节装置等是否调节作用明显,有无失效、失控现象;⑤机器空运转试验,空运转 1~2 小时,按技术指标及标准检查运转是否平稳,有无异常噪声,仪器仪表工作状况是否可靠。

3. 运行确认　根据预确认和安装确认后,草拟该设备的 SOP。对整机进行足够的空载试验,证明旋转式压片机的各项参数是否达到设定指标。运行确认各项内容要求见表 6-5。

表 6-5　旋转式压片机运行确认内容要求

序号	确认内容	要求	方法
1	性能指标		
1.1	最大工作压片力	60kN	压力表显示
1.2	最大压片直径	13mm	实物压制
1.3	最大片剂厚度	6mm	实物压制
1.4	最大压片产量	150 000 片 / 小时	根据转速计算
1.5	最高转速	不低于额定转速的 95%	测速仪测定
1.6	轴承在转动中的升温	≤35℃	温度计测定
1.7	空载噪声	≤82dB（A）	声级计测定
1.8	液压系统	在 75kN 压片力时不渗漏	目测
2	片剂成品指标		
2.1	片剂外观	外观光洁,无缺陷	目测
2.2	片剂厚度	规定要求	卡尺测定
2.3	偏重差异	±7.5%（平均重量 <0.3g）	用天平测定
2.4	片剂硬度	>7kg	硬度计测量
3	电气安全指标		
3.1	电气系统绝缘电阻	>1MΩ	500V 兆欧表
3.2	电气系统耐压试验	1s、1000V 无击穿 / 闪终现象	耐压试验仪
3.3	电气系统接地电阻	<0.1MΩ	接地电阻测试仪
4	调节装置性能		
4.1	物料流量调节装置	调节作用明显,无失效、失控现象	目测
4.2	压力调节装置	调节作用明显,无失效、失控现象	目测
4.3	充填调节装置	调节作用明显,无失效、失控现象	目测
4.4	片厚调节装置	调节作用明显,无失效、失控现象	目测
4.5	速度调节装置	调节作用明显,无失效、失控现象	目测
5	安全保护装置性能		
5.1	压力过载保护装置	当压力超过 60kN 时,自动停机	目测
5.2	电流过载保护装置	当电流超过额定值时,电源自动切断,停机	目测
5.3	故障报警装置	装拆下冲模报警	目测
6	压片工作室状况	密闭,无污染,无死角,易拆卸,易清洗	按 GMP 要求检查
7	技术文件		
7.1	技术图纸	满足性能要求及符合国家标准	审查、归档
7.2	工艺文件	能指导制造、装配、调试	审查、归档

4. 性能确认 旋转式性能确认的主要内容要求如下。①片剂质量：片剂外观光洁，无缺陷；片剂厚度符合实际要求；片重差异 ±7.5%（平均重量 <0.3g）±5.0%（平均重量≥0.3g），片剂硬度 >7kg。②运行质量：吸粉效果较高，充填无不可调整的异常漏粉现象，运转平稳、无异常振动现象，操作便利。③维护保养情况：清洗方便、无死角、无泄漏，加料器、料斗、模具等装拆方便，润滑点清晰、观察方便。

压片机经过以上验证后还应完成以下工作：①将得到的各种验证数据和结果进行分析比较并整理出验证报告，最终得出验证结论；②相关的文件资料（如产品使用说明书、产品合格证、验证数据和记录、验证报告等）归档；③验证工作结束，出具验证报告书。

（魏振平）

参 考 文 献

[1] 平其能,屠锡德,张钧寿,等.药剂学.北京:人民卫生出版社,2013
[2] 崔福德.药剂学.北京:人民卫生出版社,2011
[3] 郑俊民译.片剂包衣的工艺和原理.北京:中国医药科技出版社,2001
[4] 赵宗艾.药物制剂机械.北京:化学工业出版社,1998
[5] 韩大军,孙秀敏.固体制剂车间工艺设计探讨.医药工程设计杂志,2001,22(1):27-31
[6] 田冰.常见压片机结构、控制原理及维修.中国制药装备,2012,(9):44-53
[7] 韩蓓蓓,梁毅.固体制剂 GMP 综合车间设计实例探讨.中国制药装备,2010,(4):12-17
[8] 陈箐清,吕慧侠,周建平.包衣设备的研究进展.中国制药装备,2009,(6):26-31

第七章 注 射 剂

注射剂(injections)系指药物与适宜的溶剂或分散介质制成的供注入体内的溶液、乳状液或混悬液及供临用前配制或稀释成溶液或混悬液的粉末或浓溶液的无菌制剂。按注射体积分为最终灭菌小容量注射剂(俗称小针,一般注射体积1~50ml)和最终灭菌大容量注射剂(俗称输液,每次注射体积为几百毫升到几千毫升);按状态分为注射液、注射用无菌粉末和注射用浓溶液;按分散系统分为溶液型注射液(包括水溶液和非水溶液两大类)、混悬型注射液和乳剂型注射液。

注射剂直接进入血液或组织,因此对其质量要求较高,除应具有制剂一般要求外,还要符合下列各项要求:①无菌;②无热原;③澄明度高,无微粒,供注射用的药液,不得有肉眼可见的浑浊或异物;④安全、无刺激、无毒副反应;⑤pH应与血液pH(7.4)相等或接近,一般应控制在4~9,特殊情况下可以放宽;⑥渗透压应与血浆相等或接近;⑦应具有一定的物理、化学及生物学稳定性,以确保产品在贮存期内安全有效。除此之外,有些注射剂还需要进行降压物质检查,如复方氨基酸注射液等;有些注射剂要求进行过敏性检查,如右旋糖苷40葡萄糖注射液等。

本章阐述注射剂的生产工艺技术、生产工艺设备和生产车间工程设计、制药工艺用水的生产工艺技术等。

第一节 注射剂生产工艺

一、最终灭菌小容量注射剂工艺

(一)最终灭菌小容量注射剂的工艺流程

最终灭菌小容量注射剂生产工艺包括:原辅料和容器的前处理、称量、配制、过滤、灌封、灭菌、质量检查和印字包装等工序,总流程由注射用水的制备、安瓿的前处理、注射液的配制及成品的制备四部分组成。按工艺设备的不同型式可分为单机生产工艺和联动机组生产工艺(图7-1)。

按照GMP的规定,最终灭菌小容量注射剂生产环境分为3个区域:一般生产区、D级洁净区、C级洁净区(包含C级背景下的局部A级洁净区)。一般生产区包括安瓿外部清理、理瓶、粗洗、半成品的灭菌检漏、灯检、印字、包装等;D级洁净区包括物料称量、配制(指浓配或采用密闭系统的配制)和粗滤、灌装前物料的准备、直接接触药品的包装材料和器具(如安瓿)的精洗、产品质检、轧盖、工作服的洗涤等;C级洁净区包括直接接触药品的包装材料和器具(如安瓿)的干燥灭菌和冷却,稀配后的精滤、灌封,且灌封机自带局部A级层流。洁净级别高的区域相对于洁净级别低的区域要保持5~10Pa的正压差。如工艺无特殊要求,一般洁净区温度为 18~26℃,相对湿度为 45%~65%,各工序需安装紫外线灯。

(二) 最终灭菌小容量注射剂的容器及处理方法

最终灭菌小容量注射剂的容器根据其制造材料可分为玻璃容器和塑料容器,按分装剂量可分为单剂量装,多剂量装及大剂量装容器。

1. 玻璃容器

(1) 玻璃容器的种类和样式:最终灭菌小容量注射剂常用的玻璃容器是安瓿和西林瓶,有单剂量和多剂量两种;常用的玻璃有中性玻璃、含钡玻璃和含锆玻璃 3 种。单剂量玻璃容器大多为安瓿,式样主要为曲颈安瓿(图 7-2a),有 1ml、2ml、5ml、10ml、20ml 等规格。安瓿的颜色大多为无色,而琥珀色玻璃由于能滤除紫外线,可用于对光敏感的药物。多剂量玻璃容器一般为具有橡胶塞的玻璃小瓶(也称西林瓶),有 3ml、5ml、10ml、20ml、30ml、50ml 等规格(图 7-2b)。玻璃容器除用于灌装小剂量注射液外,还可用于灌装注射用无菌粉末、疫苗和血清等生物制品。目前新开发的两室玻璃小瓶,可用于灌装在溶液中不稳定的药物,容器由上下两个隔室组成,上面的隔室装注射用溶剂,下面的隔室装无菌粉末,中间隔以特殊的薄膜。使用时,用拇指将顶上的塞子压下,隔膜打开,溶剂流入下面的隔室,药物经振摇溶解后使用。

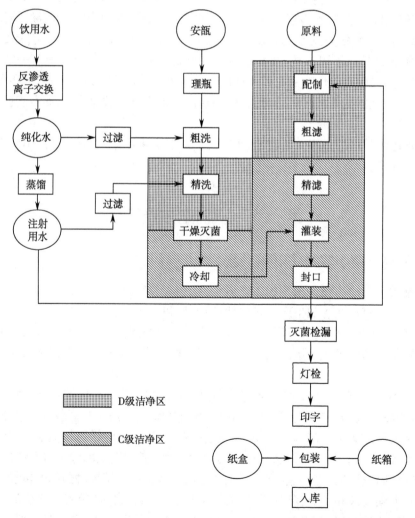

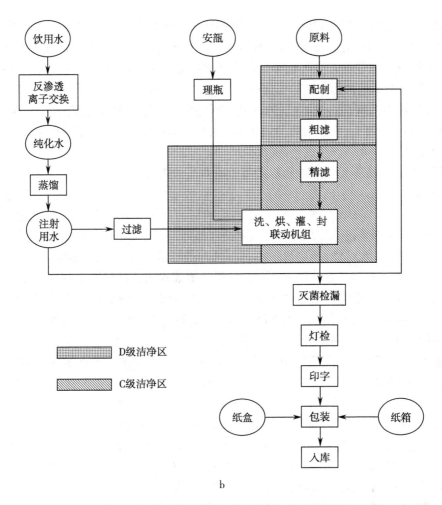

b

图 7-1 最终灭菌小容量注射剂工艺流程及环境区域划分示意图

a.单机灌装工艺流程及环境区域划分示意图;b.洗、烘、灌、封联动机组工艺流程及环境区域划分示意图

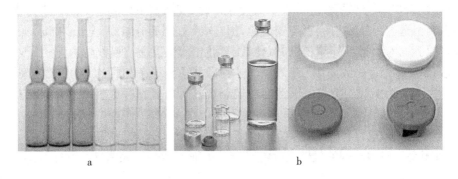

a   b

图 7-2 玻璃容器的种类和样式

a.曲颈安瓿;b.西林瓶

(2) 玻璃容器的质量要求:玻璃容器应透明,以方便检查药液的杂质、颜色及澄明度;应具有低的膨胀系数及优良的耐热性,在生产和贮存期间不易发生冷爆破裂;有足够的机械强度、抗张强度及耐冲击强度,避免在生产、装运及贮存过程中造成破损;具有较高的化学稳定性,不改变药液的 pH,且不被药液腐蚀;熔点较低,易于封口;瓶壁不得有麻点、气泡及沙砾。

玻璃容器的检查包括物理、化学及装药验证试验 3 方面。其中物理检查主要包括玻璃容器外观、尺寸、应力、清洁度、热稳定性等。化学检查主要考察玻璃容器的耐酸性、耐碱性和中性,可按有关规定的方法进行。装药验证试验是指生产前对不同材质的玻璃容器进行装药试验,证明其对药液无影响后方能应用。

(3) 玻璃容器的清洗:玻璃容器的洗涤包括盛装小容量注射剂的安瓿、西林瓶和盛装大容量注射剂的输液瓶,其洗涤所用的设备基本相同,但洗涤方法根据玻璃容器的式样不同略有差别,本部分主要介绍安瓿的洗涤方法。

安瓿的洗涤一般采用甩水洗涤法和加压喷射气水洗涤法。

1) 甩水洗涤法:灌水机将滤过的去离子水或蒸馏水灌入安瓿,必要时也可采用稀酸溶液,甩水机将水甩出,如此反复 3 次,达到清洗的目的。此法生产效率高、劳动强度低,符合大生产需要,但洗涤质量不如加压喷射气水洗涤法好,一般适用于 5ml 以下的安瓿。

2) 加压喷射气水洗涤法:是目前生产上认为最有效的洗瓶方法,特别适用于大安瓿与曲颈安瓿的洗涤。该法在加压情况下将已过滤的蒸馏水与已过滤的压缩空气由针头交替喷入安瓿内进行洗涤,压缩空气的压力一般为 $294.2 \sim 392.3 \text{kPa}(3 \sim 4 \text{kg/cm}^2)$,冲洗顺序为气 - 水 - 气 - 水 - 气,一般 4~8 次。此法的关键是洗涤水和空气的质量,特别是空气的过滤。因为压缩空气中有润滑油雾及尘埃,不易除去,过滤不净反而污染安瓿,出现所谓"油瓶"。一般情况下,压缩空气先经冷却,然后经贮气筒使压力平稳,再经过焦炭(或木炭)、泡沫塑料、瓷圈、砂棒等过滤,完成空气的净化。近年来,多采用无润滑空气压缩机,减少油雾,简化过滤系统。洗涤水和空气也可用微孔滤膜过滤。最后一次洗涤用水,应使用通过微孔滤膜精滤的注射用水。

除此之外,大生产中还有将加压喷射气水洗涤与超声波洗涤相结合的方法;采用洁净空气吹洗的方法;将加压喷射气水洗涤机安装在灌封机上,形成洗、灌、封联动机,由机械自动完成气水洗涤程序的方法,大大提高了生产效率。还有一种密封安瓿,使用时在净化空气下用火焰开口,直接灌封,这样可以免去洗瓶、干燥、灭菌等工作。

(4) 玻璃容器的干燥与灭菌:玻璃容器洗涤后,小量生产时一般要在电热烘箱里 120~140℃干燥;供无菌操作或低温灭菌工序使用的安瓿,则需在 160~170℃干热灭菌 2~4 小时,或者在 350℃干热灭菌 15 分钟。大量生产时,安瓿多采用隧道式烘箱进行干热灭菌,此设备主要由远红外线发射装置与安瓿自动传送装置两部分组成,全长约 5m,在碳化硅电热板辐射源表面涂上远红外涂料,如氧化钛、氧化锆等氧化物,便可辐射远红外线。该装置温度可达 250~350℃,一般使用 350℃经 5 分钟即可达到灭菌的目的,具有效率高、质量好、干燥速度快和节约能源的特点。灭菌后的玻璃容器可放置在存放柜中,存放柜应有净化空气保护,空安瓿的存放时间不应超过 24 小时。

2. 塑料容器　塑料容器的主要成分为塑性多聚物,常用的有聚乙烯和聚丙烯,前者吸水性小,可耐受大多数溶剂的侵蚀,但耐热性差,因而不能热压灭菌,后者可耐受大多数溶剂的侵蚀并可热压灭菌。

塑料安瓿的洗涤采用滤过空气吹洗,以除去颗粒性异物。塑料安瓿的灭菌因材料不同而有所差别,其中聚乙烯或高密度聚乙烯可用热压灭菌,不耐热的低密度聚乙烯可采用环氧乙烷、钴 $^{60}\gamma$ 射线或高能电子束等方式灭菌。

(三) 药液的配制和过滤

1. 原辅料的准备

(1) 备料:起始物料一般包括溶剂、活性药物成分和辅料,所有的原、辅料必须是注射用规格。工作人员在接收物料时,需核对原、辅料的品名、批号、规格、含量、检验报告书、合格证、产地及数量,按生产指令领取当天所需原、辅料存放在暂存间,并作好物料交接记录。在计算物料平衡时应考虑可见损耗的影响,包括脱炭过滤器留存药液、二级过滤器留存药液、终端过滤器留存药液、在线清洗灌装机储液缸及灌装嘴使用药液、管道留存药液。

(2) 投料:由稀配岗位人员根据批生产指令到物料暂存间领取所需物料,认真核对,准确无误后进行称量操作。原、辅料的用量应按处方量计算,对含有结晶水的药物应注意换算。称量时需有两人参加,一人称量,一人核对。记录所用原辅料的来源、批号、用量和投料时间。投料量可按式(7-1)计算:

$$原料(附加剂)实际用量 = \frac{原料(附加剂)理论用量 \times 成品标示量百分数}{原料(附加剂)实际含量} \qquad 式(7\text{-}1)$$

成品标示量百分数通常为100%,原料(附加剂)用量 = 实际配液量 × 成品含量%,实际配液量 = 实际灌注量 + 实际灌注时损耗量。

(3) 清场:同产品换批时,将前一批次产品的文件、物料、标示等清出称量间。经清场负责人检查合格后,质量保证(quality assurance,简称 QA)复查人检查合格后进行下一批次的生产。换产品、规格时,应将上一品种的物料、文件、标示等清出称量间,并经清场负责人检查合格后,QA 复查人检查合格,发清场合格证后方可进行下一品种生产。

2. 配液 配液前首先确认本条生产线是否已清场、配药罐等是否已清洁、检查系统有无泄漏等。根据每个产品的工艺要求及操作注意事项,进行产品配制,配制过程要有专人复核;电子台秤每次使用前均需核查,做好记录,在校验合格有效期内使用;注射剂的批号以每一配制罐为一个批号;配制药液所用的注射用水温度根据工艺要求控制,配成药液混匀后取样,测定含量、pH 等,调整含量须要有复核人复核,配好的药液须标明品名、规格、批号、批量、日期等。

大量生产药液时,一般采用装有搅拌器的蒸汽夹层配液锅或蛇管加热的不锈钢配液缸。配液容器的材质,可以是玻璃、搪瓷、不锈钢、耐酸耐碱陶瓷以及无毒聚氯乙烯、聚乙烯塑料等。但塑料不耐热,高温易变形软化。铝质容器不宜使用。调配器具使用前应彻底清洗。一般可用清洁液刷洗,常水冲洗,最后注射用水冲洗。每次配液后,一定要立即刷洗干净,玻璃容器可加入少量硫酸清洁液或 75% 乙醇放置,以免长菌,用时再依法洗净。供配制油性注射剂的用具,必须洗净烘干后使用。

药液的配制有浓配和稀配两种方法。稀配法是将原料加入全量溶剂中,直接配成所需浓度即可。该法简便,适合于质量较好的原料。浓配法是将原料加入部分溶剂先配成浓溶液,经加热或冷藏后过滤,使溶解度较小的杂质沉淀滤出,然后再稀释至所需浓度。该法较为麻烦,适合于质量较差的原料。

对含量低的注射液,应先将药物溶于少量溶剂中,使其完全溶解后再稀释,以防止药物的损失及不均匀;对剧毒药物,应特别小心谨慎,防止交叉污染;对不易滤清的药液可加 0.1%~0.3% 的活性炭处理,也可用纸浆或纸浆混炭处理,以达到吸附和助滤的目的。应注意活性炭对药物的吸附作用,特别是小剂量药物,应考查其加炭前后药物含量的变化,确定能否使用。活性炭在酸性条件下的吸附作用较强,在碱性条件下有时出现"胶溶"或脱吸附作用,故活性炭最好用酸处理并活化后再使用。

药液配好后应进行半成品的检查,一般主要包括 pH、含量等项,合格后才能灌封。

配液过程应该注意的问题：①每天生产前应用注射用水冲洗配制罐的内壁，并对管道进行冲洗，确保设备、管道的清洁。②搅拌过程中应不断检查原料是否溶解，完全溶解后再加入活性炭。

3. 过滤　注射液的过滤主要依靠介质的拦截作用，根据固体粒子被截留的方式不同，过滤的机制有3种：①通过筛析作用过滤，粒径比滤器孔径大的微粒都被截留在过滤介质的表面。起筛析作用的介质有微孔滤膜、超滤膜和反渗透膜等。②通过深层截留作用过滤，分离过程发生在过滤介质内部，粒径小于过滤介质孔径的固体粒子进入介质内部后，由于惯性、重力、扩散等作用而沉积在孔隙内部搭接成架桥或滤渣层；也可能是由于静电力或范德华力而被吸附于孔隙内部。起深层滤过的介质有砂滤棒、垂熔玻璃漏斗、多孔陶瓷、石棉滤过板等。③滤饼过滤，粗滤器的过滤介质孔隙较大，不能滤除微粒，此时通过在过滤介质表面形成一层由极细颗粒架桥而成的滤饼或滤床时，则可滤除细小的胶体颗粒，或当被截留的颗粒在滤过介质表面沉积而形成"架桥现象"时，也可阻挡后来的颗粒。

(1) 影响滤过的因素：筛析和深层截留作用的过滤速度和阻力主要由过滤介质控制，若药液中的固体粒子含量小于0.1%时属于介质过滤，若药液中的固体粒子含量大于1%时属于滤饼过滤，此时滤过的速度和阻力主要受滤饼的影响。假设滤层中的孔隙为均匀毛细管束，则液体的流动速度遵循Hagen-Poiseuille公式及Darcy定律：

$$\frac{dv}{dt} = \frac{Nd^4}{128\eta}\frac{dp}{dL} \qquad\qquad 式(7-2)$$

$$K = \frac{L}{A(\Delta P)} = \frac{dv}{dt} \qquad\qquad 式(7-3)$$

式(7-2)和式(7-3)中：dv/dt为流动速度，N为直径为d的毛细管数，η为滤液的黏度，L为滤过介质或滤层的厚度，A为滤过面积，K为穿透系数，即滤饼的性质，dp/dL为药液通过滤饼时所受的压力。

由以上两个公式可知影响过滤的因素如下。①过滤介质的孔径：过滤介质的孔径越细，阻力越大，不易滤过。为了提高过滤效率，可采用助滤剂。助滤剂是具有多孔性、不可压缩性的过滤介质，它可以阻止沉淀物接触和堵塞滤过介质孔眼，保持一定的空隙率，减少阻力。②过滤的压力：过滤的压力越大，滤速越快，故常采用加压或减压滤过法。③滤液的黏度：滤液的黏度越大，过滤速度越慢。液体的黏度常随温度的升高而降低，故而常采用趁热过滤。④过滤介质的厚度：过滤介质(包括沉积滤饼)越厚，阻力越大，滤速越慢，故常采用预滤以除去大部分杂质。⑤滤过面积越大，滤速越快。

(2) 滤器的种类和特点：滤器按其过滤能力可分为粗滤(预滤)器和精滤(末端滤过)器。粗滤滤器包括砂滤棒、板框式压滤器、钛滤器；精滤滤器包括垂熔玻璃滤器、微孔滤膜、超滤膜、核孔膜等。

1) 砂滤棒：国产砂滤棒(图7-3)有两种，一种是硅藻土砂滤棒，质地较松散，一般适用于黏度较高、浓度较大的滤液；另一种是多孔素瓷砂滤棒，由白陶土烧结而成，此种滤器质地致密，适用于低黏度药液。砂滤棒价廉易得，滤速较快，但易于脱砂，对药液吸附性强，难以清洗，且有可能改变药液的pH。砂滤棒用后应立即取出用常水冲洗，毛刷刷洗，用热蒸馏水抽洗或煮沸，再用注射用水抽洗至澄明。为防止交叉污染，砂滤棒最好按品种专用。

2) 板框式压滤器：系由金属材质的多个中空滤框和支撑过滤介质的实心滤板交替排列在支架上组装而成(图7-4)。一般用于黏性较大、过滤较困难的注射剂的初滤。其滤过面积大,截留固体量多,滤材可任意选择,经济耐用,适合于大生产应用。但装配和清洗较麻烦,且遇金属不稳定的药物不宜使用。

3) 钛滤器:钛滤器是利用粉末冶金工艺将钛粉末加工制成,有钛滤棒与钛滤片两种(图7-5)。钛滤器抗热震性能好、强度大、重量轻、不易破碎,过滤阻力小,滤速大。一般注射剂脱炭过滤可以使用 F2300G-30 的钛滤棒,其滤速较大,在相同的滤过面积和压力下,滤过时

图 7-3 砂滤棒示意图

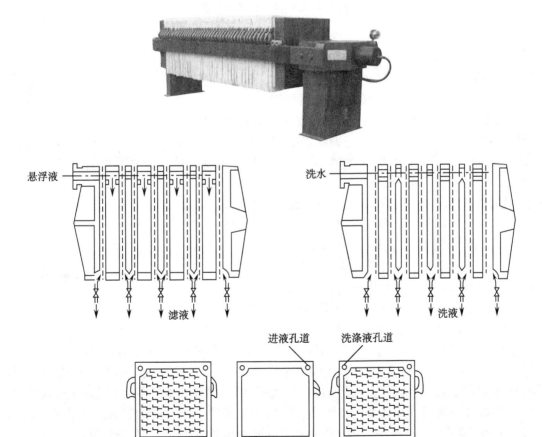

图 7-4 板框式压滤器及工作原理示意图

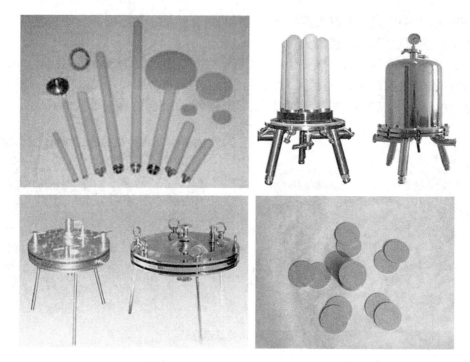

图 7-5　钛滤棒与钛滤片示意图

间节省约 70%,而注射液的除微粒预滤过则可选用 F2300G-60 的钛滤片。

4)垂熔玻璃滤器:系用硬质中性玻璃细粉烧结而成。通常有垂熔玻璃漏斗,垂熔玻璃滤球和垂熔玻璃滤棒 3 种(图 7-6)。按过滤介质的孔径大小分为 1~6 号。生产厂家不同,代号也有差异。一般 1~2 号(孔径 15~40μm)多用于常压过滤,可滤除较大颗粒;3~4 号(孔径 5~15μm)多用于减压或加压过滤,滤除细沉淀物;5~6 号可滤除细菌,作无菌过滤用。垂熔玻璃滤器在注射剂生产中常作精滤或膜滤前的预滤。

垂熔玻璃滤器化学性质稳定(强碱和氢氟酸除外)、吸附性低,一般不影响药液的 pH、易清洗。使用后用水抽洗,并以 1%~2% 的硝酸钠硫酸液浸泡处理。

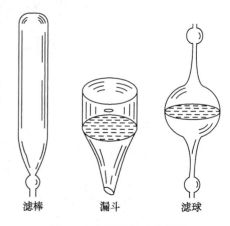

滤棒　　漏斗　　滤球

图 7-6　各种垂熔玻璃滤器

5)微孔滤膜:微孔滤膜是用高分子材料制成的薄膜滤过介质。在薄膜上分布有大量的穿透性微孔,孔径 0.025~14μm,分成多种规格。微孔滤膜的特点是:孔径小、均匀、截留能力强,不受流体流速、压力的影响;质地轻而薄(0.1~15mm),孔隙率大(微孔体积占薄膜总体积的 80% 左右),因此药液通过薄膜时阻力小、滤速快,与同样截留指标的其他滤过介质相比,滤速快 40 倍;滤膜是一个连续的整体,滤过时无介质脱落;不影响药液的 pH;滤膜用后弃去,药液之间不会产生交叉污染。由于微孔滤膜的滤过精度高而广泛应用于注射剂生产中。但其主要缺点是易于堵塞,有些纤维素类滤膜稳定性不理想。

为了保证微孔滤膜的质量,应对制好的膜进行必要的质量检查,包括孔径大小、孔径分布和流速等。孔径大小一般采用气泡点法,每种滤膜都有特定的气泡点,它是滤膜孔径额定值的函数,是推动空气通过被液体饱和的膜滤器所需的压力。故测定滤膜的气泡点即可知道该膜的孔径大小。具体测定方法是:将微孔滤膜湿润后装在过滤器中,并在滤膜上覆盖一层水,从过滤器下端通入氮气,以每分钟压力升高 34.3kPa 的速度加压,水从微孔中逐渐被排出。当压力升高至一定值,滤膜上面水层中开始有连续气泡逸出,产生第一个气泡的压力即为该滤膜的气泡点(图 7-7)。根据式(7-4)即可算出薄膜孔径的大小。

$$d=4\sigma\frac{\cos\theta}{P}$$
　　　　　　　　　　　　　　　　　　　　　　　　　　　　　式(7-4)

式(7-4)中:σ 为液体的表面张力,θ 为固体表面的润湿角,P 为最小排出压力。

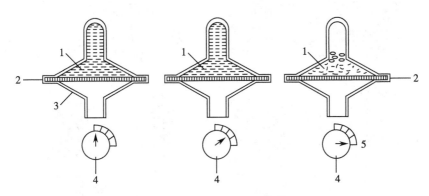

图 7-7　气泡点压力测定示意图
1. 水;2. 微孔滤膜;3. 滤器;4. 压力表;5. 气泡点压力

流速的测定通常是在一定压力下,以一定面积的滤膜滤过一定体积的水求得。此外,对于除菌滤过的滤膜,还应测定其截留细菌的能力。

微孔滤膜的种类很多,包括以下几种。①醋酸纤维素膜:适用于无菌滤过、检验分析测定,如滤过低分子量的醇类、水溶液类、酒类、油类等;②硝酸纤维素膜:适用于水溶液、空气、油类、酒类除去微粒和细菌,不耐酸碱,溶于有机溶剂,可耐受 120℃、30 分钟热压灭菌;③醋酸纤维与硝酸纤维混合酯膜:性质与硝酸纤维素膜类同,适用于滤过 pH3~10 的水溶液、10%~20% 醇溶液、50% 的甘油、30%~50% 丙二醇,但 2% 聚山梨酯 80 对膜有显著影响;④聚酰胺(尼龙)膜:适用于滤过弱酸、稀酸、碱类和普通溶剂,如丙酮、二氯甲烷、醋酸乙酯;⑤聚四氟乙烯膜:适用于滤过酸性、碱性、有机溶剂,可耐 260℃高温;⑥耐溶剂专用微孔膜:除 100% 乙醇、甲酸乙酯、二氯乙烷、酮类外,有耐溶剂性,可用于酸、碱性溶液和一般溶液的滤过;⑦聚偏氟乙烯膜(PVDF):滤过精度 0.22~5.0μm,具有耐氧化性和耐热性能,适用 pH 为 1~12。其他还有聚碳酸酯膜、聚氯乙烯膜、聚乙烯醇醛膜、聚丙烯膜等多种滤膜。

微孔滤膜过滤器常用的有圆盘形(单层板式压滤器)和圆筒形两种(图 7-8)。圆盘形膜滤器由底盘、底盘圆圈、多孔筛板(支撑板)、微孔滤膜、板盖垫圈及板盖等部件组成。安放滤膜时,反面朝向待滤液体,有利于防止膜的堵塞。安装前,滤膜应放在注射用水中浸渍润湿 12 小时(70℃)以上。安装时,滤膜上还可以加 2~3 层滤纸,以提高过滤效果。圆筒形膜滤器由一根或多根微孔滤过管组成,将滤过管密封在耐压滤过筒内制成。此种过滤器面积大,适于大量生产使用。

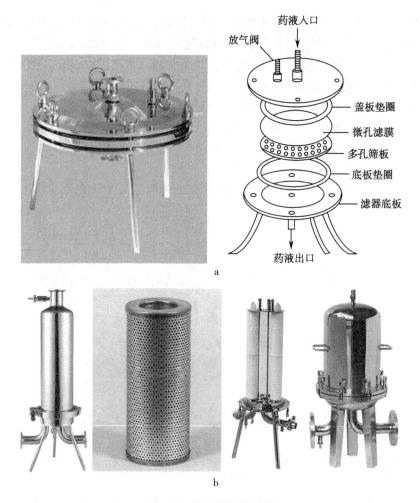

图 7-8　微孔滤膜过滤器
a.圆盘形膜滤过器；b.圆筒形膜滤过器

6) 超滤器：超滤是一种新型膜分离技术，需过滤的液体在常温下以一定压力和流量，经切向流经由高分子复合物形成的非对称性的微孔结构和半透膜介质，依靠膜两侧的压力差作为推动力，以错流方式进行过滤，小于膜孔的溶剂（水）及小分子溶质透过膜，成为净化液，而比膜孔大的分子和微粒如蛋白质、水溶性高聚物、细菌等被截留在剩余的液体中，成为浓缩液，因而微粒不堵塞膜孔，从而实现分离、分级、纯化、浓缩等目的。超滤过程为动态过滤，分离是在流动状态下完成的。溶质仅在膜表面有限沉积，超滤速率衰减到一定程度而趋于平衡，且通过清洗可以恢复。膜的结构有板式、卷式、中空纤维等（图 7-9）。采用超滤法过滤，药液基本不损失，无需加热，药液澄明度好，除热原效果好。

7) 核孔模：常用聚碳酸酯膜、聚酯膜作基膜，用带电高能粒子轰击薄膜，使其形成密集而均匀的损伤性微孔，再经化学法蚀刻扩孔，形成孔径均匀的薄膜，也称核径迹微孔滤膜（nuclear track microporous membrane）。此种膜具有良好的生物相容性和化学稳定性。韧性好，可折叠，抗拉强度高，可反复多次使用。

4. 配液、过滤岗位的要求及注意事项　①原辅料称量、投料必须进行复核，操作人、复核人均应在原始记录上签名。②配料过程中，凡接触原辅料、药液的容器、管道、用具等均需

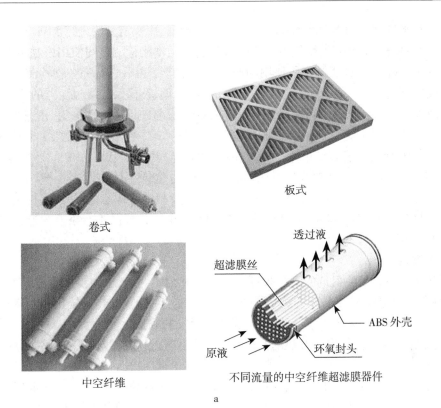

卷式

板式

透过液

超滤膜丝

ABS 外壳

原液

环氧封头

不同流量的中空纤维超滤膜器件

中空纤维

a

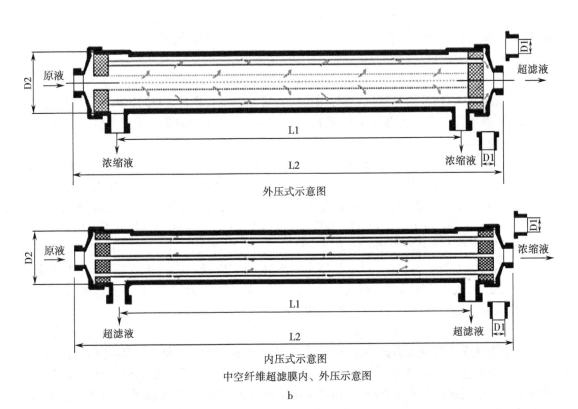

原液

D2

超滤液

浓缩液

L1

浓缩液

D1

L2

外压式示意图

原液

D2

浓缩液

D1

超滤液

L1

超滤液

L2

内压式示意图

中空纤维超滤膜内、外压示意图

b

图 7-9 超滤器

a.不同膜结构的超滤器;b.不同流量的中空纤维超滤膜器件和内、外压示意图

洁净。③疏水性除菌滤器每个月拆下进行完整性检测,按规定方法进行清洁、灭菌。如检测不合格,应更换检测合格的滤芯,并对上次检测合格至本次检测期间使用该滤芯生产产品进行风险评估。④终端过滤器中所使用的滤芯每批生产结束后进行完整性检测,并将检测结果纳入批生产记录,若检测不合格则该批产品报废处理;钛棒及二级过滤器的滤芯在更换生产品种或连续生产4天时进行更换,更换下的钛棒、滤芯进行完整性检测,并进行清洁灭菌。⑤配制用的注射用水应符合注射用水企业内控质量标准,存放时间超过12小时不得使用。⑥药液从稀配开始到灌装结束不得超过10小时。⑦每批灌装开始、中间(约灌装1小时)、结束时,生产过程中随时观察终端过滤器的过滤压力。⑧同一品种连续生产4天时,应按"更换品种的清洁方法"进行清洁。⑨化验人员对中间产品进行检验,中间产品检验不合格,首先应进行超标(out of specification,简称OOS)调查,确认是样品不合格后才能进行调水、调料、调pH的相关工作。

(四) 灌封

最终灭菌小容量注射剂的灌封包括灌注药液和封口两步,灌封操作可在C级洁净区内进行,通常采取定期监控作为质量控制的一部分。近年来,吹灌封系统已得到广泛的应用,其主要特点是缩短了暴露于环境的时间,降低了污染的风险。

1. 安瓿灌封工艺过程　安瓿灌封的工艺过程一般应包括:安瓿的排整、灌注、充氮、封口等工序。

(1) 安瓿的排整:将烘干、灭菌、冷却后的安瓿依照灌封机的要求,在一定时间间隔(灌封机动作周期)内,将定量的(固定支数)安瓿按一定的距离间隔排放在灌封机的传送装置上。

(2) 灌注:静置后的药液经计量,按一定体积注入到安瓿中。为适应不同规格、尺寸的安瓿要求,计量机构应便于调节。由于安瓿颈部尺寸较小,计量后的药液需使用类似注射针头状的灌注针灌入安瓿。又因灌封是数支安瓿同时灌注,故灌封机相应地有数套计量机构和灌注针头。

(3) 充氮:为了防止药品氧化,有时需要向安瓿内药液上部的空间充填氮气以取代空气。此外,有时在灌注药液前还得预充氮,提前以氮置换空气。充氮功能是通过氮气管线端部的针头来完成的。

(4) 封口:将已灌注药液且充氮后的安瓿颈部用火焰加热,使其熔融后密封。加热时安瓿需自转,使颈部均匀受热熔化。目前灌封机均采用拉丝封口工艺,即在瓶颈玻璃融合的同时,用拉丝钳将瓶颈上部多余的玻璃靠机械动作强力拉走,加上安瓿自身的旋转动作,可以保证封口严密不漏,不留毛细孔隐患,并且封口处玻璃薄厚均匀,不易出现冷爆现象。

2. 灌封注意事项及异常情况的处理　目前常用的灌封机有AG1/2、AG5/10、AG20三种型号,分别用于1~2ml,5~10ml,20ml注射剂的灌封。药液的灌装要求剂量准确,灌装时可适当增加装量,一般易流动的液体可增加少些,黏稠的液体宜增加多些。安瓿封口要求严密不漏气,顶端圆整光滑,无歪头、尖头、焦头、瘪头和小泡。

灌封过程中一些注意事项及异常情况处理如下:①灌装管道、针头等零部件在使用前用注射用水洗净并湿热灭菌,必要时应干热灭菌;每天清洗的瓶子必须在24小时之内使用;应选用不脱落微粒的软管,特殊品种应专用;盛药液的容器应密闭,置入的惰性气体应过滤。②灌装过程中出现过滤器压力较高、药液流速减慢、灌装装量不足、药液可见异物不合格,应立即停止灌装,查找原因,待查明原因并解决问题后方可进行灌装。③需充填惰性气体的品种在灌封操作过程中要注意气体压力的变化,保证充填足够的惰性气体。④灌装过程中,每 1 小时抽查装量及封口质量一次,应符合工艺要求。⑤灌封后应及时抽取少量半成品,检查澄明度、装量、封口等质量状况;灌装后的产品收集到不锈钢盘中,将不锈钢盘放到周转车上,运到缓冲间。⑥药液从配制到灌装结束不得过 10 小时,若时间超限 2 小时之内,按照《中间产品微生物检测方法》检测微生物数量,成品检验无菌数量加大 3 倍,若时间超限 2 小时之外,按废品处理;灌装结束至灭菌的存放时间不得过 6 小时,若时间超限,按废品处理;从配制到灭菌的存放时间不得超过 14 小时,若时间超限,按废品处理。⑦生产过程中的废药液及低硼硅玻璃安瓿不得回收;不合格品一律不得回收。

(五) 灭菌与检漏

1. 灭菌　除采用无菌操作生产的注射剂之外,一般注射液灌封后必须尽快进行灭菌,其目的是杀灭或除去所有微生物繁殖体和芽胞,最大限度地提高药物制剂的安全性,保证制剂的临床疗效。

制药行业常用的灭菌方法有物理灭菌法和化学灭菌法。物理灭菌法系采用加热、射线照射或过滤等方法杀灭或除去微生物的技术,亦称物理灭菌技术。该技术包括干热灭菌法、湿热灭菌法、除菌过滤法和辐射灭菌法等。化学灭菌法是指用化学药品直接作用于微生物将其杀死,同时不损害制品的质量,其目的在于减少微生物的数目,以控制无菌状况至一定水平。常用的方法有气体灭菌法和表面消毒法。

制剂的灭菌与保持药物稳定性是相互矛盾的两方面,灭菌温度高、时间长,微生物杀灭彻底,但可能不利于药液的稳定性,因此,选择适宜的灭菌方法对保证产品质量甚为重要。一般情况下,在洁净环境较好条件下生产的小容量注射剂,可采用流通蒸汽灭菌,1~5ml 安瓿多采用流通蒸汽 100℃、30 分钟;10~20ml 安瓿常用流通蒸汽 100℃、45 分钟灭菌。灭菌操作按灭菌效果 $F_0>8$ 进行验证。

2. 检漏　安瓿熔封后若存在毛细孔或细小的裂缝,在贮存时会发生药液泄漏且微生物和空气侵入等现象,污染包装并影响药液的稳定性,故应及时剔除漏气的安瓿。

检漏一般采用灭菌和检漏两用灭菌器。灭菌完毕后稍开锅门,同时放进冷水淋洗安瓿使温度降低,然后关紧锅门抽气,如有漏气安瓿,则安瓿内的气体也被抽出。当锅内真空度到达 85.3~90.6kPa(640~680mmHg)后停止抽气,开色水阀加入颜料溶液(0.05% 曙红或亚甲蓝)至淹没全部安瓿时止,关闭色水阀,开放气阀,再将色水抽回贮器中,开启锅门,用热水淋洗安瓿后取出,剔除被染色的漏气安瓿。也可在灭菌后趁热取出安瓿,浸没于冷的色水中,安瓿遇冷内部气体收缩形成负压,色水被吸入安瓿染色,从而被剔除。也有采用仪器检查安瓿裂缝的方法。

(六) 质量检查

1. 可见异物检查　可见异物是指存在于注射剂中目视可以观测到的不溶性物质,其粒径或长度通常大于 50μm。注射液中的颗粒物质会堵塞毛细血管而造成栓塞,若侵入肺、脑、肾、眼等组织时,则会引起组织栓塞和巨噬细胞的包围与增生,形成肉芽肿等危害。此外,检查可见异物还可以发现生产中的问题,如白点多为原料或安瓿产生,纤维多为环境污染所致,玻屑多是由圆口、灌封不当形成的。

可见异物的检查法有灯检法和光散射法。灯检法不适用的品种,如有色透明容器包装或液体色泽较深的品种应选用光散射法。注射液的可见异物检查应按照《中国药典》2010 年版二部附录Ⅸ H《可见异物检查法》进行。

2. 不溶性微粒检查　对溶液型静脉注射剂,在可见异物检查符合规定后,尚需检查不溶性微粒的大小及数量。除另有规定外,测定方法一般先采用光阻法,当光阻法测定结果不符合规定或供试品不适于用光阻法测定时,应采用显微计数法。详细内容参见《中国药典》2010 年版二部附录Ⅸ C《不溶性微粒检查法》。

3. 热原检查　热原的检查方法目前有家兔法和细菌内毒素法。家兔法系将一定剂量的供试品静脉注入家兔体内,在规定时间内观察家兔的体温升高情况,以判定供试品中热原的限度是否符合规定。细菌内毒素法系利用鲎试剂来检测或量化由革兰阴性菌产生的细菌内毒素,以判断供试品中细菌内毒素的限度是否符合规定。详细内容参见《中国药典》2010年版二部附录Ⅸ D《热原检查法》和附录Ⅸ E《细菌内毒素检查法》。

4. 无菌检查　注射剂在灭菌后应抽取一定数量的样品进行无菌检查,以确保产品的灭菌效果。通过无菌操作制备的成品更应注意无菌检查的结果。无菌检查的具体方法见《中国药典》2010 年版二部附录Ⅸ H《无菌检查法》。

5. 降压物质检查　《中国药典》2010 年版二部规定对由发酵制得的原料,制成注射剂后一定要进行降压物质检查。由发酵提取而得的抗生素如两性霉素 B 等,若质量不好往往会混有少量组胺,其毒性很大,可作为降压物质的代表。降压物质检查的具体操作见《中国药典》2010 年版二部附录Ⅸ G《降压物质检查法》。

6. 稳定性检查　溶液型注射液需要注意其在贮存中的化学稳定性,应制定主成分含量测定方法和有关物质检查方法,通过加速试验等方法来评价其化学稳定性。

7. 其他　注射剂的装量检查按《中国药典》规定方法进行。此外,鉴别、含量测定、pH 测定、毒性试验、刺激性试验等按具体品种要求进行检查。

(七) 印字与包装

注射剂生产的最后环节为印字包装。印字的内容包括注射剂的名称、规格及批号等。印字后,安瓿即可装入纸盒,盒外贴标签,盒内应附详细说明书,供使用时参考。此外,包装时应采取防护措施,避免产品在运输、装卸及贮存过程中受损;光敏性药物注射剂还应采用避光包装。

印字及包装过程中,根据批包装指令,班组长及复核人在包材暂存间核对标签、说明书、合格证、纸盒、纸箱,与批包装指令相符后领取相应的包装材料。由班组长核对印刷包材的印刷质量,应正确、清晰。在纸箱对应位置处加盖产品批号、生产日期、有效期;操作人员核对合格证的包装日期和人员代码,调整印模打印合格证。将灯检合格的产品运至包装工序。每天第一批及换批生产时,由操作人、复核人及班组长核对打印的第一张标签的批号、有效期、生产日期、位置应正确。启动贴签机进行贴签操作。将规定数量、贴签合格的药品放入瓶托,然后装入纸盒,每盒放入一张说明书。将装好的产品整齐码放于包装箱中,放入合格证,将纸箱用手轻轻拍打周正,上盖对折,折缝严密后进行封箱。本批剩余零头产品放入零散产品柜,记录产品零头交接台账。封箱后产品运至成品暂存间,逐箱码垛,挂好"待验证"。每批生产结束,由岗位操作人员核对标签、合格证、说明书、纸盒、纸箱使用数量是否平衡,若不平衡,查找原因。每批生产结束后,将剩余的已打印批号的标签、破损的标签计数后单独存放,每天在 QA 监督下销毁。每批生产结束后剩余的标签、说明书、合格证、纸盒清点数量后退回,下批生产时计数发放,领发人及销毁人均应在记录上签字。

包材应专人专库存放。领取包材时,领用人核对标签、说明书、合格证、纸盒、纸箱等的品名、规格、物料代码、数量等是否与待包装产品相符。由操作人员核对好纸箱、合格证印字字模后按要求打码,班组长核对打印的第一个纸箱、合格证内容无误后,方可大量打印。码放不得过 8 层。成品数计算公式：成品数 = 本批箱数 × 包装规格 + 取样数 + 本批余瓶 - 上批余瓶数。

印刷包材存在印刷错误时，将错误的包材隔离存放，贴挂不合格品标识，汇报技术质量保证部，进行调查，按要求进行处理。并复核不合格包材是否已用于生产，确认追回所有不合格包材。包装过程中若标签、说明书、合格证、纸箱的使用及批号、生产日期、有效期等的打印出现任何一项与生产不符时，必须对已包装产品进行逐一复查，不符合要求的产品重新更换产品包装。印刷包材物料不平衡时，应进行调查，查明原因后产品方可入库。

二、最终灭菌大容量注射剂工艺

最终灭菌大容量注射剂常称为输液，是一类供静脉滴注的 100ml 及 100ml 以上的大型注射液，用于调整体内水、电解质、糖或蛋白质代谢及扩充血容量等，不含防腐剂或抑菌剂。常见的品种如 0.9% 氯化钠注射液（生理盐水）、葡萄糖注射液、水解蛋白注射液及右旋糖酐注射液等。由于输液用量大且直接进入血液，故质量要求高，生产工艺及洁净级别要求与最终灭菌小容量注射剂有一定差异。

在近百年的发展历史中，大输液的包装技术经历了几次重大改革，从最早的玻璃瓶包装（简称玻瓶输液），发展到聚乙烯（polyethylene，简称 PE）、聚丙烯（polypropylene，简称 PP）塑料瓶包装（简称塑瓶输液），近年来又广泛使用聚氯乙烯（polyvinyl chloride，简称 PVC）单层塑料袋（简称 PVC 软袋输液）和 PE、PP 等非 PVC 多层膜复合共挤膜包装（简称非 PVC 软袋输液）。

最终灭菌大容量注射剂的生产过程一般包括容器及附件（输液瓶或塑料输液袋、橡胶塞、衬垫薄膜、铝盖）的处理、配液、过滤、灌封、灭菌、质检、包装等工序。根据所选用的包装材料不同，具体的生产工序及环境区域划分也有所不同。图 7-10a 是玻璃瓶包装的大容量注射剂生产工艺流程图，图中一般生产区包括瓶外洗、灭菌、灯检、包装等；D 级洁净区包括原辅料稀配、浓配、粗滤、输液瓶粗洗、精洗及隧道干热灭菌去热原、轧盖等；C 级洁净区包括稀配、精滤和灌封，其中瓶精洗后到灌封工序的暴露部分需 A 级层流保护。图 7-10b 是塑瓶包装的大容量注射剂生产工艺流程图，其关键工序采用 D 级、C 级和 C 级保护下的局部 A 级空气净化洁净级别。图 7-10c 是非 PVC 软袋包装的大容量注射剂生产工艺流程图，其关键工序采用 C 级和 C 级保护下的局部 A 级空气净化洁净级别。

（一）包装容器、附件及其处理方法

1. 玻璃输液瓶　输液瓶一般采用硬质中性玻璃，具有耐酸、耐碱、耐药液腐蚀、可热压灭菌的特点。其瓶口内径必须符合要求，光滑圆整，大小一致，否则将影响密封程度，导致贮存期间污染。

一般玻璃瓶清洗的方法是先用常水冲去表面灰尘，再用 70℃ 左右的 2% 氢氧化钠或 3% 碳酸钠溶液冲洗内壁约 10 秒，随即以蒸馏水冲洗碱液，再用注射用水冲洗；也有用酸洗和重铬酸钾清洁液洗，后者既有强力的消灭微生物和热原的作用，还能中和瓶壁的游离碱。

2. 塑料输液瓶　塑料输液瓶是采用 PE 或 PP 等无毒塑料制成。PP 瓶分为挤吹瓶和拉吹瓶，PE 瓶均为挤吹瓶，也有用三合一机器制造的，即制瓶、灌注、封口一步完成。塑料输液瓶应经热原检查、毒性试验、抗原试验、变形试验及透气试验，合格后方可使用。

塑料输液瓶具有耐水耐腐蚀、机械强度高、化学稳定性好、可以热压灭菌、重量轻、运输方便、不易破损等优点，缺点是湿气和空气可以透过，影响产品在贮存期的质量；其透明度低、耐热和耐寒性较差，如低温时，PP 容器的抗脆性随之降低，不利于运输；强烈振荡时，可

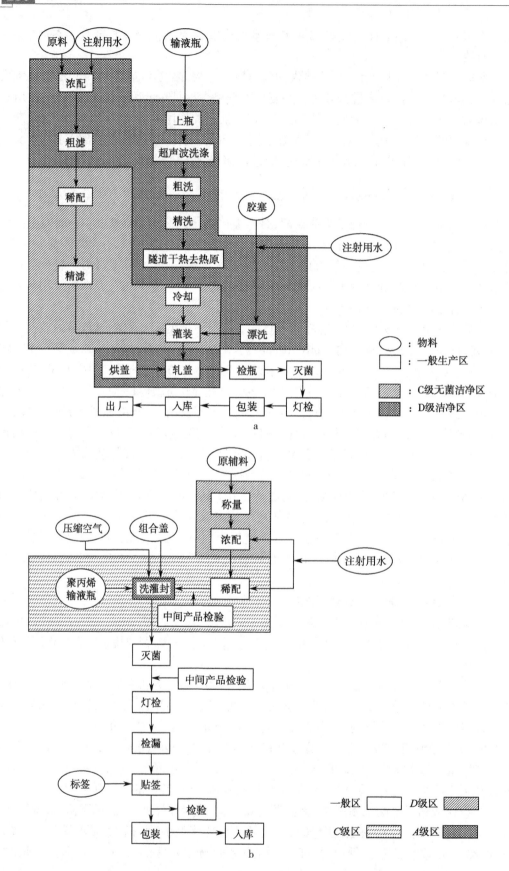

a

b

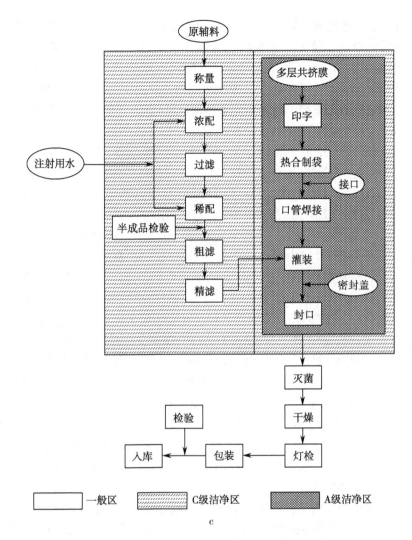

图 7-10 大容量注射剂生产工艺流程及洁净区域划分

a. 玻璃瓶包装大容量注射剂生产工艺流程及洁净区域划分;b. 塑瓶包装大容量注射剂生产工艺流程及洁净区域划分;c. 非 PVC 软袋装大容量注射剂生产工艺流程及洁净区域划分

产生轻度乳光。另外,在输液方式上,塑料输液瓶并没有克服玻璃瓶的缺陷,药液排空后不能完全回复,需要进气口,因而有造成瓶内微粒增加的可能性。因此,塑料输液瓶的发展受到一定的限制。

塑料输液瓶的清洗方法是:先用清水将瓶表面洗净,也可将瓶浸入 1% 温碱液(50~60℃)中 2~3 分钟,取出,用水冲瓶外碱液,然后在瓶内灌入蒸馏水荡洗 2~3 次,再灌入适量蒸馏水,塞住瓶口,热压灭菌(0.5kg/cm²)30 分钟,临用前将瓶内的蒸馏水倒掉,用滤净的注射用水荡洗 3 次,甩干后即可灌装药液。

3. PVC 软袋 在输液包装容器的发展过程中,PVC 软袋作为第二代输液容器,解决了原瓶装半开放式输液的空气污染问题,但它的缺点主要来自 PVC 本身和环保者的反对,因 WHO 规定:一次性输液用品使用后应消毒后深埋或彻底焚烧,而 PVC 焚烧后产生的有机氯会破坏大气层,污染环境。为了增加 PVC 材质的强度,生产过程中加入增塑剂邻苯二甲酸二辛酯(DEHP),这种增塑剂会溶于药液中,影响药液的内在质量,患者长期使用影响其造血功能。PVC材质本身具有透气性和渗透性,给制备中灭菌环节带来很大难度,灭菌温度控制不好,可使输液袋吸水泛白而不透明,成品存放需加外包装。另外,PVC材质中还存在微粒脱落现象,影响产品的澄明度。PVC在生产和销毁过程中均会产生氯气。因此,从目前情况看,以PVC为材质的输液袋并不是一种理想的瓶装输液替代品,只能是一种过渡性的代用品。

4. 非PVC复合膜软袋　非PVC复合膜软袋是近年来国际最新的包装材料,在国外日益广泛取代玻璃瓶而用于输液包装,国内医药市场也相继上市了塑料软袋包装输液产品。

非PVC复合膜是由三层不同熔点的塑料材料如PP、PE、聚酰胺(PA)及弹性材料苯乙烯-乙烯-丁二烯-苯乙烯共聚物(SEBS),在A级洁净条件下共挤出膜的,不使用黏合剂,膜的清洗、软袋的成型等均在A级洁净厂房中完成,无热原、无微粒。内层为完全无毒的惰性聚合物,通常采用PP、PE等,化学性质稳定,不脱落或降解出异物;中层为致密材料,如PP、PA等,具有优良的水、气阻隔性能;外层主要是提高软袋的机械强度,目前市场上所采用的材料通常有PP、PA等。另外,从膜生产工艺上要求,三层材料的熔点不同,从内到外逐渐升高,利于由内向外热合,使其更加严密牢固,这也是优于PVC材料(高频焊接由外向内进行)的一方面。PP材料具有良好的水气阻隔性能,与各种药液有很好的相容性,能保证药液的稳定性。

非PVC复合膜的成分中不含增塑剂,无DEHP渗漏的危险;对热稳定,可在121℃高温蒸汽灭菌,不影响透明度;对蒸汽和气体透过性极低,有利于保持输液的稳定性;惰性好,不与药物发生化学反应,并且对大部分的药物吸收极低;柔韧性强,可自收缩,药液在大气压力下,可通过封闭的输液管路输液,消除空气污染及气泡造成的栓塞危险,同时,有利于急救及急救车内加压使用;机械强度高,可抗低温,不易破裂,易于运输、储存;该软袋上的胶塞与袋内的药液被隔膜隔开,不会发生因胶塞热脱产生的颗粒落到溶液中;使用过的输液袋处理非常容易,焚烧后只产生水、二氧化碳,对环境无害,与燃烧天然材料时(如木头)相似;软袋体积小,重量轻,便于运输贮藏。

非PVC复合膜输液袋的容积可在50~3000ml调节;可以制成单室、双室及多室输液,并且在输液生产线上可以根据产品的要求完成调整;非PVC复合膜输液袋的袋口种类繁多,更换简单,完全适应临床的各种需要;非PVC复合膜输液袋在输液生产中可以完成膜的(清洗)印刷、袋成型、焊接袋口、灌装、充气或抽真空、封口,而且生产线可以完成在线检漏和澄明度的检测;非PVC复合膜输液袋可以适应小批量、多品种、多规格、多剂量的现代输液发展特点。

随着非PVC复合膜软袋的广泛应用,国外制药企业对膜材料的相容性、稳定性等方面进行了大量的试验。结果表明,非PVC复合膜软袋其迁移性、水蒸气透过性、毒性试验、溶血作用及细菌内毒素均符合美国药典、日本药典及欧洲药典等标准,适合于大多数药物的包装,如常规输液,透析液,甲硝唑、环丙沙星等治疗性输液,甚至氨基酸、血浆代用品、脂肪乳也可以使用。总之,非PVC复合膜是一种理想的输液包装材料。国际上著名输液厂家广泛使用非PVC复合膜。由于非PVC复合膜软袋具有优良的性能,为临床治疗提供方便,代表当今绿色工业革命的方向,是当今世界输液包装材料的发展趋势。

5. 胶塞　玻璃输液瓶所用胶塞对输液澄明度影响很大,其质量要求如下:①富于弹性及柔软性,针头刺入和拔出后应立即闭合,并能耐受多次穿刺无碎屑脱落;②具耐溶性,不致增加药液中的杂质;③可耐受高温灭菌;④有高度的化学稳定性,不与药物成分发生相互作用;⑤对药液中药物或附加剂的吸附作用应达最低限度;⑥无毒性及溶血作用。

目前天然橡胶塞已逐渐被T型丁基胶塞(药用氯化丁基橡胶塞或药用溴化丁基橡胶塞

的简称)所取代。丁基胶塞的特点是气密性好、化学成分稳定、杂质少,不用翻边加膜。有时为了保证药物的稳定性,还可在胶塞的内缘加上稳定涂层。丁基胶塞洗涤时直接使用滤净的注射用水冲洗,而不必像橡胶塞那样需经酸碱处理。

(二)配液与过滤

最终灭菌大容量注射剂的配制,必须使用新鲜合格的注射用水。配液容器一般采用夹层不锈钢罐,多用浓配法配制药液,加入针用活性炭以利于除去杂质,其加入量通常为溶液体积的 0.01%~0.5%,活性炭还可吸附热原和色素,并可作助滤剂,分次吸附较一次吸附好。药液经预滤后,加注射用水至全量,然后精滤,合格后即可灌装。过滤多采用加压过滤法,其中预滤可采用砂滤棒、陶瓷滤棒、钛滤棒等。过滤时,滤棒上应先吸附一层活性炭,并在滤过开始反复回滤到滤液澄明,过滤过程中,不要随意中断,以免冲动滤层,影响过滤质量;精滤多采用 0.22μm 微孔滤膜或微孔滤芯等。

(三)灌封

最终灭菌大容量注射剂采用玻璃瓶灌装时,由药液灌注、加胶塞和轧盖三步组成,三步连续完成。采用塑料袋灌装时,将袋内最后一次洗涤水倒空,以常压灌至所需要量,排尽袋内空气,电热封口,灌封时药液维持在 50℃。

(四)灭菌

最终灭菌大容量注射剂一般采用热压灭菌,从配制到灭菌不应超过 4 小时。灭菌开始时应逐渐升温,一般预热 20~30 分钟,待达到灭菌温度 115℃时,维持 30 分钟,然后停止升温,待锅内压力下降到零,放出锅内蒸汽,使锅内压力与大气相等后,再缓慢(约 15 分钟)打开灭菌锅门,不可带压操作。采用 F_0 值验证灭菌效果时应大于 8 分钟,常用 12 分钟。

20 世纪 80 年代,国内开始引进国外先进的水浴式灭菌器;20 世纪 90 年代以后,国内药机厂开发了与国际水平相当的水浴式灭菌器。水浴式灭菌器有静态和动态之分,前者又称为大容量注射剂水浴式灭菌器,后者又称为大容量注射剂回转水浴式灭菌器。其中,动态型主要适用于脂肪乳和其他混悬型输液的灭菌。两种灭菌器的工作原理、柜体结构及辅机配置和灭菌效果完全一致,不同点是回转式灭菌器的腔室内多一个回转体装置。

水浴式灭菌器采用高温过热水均匀喷淋方式,完成药品的灭菌,灭菌柜内的循环水通过热交换器加热,自安装在腔室顶部的喷淋装置由上而下喷淋产品,达到灭菌效果。灭菌完成后,循环水又可通过热交换器冷却,实现产品的降温。循环水的升温和降温由工业用饱和蒸汽及冷却水通过外部热交换器实现,不与产品接触,因而可以避免对产品的"二次污染"。该方法适用于玻璃瓶、塑料瓶、塑料袋装输液的灭菌,消除了蒸汽灭菌时因冷空气存在而造成的温度死角。

(五)质量控制及稳定性评价

最终灭菌大容量注射剂对澄明度、热原、无菌的检查比小容量注射剂更为严格。

1. 澄明度与微粒检查　由于肉眼只能检出 50μm 以上的微粒,因此澄明度除目检应符合有关规定外,《中国药典》2010 年版二部还规定了不溶性微粒检查法。该法规定 100ml 以上注射液应做该项检查。除另有规定外,每 1ml 大容量注射剂中含 10μm 以上的微粒不得超过 20 粒,含 25μm 的微粒不得超过 2 粒。检查方法有显微计数法及光阻法,详见《中国药典》2010 年版二部附录IX C。

2. 热原检查　每一批最终灭菌大容量注射剂都必须按《中国药典》规定的热原检查法或细菌内毒素检查法进行热原检查,详见《中国药典》2010 年版二部附录IX D。

3. 无菌检查　无菌要求与小容量注射剂相同。此外,国外对最终灭菌大容量注射剂的无菌检查,更注重灭菌的工艺过程,各项工艺参数(如温度、时间、饱和蒸气压、F_0值及其他关键参数)均应达到要求,以保证最后的无菌检查合格,详见《中国药典》2010 年版二部附录Ⅸ H。

4. 稳定性评价　与小容量注射剂相似,但要求更高,如乳浊液或混悬液,应按要求检查粒度,80% 的微粒应小于 $1\mu m$,微粒大小均匀,不得有大于 $5\mu m$ 的微粒,色泽和降解产物也应合格等。

5. 酸碱度和含量测定　按不同品种进行严格测定。

三、无菌分装粉针剂生产工艺

无菌分装注射剂系指以无菌操作法将经过无菌精制的药物粉末分(灌)装于灭菌容器内的注射剂。无菌分装的药品多数不耐热,灌装后不能灭菌,故生产过程必须采用无菌操作。无菌分装粉针剂的生产工序包括:洗瓶及干燥灭菌、胶塞处理及灭菌、铝盖洗涤及灭菌、分装轧盖、包装。按 GMP 规定,其生产区域空气洁净度级别分为 A 级、C 级和 D 级(图 7-11)。

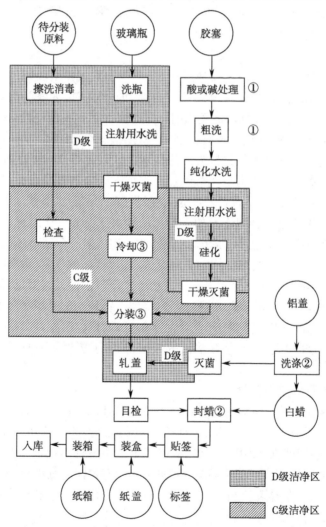

图 7-11　无菌分装粉针剂工艺流程图及环境区域划分
①适用于天然胶塞;②该工序可根据需要设置;③局部 A 级洁净区

（一）理化性质测定

为了制定合理的生产工艺，注射用无菌分装粉针剂在分装前应对物料进行热稳定性、临界相对湿度、粉末晶型和松密度等物理和化学性质的测定。

物料热稳定性测定目的是确定产品最后能否进行灭菌处理。例如，结晶青霉素在150℃灭菌1.5小时，170℃灭菌1小时，效价均无损失，说明本品在干燥状态是耐热的，因此，生产上可以采用干热灭菌法对分装物料进行灭菌。

粉末直接分装对物料的流动性要求较高。物料吸湿后往往流动性变差，影响装量的准确性和物料的稳定性，故需了解和测定物料的临界相对湿度。在生产时，分装室的临界相对湿度应在产品的临界相对湿度以下。

粉末晶型与制备工艺有密切关系，如喷雾干燥法制得的粉末多为球形，机械分装易于控制，而溶剂结晶制得的粉末有针形、片状或各种性状的多面体等，其中针形粉末分装时最难掌握。如青霉素钾盐系针状结晶，为了解决分装时装量问题，生产上将分离后的湿晶体，通过螺旋挤压机使针状结晶断裂，然后真空干燥，才能制得符合分装要求的粉末。

（二）无菌分装粉针剂的生产过程

1. 原材料准备

（1）玻璃瓶的清洗、灭菌和干燥：根据GMP要求，玻璃瓶经过清洗或超声波清洗、纯水冲洗，最后用0.22μm微孔滤膜滤过的注射用水冲洗，同时要求洗净的玻璃瓶应在4小时内灭菌和干燥，使玻璃瓶达到洁净、干燥、无菌、无热原。常见的干热灭菌条件是180℃加热1.5小时或者于隧道式干热灭菌器内320℃加热5分钟以上。灭菌后的空瓶可暂置于存放柜中，采用净化空气保护（在A级层流下），存放时间不应超过24小时。

（2）胶塞的清洗、灭菌和干燥：胶塞用稀盐酸煮洗、常水及纯化水冲洗，最后用注射用水漂洗。洗净的胶塞进行硅化，硅油应经180℃加热1.5小时去除热原。处理后的胶塞在8小时内灭菌，可采用湿热蒸汽灭菌法，在121℃灭菌40分钟，并在120℃烘干。灭菌后的胶塞应存放在A级层流下或存放在专用容器中。

（3）制备无菌原料：无菌原料可用灭菌结晶或喷雾干燥等方法制备，必要时需进行粉碎、过筛等操作，在无菌条件下制得符合注射用的无菌粉末。

2. 无菌粉剂的充填、盖胶塞和轧封铝盖　分装必须在高度洁净的无菌室中按照无菌操作法进行。采用容积定量或螺杆计量方式，通过装粉机构定量地将粉剂分装在玻璃瓶内，并在同一洁净等级环境下将经过清洗、灭菌、干燥的洁净胶塞盖在瓶口上。此过程在专用分装机上完成，分装机应有局部层流装置。在玻璃瓶装粉及加盖胶塞后，将铝盖严密地包封在瓶口上，防止药品受潮、变质。

3. 半成品检查　在玻璃瓶轧封铝盖后，无菌分装粉针剂即完成了基本生产过程，形成半成品。为保证粉针剂质量，在这一阶段要进行一次过程检验，一般采用目测法，主要检查：①玻璃瓶有无破损、裂纹；②胶塞是否盖好；③铝盖是否包封完好；④瓶内药粉剂量是否准确，瓶内有无异物。

4. 封蜡　正常粉针剂生产没有这道工序，天然橡胶塞密封性较差，加上受其他包装材料如西林瓶质量的影响，在轧封铝盖目检后，增加一道工序，在铝盖包边处进行封蜡。

5. 印字包装　目前生产上印字包装均已实现机械化操作。将带有药品名称、药量、用法、生产批号、有效期、批准文号、生产厂及特定标识字样的标签牢固、规整地粘贴在玻璃瓶瓶身上。经过此过程生产出来的产品，经过检验就是成品。粉针剂制成成品后，为方便储运，以 10 瓶、20 瓶或 50 瓶为一组装在纸盒里并加封,再装入纸箱。

（三）质量控制

注射用无菌分装产品除了应进行含量测定、可见异物、装量差异等注射剂的一般检查项目外,还应特别注意其吸湿、无菌、检漏、装量差异和澄明度等问题。

1. 吸湿   无菌分装产品在分装过程中应注意防止吸潮,宜选择密封性能好的胶塞,并确保铝盖封口严密,必要时可在铝盖压紧后于瓶口烫蜡,以防水汽渗入。

2. 无菌   无菌分装产品系在无菌操作条件下制备,稍有不慎就有可能使局部受到污染,而微生物在固体粉末中繁殖较慢,不易为肉眼所见,危险性更大。为了保证用药安全,解决无菌分装过程中的污染问题,应采用层流净化装置,为高度无菌提供可靠的保证。对耐热产品尚需进行补充灭菌。

3. 检漏   粉针的检漏较为困难。一般耐热的产品可在补充灭菌时进行检漏,漏气的产品在灭菌时吸湿结块。不耐热的产品可用亚甲蓝水检漏,但可靠性无法保证。

4. 装量差异   无菌分装的产品由于粉末吸潮结块、流动性差、粉末质轻、密度小、针状结晶不易准确分装等原因,容易造成装量差异不合格,应针对具体产品采取相应的解决措施。

5. 澄明度   由于无菌分装产品要经过一系列处理,致使污染机会增多,往往使粉末溶解后出现毛毛、小点等,导致澄明度不符合要求。

四、冻干粉针剂生产工艺

冻干粉针剂系指将含水物料采用冷冻干燥技术制备的无菌制剂。冷冻干燥是指将含水物料在较低的温度($-10\sim-50℃$)下冻结为固态后,在适当的真空度($1.3\sim13Pa$)下逐渐升温,使其中的水分不经液态直接升华为气态,再利用真空系统中的冷凝器(捕水器)将水蒸气冷凝,使物料低温脱水而达到干燥目的的一种技术。

冷冻干燥在低温低压下进行,尤其适合于热敏性或易氧化物质,如蛋白质、微生物等,可以避免干燥过程中药物变性或丧失生物活力;由于药液在冻结状态下进行干燥,水分升华后,可保持固体骨架的体积和形状,无干缩现象;干燥后形成疏松的多孔结构,加水后溶解迅速且完全;冷冻干燥能除去 95%~99% 或以上的水分,有利于易水解药物的长期贮存;干燥后采用真空压盖,避免了药物氧化等问题。但是,冷冻干燥对溶剂的选择范围很窄、生产设备要求较高、干燥时间长、生产能耗大,这些都是该方法的缺点。

1. 冻干粉针剂生产工艺技术   该技术主要包括预冻、一次干燥(升华)和二次干燥(解吸附)三个彼此独立而又相互依赖的步骤,如图 7-12 所示。

（1）配液与灌装:将药品和赋形剂溶解于适当溶剂(通常为注射用水)中,将药液通过 $0.22\mu m$ 的除菌过滤器过滤,灌装于已灭菌的容器中,并在无菌条件下进行半压塞。

（2）预冻:在无菌条件下,将半压塞后的容器转移至冻干箱内进行预冻。预冻过程的作用是保护物质的主要性质不变,并获得有利于水分升华的固体骨架结构。通常预冻温度应低于产品共晶点 5~10℃,以保证药液完全冻结。

预冻一般有快速冻结和缓慢冻结两种方法,其中快速冻结法会形成更多微小的晶核,得到的冰晶较细且外观均匀,制得的产品疏松易溶,该方法一般适用于抗生素类产品;缓慢冻结法得到的冰晶较粗,有利于水分升华,可提高冻干的效率。冻干过程中一般需根据产品的特点决定冻结的具体方式,以便干燥。

（3）一次干燥:一次干燥阶段主要是除去自由水,可采用一次升华法或反复预冻升华法。

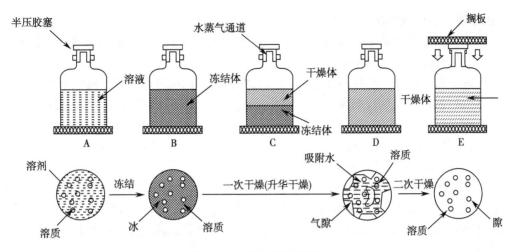

图 7-12　冻干过程示意图

一次升华法系在溶液完全冻结后,将冷凝器温度下降至 -45℃以下,启动真空泵,至真空度达到 13.33Pa(0.1mmHg)以下时关闭冷冻机,通过隔板下的加热系统缓缓升温,开始升华干燥,当产品温度升至 3~5℃后,保持此温度至除去自由水。该法适用于低共熔点在 -10~-20℃的产品,且溶液浓度和黏度不大,装量高度在 10~15mm 的情况。而对于低共熔点较低或结构复杂、黏稠的产品(如多糖或中药提取物等难以冻干的产品),在升华过程中,往往冻块软化,产生气泡,并在产品表面形成黏稠状的网状结构,从而影响升华干燥和产品的外观。可采用反复预冻升华法,即反复预冻升温,以改变产品结构,使其表面外壳由致密变为疏松,有利于冰的升华,可缩短冻干周期。

(4) 二次干燥:二次干燥阶段主要除去部分吸附水和结合水。待制品内自由水基本除去后进行第二步加温,这时可迅速使制品上升至规定的最高温度,进行解吸干燥(即二次干燥)。此时,冻干箱内必须保持较高的真空度,在产品内外形成较大的蒸汽压差,促进产品内水分的逸出。还需要配备精确的温度和压力监控装置,确定二次干燥的终点。

(5) 压塞:根据要求进行真空压塞或充氮压塞。如果是真空压塞,则在干燥结束后立即进行,通常由冻干机内的液压式或螺杆式压塞装置完成全压塞密封。如果是充氮压塞,则需进行预放气,使氮气充到设定的压力(一般在 500~600mmHg),然后压塞。压塞完毕后放气,直至大气压后出箱,出箱后轧铝盖、灯检、贴标签、包装。

2. 冻干工艺的技术要点

(1) 物料的共晶点和共熔点是冷冻干燥过程中最重要的两个参数。

1) 物料的共晶点是指冷冻过程中物料全部结冰时的温度,是制定冻干工艺的主要依据。预冻温度要低于物料共晶点 5~10℃,保证物料完全冻结,若预冻温度过低,将延长冷冻时间,浪费时间和能源,增加生产成本;若预冻温度高于共晶点,则物料中的水分不能完全冻结,以至于水分不能完全以冰的形式升华,干燥过程容易发生局部沸腾和起泡现象,导致物料发生收缩或失形等质量问题。

2) 物料的共熔点是完全冻结的物料逐步升温,当物料内部的冰晶开始熔化时的温度。升华干燥时物料的温度不能高于其共熔点,否则物料会熔化,导致物料沸腾,在物料内部产生气泡、充气膨胀、干缩等现象,影响冻干产品质量。

(2) 溶液的浓度会影响冻干的时间和产品的质量,浓度太高或太低均对冻干不利。冻干产品的浓度一般应控制在 4%~25%。

（3）大多数药品都要求含有较低的残留水分,因此为了确保较低的残留水分,冷凝器的终点温度必须低。

（4）冻干过程应按照产品的冻干工艺曲线进行,如果产品数量和冻干机状态变化不大的话,各关键控制点的数据应与冻干工艺曲线接近。在生产中,应密切关注隔板温度、产品温度、冷凝器温度、真空度等的变化,确保其符合相关要求;同时关注时间和温度的变化速率,尽可能选用自动控制模式。除自动记录外,还应人工记录上述参数的设定和变化情况,并定时观察产品的变化情况以及冻干机的运行状况。

3. 工艺流程及洁净区域划分　冻干粉针剂的生产工序包括洗瓶及干燥灭菌、胶塞处理及灭菌、铝盖洗涤及灭菌、分装加半塞、冻干、轧盖、包装等。按照 GMP 规定,其生产区域空气洁净度级别分为 A 级、C 级和 D 级,其工艺流程图及环境区域划分见图 7-13。

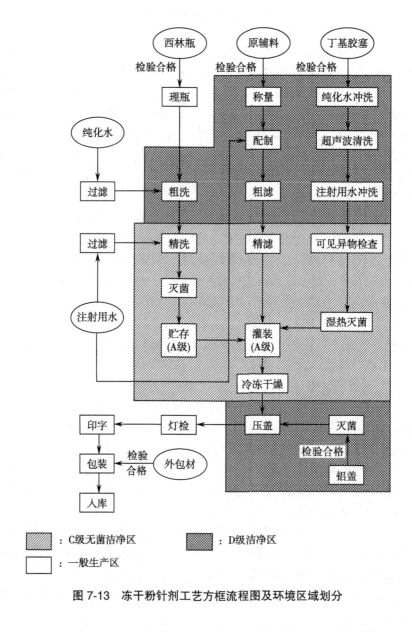

图 7-13　冻干粉针剂工艺方框流程图及环境区域划分

4. 灌装后半成品的转运　向冻干机内送入灌装完成的半成品、用具以及其他设备的转运一定要在关键区域(B级背景局部A级)中进行。此过程包含如下程序,并应对其实施验证:灌装、半加塞后的制品向冻干机内的转运;转运到冻干机门前,制品向冻干机搁板上面的进料;冻干结束后的制品从搁板上面出料;出完料后的制品向轧盖线上转运。在冻干机进料和出料时,应有保护和防污染措施。

操作方法大致可分成以下几类:通过人工的直接操作方法;依靠人工通过托盘搬运推车的方法;全自动进出料;利用无菌隔离装置的方法(有人操作或无人操作)。冻干机进料和出料方式的选择取决于工艺、冻干机尺寸和安装的冻干机数量。当相同的物料处理系统用于多个冻干机的进料和出料时,采用自动进出料会比较方便。

5. 质量控制　冷冻干燥制品除了应符合一般注射剂的质量控制标准外,应为完整的块状物或海绵状物,具有足够的强度,不易碎成粉,外形饱满不萎缩,色泽均一,干燥充分,保持药物稳定,加入溶剂后能迅速恢复成冻干前的状态。

6. 冷冻干燥制品常见问题及解决方法

(1) 含水量偏高:造成产品中含水量过高的原因包括干燥温度太低,干燥层和瓶塞的流动阻力太大,药液的装量过厚;解析干燥阶段的时间太短,以及产品出箱后,密封前搁置时间太长,或环境湿度太大,导致吸潮等。

(2) 喷瓶:造成喷瓶的原因有两个,一是预冻温度过高或预冻时间短,产品未完全冻实;二是升华时升温过快,导致部分制品熔化成液体,在高真空条件下,从已干燥的固体下面喷出,造成喷瓶。解决方法是:控制预冻温度在共晶点以下10~15℃并保持2~3小时,以保证制品冻实。在升华干燥阶段严格控制升温速率,尤其在共晶点附近,升温速率应均匀,且不宜过快。

(3) 产品外形不饱满或萎缩:其原因可能是冻干开始时水分升华得过快,制品形成的已干外壳结构致密,升华的蒸汽穿过阻力过大,蒸汽在已干部分停留时间过长,使这部分药品逐渐潮解以致体积收缩,外形不饱满或萎缩;另外,制品中固体成分过少也是出现上述现象的原因之一,特别是黏度大的样品更易出现这种问题。解决方法是加入或改变填充剂、采用反复预冻升华法、改善结晶状态和产品的通气性,使蒸汽顺利逸出。

在冷冻过程中,为了确保将蒸汽从产品中去除,药品层不宜高于2cm,冻干的理想温度为 -20~-40℃。在低浓度药液中,由于待干燥的溶液内不易形成外观均匀的"饼状物",可考虑加入甘露醇一类的赋形剂,使其形成供药物成分在上面均匀分布的基质。同时,适当增加溶液中固体物质的浓度,可使"饼状物"在干燥阶段不会严重变形(破损、成块),还能确保干燥后形成均匀的外观。根据溶液 / 固体物质的湿表面 / 体积比率选择容器。这些都是药品研发阶段的任务。

第二节　注射剂生产工艺设备

注射剂的设备除了应符合生产工艺的要求外,还应满足以下一些要求:①设备的设计选型和安装应符合药品生产及工艺要求。结构简单、表面光洁,便于生产操作和维护保养,并能防止差错和交叉污染。②与药品直接接触的设备内表面应采用不与其反应、不释出微粒及不吸附药物的材质,内表面应光滑平整、避免死角、易于清洗、消毒和灭菌。生产无菌药品的设备、容器具等采用优质低碳不锈钢,应严格控制材质。③设备的传动部件要密封良好,尽可能与工作室隔离,防止润滑油、冷却剂等泄漏对原料、半制成品、成品、包装容器和材料的污染。④优先选择配备就地清洗(clean in place, CIP)、就地灭菌(sanitize in place, SIP)的洁净灭菌系统设备。一般清洗灭菌的设备应易于拆装。⑤灌装设备应处于相应的洁净室内,同时应按 GMP 要求采用局部 A 级层流洁净空气保护装置。无菌洁净室内的设备应满足消毒或灭菌要求。⑥应能满足验证的要求,合理设置有关参数测试点。⑦设备上的仪表、计量装置应计数准确,调节控制稳定可靠。需要重点控制的计数部位出现不合格或性能故障时,应有调整或显示功能。⑧设备上的药液、注射用水及净化压缩空气管道应避免死角、盲管,内表面应经电化抛光、易清洗和灭菌,管道应标明管内物料的流向。其制备、储存和分配设备结构上应能防止微生物的滋生和污染。管路的连接采用快卸式连接,终端设过滤器。⑨设备应不对装置以外环境构成污染,鉴于每类设备所产生污染的情况不同,应采取防尘、防漏、隔热、防噪声等措施。⑩涉及压力容器的设备如多效蒸馏水机,除符合 GMP 要求外,还应符合 GB150-1998 "钢制压力容器"的有关规定。

一、最终灭菌小容量注射剂生产工艺设备

小容量注射剂是临床上使用广泛的无菌制剂,根据生产工艺不同,分为最终灭菌小容量注射剂与非最终灭菌小容量注射剂;按剂型包装方式不同,又分为安瓿瓶、西林瓶、塑料瓶、卡式瓶等,其中又以安瓿瓶小容量注射剂最具代表性。

最终灭菌小容量注射剂是指装量小于 50ml、采用湿热灭菌法制备的灭菌注射剂。其生产工艺主要包括安瓿的洗涤和干燥灭菌、药液的配制、过滤和灌封、成品的灭菌、检漏、灯检和印字包装等过程。按国家标准 GB2637-1995,安瓿瓶有 1ml、2ml、5ml、10ml 及 20ml 等 5种规格;由于安瓿规格不同,其生产的专用设备也不完全相同,本部分主要介绍的是应用最多也最具代表性的 1~2ml 水溶性注射剂的专用生产设备。

(一) 安瓿洗涤设备

1. 生产工艺对安瓿洗涤设备的要求　输送、运行平稳;过滤系统可靠、易处理;各洗瓶用水喷嘴应一致,并应对准瓶口中心,瓶内残留水少;有防止瓶洗好后再次污染的措施;可适用于不同规格的瓶;具有与循环水泵的连锁功能;具有仪表显示功能和联动匹配功能。

2. 常用的安瓿洗涤设备　目前国内大生产使用的安瓿洗涤设备主要有 3 种:喷淋式安瓿洗涤机组、气水喷射式安瓿洗涤机组和超声波安瓿洗涤机组。

(1) 喷淋式安瓿洗瓶机组:该机组由喷淋机、蒸煮箱、甩水机、水过滤器及水泵等机件组成,如图 7-14 所示。喷淋机主要由传送带、淋水板及水循环系统组成;蒸煮箱可用普通消毒箱改制而成;甩水机主要由外壳、离心架框、固定杆、不锈钢丝网罩盘、机架、电机及传动机件组成。洗瓶时,首先将盛满安瓿的铝盘放置在传送带上,送入喷淋机箱体内,顶部多孔喷头喷出的去离子水或蒸馏水清洗安瓿的外部,同时使安瓿内部也灌满水;然后将灌满水的安瓿送入蒸煮箱中,通入蒸汽加热约 30 分钟,随即趁热将蒸煮后的安瓿送入甩水机,利用离心原理将安瓿内的积水甩干;再次将安瓿送往喷淋机灌满水,经蒸煮消毒、甩水机甩去积水,如此反复洗涤 2~3 次即可达到清洗要求。由于洗涤过程中,安瓿外表的脏物污垢随水流入水箱,因此,必须在淋水板和水泵之间设置一个过滤器,不断对洗涤水过滤净化,同时经常调换水箱的水,用以确保循环使用的供水系统的洁净。

喷淋式洗瓶机组生产效率高,尤以 5ml 以下小安瓿洗涤效果较好。缺点是洗涤时会因个别安瓿内部注水不满而影响洗瓶质量;此外,本机组体积庞大、占地面积大、耗水量多,因

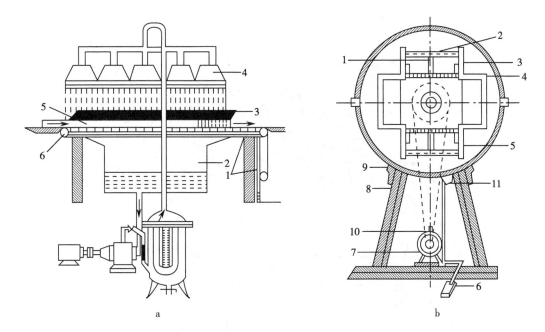

图 7-14 喷淋式安瓿洗瓶机示意图

a. 安瓿喷淋机示意图:1. 链带;2. 水箱;3. 尼龙网;4. 多孔喷头;5. 安瓿盘;6. 链轮

b. 安瓿甩水机示意图:1. 安瓿;2. 固定杆;3. 铝盘;4. 离心架框;5. 丝网罩盘;6. 刹车踏板;7. 电机;8. 机架;9. 外壳;10. 皮带;11. 出水口

此,对 10~20ml 大规格安瓿和曲颈安瓿可采用其他类型的洗瓶机进行清洗。

(2) 气水喷射式安瓿洗瓶机组:该机组主要由供水系统、压缩空气及其过滤系统、洗瓶机等三大部分组成,洗涤时,利用洁净的洗涤水及经过过滤的压缩空气,通过喷嘴交替喷射安瓿内外部,将安瓿洗净。整个机组的关键设备是洗瓶机,而关键技术是洗涤水和空气的过滤。这种机组适用于大规格安瓿和曲颈安瓿的洗涤,是目前水针剂生产上常用的洗涤方法。

气水喷射式安瓿洗瓶机组的结构和工作原理见图 7-15。盘装安瓿加入进瓶斗,在拨轮作用下,顺序进入往复摆动的槽板中,然后落入移动齿板上。当安瓿送达位置 A_1 时,针头架上的针头插入安瓿内,并向内注水洗瓶;当安瓿到达位置 A_2 时,继续对安瓿补充注水洗瓶;到达位置 B_1 时,经净化过滤过的压缩空气将安瓿瓶内的洗涤水吹去;到达位置 B_2 时,继续由压缩空气将安瓿瓶内的积水吹净,从而完成了二水二气的洗瓶工序。

针头架与气水开关的动作配合协调,当针头架下移时,针管插入安瓿,此时气水开关打开气与水的通路,分别向安瓿内注水或喷气;当针头架上移时针管移离安瓿,此时气水开关关闭,停止向安瓿供水供气。

(3) 超声波安瓿洗涤机组:利用超声波清洗安瓿是国外制药工业近 20 年来发展起来的一项新技术。超声波清洗是指瓶壁上的污物在空化的侵蚀、乳化、搅拌作用下,在适宜的温度、时间及清洗用水的作用下被清除干净,达到清洗的目的,是目前工业上应用较广、效果较好的一种清洗方法。超声波清洗效率高、质量好,对盲孔和各种几何状物体均可清洗,特别能清洗盲孔狭缝中的污物,容易实现清洗过程自动化。超声波安瓿洗瓶机分为卧式和立式两种,均由超声波清洗槽、传送系统、水供应系统(纯化水、注射用水和循环水)、压缩空气供应系统和控制系统组成。

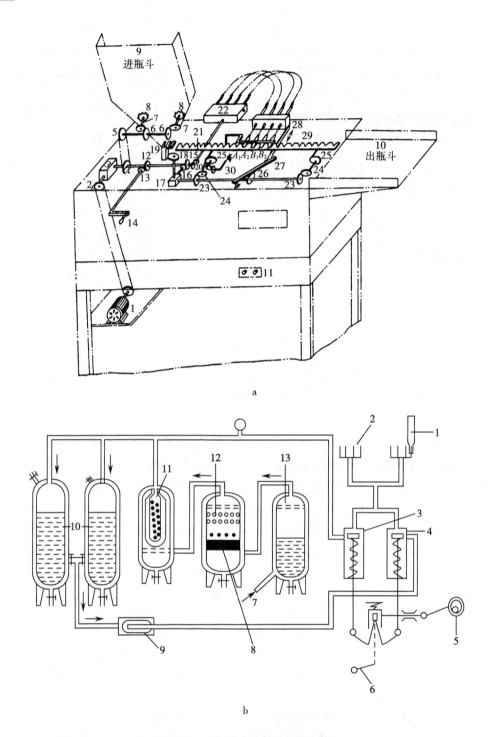

图 7-15 气水喷射式安瓿洗瓶机组

a. 气水喷射式安瓿洗瓶机组结构示意图：1. 电动机；2. 皮带轮；3. 变速箱；4,5. 链轮；6,7,12,13,15,16,20,21,23,24. 锥齿轮；8. 拨轮；9. 进瓶斗；10. 出瓶斗；11. 机架；14. 手柄；17. 变速箱；18,26. 凸轮；19. 落瓶动槽板；22. 气水开关；25. 偏心轮；27. 摇臂；28. 针头架；29. 移动齿板；30. 压瓶机构

b. 气水喷射式安瓿洗瓶机组工作原理示意图：1. 安瓿；2. 针头；3. 喷气阀；4. 喷水阀；5. 偏心轮；6. 脚踏板；7. 压缩空气进口；8. 木炭层；9,11. 双层涤纶袋滤器；10. 水罐；12. 瓷环层；13. 洗气罐

卧式超声波洗瓶机由18等分圆盘、18（排）9（针）的针盘、上下瞄准器、装瓶斗、推瓶器、出瓶器、水箱等构件组成。工作原理如图7-16所示，洗瓶时，将安瓿送入装瓶斗，由输送带送进的一排9支安瓿，经推瓶器依次推入针盘的第1个工位；当针盘转至第2个工位时，由针管向安瓿内注纯化水；从第2~7工位，安瓿在水箱内进行超声波洗涤，水温控制在60~65℃，使玻璃安瓿表面上的污垢溶解，这一阶段称为粗洗；当安瓿转到第10工位时，针管喷出净化压缩空气，将安瓿内部污水吹净。在第11、12工位，针管向安瓿内部冲注过滤的纯化水，对安瓿再次进行冲洗。第13工位重复第10工位的送气。第14工位时，采用洁净的注射用水再次对安瓿内壁进行冲洗，第15工位又是送气。至此，安瓿已洗涤干净，这一阶段称为精洗。当安瓿转到第18工位时，针管再一次对安瓿送气，同时利用气压将安瓿从针管架上推离出来，再由出瓶器送入输送带。在整个超声波洗瓶过程中，应不断将污水排出，并补充新鲜洁净的纯化水，严格执行操作规范。

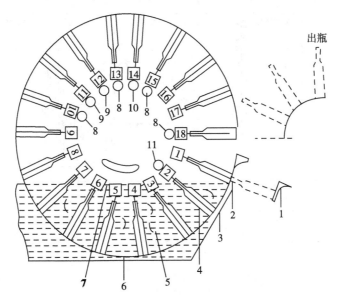

图7-16 卧式超声波安瓿洗瓶机工作原理示意图
1. 推瓶器；2. 引导器；3. 水箱；4. 针管；5. 超声波；6. 瓶底座；
7. 液位；8. 吹气；9. 冲循环水；10. 冲新鲜水；11. 注水

卧式超声波洗瓶机有一些缺点，如清洗瓶内壁的喷针为循环水、注射用水、压缩空气共用，可能存在交叉污染；运转过程中喷针必须从未经过滤的水中通过，造成直接污染；滚筒式喷针与喷嘴之间有间隙，造成水、气及压力的损失，浪费能源；滚筒式喷针多，由于细而长，易堵、易断；滚筒式进瓶为斜斗式，安瓿只能通过传递窗再人工上机；安瓿在冲洗时，瓶口不是完全处在垂直朝下的位置进行清洗，洗瓶效果差；操作者无法看到水箱中安瓿进瓶等工作状态，不便发现故障及处理，因此目前已经逐渐被立式超声波洗瓶机所取代。

立式超声波洗瓶机（图7-17）通常由超声波清洗槽、传送系统、水供应系统（纯化水、注射用水和循环水）、压缩空气供应系统和控制系统组成。安瓿在倾斜的进瓶斗中，经喷头喷淋注水并没入水中，经受超声波预清洗，然后被旋转的进瓶螺杆带动进瓶，通过梅花盘被后机械夹抓住并旋转180°，使安瓿倒置开口朝下，接着安瓿依次经过8工位的气水清洗（分别是：压缩空气内吹；循环水内洗、外洗；循环水内洗；压缩空气内吹；注射用水内洗、外洗；注射

a

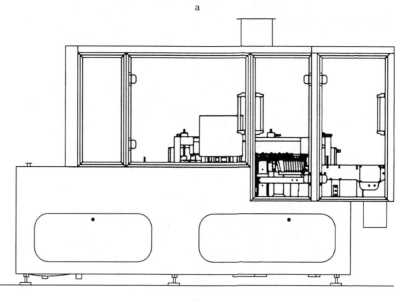

b

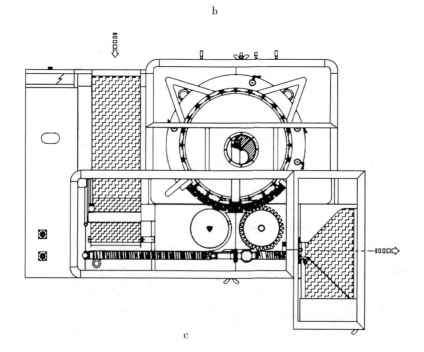

c

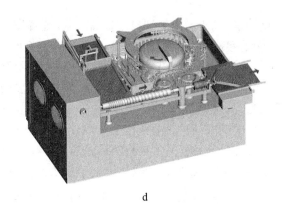

d

图 7-17　立式超声波洗瓶机
a. 安瓿洗、烘、灌封联动线洗瓶机外观图;b. 安瓿洗灌封联动线洗瓶机主视图;
c. 安瓿洗灌封联动线洗瓶机俯视图;d. 安瓿洗、烘、灌封联动线洗瓶机原理图

用水内洗;压缩空气内吹、外吹;压缩空气内吹、外吹),在各个工位清洗针头伸入安瓿喷射水 / 气进行清洗,然后清洗针头伸出,机械夹再次旋转 180°,使安瓿开口朝上,最后经梅花盘和出瓶螺杆后出瓶,完成清洗。

3. GMP 实施技术要点

(1) 材质要求:凡水、气系统中的管道、管件、过滤器、喷针等都应采用优质奥氏体不锈钢材料,选用其他材料必须耐腐蚀、不生锈;所有与瓶接触的材料在整个工艺条件(压力、温度及超声波)下必须为化学惰性且防脱落。

(2) 清洗方法:应基本或全部满足下列要求:使用的清洗介质为净化压缩空气和注射用水;外壁喷淋;容器灌满水后经超声波预处理;容器倒置、喷针插入式的水、气多次交替冲洗,交替次数要满足工艺要求。

(3) 水气系统:清洗机的水、气入口均需设置终端过滤器,过滤精密度为 0.45μm;如设循环水装置,应有粗细二级过滤,过滤精度前者为 3μm,后者为 0.45μm;过滤器上下部应有排气口和排放口(取样口);水、气入口处和冲洗点要有压力显示;过滤元件(滤芯)应选择安全耐用的产品;所有管路连接都要采用易于清洗、不受污染的快卸式连接;各个喷射针的水、气压力及流量要分配均匀。

(4) 清洗区:应设置装卸或移动方便的密闭良好的透明罩或门窗以利观察和操作,区内产生的湿热空气能从排气口逸出;水箱设有溢流排放口及玻屑清扫孔,箱内超声波换能器为浸埋式,其位置应使容器处于高效作用区域内;通过水箱的传动轴,轴封结构要可靠、应无滴漏;传动机构和润滑与清洗区必须采用隔离布局。

(5) 容器分离和喷针插入机构:水中的容器从密集状态到被单独分离过程中,隔离装置要可靠、顺畅,并有排屑的能力;清洗喷针在插入容器时要有引导装置,在推送过程中与引导器的接触要缓冲柔和。

(6) 进出装置:进瓶斗需有一定的容量,操作要方便。出瓶装置要避免产生回流瓶及倒立瓶,出瓶应平整划一;玻璃瓶的传送系统应能够防止玻璃瓶倒瓶、损毁、刮伤、破裂或工艺中其他的损坏。

(7) 安全装置与连锁功能:要有机械过载保护装置。停电后,电源重新恢复后,在没有操作人员或通信线路输入指令的情况下,系统不应重启;操作台上的操作人员应能够方便使用紧急制动按钮。当冲洗点的水、气压力未达到设定值;超声波装置发生故障;过载;水箱水位过低,调试时上述有关功能不起作用时,清洗机或循环泵应自动停机。

(8) 其他:更换少量零部件,适应多规格使用,如已完成通用、系列化产品,则为结构先进水平。无级调速应适应调试和多规格的生产。在联动时,能显示灌装封口机的工作情况。

(二) 安瓿干燥灭菌设备

安瓿灭菌干燥机是对洗净的安瓿进行杀灭细菌和除热原的干燥设备。干燥灭菌设备有两种,一种是隧道式远红外灭菌干燥机,另一种是隧道式热风循环灭菌干燥机。

1. 隧道式远红外灭菌干燥机　隧道式远红外灭菌干燥机由预热段、灭菌干燥段及冷却段三个温控段组成,如图 7-18 所示。为了将安瓿水平运送出入,并防止安瓿走出传送带外,传送带由 3 条不锈钢编织网带构成,水平传送带宽 400mm,两侧垂直带高 60mm,三者同步

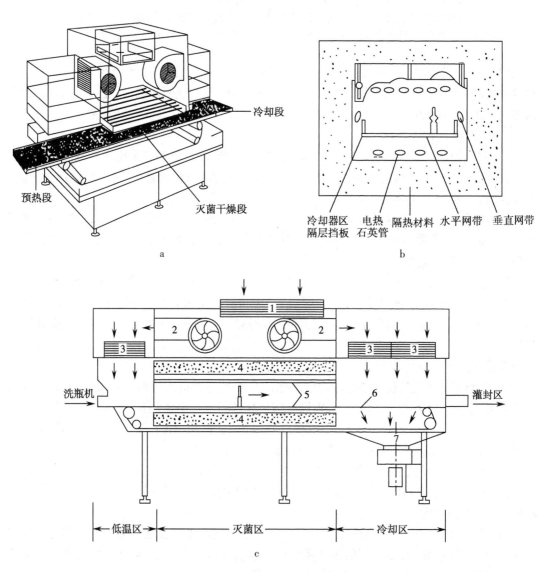

图 7-18　隧道式远红外灭菌干燥机

a.隧道式远红外灭菌干燥机示意图;b.加热段内部结构图;c.平行流装置图
1.中效过滤器;2.风机;3.高效过滤器;4.隔热层;5.电热石英管;6.水平同带;7.排风

移动。加热段箱体长 1.5m，由 12 根电加热管沿隧道长度方向安装，在隧道上呈包围安瓿盘的形式，内串电热丝的石英玻璃管外表镀有纯金反射层，热量经反射聚集到安瓿上以充分利用热能。电热丝分两组，一组为电路常通的基本加热丝；另一组为调节加热丝，依箱内额定温度控制其自动联通或断电。

在箱体加热段的两端设置静压箱，提供 A 级垂直平行流空气屏，可使由洗瓶机输送网带送来的安瓿立即得到 A 级平行流空气保护，不受污染；同时对离开灭菌区的安瓿还起到逐步冷却作用，使安瓿在出灭菌干燥机前基本接近室温。外部空气经风机前后的两级过滤达到 A 级净化要求。烘箱中段干燥区的湿热气体经另一可调风机排出箱外，但干燥区应保持正压，必要时由 A 级净化空气补充。隧道下部装有排风机，并有调节阀门，可调节排出的空气量。排气管的出口处还有碎玻璃收集箱，以减少废气中玻璃细屑的含量。

通过电路控制来确保箱内温度及整机或联机的动作功能，如层流箱未开或不正常时，电热器不能打开；平行流风速低于规定时，自动停机，待层流正常时，才能开机；电热温度不够时，传送带电机打不开，甚至洗瓶机也不能开动；生产完毕停机后，高温区缓缓降温，当温度降至设定值时（通常 100℃），风机自动停机。

2. 隧道式热风循环灭菌干燥机 隧道式热风循环灭菌干燥机（图 7-19a）由机架、过滤器、加热装置、风机、传动装置、不锈钢传送带及电控柜等部件组成。安瓿从洗瓶机进入隧道，由一条水平安装和二条侧面垂直安装的网状不锈钢输送带同步输送安瓿，经预热后进入 300℃以上的高温灭菌区，灭菌干燥时间为 10~20 分钟，然后在冷却区进行风冷，安瓿经冷却后在出口处温度不高于室温 15℃，安瓿从进入隧道至出口，全过程时间平均约为30 分钟。

隧道式热风循环灭菌干燥机采用热空气平行流灭菌，其工作原理如图 7-19b 和图 7-19c 所示，高温热空气流经高效空气过滤器，获得洁净度为 A 级的平行流空气，然后直接对安瓿进行加热灭菌。在预热段，风机将灭菌隧道所处环境或空气净化系统中的空气吸入，空气经过初级滤网和高效滤网后形成层流，该层流吹过安瓿后，废气被输送带下的风机排出。输送带在预热段和冷却段都保持在灭菌隧道中，并始终处于层流洁净空气的保护之下，输送带的运行方向是从预热段 - 高温段 - 冷却段，输送安瓿进行灭菌过程，然后输送带经联通预热段和冷却段的狭长隧道，返回预热段继续输送安瓿。该狭长隧道两端的预热段和冷却段的气压是不同的，冷却段的气压始终高于预热段的气压，以防止预热段的空气进入冷却段污染已经灭菌的安瓿。高温段的高温层流空气在风机的作用下形成闭环流动回路，以充分利用热量，减少能耗。高温空气从两边被抽吸回流，可以使灭菌温度均匀分布，确保灭菌效果。顶部的空气补充系统，可以不断吸入洁净空气，高温段的气压高于两端的输入端和冷却段，确保没有冷空气从两端流入高温段影响灭菌效果。冷却段的低温层流空气形成闭环流动回路，以提高水 / 气热交换系统的冷却效率，且防止该段的气压过低。

气压自动控制原理如图 7-19d 所示，压力传感器探测到压力变化后，总控制器通过 3 处的变频器改变预热段废气的排放量，同时通过 4 处的变频器改变高温段的补气量。通过调节系统实现了高温段的气压大于预热段、冷却段，冷却段的气压大于预热段，从而保证高温段不进冷空气影响灭菌效果，冷却段的灭菌后产品不受预热段空气的污染。

隧道式热风循环灭菌干燥机具有传热速度快、加热均匀、灭菌充分、温度分布均匀、无尘埃污染源的优点。另外，隧道烘箱两端有 A 级层流保护、自动记录、打印装置和在位清洗功能，是目前国际公认的先进方法。

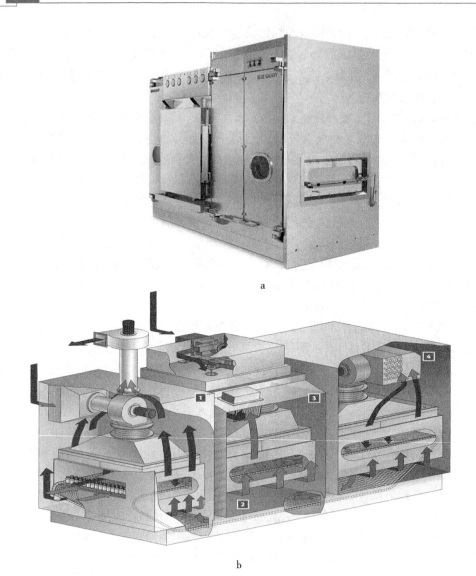

a

b

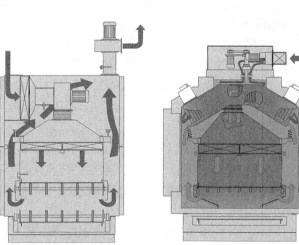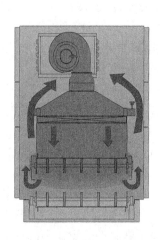

c

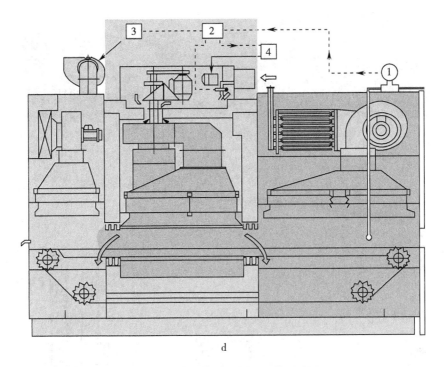

d

图 7-19　隧道式热风循环灭菌干燥机

a.隧道式热风循环灭菌干燥机外观

b.隧道式热风循环灭菌干燥机原理图:1.预热段;2.输送带;3.高温段;4.冷却段

c.各阶段工作原理示意图:1.预热段;2.高温段;3.冷却段

d.预热段、高温段、冷却段气压自动控制系统示意图:1.压力传感器;2.总控制器;3.变频器;4.变频器

(三) 安瓿灌封设备

1. 生产工艺对灌装封口设备的基本要求　安瓿灌封液体产品时的灌装精度要求较高,一般采用固定体积的活塞泵或时间 - 压力系统,通过计量方式灌装。灌装后,有时需要在产品中进一步充入无菌保护性气体(如氮气),降低在灌装过程中带入的氧气浓度。

产品容器接触面为不锈钢材质、设计合理,且经过抛光处理,避免对产品产生污染;装量准确;拆卸方便;产品和容器密封件接触部位应能承受反复清洗和灭菌;活动部件和药品接触的部件应尽量减少。传送系统稳定,对玻璃容器损坏程度低;灌药时无外溢、带药现象,并具有无瓶止灌功能;打药泵应耐摩擦,无脱落物;下塞位置准确,并设有控制胶塞流动和计数装置;轧盖松紧适中;灌封区设有百级层流装置。

2. 灌装设备的构造与工作原理　灌封机由传送部分、灌注部分、封口部分三部分组成。经烘干、灭菌、冷却后的安瓿,从灭菌干燥机的出口网带上以密集排列输出,进入安瓿灌封机的进瓶网带,并由进瓶螺杆将安瓿逐个分离推送至扇形齿板的齿槽内,然后再由扇形齿板以6瓶一组将安瓿相继送入往复运动的推送齿条上,从而使安瓿随齿条作步进运动到达各工位,完成前充氮、灌药液、后充氮、预热、拉丝封口及出瓶的整个工艺过程,如图 7-20 所示。

(1) 传送部分:安瓿送瓶机构如图 7-21 所示。将前工序洗净灭菌干燥后的安瓿放置在与水平成 45℃倾角的进瓶斗内,由链轮带动的梅花盘每转 1/3 周,将 2 支安瓿拨入固定齿板的三角形齿槽中。固定齿板有上、下两条,安瓿上下两端恰好被搁置其上而固定;并使安瓿仍与水平保持 45℃倾角,口朝上,以便灌注药液。与此同时,移瓶齿板在其偏心轴的带动下

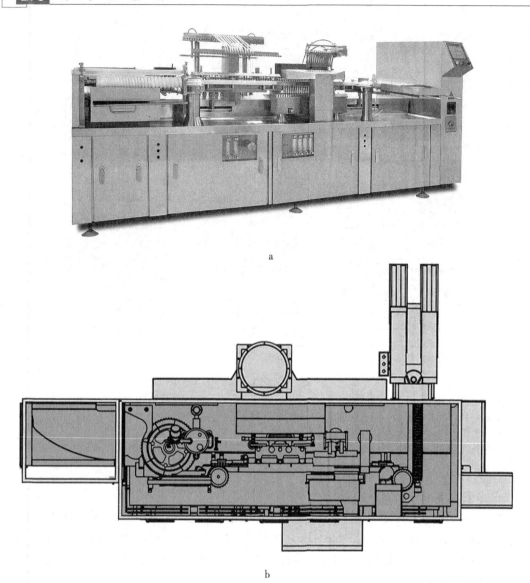

图 7-20　安瓿灌装机

a. 安瓿灌装机外观；b. 灌封机俯视图

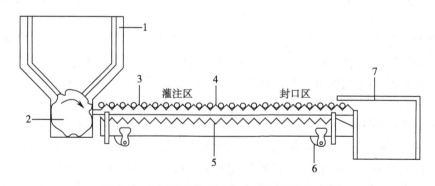

图 7-21　安瓿拉丝灌装机送瓶机构结构示意图

1. 安瓿斗；2. 梅花盘；3. 安瓿；4. 固定齿板；5. 移瓶齿板；6. 偏心轴；7. 出瓶斗

开始动作。移瓶齿板也有上、下两条，与固定齿板等距地装置在其内侧（在同一个垂直面内共有 4 条齿板，最上最下的 2 条是固定齿板，中间 2 条是移瓶齿板）。移瓶齿板的齿形为椭圆形，以防在送瓶过程中将瓶撞碎。当偏心轴带动移瓶齿板运动时，先将安瓿从固定齿板上托起，然后越过其齿顶，将安瓿移过 2 个齿距。如此反复动作，完成送瓶的动作。偏心轴每转 1 周，安瓿右移 2 个齿距，依次通过灌药和封口 2 个工位，最后将安瓿送入出瓶斗。完成封口的安瓿在进入出瓶斗时，由于移动齿板推动的惯性力及安装在出瓶斗前的一块有一定角度斜置的舌板的作用，使安瓿转动并呈竖立状态进入出瓶斗。此外应当指出的是，偏心轴在旋转 1 周的周期内，前 1/3 周期是用来使移瓶齿板完成托瓶、移瓶和放瓶的动作；后 2/3 周期内，安瓿在固定齿板上滞留不动，以供完成药液的灌注和安瓿的封口。

　　灌封机进瓶控制机构及其工作原理如图 7-22 所示，在进瓶输送带的接口处设有伸缩缓冲带和接口控制箱，箱内装有储瓶上下限位接近开关。当缓冲带 3 处于下限（即缺瓶）时，下限接近开关使进瓶螺杆 2 停转不供瓶；缓冲带达到高位（即满瓶堆积）时，上限接近开关使烘箱输送网带停机不动，不再送瓶。该控制箱能使二机机速匹配协调，再加上清洗机与烘箱输送网带的接口匹配协调，从而使洗、烘、灌三机达到接口匹配协调，运转安全可靠。

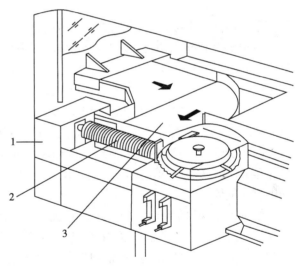

图 7-22　灌封机进瓶控制机构实物图和原理示意图
1. 控制箱；2. 进瓶螺杆；3. 缓冲带

　　(2) 灌注部分：灌注部分灌装机构的执行动作主要由凸轮 - 杠杆机构、吸液灌液机构和缺瓶止灌机构 3 个分支机构组成。其结构与工作原理如图 7-23 所示。

　　凸轮 - 杠杆机构系由凸轮、扇形板、顶杆、顶杆座及针筒等构件组成。它的功能是完成针筒内的筒芯作上、下往复运动，将药液从贮液罐中吸入针筒内并输向针头进行灌装。它的整个传动系统如下：凸轮的连续转动，通过扇形板转换为顶杆的上、下往复移动，再转换为压杆的上、下摆动，最后转换为筒芯在针筒内的上、下往复移动。实际上，这里的针筒与一般容积式医用注射器相仿。所不同的是在它的上、下端各装有一个单向玻璃阀。当筒芯在针筒内向上移动时，筒内下部产生真空；下单向阀开启，药液由贮液罐中被吸入针筒的下部；当筒芯向下运动时，下单向阀关阀，针筒下部的药液通过底部的小孔进入针筒上部。筒芯继续上移，上单向阀受压而自动开启，药液通过导管及伸入安瓿内的针头而注入安瓿内。与此同时，

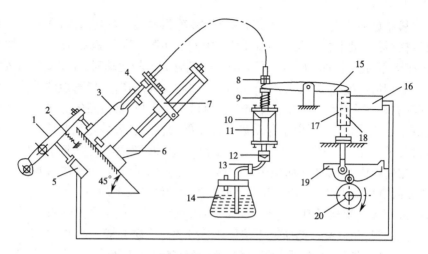

图 7-23 安瓿灌装机灌注部分结构示意图

1. 摆杆；2. 拉簧；3. 安瓿；4. 针头；5. 行程开关；6. 针头托架座；7. 针头托架；8、12. 单向玻璃阀；9. 压簧；10. 针筒芯；11. 针筒；13. 螺丝夹；14. 贮液罐；15. 压杆；16. 电磁阀；17. 顶杆座；18. 顶杆；19. 扇形板；20. 凸轮

针筒下部因筒芯上提造成真空,再次吸取药液;如此循环不息,完成安瓿的灌装。

注射灌液机构系由针头、针头托架座、针头托架、单向玻璃阀、压簧、针筒芯和针筒等部件组成。它的功能是提供针头进出安瓿灌注药液的动作。针头固定在托架上,托架可沿托架座的导轨上下滑动,使针头伸入或离开安瓿。当压杆顺时针摆动时,压簧使针筒芯向上运动,针筒的下部将产生真空,此时单向玻璃阀关闭、开启,药液罐中的药液被吸入针筒。当压杆逆时针摆动而使针筒芯向下运动时,单向玻璃阀开启、关闭,药液经管路及伸入安瓿内的针头注入安瓿,完成药液灌装操作。此外,灌装药液后的安瓿常需充入惰性气体(氮气或二氧化碳),以提高制剂的稳定性。充气针头与灌液针头并列安装于同一针头托架上,灌装后随即充入气体。

缺瓶止灌机构系由摆杆、行程开关、拉簧及电磁阀组成。其功能是当送瓶机构因某种故障致使在灌液工位出现缺瓶时,能自动停止灌液,以免药液的浪费和污染。当灌装工位因故致使安瓿空缺时,拉簧将摆杆下拉,直至摆杆触头与行程开关触头相接触,行程开关闭合,致使开关回路上的电磁阀开始动作,将伸入顶杆座的部分拉出,使顶杆失去对压杆的上顶动作,从而达到了止灌的目的。

灌液泵采用无密封环的不锈钢柱塞泵(图 7-24),该泵装有精密的驱动机构及独立的校准器,可快速调节装量(有粗调和微调);此外还可以进一步调整吸回量,避免药液溅溢。驱动机构中设有灌液安全装置,当灌注系统出现故障,能立即停机止灌。

(3)封口部分:安瓿封口采用气动拉丝封口,如图 7-25 所示。过程如下:当灌好药液的安瓿到达封

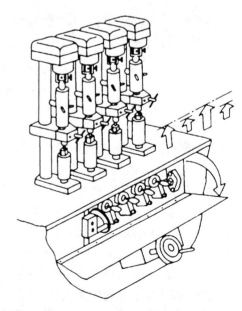

图 7-24 不锈钢柱塞灌液泵

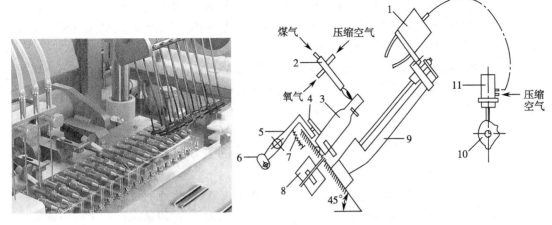

图 7-25　气动拉丝封口实物图和结构示意图

1. 拉丝钳；2. 喷嘴；3. 安瓿；4. 压瓶滚轮；5. 摆杆；6. 压瓶凸轮；7. 拉簧；
8. 蜗轮蜗杆箱；9. 钳座；10. 凸轮；11. 气阀

口工位时，由于压瓶凸轮 - 摆杆机构的作用，被压瓶滚轮压住不能移动，但受到蜗轮蜗杆箱的传动，能在固定位置绕自身轴线作缓慢转动。此时瓶颈受到来自喷嘴火焰的高温加热而呈熔融状态，与此同时，气动拉丝钳沿钳座导轨下移并张开钳口将安瓿头钳住，然后拉丝钳上移，将熔融态的瓶口玻璃拉抽成丝头。

当拉丝钳上移到一定位置时，钳口再次启闭 2 次，将拉出的玻璃丝头拉断并甩掉。拉丝钳的启闭由偏心凸轮及气动阀机构控制；加热火焰由煤气、氧气及压缩空气的混合气体燃烧而得，火焰温度约 1400℃。安瓿封口后，由压瓶凸轮 - 杠摆杆机构将压瓶滚轮拉开，安瓿则被移动齿板送出。

3. 安瓿灌封过程的常见问题及解决方法

(1) 冲液和束液：冲液是指在灌注药液过程中，药液从安瓿内冲溅到瓶颈上方或冲出瓶外；束液是指在灌注药液结束时，因灌注系统"束液"不好，针尖上留有剩余的液滴。冲液和束液产生的原因不同，但其后果都会造成药液的浪费和污染，其次还会造成灌封容量不准以及封口焦头和封口不良、瓶口破裂等疵病。

1) 解决冲液的方法主要有：①将注液针头出口端制成三角形开口、中间拼拢的所谓梅花形"针端"；②调节注液针头进入安瓿的位置，使其恰到好处；③改进提供针头运动的凸轮的轮廓设计，使针头吸液和注液的行程加长而非注液时的空行程缩短，从而使针头出液先急后缓，减缓冲液现象。

2) 解决束液的方法主要有：①改进灌液凸轮的轮廓设计，使其在注液结束时返回行程缩短，速度快；②设计使用有毛细孔的单向玻璃阀，使针筒在注液结束后对针筒内的药液有倒吸作用；③在贮液瓶和针筒连接的导管上加夹一只螺丝夹，靠乳胶导管的弹性作用控制束液。

(2) 封口火焰的温度与距离：生产中，因封口而影响产品质量的问题较复杂，如火焰温度过高或过低；火焰头部与安瓿瓶颈的距离大小；安瓿转动的均匀程度及操作的熟练程度，均对封口质量有影响。其中一些属于设备问题，还有一些则属于不正常操作所致。常见的封口问题有焦头、泡头、平头和尖头。

1) 产生焦头的主要原因是：灌注太猛，药液溅到安瓿内壁；针头回药慢，针尖挂有液滴且针头不正,针头碰到安瓿内壁;瓶口粗细不匀,碰到针头;灌注与针头行程未配合好;针头升降不灵;火焰进入安瓿瓶内等。解决焦头的主要方法:调换针筒或针头;选用合格的安瓿;调整修理针头升降机构;强化操作规范。

2)产生泡头的主要原因是:火焰太大而药液挥发;预热火头太高;主火头摆动角度不当;安瓿压脚未压妥,使瓶子上爬;钳子太低造成钳去玻璃太多。解决泡头的主要方法:调小火焰;钳子调高;适当调低火头位置并调整火头摆动角度在1°~2°。

3)产生平头(亦称瘪头)的主要原因是:瓶口有水迹或药迹,拉丝后因瓶口液体挥发,压力减少,外界压力大而瓶口倒吸形成平头。解决平头的主要方法:调节针头位置和大小,不使药液外冲;调节退火火焰,不使已圆口的瓶口重熔。

4)产生尖头的主要原因是:预热火焰、加热火焰太大,使拉丝时丝头过长;火焰喷嘴离瓶口过远,使加热温度太低;压缩空气压力太大,造成火力过急,以致温度低于玻璃软化点。解决尖头的主要方法:调小煤气量;调节中层火头,对准瓶口离瓶3~4mm;调小空气量。

从以上常见的封口问题中可见,封口火焰的调节是封口好坏的首要条件。封口温度一般调节在1400℃左右,由煤气和氧气压力控制,煤气压力大于0.98kPa,氧气压力为0.02kPa~0.05MPa。火焰头部与安瓿瓶颈的最佳距离为10mm。生产中拉丝火头前部还有预热火焰,当预热火焰使安瓿瓶颈加热到微红后,再移入拉丝火焰熔化拉丝。有些灌封机在封口火焰后还设有退火火焰,使封口的安瓿缓慢冷却,以防安瓿快速冷却而爆裂。

4. 灌装设备各系统部件的功能

(1) 储液罐:罐内储存药液,并保持室温(灌装过程中温度偶尔会偏高)。必要的话,通过滤器,在常压下将药液传输至灌装机的缓冲容器内。

(2) 缓冲容器:缓冲容器材质为不锈钢或玻璃,并具备阀门,在无压力的情况下,保证药液在容器内的最高水平位置和最低水平位置。药液量与吸气式活塞剂量泵之间相差应不大于60cm。可通过缓冲容器设定的不同高度增加或降低泵的吸入压力(也可利用泵组进行定位)。

(3) 药液分配器:属于小容器(0.5~1L),其中连接的泵管或软管从容器内抽取一定量的药液,直接转移至泵内。在药液分配器内形成的负压从缓冲容器内汲取药液,再及时重新灌入,从而进行下一轮循环。如果储液罐中的药液水平约等于或高于泵内的药液量,则无需药液分配器。

(4) 阀门机制:设置阀门的目的是,在同步周期活塞缩回时形成从药液供给到泵体的进水流道。然后,在运动高峰期关闭进水流道,打开通往灌装头的放水流道。通过泵体向前推进活塞时,之前抽取的药液排向灌装头。活塞运动结束时,放水流道关闭,进水流道再次迅速开启(反吸)。

(5) 活塞剂量泵:在活塞运动至进气冲程时,活塞剂量泵汲取一定量的药液,在阀门打开位置后,通过可调节的设置渠道排出药液。主要目的就是始终排出相同的量。为了符合《中国药典》标准,需要达到规定的测量准确度。活塞剂量泵的材质可以选择不锈钢、陶瓷、玻璃或带密封的合成品,取决于装量体积和长期稳定性。其中需要考虑的一个重要因素就是安装的泵组是否能在机器内进行在线清洗(CIP)和灭菌(SIP)或蒸汽灭菌。对于不锈钢和陶瓷材质的泵组来说,这种做法是目前盛行的。在泵组和管路需要在使用后进行拆卸的情况下,各个部件需要按照SOP的要求进行清洗,且再次使用前需进行消毒(玻璃部件用蒸汽灭菌或干热灭菌)。泵组、管路和灌装头的CIP/SIP通常包括同时对储液罐的供液装置的清洁。

然后通过程序控制实施在线清洁和灭菌。

(6) 针头（灌装头）：根据所需灌装的药液（黏度、泡沫特性、流速和表面张力）以及待灌容器的开口，选择不同直径的灌装用针头。通常，灌装管直径为2~10mm。当针头插入容器内，药液在泵活塞的压力作用下被灌装入容器（安瓿/小瓶）内。应最大限度地减少药液在容器内的涡流，避免发泡。泡沫的形成意味着当气泡破裂后，液滴将落在瓶颈部位，当使用胶塞时，会留在胶塞侧表面，从而形成晶体沉积物，进入药液后可能成为晶体成型的诱导物。

(7) 连接线（管）：如果不需要移动，且设备能在安装状态清洗时，通常应采用连接线（管）来传输药液。在需要进行固定同步运动的位置（如与灌装头同步升降的相连软管）以及在清洁消毒时需要拆卸或部分拆卸的位置，必须使用软管。从流速的技术角度来看，软管须完成和固定连接线（管）同样的任务。这意味着软管壁的结构必须具备稳定的形状，软管在压力下的体积变化应维持最小（即应有最小的"呼吸"效应）。

5. 安瓿灌装封口机生产线的 GMP 实施技术要点

(1) 与药液接触的零部件均应采用无毒、耐腐蚀，不与药品发生化学变化或吸附的材质；无菌室内的设备应能耐腐蚀。

(2) 封口方法采用燃气 + 氧气助燃。必须采用直立（或倾斜）旋转拉丝式封口（钳口位置于软、硬处均可）。

(3) 灌液泵采用机械泵（金属或非金属）、蠕动泵均可。在保证灌装精度的情况下，选用蠕动泵（因其清洗优于机械泵）。

(4) 燃气系统以适应多种燃气使用为佳。系统的气路分配要求均匀，控制调节有效可靠，系统中必须设置防回火装置。

(5) 灌装、封口必须在 A 级净化层流（A 级层流保护罩）环境下完成，层流装置中，过滤元件上下要有足够的静压分配区，出风要有分布板；止灌动作要求准确可靠，基本无故障；机械泵的装置调节机构应设粗调和微调两功能，蠕动泵由"电控"来完成，二者装量误差必须符合有关标准。

(6) 连锁功能保证层流不启动不能进行灌装和封口操作；产量自动计数；层流箱风压显示；主轴转速及层流风速能无级调速；发生燃气熄灭自动切断气源，主机每次停机钳口自动停高位；当机械过载时自动停机，缺瓶时不分装，轨道不下塞。当进瓶网带储瓶拥堵时，发出指令停网带及洗瓶机；当疏松至一定程度后指令解除。少瓶时指令个别传送机构暂停，但已送出瓶子仍能继续进行灌装和封口，直至送入出瓶斗；状态正常后自动恢复正常操作。

6. 安瓿洗、烘、灌封联动机组　安瓿洗、烘、灌封联动机组由多功能超声波清洗机、热风循环灭菌烘箱、自动安瓿灌封机组成联动生产线。采用超声波清洗、多针水气交替冲洗、热风循环百级层流灭菌、层流净化、多针灌封和旋转自吸泵等工艺，结构紧凑，占地面积小，自动化程度高，而且减少了半成品的中间周转，使药物受污染的可能性降低到最小限度，符合 GMP 要求。适合于 1ml、2ml、5ml、10ml、20ml 五种规格的安瓿，通用性强，规格更换件少，易操作。该机组可通过电子技术和计算机控制，使整个生产过程达到自动平衡、监控保护、自动控温、自动记录、自动报警和故障显示。但安瓿洗、烘、灌封联动机价格昂贵，部件结构复杂，对操作人员的管理知识和操作水平要求较高，维修较为困难。联动线中的灌封部分见图 7-26。

机组中灭菌干燥机与其前后相衔接的清洗机和灌封机的速度匹配是至关重要的问题。在设计时，利用箱体内网带运送的伺服特性，为安瓿在箱体内的平稳运行创造了条件。伺服机构（图 7-27）是通过接近开关与满缺瓶控制板等相互作用来执行的，即将网带入口处安瓿

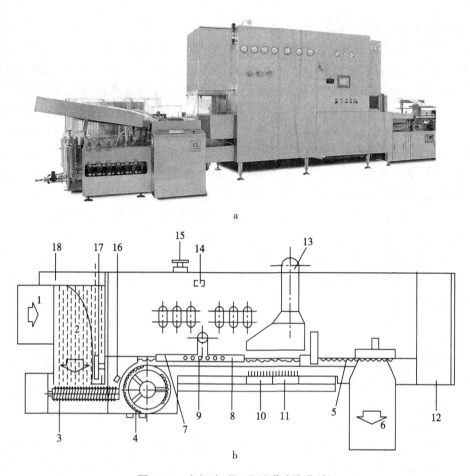

图 7-26 安瓿洗、烘、灌封联动线灌封机

a. 安瓿洗、烘、灌封联动线灌封机外观图；b. 安瓿洗、烘、灌封联动线灌封机示意图

1. 进料斗（与烘干灭菌烘箱接口）；2. 进瓶输送网带；3. 进瓶螺杆；4. 扇形齿板；5. 推送齿条；6. 出瓶料斗；7. 前充氮；8. 后充氮；9. 灌药液；10. 预热火焰；11. 拉丝封口；12. 电源控制箱；13. 吸风；14. 灌液安全装置；15. 装置调节装置；16. 投受光器；17. 接口控制；18. 进瓶安全装置

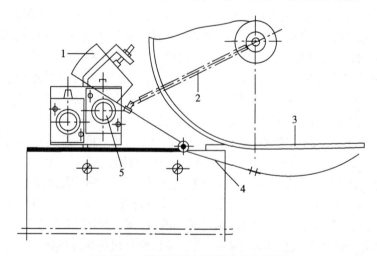

图 7-27 烘箱网带的伺服机构示意图

1. 感应板；2. 拉簧；3. 垂直网带；4. 满缺瓶控制板；5. 接近开关

的疏密程度通过支点作用反馈到接近开关上,使接近开关及时发出讯号进行控制并自动处理以下几种情况:①当网带入口处安瓿疏松,感应板在拉簧作用下脱离后接近开关,此时能立即发出讯号,令烘箱电机跳闸,网带停止运行。②当安瓿清洗机的翻瓶器间歇动作出瓶时,即在网带入口处的安瓿呈现"时紧时弛"状态,感应板亦随之来回摆动。当安瓿密集时,感应板覆盖后接近开关,于是发出讯号,网带运行,将安瓿送走;当网带运行一段距离后,入口处的安瓿又呈现疏松状态,致使感应板脱离后接近开关,于是网带停止运行。如此周而复始,两机速度匹配处于正常运行状态。③当网带入口处安瓿发生堵塞,感应板覆盖到前接近开关时,此时能立即发出讯号,令清洗机停机,避免产生轧瓶故障(此时网带则照常运行)。

(四)灭菌设备

高温灭菌箱(图7-28)是小容量注射剂常用的一种单扉柜式灭菌箱。其箱体分内、外两层,外层由覆有保温材料的保温层及外壳构成;内层箱体内装有淋水管、蒸气排管、消毒箱轨道及与外界接通的蒸气进管、排冷凝水管、进水管、排水管、真空管、有色水管等。箱门由人工启闭;因箱内为受压容器,故装有安全阀。

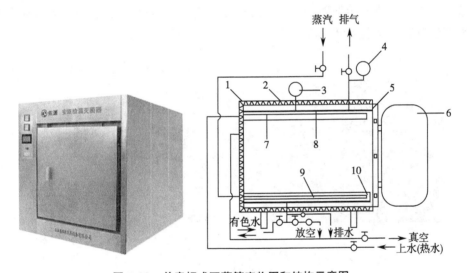

图7-28 单扉柜式灭菌箱实物图和结构示意图
1. 保温层;2. 外壳;3. 安全阀;4. 压力表;5. 高温密封圈;6. 门;7. 淋水管;8. 内壁;9. 蒸汽排管;
10. 消毒箱轨道

灭菌箱使用时先开蒸汽阀,让蒸汽通过夹层中加热约10分钟,压力表读数上升到灭菌所需压力。同时用小车将装有安瓿的格车沿轨道推入灭菌箱内,严密关闭箱门,控制一定压力,当箱内温度达到灭菌温度时,开始计时,灭菌时间到达后,先关蒸汽阀,然后开排气阀排出箱内蒸汽,灭菌过程结束。

为了将封口不严、冷爆及毛细孔等不合格的安瓿分辨检出,在安瓿于灭菌箱内完成蒸汽灭菌后,立刻打开进水管阀门,向箱内安瓿灌注有色水进行检漏。加入有色水的方法有两种:一是真空负吸法,另一种是用水泵压送法,具体由各针剂厂根据各自的条件去选择。经灌注有色水检漏后,安瓿表面不可避免留有色迹,所以在灌注有色水检漏后,必须再打开淋水管的进水阀门,对安瓿进行除迹冲洗。完成上述工作后,打开箱门出瓶。

(五)安瓿异物检查设备

在小容量注射剂的生产过程中,难免会带有一些异物,如未能滤去的不溶物,容器、滤器的剥落物以及生产车间环境空气中的尘埃等异物,这些异物如被注入体内会引起肉芽肿、微血管阻塞及肿块等不同程度的损害。因此必须通过澄明度检查,将含有异物的不合格安瓿予以剔除,确保小容量注射剂的质量。

目前基本上是采用人工目测法检查安瓿的澄明度,其基本原理是依靠待测安瓿振摇后药液中微粒的运动。按照我国 GMP 的有关规定,一个灯检室只能检查一个品种的安瓿。检查时一般采用 40W 的日光灯作光源,并用挡板遮挡以避免光线直射入眼内;背景应为黑色或白色(检查有色异物时用白色),使其有明显的对比度,提高检测效率。检测时将待测安瓿置于灯下,距光源约 200mm 处,轻轻转动安瓿,目测药液内有无异物微粒。人工目测检查是一项劳动强度较大的工作,眼睛极易疲劳,而且操作时还必须谨慎避免可能产生的气泡干扰。此外,由于操作人员个体体能上的差异,检出效果差异较大。

澄明度检查也可使用自动设备,尽管型式不一,但这些设备的原理一般均是采用将待测安瓿高速旋转、随后突然停止的方法,通过光电系统将动态的异物和静止的干扰物加以区别,从而达到检出异物的目的(图 7-29)。光电检出系统的工作原理有以下两种。①散射光法:利用安瓿内动态异物产生散射光线的原理检出异物。②透射光法:利用安瓿内动态异物遮掩光线产生投影的原理检出异物。

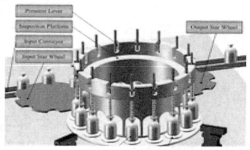

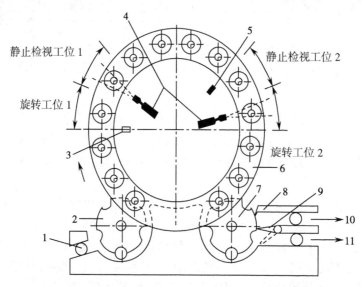

图 7-29　自动澄明度检查机实物图和原理示意图
1. 待检产品;2. 进瓶星形轮;3. 光电感应器 1;4. 检视相机;5. 光电感应器 2;6. 检视平台;7. 出瓶星形轮;8. 隔板;9. 动作叉;10. 不合格品出口;11. 合格品出口

二、最终灭菌大容量注射剂生产工艺设备

最终灭菌大容量注射剂(即大输液)主要采用可灭菌生产工艺,首先将配制好的药液灌封于输液瓶或输液袋内,再用蒸汽热压灭菌。目前,我国输液市场上输液剂的包装形式主要有玻璃瓶、塑料瓶、非 PVC 软袋等。由于软袋装输液制造简便,质轻耐压,运输方便等特点而发展较快。非 PVC 软袋有单室袋、液液双室袋、粉液双室袋、液液多室袋等多种包装,其中双室袋包装应用较多。

(一)玻璃瓶大输液生产设备

玻璃瓶大输液生产线包括理瓶机、洗瓶机、灌装设备及封口设备等。玻璃输液瓶由理瓶机理瓶后,送入外洗机,刷洗瓶的外表面,然后由输送带送入玻璃瓶清洗机,洗净的玻璃瓶直接进入灌封机,灌满药液后经过盖膜、胶塞机、翻胶塞机、轧盖机等封口、灭菌,再经灯检、贴签及包装后即得成品。大输液生产联动线工艺流程见图 7-30。

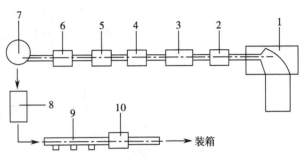

图 7-30 大输液生产联动线流程图

1. 送瓶机组;2. 外洗机;3. 洗瓶机组;4. 灌装机;5. 翻塞机;
6. 轧盖机;7. 贮瓶台;8. 灭菌柜;9. 灯检工段;10. 贴签机

1. **理瓶机** 理瓶机的作用是对杂乱堆放的瓶子进行整理,并使其有次序、有方向地排列在输送带上,高速、高效地传到其他机械进行下一道工序,以提高整个生产线的生产效率。理瓶机型式很多,常见的有离心转盘式理瓶机、圆盘式理瓶机、等差式理瓶,如图 7-31 所示。

离心转盘式理瓶机采用一个大直径的转盘,盛放待整理的瓶体,转盘转动时产生离心力,使瓶体沿转盘外圆周排列,在出口处受到相应的导瓶、拨瓶、推瓶或分瓶等机构的作用,实现瓶体的单列排队输出。这类瓶机理瓶速度不高,主要适用于质量比较小的瓶体,如塑料瓶。

圆盘式理瓶机是在低速旋转的圆盘上搁置着玻璃瓶,固定的拨杆将运动着的瓶子拨向转盘周边,经由周边的固定围沿将瓶子引导至输送带上。

等差式理瓶机由等速和差速两台单机组成。等速机的 7 条平行等速传送带由同一动力的链轮带动,将玻璃瓶送至与其相垂直的差速机输送带上;差速机上第 Ⅰ、Ⅱ 条传送带以较低速度运行,第 Ⅲ 条传送带速度加快,第 Ⅳ 条传送带速度更快,玻璃瓶在各输送带和挡板的作用下,成单列顺序输出;第 Ⅴ 条传送带速度较慢且方向相反,其目的是将卡在出瓶口的瓶子迅速带走。差速是为了在输液瓶传送时,不形成堆积而保持逐个输送的目的。

2. **外洗瓶机** 外洗瓶机是清洗输液瓶外表面的设备。其清洗方法为:毛刷固定两边,瓶子在输送带的带动下从毛刷中间通过,达到清洗目的。也有毛刷旋转运动,瓶子通过时产生相对运动,使毛刷能全部洗净瓶子表面。毛刷上部安有喷淋水管,可及时冲走刷洗的污物,如图 7-32 所示。

3. **玻璃输液瓶洗瓶机**

(1)滚筒式洗瓶机:该机由两种滚筒组成,一组滚筒为粗洗段;另一组滚筒为精洗段,中间用长 2m 的输送带连接,如图 7-33 所示。粗洗段由前滚筒与后滚筒组成,滚筒的运转由马氏机构控制作间歇转动。进入滚筒的空瓶数由设置在滚筒前端的拨瓶轮控制,一次可以是

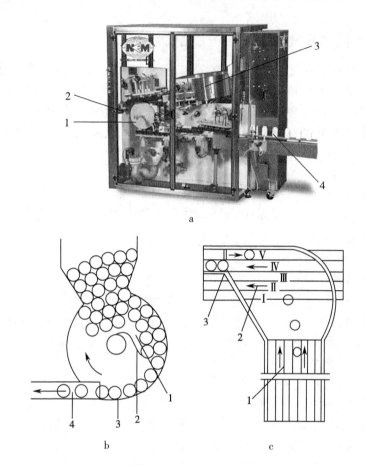

图 7-31　理瓶机示意图

a. 离心转盘式理瓶机：1. 转轮；2. 钩瓶机构；3. 转筒；4. 立瓶机构

b. 圆盘式理瓶机：1. 转盘；2. 拨杆；3. 围沿；4. 输送带

c. 等差式理瓶机示意图：1. 玻璃瓶出口；2. 差速进瓶机；3. 等速进瓶机

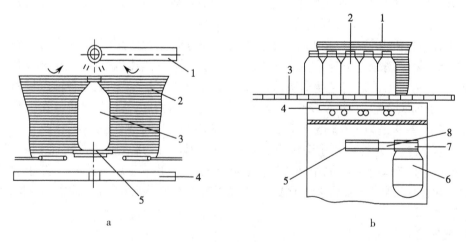

图 7-32　外洗瓶机

a. 毛刷固定外洗机示意图：1. 淋水管；2. 毛刷；3. 瓶子；4. 传动装置；5. 输送带

b. 毛刷转动外洗机示意图：1. 毛刷；2. 瓶子；3. 输送带；4. 传动齿轮；5,7. 皮带轮；6. 电机；8. 三角带

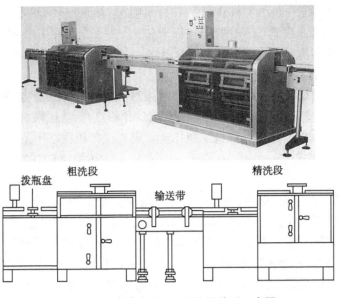

图 7-33 滚筒式洗瓶机实物及外形示意图

2 瓶、3 瓶、4 瓶或更多,更换不同齿数的拨瓶轮,可以得到所需要的进瓶数。精洗段可以置于洁净区内,洗净的瓶子不会被空气污染。

滚筒式洗瓶机利用毛刷刷洗瓶的内腔,该设备结构简易,制造、调试方便,粗洗、精洗可以分离,是国外大型履带瓶托式洗瓶机的一种雏形,工艺成熟,生产能力大,可用酸、碱两种工艺洗涤,洗瓶效果可靠。该设备的缺点是:对玻璃瓶几何尺寸要求较严格,使用单位需要逐一摸索调整;每道洗涤工序后在玻璃瓶内有微量残留液。

(2) 箱式洗瓶机:如图 7-34 所示。该机为密闭系统,由不锈钢铁皮或有机玻璃罩罩起来工作,进瓶和出瓶分别在箱体的两端进行,可防止交叉污染。工艺流程如下:热水喷淋(两

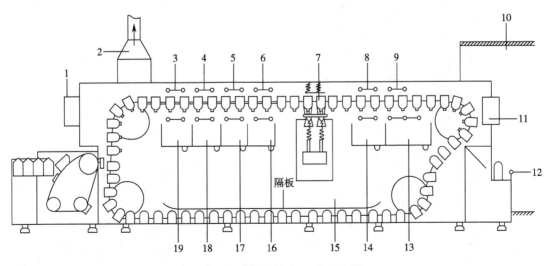

图 7-34 箱式洗瓶机工位示意图

1,11.控制箱;2.排风管;3,5.热水喷淋;4.碱水喷淋;6,7.冷水喷淋;8.毛刷带冷喷;
9.蒸馏水喷淋;10.出瓶净化室;12.手动操纵杆;13.蒸馏水收集槽;14,16.冷水收集槽;
15.残液收集槽;17,19.热水收集槽;18.碱水收集槽

道)—碱液喷淋(两道)—热水喷淋(两道)—冷水喷淋(两道)—喷水毛刷清洗(两道)—冷水喷淋(两道)—蒸馏水喷淋(三喷两淋)—沥干(三工位)。在各种不同淋洗液装置的下部均设有单独的液体收集槽,其中,碱液是循环使用的。为防止各工位淋溅下来的液滴污染轨道下边的空瓶盒,在箱体内安装一道隔板收集残夜。

洗瓶机上部装有引风机,将水蒸气、碱蒸气强制排出,并保证机内空气由净化段流向箱内,各工位装置都在同一水平面内呈直线排列,自动化程度高,集碱液、热水、毛刷、蒸馏水等清洗功能于一体,能自动、连续地进行洗瓶作业。箱式洗瓶机洗瓶产量大;倒立式装夹进入各洗涤工位,瓶内不挂余水;冲刷准确可靠;密闭条件下工作符合GMP要求。

4. 灌装设备

(1) 量杯式负压灌装机:该机由药液计量杯、托瓶装置及无极变速装置三部分组成,见图7-35a。盛料桶中装有10个计量杯,量杯与灌装套之间用硅橡胶管连接。玻璃瓶进入托瓶装置,由凸轮控制升降,灌装头套住瓶肩形成密封空间,通过真空管道抽真空,药液负压流进瓶内。计量的工作原理如图7-35b所示,采用计量杯以容积定量,当药液超过量杯缺口,药液自动从缺口流入盛料桶内,即为计量粗定位;精确的调节是通过计量调节块在计量杯中所占的体积而定,旋动调节螺母使计量调节块上升或下降,而达到装量准确的目的。吸液管与

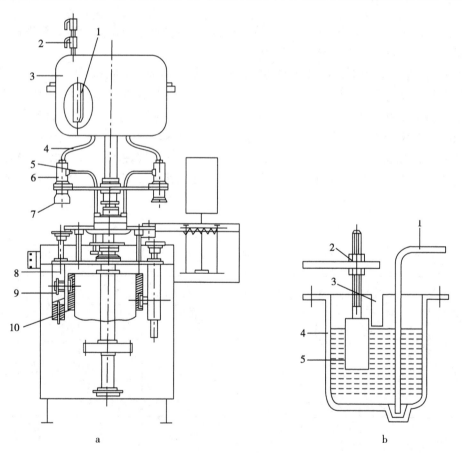

图 7-35　量杯式负压灌装机

a. 量杯式负压灌装机示意图:1. 计量杯;2. 进液调节阀;3. 盛料桶;4. 硅橡胶管;5. 真空吸管;
6. 瓶肩定位套;7. 橡胶喇叭口;8. 瓶托;9. 滚子;10. 升降凸轮
b. 量杯计量示意:1. 吸液管;2. 调节螺母;3. 量杯缺口;4. 计量杯;5. 计量调节块

真空管路接通,使计量杯的药液负压流入输液瓶内,计量杯下部的凹坑使药液吸净。

采用量杯式负压灌装机,量杯计量、负压灌装、药液与其接触的零部件无相对的机械摩擦,没有微粒产生,保证了药液在灌装过程中的澄明度;计量块调节计量,方便简捷。缺点是机器回转速度加快时,量杯药液产生偏斜,可能造成计量误差。

(2) 计量泵注射式灌装机:该机是在活塞的往复运动下,常压将药液充填于容器中,药液的计量首先粗调活塞行程,达到灌装量,装量精度由下部的微调螺母来调节(图 7-36a)。充

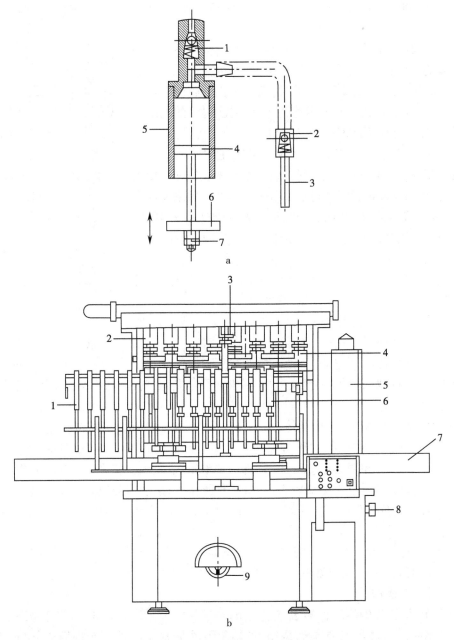

图 7-36　计量泵注射式灌装机
a. 计量泵示意:1,2. 单向阀;3. 灌装管;4. 活塞;5. 计量缸;6. 活塞升降板;7. 微调螺母
b. 八泵直线式灌装机:1. 预充氮头;2. 进液阀;3. 灌装头位置调节手柄;4. 计量缸;5. 接线箱;
6. 灌装头;7. 灌装台;8. 装量调节手柄;9. 装置调节手柄

填头有 2 头、4 头、6 头、8 头等多种配置。有直线式和回转式两种机型。直线式玻璃瓶为间歇运动,产量不能很高;回转式为连续作业,产量相对较高。

以八泵直线式灌装机为例(图 7-36b)。输送带上洗净的玻璃瓶每 8 个一组由两星轮分隔定位,V 形卡瓶板卡住瓶颈,使瓶口准确对准预充氮头和进液阀出口。灌装前,由 8 个预充氮头向瓶内预充氮气,灌装时可边充氮边灌液。

八泵直线式灌装机采用容积式计量,计量调节范围较广,可按需要在 100~500ml 调整,且计量泵控制装量精度高;通过改变进液阀出口型式,可对不同容器进行灌装,如玻璃瓶、塑料瓶、塑料袋及其他容器;采用活塞式强制充填液体,可适应不同浓度液体的灌装;无瓶时计量泵转阀不打开,可保证无瓶不灌液。灌注完毕,计量泵活塞杆回抽时,灌注头止回阀前管道中形成负压,灌注头止回阀能可靠地关闭,加之注射管的毛细管作用,保证灌装完毕不滴液;清洗消毒方便。

5. 封口设备　在药液灌装完成后必须在洁净区迅速封口,以免药品污染和空气氧化。封口设备是与灌装机配套使用的设备,包括塞胶塞机、翻胶塞机、轧盖机。天然橡胶塞要加涤纶薄膜以防止微粒脱落,目前已经淘汰。大生产应用较多的是合成橡胶"T"型塞,表面包涂有未经硫化的硅橡胶膜,耐高温灭菌。塞胶塞机主要用于"T"型胶塞对玻璃输液瓶封口。"T"型胶塞机(图 7-37)的工作过程包括:输瓶、螺杆同步送瓶、理塞、抓塞、扣塞头扣塞、瓶中抽真空、塞塞。

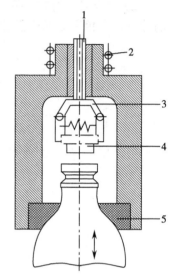

图 7-37　"T"型胶塞机的机构原理图
1.真空吸孔;2.弹簧;3.夹塞爪;
4."T"型塞;5.密封圈

6. 灭菌设备　大容量注射剂体积较大,热量不易穿透、传热慢,为保证灭菌效果,不适合采用流通蒸汽灭菌法。同样,由于容量大也不宜采用过滤除菌法。通常采用热压灭菌法进行灭菌,同时热压灭菌的温度和时间应达到无菌保证要求。

由于大容量注射剂的包装形式多样,污染途径不同,因此,防污染措施也不尽相同,灭菌条件也有一定区别。

(1) 水浴式灭菌柜:由矩形柜体、热水循环泵、换热器及计算机控制柜组成,见图 7-38。灭菌室内先注入洁净的灭菌介质(纯化水)至一定液位,然后,循环泵从底部抽灭菌水,经板式换热器加热后,连续循环进入灭菌柜顶部的喷淋系统,喷出雾状高温水与灭菌物品均匀密切接触。在冷却过程中,关蒸汽阀,开冷水阀,使灭菌水连续逐步冷却,用于灭菌物品的快速冷却,并辅以一定反压保护以防止爆瓶。整个工作过程中,灭菌介质运行于封闭的循环系统,有效防止了二次污染,符合 GMP 要求。该设备自动化程度高、温度调控范围宽、温度均匀性好,辅以反压和对压保护措施,灭菌结束或有故障均有讯响器发生信号,安全可靠;F 值监控仪监控灭菌过程保证了灭菌质量,广泛适用于制药行业对玻璃瓶装、塑料瓶装、软袋装等大输液产品的灭菌操作。

(2) 回转水浴式灭菌柜:回转水浴式灭菌柜见图 7-39。其工作原理与前述静态水浴式灭菌柜基本相同,只是柜内设有旋转内筒,玻璃瓶固紧在小车上,小车与内筒压紧为一体。小车进出柜内方便;小车以一个可以调整的速度不断地正反旋转,通过强制对流形成强力扰动的温度场。与静态式相比,柜内温度场更趋一致,热的传递更快且无死角,从而缩短柜室内温度均衡的时间。由于灭菌时瓶内药液不停地旋转翻滚,药液传热快,温度均匀,不易产生

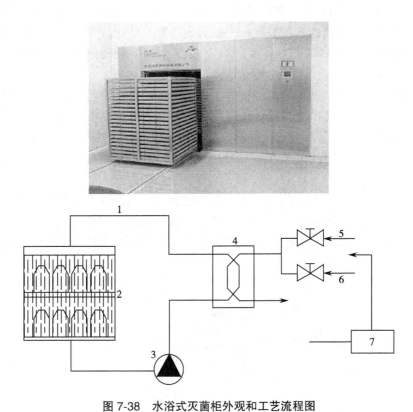

图 7-38 水浴式灭菌柜外观和工艺流程图
1. 循环水; 2. 灭菌柜; 3. 热水循环泵; 4. 换热器; 5. 蒸汽; 6. 冷水; 7. 控制系统

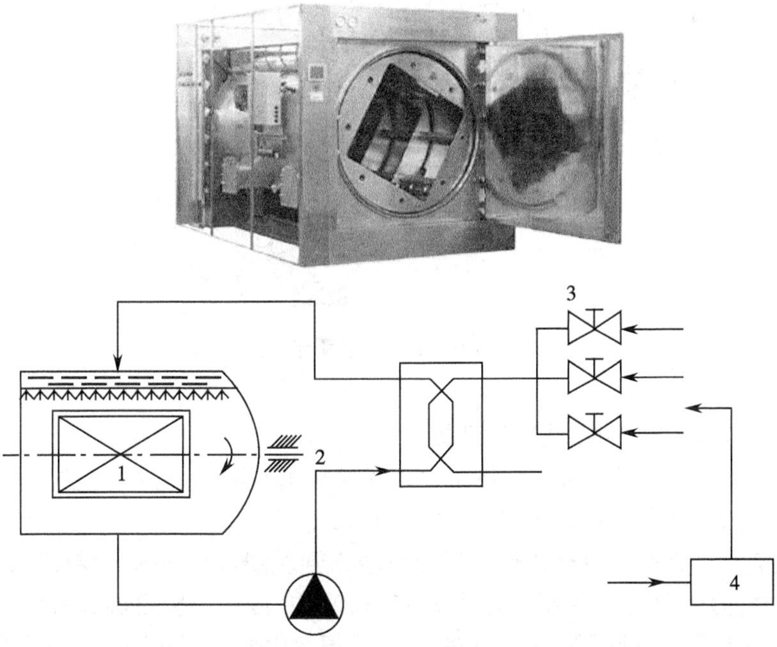

图 7-39 回转式水浴灭菌柜外观和工艺流程图
1. 回转内筒; 2. 减速机构; 3. 执行阀; 4. 控制系统

沉淀或分层,可满足脂肪乳和其他混悬输液药品的灭菌工艺要求;且灭菌效果更佳、灭菌周期更短。该设备采用先进的密封装置——磁力驱动器,可以将柜体外的减速机与柜体内筒的转轴无接触隔离,从根本上取消了旋转内筒轴密封结构,使动密封改变为静密封,灭菌柜处于全封闭状态,灭菌过程无泄漏、无污染。

(3) 快速冷却式灭菌柜:通过附加喷淋装置对灭菌后输液进行快速冷却,减少药物成分分解、缩短灭菌周期、避免冷爆。该设备利用饱和蒸汽为灭菌介质,广泛适用于各种耐湿热灭菌的玻璃瓶装、软袋装等大输液产品的灭菌和冷却操作。该系列小型设备(500ml/500瓶)采用普通灭菌工艺,大中型设备(500ml/1000瓶及以上)用于玻璃瓶装大输液灭菌,全过程仅需 1 小时左右。

(4) 蒸汽灭菌柜:高压蒸汽灭菌柜(图 7-40)利用具有一定压力的饱和蒸汽作为加热介质,直接通入柜体内进行加热灭菌,人工启闭蒸汽阀。优点是结构简单、维护容易、价格低廉;缺点是柜内空气不能完全排净、传热慢、冷却慢、温差大、易爆瓶、柜体内温度分布不均匀,易造成灭菌不彻底。

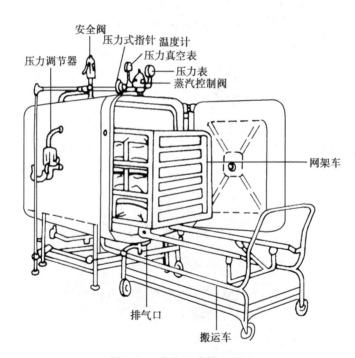

图 7-40 蒸汽灭菌柜示意图

(二) 聚丙烯输液瓶吹瓶/洗灌封设备

1. 主要结构 聚丙烯输液瓶一体机由直线式吹瓶系统、输瓶中转机构、清洗装置、灌装系统、封口装置和自动控制系统组成,如图 7-41 所示。

2. 工艺流程 将医用级聚丙烯由送料机输送到注塑台料斗内,原料流入注塑螺杆内,经加热后熔融,由注塑系统注入注塑模具(瓶坯模)内,冷却后脱模形成瓶坯。在预备吹塑工位,低压空气对瓶坯进行预备吹塑,以达到消除原料内部应力并促进双向拉伸的效果。预吹的瓶坯在传动到吹瓶工位后,进行高压空气吹塑及定型,最终产品经滑槽送出机台外(图 7-42)。

图 7-41 聚丙烯输液瓶吹瓶/洗灌封一体机

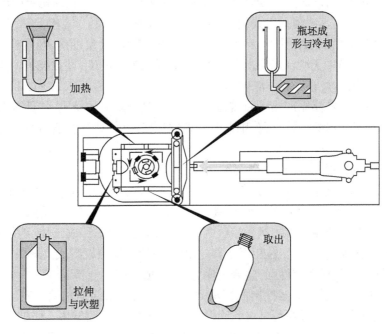

图 7-42 塑瓶制瓶过程

　　成型后的聚丙烯输液瓶(以下简称 PP 瓶)直接由机械手输送至输瓶中转机构。该机构首先将瓶子降低至洗、灌封工位的工作高度;然后通过伺服系统将间歇运动的 PP 瓶送入连续运动的洗、灌封系统,从而保证间隙运动的直线式吹瓶系统与连续运动的旋转式洗、灌封系统同步运行。

　　由吹塑成型装置吹出的 PP 瓶处于瓶口朝下的倒立状态,且在进入灌装之前一直处于倒立运行。倒立的 PP 瓶经过输瓶中转机构被送至气洗转盘,气洗喷头随气洗转盘运转,并在凸轮控制下迅速上升、插入瓶内并密封瓶口,对 PP 瓶进行高压离子风(带有离子的高压气体)冲洗,同时对瓶内抽真空,真空泵通过排气系统将废气抽走,即通过吹吸功能消除瓶壁在挤压吹塑过程中产生的静电。气洗工序完成后,气洗喷头在凸轮控制下迅速下降,离开瓶口。PP 瓶经中转机构再进入水洗转盘,进行高压水冲洗。洗净后的 PP 瓶经翻转 180°,瓶口朝上进入灌装系统完成灌装。灌装完毕,PP 瓶又经中转机构输送到封口装置,抓盖头从分盖盘上依次抓取瓶盖,与灌装好的 PP 瓶同步进入熔封段。一组加热片分别对瓶口和瓶盖进行非接触式电加热,离开加热区瞬间,在弹簧和凸轮作用下使瓶盖与瓶口紧密融合,完成封口。

3. 塑瓶制瓶特点　塑瓶制瓶所用原料为医用级聚丙烯粒料;全自动塑料瓶制瓶机为一步成型,即塑料瓶经注塑、拉伸和吹塑一次成型;设备由注塑机、注塑模具和吹塑模具及传动机构组成,并包括吹瓶用无油空压机、运行用空压机、自动原料输送机、模具温度调节器、冷水温度调整机等辅机;设备的稳定运行速度不低于 2500 瓶 / 小时(250ml 规格);制成品的成品率不低于 98%;原料利用率不低于 99.5%。

4. PP 瓶吹瓶 / 洗灌封设备的性能特点　本机集吹瓶、清洗、灌装、送盖、封口于一体,是一种多功能的机电一体化产品。采用气动、双向拉伸吹瓶工艺,速度快,吹制成型的 PP 瓶透明度好;PP 瓶吹塑成型前后、中转输瓶、清洗、灌装、封口等一系列工序过程中,均由机械手一一对应交接,定位准确,保证了设备的稳定性和成品的合格率;PP 瓶在吹塑成型后到灌装前,瓶子一直倒立运行,从而进一步降低了瓶子受污染的可能性。且结构更简单,维护方便;洗瓶采用离子风清洗、水洗两种方式,有效保证瓶的洁净度。

采用压力时间式灌装原理,灌装开关采用气动隔膜阀,计量准确,装量精度达到《中国药典》要求;药液通道中无机械摩擦的微粒产生,确保药液澄明度;灌装装置可实现在线清洗(CIP),在线灭菌(SIP);具有无瓶不灌装功能。

采用振荡和风送悬浮原理输送瓶盖,减少瓶盖与输送轨道的摩擦,并具有无瓶不送盖功能;采用上、下双层加热板加热,可分别调节和控制加热温度,适合瓶盖与瓶口熔封的不同温度要求。

(三) 非 PVC 膜软袋大输液生产设备

非 PVC 膜软袋大输液生产线是集制袋、灌装、封口为一体的高效型生产线,见图 7-43。能自动完成送膜、印字、口管焊接、制袋、灌装、封口直到成品输出。适用于 50ml 到 3000ml 等多种规格产品的生产需求。主机为直线式结构,由送膜工位、印刷工位、制袋工位、传送工位、灌装工位、焊盖工位、出料工位以及上料、CIP/SIP 等附加装置组成。采用非 PVC 双卷多层共挤片膜,设备的包材适应性强,整套工序完成后,成品率不低于 99%。

1. 送膜工位　采用传感器控制的恒重力张紧膜机构,带导向滚筒导向,由电机完成连续、平稳的送膜动作,保证膜在行进中始终保持同一张紧状态。膜卷用气胀轴固定在卷轴上,无需工具即可更换。膜材传输系统由伺服电机控制,能够自动完成送膜。膜卷自动张紧、定位,张紧力平稳。停机后再开机对拉膜无影响。送膜长度可调节,可适应多种膜材。

a   b

图 7-43　非 PVC 膜软袋大输液生产线
a. 生产线;b. 非 PVC 多层共挤膜输液传送装置

传动装置稳定可靠,膜位置在连续生产时的累积误差不大于 2mm,拉膜过程中不出现拉偏或拉不动的现象。具有去离子风除静电装置,压缩空气的集中收集和排放系统。系统内部各工位互相连接,但最终只连接到一个排气管道。所有气动阀门压缩空气集中收集排放。

2. 印刷工位　采用热箔印刷技术,通过加热加压的方法使色带上的颜料与色带基材剥离,与膜材外表面升华染色附着结合,将产品信息印在袋表面,如商标、产品名称、产品介绍、生产厂家、生产日期、批号、有效日期等。选择不同颜色的色带可实现不同颜色的印刷。

印刷工位可实现双色印刷功能,印字清晰美观。印字时间、温度和压力可根据需要方便、快捷地调节,保证整面印刷。批号及生产日期等生产数据以及色带的更换,操作方便、快捷,调试简单,停机时间短。印刷工位保证温度控制良好,并进行持续监控,如温度达不到工艺要求时,设备自动停机报警。色带长度可在触摸屏上进行设置调整。色带消耗控制精确,控制精度 ±1mm。印刷过程中色带及薄膜不得出现偏移现象,印刷版在印刷过程中不能对膜材造成损伤,具有防粘连功能,不影响开膜及灌装质量。停机后再开机,不影响印刷功能。

3. 制袋及接口焊接工位　薄膜由专用装置开膜,开口过程中不能对膜材造成损伤。然后由自动上料装置传送到接口热合工位,将膜材焊接成袋。焊接压力、时间、温度可调,并设置有最佳焊接温度区间,一般控温精度都在 ±2℃范围。模具设置冷却板,防止成型过程中袋子之间因温度过高而出现粘连,影响药液灌装或其他质量问题。最后将袋与口管热合。

4. 灌装工位　灌装系统采用自动隔膜阀和 E+H 质量流量计控制,适用于不同规格产品的灌装,灌装量调整方便,装量控制精确、稳定、可靠,隔膜阀膜片使用寿命长,灌装针管无滴液、漏液现象。

5. 封盖工位　自动上盖工位配有自动上料料斗,与振荡盘配套,振荡料斗内加装负离子压缩空气清洗系统,对组合盖及接口进行气洗以去除微粒。在封口前将袋内残余空气排出,使袋内空气残留达到最少。采用非接触性热融封口,无污染且封口严实、美观。组合盖和接口之间加热片温度可调整,以能适应各种材料的盖子,加热片温度、加热时间、压力可自动控制和调节,控温精度在 ±2℃范围内,带有温度检测装置,防止出现过热现象。成品袋子由夹具系统取出,放置在出料传送带上。不合格的袋子将被自动剔除,并落入废袋收集盘中。

三、无菌分装粉针剂生产工艺设备

粉针剂的设备主要包括玻璃瓶的洗瓶机,玻璃瓶和胶塞的灭菌干燥设备、粉剂分装机和粉剂的包装设备。国内外粉针剂生产设备发展很快,有许多公司都生产成套粉针剂生产联动线及单元设备。粉针剂的联动生产减少了过程中的污染,更符合 GMP 的要求。

(一)粉针剂玻璃瓶洗瓶机

粉针剂用抗生素玻璃瓶(西林瓶)有管制和模制两种类型(图 7-44),均已列入国家标准。管制抗生素玻璃瓶(管制瓶)不使用模具,只使用两套模轮,先拉成玻璃管,然后用玻璃管在立式转盘式机器上制成瓶子,外表看起来光亮,透明度比较好,用于盛装一次性使用的粉针注射剂,其规格有 3ml、7ml、10ml、25ml;模制抗生素瓶(模制瓶)需要整套模具,用硼砂、石英砂在窑炉行列机生产做成瓶子,外表看起来粗糙,按其形状分

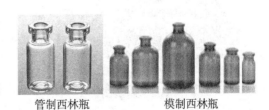

管制西林瓶　　　模制西林瓶

图 7-44　管制和模制西林瓶

为 A 型、B 型两种,A 型瓶自 5~100ml 共 10 种规格;B 型瓶自 5~12ml 共 3 种规格。洗瓶是粉针剂生产的第一道工序,根据清洗原理不同,洗瓶机分为毛刷洗瓶机和超声波洗瓶机两种类型。

1. 毛刷洗瓶机 通过设备上设置的毛刷,去除瓶壁上的杂物,实现清洗目的。主要结构见图 7-45。由于毛刷易脱毛且存在二次污染的可能,已逐步被淘汰。

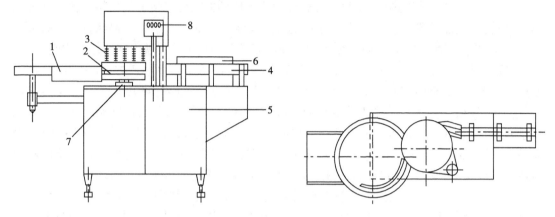

图 7-45 毛刷洗瓶机示意图

1.输瓶转盘;2.旋转主盘;3.刷瓶机构;4.翻瓶轨道;5.机架;6.水气系统;7.机械传动系统;8.电气控制系统

2. 超声波洗瓶机 按适用清洗玻璃瓶规格分类,超声波洗瓶机分为单一型和综合型;按清洗玻璃瓶传动装置传送方式分类,超声波洗瓶机又分为水平传动型和行列式传动型。水平传动型超声波洗瓶机,被清洗的玻璃瓶在传送过程中处在水平面内运动,如图 7-46a 所示。行列式传动型超声波洗瓶机,被清洗的玻璃瓶在传送过程中处在行列式传动的垂直和水平面内运动,如图 7-46b 所示。

超声波洗瓶机型式虽有不同,但其结构基本相同,一般由送瓶机构、清洗装置、冲洗机构、出瓶机构、主传动系统、水气系统、床身及电气控制系统等部分组成。

水平传动型超声波洗瓶机的工艺过程:①玻璃瓶瓶口向上,由送瓶机构通过网带连续地送入水槽中;送瓶机构由电机、减速器、输瓶网带、过桥、喷淋头等组成,是玻璃瓶排列并输送到清洗装置的传递机构。②清洗装置由超声波换能器、送瓶螺杆、提升装置等机构组成,安装在床身水槽中。当玻璃瓶经过过桥时,喷淋头喷水充满玻璃瓶,经过超声波换能器上方时

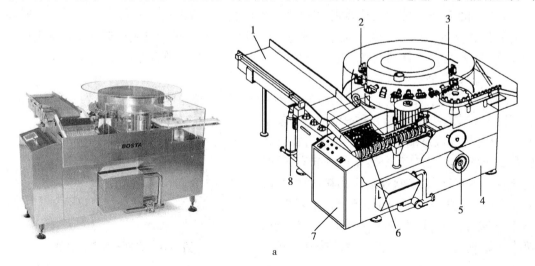

a

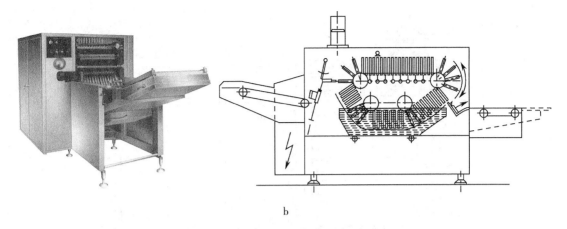

b

图 7-46 超声波洗瓶机实物及结构示意图
a. 水平传动型超声波洗瓶机:1. 送瓶机构;2. 冲洗机构;3. 出瓶机构;4. 床身;
5. 主传动系统;6. 清洗装置;7. 电气控制系统;8. 水气系统
b. 行列式超声波洗瓶机

进行超声波清洗,瓶壁的污垢被清洗掉。③然后送瓶螺杆将其连续输送到提升装置,由提升块逐个送入冲洗机构进行清洗。通过输瓶螺杆和提升装置,小瓶被机械手夹持,机械手翻转使瓶口向下,喷针插入瓶内并与瓶同步运动,喷出循环水、注射用水将瓶的内外壁冲洗干净。④瓶上的残留水再经洁净压缩空气初步吹干。⑤机械手再翻转使瓶口向上,与出瓶机构接口时,瓶子被拨瓶盘拨送至干燥灭菌。

行列式传动型超声波洗瓶机的工艺过程与上述水平传动基本相同,均为超声波清洗加气水交替反复冲洗,主要区别是超声清洗后,玻璃瓶传递是行列成排进行的,而水平传动型是依靠机械手单个连续进行。

(二) 玻璃瓶灭菌干燥设备

无菌粉针剂灭菌干燥设备常用的是柜式和隧道式(见安瓿干燥灭菌设备),柜式一般适用于小批量粉针剂生产过程中的灭菌干燥,以及铝盖和胶塞的灭菌干燥。

柜式灭菌箱主体结构是由不锈钢板制成的保温箱体、电加热丝、托架(隔板)、风机、可调挡风板等组成。箱体前后开门,并有测温点、进风口和指示灯等,如图 7-47 所示。其工作原理是,洗净后的玻璃瓶整齐排列放入底部有孔的方盘中,然后将方盘从烘箱后门送进烘箱,放置在托架上,通电启动风机并升温,当箱内温度升至 180℃,保持 1.5 小时,即完成了玻璃瓶的灭菌干燥。停止加热,风机继续运转对瓶进行冷却,当箱内温度降至比室温高 15~20℃ 时,烘箱停止工作,打开洁净室一侧的前门,出瓶,转入下一道工序。

(三) 粉剂分装机

粉剂分装机是将无菌的药品粉末定量分装在经过灭菌干燥的玻璃瓶内,并盖紧胶塞密封。按其结构形式可分为气流分装机和螺杆分装机。

1. 气流分装机 气流分装机是利用真空吸取定量容积的粉剂,通过净化干燥压缩空气将粉剂吹入玻璃瓶内,如图 7-48 所示。其特点是在粉腔中形成的粉末块直径幅度较大,装填速度亦较快,一般可达 300~400 瓶 / 分钟,装量精度能满足《中国药典》要求,但分装时形成的粉尘较大,设备清洗灭菌麻烦,能耗较大。典型气流分装机的结构如下。

(1) 粉剂分装系统:该系统是气流分装机的重要组成部分,主要由装粉筒、搅粉斗、粉剂

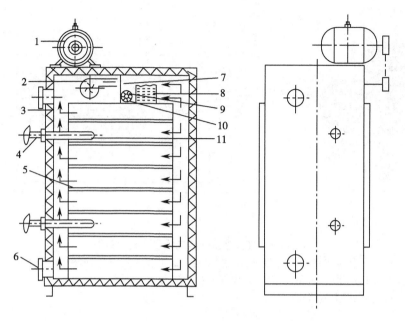

图 7-47　柜式电热烘箱

1.电机;2.风机;3.保温层;4.风量调节柜;5.托架;6.进风口;7.挡风板;8.电热丝;9.排风口;10.排风调节板;11.温度计

分装头、传动装置、升降机构等组成(图 7-49a),通过搅拌和分装头进行粉剂定量,在真空和压缩空气的辅助下,周期性地将粉剂分装于瓶子里。

搅粉斗的作用是保持装粉筒落下的药粉疏松,并将药粉压进分装头的定量分装孔中。粉剂分装头是气流分装机实现定量分装粉剂的主要构件(图 7-49b)。分装盘有八等分分布单排(或两排)直径一定的光滑圆孔,即分装孔,孔中有可调节的粉剂吸附隔离塞,通过调节隔离塞就可调节粉剂装量,隔离塞有活塞柱和吸粉柱两

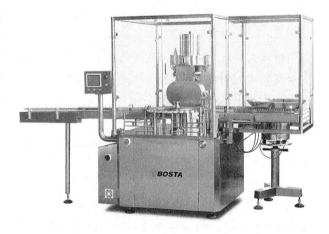

图 7-48　粉针剂气流分装机实物图

种型式,其头部滤粉部分可用烧结金属或细不锈钢纤维压制的隔离刷,外罩不锈钢丝网,如图 7-50 所示;分装头端部通过分配器使分装孔分别与真空或压缩空气相通,实现分装头在间歇回转中的吸粉和卸粉。

影响粉剂装药量的因素有:①分装头旋转时的径向跳动使分装孔药面不平;②分装头后端面跳动使真空、压缩空气泄漏、串通;③分装头外圆表面粗糙而黏附药粉;④分装孔内表面粗糙而黏附药粉;⑤分装孔分度不准使药粉卸在瓶口外;⑥分装孔不圆使得装粉时药粉被吸走;⑦分装头内腔八边形与轴线不垂直造成气体泄漏;⑧粉剂隔离塞过于疏松或过密;⑨压缩空气压力不稳使得流量过大或过小;⑩药粉的粒径、含水量、流动性造成装量的变化。

(2) 盖胶塞机构:主要由供料漏斗、胶塞料斗、振荡器、垂直滑道、喂胶塞器、压胶塞头及

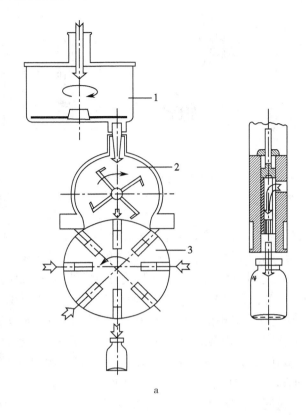

a

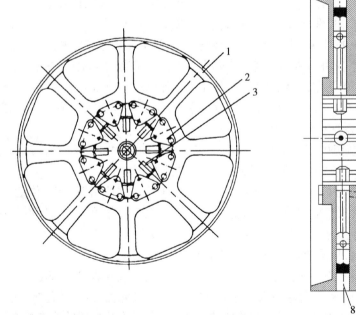

b

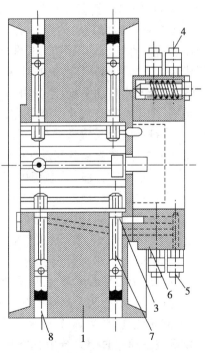

图 7-49 粉针剂气流分装机示意图

a. 粉剂分装系统示意图:1. 装粉筒;2. 搅粉斗;3. 粉剂分装头

b. 粉剂分装头:1. 分装头;2. 压板;3. 调塞嘴;4. 真空管路;5. 压缩空气管路;

6. 分配器;7. 粉剂隔离塞;8. 分装孔

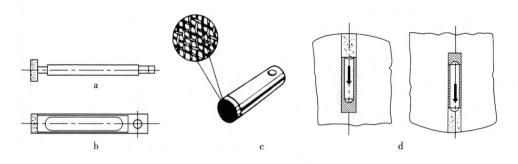

图 7-50　粉剂吸附隔离塞
a.烧结金属活塞柱;b.烧结金属吸粉柱;c.隔离刷吸粉柱;d.吸粉和出粉示意

其传动机构和升降机构组成。供料漏斗是由不锈钢板制成的倒锥形筒件,用来贮存胶塞。胶塞料斗下部有振荡器。振荡器由盖板、底座、6 组弹性支撑板和 3 组电磁铁组成,为料斗提供振荡力和扭摆力矩。胶塞料斗也是由不锈钢制成的筒形件,为减轻质量,料斗壁上冲有减轻圆孔,底板呈矮锥形,上端开口。料斗内壁焊有两条平行的螺旋上升滑道,并一直延伸至外壁有 2/3 周长的距离,与垂直滑道相接。在螺旋滑道上有胶塞鉴别、整理机构,使胶塞呈一致方向进入垂直滑道。垂直滑道是由两组带与胶塞尺寸相适应的沟槽构件和挡板组成,构成输送胶塞轨道,将从料斗输送来的胶塞送入滑道下边的喂胶塞器。喂胶塞器的主要功用是将垂直滑道送过来的胶塞通过移位推杆进行真空定位,吸掉胶塞内的污物后送到压胶塞头体上的爪扣中。压胶塞头是压胶塞机构实现盖胶塞功能的重要部分。主体是个圆环体,其上装有 8 等分分布的盖塞头,盖塞头上有 3 个爪扣、2 个回位弹簧和 1 个压杆,在压头作用下将胶塞旋转地拧按在已装好药粉的瓶口上。传动装置主要由传动箱、传动轴、8 工位间歇机构、传动齿轮、凸轮 - 摆杆机构等组成,实现压胶塞头间歇转动、喂塞移位推杆进出、压头摆动运动。升降机构组成与粉剂分装系统的升降机构相同,用于调整盖塞头爪扣与瓶口距离。

（3）床身及主传动系统:床身由不锈钢方管焊成的框架、面板、底板、侧护板组成,下部有可调地脚,用于调整整机水平和使用高度。床身为整机安装各机构提供基础。主传动系统主要由带有减速器、无级调速机构和电机组成的驱动装置、链轮、套筒滚子链、换向机构、间歇机构等组成,为装粉和盖塞系统提供动力。

（4）玻璃瓶输送系统:该系统由不锈钢丝制成的单排或双排输送网带及驱动装置、张紧轮、支承梁、中心导轨、侧导轨组成,完成粉剂分装过程玻璃瓶的输送。

（5）拨瓶转盘机构:拨瓶转盘机构安装在装粉工位和盖塞工位。主要由拨瓶盘、传动轴、8 等分啮合的电磁离合器以及刹车盘组成的过载保护机构等组成。其作用是通过间歇机构的控制,准确地将输送网带送入的玻璃瓶送至分装头和盖塞头下进行装粉和盖胶塞。当这两个工位出现倒瓶或卡车时,会使整机停车并发出故障显示信号。

（6）真空系统:有两个真空系统,一个用于装粉,一个用于盖塞。装粉真空系统由水环真空泵、真空安全阀、真空调节阀、真空管路以及进水管、水电磁阀、过滤器、排水管组成,为吸粉提供真空。盖塞真空系统由真空泵、调节阀、滤气器等组成,其作用是吸住胶塞定位和清除胶塞内腔上的污垢。

（7）压缩空气系统:该系统由油水分离器、调压阀、无菌过滤器、缓冲器、电磁阀、节流阀及管路组成。工作时,经过过滤、干燥的压缩空气再经无菌系统净化,分成 3 路:一路用于卸粉,另两路用于清理卸粉后的装粉孔。

(8) 局部净化系统:气流分装机设置局部净化系统,以保证局部 A 级洁净度。该系统主要由净化装置与平行流罩组成。净化装置为一长方形箱体,前、后面为可拆卸的箱板,底部固定有两块带孔板,箱体内有一隔板,后部装有小风机,风机出风口在隔板上,在风机进风口下部带孔板上装有粗效过滤器;箱体前部下方带孔板上装有高效过滤器,使经其过滤后空气洁净度达到百级。平行流罩为铝合金型材并镶有机玻璃板构成围框,前后为对开门,坐落在分装机台面上,上部即为净化装置,这样就使分装部分形成一个循环空气流通的密封系统。

2. 螺杆分装机 螺杆分装机是通过控制螺杆的转数,量取定量粉剂分装到玻璃瓶中。螺杆分装计量除与螺杆的结构形式有关,关键是控制每次分装螺杆的转数即可实现精确的装量。螺杆分装机的装量调整方便、结构简单、便于清洗维修、运行成本也低,且使用中不会产生"喷粉"现象。但它对原始粉剂状态有一定要求。

螺杆分装机一般由带搅拌的粉箱、螺杆计量分装头、胶塞振动料斗、输塞轨道、真空吸塞与盖塞机构、玻璃瓶输送装置、拨瓶盘及其传动系统、控制系统、床身等组成。如图 7-51 所示。

图 7-51 螺杆分装机实物图和结构示意图
1. 理瓶转盘;2. 进出瓶轨道;3. 分装机构;4. 粉斗;5. 振荡器;6. 有机玻璃罩;7. 手摇轴;8. 传动机构;9. 盖塞机构;10. 主电机;11. 控制面板;12. 下塞轨道

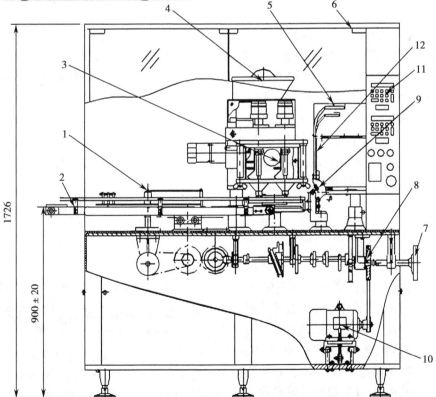

进出瓶输送轨道主要由理瓶转盘、控瓶盘、进瓶轨道、轨道调节螺丝、出瓶轨道及轨道传送机构组成,其结构见图7-52。理瓶转盘主要用来理顺杂乱无章的瓶子,通过转盘旋转使瓶子整齐地进入进瓶轨道内。进瓶轨道将瓶子送至等分拨盘器,进行定位分装加塞,然后控制盘再将瓶子推入出瓶轨道,出瓶链条将瓶子送至接瓶盘或直接送去轧盖。

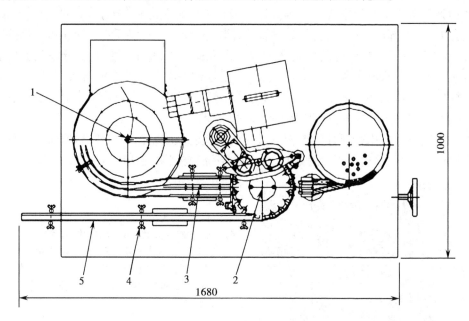

图 7-52 进出瓶输送轨道示意图
1. 理瓶转盘;2. 控瓶盘;3. 进瓶轨道;4. 轨道调节螺丝;5. 出瓶轨道

等分拨盘器由控瓶支架、挡圈、等分盘、压紧螺丝、压盖、单向推立球轴承、传感器磁铁组成(图7-53)。当控瓶盘内有瓶时,传感器通过传感器磁铁给步进电机一信号,步进电机带动分装螺杆工作。反之亦然。这样可以准确做到无瓶不分装。等分拨盘是螺杆分装机进行分装及加塞的主要机构,定位的准确性直接关系整台设备的成品率。

螺杆计量分装头(图7-54a)由落粉头、计量螺杆、粉杯、搅拌桨和轴组成。粉剂置于粉杯中,在粉杯下部有落粉头,其内部有单向间歇旋转的计量螺杆(图7-54b)。当计量螺杆转动时,即可将粉剂通过落粉头下部的开口定量地加到玻璃瓶中。为使粉剂加料均匀,料斗内还有一搅拌桨,连续反向旋转以疏松药粉。计量螺杆的每个螺距容积相同;计量螺杆与导料管壁

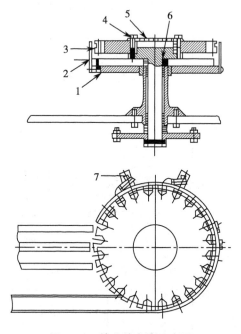

图 7-53 等分拨盘器示意图
1. 等分盘控瓶支架;2. 等分盘挡圈;3. 等分盘;4. 压紧螺丝;5. 等分盘压盖;6. 单向推立球轴承;7. 传感器磁铁

间隙均匀为 0.2mm；控制螺杆转角可精确控制药粉计量（±2%）。

螺杆分装机动力由主动链轮输入，分两路使搅拌桨及计量螺杆旋转。一路是通过主动链轮，由伞齿轮直接带动搅拌桨，作逆时针连续旋转；另一路由主动链轮通过从动链轮带动装量调节系统，进行螺杆转数的调节，由从动链轮传递的动力带动偏心轮旋转，经曲柄使扇形齿轮往复摇摆运动，然后扇形齿轮经过齿轮并通过单向离合器和伞齿轮，使定量螺杆单向间歇旋转。分装量的大小可由调节螺钉来改变偏心轮上的偏心距来达到（图 7-55）。

为防止计量螺杆与落粉头相接触而污染药品，除要求每次螺杆分装头拆卸后的安装正确外，一般均有保护装置，即将与机体绝缘的落粉头与机体连接在两个电极上，通过放大器与电源相接，如螺杆与落粉头相接触，即可自动停机与显示。

振荡加塞机（图 7-56）是由振荡弹簧、扣头、下塞轨道及振荡斗

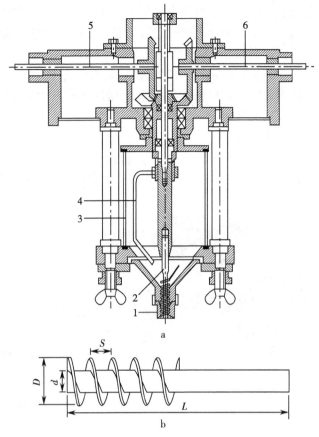

图 7-54　螺杆分装头

a. 螺杆分装头示意图：1. 落粉头；2. 计量螺杆；3. 粉杯；4. 搅拌桨；5，6. 轴

b. 计量螺杆结构示意图：D. 计量螺杆的外径；d. 内径；S. 螺距；L. 螺杆的总长

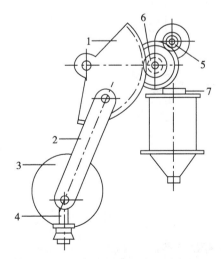

图 7-55　螺杆分装机装量调节系统示意图

1. 扇形齿轮；2. 曲柄；3. 偏心轮；4. 调节螺钉；5. 单向离合器；6. 齿轮；7. 伞齿轮

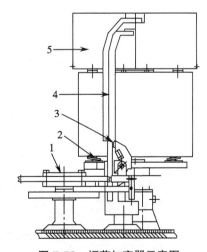

图 7-56　振荡加塞器示意图

1. 控瓶盘；2. 振荡弹簧；3. 扣塞机构；4. 下塞轨道；5. 振荡斗

等组成。振荡加塞机构主要是将杂乱无章的胶塞理顺后,通过下塞轨道将胶塞送至扣头,扣头通过关节轴承及机械的运动将胶塞全加(半加)入玻璃容器内,从而送入下一道工序。

(四) 轧盖机

　　根据铝盖收边成形的原理,轧盖机分为卡口式和三刀滚压式。卡口式是利用分瓣的卡口模具将铝盖收口包封在瓶口上;滚压式则是利用旋转的滚刀将铝盖滚压在瓶口上,其中三刀滚压式又有瓶子不动和瓶子随动两种型式。

　　1. 瓶子不动三刀滚压式轧盖机　滚压刀头高速旋转、轧盖装置整体向下运动,压住边套,盖住铝盖,露出铝盖边沿待收边的部分,轧盖装置继续下降,滚压刀头在沿压边套外壁下滑的同时,在高速旋转离心力的作用下向中心收拢,滚压铝盖边沿使其收口,见图 7-57。

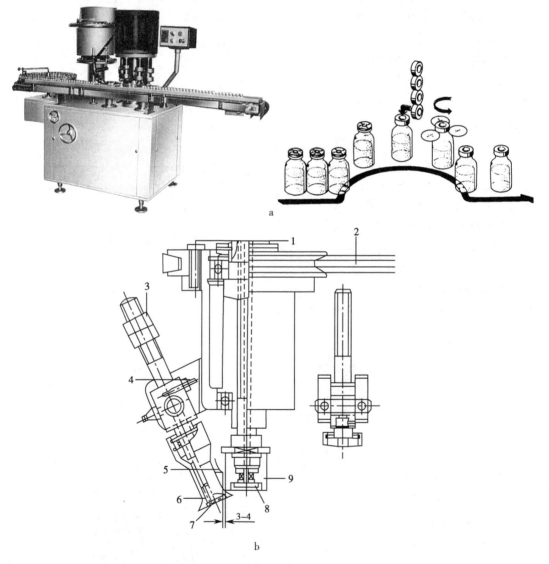

图 7-57　瓶子不动三刀滚压式轧盖机
a. 挂盖、轧盖原理图
b. 三刀头轧盖装置:1. 压紧弹簧;2. 导杆;3. 配重螺母;4. 止退螺钉;
5. 刀头限定位置;6. 刀头;7. 螺塞;8. 直杆;9. 压套

2. 瓶子随动三刀滚压式轧盖机　扣上铝盖的小瓶在拨瓶盘带动下进入滚压刀下,压边套首先压住铝盖,在转动中,滚压刀通过槽形凸轮下降,同时自转,在弹簧力作用下,将铝盖收边轧封在小瓶口上。

3. 卡口式轧盖机　亦称开合式轧盖机。扣上铝盖的小瓶由拨瓶盘送到轧盖装置下方,当间歇停止不动时,卡口模、卡口套向下运动(此时卡口模瓣呈张开状态),卡口模先到达收口位置,卡口套继续向下,收拢卡口模瓣使其闭合,就将铝盖收边轧封在小瓶口上。

(五) 贴签机

1. TQ 400 型高速贴签机　由玻璃瓶输送系统、供签系统(由签盒、吸签机构、传签辊等组成)、打字机构、涂胶机构、贴签机构、主传动系统、真空系统、床身和电气控制系统等组成(图 7-58a)。贴签过程如下:机器运转过程中,供签系统中的吸签头利用真空吸出签盒中排列整齐的标签,经过传签辊传入打字机构,打印批次号和生产日期或有效期字样;然后传给贴签机构中的贴签辊,此时标签背面涂上一层由涂胶机构中涂胶头送来的胶液;标签由贴签辊

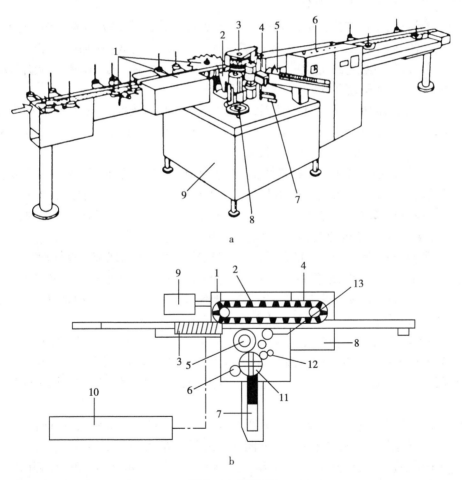

a

b

图 7-58　贴签机

a. TQ 400 型高速贴签机:1. 小瓶输送系统;2. 涂胶机构;3. 贴签机构;4. 打字机构;5. 供签机构;6. 电气控制系统;7. 真空系统;8. 主传动系统;9. 床身

b. ELN2011 型贴签机:1. 玻璃瓶输送装置;2. 挡瓶机构;3. 送瓶螺杆;4. V 形夹传动链;5. 贴签辊;6. 涂胶机构;7. 签盒;8. 床身;9. 操纵箱;10. 电气控制柜;11. 转动圆盘机构;12. 打印机构;13. 主传动系统

带至玻璃瓶处,由于玻璃瓶的滚动,标签粘贴在瓶身上,再经过抚平按牢,完成贴签过程。整机可实现无瓶不吸签、不供签,无签不打字、不涂胶液。工作过程中可预置两种速度下运行,高速用于贴签,低速用于调整。

2. ELN2011型贴签机　主要适用于7ml抗生素玻璃瓶。传签形式在结构上设置了一个转动圆盘机构,上面安装4个型式和动作一样的摆动传签头,代替供签系统中的吸签机构和传签辊、打字辊、涂胶头(图7-58b)。贴签过程如下:传签头先在涂胶辊上粘上胶,随着圆盘转到签盒部位粘上标签,当转到打字工位,印字辊就将标记印在标签上,再转下去与贴签辊相接,贴签辊通过爪勾和真空吸附将标签接过,送至与瓶接触,把标签贴在瓶上。

此过程中,标签从签盒中粘出一直到传给贴签辊,始终粘在传签头上,省去了从吸签头把标签传给传签辊,传签辊再传给打字辊这两个交接环节,减少了传签失误率。

四、冻干粉针剂生产工艺设备

冻干粉针剂的生产工艺包括:①洗瓶及干燥灭菌;②胶塞处理及灭菌;③铝盖洗涤及灭菌;④分装及半加塞;⑤冻干;⑥轧盖和包装等。其中工序①②③和⑥中所用设备在无菌粉针剂生产工艺设备中阐述,工序④中的分装设备已在小容量注射剂中阐述,因此本部分主要介绍工序⑤中的冷冻干燥设备。

1. 冷冻干燥机的构造与功能　按系统分,冷冻干燥机由真空系统、制冷系统、加热系统和控制系统4个主要部分组成;按结构分,冷冻干燥机由冻干箱或干燥箱、冷凝器、冷冻机、真空泵和阀门、电气控制元件等组成。如图7-59所示。

(1) 干燥箱:制品的冻干在干燥箱内进行,干燥箱内有若干层搁板,搁板内通入导热液,实现制品的冷冻或加温。干燥箱内还有西林瓶压塞机构:一种是采用液压或螺杆在上部伸入冻干室,将隔板一起推叠,使塞子压紧在西林瓶上;另一种是桥式设计,系将搁板支座杆从底部拉出冻干室,同时室内的搁板升起而将塞子压入西林瓶。

(2) 冷凝器:与干燥箱相连接的是低温冷凝器,冷凝器内装有螺旋式冷气盘管,其工作温度低于干燥箱中药品温度,最低可达 −60℃。它的主要作用是捕集来自干燥箱中制品升华的水汽,以保护真空泵,并使之在盘管上冷凝,从而保证冻干过程的顺利完成。由于真空状态下水蒸气体积增加,因此,冷凝器必须有效地吸凝全部水蒸气。

(3) 制冷系统:冷冻系统的作用是将冷凝器内的水蒸气冷凝以及将干燥箱内的制品冷冻。制冷机组可采用双级压缩制冷(单机双级压缩机组,其蒸发温度低于 −60℃)或复叠式制冷系统(蒸发温度可至 −85℃)。在冷凝器内,采用直接蒸发式;在干燥箱内采用间接供冷。

制冷系统使用的制冷液体是高压氟利昂,由水冷凝器出来的高压氟利昂,经过干燥过滤器、热交换器电磁阀到达膨胀阀,有节制地进入蒸发器,由于冷冻机的抽吸作用,使蒸发器内压力下降,高压液体制冷剂在蒸发器内迅速膨胀,吸收环境热量,使干燥箱内的制品或凝结器中的水蒸气温度下降而凝固。高压液体制冷液吸热后,迅速蒸发而成为低压制冷剂,气体被冷冻机抽回,再经压缩成高压气体,又被冷凝器冷却成高压制冷液,重新进入制冷系统循环。

(4) 真空系统:真空系统的作用是使冻结的冰在真空条件下升华。真空系统的选择是根据排气的容积以及冷凝器的温度。真空下的压力应低于升华温度下冰的蒸气压(−40℃下冰

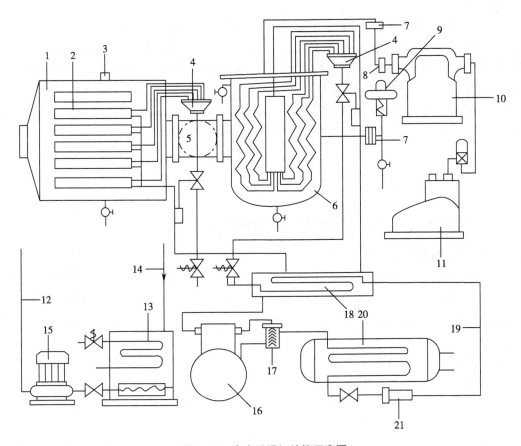

图 7-59 冷冻干燥机结构示意图

1. 干燥箱;2. 冷热搁板;3. 真空侧头;4. 分流阀;5. 大蝶阀;6. 凝结器;7. 小蝶阀;8. 真空馏头;9. 鼓风机;10. 罗茨真空泵;11. 旋片式真空泵;12. 油路管;13. 油水冷却器;14. 制冷低压管路;15. 油泵;16. 冷冻机;17. 油分离器;18. 热交换器;19. 制冷高压管路;20. 水冷凝器;21. 干燥过滤器

的饱和蒸气压为 12.88Pa),而高于冷凝器内温度下的蒸气压。

真空系统多采用一台或两台初级泵(油回转真空泵)和一台前置泵(罗茨真空泵)串联组成。冻干箱与凝结器之间装有大口径真空蝶阀,凝结器与增压泵之间装有小蝶阀及真空测头,便于对系统进行真空度测漏检查。

(5) 冷热交换系统:使用制冷剂或电热将循环于搁板中的导热液进行降温或升温的装置,以确保制品冻结、升华、干燥的过程。

(6) 操作压力和温度:根据冻结温度、加热温度、操作压力和水分捕集温度确定冷冻干燥的操作压力和温度。一般来说,冻结温度应控制在物质的低共熔点以下 10~20℃;加热温度应控制在被干燥物的允许温度;操作压力应控制在冻结物质的饱和蒸气压以下;水分捕集温度应控制在操作压力的饱和温度以下。

2. **冻干机的维护保养** 冻干机运行使用的正常性、稳定性以及使用寿命完全有赖于冻干机的维护保养。冻干机的维护保养应从保证冻干产品质量为主入手,首先制冷系统是冻干机的"心脏",真空系统是冻干机生产冻干产品无菌的质量保证,自动控制系统是保证冻干产品能够顺利进行产品质量的关键。应根据运行时间、次数来进行定期的更换,实时监控真空度、压力传感器等重要仪器,做到定时校正,记录保管。

3. 冻干机的技术要求 选择正确的冻干机对整个生产收率尤为重要,而冻干机的选择受到很多因素的影响,比如:干燥箱空载极限压力;干燥箱空载抽真空时间;干燥箱空载漏气率;干燥箱空载降温速率;捕水器降温速率;冻干箱内板层温差与板内温差;捕水器捕水能力;冻干机噪声。冻干机的控制系统应符合以下要求:应能显示主要部件的工作状态;显示干燥箱内搁板与制品的温度和真空度及捕水器温度;应能进行参数设定、修改和实时显示;应具有断水、断电、超温、超压的报警功能;冻干机的安全性能等。

第三节 注射剂生产车间工程设计

一、最终灭菌小容量注射剂车间 GMP 设计

(一) 注射剂生产车间的设计

1. 位置选择 注射剂的生产要求洁净的生产环境,因此根据《药品生产质量管理规范》2010 年修订的要求,注射剂的车间应选择环境安静,空气比较洁净的地方。不宜选择邻近马路等尘土飞扬的地方。车间周围应开阔宽敞,光线充足,无泥土外露,有草坪,不种花。

2. 房间布局 注射剂车间按工序一般分为洗涤室、配滤室、灌封室、灭菌室和质检室等,各工序之间应相互衔接,流动应该是单向的,无交叉现象。人流、物流应严格分开,在人进入物流区域进行操作的入口应设置缓冲间,供操作人员进行沐浴、更衣、风淋等。

注射剂车间应划分洁净区域。根据各工序对洁净度的要求不同,可将整个车间分为 3 个区域,即一般生产区、控制区和洁净区。新版 GMP 无菌药品生产所需的洁净区可分为 A、B、C、D 四个级别,A 级(相当于 100 级层流)是高风险操作区,如灌装区、放置胶塞桶、敞口安瓿瓶、敞口西林瓶的区域及无菌装配或连接操作的区域。通常用层流操作台(罩)来维持该区的环境状态。层流系统在其工作区域必须均匀送风,风速为 0.36~0.54m/s,应有数据证明层流的状态并须验证。在密闭的隔离操作器或手套箱内,可使用单向流或较低的风速;B 级(相当于 100 级动态)是指无菌配制和灌装等高风险操作 A 级区所处的背景区域;C 级(相当于 10 000 级)是指生产无菌药品过程中重要程度较次的洁净操作区;D 级(相当于 100 000 级)是指生产无菌药品过程中重要程度较次的洁净操作区。见图 7-60。

(二) 注射剂的生产管理

1. 生产工艺规程 生产工艺规程的内容包括:品名、剂型、处方、生产工艺的操作要求,物料、中间产品、成品的质量标准、技术参数及贮存事项,成品容器、包装材料的要求等。必须制定注射剂产品的操作规程,以对整个生产过程进行规范,保证终产品的质量。

2. 生产记录 注射剂的每道生产工序都必须有详细的生产记录,以提供产品的生产历史以及与质量有关的情况。生产记录必须字迹清晰,内容真实,数据完整,并保存至药品有效期后 1 年备查。

3. 洁净室的管理 洁净室是注射剂车间的核心和注射剂生产的关键部位。进入洁净室的人员应经沐浴、更衣、风淋后才能进入,洁净室人员所穿的工作服应根据洁净度级别在颜色和式样上有所区别,无菌服应上下连体,头发要彻底清洗并不得外露。进入洁净室的人

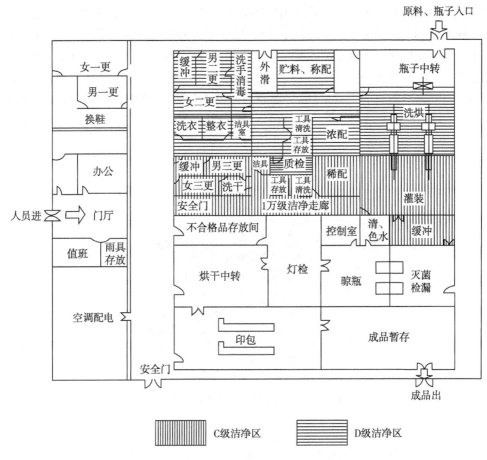

图 7-60 水针(联动机组)车间工艺布置图

员要尽量避免不必要的讲话、动作及走动。洁净室应每周进行彻底的消毒,每日用消毒清洁剂对门窗、墙面、地面、室内用具及设备外壁进行清洁,并开启紫外线灯进行消毒。洁净室还应按规定要求进行监测,监测的主要项目有温度、湿度、风速、空气压力、微粒数及菌落数等。通过监测以保证各项指标符合要求,保证产品的质量。

二、最终灭菌大容量注射剂车间 GMP 设计

1. 输液车间的基本要求　输液是大容量注射剂,制备工艺与注射剂几乎相同。根据我国《药品生产质量管理规范》(2010 年修订)规定,输液生产必须有合格的厂房或车间,并有必要的设备和经过训练的人员,才能进行生产。

2. 大输液生产车间设计一般性要点

(1) 大输液的生产工艺是车间设计的关键:大输液的生产过程一般包括原辅料的准备、浓配、稀配、包材处理(瓶外洗、粗洗、精洗等)、灌封、灭菌、灯检、包装等工序。但盛装输液的容器不同(玻璃瓶、聚乙烯塑料瓶、复合膜等),其生产工艺也有差异。

(2) 设计时要分区明确:按照 GMP 规定和大输液生产工艺流程及环境区域划分示意图可知,大输液生产分为一般生产区、D 级洁净区、C 级及局部 A 级洁净区。一般生产区包括瓶外洗、粒子处理、灭菌、灯检、包装等;D 级洁净区包括原辅料称配、浓配、瓶粗洗、轧盖等;

C级洁净区包括瓶精洗、稀配、灌封,其中瓶精洗后到灌封工序的暴露部分需A级层流保护。生产相联系的功能区要相互靠近,如物料流向:原辅料称配--浓配--稀配--灌封工序尽量靠近,以达到物流顺畅、管线短捷的要求。车间设计时应合理布置人流、物流,尽量避免人流和物流交叉。人流路线包括人员经过不同的更衣进入一般生产区、D级洁净区、C级洁净区;进出车间的物流一般有以下几条:瓶子或微粒的进入、原辅料的进入、外包材的进入以及成品的出口。进出输液车间的人流、物流路线见图7-61。

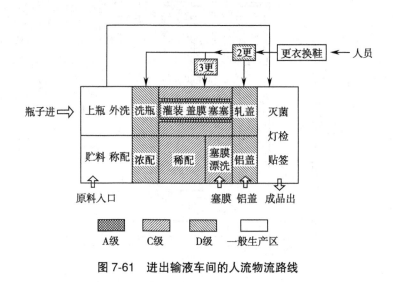

图 7-61 进出输液车间的人流物流路线

(3) 工艺生产设备是设计好输液车间的关键之一:输液包装容器不同时生产工艺不同,导致其生产设备亦不同。即使是同一包装容器的输液,其生产线也有不同的选择,如玻璃瓶装输液的洗瓶,有分粗洗、精洗的滚筒式洗瓶机和集粗洗、精洗于一体的箱式洗瓶机。工艺设备的差异,车间布置必然不同。目前国内的输液生产多采用联动线。

(4) 合理布置好辅助用房:辅助用房是大输液车间生产质量保证和GMP认证的重要内容,辅助用房的布置是否得当是车间设计成败的关键之一。一般大输液生产车间的辅助用房包括C级工具清洗存放间、D级工具清洗存放间、化验室、洗瓶水配制间、不合格品存放间、洁具室等。

3. 大输液车间一般性技术要求

(1) 大输液车间控制区包括D级洁净区、C级洁净区,C级环境下的局部A级层流,控制区温度为18~26℃,相对湿度为45%~65%。各工序需安装紫外线灯。

(2) 洁净生产区一般高度为2.7m左右较为合适,上部吊顶内布置包括风管在内的各种管线,加上考虑维修需要,吊顶内部高度需为2.5m。洁净生产区需用洁净地漏,A/B级区不得设置地漏。

(3) 大输液生产车间内,一般做耐清洗的环氧自流坪地面,隔墙采用轻质彩钢板,墙与墙、墙与地面、墙与吊顶之间的接缝处采用圆弧角处理,不得留有死角。

(4) 浓配间、稀配间、工具清洗间、灭菌间、洗瓶间、洁具室需排热、排湿。在塑料颗粒制瓶和制盖的过程中均产生较多热量,除采用低温水系统冷却外,空调系统应考虑相应的负荷,塑料颗粒的上料系统必须考虑除尘措施。洗瓶水配制间要考虑防腐与通风。

（5）纯化水和注射用水管道设计时要求 65℃回路循环，管道应为不锈钢材质，安装坡度一般为 0.1%~0.3%。支管盲段长度不应超过循环主管管径的 6 倍。

（6）不同环境区域要保持 5~10Pa 的压差，C 级洁净区对 D 级洁净区保持 5~10Pa 的正压，D 级洁净区对一般生产区保持 5~10Pa 的正压。

4. 车间设计　玻璃瓶装大输液车间布置图选用粗洗、精洗合一的箱式洗瓶机，具体布置见图 7-62。塑料瓶装大输液车间选用塑料瓶二步法成型工艺，具体布置见图 7-63。

三、无菌分装粉针剂车间 GMP 设计

无菌分装粉针剂多数不耐热，生产的最终成品不做灭菌处理，故生产过程必须保证无菌操作；无菌分装的药品吸湿性强，应特别注意分装室的相对湿度，容器、工具的干燥和成品的包装严密性。

主要生产工序温度为 20~22℃，相对湿度 45%~50%。其中瓶子灭菌、冷却、分装、加塞、轧盖等暴露于空间的工序均需设计为 C 级、局部 A 级保护下的高级别洁净厂房，洗瓶、烘瓶等为 C 级洁净厂房。包装间及库房为普通生产区。

应将工艺及通风管道安装在夹层内。同时还应设置卫生通道、物料通道、安全通道和参观走廊。车间内人流、物流为单向流动，避免交叉污染及混杂。人流经缓冲间换鞋更衣、淋浴、一更、二更、三更，通过风淋室进入生产岗位。分装原料的进出需经表面处理（用苯酚溶液揩搽），原料的外包装消毒可用 75% 乙醇擦洗，然后通过紫外线灯的传递框照射灭菌后进入贮存室，再送入分装室。铝盖的处理另设一套通道，以避免人流、物流之间有大的交叉。具体布置如图 7-64 所示。

进出粉针剂车间人流、物流路线如图 7-65 所示。车间设计要做到人流、物流分开的原则，按照工艺流向及生产工序的相关性，有机地将不同洁净要求的功能区布置在一起，使物料流短捷、顺畅。粉针剂车间的物流基本上有以下几种：原辅料、西林瓶、胶塞、铝盖、外包材及成品出车间。进入车间的人员必须经过不同程度的更衣，分别进入 C 级和 D 级洁净区。

车间设置净化空调和舒适性空调系统，能有效控制温、湿度；并能确保培养室的温、湿度要求；若无特殊工艺要求，控制区温度为 18~26℃，相对湿度为 45%~65%。各工序需安装紫外线灯灭菌。

一般洗瓶区、隧道烘箱灭菌间、洗胶塞铝盖间、胶塞灭菌间、工具清洗间、洁具室等需要排热、排湿。

级别不同的洁净区之间保持 5~10Pa 的正压差。每个房间应有测压装置。如果是生产青霉素或其他高致敏性药品，分装室应保持相对负压。

四、冻干粉针剂车间 GMP 设计

冻干粉针剂的生产工序包括：洗瓶及干燥灭菌、胶塞处理及灭菌、铝盖洗涤及灭菌、分装及半加塞、冻干、轧盖、包装等。按照 GMP 规定，其生产区域空气洁净度级别分为 A 级、C 级和 D 级。其中料液的无菌过滤、分装及半加塞、冻干、净瓶塞存放为 A 级或 C 级环境下的局部 A 级，即为无菌作业区；配料、瓶塞精洗、瓶塞干燥灭菌为 C 级；瓶塞粗洗、轧盖为 D 级环境。

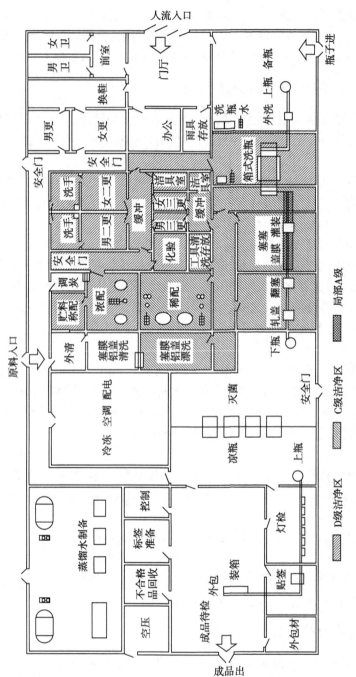

图 7-62 玻璃瓶装大输液车间的布置

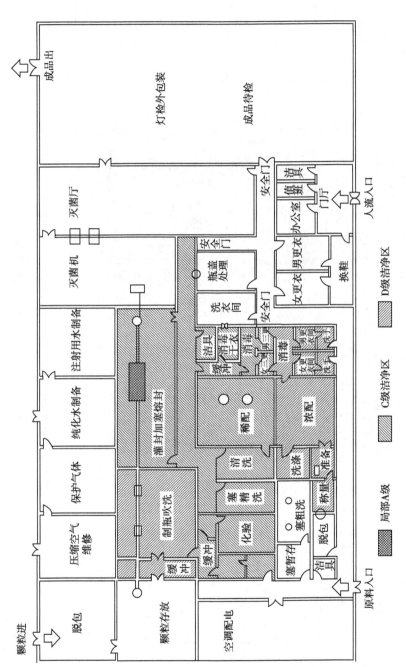

图 7-63　塑料瓶装大输液车间的布置

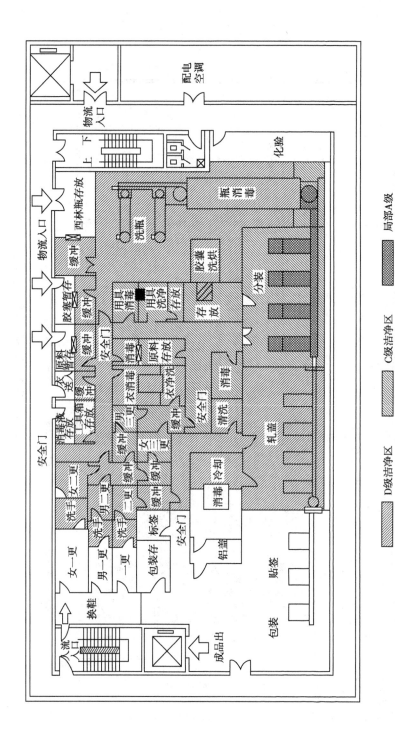

图 7-64　无菌分装粉针剂车间工艺布置图

D级洁净区　　　C级洁净区　　　局部A级

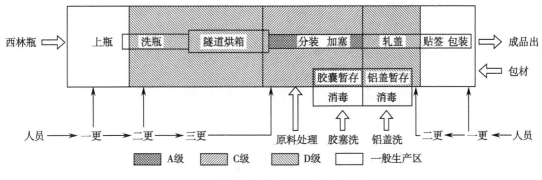

图 7-65　进出粉针剂车间人流、物流路线

　　车间设计力求布局合理,遵循人流、物流分开的原则,不交叉返流。进入车间的人员必须经过不同程度的净化程序分别进入 A 级、C 级和 D 级洁净区.进入 A 级区的人员必须穿戴无菌工作服,洗涤灭菌后的无菌工作服在 A 级层流保护下整理。无菌作业区的气压要高于其他区域,应尽量把无菌作业区布置在车间的中心区域,这样有利于气压从较高的房间流向较低的房间。

　　辅助用房的布置要合理,清洁工具间、容器具清洗间宜设在无菌作业区外,非无菌工艺作业的岗位不能布置在无菌作业区内。物料或其他物品进入无菌作业区时,应设置供物料、物品消毒或灭菌用的灭菌室或灭菌设备。洗涤后的容器具应经过消毒或灭菌处理方能进入无菌作业区。

　　车间设置净化空调和舒适性空调系统,可有效控制温、湿度;并能确保培养室的温、湿度要求;控制区温度为 18~26℃,相对湿度为 45%~65%。各工序需安装紫外线灯。按照 GMP 的规则要求布置纯水及注射用水的管道。

　　若有活菌培养,如生物疫苗制品冻干车间,则要求将洁净区严格区分为活菌区与死菌区,并控制、处理好活菌区的空气排放及带有活菌的污水。生物疫苗制品冻干车间布置见图 7-66。

　　空调系统活菌隔离措施根据室内洁净级别和工作区域内是否与活菌接触,冻干生产车间设置 3 套空调系统,具体如下。

　　(1) D 级净化空调系统:它主要解决二更间、培养基的配制、培养基的灭菌以及无菌衣服的洗涤,系统回风,与活菌区保持 5~10Pa 的正压。

　　(2) C 级净化空调系统:该区域为活菌区,它主要解决接种、菌种培养、菌体收集、高压灭活、瓶塞的洗涤灭菌、工具清洗存放、三更、缓冲的空调净化。该区域保持相对负压,空气全新风运行,排风系统的空气需经高效过滤器过滤,以防止活菌外逸。

　　(3) C 级净化空调系统和 A 级净化空调系统:主要解决净瓶塞的存放、配液、灌装加半塞、冻干、压塞和化验。该区域为死菌区,系统回风。除空调系统外,该车间在建筑密封性、纯化水、注射用水的管道布置、污物排放等方面的设计上也要有防止交叉污染的措施。

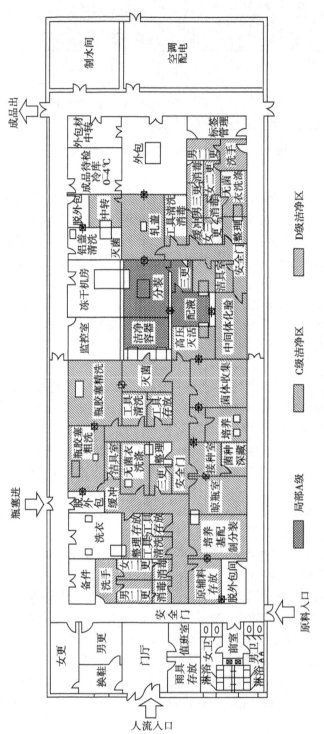

图 7-66　生物疫苗制品冻干车间布置图

第四节　制药工艺用水的生产工艺

制药用水通常指制药工艺过程中用到的各种质量标准的水。对制药用水的定义和用途，通常以药典为准。各国药典对制药用水通常有不同的定义、不同的用途规定。在《中国药典》2010 年版附录中，规定了以下几种制药用水的定义和应用范围。

(1) 饮用水：为天然水经净化处理所得的水，其质量必须符合现行中华人民共和国国家标准《生活饮用水卫生标准》。饮用水可作为药材净制时的漂洗、制药用具的粗洗用水。除另有规定外，也可作为药材的提取溶剂。

(2) 纯化水：为饮用水经蒸馏法、离子交换法、反渗透法或其他适宜方法制得的制药用水。不含任何添加剂，其质量应符合纯化水项下的规定。纯化水可作为配制普通药物制剂用的溶剂或试验用水；可作为中药注射剂、滴眼剂等灭菌制剂所用饮片的提取溶剂；口服、外用制剂配制用溶剂或稀释剂；非灭菌制剂用器具的精洗用水。纯化水不得用于注射剂的配制与稀释。

(3) 注射用水：为纯化水经蒸馏所得的水，应符合细菌内毒素试验要求。注射用水必须在防止细菌内毒素产生的设计条件下生产、贮藏及分装。其质量应符合注射用水项下的规定。注射用水可作为配制注射剂、滴眼剂等的溶剂或稀释剂及容器的精洗。

(4) 灭菌注射用水：为注射用水照注射剂生产工艺制备所得，不含任何添加剂。灭菌注射用水可作为注射用灭菌粉末的溶剂或注射剂的稀释剂。

我国制药企业使用的原水可能来源于两个途径，一是天然水，如井水或地表水等，二是市政供水。需要说明的是，天然水和市政供水都不一定符合国家饮用水标准，因此，制药企业可能需要先把天然水或市政供水处理成符合国家饮用水标准，作为制药用水，用于设备的粗洗、中药材的漂洗或纯化水的原水；再把饮用水经处理制成纯化水，纯化水作为制药工艺用水，用于非无菌制剂原料和设备的终洗用水或作为注射用水的原水。

一、药用纯化水的制备

1. 概述　天然水中含有各种盐类和化合物，溶有 CO_2、胶体(包括硅胶和腐殖质胶体)，还存在大量的非溶解物质如黏土、砂石、细菌、微生物、藻类、浮游生物、热原等；另外，天然水中还含有由于排放造成的废水、溶解在水中的废气和废渣等有害物质。因此，自然界的水是不纯的。水中的杂质与水源有直接关系，我国地域辽阔，水资源丰富，水质因地域不同、季节变化等有很大差异。如果原水是井水，则有机物负荷不会很大；如果是地表水(湖水、河水或水库水)，可能含有较高水平的有机物，并且有机物的组成和数量可能受季节变化影响；市政供水(自来水)通常是经过氯处理的，在去除氯之前，水中微生物的含量比较低，并且其生长受到抑制。

通常情况下，纯化水制备系统的配置方式应根据地域和水源的不同而不同。纯化水制备系统应根据不同的原水水质情况进行分析与计算，然后配置相应的组件，依次把各指标处理到允许的范围之内。目前国内纯化水制备系统的主要配置方式如图 7-67 所示，但并不局限于这几种。

需要注意的是：①原水水质应达到饮用水标准，方可作为制药用水或纯化水的起始用水；②如果原水达不到饮用水标准，那么就要将原水首先处理到饮用水的标准，再进一步处

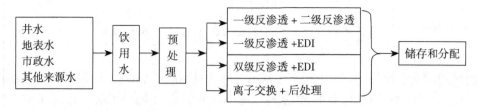

图 7-67　纯化水制备系统的主要配置方式

理成为符合药典要求的纯化水;③纯化水系统需要定期消毒和监测水质,确保所有使用点的水符合药典对纯化水的要求。

2. 纯化水的制备方法　目前制药工业用水的主要指标是电阻率、细菌和热原。纯化水应严格控制离子含量,目前主要通过控制纯水电阻率的方法控制离子含量,其中纯水的电阻率(25℃)应大于 0.5MΩ·cm。注射剂、滴眼剂、容器冲洗用纯水(25℃)电阻率应大于 1MΩ·cm。

原水(自来水)用于制备纯化水前,通常需要进行净化处理(原水的处理方法有滤过法、离子交换法、电渗析法、反渗透法等),以除去水中悬浮的固体杂质及大部分离子,这样可减轻纯化水和注射用水制备过程中杂质和水垢对设备的损害和负担,同时还可以提高纯化水和注射用水的质量。纯化水的制备工艺流程见图 7-68。

3. 纯化水制备常用的组件及工作原理

(1) 多介质过滤器:又称多机械过滤器或砂滤器,主要通过机械过滤作用和吸附作用,除去原水中的大颗粒、悬浮物、胶体及泥沙等固体杂质,降低原水浊度对膜系统的影响,同时降低污染指数(silting density index,SDI)值。当出水浊度 <1,SDI 值 <5 时,可达到反渗透系统

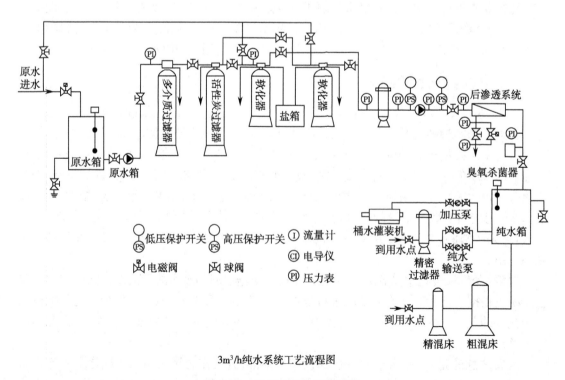

3m³/h纯水系统工艺流程图

图 7-68　纯化水制备工艺流程

进水要求。

多介质过滤器的过滤介质为石英砂,不同直径的石英砂分层填装,较大直径的介质通常位于过滤器顶端,水流自上而下通过逐渐精细的介质层,达到过滤效果。通常情况下,介质床的孔隙率允许去除微粒的最小尺寸为 $10\sim40\mu m$。根据原水水质的情况,有时还要在进水管道投加絮凝剂,采用直流凝聚方式,使水中大部分悬浮物和胶体变成微絮体,在多介质滤层中截留而去除。

随着压差的升高以及时间推移,可通过反向冲洗操作去除过滤器中沉积的微粒,同时反向冲洗也可以降低过滤器的压力。通常采用清洁的原水,以 3~10 倍的设计流速冲洗约 30 分钟,反向冲洗后,再以操作流方向进行短暂正向冲洗,使介质床复位。反洗泵多采用立式多级泵。

(2) 活性炭过滤器:过滤介质通常由颗粒活性炭(如椰壳、褐煤或无烟煤)构成的固定层,具有极强的物理吸附能力和化学吸附作用,主要用于去除水中的游离氯、色度、微生物、有机物以及部分重金属等有害物质,以防止它们对反渗透膜系统造成影响。经活性炭过滤器处理后的出水余氯应 $<0.1\times10^{-6}$。

活性炭过滤器中有时会孳生微生物,出现这种情况的原因是过滤器内部面积大,流速相对较低,同时活性炭过滤器会吸附截留大部分的有机物和杂质等,使其成为细菌孳生的温床,因此可以采用定期巴氏消毒来保证活性炭的吸附作用。其反洗和正洗可参照多介质过滤器。

(3) 软化器:通常由盛装树脂的容器、树脂、阀或调节器以及控制系统组成。介质为树脂,目前主要应用钠型阳离子树脂,利用其可置换的钠离子与原水中的钙、镁离子交换,从而降低水的硬度,以防止钙、镁等离子在反渗透(reverse osmosis,RO)膜表面结垢。使原水变成软化水后,出水硬度可 $<1.5\times10^{-6}$。

通常配备两个软化器,当一个进行再生时,另一个可以继续运行,以确保生产的连续性。容器的筒体部分通常由玻璃钢或碳钢内部衬胶制成,使用 PVC 或 PP/ABS 或不锈钢材质的管材和多接口阀门对过滤器进行连接。通过可编程逻辑控制器(programmable logic controller,PLC)控制系统对软化器进行控制。系统提供一个盐水储罐和耐腐蚀的泵,用于树脂的再生。

(4) 微滤、超滤、纳米过滤

1) 微滤:微滤是用于去除水中的细微粒和微生物的膜工艺。滤芯的材料和孔径可根据需要选择,孔径大小通常是 $0.04\sim0.45\mu m$。微滤应用的范围很广,包括不进行最终灭菌药液的无菌过滤。如果选择合适的材料,微孔过滤器可以耐受加热和化学消毒。减少微孔过滤器位置及数量会使维护更容易些。

微孔过滤器一般用于纯水系统中一些组件后的微生物截留,那里可能存在微生物的增长,微孔过滤器在这个区域内的效果非常明显,但是必须采取适当的操作步骤以保证安装和更换膜过程中过滤器的完整性,从而确保其固有的性能。

微孔过滤器最适用于纯化水制备系统的中间过程,而不适用于循环分配系统。过滤器在系统中不应是唯一的微生物控制单元,它们应当是全面微生物控制措施当中的一部分。微滤在减少微生物方面的效率和超滤一样,但去除更小微粒的效果不如超滤。

2) 超滤:超滤系统可作为反渗透的前处理,用于去除水中的有机物、细菌、病毒和热原等,确保反渗透进水的品质。超滤与反渗透采用相似的错流工艺,进水通过加压平行流向多孔的膜过滤表面,通过压差使水流过膜,而微粒、有机物、微生物、热原和其他污染物不能通过膜,进入浓缩水流中(通常是给水的5%~10%)排掉,这使过滤器可以进行自清洁,并减少更换过滤器的频率。和反渗透一样,超滤不能抑制低分子量的离子污染。

超滤系统的设备主要包括原水箱、原水泵、盘式过滤器、超滤装置、超滤产水箱、反洗泵、氧化剂加药装置等,膜的材质是聚合体或陶瓷物质,聚合膜元件可以是卷式和中空纤维的结构,陶瓷的模块可以是单通道或多通道结构。超滤系统可适应较大范围的进水水质变化,浊度小于50的情况下均可使用,且产水水质较好,产水SDI值小于3;中空纤维外表面活化层孔隙率高,故纤维单位面积产水量大;中空纤维强度高,采用反向冲洗和气洗工艺,使组件可在全流过滤状态下工作,化学清洗周期大大延长,操作和维护简单;操作成本较低,通常情况下使用寿命可从3年延长至5年,甚至更长时间;同时可提高反渗透膜的设计通水量,即在产水量不变的前提下可减少膜的使用数量,从而减少反渗透装置的设备投资。

超滤膜可以用多种方式消毒。大多数聚合膜能承受多种化学药剂清洗,如次氯酸盐、过氧化氢、高酸、氢氧化钠及其他药剂,有些聚合膜能用热水消毒,有些甚至能用蒸汽消毒。陶瓷超滤材料能承受所有普通的化学消毒剂、热水、蒸汽消毒或除菌工艺中的臭氧消毒。超滤对于许多不同的有机物分子的去除非常有效,但并不能完全去除水中的污染物,离子和有机物的去除随着膜材料、结构和孔隙率的不同而不同。超滤不能阻隔溶解的气体。大多数超滤通过连续的废水流来除去污染物,通常情况下废水流是变化的,通常是2%~10%的变化。有些超滤系统运行可能导致堵塞,要及时地进行处理。

以SFP超滤装置(图7-69)为例,该装置采用全流过滤、频繁反洗的全自动连续运行方式,运行60分钟,反冲洗60~120秒,系统采用PLC控制。化学清洗频率1~3个月,化学清洗60~90分钟。

3) 纳米过滤:是一种介于反渗透和超滤之间的压力驱动膜分离方法。纳滤膜的理论孔径是1nm(10^{-9}m),有时被称为"软化膜",能去除阴离子和阳离子,较大阴离子(如硫酸盐)要比较小阴离子(氯化物)更易于去除。纳米过滤膜对二价阴离子盐以及相对分子质量大于200的有机物有较好的截留作用,这包括有色体、三卤甲烷前体细胞以及

图7-69 SFP超滤装置图

硫酸盐。对一价阴离子或相对分子质量大于150的非离子有机物的截留较差,但也有效。

与其他压力驱动型膜分离工艺相比,纳滤出现较晚。纳滤膜大多从反渗透膜衍化而来,如CA(cellulose acetate)、CTA(cellulose triacetate)膜、芳族聚酰胺复合膜和磺化聚醚砜膜等。但与反渗透相比,其操作压力要求更低,一般为476~1020kPa,因此纳滤又被称作"低压反渗透"或"疏松反渗透"。

经过纳滤后,最终产水的电导率是40~200μS/cm,但这还取决于进水的溶解总固体含量和矿物质的种类。目前在我国的纯水制备系统当中,纳滤还没有普遍使用。

(5) 反渗透系统:反渗透系统承担了主要的脱盐任务。典型的RO系统(图7-70)包括RO给水泵、阻垢剂加药装置、还原剂加药装置、5μm精密过滤器、一级高压泵、一级RO装置、CO_2脱气装置或NaOH加药装置、二级高压泵、二级RO装置以及RO清洗装置等。

RO 是压力驱动工艺,利用半渗透膜可以渗透水而不可以渗透其他物质(如很多盐、酸、沉淀、胶体、细菌和内毒素)的特点,去除水中溶解的盐类,同时去除一些有机大分子、前阶段没有去除的小颗粒等。通常情况下,RO 膜的脱盐率可大于 99.5%。

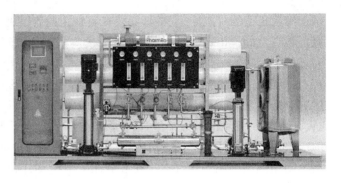

图 7-70 反渗透装置图

RO 膜的工作原理如图 7-71 所示。经预处理系统的水进入 RO 膜组,在压力作用下,大部分水分子和微量其他离子透过反渗透膜,经收集后成为产品水,通过产水管道进入后序设备;而水中的大部分盐分、胶体和有机物等不能透过反渗透膜,残留在少量浓水中,由浓水管道排出。

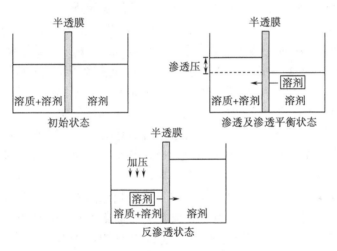

图 7-71 反渗透单元示意图

在 RO 装置停止运行时,自动冲洗 3~5 分钟,目的是将沉积在膜表面的污垢除去,对装置和 RO 膜进行有效的保养。RO 膜经过长期运行后,会沉积某些难以冲洗的污垢,如有机物、无机盐结垢等,造成 RO 膜性能下降,这类污垢必须使用化学药品进行清洗才能去除,以恢复 RO 膜的性能。化学清洗使用 RO 清洗装置进行,装置通常包括清洗液箱、清洗过滤器、清洗泵以及配套管道、阀门和仪表。当膜组件受污染时,也可以用清洗装置进行 RO 膜组件的化学清洗。

RO 不能完全去除水中的污染物,很难甚至不能去除极小分子量的溶解有机物,但是 RO 能大量去除水中细菌、内毒素、胶体和有机大分子。RO 不能完全纯化进料水,通常是用浓水流来去除被膜截留的污染物。RO 单元的浓水可作为冷却塔的补充水或压缩机的冷却水等。

二氧化碳可以直接通过 RO 膜,RO 进水和产水的二氧化碳含量一样。RO 产水中过量的二氧化碳可能会使产水的电导率达不到《中国药典》的要求,同时二氧化碳会增加 RO 单元之后的混合床中阴离子树脂的负担,所以在进入 RO 前可以通过加 NaOH 的方式除去二氧化碳。如果水中二氧化碳水平很高,也可通过脱气将其浓度降低到 $(5\sim10)\times10^{-6}$,脱气有增加细菌负荷的可能性,应将其安装在有细菌控制措施的地方,例如将脱气器安在一级与二级反渗透之间。RO 在实际操作中有温度的限制。大多数反渗透系统对进水的操作都是在 5~28℃进行的。

一级 RO 装置能除去 90%~95% 的一价离子,98%~99% 的二价离子,同时还能去除微生物和病毒,但无法按《中国药典》要求去除氯离子;二级 RO 装置才能较彻底地去除氯离子。有机物的排除率和分子量有关,相对分子质量大于 300 的几乎全部除尽,故可去除热原。RO 法去除有机物微粒、胶体物质和微生物的机制为机械的过筛作用。

阻垢剂加药系统是在 RO 进水中加入阻垢剂,防止 RO 浓水中碳酸钙、碳酸镁、硫酸钙等难溶盐浓缩后析出结垢堵塞反渗透膜,从而损坏膜元件的应用特性。阻垢剂是一种有机化合物,除了能在朗格利尔饱和指数(Langelier saturation index,又称饱和指数,简称 LSI,是水样实测的 pH 减去饱和 pH 所得的值,用于判断碳酸钙水垢在水中是否会析出)为 2.6 的情况下运行之外,还能阻止 SO_4^{2-} 的结垢。它的主要作用是相对增加水中结垢物质的溶解性,以防止碳酸钙、硫酸钙等物质对膜的阻碍,同时它也可以降低铁离子堵塞膜。系统中是否要安装阻垢剂加药装置,取决于原水水质与使用者要求的实际情况。

NaOH 加药装置是除去水中的二氧化碳。如果采用双级 RO,在二级 RO 高压泵前加入 NaOH 溶液调节进水 pH,使二级 RO 进水中二氧化碳气体以离子形式溶解于水中,并通过二级 RO 去除,使产水满足电去离子装置进水要求,减轻电去离子装置的负担。

RO 膜必须防止水垢的形成、膜的污染和膜的退化。水垢的控制通常是通过膜前水的软化过程来实现的。RO 膜污垢的减少可通过前期可靠的预处理来减少杂质及微生物污染。引起膜退化的主要原因是某个膜单元的氧化和加热退化。膜一般来说不耐氯,通常要用活性炭和 NaHSO_3 去除氯。所有的 RO 膜都能用化学剂消毒,这些化学剂因膜的选择不同而不同。特殊制造的膜可以采用 80℃左右的热水消毒。

(6) 离子交换(ion exchange, IE):是利用离子交换树脂除去水中溶解的盐类、矿物质及溶解性气体等。离子交换系统包括阳离子和阴离子树脂及相关的容器、阀门、连接管道、仪表及再生装置等。本法的优点是所得水化学纯度高,比电阻可达 $100 \times 10^4 \Omega \cdot cm$ 以上,设备简单,节约燃料与冷却水,成本低,但不易除尽微生物和热原。

常用的离子交换树脂有两种,一种是 732 型苯乙烯强酸性阳离子交换树脂,其极性基团是磺酸基,可用简化式 $RSO_3^- H^+$(氢型)或 $RSO_3^- Na^+$(钠型)表示。另一种是 717 型苯乙烯强碱性阴离子交换树脂,其极性基为季铵基团,可用简化式 $R-N^+(CH_3)_3 Cl^-$(氯型)或 $R-N^+(CH_3)_3 OH^-$(OH 型)表示,氯型较稳定。离子交换树脂颗粒通常多是装在有机玻璃管内使用,简称为离子交换树脂床(柱)。

离子交换法处理原水的工艺,一般可采用过滤器、阳床、阴床、混合床串联的组合形式,过滤器的作用是除去水中的有机物、固体颗粒及其他杂质,阳床和阴床的作用是分别除去水中的阳离子和阴离子。混合床为阳、阴树脂以一定比例(一般为 1:2)混合而成,其作用是进一步除去水中的阴、阳离子,使水质得到进一步净化。阳床、阴床和混合床的填充量分别为交换床高的 2/3、2/3 和 3/5。大生产时,为了减轻阴离子树脂的负担,常在阳床后加一脱气塔,除去产生的二氧化碳。开始制备交换水时,应对新树脂进行处理和转型,当交换一段时间后出水质量不合格时,则需将树脂再生。

阳离子和阴离子交换树脂分别采用酸性溶液和碱性溶液再生。当水经过离子交换床,水流中的离子与树脂中的氢和氢氧离子进行交换,在浓度的驱动下,这些交换是很容易发生的。

离子交换树脂有在线和离线再生系统。在线再生需要化学处理,但是允许内部工艺控制和微生物控制;离线再生可以通过更换一次新树脂完成,或通过现有树脂的反复再生完成。新树脂提供更大的处理能力和较好的质量控制,但是成本相对较高一些。树脂的再生操作成本相对较低,但是可能引起质量控制问题,如树脂分离和再生质量等。由于离子交换树脂的再生对环境的污染和操作比较烦琐,所以目前国内不建议使用离子交换装置,而趋向于使用连续电去离子装置(即 electrodeionization,EDI)。

(7)电渗析:电渗析是依据在电场作用下阴、阳离子定向迁移及离子交换膜对离子的选择透过作用,达到使水纯化的目的。图 7-72 为电渗析原理示意图。当电极接通直流电源后,原水中的离子在电场作用下迁移,若阳离子交换膜选用磺酸型,则膜中 $R\text{-}SO_3^-$ 基团构成足够强的负电场,排斥阴离子,只允许阳离子透过,并使其向阴极运动。同理,季铵型阴离子膜带正电 $R\text{-}N^+(CH_3)_3$ 基团,排斥阳离子而只允许阴离子透过并使之向阳极运动。这样隔室 1、3、5 中的阳、阴离子逐渐减少为淡水室,将它们并联起来即成为一股淡水。电渗析比较经济,节约酸碱,但制得的水比电阻低,一般在 $(5\sim10)\times10^4\,\Omega\cdot cm$。

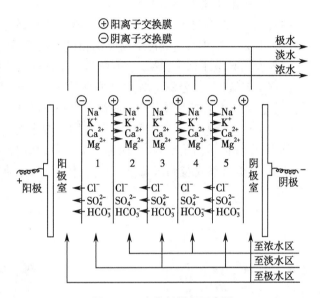

图 7-72　电渗析原理示意图

(8)电去离子装置(EDI):EDI 系统的主要功能是为了进一步除盐。EDI 设备主要包括反渗透产水箱、EDI 给水泵、EDI 装置及相关的阀门、连接管道、仪表及控制系统等。EDI 利用电的活性介质和电压来运送离子,从水中去除电离的或可以离子化的物质。EDI 与前述电渗析或通过电的活性介质来进行氧化 / 还原的工艺是有区别的。

电的活性介质在 EDI 当中用于交替收集和释放可以离子化的物质,便于利用离子或电子替代装置来连续输送离子。EDI 可能包括永久的或临时的填料,操作可能是分批式、间歇的或连续的。对装置进行操作可以引起电化学反应,这些反应是专门设计来达到或加强其性能,可能包括电活性膜,如半渗透的离子交换膜或两极膜。

EDI 单元是由两个相邻的离子交换膜或由一个膜和一个相邻的电极组成,一般有交替离子损耗和离子集中单元,这些单元可以用相同的进水源,也可以用不同的进水源,水在 EDI 装置中通过离子转移被纯化。被电离的或可电离的物质从经过离子损耗单元的水中分离出来而流入到离子浓缩单元的浓缩水中。

纯化单元一般在一对离子交换膜中能永久地对离子交换介质进行通电。在阳离子和阴离子膜之间,通过有些单元混合(阳离子和阴离子)离子交换介质来组成纯化水单元;有些单元在离子交换膜之间通过阳离子和阴离子交换介质结合层形成了纯化单元;其他的装置通过在离子交换膜之间的单一离子交换介质产生单一的纯化单元(阳离子或阴离子)。EDI 单元可以是板框结构或螺旋卷式结构。

在 EDI 单元中被纯化的水只经过通电的离子交换介质,而不是通过离子交换膜。离子交换膜是能透过离子化的或可电离的物质,而不能透过水。

通电时在 EDI 装置的阳极和阴极之间产生一个直流电场,原料水中的阳离子在通过纯化单元时被吸引到阴极,通过阳离子交换介质来输送,其输送或是通过阳离子渗透膜或是被阴离子渗透膜排斥;阴离子被吸引到阳极,并通过阴离子交换介质来输送,其输送或是通过阴离子渗透膜或是被阳离子渗透膜排斥。有些 EDI 单元利用浓缩单元中的离子交换介质。

EDI 技术是将电渗析和离子交换相结合的除盐工艺,该装置取电渗析和混合床离子交换两者之长,弥补对方之短,即可利用离子交换做深度处理,且不用药剂进行再生,利用电离产生的 H^+ 和 OH^-,达到再生树脂的目的。由于纯化水流中的离子浓度降低了水离子交换介质界面的高电压梯度,导致水分解为离子成分(H^+ 和 OH^-),在纯化单元的出口末端,H^+ 和 OH^- 离子连续产生,分别重新生成阳离子和阴离子交换介质。离子交换介质的连续高水平的再生使 CEDI 工艺中可以产生高纯水($1\sim18M\Omega$)。EDI 的产品及工作原理如图 7-73 所示。

EDI 有如下特点:可连续生产符合用户要求的合格超纯水,产水稳定;无需化学药品进行再生,没有化学物质排放,属绿色环保产品;结构紧凑,占地面积小,制水成本低;出厂前完成装置调试,现场安装调试简单;运行操作简单,劳动强度极低。

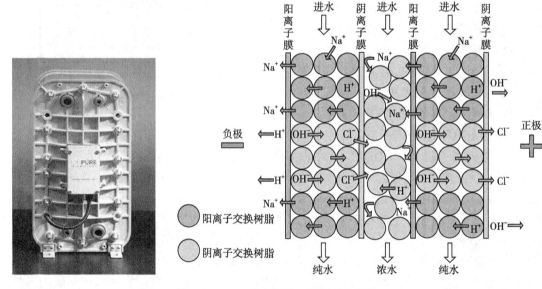

图 7-73　EDI 的产品及工作原理示意图

EDI 单元不能去除水中所有的污染物,主要是去除离子的或可离子化的物质;不能完全纯化进水流,系统中的污染物是通过浓缩水流来排掉;在实际操作中是有温度限制的,大多数 EDI 单元在 10~40℃进行操作。

EDI 单元必须避免水垢的形成,还有污垢和受热或氧化退化。预处理及 RO 装置能明显降低硬度、有机物、悬浮固体和氧化剂,从而达到可以接受的水平。EDI 单元主要用一些化学剂消毒,包括无机酸、碳酸钠、氢氧化钠、过氧化氢等。特殊制造的 EDI 模块可以采用 80℃左右的热水消毒。

(9) 紫外线灯:紫外线灯使用方便,是一种非常普遍用来抑制微生物生长的装置,通常配有强度指示器或时间记录器。水以控制的流速暴露在紫外线灯下,紫外线灯可以消灭微生物(细菌、病毒、酵母、真菌或藻类)并穿透它们的外膜修改 DNA 并阻止其复制,使细菌减少。在预处理系统中,当使用氯/氯胺以及加热法无效或不可行时,可以使用紫外线灯。进入紫外线灯的给水必须去除悬浮固体,因为它们可以"遮避"细菌,阻止与紫外线的充分接触。紫外线通常用于控制 RO 单元的给水,如果给水是不能用氯或不能进行加热消毒的,还用于控制在系统闲置时的非氯处理水的再循环。

紫外线灯的特点:紫外线不能完全"灭菌";对水的流速有严格的要求;带来的辐射再污染值得关注;紫外线灯管寿命有限。

二、注射用水的制备

1. 概述 注射用水是指不含热原的纯化水,《中国药典》2010 年版规定,注射用水是使用纯化水作为原料水,通过特殊设计的蒸馏器蒸馏、冷凝冷却后经膜过滤制备而得。美国药典规定注射用水还可以用反渗透法制备。

蒸馏是通过气液相变法和分离法对原料水进行化学和微生物纯化的工艺过程。在工艺过程中,水被蒸发,产生的蒸汽从水中脱离出来,经冷凝后成为注射用水;未蒸发水中溶解的固体、不挥发物质和高分子杂质则从下面排出。在蒸馏过程中,低分子杂质可能被夹带在水蒸发形成的蒸汽中,以水雾或水滴的形式被携带,所以需要通过一个分离装置来去除细小的水雾和夹带的杂质(包括内毒素)。通过蒸馏的方法至少能减少水中 99.99% 的内毒素。

2. 注射用水的制备方法 蒸馏法是制备注射用水最经典的方法,也是一种优良的净水方法,可除去水中微小物质(大于 $1\mu m$ 的所有不挥发性物质和大部分 $0.09{\sim}1\mu m$ 的可溶性小分子无机盐类)。《中国药典》2010 年版规定,注射用水通常可通过单效蒸馏、多效蒸馏、热压式蒸馏 3 种蒸馏方法制备。

(1) 单效蒸馏水机:主要用于实验室或科研机构的注射用水制备,通常情况下产量较低。由于单效蒸馏只蒸发一次,加热蒸汽消耗量较高,在我国已基本淘汰。目前国内药厂注射用水的生产,均选用节能、高效的多效蒸馏设备。

(2) 多效蒸馏水机:又称盘管式多效蒸馏水机,系采用盘管式多效蒸馏法来制取蒸馏水的设备。通常由两个或更多蒸发换热器、分离装置、预热器、两个冷凝器、阀门、仪表和控制部分等组成。一般的系统有 3~8 效,每效包括一个蒸发器,一个分离装置和一个预热器。因各效重叠排列,又称塔式多效蒸馏水器(图 7-74)。

以五效蒸馏水机(图 7-75)为例说明其工作原理。进料水(或称原料水)经泵升压后,进冷凝冷却器,然后顺次经第五效至第一效预热器,最后进入第一效的进料水分布器,均匀地喷淋到蛇管外表面,蛇

图 7-74 多效蒸馏水器

管内通入加热蒸汽(从外界锅炉引入的加热蒸汽称为一次蒸汽),部分进料水被蒸发,所产生的蒸汽称二次蒸汽,该蒸汽经除沫器分出雾滴后,出蒸发器,由导管送入第二效,作为该效预热器的热源,而未被蒸发的进料水与被分离下来的小液滴由底部节流孔流入第二效分布器,继续蒸发。以此原理顺次流经第三效,直至第五效,第四效底部排出少量的浓缩水,大部分被泵抽吸循环使用。一效产生的纯蒸汽作为二效的热源,在预热进料水后开始冷凝,并被收集输送到冷凝冷却器,依次类推,由第三效

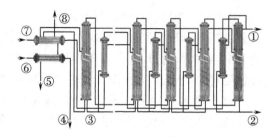

图 7-75　五效蒸馏水器原理示意图
①工业蒸汽;②凝结水排放;③浓缩水排放;④冷却水出;⑤蒸馏水;⑥冷却水入;⑦原料水入;⑧不凝气体排放

至第五效蒸汽冷凝后产生的冷凝水也汇集到冷凝冷却器,最后,第五效产生的二次蒸汽进入冷凝冷却器,产生的冷凝水与前述冷凝水汇流到蒸馏水贮罐,即为注射用水。此时蒸馏水机出水温度在80℃以上,有利于注射用水的保存。

在这个分段蒸发和冷凝过程当中,只有第一效蒸发器需要外部热源加热,经最后一效产生的纯蒸汽以及各效产生的注射用水的冷凝是用外部冷却介质来冷却的,所以节能效果非常明显,而且效数越多节能效果越好。在注射用水产量一定的情况下,要使蒸汽和冷却水消耗量降低,就得增加效数,但这样就会增加投资成本,因此要选择合适的效数,需要购买方与生产厂家共同进行确定。

列管式多效蒸馏水机的蒸发器采用快速降膜蒸发技术,纯水经分配器被均匀地分配到各蒸发器列管内,在重力和自蒸发形式的二次蒸汽的作用下,形成螺旋形膜状自上而下流动,薄膜与列管外壁蒸汽发生热量交换,水受热蒸发变成蒸汽。高速蒸汽进入分离部分,先产生180°的转向,使较大液滴和微粒完全分离;然后带有液滴的湿蒸汽经旋风分离器,在高速旋转下,质量相差极大的液滴和蒸汽微粒实现分离。由于热原存在于水以及蒸汽和水混合的液滴中,因而可以同时被除去。

蒸馏水机中,预热器的热源是来自锅炉的一次蒸汽或由上一效蒸发器产生的二次蒸汽。预热器对原料水是逐级预热的,经过冷凝器的原料水温度在80℃以上,然后经过预热器逐级加热,直到终端达到沸点后进入蒸发器蒸发。

冷凝器内部是列管多导程结构,第五效产生的纯蒸汽和前面二至五效产生的注射用水进入冷凝器壳程,与经过管程的原料水换热,冷却后的注射用水流过上冷凝器,由底部注射用水出口进入到下冷凝器,再从注射用水总出口流入储罐进行储存。加热后的原料水则经过冷凝器进入预热器。通常在冷凝器的上部安装一个 0.22μm 的呼吸器,防止停机后设备内产生真空,并且可以防止微生物及杂质进入冷凝器中污染设备,也可以进行不凝气体和挥发性杂质的排放。

当检测到注射用水温度高而需要辅助冷却时,冷却水会经冷却进水管进入到下冷凝器的管程,与壳程内的注射用水进行换热,并由冷却水出口排出。通常设备都使用双冷凝器,上冷凝器走原料水,下冷凝器走冷却水。呼吸器安装在上冷凝器的上部。

一般来说,用于多效蒸馏设备的冷却水与原料水的水质是不同的,但根据目前的情况而言,需要采取防止水垢和防止腐蚀的措施,如降低硬度,去除游离氯和氯化物是非常有必要的,所以用软化水作为冷却水是一个较好的选择。

生产注射用水时,一般需要 300~800kPa 的工业蒸汽;原料水(进料水)为满足药典要求的纯化水,其供给能力应大于多效蒸馏设备的生产能力;冷却水的温度一般为 4~16℃,为了防止冷凝器结垢堵塞,通常情况下至少要使用软水作为冷却水;冷却水经过换热后水温会升至 65~70℃;工业蒸汽和冷却水的消耗量因注射用水的产量和效数的不同而有很大的变化;用于控制系统压缩空气的压力一般为 550~800kPa,注射水的产水温度通常在 95~99℃,产水温度可以在控制程序里设置,通过冷却水来调节;不同生产能力的设备对电源功率要求不一样。

(3) 热压式蒸馏水机:蒸汽压缩也是一种蒸馏方法,其工艺操作与机械致冷循环的原理相同。在热压式蒸馏水机中,进料水在列管的一侧被蒸发,产生的蒸汽通过分离装置进入压缩机,被压缩后蒸汽的压力和温度升高,然后高能量的蒸汽被释放回蒸发器及冷凝器,在这里释放出潜在的热量,通过列管的管壁传递给水,使水蒸发,同时蒸汽冷凝。水被加热蒸发的越多,产生的蒸汽就越多,此工艺过程不断重复。蒸汽冷凝形成的注射用水以及蒸馏后形成的浓水可以预热原料水(进水),从而节约能源。因为潜在的热量是重复利用的,所以没有必要配置一个单独的冷凝器。系统的主要组成部分有蒸发器、压缩机、热交换器、脱气器、泵、电机、阀门、仪表和控制部分等(图 7-76)。

图 7-76 热压式蒸馏水机

热压式蒸馏水机的工作原理如图 7-77 所示。纯化水经逆流的板式换热器 E101(注射用水)及 E102(浓水排放)加热至约 80℃。此后预热的水再进入气体冷凝器 E103 外壳层,

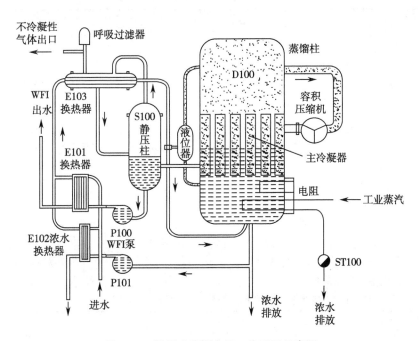

图 7-77 热压式蒸馏水机工作原理示意图

温度进一步升高。E103 同时作为汽水分离器,壳内蒸汽冷凝成水,返回静压柱,不凝气体则排放。预热水通过机械水位调节器(蒸馏水机的液位控制器)进入蒸馏柱 D100 的蒸发段,由电加热或工业蒸汽加热。达到蒸发温度后产生纯蒸汽并上升,含细菌内毒素及杂质的水珠沉降,实现分离。D100 中有一圆形罩,有助于汽水分离。纯蒸汽由容积式压缩机吸入,在主冷凝器的壳程内被压缩,使温度达到 125~130℃。压缩蒸汽(冷凝器壳层)与沸水(冷凝器的管程)之间存在高的温差,使蒸汽完全冷凝并使沸水蒸发,蒸发热得到了充分利用。冷凝的蒸汽即注射用水和不凝气体的混合物进入 S100 静压柱,S100 的作用如同一个注射用水的收集器。静压柱中的注射用水由泵 P100 增压,经 E101 输送至储罐或使用点。在经过 E101 后的注射用水管路上要配有切换阀门,如果检测到电导率不合格,阀门就会自动切换排掉不合格的水。随着纯蒸汽的不断产生,D100 中未蒸发的浓水会越来越多而导致电导率上升,所以浓水要定期排放。热压式蒸馏水机的汽水分离靠重力作用,即含细菌内毒素及其他杂质的小水珠依靠重力自然沉降,而不是依靠离心来实现分离。

接收注射用水的时候应弃去一部分初滤液,检查合格后方可收集。收集时应注意防止空气中灰尘及其他污物落入,最好采用带有无菌过滤装置的密闭收集系统。注射用水应在80℃以上或灭菌后密封保存。

三、制水工艺的设计

(一) GMP 对工艺用水的要求

药品生产企业的工艺用水主要包括制剂生产中洗瓶、配料等工序用水以及原料药生产精制、洗涤等工序用水,药品生产工艺用水的主要用途见表 7-1。纯化水、注射用水的水质标准见表 7-2 和表 7-3。

表 7-1   药品生产工艺用水的主要用途

水质类型	用途	水质要求
饮用水	①制备纯化水的水源 ②口服液瓶子初洗 ③设备、容器的初洗 ④中药材、中药饮片的清洗、浸润和提取	应符合生活饮用水标准 (GB 5749-85)
纯化水	①制备注射用水(纯蒸汽)的水源 ②非无菌药品直接接触药品的设备、器具和包装材料最后一次洗涤用水 ③注射剂、无菌药品瓶子的初洗 ④非无菌药品的配料 ⑤非无菌原料药精制	应符合《中国药典》标准
注射用水	①无菌产品直接接触药品的包装材料最后一次精洗用水 ②注射剂、无菌冲洗剂配料 ③无菌原料药精制 ④无菌原料药直接接触无菌原料的包装材料的最后洗涤用水	应符合《中国药典》标准

表 7-2　纯化水水质标准

项目	《中国药典》(2010 年版)	欧洲药典(2000 年增补版)[①]	美国药典(第 24 版)[②]
来源	本品为蒸馏法、离子交换法、反渗透法或其他适宜方法制得	由符合法定标准的饮用水经蒸馏、离子交换或其他适宜方法制得	由符合美国环境保护协会或欧共体或日本法定要求的饮用水经适宜方法制得
性状	无色澄明液体,无臭、无味	无色澄明液体,无臭、无味	—
酸碱度 pH	符合规定	—	—
氨	0.3μg/ml	—	—
氯化物、硫酸盐与钙盐、亚硝酸盐、二氧化碳、不挥发物	符合规定	—	—
硝酸盐	0.06μg/ml	0.2μg/ml	—
重金属	0.5μg/ml	0.1μg/ml	—
铝盐	—	用于生产渗析液时需控制此项目	—
易氧化物	符合规定	符合规定	—
总有机碳	—	0.5mg/L	0.5mg/L
电导率	—	4.3μS/cm(20℃)	符合规定
细菌内毒素	—	0.25E.U./ml	
无菌检查	—	—	符合规定(用于制备无菌制剂时控制)
微生物超标纠正标准[③]	—	100 个 /ml	100 个 /ml

[①]欧洲药典中总有机碳(TOC)和易氧化物项目,可任选一项监控。

[②]美国药典中规定:a.企业自用的纯化水监测 TOC 和电导率,商业用的纯化水应符合无菌纯水的试验要求。表中所列为企业自用纯化水的监测项目。b.纯化水不得用于制备肠外制剂。

[③]微生物超标纠正标准是指微生物污染达到某一数值,表明纯化水系统已经偏离了正常运行的条件,应采取纠偏措施,使系统回到正常的运行状态

表 7-3　注射用水水质标准

项目	《中国药典》(2010 年版)	欧洲药典(2000 年增补版)[①]	美国药典(第 24 版)[②]
来源	本品为纯化水经蒸馏所得的水	为符合法定标准的饮用水或纯化水经适当方法蒸馏而得	由符合美国环境保护协会或欧共体或日本法定要求的饮用水经蒸馏或反渗透纯化而得
性状	无色澄明液体,无臭、无味	无色澄明液体,无臭、无味	
酸碱度 pH	5.0~7.0		
氨	0.2μg/ml	—	—
氯化物、硫酸盐与钙盐、亚硝酸盐、二氧化碳、不挥发物	符合规定		

续表

项目	《中国药典》(2010 年版)	欧洲药典(2000 年增补版)[①]	美国药典(第 24 版)[②]
硝酸盐	0.06μg/ml	0.2μg/ml	—
重金属	0.5μg/ml	0.1μg/ml	—
铝盐	—	用于生产渗析液时需控制此项目	—
易氧化物	符合规定	符合规定	
总有机碳	—	0.5mg/L	0.5mg/L
电导率	—	1.1μS/cm(20℃)	符合规定
细菌内毒素	0.25E.U./ml	0.25E.U./ml	0.25E.U./ml
无菌检查	—	—	符合规定(用于制备无菌制剂时控制)
微生物超标纠正标准[③]	—	10 个 /ml	10 个 /ml

[①]欧洲药典中 TOC 和易氧化物项目,可任选一项监控。

[②]美国药典中规定:企业自用的注射用水(原料)监测 TOC 和电导率,商业用的注射用水应符合无菌注射用水的试验要求。表中所列为企业自用注射用水的监测项目。

[③]微生物超标纠正标准是指微生物污染达到某一数值,表明注射用水系统已经偏离了正常运行的条件,应采取纠偏措施,使系统回到正常的运行状态

(二) GMP 对纯化水、注射用水系统的规定

纯化水、注射用水的制备、贮存和分配应能防止微生物的孳生和污染。贮罐和输送管道所用材料应无毒、耐腐蚀。管道的设计和安装应避免死角、盲管。贮罐和管道要规定清洗、灭菌周期。注射用水贮罐的通气口应安装不脱落纤维的疏水性除菌滤器。注射用水的贮存可采用 80℃以上保温、65℃以上保温循环或 4℃以下存放。纯化水、注射用水预处理设备所用的管道一般采用 ABS(丙烯腈 - 丁二烯 - 苯乙烯共聚物)工程塑料,也有采用 PVC(聚氯乙烯)、PPR(无规则的共聚聚丙烯)或其他合适材料的。但纯化水及注射用水的分配系统应采用与化学消毒、巴氏消毒、热压灭菌等相适应的管道材料,如 PVDF(聚偏氟乙烯)、ABS、PPR 等,最好采用不锈钢,尤以 316L 型号为最佳。不锈钢是总称,严格而言分为不锈钢及耐酸钢两种。不锈钢是耐大气、蒸汽和水等弱介质腐蚀的钢,但并不耐酸;耐酸钢是耐酸、碱、盐等化学浸蚀性介质腐蚀的钢,并具有不锈性。

(三) 纯化水、注射用水系统的基本要求

纯化水、注射用水系统是由水处理设备、储存设备、分配泵及管网等组成的。制水系统存在着由原水及制水系统外部原因所致的外部污染的可能,而原水的污染则是制水系统最主要的外部污染源。美国药典、欧洲药典及《中国药典》均明确要求制药用水的原水至少要达到饮用水的质量标准。若达不到饮用水质量标准的,先要采取预净化措施。由于大肠杆菌是水质遭受明显污染的标志,因此国际上对饮用水中大肠杆菌均有明确的要求。其他污染菌则不作细分,在标准中以"细菌总数"表示,我国规定的细菌总数限度为 100 个 /ml,其中危及制水系统的污染菌主要是革兰阴性菌。其他如贮罐的排气口无保护措施,或者使用了劣质气体过滤器,或者水从污染的出口倒流等也可导致外部污染。

此外,在制水系统制备及运行过程中还存在着内部污染。内部污染与制水系统的设

计、选材、运行、维护、贮存、使用等因素密切相关。各种水处理设备都可能成为微生物的内部污染源，如原水中的微生物吸附于活性炭、去离子树脂、过滤膜和其他设备的表面上，形成生物膜，受到这层生物膜的保护，一般消毒剂对它不起作用。另一个内部污染源存在于分配系统。微生物可以在管道表面、阀门和其他区域生成菌落并在那里大量繁殖，形成生物膜，从而成为持久性的污染源。因此，国外一些企业对制水系统的设计有比较严格的标准。

1. 对预处理设备的要求 纯化水的预处理设备可根据原水水质情况配备，要求先达到饮用水标准；多介质机械过滤器及软水器要求能自动反冲、再生、排放；活性炭过滤器为有机物集中地，为防止细菌、细菌内毒素的污染，除要求能自动反冲外，还可用蒸汽消毒；由于紫外线灯激发的 254nm 波长的光强与时间成反比，要求有记录时间的仪表和光强度仪表，其浸水部分采用 316L 不锈钢，石英灯罩应可拆卸；通过混合床等去离子器后的纯化水必须循环，使水质稳定，但混合床只能去除水中的阴、阳离子，对去除热原是无用的。

2. 对纯化水制取设备的要求 纯化水一般可以通过以下任一种方法来获得：去离子器、反渗透装置、蒸馏水机。3 种设备有不同的要求。去离子器可采用混合床，应能连续再生，并具有在无流量和低流量时连续流动的措施。反渗透装置在进口处须安装 3.0μm 的水过滤器。蒸馏水机宜采用多效蒸馏水机，其 316L 不锈钢材料内壁电抛光并钝化处理。

3. 对注射用水制取设备的要求 注射用水可通过蒸馏法、反渗透法、超过滤法等获得，各国对注射用水的生产方法作了十分明确的规定，如：美国药典(24 版)规定"注射用水必须由符合美国环境保护协会或欧共体或日本法定要求的饮用水经蒸馏或反渗透纯化而得"。欧洲药典(2010 年版)规定"注射用水为符合法定标准的饮用水或纯化水经适当方法蒸馏而得"。《中国药典》2010 年版规定："注射用水为纯化水经蒸馏所得的水。"可见，注射用水用纯化水经蒸馏而得是世界公认的首选方法，而清洁蒸汽可用同一台蒸馏水机或单独的清洁蒸汽发生器获得。蒸馏法对原水中不挥发性有机物、无机物，包括悬浮物、胶体、细菌、病毒、热原等有很好的去除作用。蒸馏水机的结构、性能、金属材料、操作方法以及原水水质等因素，均会影响注射用水的质量。多效蒸馏水机的"多效"主要是节能，可将热能多次合理使用。蒸馏水机去除热原的关键部件是汽 - 水分离器。

4. 对贮水容器(贮罐)的基本要求 对贮水容器的总体要求是能防止生物膜的形成，减少腐蚀，贮罐要密封，内表面要光滑，有助于热力消毒和化学消毒并能阻止生物膜的形成。

对贮罐的要求是：采用 316L 不锈钢制作，内壁电抛光并作钝化处理；贮水罐上安装 0.2μm 疏水性的通气过滤器(呼吸器)，并可以加热消毒或有夹套；能经受至少 121℃高温蒸汽的消毒；排水阀采用不锈钢隔膜阀；若充以氮气，须装 0.2μm 的疏水性过滤器过滤。

5. 对管路及分配系统的基本要求 管路分配系统的建造应考虑到水在管道中能连续循环，并能定期清洁和消毒。不断循环的系统易于保持正常的运行状态。

水泵的出水应设计成"紊流式"，以阻止生物膜的形成。分配系统的管路安装应有足够的坡度并设有排放点，以便系统在必要时能够完全排空。水循环的分配系统应避免低流速。隔膜阀的设计应便于去除阀体内溶解的杂质，并使微生物不易繁殖。

对管路分配系统的要求是：采用 316L 不锈钢管材内壁电抛光并作钝化处理；管道采用热熔式氩弧焊焊接，或者采用卫生夹头分段连接；阀门采用不锈钢聚四氟乙烯隔膜阀，卫生夹头连接；管道有一定的倾斜度，便于排除存水；管道采取循环布置，回水流入贮罐，可采用并联或串联的连接方法，以串联连接方法较好。使用点阀门处的"盲管"段长度，对于加热系统不得大于6倍管径,冷却系统不得大于4倍管径;管路用清洁蒸汽消毒,消毒温度121℃。

6. 对纯化水和注射用水输送泵的基本要求 采用316L不锈钢制(浸水部分),电抛光并钝化处理;卫生夹头作连接件;润滑剂采用纯化水或注射用水本身;可完全排出积水。

7. 对热交换器的基本要求 热交换器用于加热或冷却注射用水,或者作为清洁蒸汽冷凝用。其基本要求如下:采用316L不锈钢制;按卫生要求设计;电抛光和钝化处理;可完全排出积水。

(四)水系统的设计内容

1. 设计依据 原水水质与水源有关,用户应提供原水水源的水质报告单,鉴于季节对水质的影响,应有一年四季的原水水质分析报告。工艺用水水质应满足相关药典质量要求,如采用RO+EDI的纯水制备系统,最终纯水质量符合最新版的欧盟药典、美国药典和《中国药典》的质量要求。设计规模应根据客户提供的用水量统计或要求而定。

2. 公用系统要求 原水应满足或处理成饮用水标准,其供给能力大于纯水设备的生产能力;如果系统中配置换热器进行消毒,一般需要300kPa以上的工业蒸汽;用于控制系统的压缩空气压力一般为550~800kPa;用于预处理部分反洗的压缩空气压力一般为200kPa;不同生产能力的设备对电源功率要求不一样。

3. 控制系统 控制系统通常采用PLC自动控制和手动控制。如果设备正常运行时采用PLC控制,如果遇到紧急情况或设备处于非正常工作时,可采用手动控制系统。控制系统要监控操作参数,如进水的pH、进水电导率、进水温度和终端产品质量(如pH、电导率和温度等);这些参数用可校验并可追踪的仪表来测量,可以用手写的或电子记录,包括有纸或无纸记录系统来记录相关数据。

4. 制药用水系统的消毒 制药用水系统中,通过对水处理设备和分配系统管道的消毒灭菌,将出水中的微生物数量控制在标准之内。通常纯化水的设备和管道消毒方法有巴氏消毒、紫外线消毒、臭氧消毒、蒸汽消毒等,注射用水的分配系统主要是纯蒸汽消毒。

(1) 巴氏消毒器:巴氏消毒器所采用的设备较简单,通常使用热交换器,以蒸汽或电加热作为热源,消毒的介质则是系统中的纯化水本身;也可以直接将贮罐中的纯化水加热(通过夹套)作为消毒器。水温应控制在80℃以上,开启水泵循环冲刷水处理设备和管道。

(2) 臭氧消毒器:利用臭氧发生器产生的臭氧直接对水系统进行消毒,也可制作臭氧水对储水罐等进行消毒。

(3) 紫外线水中杀菌:波长为254nm的紫外线透过水层时能杀死水中的细菌。紫外线杀菌装置由外筒、杀菌灯、石英套管及电气设施等组成。外筒由铝、镁合金或不锈钢等材料制成。其圆筒内壁要求有很高的光洁度,要求其对紫外线的反射率达85%左右。杀菌灯为高强度低压汞灯,可放射出波长为253.7nm的紫外线,这种波长紫外线的辐射能量占灯管总辐射能量的80%以上。为保证杀菌效果,要求其紫外线量大于$3000\mu W \cdot s/cm^2$,灯管寿命一般不短于7000小时。紫外线的灯管是石英套管。这是由于石英的污染系数小,耐高温,且石英套管对253.7nm的透过率高达90%以上。紫外线杀菌装置的电气设施包括电源显示、电压指示、灯管显示、事故报警、石英计时器及开关等。

对紫外线杀菌器的质量要求有两点,即:①一定要保证99.9%的杀菌率;②当纯化水通过该装置后,电阻率降低值不得超过$0.5M\Omega \cdot cm(25℃)$;用紫外线杀灭水中的细菌时,水层的厚度与灭菌效果有很大关系。例如,在水流速度不超过250L/h的条件下,采用30W的低压汞灯对1cm厚的水层灭菌时,灭菌效率达90%;对2cm的水层,灭菌效率是73%;对3cm

的水层灭菌时,灭菌效率为 56%;对 4cm 的水层灭菌效率只有 40%。因此这种流速下的紫外线有效灭菌水层厚度不应超过 2.2cm。如果水中含有芽孢细菌时,水层厚度应减少至 1.4cm,水的流量应降至 90L/h。如果水中含有泥砂污物时,则有效水层厚度还应下降,水流速度亦应减小,否则达不到灭菌效果。

5. 储存分配系统 纯化水与注射用水的储存与分配在制药工艺中是非常重要的,因为它们将直接影响到药品生产质量合格与否。储罐是系统中微生物污染高风险的一个区域,因为其存在较大的表面区域,流速低,需要通风,在上部空间存在潜在的"冷点"。储罐类型的选择,通常基于经济性考虑并结合处理部分进行选型。从微生物污染的角度而言,首选较小的罐体,因为其周转率较高,可减少细菌生长的可能性。如果储罐采用臭氧消毒,较小的表面积也会使臭氧更容易渗透到水中。

(1) 储存系统设计:储存系统用于调节高峰流量需求与使用量之间的关系,使二者合理地匹配。储存系统必须维持进水的质量以保证最终产品达到质量要求。储存最好是用较小、成本较低的处理系统来满足高峰时的需求。较小的处理系统的操作更接近于连续的及动态流动的理想状态。对于较大的生产厂房或用于满足不同厂房的系统,可以用储罐从循环系统中分离出其中的一部分和其他部分来使交叉污染降至最低。

储罐的主要缺点是投资成本,还有与其相关的泵、呼吸器及仪表的成本,但是在高峰用量时,通常这些成本是低于处理设备重新选型时所增加的成本。储罐的另一个缺点是它会引起一个低速水流动的区域,这可能会促进细菌的生长,所以合理地选择储存系统非常重要。

1) 储存能力:影响储存能力的因素包括用户的需求或使用量、持续时间、时间安排、变化、平衡预处理和最终处理水之间的供应、系统是不是再循环。仔细考虑这些标准将会影响成本和水的质量。储罐应该提供足够的储存空间来进行日常维护和在紧急情况下系统有序的关闭,时间可能是很短到几小时不等,这取决于系统的选型和配置以及维护程序。

2) 储罐位置:把储罐放在距离使用点尽可能近的位置不一定合适。如果把它们放在生产设备的附近,在方便维护方面可能更有益。为了实现这个目的,在有通道且这个区域保持清洁的情况下,可以考虑把储罐放在公用系统区域。

3) 储罐的类型:立式储罐比较普遍,但如果厂房高度有限制,也可以用卧式罐。对于循环系统来说,罐的设计应当包括内部的喷淋球,喷淋球可以装在返回环路上,用来润湿储罐顶部空间,保持罐顶部和水一样的温度,确保所有的内表面始终处于润湿的状态,避免腐蚀不锈钢和导致微生物生长出现的交替湿润和干燥的表面。

在热系统中,通常采用夹套或换热器来长期保持水温,或调节高温水,以防止过多的红锈生成和泵的气蚀。上封头的接口(卸放装置、仪表连接等)应与封头中心的距离尽可能地近,从而简化喷淋球的设计和达到喷淋效果。通风过滤器是一个例外,应当离封头中心足够远,避免直接被水喷射而堵塞过滤器。如果封头有向下的插入管道或仪表的突起,可能需要多个喷淋球来避免在喷射中形成"隐蔽区域"。

为避免水吸收二氧化碳,对电导率产生不良影响,可以考虑在储罐的上部空间充入惰性气体。需要注意的是,通到储罐里的气体应适当地进行过滤以避免不利的污染。储罐必须进行通风,这样使水能够注入,在通风口应该安装一个疏水性通风过滤器(呼吸器),避免空气中的微粒和微生物污染。

体积较大的单个储存容器经常受厂房的空间限制,要达到所需要的储存能力可能需要采用多个罐组合。在这种情况下,必须仔细设计各储罐之间的连接管道,以保证所有的供应和回流支路都要有足够的流量。

4) 建造材料:目前最广泛使用的储罐和管道的材料通常是 316L 不锈钢。这种选择提供了最灵活的消毒方法。加热消毒、紫外线或臭氧都可以用于不锈钢系统。为了避免对不锈钢分配系统的腐蚀,必须小心地处理关于浓度、pH 和温度的化学消毒。在不锈钢系统中,广泛使用的垫片材质是聚四氟乙烯(PTFE)或三元乙丙橡胶(EPDM),这两种材质都有好的热弹性和极好的耐高温、臭氧、化学消毒杀菌剂,但其他的垫片材质必须要认真地检查与消毒方法的相容性,确保不会有物质渗漏到水中。当选择的材料符合要求时,必须考虑消毒的程序。

(2) 分配系统设计:水储存和分配系统的合理设计对于制药用水系统是非常关键的。最理想的设计必须满足以下 3 点要求:①在可接受的限度内维持水的质量,例如水在储存时如果存在空气,会吸收二氧化碳而增加了电导率,这种退化可以通过在储存容器里充氮来避免;②按所需要的流速和温度把水输送至使用点;③使资金投入和操作花费最低。

近年来,随着技术的不断发展,有很多设计被用于水的制造,如在高温下储存、连续的循环、使用卫生连接、抛光的管道系统、轨迹自动焊、经常消毒、使用隔膜阀等。尽管这其中的每一项都提供了一个安全水平,但并不是每个系统都需要所有的这些技术,省略其中的一个或多个也是可以的。每个系统的设计是通过输送到使用点的水质来确定其有效性。

(黄桂华)

参 考 文 献

[1] 平其能,屠锡德,张钧寿,等.药剂学.北京:人民卫生出版社,2013
[2] 崔福德.药剂学.北京:人民卫生出版社,2011
[3] 郭维图.注射剂除菌、灭菌工艺及设备选择.机电信息,2009,(9):3-10
[4] 张长银.注射剂工艺设计若干问题探讨.医药工程设计杂志,2004,25(1):35-38
[5] 彭菲,叶正良,杨亚宁,等.对中药注射剂生产设备清洁验证的探讨.中国药事,2012,26(10):1132-1135
[6] 马耀友.浅析注射剂生产质量的关键控制点.中国制药装备,2013,11(11):16-20
[7] 陈箐清,吕慧侠,Jumah Masoud,等.注射给药生产设备最新研究.机电信息,2009,221(11):13-19

第八章　其他常用制剂

第一节　液体制剂

一、液体制剂生产工艺

(一) 概述

液体制剂是指药物分散在液体分散介质中组成的供内服或外用的液态制剂。液体制剂种类繁多,如口服液、糖浆剂、洗剂、搽剂等。本章节中重点介绍口服液和糖浆剂。

口服液一般是指将药物溶解于适宜溶剂中制成澄清溶液供口服的液体制剂。糖浆剂是含药物或芳香物质的浓蔗糖水溶液,供口服应用。其中的药物可以是化学药物也可以是中药材提取物。口服液和糖浆剂均属于口服液体制剂,除配液工艺和包装材料略有不同,其他的生产工艺和设备基本相同。

(二) 口服液和糖浆剂生产工艺

口服液和糖浆剂的生产均由洗瓶、配液、灌装等工艺组成,最后经过灭菌、检验和包装得到成品。一般情况下,药液的配制,瓶子精选、干燥与冷却,灌封或分装、封口加塞等工序应在 C 级洁净区进行;对不能热压灭菌的口服液体制剂,其配制、滤过、灌封应控制在 B 级;其他工序则为"一般生产区",无洁净级别要求,但要清洁卫生,防止药物制剂被微生物污染。口服液和糖浆剂的生产工艺流程及洁净区域划分见图 8-1。

1. 瓶、盖的清洗和灭菌

(1) 瓶的类型:口服液瓶现在常用的有 4 种型式:塑料瓶、直口瓶、螺口瓶和易折塑料瓶。

1) 塑料瓶以塑料薄片卷材为包装材料,通过将两片分别加热成型,并将两片热压在一起制成,然后自动灌装、热封封口、切割得成品。这种包装的优点是成本较低,

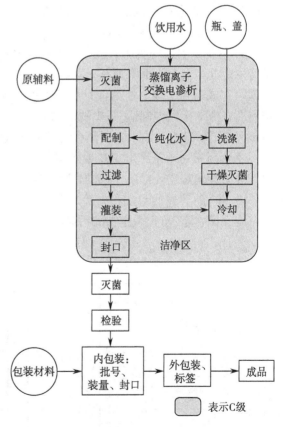

图 8-1　口服液和糖浆剂生产工艺流程图及洁净区域划分

服用方便,但由于塑料透气、透湿性较高,产品不易灭菌,对生产环境和包装材料的洁净度要求很高,产品质量不易保证。

2) 直口瓶是 20 世纪 80 年代初随着进口灌装生产线的引进而发展起来的一类新型玻璃包装瓶,由无色或琥珀色玻璃管制成,配套铝塑组合盖、铝盖、全撕开铝塑盖。这种包装具有良好的化学稳定性,并且透明、外形美观、价格低廉、可回收,不会造成环境问题。但撕拉铝盖的拉舌在撕拉过程中有时会断裂,给服用造成麻烦。此外,由于瓶身和盖的材料不一致,易出现灌封不严的情况,影响药物的保质期。为了提高包装水平,原国家医药管理局组织制定了《管制口服液瓶》(YY 0056-91)行业标准。其中列出的 C 型瓶制造较困难,但由于外形美观,目前市场占有率最高。直口瓶的规格见表 8-1,外形见图 8-2。

表 8-1   C 型直口瓶规格 (YY 0056-91)

满口容量 /ml	规格尺寸 /mm			
	D	H	d	h
10	18.0	70.0	12.5	8.7
12	18.4	72.0	12.0	7.5

3) 螺口瓶是在直口瓶基础上发展起来的一种改进包装,克服了封盖不严的隐患,而且结构上取消了撕拉带这种启封形式,且可制成防盗盖形式。但这种新型瓶制造相对复杂,成本较高,而且制瓶生产成品率低。螺口瓶的规格暂无行业标准。图 8-3 为螺口瓶外形,其中瓶口高 h 可根据药厂要求确定。

4) 易折塑料瓶的瓶体由瓶身与底盖所构成,成圆形或椭圆形(也可按需制成不同造型),其特别之处为瓶身头部隐藏有一深纹,成为易折处。当药液灌装入瓶体后,再将瓶底盖上热封即可完成灌封工序。使用者只要用手指略按瓶身深纹处即折,便可方便饮用药液。易折塑料瓶在清洁区域内制造,减少洗瓶、烘干灭菌等工序,且开启方便,在装瓶和运输过程中不易破碎,降低了贮运成本,方便消费者携带和饮用。

糖浆剂瓶通常采用玻璃瓶或塑料瓶包装,规格从 25~1000ml,常用规格为 25~500ml,封口主要有滚轧防盗盖封口、内塞加螺纹盖封口、螺纹盖封口等,见图 8-4。

(2) 洗涤:容器的清洗和灭菌是灌液前必不可少的重要准备工序,可以保证产品的无菌或基本无菌状态,防止微生物的污染和滋长。一般玻璃瓶的内外壁均需清洗,而且每次清洗

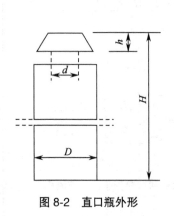

图 8-2   直口瓶外形

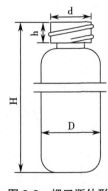

图 8-3   螺口瓶外形

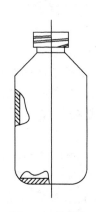

图 8-4   糖浆瓶

后必须除去残水。洗涤一般包括粗洗和精洗两步,洗瓶后需对瓶做洁净度检查。常用的洗瓶设备有喷淋式洗瓶机、毛刷式洗瓶机和超声波式洗瓶机。

(3) 干燥灭菌:洗净的玻璃瓶需进行灭菌干燥。灭菌的温度、时间必须严格按工艺规程要求,并需定期验证灭菌效果。常用的灭菌设备包括蒸汽灭菌柜、隧道式远红外灭菌干燥机和隧道式热风循环灭菌干燥机。

(4) 冷却:在使用灭菌隧道灭菌时,最后都设计有冷却区对灭菌后的玻璃瓶进行冷却,防止温度过高,影响药物的稳定性。

2. 溶液配制　口服液的配制主要有溶解法和稀释法。化学药口服液的配制过程一般为:粉碎→配液→搅拌→适当加热或助溶剂。中药口服液的配制过程一般为:中药材的浸出→浸出液的净化→浓缩→配液。糖浆剂的配制主要有溶解法和混合法。其中溶解法是取纯化水适量,煮沸,加蔗糖,加热搅拌溶解后,继续加热至100℃,在适宜温度下加入其他药物搅拌溶解,趁热过滤,自滤器上添加适量新沸过的纯化水,使成处方规定量,搅匀即得。混合法是将药物与单糖浆用适当的方法混合而得。药物如为水溶性固体,可先用少量新沸过的纯化水制成浓溶液;在水中溶解度较小的药物可酌量加入其他适宜的溶剂使其溶解,然后加入单糖浆中,搅拌即得;药物如为可混合的液体或液体制剂,可直接加入单糖浆中,搅匀,必要时滤过,即得。

3. 过滤　药液在提取、配液过程中,由于各种因素带入的各种异物,以及中药提取液中所含的树脂、色素及胶体等均需滤除,以保证药液的澄明度,同时也可以通过过滤除去微粒及细菌等。

4. 灌装　口服液或糖浆剂配制完毕后,需按剂量灌入玻璃瓶或塑料瓶中,便于储存和服用。

5. 封口　密封保存溶液剂,更有利于保持药物的稳定性,延长储存期。糖浆剂常用螺纹盖封口,便于开启,少数为类似口服液的撕拉铝盖压盖封口。

6. 灭菌　对灌封好的瓶装口服液或糖浆剂进行灭菌,以杀灭药液中的所有微生物,保证药品的稳定性。以往常采用蒸汽灭菌柜对成品瓶装口服液进行高温灭菌,但此举的弊端是在一定程度上破坏盖子的密封,不利于长期保存。现在已采用辐射灭菌法、微波灭菌法等克服这一问题。

7. 检查　口服液和糖浆剂生产过程中,为避免有漏灌、异物落入溶液等意外情况的发生,均需进行检漏和灯检。确定合格后,方可包装。

8. 包装　为便于运输和销售,口服液和糖浆剂需包装入盒,糖浆剂常配有塑料量杯。

二、液体制剂生产工艺设备

(一) 洗瓶设备

目前制剂厂常用的洗瓶设备主要有3类。

1. 喷淋式洗瓶机　该设备是用泵将水加压,经过滤器压入喷淋盘,由喷淋盘将高压水流分成许多股激流对瓶内外进行冲洗,主要由人工操作。

2. 毛刷式洗瓶机　该设备可以单独使用,也可接于联动线,以毛刷的机械运动配以碱水或酸水、自来水、纯化水使得玻璃瓶获得较好的清洗效果。但以毛刷的动作来刷洗,粘牢的污物和死角处不易彻底洗净,且有掉毛的弊病。

3. 超声波式洗瓶机　该设备由超声波水池、瓶传送装置、冲洗部分和空气吹干部分等组成。超声波换能器发出的高频机械振荡(20~40Hz)在清洗介质中疏密相间地向前辐射,使液体流动而产生大量非稳态微小气泡,在超声场的作用下气泡进行生长闭合运动,即通常所谓的"超声波空化"效应。空化效应可形成超过1000MPa的瞬间高压,其强大的能量连续不断地冲撞玻璃瓶的内外面,使污垢迅速剥离,达到清洗目的,具有简单、省时、省力、清洗成本低等优点。

上述各设备的详细介绍请参见本书第七章。

(二)玻璃瓶灭菌干燥设备

根据生产过程的自动化程度,采用不同的灭菌设备。最普通的是净化热风循环烘箱。在联动线中,往往采用隧道式灭菌干燥机,可提供350℃的灭菌高温,保证瓶子在热区停留时间不短于5分钟,以确保灭菌。当前中国生产的灭菌隧道多为石英玻璃管远红外辐射电加热方式,加热效率高、结构简单,但热场不是十分均匀。较理想的灭菌隧道式热风循环式,可确保热场均匀,而且隧道内洁净度达到A级,保证通过隧道的瓶子无微粒、无菌。上述各设备的详细介绍参见本书第七章。

(三)过滤设备

滤器按其过滤能力可分为粗滤(预滤)滤器和精滤(末端滤过)滤器。粗滤滤器包括砂滤棒、板框式压滤器、钛滤器;精滤滤器包括垂熔玻璃滤器、微孔滤膜、超滤膜、核孔膜等。各设备的详细介绍参见本书第七章。

(四)灌装设备

按灌装方式可分为常压灌装、负压灌装、正压灌装和恒压灌装;按计量方式可分为流量定时式、量杯容积式、计量泵注射式3种;按分装容器输送方式分有旋转型和直线型灌装机。

灌封机是用于自动定量灌装和封口的设备,主要由送瓶机构、灌装机构及封口机构组成,完成送瓶、灌液、加盖、轧封过程。灌封机有直线式和回转式两种。灌药量的准确性对产品非常重要,故灌药部分的关键部件是泵组件和药量调整机构,它们的主要功能就是定量灌装药液。大型联动生产线上的泵组件由不锈钢件精密加工而成,简单生产线上也有用注射用针管构成泵组件的。药量调整机构有粗调和精调两套机构,这样的调整机构可以实现0.1ml的包装精确度。送盖部分主要由电磁振动台和滑道实现瓶盖的翻盖、选盖,实现瓶盖的自动供给。封口部分主要由三爪三刀组成的机械手完成瓶子的封口,密封性和平整是封口部分的主要指标。

目前多数灌封机已实现自动化,整机PLC控制,人机界面操作,自动、手动切换控制,触摸屏全中文菜单监控,具有空瓶检漏、缺瓶和漏瓶止灌、无盖瓶及漏瓶剔除、变频无级调速、自动计数等功能,能自动完成理瓶、送瓶、灌装、理盖上盖、热风封口或超声波封口和翻瓶出瓶等动作。详细介绍参见本书第七章。

(五)联动线

联动线是将用于口服液或糖浆剂生产的各台设备有机地连接起来而形成的生产线,其中包括:洗瓶机、灭菌干燥设备、灌封设备、贴签机等。

如图8-5为口服液洗、灌封联动线外形图。口服液瓶由洗瓶机入口处送入,洗干净的瓶子进入灭菌隧道,传送带将瓶子送到出口处的转动台,经输瓶螺杆送入灌封机构,灌装封口后,再由输瓶螺杆送到出口处。与贴签机连接目前有两种方式:一种是直接贴签机相连完成贴签;另一种是由瓶盘装走,进行清洗和烘干外表面,送入灯检,再贴签。

采用联动线生产方式能提高和保证口服液和糖浆剂的生产质量。在单机生产中,从洗

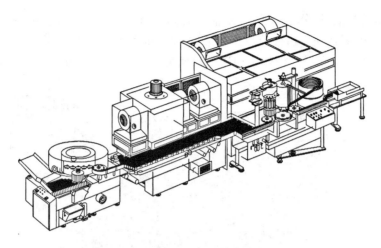

图 8-5　口服液自动灌装联动线外形图

瓶机到灭菌干燥机,再由灭菌干燥机到灌封机,都需要人工搬运,在此过程中,很难避免污染的可能,如人体的接触、空瓶等待灌封时环境的污染等;而在联动线方式中,容器在各工序间由机械传送,减少了中间停留时间,尤其灭菌干燥后的瓶子由传送装置直接送入洁净度 A 级的平行流罩中,保证了产品不受污染。因此,采用联动线灌装口服液或糖浆剂可保证产品质量,符合 GMP 要求。此外,联动线生产中,减少了人员数量和劳动强度,设备布置更为紧凑,车间管理得到了改善。由于联动线一次投资较大,产品需形成规模才有效益,对于小量生产是难以承受的。

联动线主要有两种联动方式,如图 8-6 所示。一种方式是串联方式,每台单机在联动线中只有一台,因而各单机的生产能力要相互匹配,这种联动方式适用于中等产量的情况。在联动线中,生产能力高的单机(如灭菌干燥机)要适应生产能力低的设备,当一台设备发生故障时,整条生产线就要停下来。另一种是分布式联动方式,将同一种工序的单机布置

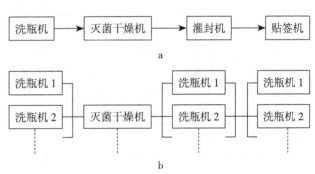

图 8-6　口服液联动线联动方式
a. 串联式联动方式;b. 分布式联动方式

在一起,完成工序后产品集中起来,送入下道工序。该联动方式能够根据各台单机的生产能力和需要进行分布,可避免一台单机故障而使全线停产。分布式联动线用于产量很大的品种。

国内口服液和糖浆剂一般均采用串联式联动方式,各单机按照相同生产能力和联动操作要求协调原则设计,确定各单机参数指标,尽量使整条联动线成本下降,同时节约生产场地。

(六)成品灭菌设备

口服液和糖浆剂的灭菌设备可具体参见本书第七章。除常规灭菌方法外,本节再介绍另外一种灭菌方法及其设备。

微波灭菌法是利用高频交流电场(300MHz 以上)使电场中的物质分子产生极化现象,随着电压按高频率交替地转换方向,极化分子也随之不停地转动,结果有一部分能量转化为

分子杂乱热运动的能量,分子运动加剧,温度升高。由于热量是在被加热的物质中产生的,所以加热均匀、升温迅速。微波可穿透物质内部,水也可强烈地吸收微波,所以该法特别适于液体药物的灭菌,目前被广泛用于口服液和糖浆剂。代表设备如图 8-7、图 8-8 所示。

图 8-7　WMY-B 管道式快速微波液体灭菌机

三、液体制剂车间 GMP 设计

图 8-8　KMY-2000 微波液体灭菌机

口服液、糖浆剂等液体制剂在临床上应用广泛,近年来,随着传统中药剂型的改革,口服液等液体剂型的品种不断增加。口服液体制剂的药物分散度较大,与机体接触的表面积亦增加,具有易于吸收、奏效迅速等优点。但是,口服液体制剂在生产过程中很容易被微生物污染,特别是水性制剂,例如口服液、糖浆剂等易腐败变质,并在包装、运输、贮存中存在很多问题。所以,口服液体制剂生产中必须充分强调全过程的质量监控,保证制造出品质优良的产品。

(一)厂房环境与生产设施

液体制剂的生产厂房应远离发尘量大的交通频繁的公路、烟囱和其他污染源,并位于主导风向的上风侧。药厂周围的大气条件良好,另外水源要充足而清洁,从而保证制出的水符合《中国药典》规定的标准。洁净厂房周围应绿化,尽量减少厂区内的露土面积。绿化有利于净化空气,起滞尘、杀菌、吸收有害气体和提供氧气的作用。

生产厂房应根据工艺要求合理布局,人流、物流分开。人流与物流的方向最好相反进行布置,并将货运出入口与工厂主要出入口分开,以消除彼此交叉。此外,生产车间上下工序连接要方便。液体制剂车间内部设计与设备应做到以下几方面。

1. 厂房洁净,室内的墙、地面、天花板平整光洁、无裂隙、无脱落粒物质及起壳、不易积尘、不长霉。

2. 洁净室内水、电工艺管线应暗装。

3. 非最终灭菌的口服液体制剂的配制、滤过、灌封空气洁净度级别最低为 C 级;最终灭菌口服液体制剂的暴露工序空气洁净度级别最低为 D 级。

4. 直接接触药品的包装材料最终处理的暴露工序洁净度级别应与其药品生产环境相同。

5. 中成药口服液体制剂,其中药材的蒸、炒、炙、煅等炮制操作分别在与其生产规模相适应的生产厂房(或车间)内进行,并有良好的通风、除烟、除尘、降温等设施。

6. 生产设备与生产要求相适应,便于生产操作、维修和保养。

7. 与药品直接接触的设备表面光洁、平整、易清洗、耐腐蚀,不与所加工的药品发生变化或吸附所加工的药品。

8. 灭菌设备内部工作情况用仪器监测,监测仪表定期校正并有完整的记录。

9. 贮水罐、输水管道、管件阀门等应为无毒、耐腐蚀的材质制造。

10. 纯水生产设备能保证水的质量。

11. 原料、辅料及包装材料的贮存条件不得使之受潮、变质、污染或易于发生差错。

此外,人员进入洁净室必须保持个人清洁卫生,不得化妆、佩戴首饰,应穿戴本区域的工服,净化服经过空气吹淋室或气闸室进入洁净室。进入控制区域的物料,需除去外包装;外包装脱不掉则需擦洗干净或换成室内包装桶,并经物料通道送入室内。

(二) 生产工艺要求和设施

液体制剂的配制、过滤、灌装、封口、灭菌、包装等工序,除严格按处方及工艺规程的要求外,还应注意以下要求和措施。

1. 原辅材料的领用　车间应按生产需要,限额领取原材料。所领取的原材料必须是合格产品,不合格原材料不得发放。进出车间的原材料必须有质检部门的合格证或检验报告单,并且包装完好,名称、批号、数量、规格等相符,有记录人、领料人和发料人的签字。在运输过程中,外面设保护罩,容器需贴有配料标志。

2. 计量与称量　按规定要求称重计量,并填写称量记录。称量前,必须再次核对原辅料的品名、批号、数量、规格、生产厂家及合格证等。核对处方的计算数量,检查衡器量是否经过校正或校验。然后正确称取所需要的原辅料,置于清洁容器中,做好记录并经复核签字。剩余的原辅料应封口贮存,并在容器外标明品名、数量、日期以及使用人等,在指定地点保管。

3. 配制与滤过　配制工序必须在配料锅及容器、管道清洗干净,取得清场合格证后方可进行。药液的配制必须按处方及工艺规程和岗位技术安全操作法的要求进行。配制过程中所用的水(去离子水)必须是新鲜制取的,去离子水的贮存时间不能超过 24 小时,若超过 24 小时,必须重新处理后才能使用。如果使用压缩空气或惰性气体,使用前也必须进行净化处理。在配制过程中,如果需要加热保温,则必须严格加热到规定的温度并保温至规定时间。当药液与辅料混匀后,若需要调整含量、pH 等,调整后需经重新测定和复核。药液经过含量、相对密度、pH、防腐剂等检查复核后才能进行过滤。

应按工艺要求选用滤材,应无纤维脱落,不能使用石棉作为滤材。在配制和过滤过程中应及时、正确地做好记录,并经过复核。滤液应存放于清洁密闭的容器中,并及时灌封。在容器外应标明药液品名、规格、批号、生产日期、责任人等,以免混药。

4. 洗瓶、灭菌、干燥　口服液体制剂瓶按要求清洗合格后,应及时干燥灭菌。洗瓶和干燥灭菌设备应选用符合 GMP 标准的设备。灭菌后的玻璃瓶应置于符合洁净度要求的控制区域冷却备用,一般应当在 1 天内用完。若贮存超过 1 天,则需重新灭菌后使用,超过 2 天应重新洗涤灭菌。

直形玻璃瓶塞(与药液接触的部分)也要用饮用水洗净后用纯水漂洗,然后干燥或消毒灭菌备用。

5. 灌封 在药液灌装前,应检查精滤液的含量、色泽、澄明度等质量指标,符合要求才能进行灌封。灌装设备、针头、管道等必须用新鲜蒸馏水冲洗干净和煮沸灭菌。此外,工作环境要清洁,符合要求。配制好的药液一般应在当班灌装、封口,如有特殊情况,必须采取有效的防污染措施,可适当延长待灌时间,但不能超过 48 小时。经灌封或灌装、封口的半成品盛器内应放置生产卡片,标明品名、规格、批号、日期、灌装(封)机号及操作者工号等。操作工人必须经常检查灌装及封口后的半成品质量,随时调整灌装(封)设备,保证装量差异符合要求及灌封的质量。

6. 灭菌消毒 若需灭菌的灌封产品,从灌封至灭菌时间应控制在 12 小时以内。在灭菌时应及时记录灭菌的温度、压力和时间。灭菌后需经真空检漏,真空度应达到规定要求。对已灭菌和未灭菌产品,可采用生物指示剂、热敏指示剂及挂牌等有效方法与措施,防止漏灭。灭菌后必须逐柜取样,按柜编号做生物学检查。

7. 灯检、印包 对直形玻璃瓶等瓶装的口服液体制剂原则上都需要进行灯检,以便发现异物、瓶子破损等。每批灯检结束,必须做好清场工作。被剔除品应标明品名、规格、批号,置于清洁容器中交给专人负责处理。经过检查后的半成品应注明名称、规格、批号及检查者的姓名等,并由专人抽查,不符合要求者必须返工重检。

经过灯检和车间检验合格的半成品要印字或贴签。操作前,应当对半成品的名称、批号、规格、数量和所领用的标签及包装材料是否相符进行核对。在包装过程中应随时抽查印字贴签及包装质量。印字应清晰,标签应当贴正、贴牢固;包装应当符合要求。包装结束后,应当准确统计标签的领用数和实用数,对破损和剩余标签应及时进行销毁处理,并做好记录。包装成品经厂检验室检验合格后及时移送成品库。

(三)液体制剂车间设计举例

图 8-9 为口服液、糖浆剂制剂车间,设计规模为口服液 1500 万瓶/年,糖浆剂 500 万瓶/年。

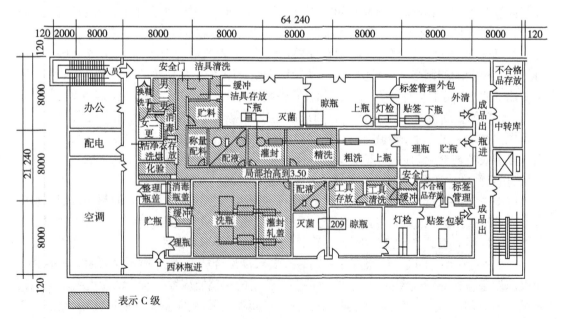

图 8-9 口服液、糖浆剂车间平面设计图

在车间的设备布局上,将灌装设备放置在车间较中心的位置,洗瓶和配液设备分置在左右两侧。按各步骤流程顺序、设备大小和工序多少,调整设备的安放位置使其方便生产。整个车间为同一个 C 级净化系统,一套人流净化措施。

四、液体制剂设备的验证

口服液和糖浆剂属于均相溶液剂,其生产的主要设备有制备罐、贮罐、液剂包装线以及包装材料的洗涤、干燥、灭菌等设备。设备验证的目的是确定所选设备的技术指标、型号及设计规范要求;对设备安装过程进行检查,安装后进行试运行,以证明设备达到设计要求和规定的技术指标。生产前,进行模拟生产试机,证明可满足生产操作需要,符合工艺标准要求。

溶液剂所用的生产设备多为封闭系统,制备罐、泵、管线、贮罐等的安装和连接应易于清洗和方便进行必要的灭菌,避免残液的潴留可能引起微生物的繁殖,从而影响药品的质量。

(一)配制罐的验证

对不锈钢材质的配制罐,需对设备的材质、容积、工作压力、温度范围(对于有夹层的配制罐,也应包括夹层的压力和温度范围)以及管口位置、搅拌器温度计位置等进行检查,并对罐内表面的抛光面进行确认,如抛光面的光洁度、焊缝是否平滑、罐内有无凹坑、罐内排液管处液体能否放净等。

为考察安装的准确性,配制罐在安装完成后必须进行试运转。试运转时罐内充入 70% 的水,试运转中注意电机和减速机的声响和发热情况及搅拌轴摆动情况。减速机不得漏油,以免污染料液。夹层通蒸汽或冷却水,检查加热或冷却速度。配料罐的搅拌器主要作用是促进物料溶解、均匀混合和加速传热、传质。对于搅拌器,应从固体溶解速度、传热时加热冷却速度的搅拌效果和物料达到均匀一致的混合时间综合进行确认。

(二)液体制剂灌装机的验证

灌装机验证可分为预确认、安装确认、运行确认和性能确认四个阶段。只有该四个阶段全部得到认可,设备才可认为已得到验证,经批准予以使用。

灌装机验证的内容必须符合 GMP 中对设备要求中的有关规定,具体验证内容包括:与药液接触表面的结构材料、清洁规程和清洁剂、包装容器洗涤和干燥灭菌、包装容器的适用性、灌装容量和偏差、计数器的准确性、操作的进出料、料液温度的控制、设备生产能力与批产量的适应、需清洗或灭菌的零部件的拆装、整机操作的可靠性和稳定性、润滑剂的滴漏、操作中的噪声等。以上各项经确认后,总结形成设备验证结论,即可转入工艺验证。

(三)清洁验证

1. 清洗设备和清洗剂的确认

(1)清洗设备安装确认:与其他设备的安装确认大致相同。但侧重检查清洗剂输送管道的安装情况(渗漏、倾斜度)、清洗剂喷淋速度控制系统、清洗操作是否方便、清洗后能否防止污染。

(2)清洗剂的确认:清洗剂是根据待清洗设备表面及表面污染物的性质进行选择。确认时必须注意以下几点。

1)明确酸、碱和洗涤剂的种类及用量:选用的酸、碱和洗涤剂必须符合有关法规要求。不与物料成分作用析出沉淀物,且在清洗过程中容易除去。目前常用的清洗剂主要有碳酸氢钠、氢氧化钠和盐酸溶液。

2)能否适应热洗。

3) 清洗剂是水还是乙醇(或其他),其纯度(浓度)要求如何?

2. 清洗方法的验证　首先列出待进行清洗验证的设备所生产的一组产品,从中选出最难清洗(最难溶解)的产品作为参照产品。接着选择难清洗的部位,然后做预试验和方法验证。预试验较为经济的做法是:以参照产品的过期(失效)原料进行试生产后,按照清洗规程清洗设备,记录关键参数,监测每个清洗过程的清洗效果,与此同时修改好操作规程。方法验证的做法是:按正常生产参照品种一个批量后,对生产设备进行清洗,监控关键参数,取样分析清洗效果,试验不少于3(批)次,以证明清洗方法的可操作性、结果的重现性。

设备清洗验证主要是通过制订清洗周期和定期复验证来实现的。设备清洗周期根据生产需要制订:同一设备在加工同一无菌产品时,每批之间要清洗灭菌;同一设备在加工同一非无菌产品时,至少每周或每生产3批后要全面清洗一次;当更换品种时,设备必须全面彻底清洗。

第二节　软　膏　剂

一、软膏剂生产工艺

(一) 概述

软膏剂是指药物、中药饮片细粉、中药饮片提取物与适宜基质均匀混合制成的具有适当稠度的半固体外用制剂。常用软膏基质可分为油脂性、水溶性和乳剂型基质。根据软膏基质的特性,软膏可分为油膏、乳膏和凝胶。油膏以油脂类、类脂类及烃类等作为油脂性基质制成的软膏,具有润滑、无刺激性、对皮肤有保护和软化作用等优点,但吸水性差、药物释放性差、油腻性大,不易洗除。乳膏以水、甘油、高级脂肪醇和乳化剂作为乳剂型基质制成的软膏,具有易清洗、药物透皮性能好,对皮肤的正常功能影响小的特点。凝胶剂系指药物、中药饮片细粉、中药饮片提取物与适宜基质制成具有凝胶特性的半固体或稠厚液体。按基质不同,其可分为水性凝胶与油性凝胶。水性凝胶基质一般由水、甘油或丙二醇与纤维素衍生物、卡波姆和海藻酸盐、西黄蓍胶、明胶、淀粉等构成;油性凝胶基质由液状石蜡与聚氧乙烯或脂肪油与胶体硅或铝皂、锌皂构成。必要时可加入保湿剂、防腐剂、抗氧化剂、透皮吸收促进剂等附加剂。

软膏主要用于皮肤、黏膜和创面,起到保护、润滑和局部治疗作用,多用于慢性皮肤病,禁用于急性皮肤疾患。少数软膏中的药物能透皮吸收,产生全身治疗作用。

软膏剂的质量要求:应均匀细腻,具有适当黏稠性,易涂布于皮肤或黏膜,无刺激性;无酸败、异臭、变色、变硬、油水分离等变质现象,必要时可加适量防腐剂或抗氧剂。用于创面的软膏应无菌。

(二) 软膏剂常用基质

软膏剂由药物和基质组成。基质作为软膏剂的赋形剂和药物的载体,对软膏剂的质量及药物的释放、吸收有重要影响。

一般软膏基质应具备的质量要求:润滑无刺激,稠度适宜,易于涂布;性质稳定,不与主药发生配伍变化;具有吸水性,能吸收伤口分泌物;不妨碍皮肤的正常功能,具有良好的释药性能;易洗除,不污染衣物。

常用软膏基质可分为油脂性基质、乳剂型基质和水溶性基质。选用软膏基质,应根据医疗要求及皮肤患处的病理生理情况。

1. 油脂性基质 又称油膏基质,是以动植物油脂、类脂、烃类及硅酮类等疏水性物质为基质。涂于皮肤能形成封闭性油膜,可保护皮肤和创面,促进皮肤水合作用,对表皮皲裂有软化作用,但其油腻性及疏水性大,不易与水性液体混合,不易用水洗除,药物的释放穿透作用较差,不宜用于急性且有大量渗出液的皮肤疾病,主要适用于遇水不稳定的药物制备软膏剂,一般不单独使用。

2. 乳剂型基质 乳剂型基质是由油相、水相借助乳化剂的作用在一定温度下乳化,最后在室温下成为半固体的基质。按乳化剂类型可分为水包油(O/W)型和油包水(W/O)型两类。O/W 型又称为"雪花膏",W/O 型又称为"冷霜"。乳膏基质形成原理与乳剂相似,不同之处在于乳膏基质常用的油相多为固体,如硬脂酸、石蜡、蜂蜡、高级醇(如十八醇)等,有时为调节稠度而加入适量液状石蜡、凡士林或植物油等。

乳化剂的存在使得乳膏剂基质易于用水洗除;乳化剂的表面活性作用对水和油均有一定的亲和力,可与创面渗出物或分泌物组合,促进药物与表皮接触。因此,乳膏剂中药物的释放、穿透皮肤的性能均较强;由于基质中水分的存在,增加了乳膏剂基质的润滑性,使其易于涂布。但 O/W 型基质外相含大量水,在储存过程中易霉变,常需加入防腐剂;同时水分也易蒸发散失而使乳膏变硬,故常需加入甘油、丙二醇、山梨醇等保湿剂,一般用量为5%~20%。此外,遇水不稳定的药物如金霉素、四环素等不宜采用乳膏剂基质制备乳膏。

3. 水溶性基质 水溶性基质是由天然或合成的水溶性高分子物质所组成。此类基质无油脂性,又称水凝胶软膏基质。常见的水溶性基质有甘油明胶、淀粉甘油、纤维素衍生物及合成的 PEG 类高分子物质。该类基质释药速度较快,无油腻性,易涂布和洗除。对皮肤和黏膜无刺激性,且能吸收组织渗出液。缺点是易失水霉变,制备时需添加保湿剂与防腐剂。

(三) 常用附加剂

在软膏剂制备过程中,需根据基质类型和制剂特点等添加适当的附加剂,以确保制剂质量,适应治疗要求。常用附加剂主要包括保湿剂、防腐剂、抗氧剂等。

1. 保湿剂 水溶性基质软膏和 O/W 型乳膏剂,由于含水量较高,在储存期间水分易蒸发散失而使制剂变硬,故需加入保湿剂。常用保湿剂有甘油、山梨醇、丙二醇、透明质酸等。

2. 防腐剂 软膏基质易受细菌和真菌的污染。微生物的孳生不仅可污染制剂,而且含有潜在毒性,对于破损及炎症皮肤、局部外用制剂尤为重要。故常加入对羟基苯酯类、苯扎氯铵、苯甲酸等防腐剂以防止微生物的孳生。

3. 抗氧剂 在软膏剂储存过程中,某些活性成分宜氧化变质,因此,需加入维生素 E、BHA、BHT、维生素 C 等抗氧剂。

(四) 软膏剂的制备

1. 基质的处理 软膏基质需净化和灭菌。油脂性基质一般应先加热熔融,用细布或七号筛趁热过滤以除去杂质,再继续加热到150℃灭菌1小时并除去水分。灭菌时忌用直火加热,可用反应罐夹套加热。

2. 制备方法 软膏剂的制备方法有研和法、熔融法和乳化法。

(1) 研和法:基质为油脂性的半固体时,可直接采用研和法(水溶性基质、乳剂型基质不宜用)。一般在常温下将药物细粉用等量基质研匀或用适宜液体研磨成细糊状,再递加其余基质研匀。此法适用于小量制备,且药物不溶于基质。少量制备时,用软膏刀在陶瓷或玻璃的软膏板上调制,也可在乳钵中研匀;大量生产可用电动乳钵。

（2）熔融法：该方法是将高熔点基质加热熔化，再加入其他低熔点基质，熔合成均匀基质，最后加入液体组分和药物，边加边搅拌，直至冷凝。凡软膏中含有的基质熔点不同、在常温下不能均匀混合，以及大量制备油脂性基质时均可采用此法。

（3）乳化法：制备过程包括熔化和乳化两个过程。将处方中的油溶性和油脂性组分一起加热至 80℃左右成油溶液（油相），用纱布过滤，保持油相温度在 80℃左右；另将水溶性组分溶于水并加热至与油相相同温度，或略微高于油相温度，两相混合，边加边搅拌至冷凝，最后加入水、油均不溶解的组分，搅匀即得。在搅拌过程中应尽量防止空气混入软膏剂中，如有气泡存在，一方面导致制剂体积增大，另一方面也可能使制剂在储存和运输中发生腐败变质。大量生产时由于油相温度不易控制而冷却不均匀，或两相混合时搅拌不匀致乳膏不够细腻，可在温度降至 30℃后，通过胶体磨或均质机使乳膏更加细腻均匀。

乳化法中油、水两相的混合方法有 3 种：①连续相加入到分散相中，适用于大多数乳剂系统，在混合过程中可引起乳剂的转型，从而使形成的乳剂均匀细腻；②分散相加入到连续相中，适用于含小体积分散相的乳剂系统；③两相同时混合到一起，适用于连续或大批量生产。

3. 药物加入的一般方法　为了减少软膏对患者病患部位的刺激，要求制剂均匀细腻，且不含有固体粗粒。因此，药物通常可按以下几种方法进行处理。

药物不溶于基质或基质的任何组分时，须将药物粉碎至细粉。如采用研和法制备，一般可将药粉先与适量液体组分如液状石蜡、植物油、甘油等研匀成糊状，再与其余基质混匀。

药物可溶于基质时，一般油溶性药物溶解于液体油中，再与油脂性基质混匀，制成油脂性软膏；水溶性药物溶解于少量水中，再与水溶性基质混匀，制成水溶性软膏；水溶性药物也可用少量水溶解后，用羊毛脂等吸水性强的油脂性基质吸收，再加入到油脂性基质中。

特殊性质的药物，如半固体黏稠性药物（如鱼石脂）可直接与基质混合，必要时先与少量羊毛脂或聚山梨酯类混合，再与凡士林等油脂性基质混合；一些挥发性或易于升华的药物或受热易结块的树脂类药物，应使基质降温至 40℃左右，再与药物混合均匀；挥发性低共熔组分（如樟脑、冰片、薄荷脑、麝香草酚）可先研磨至共熔后，再与冷却至 40℃左右的基质混匀。

中药浸出物为液体（如中药煎剂、流浸膏）时，可先浓缩至稠膏状再加入基质中。固体浸膏可加少量水或稀醇等研成糊状，再与基质混合。

二、软膏剂生产工艺及专用设备

（一）软膏剂的生产工艺流程

软膏剂的生产工艺由药物与基质的性质、制备量及设备条件确定，主要生产过程包括制管、配料、灌装。

油膏制备的生产工艺流程如图 8-10 所示。油脂性基质在使用前需经灭菌处理，可采用反应罐夹套加

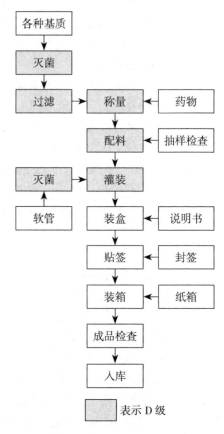

图 8-10　油膏生产工艺流程

热至150℃保持1小时。过滤采用压滤或多层细布抽滤,去除各种杂质。

乳膏制备的生产工艺流程如图8-11所示,包括熔化和乳化两个过程。熔化过程中分别配制油相和水相,将油脂性基质等组分放入带搅拌的反应罐中,加热至80℃左右,使各成分熔融混合,然后通过200目筛过滤,得到油相。将水溶性组分溶解于蒸馏水中,加热至80℃左右,过200目筛,得到水相。乳化过程则是将油水两相混合、乳化的过程。

(二) 软膏剂生产专用设备

1. **加热罐** 凡士林、石蜡等油脂性基质在低温时常处于半固体状态,与主药混合前需加热降低其黏稠度。一般采用蛇管蒸汽加热器加热,在蛇管加热器中央安装有一个桨式搅拌器,如图8-12所示。低黏稠基质被加热后,使用真空管将其从加热罐底部吸出,进入输料管线进行下一步的处理。输料管线需安装适宜的加热、保温设备,以避免黏稠性基质凝固后堵塞管道。对于黏稠性较强的物料,多种基质辅料在配料前需使用加热罐加热与预混匀。一般采用夹套加热器、内装框式搅拌器,大多顶部加料、底部出料。

2. **配料罐** 软膏基质在制备过程中需充分加热、保温和搅拌,才能保证基质完全熔融,需使用配料罐来完成。配料罐结构示意如图8-13所示。其搅拌系统由电机、减速器、搅拌器等构成。夹套可采用热水或蒸

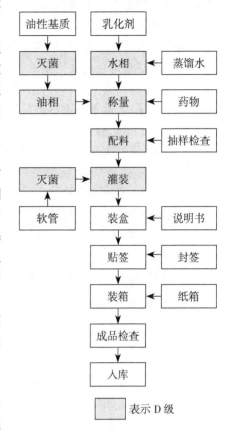

图8-11 乳膏生产工艺流程

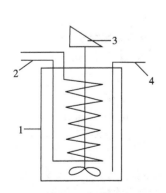

图8-12 加热罐
1.加热罐壳体;2.蛇形加热器;3.搅拌器;4.真空管

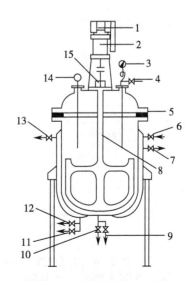

图8-13 配料罐结构示意图
1.电机;2.减速器;3.真空表;4.真空阀;5.密封圈;6.蒸汽阀;7.排水阀;8.搅拌器;9.进料阀;10.出料阀;11.排气阀;12.进水阀;13.放气阀;14.温度计;15.机械密封

汽加热。使用热水加热时,根据对流原理,进水阀安装在设备底部,排水阀安装在上部,在夹套的高位置处安装有放气阀,以防止顶部气体降低传热效果。

配料罐由搪玻璃、不锈钢等材料制成。在罐体与罐盖之间有密封圈。搅拌器轴穿过罐盖的部位安装有机械密封,除能保持密封罐内真空或压力外,还可防止传动系统的润滑油污染药物。真空阀可接通真空系统,主要用于配料罐内物料引进和排出。使用真空加料,可防止原料的挥发;用真空排料时,接管需伸入设备底部。由于膏体黏度较大,罐内壁要求光滑,搅拌桨选用框式,其形状要尽量接近内壁,间隙尽可能小,必要时安装聚四氟乙烯刮板,从而保证将内壁上黏附的物料刮干净。

3. 输送泵　黏度大的基质或固体含量较高的软膏,为提高搅拌质量,需使用循环泵携带物料作罐外循环,从而帮助物料在罐内上、下翻动,达到搅拌均匀的目的。常用的循环泵有胶体输送泵、不锈钢齿轮泵。

4. 胶体磨　为使软膏剂均匀、细腻,涂于皮肤或黏膜上无粗糙感、无刺激性,通常在出配料罐后再用胶体磨加工。胶体磨由转子与定子两部分构成。由电动机通过皮带传动带动转齿(或称为转子)高速旋转,膏体通过本身的重量或外部压力(可由泵产生)加压产生向下的螺旋冲击力,通过定齿(或称为定子)、转齿之间的间隙(间隙可调)时,受到强大的剪切、摩擦、高频振动以及高速旋涡等物理作用,膏体被有效地乳化、分散、均质和粉碎。

常用胶体磨有立式和卧式两种。如图 8-14 所示为立式胶体磨,膏体从料斗进入胶体磨,研磨后的膏体在离心盘作用下自出口排出。图 8-15 所示为卧式胶体磨,膏体自水平的轴向进入,在叶轮作用下向出口排出。

胶体磨与膏体接触部分由不锈钢材料制成,耐腐蚀性好,对药物原料无污染。采用调节圈调节定子和转子间的空隙,可以控制流量和细度。研磨时产生的热可在外夹套通冷却水带走。为避免磨损,其轴封常用聚四氟乙烯、硬质合金或陶瓷环制成。胶体磨运行过程中应尽量避免停车,操作完毕立即清洗,切不可留有余料。

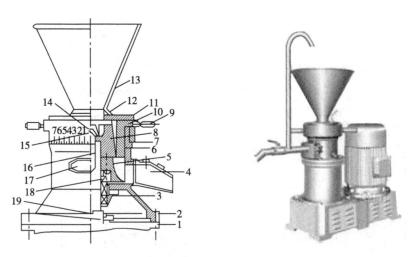

图 8-14　立式胶体磨结构示意图(左)和实物图(右)

1. 电机;2. 机座;3. 密封盖;4. 排料槽;5. 圆盘;6. 密封圈;7. 产品溜槽;8. 转齿;
9. 手柄;10. 间隙调整套;11. 密封圈;12. 垫圈;13. 料斗;14. 盖形螺母;15. 注油孔;
16. 主轴;17. 铭牌;18. 机械密封;19. 甩油盘

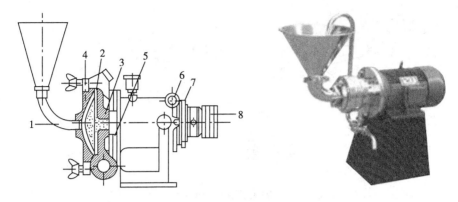

图 8-15　卧式胶体磨结构示意图（左）和实物图（右）

1. 进料口；2. 转子；3. 定子；4. 工作面；5. 卸料口；6. 锁紧装置；7. 调整环；8. 皮带轮

5. 制膏机　制膏机是配制软膏的关键设备。所有物料均需经过制膏机的搅拌、加热和乳化。现在常用的制膏机如图 8-16 所示，主要由夹套罐体、液压提升装置、胶体磨、带刮板框式搅拌器及其他搅拌器组成。胶体磨、带刮板框式搅拌器、桨式搅拌器均固联在罐盖上，当使用液压装置抬起罐盖时，各装置也同时升高、离开罐体。罐体可翻转，利于出料、清洗。桨式搅拌器偏置在罐体旁，可使膏体作多种方向流动。紧贴罐壁安装的聚四氟乙烯软性刮板式搅拌器可减少搅拌死角，又能刮净罐壁的余料。

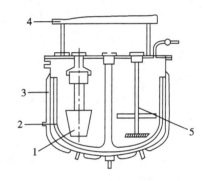

图 8-16　制膏机

1. 胶体磨；2. 带刮板框式搅拌器；3. 夹套锅体；4. 液压提升装置；5. 桨式搅拌器

6. 灌装和封尾设备　按自动化程度，软膏灌装机可分为手工灌装机、半自动灌装机和自动灌装机；按膏体定量装置可分为活塞式和旋转泵式容积定量；按膏体开关装置可分为旋塞式和阀门式；按软管操作工位可分为直线式和回转式；按软管材质可分为金属管、塑料管和通用灌装机；按灌装头数可分为单头、双头或多头灌装机。

生产中常用的软膏自动灌装机由 5 个组成部分组成，即：上管机构、灌装机构、光电对位装置、封口机构和出管机构。

（1）上管机构：由进管盘和输管盘组成。空管由手工单向卧置（管口朝向一致）推进管盘内，进管盘与水平面成一定斜角。空管输送道可根据空管长度调节其宽度。靠管身自重在输送道的斜面下滑，出口处被插板挡住，使空管不能越过。利用凸轮间隙抬起下端口，使最前面一支空管越过插板，并受翻管板作用，以管尾朝上的方向被滑入管座。凸轮的旋转周期和管座链的间隙移动周期一致。在管座链拖带管座移开的过程中，进管盘下端口下落到插板以下，进管盘中的空管顺次前移一段距离。插板起到阻挡空管的前移及利用翻管板使空管轴线由水平翻转成竖直作用。如图 8-17 所示。

管座链是一个平面布置的链传动装置，链轮通过槽轮传动做间隙运动。支承软管的管座间隔地安装在链上。调整管座在链上位置，可保证管座间隙，使管座准确停位于灌装、封口各工序。

由翻管板落入管座的空管受摩擦力的影响，管尾高低不一。当空管滑入管座时，其

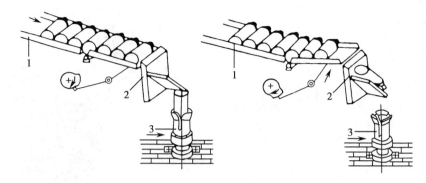

图 8-17　插板控制器及翻管示意图
1. 进管盘；2. 插板(带翻管盘)；3. 管座

上方有一个受四连杆机构带动的压板向下运动，将软管尾口压至一定高度。为保证空管中心准确定位，在管座上装有弹性夹片，压板在做下压动作时，即可保证软管在夹片中插紧。

(2) 灌装机构：灌装药物采用活塞泵计量，为保证计量精度，可微调活塞行程来加以控制。图 8-18 为灌装活塞动作示意图，可通过冲程摇臂下端的螺丝调节活塞的冲程。随着冲程摇臂作往复运动，控制旋转的泵阀间或与料斗接通，使得物料进入泵缸；间或与灌药泵嘴接通，将缸内的药物挤出喷嘴而灌药。活塞泵同时具有回吸功能，当软管接受药物后尚未离开喷嘴时，活塞先稍微返回一小段，泵阀尚未转动，喷嘴管中的膏料即缩回一段距离，可

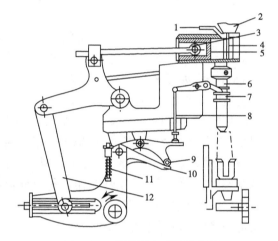

图 8-18　灌装活塞动作示意图
1. 压缩空气管；2. 料斗；3. 活塞杆；4. 回转泵阀；5. 活塞；6. 灌药喷嘴；7. 释放杯；8. 顶杆；9. 滚轮；10. 滚轮轨；11. 拉簧；12. 冲程摇臂

避免嘴外余料碰到软管封尾处的内壁而影响封尾质量。在喷嘴内还套装一个吹风管，平时膏料从风管外喷出，灌装结束开始回吸时，泵阀上的转齿接通压缩空气管路，用于吹净喷嘴端部的膏料。

当管座链拖动管座位于灌药喷嘴下方时，利用凸轮将管座抬起，将空管套入喷嘴。管座沿着槽形护板抬起，护板两侧嵌有弹簧支撑的永久磁铁，利用磁铁吸住管座，可保持管座稳定升高。

管座上的软管上升时将碰到套在喷嘴上的释放环，推动其上升。利用杠杆原理，使顶杆下压摆杆，将滚轮压入滚轮轨，从而使冲程摇臂受传动凸轮带动，将活塞杆推向右方，泵缸中的膏料挤出。当管座上无管时，虽然管座仍然上升，但因为没有软管推动释放环，拉簧使滚轮抬起，不会压入滚轮轨，传动凸轮空转，冲程摇臂不动，从而保证无管时不灌药。活塞泵缸上方置有料斗，外臂装有电加热装置，可适当加热，以保持膏料的流动性。

(3) 光电对位装置：光电对位装置由步进电机和光电管组成，其作用是使软膏管在封尾前，管外壁的商标图案都按同一方向排列。步进电机直接带动管座转动一定角度，并通过同步传送带，保持软管和电机同步转动，软管被送到光电对位工位时，对光凸轮使提升杆向

上抬起,使管座离开托杯,再由对光中心锥凸轮的作用使圆锥中心压紧软管。接近开关控制器,使步进电机由慢速转动变成快速转动,管子和管座随之转动。当发射式光电开关识别到管子上预先印好的色标条纹后,步进电机随即制动而停止转动。在对光升降凸轮的作用下,提升套随之下降,管座落到原来托杯中,完成对位工作。光电开关离开色标条纹后,步进电机又开始慢速转动,进入下一个循环。装置如图8-19所示。

(4) 封口机构:根据软管材料不同,分为塑料管的加热压纹封尾和金属管的折叠式封尾。其中金属管折叠式封口机构,在封口架上配有三套平口刀站,两套折叠刀站和一套花纹刀站。封口机架除了支撑六套刀站外,还可根据软管不同长度调整刀架的上、下位置。封口机构通过两对弧齿圆锥齿轮、一对正齿轮将主轴上动力传递到封口机构的控制轴上,由一对封尾共轭凸轮和杠杆传送到封尾轴,在封尾轴上安装

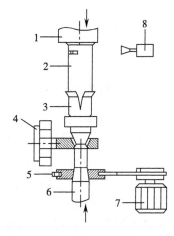

图 8-19　光电对位机构示意图
1.锥形夹头;2.软管;3.管座;4.管座链;5.齿槽传动链;6.顶杆;7.步进电机;8.光电开关

各种刀站,刀站上每套架有两片刀,同时向管子中心压紧。软管封尾过程如图8-20所示,其中1、3、5是由平口刀站完成,2、4是由折叠刀站完成,6是由花纹刀站完成。六套钳口在机架上的安装位置及钳口的尺寸变化依软管的规格可进行调换与调整。

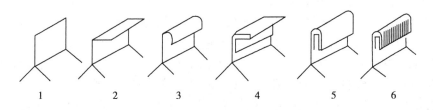

图 8-20　软管封尾过程示意图
1、3、5.平口刀站完成;2、4.折叠刀站完成;6.花纹刀站完成

(5) 出料机构:封尾后的软管随管座链运行至出料工位,主轴上的出料凸轮带动出料顶杆上抬,从管座的中心孔将软管顶出,使其滚翻到出料斜槽中,滑入输送带,送去外包装,如图8-21所示。

三、软膏剂的质量评价

软膏剂的质量评价主要包括药物含量测定、物理性状检查、刺激性、稳定性检测、装量检查、微生物限度检查以及药物释放、吸收的评定。用于烧伤或严重创伤的软膏剂应进行无菌检查;混悬型软膏剂应进行粒度检查。

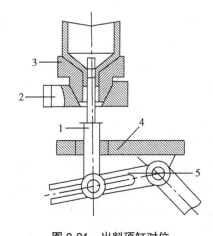

图 8-21　出料顶缸对位
1.出料顶杆;2.管座链节;3.管座;4.机架;5.凸轮摆杆

第三节 栓 剂

一、栓剂的生产

(一) 栓剂的含义与特点

栓剂(suppositories)系指药物与适宜基质制成的具有一定形状的供人体腔道给药的固体制剂。栓剂在常温下为固体,塞入腔道后,在体温下能迅速软化、熔融或溶解于分泌液,逐渐释放药物产生局部或全身作用。

与口服制剂相比,栓剂具有以下特点:①药物不会因胃肠道 pH 或酶的破坏而失去活性;②减少了药物对胃黏膜的刺激,干扰因素比口服少,能促进药物吸收;③可避免肝脏首关效应;④吸收快、起效快、作用时间长;⑤为不能或不愿吞服药物患者的有效给药途径,尤其适于婴幼儿和儿童。

栓剂的不足之处在于使用过程中某些患者不习惯,不如口服给药方便,生产效率较低,成本稍高;储藏不当易出现变形、软化、霉变等现象;难溶性药物或在黏膜中呈离子型的药物不宜直肠给药。

(二) 栓剂的分类

1. 按给药途径分类　栓剂按使用腔道不同分为直肠用、阴道用、尿道用栓剂等,例如肛门栓、阴道栓、尿道栓等,其中最常用的是肛门栓和阴道栓。直肠给药既可起到局部治疗作用,又能使药物发挥全身治疗作用,而阴道给药主要起局部治疗作用。直肠栓的形状有鱼雷形、圆锥形和圆柱形等。成人用直肠栓每粒质量约为 2g,儿童用约为 1g,长 3~4cm。以鱼雷形较为常用,因其塞入肛门后在括约肌的收缩作用下易引入直肠。阴道栓的形状有鸭嘴形、球形和卵形等。每粒质量为 3~5g,长 1.5~2.5cm,以鸭嘴形较为常用。

2. 按制备工艺与释药特点分类　栓剂按制备工艺和释药特点不同,分为传统工艺制备的普通栓和特殊工艺制备的双层栓、中空栓、微囊栓、渗透泵栓、缓释栓及泡腾栓等。

(三) 栓剂的基质与其他附加剂

栓剂的基质是制备栓剂的关键。其不仅赋予药物成型,而且显著影响药物的释放。局部作用的栓剂要求药物释放缓慢、持久,全身作用则要求栓剂进入腔道后迅速释药。制备栓剂的理想基质的要求有:①在室温下有适宜的硬度或韧性,塞入腔道不致变形或碎裂;体温下易软化、熔融或溶解于体液。②理化性质稳定,与药物无相互作用,不影响主药的含量测定和药理作用。③具有润湿或乳化能力,能混入较多的水。④油脂性基质酸值小于 0.2,皂化值为 200~245,碘值低于 7。⑤对黏膜无刺激性、毒性和过敏性反应。作为实际应用的栓剂基质,可以根据用药目的和药物的性质等来选用。常用的栓剂基质分为油脂性基质和水溶性基质两大类。

1. 油脂性基质　主要包括天然油脂、半合成或全合成的脂肪酸甘油酯。

(1) 天然油脂:系由天然植物的种仁中提取精制而得,如可可豆脂、香果脂、乌桕脂等。可可豆脂系由梧桐科植物可可树的种子中提取制得的固体脂肪。在常温下为黄白色固体,在体温下能迅速融化,可塑性好,气味佳,无刺激性。主要含硬脂酸、棕榈酸、油酸、亚油酸和月桂酸的甘油酯,所含酸的比例不同,熔点及释药速度不同。可可豆脂为同质多晶物,具有 α、β、β'、γ 四种晶型,其中 α、γ 晶型不稳定,熔点分别为 22℃和 18℃,β 晶型最稳定,熔点为 34℃,晶型之间可随温度不同而发生相互转化。为避免晶型转化,影响栓剂的成型,制备时通常缓慢升温,待基质融化 2/3 时停止加热,利用余热使其全部融化,以减少晶型的转化。有些药物如樟脑、挥发油、冰片、水合氯醛等能使可可豆脂熔点降低,加入 3%~6% 的蜂蜡可提高其熔点。可可豆脂是栓剂的理想基质,但产量少,价格较贵,其代用品有香果脂、乌桕脂等。

香果脂系由樟科植物香果树的成熟种仁脂肪油精制而得。为白色结晶粉末或淡黄色固体块状物,味淡。熔点 30~34℃,高于 25℃开始软化,与乌桕脂配合使用可克服易软化的缺点。

乌桕脂系由乌桕科植物乌桕树的种子外层固体脂肪精制而得。为白色或黄白色固体,味臭,无刺激性,熔点 38~42℃。释药速度比可可豆脂慢。

(2) 半合成或全合成脂肪酸甘油酯:系由天然植物油(椰子油、棕榈油)等经水解、分馏得到的 C_{12}-C_{18} 脂肪酸,经部分氢化再与甘油酯化而得的甘油三酯、二酯、一酯的混合物。由于其所含不饱和脂肪酸较少,不易腐败,且熔点适宜,是目前取代天然油脂的较理想基质。国内已生产的有半合成椰油脂、半合成山苍子油脂、半合成棕榈油脂、硬脂酸丙二醇酯等。

2. 水溶性基质 一般为天然或合成的高分子水溶性物质。常用的水溶性基质有甘油明胶、聚乙二醇、聚氧乙烯单硬脂酸酯类、泊洛沙姆等,其中以甘油明胶、泊洛沙姆等为基质制成的栓剂,冷凝后呈凝胶状,亦称水凝胶基质。

(1) 甘油明胶:系由明胶、甘油和水按照一定比例组成,多用作阴道栓剂基质,发挥局部作用。其优点是有弹性、不易折断、在体温下不熔化,塞入腔道后能缓慢地溶于分泌物中,药效缓和而持久。以甘油明胶为基质的栓剂储存时易受真菌等微生物污染,故需加抑菌剂,同时应注意产品在干燥环境中的失水性。

(2) 聚乙二醇:系由乙二醇逐步加成聚合得到的一类水溶性聚醚。此类基质随着乙二醇的聚合度、相对分子质量的不同,物理性状也不一样。聚乙二醇类无生理活性,体温下不熔化,但能缓慢溶于体液而释放药物。高浓度时聚乙二醇因其强吸水性对黏膜有一定的刺激性,加入约 20% 的水可减轻其刺激性。聚乙二醇具有吸湿性,其制品吸潮后易变形,应采用防潮包装并储存于干燥处。聚乙二醇分子中存在大量的醚氧原子,某些物质,如苯巴比妥、茶碱等与其形成不溶性络合物而减活或失效;鞣酸、水杨酸、磺胺等可使聚乙二醇软化或变色,故不宜合用。

(3) 聚氧乙烯单硬脂酸酯类:商品名为 Myrj52,商品代号 S-40,系聚乙二醇的单硬脂酸类与二硬脂酸酯的混合物,呈白色或微黄色蜡状固体,无臭。与聚乙二醇混合使用可制备释放性能较好、性质稳定的栓剂。

(4) 泊洛沙姆:系聚氧乙烯和聚氧丙烯的嵌段共聚物,根据聚合物中聚氧乙烯/聚氧丙烯所占比例不同,泊洛沙姆具有多种型号,其中最常用的型号为 Poloxamer 188,为白色至微黄色蜡状固体,微有异臭,易溶于水和乙醇。作为栓剂基质,能促进药物吸收并具有缓释与延效作用。

3. 其他附加剂 栓剂处方中除主药与基质外,根据不同的用药目的还需要加入其他成分。

(1) 吸收促进剂:发挥全身作用的栓剂,为了增加全身吸收,可加入表面活性剂、氮酮、芳香族酸性化合物、脂肪族酸性化合物等物质作为吸收促进剂。

（2）乳化剂：当栓剂处方中有与基质不相混溶的液体时，特别是当其含量大于5%时，可加入适量的乳化剂，防止分散不均匀或出现分层现象。

（3）抗氧剂：当主药对氧化反应比较敏感时，可加入适宜的抗氧剂，如叔丁基茴香醚、没食子酸等。

（4）防腐剂：当栓剂处方中有水溶液或植物浸膏时，易孳生细菌或真菌等微生物，可加入适宜防腐剂，以防止栓剂长霉、变质。使用防腐剂时应考察其溶解度、有效剂量、配伍禁忌以及直肠和阴道的耐受性。

（5）增稠剂：当药物与基质混合时，因机械搅拌情况不良或生理上需要时，可加入适量的增稠剂，如氢化蓖麻油、单硬脂酸甘油酯等。

（6）着色剂：栓剂可酌情加入着色剂，便于识别。

（7）硬化剂：若制备的栓剂在储存和使用时过软，可加入适量的硬化剂，如白蜡、鲸蜡醇、硬脂酸、巴西棕榈蜡等进行调节。

（四）栓剂的制备方法

栓剂的制备方法主有搓捏法、冷压法与热熔法，可根据所用基质性质的不同而加以选择。水溶性基质多采用热熔法，油脂性基质可采用上述任何一种方法。

1. 搓捏法　为最简单和古老的栓剂制作方法，是将含有主药的混合好的栓剂基质以手工搓制成型。这种方法制备所得栓剂外形不一致，不美观，已很少使用，仅适用于小量制备或实验用。

2. 冷压法　多用于油脂性基质的制备。其过程是先将药物与基质粉末置于容器内，混匀后装于制栓机的圆筒内，通过模型挤压成型。常用的制栓机为卧式机，其结构如图8-22所示。采用冷压法制栓操作简单，外形美观，但生产效率低，成型过程中易混入空气造成剂量不准，不易大量生产，在国内栓剂生产中很少应用。

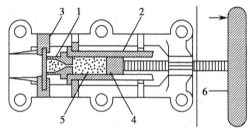

图8-22　卧式制栓机示意图
1.模型；2.圆筒；3.平板；4.旋塞；5.药物与基质的混合物；6.旋轮

3. 热熔法　油脂性基质和水溶性基质均可采用此法制备，是应用最广泛的一种制栓方法。将基质加热熔化（勿使温度过高），然后加入不同的药物，混合，使药物均匀分散于基质中，倾入已冷却并涂有润滑剂的栓模中，冷却成型。

二、栓剂生产设备

热熔法制备栓剂（包括灌注、冷却和取出）全部由机器完成，其设备主要有配料设备和灌装成型设备。

1. 配料设备　在栓剂生产的配料工艺中，常用设备包括粉碎机、筛分机、混合罐及熔融罐等。其中以熔融罐应用最多。

熔融罐用于栓剂基质的熔融。一般的熔融罐均采用水浴夹套加热，罐外加保温层，罐内装有低速搅拌器，以防止高速搅拌时带入空气产生气泡。熔融罐有分离式和整体式两类。在分离式设备中，栓剂基质的熔融、过滤和保温储存分别由带有水浴的搅拌罐、过滤器和带有保温功能的料桶3个独立的设备完成，设备占用空间大，采用较少；而在整体式设备中（图

8-23),上述 3 个功能合并在一台仪器中完成。

2. 栓剂灌装成型设备 模制成型过程可分为手工、半自动和全自动 3 种。手工制备比较简单,主要用于小试及小批量栓剂的制备。大量生产栓剂主要采用热熔法并用半自动、全自动模制机器。成品可采用铝箔、塑料袋或塑料盒包装。

半自动注模及包装流程如图 8-24 所示。在半自动灌注机上手工灌注药液和铲除余料,而模具自动转位及冷却。在包装机上手工使栓剂就位,其后由机器自动完成塑料盒成型或铝塑热封及成品冲切等工序。

全自动成型工艺借助于栓剂灌装成型机械,是进行大规模生产栓剂的常用方法。栓剂灌装成型机械包括栓剂挤压机、栓剂压片机和栓剂注模机,其中常用的为栓剂注模机。其有直线型及旋转型等型式,在注模机上完成注模、冷却、出料等过程。常用的有半自动旋转式栓剂注模机与自动旋转式制栓机。

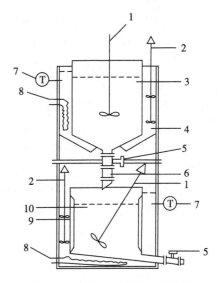

图 8-23 整体式熔融罐机结构图

1. 溶液搅拌;2. 水浴搅拌;3. 熔融罐主罐;4. 水浴;5. 阀;6. 过滤器;7. 温度控制器;8. 电热元件;9. 挡板;10. 熔融罐副罐

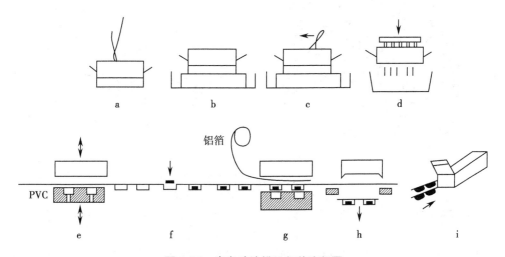

图 8-24 半自动注模及包装流程图

a. 手工注模;b. 冷却;c. 手工铲除;d. 手工出料;e. 加热吸塑成型;f. 手工置栓剂;
g. 热压封装;h. 冲切;i. 装盒

半自动栓剂注模机(图 8-25)主要由机械传动、注模导轨、冷却板、气动系统、制冷给水系统、控制系统组成。其工作原理为环形轨道上装有 8 副灌装模具,做间歇回转。环形轨道每回转一周停位 8 次,使注模依次于各工位处完成灌注、冷却、铲除余料、脱模出料等过程。待回转停位时,环形轨道下移,使模具落位于冷却板上,各模具内药物被冷却成型。在转位开始前,利用气缸将环形轨道及注模同时顶起,以离开冷却板。在圆环形冷却板上有一处缺口(对应着 8 副模具之一),成型冷却后的栓剂在缺口处出料。

在自动旋转式制栓机(图 8-26)中,栓剂基质加入加料斗,斗中保持恒温并持续搅拌,基质灌注进入模具,应保持模具的满盈,模具的预先润滑通过涂刷或喷雾来完成。待基质凝固后,将多余部分削去。注入与刮削装置均由电热装置控制温度。一般通过调节旋转式冷却台的转速来适应不同栓剂基质的冷却。当凝固的栓剂转至抛出位置时,栓模打开,栓剂被一个钢制推杆推出,模具再次闭合,转移至喷雾装置处进行润湿,开始新的周期。温度和生产速度可按能获得最适宜的连续自动化生产的要求来调整。

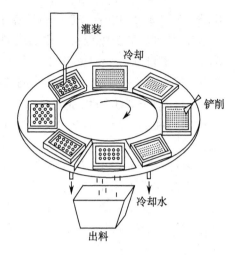

图 8-25　半自动旋转式栓剂注模机

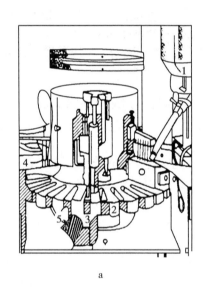 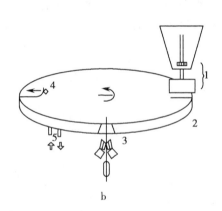

　　　　　　a　　　　　　　　　　　　　b

图 8-26　自动旋转式制栓机
a. 外形示意图;b. 操作主要部分
1. 饲料装置及加料斗;2. 旋转式冷却台;3. 栓剂抛出台;4. 刮削设备;5. 冷冻剂入口及出口

目前,栓剂的生产基本采用全自动栓剂灌封机组(图 8-27),可以实现从制壳、灌注、定型、脱模、包装到成品的全过程。在该设备中,成卷的塑料片材(PVC、PVC/PE)经过栓剂制带机正压吹塑成形,自动进入灌注工位,已搅拌均匀的药液通过高精度计量装置自动灌注到空壳内,然后进入冷却工位,经过一定时间的低温定型,药液凝固,得到固体栓剂。接着顺序通过封口工位的预热、封口、打批号、打撕口线、切底边、齐上边、计数剪切工序,最终得到成品栓剂。

三、栓剂的质量评价

栓剂的外形应完整光滑,色泽均匀,无气泡或裂缝,无变形、熔化、霉变等现象。塞入腔道后能熔化、软化或溶化。重量差异、融变时限、稳定性、刺激性等应符合现行版《中国药典》的有关规定。

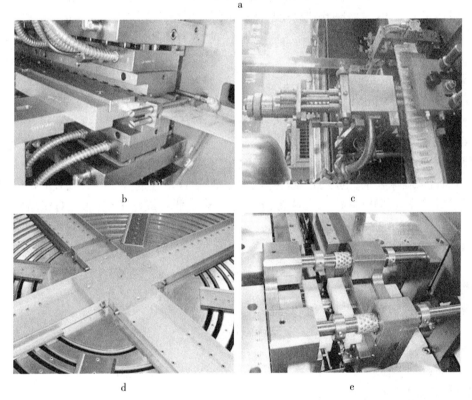

图 8-27　全自动栓剂灌封机组

a.全自动栓剂灌封机组外形图；b.制壳工序；c.灌注工序；d.冷却工序；e.封口工序

第四节　膜　　剂

一、膜剂的生产

（一）膜剂的含义与特点

膜剂是将药物溶解或均匀分散于成膜材料中加工制成的膜状制剂。可供口服、口含、舌下、黏膜、腔道等使用，也可用于皮肤创伤、烧伤或炎症表面的敷贴，发挥局部或全身作用。膜剂的形状、大小、厚度视应用部位的特性、药物性质及成膜材料而定。

膜剂质量轻、体积小，成膜材料用量少，便于携带、运输和储存；药物剂量准确，稳定性好，使用方便；生产工艺简单，生产过程中无粉尘飞扬；可控制药物释放速度；多层复方膜剂还可避免药物的配伍禁忌;但膜剂载药量少,不适用于剂量较大的药物。

（二）膜剂的分类

1. **按给药途径分类** 膜剂可分为供口服的内服膜剂,如地西泮膜剂、复方炔诺酮膜剂等;供口腔或舌下给药的口腔用膜剂,如硝酸甘油膜剂、口腔溃疡膜等;用于皮肤或黏膜创伤及炎症的外用膜剂,可起到治疗及保护作用,如止血消炎膜剂;其他膜剂:如眼用膜剂、阴道用膜剂、牙周用膜剂、皮肤植入膜剂等。

2. **按膜剂的结构类型分类** 膜剂可分为单层膜、多层膜和夹心膜等。单层膜剂系指药物直接溶解或分散在成膜材料中制成的膜剂,普通膜剂多属于这一类;多层膜剂是将有配伍禁忌或相互有干扰的药物分别制成薄膜,然后再将各层叠合黏结在一起,有利于解决药物配伍禁忌,也可以制备成缓释、控释膜剂。夹心膜是将含有药物的膜置于两层不溶的高分子膜中间,可起缓释、长效或矫味作用。

（三）膜剂的质量要求

膜剂外观应完整光洁,色泽均匀,厚度一致,无明显气泡,剂量准确,性质稳定,无刺激性、毒性。多剂量膜剂的分格压痕应均匀清晰,并能按压痕撕开。

（四）膜剂的成膜材料

膜剂一般由药物、成膜材料、增塑剂等组成,根据不同给药途径、药物与成膜材料的性质、给药剂量及临床要求,也可加入着色剂、填充剂、表面活性剂、促渗剂、抗氧剂、增溶剂等。其中成膜材料作为药物的载体,其性能、质量不仅影响膜剂成型工艺,而且对成品质量及药物释放具有重要影响。

1. 膜剂的一般组成

主药	0%~70%（W/W）
成膜材料	30%~100%
增塑剂（丙二醇、甘油等）	0%~20%
表面活性剂（聚山梨酯80、十二烷基硫酸钠等）	1%~2%
填充剂（$CaCO_3$、淀粉等）	0%~20%
着色剂（色素、TiO_2等）	0%~2%
脱模剂（液状石蜡等）	适量

2. **成膜材料的基本要求** 理想的成膜材料应对人体无毒、无刺激性、无过敏性,用于皮肤、黏膜等创面时,应不妨碍组织愈合;性质稳定,不与药物反应,不降低药物的活性,不干扰药物的含量测定;成膜和脱膜性能良好,成膜后具有足够的强度和柔韧性;用于口服、腔道等膜剂的成膜材料应具有良好的水溶性,可被逐渐降解、吸收或排泄;外用膜剂的成膜材料应能完全迅速释放药物;来源丰富、价格便宜。

3. **常用成膜材料** 常用成膜材料主要有天然或合成的高分子化合物。

天然高分子成膜材料有虫胶、明胶、阿拉伯胶、琼脂、淀粉、玉米朊、白及胶、海藻酸等,多数可生物降解或溶解,但成膜与脱膜性能较差,故常与合成高分子材料合用。

合成高分子成膜材料有纤维素衍生物、聚乙烯类化合物、丙烯酸类共聚物等。此类材料成膜性能良好,成膜后具有足够的强度和柔韧性。

（1）聚乙烯醇（PVA）:系由醋酸乙烯酯聚合成聚醋酸乙烯后,再经碱性甲醇醇解得到的结晶性高分子材料。其性质和规格主要由聚合度和醇解度来决定。聚合度越大,相对分子质量则增大,水溶性越低,水溶液黏度越大,成膜性能则越好。一般认为醇解度为88%时,水溶性最好,在温水中能很快溶解;当醇解度为 99% 以上时,其在温水中只能溶胀,在沸水中才能溶解。医药级聚乙烯醇是一种极安全的高分子有机物,对皮肤和黏膜无毒、无刺激性,具有良好的生物相容性。

(2) 乙烯 - 醋酸乙烯共聚物(EVA):系乙烯和醋酸乙烯在过氧化物或偶氮异丁腈引发下共聚而成的水不溶性高分子材料,具有较高的热塑性。其相对分子质量及醋酸乙烯含量决定了本品的性能。在相对分子质量相同时,醋酸乙烯比例越大,其溶解性、柔韧性和透明度越好。

乙烯 - 醋酸乙烯共聚物无毒、无臭、无刺激性,对人体组织有良好的适应性;不溶于水,能溶于二氯甲烷、三氯甲烷等有机溶剂,化学性质稳定,耐强酸和强碱,但强氧化剂可使之变性;熔点较低,成膜性能良好。

(3) 丙烯酸树脂类:系由甲基丙烯酸钠、丙烯酸酯、甲基丙烯酸等单体按不同比例共聚而成的一类高分子聚合物材料。药用规格商品名为 Eudragit,有胃溶型、肠溶型及不溶型等多个系列,均具有一定的成膜性。一般丙烯酸酯的含量越高,其成膜性越好;丙烯酸酯的碳链越长以及不含支链时,其柔韧性越好;含丙烯酸丁酯的树脂较含丙烯酸乙酯或甲酯的树脂有更好的成膜性。

4. 增塑剂　在膜剂制备中,为改善成膜材料的成膜性能,增加其柔韧性,往往需加入增塑剂。增塑剂通常是低分子化合物,能够插入聚合物分子链间,削弱链间的相互作用力,增加链的柔性,从而降低高分子聚合物的玻璃化转变温度,增加成膜材料的柔韧性。常用增塑剂可分为水溶性和脂溶性两大类。水溶性增塑剂主要是低分子的多元醇类,如丙二醇、甘油、山梨醇、PEG400、PEG600 等;脂溶性增塑剂主要是有机羧酸酯类化合物,如三醋酸甘油酯、邻苯二甲酸酯等。膜剂中增塑剂的选择取决于成膜材料的性质,可通过相容性试验视增塑效率(抗张强度、拉伸率、滞留值等)而定,一般水溶性成膜材料选择水溶性增塑剂,脂溶性成膜材料选择脂溶性增塑剂。

(五) 膜剂的制备方法

膜剂的制备方法主要包括涂膜法、热塑法、挤出法、压延法、溶剂法、复合制膜法等,国内制备膜剂多采用涂膜法。

1. 匀浆制膜法　又称涂膜法,是将成膜材料溶于适当的溶剂中,滤过,取滤液,加入药物溶液或细粉及附加剂,充分混合成含药浆液(水溶性药物可先溶于水中后加入;醇溶性药物可先溶于少量乙醇中,然后再混合;不溶于水的药物可粉碎成细粉加入,也可加适量聚山梨酯 80 或甘油研匀加入),脱去气泡,然后用涂膜机涂成所需厚度的涂层,干燥,根据药物含量计算单剂量膜的面积,剪切后用适宜的材料包装即得。本法常用于以 PVA 等为载体的膜剂的制备。

2. 热塑制膜法　系将药物细粉和成膜材料混合,用橡皮滚筒混炼,热压成膜;或将药物细粉加入熔融的成膜材料中,使其溶解或混合均匀,在冷却过程中成膜。本法溶剂用量少,机械生产效率高,常用于以 EVA 等为载体的膜剂制备。

3. 复合制膜法　系指以不溶性的热塑性成膜材料(如 EVA)为外膜,制成具有凹穴的外膜带,另将水溶性的成膜材料(如 PVA)用匀浆制膜法制成含药的内膜带,剪切成单位剂量大小的小块,置于两层外膜带中,热封,即得。此法常用来制备缓释膜剂。

4. 溶剂制膜法　根据成膜材料的性能,选择适宜的溶剂,使之溶解,然后加入药物溶解或混合均匀,用倾倒、喷雾或涂抹等方式吸附在具一定容量的平面容器中,待溶剂挥发或回收后,即成薄膜状,并在减压下将此薄膜放置一定时间,使溶剂充分逸出,即得。此法简单,不需特殊设备,适合少量制备。

5. 压延制模法　膜料与填料混合后,在一定温度和压力下,用压延机热压熔融成一定厚度的薄膜,后冷却、脱模。

6. 挤出制膜法　系将多聚物经加热(干法)或加入溶剂(湿法)使成流动状态,借助挤出机的旋转推进压力的作用,使之通过一定模型的机头,制成一定厚度的薄膜。

二、膜剂生产设备

与膜剂生产相适应的设备主要包括配料罐、搅拌机、涂膜机等,本节主要阐述膜剂生产最常用的设备涂膜机。

涂膜机主要由干燥箱、鼓风机、电热丝、转鼓、卷膜盘、流液嘴、控制板、不锈钢循环带等部件构成,基本结构如图 8-28 所示。将已配制好的含药膜料倒入加料斗中,通过可调节流量的流液嘴,膜液以一定的宽度和恒定的流量涂在抹有脱模剂的不锈钢循环带上,经热风(80~100℃)干燥,迅速成膜,然后将药膜从传送带上剥落,由卷膜盘将药膜卷入聚乙烯薄膜或涂塑纸、涂塑铝箔、金属箔等包装材料中,根据剂量热压或冷压划痕成单剂量的分格,再进行包装,即得。

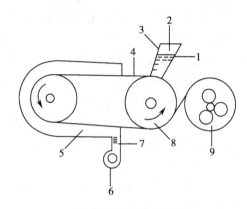

图 8-28　涂膜机示意图
1. 流液嘴;2. 含药浆液;3. 控制板;4. 不锈钢循环带;5. 干燥箱;6. 鼓风机;7. 电热丝;8. 主动轮;9 卷膜盘

三、膜剂的质量评价

膜剂应完整,光洁,厚度一致,色泽均匀,无明显气泡。多剂量的膜剂,分格压痕应均匀清晰,并能按压痕撕开。重量差异、微生物限度等应按现行版《中国药典》二部附录膜剂项下的各项规定进行。

第五节　气雾剂、粉雾剂与喷雾剂

一、气雾剂

(一)气雾剂的生产技术

气雾剂系指含药溶液、乳状液或混悬液与适宜的抛射剂共同封装于具有特制阀门系统的耐压容器中,使用时借助抛射剂的压力将内容物呈雾状以定量或非定量喷出的制剂。气雾剂由抛射剂、药物与附加剂、耐压容器和阀门系统组成。其性能在很大程度上依赖于耐压容器、阀门系统和抛射剂等。

使用气雾剂后,药物可以直接到达作用部位或吸收部位,具有十分明显的速效作用(如吸入气雾剂)与定位作用,如治疗哮喘的气雾剂可使药物粒子直接进入肺部,吸入两分钟即能显效,因此在呼吸道给药方面具有其他剂型不能替代的优势。气雾剂经肺部吸收给药,还可克服口服给药造成的胃肠道不适与肝脏的首关效应;气雾剂中的药物封装于密闭的容器中,可以保持清洁和无菌状态,减少药物受污染的机会,有利于提高药物的稳定性;使用气雾剂时,无需饮水,一揿(吸)即可,尤其适用于 OTC 药物,有助于提高患者的用药顺应性。但气雾剂需要使用耐压容器、阀门系统和特殊的生产设备,故生产成本较高;因抛射剂挥发性高,有制冷效应,故对受伤皮肤多次给药时可引起不适感和刺激作用;氟氯烷烃类抛射剂在动物或人体内达到一定浓度可致敏心脏,造成心律失常,故治疗用的气雾剂对心脏病患者不适宜。

按分散系统分类,气雾剂可分为溶液型、乳剂型和混悬型气雾剂;按相的组成分类,气雾剂可分为二相和三相气雾剂;按给药途径分类,气雾剂可分为吸入用、皮肤和黏膜用以及空间消毒用气雾剂;按是否采用定量阀门系统,气雾剂可分为定量与非定量气雾剂。

(二) 气雾剂的制备

气雾剂制备工艺流程:容器与阀门系统的处理和装配→药物的配制与分装→抛射剂的填充→质量检查→包装→成品。

1. 容器与阀门系统的处理和装配

(1) 耐压容器处理:盛装气雾剂主要有玻璃容器和金属容器两大类。玻璃容器化学性质比较稳定,目前应用最多,但耐压性和抗撞击性较差,故常在玻璃瓶的外面搪以塑料层。方法是将玻璃瓶洗净、烘干,并预热到(125±5)℃,趁热浸入塑料黏液中,使瓶颈以下均匀地粘上一层塑料液,倒置,在(160±10)℃干燥 15 分钟即可。塑料黏液可由高分子材料、增塑剂(如苯二甲酸二丁酯或苯二甲酸二辛酯)、润滑剂(如硬脂酸钙或硬脂酸锌)和色素等组成。金属容器包括铝、马口铁和不锈钢等,耐压性强,但不利于药物稳定,故常内涂环氧树脂、聚氯乙烯或聚乙烯等保护层。

(2) 阀门系统的处理与装配:阀门系统用于控制药物的喷射剂量。除一般阀门系统外,还有吸入用的定量阀门,供腔道或皮肤等外用的泡沫阀门。制造阀门系统的塑料、橡胶、铝或不锈钢等材料应对内容物为惰性,具有并保持适当的强度,加工应精密。

阀门系统一般由推动钮、阀门杆、橡胶封圈、弹簧、定量室和浸入管组成,并通过铝帽将阀门系统固定在耐压容器上,如图 8-29 所示。

将阀门系统中的塑料和尼龙制品洗净后,浸于 95% 乙醇中备用;不锈钢弹簧在 1%~3% 的碱液中煮沸 10~30 分钟,用水洗至无油腻,浸泡在 95% 乙醇

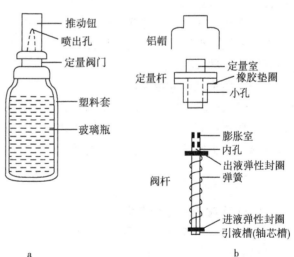

图 8-29 气雾剂的定量阀门系统装置及部件图
a. 气雾剂外形;b. 定量阀部件

中备用;橡胶制品用 75% 乙醇浸泡 24 小时,干燥备用。上述经处理的零件按阀门系统的构造进行装配。

2. 药物的配制与分装 根据药物的性质和处方组成的差异,气雾剂中药液的配制方式各有不同。一般而言,溶液型气雾剂应制成澄清药液;混悬型气雾剂应将药物微粉化处理,与其他附加剂混匀;乳剂型气雾剂应制成均匀稳定的乳剂。将上述配制好的药物分散系统

定量分装于容器内,装配阀门,扎紧封帽。

3. 抛射剂的填充 抛射剂的填充主要有压灌法和冷灌法两种,其中压灌法较为常用。

(1)压灌法:在压灌法中,配制好的药液已预先分装于容器内,并装配了阀门和封帽,然后压装机上的灌装针头插入气雾剂阀门杆的膨胀室内,阀门杆向下移动,压装机与气雾剂的阀门同时打开,过滤后的液化抛射剂在压缩气体的压力下定量地进入气雾剂的耐压容器内。常用压罐设备如图8-30所示。

压灌法在室温下操作,设备简单;抛射剂的损耗少,但生产速度慢,并且在使用过程中压力的变化幅度较大。国外气雾剂的生产主要采用高速旋转压装抛射剂的工艺,产品质量稳定,生产效率大为提高。

(2)冷灌法:在冷灌法中,利用冷却设备将药液冷却至低温(−20℃左右),进行药液的分装,然后将冷却至沸点以下至少5℃的抛射剂

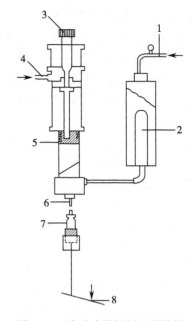

图 8-30 脚踏式抛射剂压装装置
1. 抛射剂进口;2. 滤棒;3. 装置调节器;4. 压缩空气进口;5. 活塞;6. 灌装针;7. 容器;8. 脚踏板

灌装到气雾剂的耐压容器中;或将冷却的药液和抛射剂同时进行灌装,再立即安装上阀门系统,并用封帽扎紧。

冷灌法是在开口的容器上进行灌装,对阀门系统没有影响,成品压力较稳定。但需要制冷设备和低温操作;由于抛射剂损失较多,因此操作必须迅速。乳剂型或含水分的气雾剂不适于用此法进行灌装。

(三)气雾剂的质量评价

吸入型气雾剂应标明每瓶装量、主药含量、总揿次和每揿主药含量等;三相吸入型气雾剂的药物颗粒应控制在 $10\mu m$ 以下,大多数在 $5\mu m$ 以下,二相气雾剂应为澄清、均匀的溶液,其雾滴大小也要控制;还应进行泄漏和爆破检查,确保安全使用。

二、粉雾剂

(一)粉雾剂的生产技术

粉雾剂按用途可分为吸入粉雾剂、非吸入粉雾剂和外用粉雾剂。吸入粉雾剂系指微粉化的药物或药物与载体以胶囊、泡囊或多剂量贮库形式,采用特制的干粉吸入装置,由患者主动吸入雾化药物至肺部的制剂。非吸入粉雾剂系指药物或药物与载体以胶囊或泡囊形式,采用特制的干粉给药装置,将雾化药物喷至腔道黏膜的制剂。外用粉雾剂系指药物或与适宜的附加剂灌于特制的干粉给药器具中,使用时借助外力将药物喷至皮肤或黏膜的制剂。

与气雾剂及喷雾剂相比,粉雾剂具有以下一些特点:患者主动吸入药粉,不存在给药协同配合困难,顺应性好;不含抛射剂,可避免气雾剂使用氟氯烷烃类抛射剂所造成的毒副作用和环保问题;药物可以胶囊或泡囊形式给药,剂量准确,无超剂量给药危险;不含防腐剂及乙醇等溶媒,对病变黏膜无刺激性;不受定量阀门系统的限制,剂量范围较大,最大剂量可达几十毫克;尤其适用于多肽和蛋白类药物的给药。

（二）粉雾剂的制备

粉雾剂的基本工艺流程如下：原料药物→微粉化→与载体等附加剂混合→装入胶囊、泡囊或装置中→质检→包装→成品。

药物的微粉化是整个制备过程比较关键的一步。流能磨是一种常用的干燥粉碎法，最小可以获得 2~3μm 的微粉；喷雾干燥可以获得粒径更小的药粉。药物 - 载体比例、混合时间、环境的湿度和物料的表面电性等都对混合过程有较大影响。润滑剂如硬脂酸镁的加入有时会导致混合后粉末的均匀性下降。

粉雾剂的给药装置是影响其治疗效果的主要因素之一。装置中各组成部件均应采用无毒、无刺激性和性质稳定的材料制备。目前已有多种不同类型的干粉吸入装置进入临床使用。大体可分为胶囊型吸入装置、铝箔泡囊型吸入装置、贮库型吸入装置和雾化型吸入装置等不同类别。

第一代胶囊型吸入装置(图 8-31)，一般是通过装置中的刀片或针先将装药的硬胶囊刺破，然后通过患者主动吸气，造成胶囊在装置中快速转动，药粉从刺破的孔中释出，或从分开的胶囊中释出，进入呼吸道。这类装置结构简单，便于携带和清洗。不足之处是单剂量给药，患者在急症时需自行装药，不太方便；药物的防湿作用取决于储存的胶囊质量；药物剂量小时需添加附加剂。

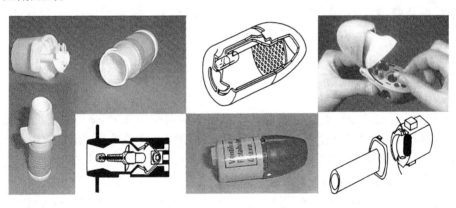

图 8-31　胶囊型吸入装置

泡囊型吸入装置(图 8-32)是将药物按剂量分装于铝箔上的水泡眼中，装入相应的吸入装置，用时装置可刺破铝箔，吸气时药粉即可释出。这类装置防潮性能更好，患者无需重新

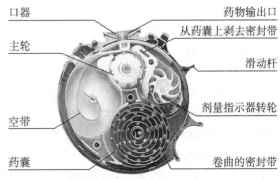

口器　　　　　　　　　　　　　　药物输出口
　　　　　　　　　　　　　　　　从药囊上剥去密封带
主轮　　　　　　　　　　　　　　滑动杆
空带　　　　　　　　　　　　　　剂量指示器转轮
药囊　　　　　　　　　　　　　　卷曲的密封带

图 8-32　泡囊型吸入装置

安装装置便可吸入多个剂量,剂量可以很小而无需使用附加剂,但仍需更换铝箔包装。

　　贮库型吸入装置(图 8-33)能将多剂量药物储存在装置中,用时旋转装置,单剂量的药物即可释出并随吸气吸入。因患者不用换药,故使用方便,是目前比较受欢迎的产品。

(三)粉雾剂的质量评价

　　粉雾剂应按现行版《中国药典》二部附录规定进行装量差异、含量均匀度、排空率、每瓶总揿次、每揿主药含量、雾(滴)粒分布、微生物限度等质量评价。胶囊型和泡囊型粉雾剂(包括吸入与非吸入型)应标明:每粒胶囊或泡

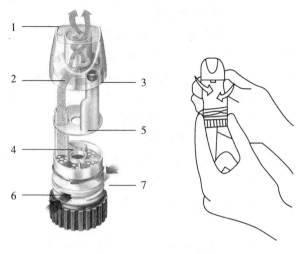

图 8-33　贮库型吸入装置
1. 双螺旋通道口器;2. 吸气通道;3. 储药池;4. 定量药盘;
5. 刮药板;6. 内置干燥剂处;7. 旋转把手

囊中的药物含量、用法(如在吸入装置中吸入,而非吞服)、有效期和贮藏条件(粉雾剂应置凉暗处保存,防止吸潮),以确保完全使用。多剂量贮库型吸入粉雾剂应标明:每瓶的装量;主药含量;总吸次;每吸主药含量。

三、喷雾剂

(一)喷雾剂的生产技术

　　喷雾剂系指含药溶液、乳状液或混悬液填充于特制的装置中,使用时借助手动泵的压力、高压气体、超声振动或其他方法将内容物呈雾状物释出的制剂。按用药途径可分为吸入喷雾剂、非吸入喷雾剂及外用喷雾剂。按给药定量与否,喷雾剂可分为定量喷雾剂和非定量喷雾剂。喷雾剂喷射的雾滴粒径比较大,不适用于肺部吸入,以局部应用为主。可用于鼻腔、口腔、喉部、眼部、耳部和体表等不同的部位。其中以鼻腔和体表的喷雾给药比较多见。

　　喷雾给药装置通常由利用机械或电子装置制成的手动泵和容器两部分构成。手动泵的种类非常多,从给药途径上分为口腔、喉部、鼻腔和体表给药装置;从喷雾的形式上可分为喷雾与射流给药装置;从给药剂量上分为单剂量和多剂量给药装置;从内容物的物态上可分为溶液、乳液和凝胶给药装置等。常用的容器有塑料瓶和玻璃瓶两种,前者一般为不透明的白色塑料制成,质轻但强度较高,便于携带;后者一般为透明的棕色玻璃制成,强度略差。该装置中各组成部件均应采用无毒、无刺激性和性质稳定的材料制成。

(二)喷雾剂的制备

　　喷雾剂的基本制备工艺流程:

　　原辅料→配液→灌装→质检→包装→成品

　　1. 配液　喷雾剂的配液过程及生产要求与溶液剂基本相似。

　　2. 灌装　喷雾剂灌装生产线由理瓶机、平顶链输送机(可无级调速)及灌装、放阀和封口三工位一体的自动灌装线组成,适用于 15~120ml 铝罐、塑料罐、玻璃瓶的灌装,各工位还能实现有瓶工作、无瓶停机的全部功能。灌装时无滴漏,本机还可以配装上阀装置,也可与洗瓶机、烘箱、贴标机、喷码机等组成生产线。

(三) 喷雾剂的质量评价

喷雾剂应标明每瓶的装量、主药含量、总喷次、每喷主药含量和贮存条件。按《中国药典》现行版二部附录的有关规定,喷雾剂应就每瓶总喷次、每喷喷量、每喷主药含量、雾滴分布、装量差异和微生物限度进行质量检查。

（张兴德　张　旭）

参 考 文 献

［1］崔德福.药剂学.北京:人民卫生出版社,2007

［2］中华人民共和国医药行业标准,管制口服液瓶,YY 0056-91

［3］中华人民共和国医药行业标准,口服液灌装联动线,YY 0217-1995

［4］中华人民共和国医药行业标准,口服液瓶超声波式清洗机,YY 0217.1-1995

［5］中华人民共和国医药行业标准,隧道式烘干灭菌机,YY 0217.2-1995

［6］中华人民共和国医药行业标准,口服液灌装轧盖机,YY 0217.3-1995

［7］刘红霞,梁军,马文辉.药物制剂工程及车间工艺设计.北京:化学工业出版社,2006

［8］张绪峤.药物制剂设备与车间工艺设计.北京:中国医药科技出版社,2000

［9］任晓文.药物制剂工艺及设备选型.北京:化学工业出版社,2010

第九章　中药制剂

中药制剂系根据《中国药典》、《部颁标准》、《制剂规范》和其他规定的处方,以中药饮片为原料制成的具有一定剂型、规格,可直接用于防病、治病的药品。中药制剂的制备过程大致包括中药前处理(炮制、粉筛、提取、浓缩、精制、干燥)、制剂成型和外包三大块,其生产车间也大致分为前处理车间、制剂车间和外包车间 3 类。中药制剂的成型(除丸剂等剂型外)及外包,在前面章节中已有论述,本章主要介绍中药前处理和丸剂。

第一节　中药炮制与粉碎

中药材经一定方法炮制后成为中药饮片,中药饮片可以分为普通饮片、毒性饮片、直接口服饮片 3 类。直接口服饮片是指直接口服或直接用于创面的饮片,区别于普通饮片,临用时不再需要煎煮,如三七粉、天麻粉等。普通饮片、毒性饮片的生产可在一般生产区进行,而直接口服饮片则按 D 级洁净度要求进行生产。

中药制剂的生产原则上以中药饮片投料。中药材须采用适宜方法进行炮制,制成一定规格的饮片,以保证投料准确,同时便于提取其有效成分;或将中药材直接粉碎成一定细度的粉末,以利于制剂的进一步加工,对散剂等还可以促进药物的释放与吸收。中药制剂的生产可直接购买中药饮片投料,也可购买中药材,经炮制或粉碎后投料。

一、工艺流程及技术

中药制剂生产企业常见的炮制方法有净制、切制、炒制、炙制、煅制、蒸制、煮制等。中药炮制一般生产工艺流程如图 9-1 所示。直接口服(入药)生药粉的一般生产工艺流程如图 9-2 所示。

(一)净制

又称为净选加工或初加工,是指中药材在切制、炮炙或调配、制剂前,选取规定的药用部分,除去非药用部位、杂质、霉变品、虫蛀品及灰屑等,使药物达到药用纯度标准的处理方法。净制包括净选与清洗。

1. 净选　净选常用操作方法有挑选、筛选、风选等。挑选多为手工操作,将中药材置于挑选台,手工将非药用部位、杂质等挑选出来。筛选是用筛或箩除去泥沙等杂质,或将辅料筛去,或将药物大小分档,有手工和机械筛选两种方式。风选是利用药材与杂质的比重不同,借助风力将药物与杂质及非药用部位分离,多用于果实和种子类药材。

净选常用生产设备有磁选机、风选机、振荡筛、净选机组等。磁选机是利用高强磁性材料自动除去药材中的铁性物质(包括含铁质的沙石),适用于半成品、成品的净制。风选机是运用变频技术,调节和控制电机转速与风机的风速和压力,利用药材与杂质的比重不同,除

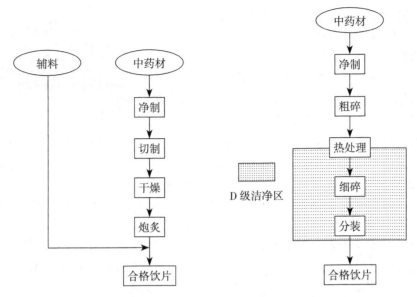

图 9-1　中药炮制生产工艺流程　　图 9-2　直接口服生药粉生产工艺流程

去杂质或将药材分档。净选机组是将风选、筛选、挑选、磁选等单机设备经优化组合设计,配备若干输送装置、除尘器等,组成以风选、筛选、磁选等机械化净选为主,人工辅助挑选相结合的自动化成套净选设备。

2. 清洗　清洗是中药材前处理加工的必要环节,目的是除去药材中的泥沙、杂物。根据药材的种类和清洗目的,可分为水洗和干洗 2 种。

水洗是用清水对药材进行清洗,通过翻滚、碰撞、喷射等方法,将药材所附着的泥土或不洁物洗净。主要设备是洗药机。洗药机有多种型式,如滚筒式、刮板式、履带式等,其中滚筒式较为常见。图 9-3 为滚筒式洗药机。该机利用内部带有筛孔的圆筒在回转时与水产生相对运动,使杂质随水经筛孔排出,药材洗净后在另一端排出。圆筒内有内螺旋导板推进物料,实现连续加料。清洗水可用泵循环使用。

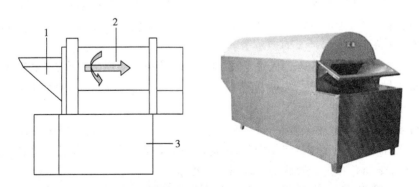

图 9-3　滚筒式洗药机的结构示意图(左)和外观结构图(右)
1. 加料槽;2. 滚筒;3. 水箱

由于广泛地用水洗净各种药材,易导致一些药材药效成分的流失。为避免这一问题,可采用干洗。干洗的主要设备是干式表皮清洗机,该设备是利用物料的自重以及在设备内的相互摩擦,除去附着在药材表面的杂物,适合于块根类、种子类、果实类等药材,如图9-4所示。

(二)切制

切制是中药炮制的重要工序之一,是将净制后的中药材进行软化,切成一定规格的片、丝、块、段等。切制通常包括药材软化、切制、干燥等步骤。

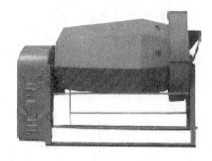

图9-4 干式表皮清洗机外观结构图

1. **药材软化** 药材软化是切制的关键,软化的好坏直接关系到饮片的质量。软化方法有淋润法、洗润法、泡润法、浸润法等多种方法,无论选择哪种方法,都要坚持"少泡多润"、"泡透水尽"的原则。检查软化程度的方法有弯曲法、指掐法、穿刺法、手捏法等。各种方法的具体操作如下。

(1)淋润软化法:将成捆的原药材,用水自上而下喷淋(一般2~4次)后,经堆润或微润后,使水分渗入药材组织内部,至内外湿度一致时即进行切制。此法适用于草类、叶类、果皮类等组织疏松、吸水性较好的药材,如茵陈、陈皮、佩兰、香薷等。

(2)洗润软化法:将药材快速用水洗净后,稍摊晾至外皮微干并呈潮软状态时即进行切片。此法多用于质地松软、吸水性较强的药材,如紫菀、冬瓜皮、栝楼皮、桑白皮等。

(3)浸润软化法:将药材置于水池等容器内稍浸,洗净捞出堆润,至六七成透后,摊晾至微干,随即再行堆润,上覆盖苫布等物,以润至内外湿度一致时,即进行切片。此法一般多用于根类药材,如桔梗、知母、当归、川芎、泽泻等。

(4)泡润软化法:将药材置于水池等容器内,加入适量清水,漫过药材16~17cm,使水渗入药材组织内至全部润透或浸泡五至七成透时,取出晾干,再行堆润使水分渐入内部,至内外湿度一致时,即可进行切片。此法一般适用于个体粗大、质地坚硬、有效成分难溶或不溶于水的根类或藤木类等药材,如鸡血藤、苏木等。

(5)吸湿回润法:将药材置于潮湿地面的席子上,使其吸潮变软再行切片。本法一般用于含油脂、糖分较多的药材,如牛膝、当归、玄参等。

(6)热汽软化法:将药材经热开水焯或经蒸汽煮等方法处理,使热水或热蒸汽渗透到药材组织内部,加速软化,再行切片。此法一般适用于热处理对其有效成分影响不大的药材,如甘草、三棱等。采用热气软化,可克服水处理软化时出现的发霉现象。黄芩、杏仁等可使其共存的酶受热破坏,以保持其有效成分等。

(7)真空加温软化法:将净药材洗涤后,采用减压设备,通过抽气和加入热蒸汽的方法,使药材在负压情况下吸收热蒸汽,加速药材软化。此法能显著缩短软化时间,且药材含水量低,便于干燥,适用于遇热成分稳定的药材。

(8)减压冷浸软化法:利用减压设备抽气减压,将药材间隙中的气体抽出,借负压的作用将水迅速吸入,使水分进入药材组织内部,加速药材的软化。此法在常温下用水软化药材,能缩短浸润时间,减少有效成分的流失和药材的霉变。

(9)加压冷浸软化法:是把净药材和水装入耐压容器内,利用加压设备将水压入药材组织中,以加速药材的软化。

软化设备通常为润药机或润药池。如图9-5所示为汽相置换式润药机,根据气体穿透性极强的特点,在处于高真空条件下的药材中通入低压蒸汽,使药材快速、均匀软化。

2. **切制** 切制有手工切制和机械切制两大类。手工切制的片型美观、齐整、规格齐全,但是生产效率低,劳动强度大。机械切制加工能力大,可减轻劳动强度,提高生产效率,但一些特殊的片型、贵重饮片(西洋参)等,不宜采用机械切制,否则败片率较高。其他切制方法还有刨、锛、锉、劈等。

切药机有往复式切药机(图9-6)、旋转式切药机(图9-7)等多种型式,其中往复式切药机一般由机械传动,使刀片上下往复运动,原料经传送带送至刀口,切制成所需厚度的饮片、细条或碎块。宜切制根、根茎、全草类药材,不宜切颗粒状药材。

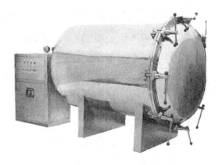

图9-5　润药机外观结构图

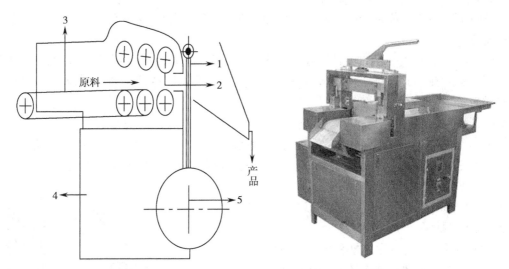

图9-6　往复式切药机的结构示意图(左)和外观结构图(右)
1.刀片;2.压辊;3.传送带;4.变速箱;5.曲轴

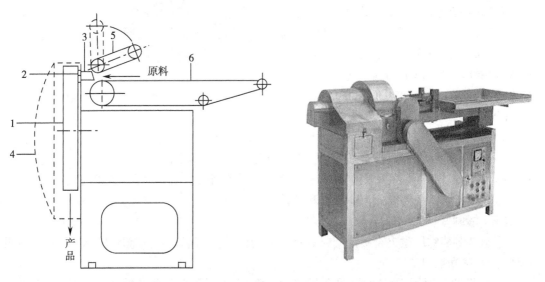

图9-7　旋转式切药机的结构示意图(左)和外观结构图(右)
1.刀盘;2.刀片;3.刀门;4.护罩;5.上履带;6.下履带

旋转式切药机一般由电机、转盘和片厚调节装置等组成,转盘上装有 3~4 把刀片,可由电动机带动(一些小型切片机还带有手摇柄,可以采用手摇式转动转盘进行切片),调节好切片厚度后,将物料放入,由上下履带传送至刀门,转盘上匀速转动的刀片不断切削,将物料切成片状或条状碎块。此法中的刀片一般由耐磨性极强的特种合金钢制成。很多切药机还设有大口、圆口、条形口、精切口等不同的入料口形状以适应不同药材的外形。旋转式切药机采用推顶式送药,可以切制多种形状的药材。

3. 干燥　水处理后切制的饮片须及时干燥,防止药材因含水量过大而发霉变质。饮片的干燥方法如下。

(1) 晒干法:把切制后的饮片置于日光下曝晒干燥。一般饮片均可应用本法。优点是简便易行,不使用过多能源;缺点是占用空间大,易受季节气候影响,饮片暴露不太卫生。

(2) 阴干法:将药物置于阴凉通风处缓缓干燥。芳香性药材、易变色药材、含黏液质较多的药材宜用此法。

(3) 烘干法:利用一定的干燥设备烘干饮片。传统方法多用火炕、烘药笼等;目前则采用烘箱、干燥室(烘房)、干燥机等,如翻板式干燥机、热风干燥机、带式干燥机、远红外中药饮片干燥装置等。

(三) 炒制

系将经过净选、切制后的中药生片,进行加热处理,以改变其性味。炒制分为清炒和合炒。清炒是将药物置锅中加热干炒,凭借热力改变药物性味,因其要求与程度不同,又有炒黄、炒焦、炒炭之分。合炒又称加辅料炒,根据辅料的不同,可分为麸炒、土炒、砂炒、滑石粉炒、蛤粉炒等。

炒制方法也可分为手工炒和机器炒两大类。手工炒的用具包括铁锅(倾斜 30°~45°)、铁铲、刷子、簸箕等。机器炒用炒药机,炒药机以煤、油、气或电加热,主要有平锅式炒药机、滚筒式炒药机(图 9-8)、电脑程控炒药机等。平锅式炒药机适用于种子类药材;滚筒式炒药机最为常用,适用于大多数药物,但不宜炒制黏性药物。炒制时应注意火候、药材受热是否均匀、药材大小、勤翻动等。

图 9-8　滚筒式炒药机外观结构图

(四) 炙制

炙制是将净选或切制后的药物,加入一定量的液体辅料拌炒的炮制方法。根据所加辅料不同,分为酒炙、醋炙、盐炙、姜炙、蜜炙和油炙等。炙法采用液体辅料,所以盐、生姜等需制成盐水和姜汁方可应用。炙制的加热温度比炒制法低,多用文火,炒制时间较长,以药物炒干为宜。炙药的主要设备为炼蜜锅和炒药机。

(五) 煅制

煅制是将药物用猛火直接或间接煅烧,使质地松脆、易于粉碎的炮制方法。煅制包括明煅法、闷煅法和煅淬法。

1. 明煅法　适用于矿物药、贝壳类和化石类药物。煅制时,将药物大小分档,不隔绝空气,使药物受热均匀,煅至内外一致而"存性",应一次性煅透。如枯矾、石决明、牡蛎等。

2. 闷煅法　亦称扣锅煅法,是使药材在高温缺氧条件下煅烧成炭,如血余炭等。煅烧时应随时用湿盐泥堵封两锅相接处,防止空气进入,使药物灰化;煅后应放置完全冷却后再开锅,以免药物遇空气而燃烧灰化。煅锅内的药料不宜装满,以免煅制不透。可观察扣锅底部的米或纸,当变为深黄色或滴水即沸时,即可判断药物已煅透。

3. 煅淬法　是将药材按明煅法煅烧至红透,立即投入规定的液体辅料中,使药材骤然冷却。煅淬时应反复进行数次,使液体辅料吸尽,药物全部酥脆为度,如醋淬自然铜、酒淬阳起石、药汁淬炉甘石等。

煅制的常用生产设备有煅炉、反火炉、箱式电阻炉等。

（六）蒸煮

蒸制是将净选后的药材加或不加辅料装入蒸制容器内,用水蒸气加热或隔水加热至一定程度。蒸制分为清蒸和加辅料蒸,清蒸是将净药材置蒸制容器内,用蒸汽加热,蒸透或蒸软后取出。加辅料蒸是将净药材与辅料拌匀后润透,置蒸制容器内,密闭,隔水加热至一定程度取出。蒸制时要注意火候,一般先用武火,待"圆气"后改为文火,保持锅内有足够的蒸汽即可。但在非密闭容器中酒蒸时,要先用文火,否则酒很快挥发,达不到酒蒸的目的。蒸制时间也是影响产品质量的重要因素,时间太短,达不到蒸制目的;时间过长,则影响药效,而且有时药材可能上水,难以干燥。此外,需用液体辅料拌蒸的药物应待辅料被吸尽后再蒸。

煮制是将净选过的药材加或不加辅料置适宜容器内,加适量清水同煮的方法。煮制的操作方法因药材的性质、辅料种类及炮制要求不同而异。如药汁煮或醋煮,将净药材加入定量的液体辅料或与药汁拌匀,置适宜容器内,加水至平药面,用武火加热煮沸后改用文火,保持微沸,煮至药透汁尽,取出直接晒干或切片后晒干。又如清水煮,将净药材浸泡至内无干心,捞出,置适宜容器内,加水没过药面,用武火煮沸后改用文火,保持微沸,煮至内无白心,取出,切片。煮制时应注意药材大小分档,分别炮制,加水量和火候应适当,中途需加水时,应加沸水。

蒸煮常用生产设备多为蒸煮锅。

（七）粉碎

在中药制剂生产中常需将中药饮片或提取物适度粉碎,以增加药物的表面积,加速药材中有效成分的浸出或溶出,促进药物的溶解与吸收,提高药物的生物利用度;同时,便于调剂和服用,为制备多种剂型奠定基础。

粉碎是中药前处理的重要单元操作,粉碎质量的好坏直接影响产品的质量和性能。药物粉碎的难易,主要取决于药物的结构和性质,如硬度、脆性、弹性、水分、重聚性等。中药以天然动、植物及矿物为主体,其情况较为复杂,不同中药的组织结构和形状不同,它们所含的成分不同,比重不同,生产加工工艺对粉碎度的要求也不同。根据药物的性质、生产要求及粉碎设备的性能,可选用不同的粉碎方法,如单独或混合粉碎、干法或湿法粉碎、低温粉碎、超微粉碎等。

1. 单独粉碎　单独粉碎系指将一味药材单独进行粉碎。该方法可以避免不同药材混合粉碎时,由于损耗不同而导致的含量不准确,同时也可以按照药材的性质选择合适的粉碎机械。一般贵重、毒性、刺激性药物,为了减少损耗和便于劳动保护,应单独粉碎;氧化性药材与还原性药材混合粉碎可能引起爆炸,须单独粉碎;含有树胶树脂的药材,如乳香、没药,应单独低温粉碎。

2. 混合粉碎　是指将数味药材掺和进行粉碎。若处方中某些药材的性质及硬度相似,则可混合在一起粉碎,这样既可避免一些黏性药物单独粉碎的困难,又可使粉碎与混合操作同时进行。但在混合粉碎中遇有特殊药材时,需作特殊处理:①有低共熔成分时,混合粉碎可能产生潮湿或液化现象,此时需根据制剂要求,或单独粉碎,或混合粉碎。②串料:处方中含黏性药物,如熟地黄、桂圆肉、麦冬等,单独粉碎时,常发生粘机械和难过筛现象,须先将处方中其他药物粉碎成粗末,然后用此粗末陆续掺入黏性药物中再行粉碎一次,使黏性药物在粉碎过程中及时被粗末分散并吸附,使粉碎与过筛得以顺利进行。亦可将其他药物与黏性药物一起先作粗粉碎,使成不规则的块和颗粒,在 60℃ 以下充分干燥后再粉碎。③串油:处方中含脂肪油较多的药物,如核桃仁、黑芝麻、桃仁、杏仁等,粉碎时易堵塞粉碎机筛网,须先捣成稠糊状或不捣,再与已粉碎的其他药物细粉掺研粉碎,这样因药粉及时将油吸收,不互相吸附和黏附筛孔。④蒸罐:处方中含新鲜动物药,如鹿肉、乌鸡等,须将其与植物药间隔排入铜罐或夹层不锈钢罐内,加盖密封,隔水或夹层蒸汽加热,将药料蒸熟,再与处方中其他药物掺和,干燥,再行粉碎。

3. 干法粉碎　系指将药物适当干燥,使药物中的水分降低到一定程度再进行粉碎的方法。干法粉碎时可根据药料的性质,如脆性、硬度等,分别采用单独粉碎或混合粉碎及特殊处理后粉碎。在一般的制剂生产中,大多数药料采用干法粉碎。

4. 湿法粉碎　系指在药料中加入适量水或其他液体共同粉碎,包括加液研磨法和水飞法。如冰片、薄荷脑等常加入少量乙醇进行研磨粉碎;朱砂、雄黄等则采用传统的水飞法。水飞法是将药物在多量水中研磨,当有部分细粉研成时,使其混悬并倾泻出来,余下的药物再加水反复研磨、倾泻,直至全部研细,倾泻出来的混悬液静置,使充分沉降,将水倾出,收集湿粉,再将湿粉阴干。此法可得到较细粉末,减少干法粉碎造成的粉尘飞扬;因粉碎温度没有升高,粉碎过程中与氧气接触较少,故可减少药物氧化分解;同时可除去水溶性毒性成分或刺激性成分。

5. 低温粉碎　低温粉碎是利用低温时物料脆性增加、韧性和延伸性降低的特性进行粉碎。低温粉碎时,可以将药材先行冷却或在低气温条件下,迅速通过粉碎机粉碎;也可在粉碎机中通入低温冷却水,在循环冷却下粉碎药材;或者将药材与干冰或液化氮气混合后进行粉碎。低温粉碎适用于常温下粉碎困难的物料,如树脂、树胶等软化点、熔点低的物料以及富含糖分等的黏性药材;同时低温粉碎有助于获得更细的粉末,也有利于保留药材中的挥发性成分。

6. 超微粉碎　一般来说,将中药材粉碎至粒径在 5μm 以下,植物药细胞破壁率达 95% 以上的粉碎,可以称为超微粉碎。超微粉碎所得粉体称为超微粉,常可分为纳米粉体(1~100nm)、亚微米粉体(0.1~1μm)、微米粉体(1μm 以上)。超微粉有更好的溶解性、分散性、吸附性、化学反应活性、生物利用特性,可增加药材利用率,提高疗效,但由于粒径小,超微粉趋向于聚集,影响流动和填充,稳定性低,吸湿性强。

超微粉碎一般采用流能磨(气流粉碎机)或振动式球磨机,操作时先将药物用普通粉碎机粉碎成一定细度的粉末,再用超微粉碎设备进一步粉碎成超微粉。其中流能磨是利用高速弹性流体(空气、蒸气或惰性气体)使药物的颗粒之间以及颗粒与器壁之间碰撞而产生强烈的粉碎作用。由于气流在粉碎室中膨胀产生冷却效应,故被粉碎物料的温度并不升高,适用于抗生素、酶、低熔点热敏药物等的粉碎。粉碎的同时还可进行分级,以获得均匀微粉。振动球磨机是利用研磨介质在振动磨筒体内作高频振动产生冲击、摩擦、剪切等作用,将物料粉碎的一种设备。

粉碎机械的种类很多,不同的粉碎机械作用方式不同,粉碎出的产品粒度不同,适用范围也不同。在生产过程中,为达到良好的粉碎效果,应按被粉碎物料的特性和生产所需的粉碎度要求,选择适宜的粉碎机械。常用粉碎机械有万能磨粉机、锤击式粉碎机、球磨机、气流粉碎机等。粉碎作用力及粉碎设备等参见本书第六章相关内容。

二、生产管理要点

(一)生产准备

在中药材炮制操作前,必须做好以下准备工作:应有该品种的批生产指令及相应配套文件(如质量标准、工艺规程、岗位操作法或岗位 SOP、清洁规程、中间产品质量监控规程及记录等),并确认文件是现行执行的正式文件。确认本批炮制所用中药材与批生产指令相符,并确认是合格中药材。检查生产现场的卫生、清场、设备、容器具、计量器具等及其标志符合要求,并确认无上次遗留物。

(二)生产过程

1. 净制

(1)净选:检查需净选的中药材,并称量和记录。按工艺要求分别采用拣选、风选、筛选、剪切、刮削、剔除、刷擦、碾串等方法,清除杂质或分离并除去非药用部分,使药材符合净选的质量标准。拣选药材的工作台表面应平整,不易产生脱落物。

净选后的药材装入合适容器,容器上均应附有标志,注明药材名称、编号、炮制批号、数量、生产日期、操作者等。经质量检验合格后交下一工序或入库。

(2)清洗:清洗药材用水应符合国家饮用水标准。清洗厂房内应有良好的排水系统,地面不积水、易清洗、耐腐蚀。洗涤药材的设备或设施内表面应平整、光洁、易清洗、耐腐蚀,不与药材发生化学变化或吸附药材。

药材洗涤应使用流动水,用过的水不得用于洗涤其他药材,不同的药材不宜在一起洗涤。按工艺要求对不同药材分别采用淘洗、漂洗、淋洗等方法。洗涤后的药材应及时干燥。

2. 切制

(1)药材软化:需软化的药材按其大小、粗细、软硬程度,分别采用淋、洗、泡、润等方法,并根据操作时的季节、气候条件,严格掌握在工艺参数范围内。采用真空加温浸润或冷压浸润时,其工艺技术参数应经验证确认。控制好软化药材的用水量及时间,做到药透水尽,不得出现药材伤水腐败、霉变、产生异味等变质现象。当药材软化,符合切制要求后应及时切制。

(2)切制:根据药材及性能的不同,分别采用切、镑、刨、锉、劈等切制方法,按工艺要求将药材切成片、段、丝、块等,并符合炮制品标准。切制后的药材装于合适容器,容器均应附有标志,注明名称、规格、批号、数量、切制日期、操作者等,经检查合格后及时交下一工序。

(3)干燥:水处理后的药材或饮片应及时干燥;应根据药材性质和工艺要求选用不同的干燥方法和干燥设备。除另有规定外,干燥温度一般不宜超过80℃,含挥发性物质的不超过60℃。干燥设备及工艺的技术参数应经验证确认。干燥设备进风口应有适宜的过滤装置,出风口应有防止空气倒流装置。

3. 炮制 中药材蒸、炒、炙、煅等生产厂房应与其生产规模相适应,并有良好的通风、除尘、除烟、降温等设施。按工艺要求严格控制加入辅料的数量、方法、时间及炮炙时间、温度等。炮制品应装在洁净、耐热、耐腐蚀容器内冷却,或在适宜条件下冷却,容器上应附有标志,注明名称、编号、炮制批号、数量、日期、操作者等。炮制后的药材应符合炮制品标准要求,经质量检验合格后交下一工序或入库。

4. 粉碎、过筛、混合　直接入药的生药粉,其配料、粉碎、过筛、混合等的生产厂房应能密闭,有良好的通风、除尘等设施,人员、物料进出及生产操作应按洁净室(区)管理。

配料前核对净药材名称、药材编号、炮制批号、规格、质量等,应与批生产指令相符。处方计算、称量配料等操作必须复核,操作者及复核者均应在记录上签名。贵重药材、毒性药材的称量配料,必须按规定监控,称量者、复核者、监控者均应在记录上签名。配好的料装在洁净密闭容器中,容器上应附有标志,注明产品名称(状态)、生产批号、规格、数量、日期、操作者等。

粉碎、过筛、混合等设备应有捕吸尘装置,并有防止异物混入和交叉污染的有效措施。粉碎、过筛、混合的工艺技术参数应经验证确认。过筛前后应严格检查筛网情况,确保药粉细度符合工艺要求。混合设备应密闭性好,内壁光滑,混合均匀,易于清洗,并能适应批量要求。

混合后的药粉装入洁净、密闭容器中,容器上应附有标志,注明品名、批号、规格、数量、日期、操作者等。经质量检验合格后交下一工序或入库,配料前应做微生物检查。

5. 热处理(灭菌)　不同药材(药粉)的灭菌方法及条件应经验证,确认不改变药材(药粉)质量。带包装灭菌的药材,其包装材料不可影响药材质量,包装内外应有明显标志,灭菌后不应拆换包装。严格掌握灭菌条件,灭菌过程要详细记录。灭菌前后物料应有可靠的区分方法,宜分室存放。灭菌后物料应规定使用期限,在存放、运输过程中应防止污染。经质量检验合格后交下一工序。

(三) 生产结束

各工序生产结束后,应按规定做好清洁、清场、收率统计、物料结退以及批生产记录等工作。

1. 清洁与清场　生产结束后,应对生产厂房、设备、容器具等按清洁规程进行清洁,其清洁效果应经验证确认。每批药品的每一生产阶段完成后,必须由操作人员按清场要求进行清场,并填写清场记录。药材加工炮制过程中的洗药、切药、干燥、粉碎、混合等设备必须彻底清洁,不得有遗留物。

2. 收率统计与计算　中药材加工炮制和粉碎、混合等工序生产结束后,按规定计算收率,应在合理的偏差范围内。当收率超出合理范围时,应按偏差处理程序处理,确认不影响产品质量后,方可流入下一工序。

3. 结料与退料　每个工序每批产品生产结束后,都必须进行物料使用情况的统计,应符合规定定额。剩余物料经检查质量、数量后封装贴上标志,注明名称、数量、编号、封装日期、封装人、复核人等,退库,并留好记录。当物料结算发生偏差时,应按偏差处理程序及时处理,并记录。

4. 生产记录　在生产过程中和生产结束后,每个岗位均应及时填写生产记录,生产记录的填写应符合要求。各工序或岗位应将本批生产操作的有关记录(如生产指令、操作记录、运行状态标志、中间产品合格证、中间产品流转卡、领料单、配料单、过程监控记录、清场记录或中间产品检验报告书,以及有关偏差处理记录等)汇总整理,经岗位负责人复核签字后交车间统一整理。车间专人将各岗位生产记录依次汇总整理后,经车间负责人审签,交生产管理部门。

三、生产特殊要求

中药制剂生产前,对使用的中药材须按规定进行拣选、整理、洗涤、炮制等加工,有些还需进一步粉碎,以符合中药制剂生产时的投料要求。

在生产过程中,需满足以下一些要求:中药材炮制必须与其制剂在厂房设施、生产设备、人物流向及生产操作等方面严格分开。在炮制过程中,中药材不能直接接触地面。中药材炮制应使用表面整洁、易清洗消毒、不易产生脱落物的工具及容器。粉碎、筛选、风选等产尘量大的操作间应安装捕尘等设施;炒药、干燥、蒸煮等操作间应安装除烟、除湿等设施。应根据工艺要求,将中药材粉碎成不同规格的碎料(煎煮、回流用)、粗粉(浸渍、渗漉用)或细粉(直接入药或口服)。对热处理或灭菌后的物料,粉碎应在洁净区进行。毒性药材的炮制应有独立生产车间;生产操作应有防止交叉污染的特殊措施,生产量大的亦可采用专用设备、容器具及其他辅助设施。

四、中药炮制车间设计

(一)中药炮制车间设计的一般性要求

中药炮制车间的硬件设施应满足现行版《药品生产质量管理规范》的相关要求。在设计时考虑厂区的总体布置,满足生产所必需的安全、卫生和防火要求。同时充分考虑厂区的环境,布置紧凑,将近期发展和远期规划相结合。

按工艺流程进行中药炮制车间的设计,保证工艺流程顺利进行。尽量避免生产作业交叉进行,避免人流与物流路线相互交叉。卫生要求相同的设备尽量集中布置。相同类型、相同用途、操作中相关的设备应尽量集中布置。

(二)中药炮制车间设计的特殊要求

普通饮片车间、毒性饮片车间、直接口服饮片车间应分开设置,直接口服饮片车间应有D级洁净区。各操作间宜隔离,避免交叉污染。产尘较多的操作间应设计必要的捕尘、排风设施。中药材的蒸、炒、煅、烘等操作应有良好的通风、除尘、降温设施。炒药、风选等产生的废气以及洗润、蒸煮等产生的废液对环境污染较大,宜有适宜的处理措施。烘干宜采用隧道式烘干机或鼓风干燥床等。

(三)中药炮制车间平面布置

中药炮制车间涉及净选、清洗、切制、炒制、蒸煮、干燥等操作,图9-9为普通中药饮片车间平面布置图实例。

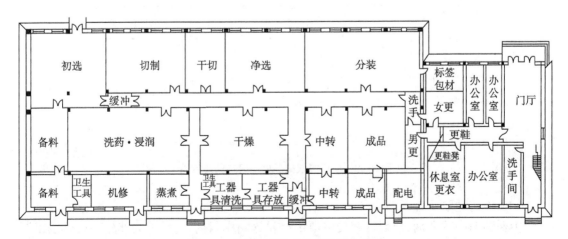

图9-9 普通中药饮片车间平面布置图

第二节　中药提取

中药提取前处理包括中药提取、浓缩、分离与精制、干燥等过程,是中药制剂制备过程中非常重要的基础操作。它是根据临床疗效需要,利用适当的溶剂和方法,从药材中提取可溶性有效成分,去除无效成分、辅助成分及组织物,缩小服用剂量,便于成型加工、贮运和服用,提高制剂的有效性、稳定性和安全性。

一、工艺流程及技术

中药提取前处理一般工艺流程示意图见图 9-10。

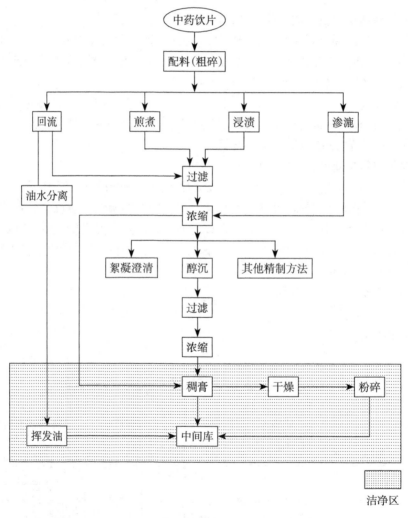

图 9-10　中药提取前处理一般工艺流程图

(一) 中药提取

中药制剂中除丸剂、散剂等直接将原药材粉碎制成制剂外,其他大部分均属于浸出制剂,均有提取过程。中药提取属于液 - 固萃取过程,影响因素较多。中药材一般分为植物类、动物类、矿物类等。植物类中药材通常有根、茎、叶、枝、花、种子、果实及全草等,其各药用部分的植物组织又各不相同,如有薄壁组织、分生组织、分泌组织、保护组织、输导组织、机械组织等。同时,中药的化学成分十分复杂,有时一种药有多种临床用途,其有效成分可以有一种或多种,如生物碱、苷类、蒽醌衍生物、香豆素、木质素、黄酮类、挥发油、氨基酸、蛋白质、鞣质等,这必然使药材的浸出及影响因素十分复杂。

中药制剂的提取精制工艺,首先应从传统用药的经验出发,结合现代化学成分、药理等方面的研究资料,综合考虑提取时所用的溶剂、方法和设备,并以临床疗效作为主要依据。尽管目前固-液萃取理论已取得很大进展,但中药浸出仍有许多问题尚待解决。

1. 浸出过程 浸出过程是由浸润、渗透、解吸、溶解、扩散等几个相互联系的作用综合组成,但几个作用并非截然分开,而是交错进行。

(1) 浸润、渗透阶段:浸出溶剂首先附着于药材表面使之润湿,然后通过毛细管或细胞间隙渗入细胞内。这一过程取决于溶剂与药材的性质及两者间的界面,其中界面张力起主导作用。大多植物性药材因含有糖类、蛋白质等极性较强的物质,容易被极性溶剂所湿润;含多量脂肪油或蜡质的药材不易被水或乙醇所湿润,须先行脱脂处理方可用水或乙醇浸出;如果药材和溶剂之间界面张力大,可加入适量表面活性剂,以降低界面张力,提高润湿性;用乙醚、石油醚、三氯甲烷等浸提脂溶性成分时,药材须先干燥。

(2) 解吸、溶解阶段:药材中的有效成分往往被组织所吸附,提取时须用与其有更大亲和力的溶剂解除这种吸附作用,解吸后有效成分经溶解或胶溶,以分子、离子或胶体粒子等形式或状态分散于提取溶剂中。

(3) 扩散阶段:提取溶剂在细胞中溶解大量物质后,溶液浓度显著增高,从而具有较高渗透压,细胞内外出现较高的浓度差和渗透压差。药材的细胞壁是透性膜(植物细胞的原生质膜是半透膜,但死亡的细胞原生质结构已破坏,半透膜便不存在,而成了透性膜),由于浓度差的关系,细胞内高浓度的溶液不断地向低浓度方向扩散,同时,溶剂不断进入细胞内平衡渗透压。毛细管引力使药材细胞内高浓度浸出液流到药材表面形成一层薄膜,亦称为扩散"边界层"。浸出成分通过边界层以分子方式向四周扩散。物质的扩散速率可用 Fick 扩散公式来说明:

$$dS/dt = -DF(dC/dX) \qquad \text{式(9-1)}$$

式(9-1)中:dS/dt 是 dt 时间内物质(溶质)的扩散量;负号表示扩散趋向平衡时浓度降低;D 为扩散系数;F 为扩散面积,代表药材的粒度及表面状态;dC/dX 为浓度梯度,dX 为扩散层厚度。

扩散系数 D 随药材而变化,与浸出溶剂的性质、温度、扩散物质的分子半径等有关。

$$D = \frac{RT}{N}\left(\frac{1}{6\pi r\eta}\right) \qquad \text{式(9-2)}$$

式(9-2)中:R 为摩尔气体常数 $8.314J \cdot mol^{-1} \cdot K^{-1}$ 或 $1.987Cal \cdot mol^{-1} \cdot K^{-1}$;$T$ 为绝对温度;N 为阿伏伽德罗常数;r 为溶质分子半径;η 为黏度。

因此,扩散速率 dS/dt 与药材表面积 F、浓度梯度(dC/dX)和温度(T)成正比,与溶质分子半径(r)和液体的黏度(η)成反比。

2. 影响浸出的因素

(1) 浸出溶剂:浸出过程中,浸出溶剂对浸出效果具有显著影响。浸出溶剂要求安全、无毒、价廉、易得,对有效成分具有较大的溶解度,对无效成分少溶或不溶。中药浸提中常用的溶剂为水和不同浓度乙醇。

水极性大、溶解范围广，能浸出生物碱、盐类、苷、苦味酸、有机酸盐、鞣质、蛋白质、糖、树胶、色素、多糖以及酶和少量的挥发油等。缺点是浸出范围选择性差，容易浸出大量无效成分，极易霉变、水解，不宜贮存等。水质纯度与浸出效果有关。

乙醇为半极性溶剂，溶解性能介于极性与非极性溶剂之间。可以溶解水溶性的某些成分，如生物碱、苷类及糖类等；也能溶解非极性溶剂所能溶解的一些成分，如树胶、挥发油、醇、内酯、芳香化合物等，少量脂肪也可被乙醇溶解。不同浓度的乙醇可溶解不同的成分，如：90%以上的乙醇适于浸出挥发油、有机酸、内酯、树脂等；50%~70%乙醇适于浸取生物碱及苷类；40%以上乙醇可延缓某些酯类、苷类等成分的水解，有利于增加制剂的稳定性；20%乙醇有防腐作用。乙醇的缺点是有药理作用，价格较贵，易燃。

(2) 浸提辅助剂：为了增加浸出效果或增加制品的稳定性，有时亦应用一些浸出辅助剂，如酸、碱、表面活性剂等。适当用酸可以促进生物碱的浸出；提高部分生物碱的稳定性；使有机酸游离，便于有机溶剂浸提；除去酸不溶性杂质等。加酸操作时，为了更好地发挥酸的效能，往往将酸一次性加入最初的少量浸提溶剂中。当酸化溶剂用完后，只需使用单纯的溶剂，即可顺利完成浸提操作。常用的酸有硫酸、盐酸、醋酸、酒石酸、枸橼酸等。酸的用量不宜过多，以能维持一定的 pH 即可，因为过量的酸可能会引起不必要的水解（如苷类）或其他不良反应。相反地，适当用碱可以促进药材中某些有机酸的浸出。常用的碱有氢氧化钠、氨水、碳酸钙、氢氧化钙、碳酸钠等。加碱时应注意碱性强弱，一般用量亦不宜过多。适当加入表面活性剂可提高浸出溶剂的浸出效果。

(3) 药物成分：提取成分在浸提溶剂中的溶解能力和分子大小对浸提效果有影响。小分子成分（多为有效成分）比大分子成分易于浸出，主要存在于最初的浸出液内，而大分子成分（多属无效成分）主要存在于后续浸出液内，但易溶性的大分子物质也能先浸提出来。

(4) 药材粒度：药材经粉碎后粒度减小，表面积增加，有利于加快浸出速度，但有时过度粉碎并不利于提取。一方面过细的药材粉末吸附作用强，影响溶剂的扩散；另一方面细胞内大量不溶物及高分子物等进入浸出液中，增加浸提液中的杂质，增大浸提液的黏度，使浸出过程变为"洗涤浸出"，同时造成浸提液滤过困难，溶剂流动阻力大，往往造成堵塞。一般情况下，以水为浸提溶剂时，溶剂易于渗透，药粉宜粗一些，或切成薄片或小段；乙醇为浸提溶剂时，渗透作用稍小，药粉宜细一些，可碎成粗末（通过一号筛或二号筛）。

(5) 浸出温度：温度升高增加可溶性成分的溶解度，使分子运动加剧，扩散系数增大，可促进溶剂渗透和药物分子向外扩散，同时杀死微生物，但温度过高会使热敏性成分或挥发性成分分解或散失，无效杂质溶出增多，放冷后出现沉淀或浑浊。因此浸提过程中，要适当控制温度。

(6) 浸提时间：浸出时间过短，药材成分浸出不完全；时间过长，则大量杂质溶出，且某些有效成分分解。以水作为浸提溶剂时，浸提时间过长易引起霉变。

(7) 浓度梯度：浓度梯度是指药材组织内的浓溶液与其外部溶液的浓度差，是扩散的主要动力。提高浓度梯度可加速药材成分的浸出，通过搅拌、更换新溶剂，强制浸出液循环流动等可提高浓度梯度。

(8) 浸提压力：提高浸提时的压力可加速浸润与渗透过程，缩短溶质开始扩散所需的时间。加压可以使部分细胞壁破裂，亦有利于浸出成分的扩散。但对组织松软及容易润湿的药材，或当药材内部充满溶剂后，压力的增大对扩散速度影响不大。

(9) 新技术的应用：一些新技术，如超声波提取法，可加速溶剂分子和药材分子的运动或振动,缩短溶剂的渗透过程,增加溶质的扩散系数,从而提高浸提效果。此外,微波协助提取、动态循环提取、电磁场下浸提、电磁振动下浸提、超临界流体萃取等都有助于提高浸提效果。

3. 提取方法 中药提取时,根据生产规模、溶剂种类、药材性质及剂型可采用不同的浸出方法。常用的传统提取方法有回流提取法、煎煮法、浸渍法、渗漉法、水蒸气蒸馏法等。近年来,一些新的提取技术应用越来越广泛,如超临界流体萃取、超声波提取法,微波协助提取、动态循环提取等。

(1) 回流提取法:药材提取时,溶剂受热蒸发,冷凝后又流回提取器,如此反复直至完成提取的方法。溶剂可循环使用。在中药提取生产中,常用的回流提取设备为多功能提取装置(示意图见图9-11)。该装置由提取罐、冷凝器、冷却器、油水分离器、管道过滤器等组成,可根据不同需要采取不同方式。多功能提取装置既可进行常压常温提取,也可加压高温提取或减压低温提取;适用于水提、醇提、提油、蒸制以及回收药渣中的溶剂;采用气压自动排渣,操作方便、安全、可靠;设有集中控制台,可控制各项操作,便于药厂实现机械化、自动化生产。

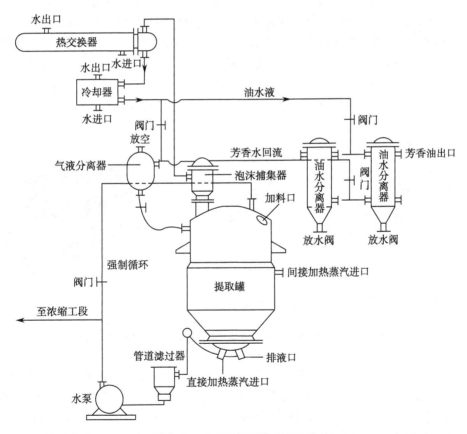

图 9-11 多功能提取装置示意图

采用多功能提取装置提取时,将中药材和水装入提取罐,向罐内直通蒸汽加热,当达到提取温度后,改向夹层通蒸汽进行间接加热,以维持罐内温度在规定范围内。如用醇提取,则全部用夹层通蒸汽进行间接加热。

在提取过程中产生了大量蒸汽,经泡沫捕集器到热交换器进行冷凝,再进入冷却器进一步冷却,最后进入气液分离器,残余气体逸出,液体则回流到提取罐内,如此循环直至提取终止。

提取完毕后,药液从罐体下部排液口放出,经管道滤过器过滤,用泵输送到浓缩工段。在提取过程中,从罐体下部排液口放出的浸出液,亦可再用水泵打回罐体内,进行强制性循环提取。该法加速了固-液两相间的相对运动,从而增强对流扩散及浸出过程,提高了浸出效率。

一般回流提取时,通向油水分离器的阀门必须关闭,但当提取挥发油(又称吊油)时须打开。加热方式与水提操作基本相似,不同的是在提取过程中含挥发油的蒸气经冷却器冷却后,直接进入油水分离器,此时冷却器与气液分离器的阀门通道必须关闭。分离的挥发油从油出口放出。芳香水从回流水管道经气液分离器进行气液分离,残余气体放入大气,而液体回流到罐体内。两个油水分离器可交替使用。提油进行完毕,对油水分离器内残留部分液体可从底阀放出。在进行油水分离时,应注意油水的比重。

(2) 煎煮法:以水为浸出溶剂,将药材加水煎煮取汁的方法。取适当切碎或粉碎的药材,置适宜煎煮器中,加适量水浸没药材,浸泡适宜时间后加热至沸,保持微沸一定时间,分离煎出液,药渣依法煎煮 2~3 次,收集各次煎出液,离心分离或沉降滤过后,低温浓缩至规定浓度。此法简单易行,能煎出大部分有效成分,适用于有效成分溶于水,且对湿、热均较稳定的药材。除作为汤剂外,也作为进一步加工制成各种剂型的半成品。但煎出液中杂质较多,容易发霉、腐败,一些不耐热及挥发性成分在煎煮过程中易被破坏或挥发。煎煮常用生产设备为前述的多功能提取罐(见图 9-11),小量生产时也可采用敞口锅(图 9-12)。

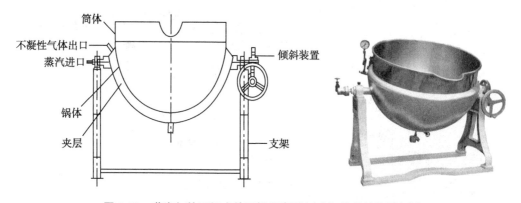

图 9-12　蒸汽加热可倾式敞口锅示意图(左)与外观结构图(右)

(3) 浸渍法:将药材置于提取器中,加适量溶剂,在一定温度下浸提,使有效成分浸出并使固、液分离的方法,是一种静态提取法。根据浸提温度可分为冷浸法和温浸法。取适当粉碎的药材置于有盖容器中,加入规定量的溶剂,密闭,经常搅拌或振摇,常温或保温加热,浸渍一段时间使有效成分浸出,抽取上清液,滤过,压榨残渣,合并滤液和压榨液,静置 24 小时,滤过。浸渍温度、时间及次数与药材的性质有关。一般药酒的浸渍时间较长,常温浸渍多在 14 天以上,温浸渍(40~60℃)为 3~7 天。为了减少药渣吸附药液造成的损失,可采用多次浸渍法。

浸渍法多以不同浓度的乙醇为溶剂,适宜于黏性、无组织结构、新鲜及易于膨胀药材的浸提,尤其适用于有效成分遇热易挥发或易破坏的药材。但操作时间长,溶剂用量较大,且往往浸出效率差而不易完全浸出,故不适用于贵重药材和有效成分含量低的药材。浸渍法设备多采用浸渍罐(图9-13)。

(4)渗漉法:是将适度粉碎的药材置于渗漉器中,由上部连续加入溶剂渗过药材层,然后从底部流出渗漉液,从而提取有效成分。

进行渗漉前,先将药材适当粉碎,并置于有盖容器内,加入药粉量1~2倍的浸出溶剂,使充分润湿膨胀后,分次装入底部有出口的渗漉容器中,松紧程度视药材而定;装完后,用滤纸或纱布将上面覆盖,并加石块之类的重物压固,以防加溶剂时药粉浮起;操作时先打开渗漉筒底部出口活塞,从上部缓缓加入溶剂以排出筒内空气,待

图 9-13 真空浸渍罐外观结构图

空气排尽,关闭活塞,将溶剂倒回渗漉筒内,继续加溶剂至高出药粉约数厘米,加盖放置,浸渍24~48小时,使溶剂充分渗透扩散。渗漉时,溶剂渗入药材的细胞中,溶解大量的可溶性物质之后,浓度增高,相对密度增大而向下移动,上层的浸出溶剂或较稀的浸出液置换其位置,浓度梯度较大,利于物质扩散。

渗漉法属于动态提取法,提取效率高于浸渍法,且省去了提取液的分离操作,溶剂耗用量也较小。渗漉法对药材的粒度及工艺条件的要求比较高,操作不当可影响渗漉效率。以1kg药材计算,慢速浸出时,渗漉液流出速度以1~3ml/min为宜,快速浸出时则多为3~5ml/min。渗漉过程中需随时补充溶剂,使药材中有效成分充分浸出。溶剂的用量一般为药材粉末的8~12倍。为了提高渗漉速度和节约溶剂,大生产可采用强化措施,如振动式渗漉罐,或在罐侧加超声装置,或用罐组逆流渗漉法加强固、液两相之间的相对运动,从而改善渗漉效果。

渗漉法一般不以水为溶剂,多用不同浓度的乙醇。适用于贵重药材、毒性药材及高浓度制剂,也可用于有效成分含量较低的药材提取,但对新鲜的及易膨胀的药材、无组织结构的药材不宜选用。

渗漉法的设备称为渗漉器。渗漉器一般为圆柱形和圆锥形,其长度为直径的2~4倍,以水为溶剂及膨胀性大的药材用圆锥形渗漉器;以乙醇为溶剂或膨胀性小的药材较适用圆柱形渗漉器。大量生产时常用的有连续热渗漉器(图9-14)和多级逆流渗漉器等。

(5)水蒸气蒸馏法:将药材的粗粉或碎片浸泡润湿后,直火加热蒸馏或通入水蒸气蒸馏,也可在多功能提取罐中对药材边煎煮边蒸馏,药材中的挥发成分随水蒸气蒸馏而带出,冷凝后分层,收集挥发成分。

该法适用于具有挥发性,能随水蒸气蒸馏而不被破坏,难溶或不溶于水的化学成分的提取和分离,如挥发油的提取。

(6)超临界流体萃取法:是以超临界流体作为溶剂,从固体或液体中萃取出某些有效成分并进行分离的技术。超临界流体(supercritical fluid,SCF)是指某种气体(或液体)或气体(或液体)混合物在操作压力和温度均高于临界点时,其密度接近液体,而扩散系数和黏度接近气体,性质介于气体和液体之间的流体。利用超临界流体的这种性质,在萃取阶段,SCF将所需成分从原料中萃取出来,在分离阶段,通过变化压力参数或其他方法,使萃取成分从SCF中分离出来,并压缩回收SCF,使其循环使用。

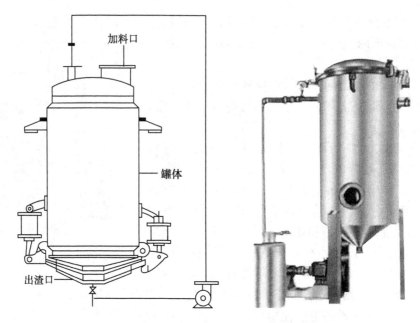

图 9-14　连续热渗漉器示意图(左)与外观结构图(右)

超临界萃取具有高效节能、生产流程简单、操作方便的优点;操作在低温下进行,特别适合于热敏性组分的提取;提取物杂质少;没有溶剂残留。但本法属于高压操作,设备较昂贵,一次性投资大,而且一般只适用于亲脂性小分子物质的提取。

可用于超临界萃取的气体很多,如二氧化碳、乙烯、氨、氧化亚氮、一氯三氟甲烷、二氯二氟甲烷等。因二氧化碳化学惰性,无毒性,不易爆,临界压力不高(7.374MPa),临界温度接近室温(31.05℃),价廉易得,因此通常使用二氧化碳作为超临界萃取剂。

影响超临界流体萃取的主要因素包括萃取压力、萃取温度、流体流量、药粉颗粒大小以及夹带剂等。

在一定的萃取温度下,增加萃取压力会增大流体的密度,增加溶质的溶解度。对于不同物质,其萃取压力有很大的不同。例如对于碳氢化合物等弱极性物质,萃取可在较低压力下进行,一般为 7~10MPa;对于含有 -OH、-COOH 等强极性基团的物质,萃取压力要求高一些;而对于强极性的苷类及氨基酸类物质,萃取压力一般要求 50MPa 以上。

萃取温度的影响比较复杂。在一定压力下升高萃取温度,被萃取物的挥发性增加,相应地增加了被萃取物在超临界流体气相中的浓度,从而使萃取数量增大;但另一方面,温度升高,超临界流体密度降低,其溶解能力相应下降,会导致萃取数量的减少。因此,温度对萃取的影响要综合考虑。

超临界流体的流量应适宜。当流量增加时,可以增加萃取过程的传质推动力,加快传质速度,但流量加大,超临界流体与被萃取物的接触时间减少,又不利于提高萃取能力。

将药材粉碎到适宜粒度,可以增加物料与超临界流体的接触面积,显著提高萃取速度;但粒度也不宜太小,过细的粉粒会严重堵塞筛孔。

由于超临界流体大多是弱极性溶剂,因此不利于萃取药材中极性较大的成分。其中的超临界二氧化碳虽无极性,但因具有偶极键,故能与一些极性分子相互作用并将其溶解。一般对于药材中极性较大的成分,可以在超临界流体中加入少量添加剂即夹带剂,以改变流体的极性,扩大溶解范围。常用的夹带剂有乙醇、甲醇、丙酮、乙酸乙酯等。

超临界流体萃取基本由提取和分离两部分组成,有 3 种方法。

变压法(又称等温法)是应用最广泛的方法,如图 9-15 所示。二氧化碳经压缩机加压,制成超临界二氧化碳流体,在萃取器内与药材接触,萃取药材中的成分后,借膨胀阀导入分离器,由于流体压力下降,溶解能力降低而析出提取物,即为萃取产物,二氧化碳经压缩机压缩后循环使用。

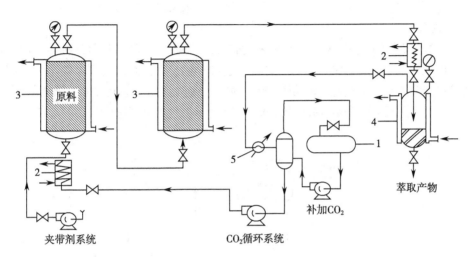

图 9-15 超临界提取工艺流程示意图
1.二氧化碳贮罐;2.换热器;3.萃取器;4.分离器;5.冷凝器

变温法(又称等压法),首先冷却降温得到超临界气体,提取药材后,通过加热升温使提取物和气体分离,提取物从分离槽底部排出,气体经冷却压缩后送回萃取器,循环使用。

吸附法,该法是在分离槽中放置吸附剂,该吸附剂只吸附提取物而不吸附气体,气体压缩后供循环使用。使用吸附法时,分离槽中是需要除去的杂质,而提取器中留下的物质则为需要的有效成分。

(7) 超声波提取:利用超声波的"空化作用",增强物质在溶剂中的溶解能力,加速和增加药材成分提取的一种浸提方法。超声波是一种机械振动波,能产生空化效应(液体中空泡溃灭时产生的空蚀、噪声、振动和发光等现象)和搅拌作用,破坏植物药材的细胞,使溶媒渗透到药材内部,加速有效成分溶解,以提高提取率。与常规提取法相比,超声波提取时间短、效率高;无需加热,可以避免高温、高压对有效成分的破坏。但对容器壁的厚薄及放置位置要求较高。

(8) 微波提取:是利用微波强烈的热效应提取中药有效成分的一种方法。微波是波长介于 1mm~1m(频率 300MHz~300GHz)的电磁波。药材中的极性分子接受微波辐射能量后,分子偶极以每秒数十亿次的高速旋转振荡,产生热效应;细胞结构遭到破坏变得疏松,有效成分挣脱束缚,快速溶出;环境存在浓度差时,微波所产生的电磁场可加速被萃取成分向外扩散。微波萃取选择性好,产品纯度与质量较高,产量大;升温快速均匀,热效率高;没有热惯性,易控制,所有参数均可数据化;生产线组成比较简单。

(二) 浓缩

浓缩是将溶液中溶剂移除以提高其浓度的过程。中药提取液通常采用蒸发方式进行浓缩。由于中药提取液性质各异,因此必须根据其性质与蒸发浓缩的要求,选择适宜的浓缩方法与设备。

蒸发按操作压力可分为常压蒸发与减压蒸发,按效数可分为单效蒸发与多效蒸发,按提取液经过蒸发器次数可分为循环式蒸发与单程式蒸发。

1. 常压蒸发与减压蒸发 常压蒸发操作在大气压下进行,设备不一定密封,所产生的二次蒸汽自然排空。减压蒸发操作在真空中进行,溶液上方是负压,导致溶液沸点降低,加大了蒸气与溶液的温差,传热速率提高,适用于热敏性中药提取液的浓缩。

2. 单效蒸发与多效蒸发

(1) 单效蒸发:蒸发器通常采用饱和蒸汽加热,从外界引入的加热蒸汽称为一次蒸汽,蒸发器中提取液经加热后产生的蒸汽称二次蒸汽。图 9-16 所示为一典型单效蒸发过程,料液进入蒸发室,经饱和蒸汽加热开始沸腾,产生的二次蒸汽经蒸发室上方的除沫器与所夹带的雾沫分离,然后进入冷凝器凝结成液体,未冷凝的气体则经真空泵排出。

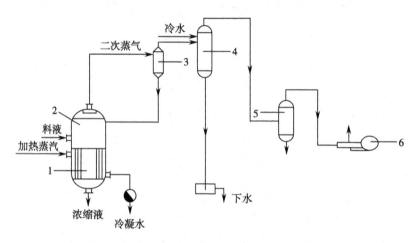

图 9-16 单效蒸发流程
1. 加热室;2. 蒸发室;3. 气液分离室;4. 冷凝器;5. 真空缓冲罐;6. 真空泵

目前,单效蒸发多采用外循环型蒸发器(图 9-17)和真空球形蒸发器(图 9-18)。外循环型蒸发器的特点是不易结垢,易清洗,浓缩比较大,可常压操作,亦可减压操作。真空球形蒸

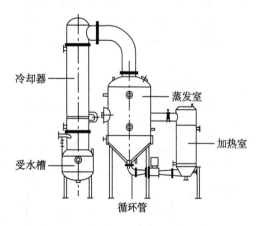

图 9-17 单效外循环型蒸发器示意图

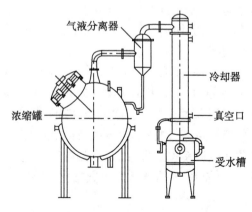

图 9-18 真空球形蒸发器示意图

发器设备紧凑,蒸发效果较好,但提取液受热时间较长,蒸汽消耗量较大。

采用密闭蒸发器进行浓缩时,浓缩液相对密度不宜太大,否则浓缩液易黏附于蒸发器内壁,不易放尽,甚至引起结垢,不便清洗。如果需要将提取液浓缩至相对密度 1.35 以上时,一般需要利用可倾式敞口锅进行二次收膏。

(2) 多效蒸发:多效蒸发是将若干个蒸发器串联起来,前一个蒸发器产生的二次蒸汽通入后一个蒸发器,作为加热蒸汽使用,虽然二次蒸汽的压强和温度均低于原加热蒸汽,但只要第二个蒸发器内提取液的压强和沸点比第一个蒸发器低(存在温差),就可用来加热,此时第二个蒸发器的加热室相当于第一个蒸发器产生二次蒸汽的冷凝器。第一个蒸发器称一效,第二个蒸发器称二效,以此类推。图 9-19 为外加热式单效蒸发器串联组成的三效真空蒸发器示意图。

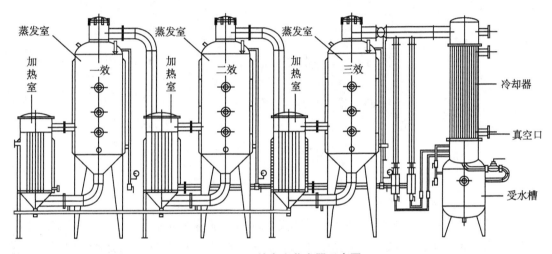

图 9-19 三效真空蒸发器示意图

很显然,效数越多对节能越有利,但多效蒸发设备投资费用大,耗电多,因此还需综合考虑设备费用与操作费用的经济合理性。

按蒸汽走向与原料液走向的相对关系,多效蒸发可分为并流操作、逆流操作和平流操作。

1) 并流操作:如图 9-20 所示,需浓缩的中药提取液与二次蒸汽的流向相同,都是从第一效至第二效,再至第三效。由于后一效蒸发器的压强低于前一效,故前一效的溶液可在此压

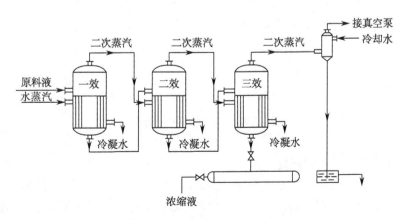

图 9-20 并流多效蒸发流程

强差下自动流入后一效蒸发器中,不必采用效间溶液加压泵装置。缺点是后效的溶液浓度大,黏度也大,传热系数较小,而此时加热蒸汽的温度却较低。

2) 逆流操作:如图 9-21 所示,需浓缩的料液与二次蒸汽的流向相反。这种流程由于后一效蒸发器的压强低于前一效,故料液不能自动从后效进入前一效,因此必须由效间加压将料液泵入各效蒸发器。这种方法的优点是随料液浓度增大,沸点虽增高,但加热蒸汽温度也高,因此各效传热动力—温度差与传热系数相差不大。缺点是在最后一效料液所含水分最多时,二效的二次蒸汽作三效的加热蒸汽温度也最低,故溶剂的蒸发量不如并流的大。

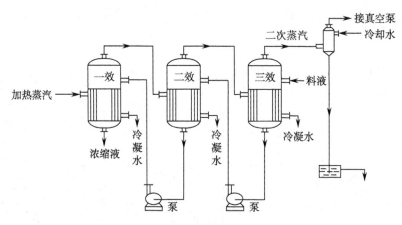

图 9-21 逆流多效蒸发流程

3) 平流操作:图 9-22 所示,进入每效蒸发器的料液都是新鲜原料液,只是加热蒸汽除第一效外,皆是前一效的二次蒸汽。完成液也是从每效蒸发器中取出的,此流程只适用于在蒸发过程中有结晶析出的过程,因为料液中一旦有固体析出,则不能在多效间输送。

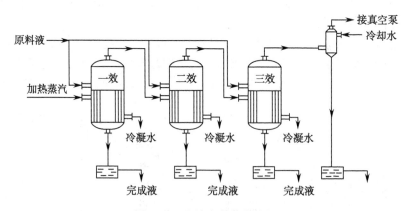

图 9-22 平流多效蒸发流程

3. 循环式蒸发与单程式蒸发

(1) 循环式蒸发:此种蒸发方式在中药提取液的浓缩中较为常用,被浓缩的液体在蒸发器内循环流动,长时间受热,使溶剂挥发。循环式蒸发器有中央循环管式、外加热式、强制循环式等多种型式。

中央循环管式蒸发器见图 9-23,加热室内有若干个较细的列管和一个很粗的中央循环管,需浓缩的提取液流经各管,与管外的饱和蒸汽进行热交换。由于中央循环管的管径大,管内横截面积大,单位体积溶液的传热面积小,接受的热量少,温度相对较低,因此其中的液体密度要比各列管中的液体密度大,这样在加热室内就形成了液体从列管上升、从中央管下降的自然循环。此种蒸发器的优点是构造简单、设备紧凑、便于清理检修,适用于黏度较大的料液。由于应用广泛,中央循环管式蒸发器又称为标准式蒸发器。

外加热式蒸发器见图 9-24,与中央循环管式蒸发器的主要区别是加热室与蒸发室分离。中药提取液在加热室受热后沸腾,上升至蒸发室,产生的二次蒸汽排出,剩下的液体经循环管返回加热室。由于循环管内液体不受热,因此此处料液的密度高于加热室中的料液,故而加快了循环速率,流速可高达 1.5m/s,传热系数也相应提高至 1400~3500W/(m²·K)。外加热式蒸发器的高度低于前者,且传热速率高,适应能力强,但结构不紧凑,热效率较低。

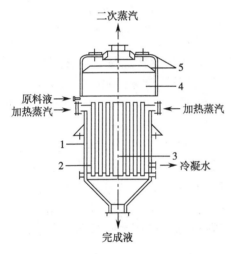

图 9-23 中央循环管式蒸发器
1. 外壳;2. 加热室;3. 中央循环管;4. 蒸发室;5. 除沫器

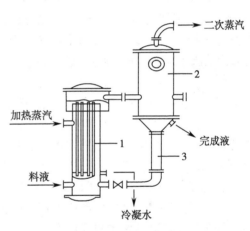

图 9-24 外加热式蒸发器
1. 加热室;2. 蒸发室;3. 循环管

上述两种蒸发器均属自然循环蒸发器,依靠温差造成的密度差促使液体循环。而在强制循环蒸发器(图 9-25)中,液体依靠泵的外加动力流动,即在加热室下方设一循环泵,料液通过泵打入列管,受热后产生二次蒸汽,经除沫后向上排出,所余料液经循环管进入循环泵,反复操作。强制循环蒸发器中,流动速率一般可达 1.5~3.5m/s,传热系数也相应提高至 900~6000W/(m²·K)。强制循环蒸发器的蒸发速率较高,料液能很好地循环,故适用于黏度大、易析出结晶、泡沫和污垢的料液。缺点是增加了动力设备和动力消耗。

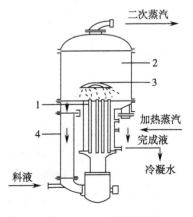

图 9-25 强制循环蒸发器
1. 加热室;2. 蒸发室;3. 除沫器;4. 循环管

(2)单程式蒸发:在循环式蒸发中,料液受热时间长,不适用于热敏性物料的浓缩,因此需要一种短时间就能达到浓缩要求的蒸发设备,单程式蒸发器可以满足这一要求。采用单程式蒸发,料液只经过蒸发器一次,明显缩短受热时间。单程式蒸发器有升膜式蒸发器、降膜式蒸发器、刮板式薄膜蒸发器和离心薄膜蒸发器等形式。

升膜式蒸发器见图9-26。管内的料液与蒸汽进行热交换,贴近管壁处的料液受热沸腾产生气泡,小气泡汇集成大气泡,进而气泡破裂形成二次蒸汽柱,管内的液体被迅速上升的气体拉升,在管壁形成液膜,并随蒸汽上升,此时的状态称为爬膜。继续加热时产生的二次蒸汽越来越多,上升的气流速度进一步加大,管壁上的料液随蒸汽离开液膜变成喷雾流,此时管壁上的液膜变得更薄。

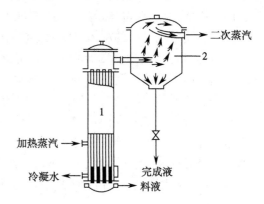

图9-26　升膜式蒸发器
1. 蒸发室;2. 分离室

在升膜式蒸发器中,最好的操作状态就是爬膜和喷雾流,若气流速度继续加大,加热管上的液膜被干燥,会形成结疤、结焦等干壁现象,料液因被固化而达不到浓缩的要求。形成爬膜的条件为:料液应预热到接近沸点温度;常压蒸发时二次蒸汽在管内的流速为20~50m/s,减压蒸发则在100~160m/s;加热蒸汽与料液的温差在20~35℃。

升膜式蒸发器适用于蒸发量较大、有热敏性、黏度不大于0.05Pa·s及易产生泡沫的料液,不适于高黏度、有结晶析出或易结垢的料液。一般用于中药提取液的预蒸发。

降膜式蒸发器见图9-27,其料液与二次蒸汽的运行方向与升膜蒸发器正好相反。料液自上方进入,通过液体均布器,平均流入各列管,在重力和二次蒸汽的共同作用下,呈膜状由上至下流动。二次蒸汽夹带着完成液从蒸发器下部进入分离器,完成液从分离器底部放出。

降膜蒸发器的传热系数为1100~3000W/(m²·K),小于升膜蒸发器。但由于液流方向与重力一致,故流速更快,在蒸发器中停留时间更短,因此更适用于热敏性物料的蒸发操作,同时也适用于黏度较高料液的浓缩操作。

刮板式薄膜蒸发器见图9-28。它是由一长筒状壳体构成蒸发室。加热蒸汽通入壳体外

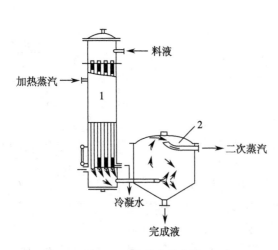

图9-27　降膜式蒸发器
1. 蒸发室;2. 分离室

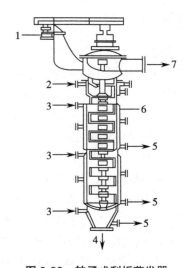

图9-28　转子式刮板蒸发器
1. 电机;2. 进料口;3. 加热蒸汽进口;4. 完成液出口;5. 冷凝水出口;6. 刮板;7. 二次蒸汽出口

壁的夹套,对壳内料液进行加热。壳体上端装有电机带动的转动轴。通过联轴器,立轴一直通过壳体中心,轴上装有刮板状的搅拌浆,刮板可以摆动的称转子式刮板蒸发器,刮板固定的称刮板蒸发器。料液从壳壁上方切向进入,在转动刮板、重力和离心力作用下,料液在壳壁形成旋转下降的液膜,并接受壁面传入的热量而蒸发,所形成的二次蒸汽从壳体上方排出。

刮板式薄膜蒸发器利用机械作用成膜,操作弹性大,特别适用于易结晶、结垢和高黏度的热敏性物料。缺点是设备加工精度高,刮板至壳壁的间隙仅为 0.8~2.5mm;消耗动力比较大;传热面积小,一般只有 3~4m^2,最大也不超过 40m^2,故蒸发量比较小。

(三)分离与精制

1.分离 制药生产过程中经常遇到混合物的分离,混合物可分为均相体系和非均相体系。在均相体系内部,各处物料性质均匀一致,无相界面存在,如溶液、气体混合物等,可采用蒸馏、吸收、萃取等方法分离;而在非均相体系内部存在相界面,且界面两侧性质不同,如混悬液、乳浊液等,可采用沉降、过滤等分离方法。中药提取前处理的固液分离属于非均相体系的分离。

(1)沉降分离法:是利用固体物与液体介质的不同密度加以分离的操作。根据作用力不同,沉降操作可分为重力沉降和离心沉降。

重力沉降是固体物依靠自身重量自然下沉,用虹吸法吸取上层清液,分离固体与液体的一种方法。此种方法分离不够完全,但可除去大部分杂质,有利于进一步的分离操作。重力沉降设备主要有降尘室和沉降槽,降尘室用于气-固分离,沉降槽用于固-液分离。

离心沉降是将待分离的料液置于离心机中,借助离心机高速旋转产生的离心力,分离料液中的固、液或密度不同不相混溶的两种液体。离心沉降的设备主要有沉降式离心机和旋风式分离器,前者用于固-液分离,后者用于气-固分离。

(2)过滤分离:是将固-液或固-气混合物通过多孔介质,使固体粒子被介质截留,液体或气体经介质孔道流出,从而实现分离的方法。

过滤的推动力是过滤介质两侧的压力差,根据过滤推动力的产生方式,过滤可分为自然过滤、加压过滤和减压过滤。在自然过滤中,借助滤浆的自身重力形成过滤介质两侧压力差,推动过滤;在加压过滤中,通过对滤浆一侧施加压力,增大过滤压力差,实现过滤,如板框式压滤、离心过滤等;而在减压过滤中,则是在滤液一侧抽真空,减小压力,从而增大过滤压力差所进行的过滤,如抽滤等。

按滤材截留粒子的方式,过滤操作可分为表面过滤和深层过滤。表面过滤是料液中大于滤材孔隙的微粒全部被截留在滤过介质的表面,如薄膜过滤等。表面过滤一般适用于固体粒子粒径较大的滤浆。随着固体粒子在滤过介质表面的沉积,会形成滤饼。一旦形成滤饼,可更加有效地截留滤浆中的固体粒子。为确保过滤效果,滤饼形成前的滤液通常需要"回滤"。深层过滤是将微粒截留在滤器的深层,如凝胶过滤、砂滤棒、垂熔玻璃漏斗等。深层过滤一般适用于固体粒子粒径较小的滤浆,多为精滤。深层过滤载留的微粒往往小于滤过介质的平均孔隙。由于深层滤器各部分的孔径不可能完全一致,有时部分小固体会通过较大的滤孔,因此,初滤液也常需"回滤"。

影响过滤操作的因素包括过滤方式、过滤介质的种类及性质、料液性质(黏度、温度、固液比、固体悬浮物性质等)、过滤介质两侧压力差、过滤面积、助滤剂等,应根据上述因素综合考虑过滤工艺设计及选择过滤设备。

2. 精制 系指采用适当的方法和设备除去中药提液中杂质的操作。精制的方法较多,常用的精制方法有水提醇沉法、醇提水沉法、超滤法、盐析法、酸碱法、絮凝澄清法、透析法、萃取法、大孔树脂吸附法等。

(1) 水提醇沉法:先以水为溶剂提取药材中的有效成分,再用不同浓度的乙醇沉淀去除提取液中的杂质。水提醇沉法广泛用于中药水提液的精制,以降低制剂的服用量,或增加制剂的稳定性和澄清度。该法也可用于制备具有生理活性的多糖和糖蛋白。

水提醇沉法是根据药材成分在水和乙醇中的溶解性不同,通过交替使用水和不同浓度的乙醇,可保留生物碱盐类、苷类、氨基酸、有机酸等有效成分,去除蛋白质、糊化淀粉、黏液质、油脂、脂溶性色素、树脂、树胶、部分糖类等杂质。通常认为,当料液中含乙醇量达到 50%~60% 时,可去除淀粉等杂质;当含醇量达到 75% 以上时,除鞣质、水溶性色素等少数无效成分外,其余大部分杂质均可沉淀而去除。

水提醇沉的工艺流程如图 9-29 所示。大生产操作过程中,一般以相对密度控制浓缩程度。加醇方式有分次醇沉和梯度递增两种。应在浓缩液冷却后缓慢加醇,边加边搅拌,加醇量不可用乙醇计直接测定,只能将计算量的乙醇加入浓缩液中。批准的生产工艺中,醇沉浓度多为体积百分数,实际生产中由于量取不方便,多用称重法,工艺规程中最好使用质量百分数。冷藏时,含醇药液降至室温方可进入冷库,应注意密闭,冷藏温度一般为 5~10℃,时间一般为 12~24 小时。回收乙醇时应注意浓缩浓度、温度及乙醇损失等。

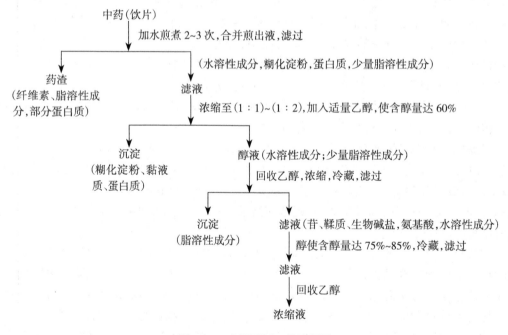

图 9-29　水提醇沉工艺流程图

水提醇沉法也存在不少问题,如沉淀中吸附有不少有效成分,导致有效成分损失较多;内酯、黄酮、蒽醌和芳香酸等水难溶性有效成分在加醇时易溶,但乙醇回收后,随着乙醇浓度的降低,逐渐从浓缩液中析出,过滤时易损失;醇沉后液体制剂易产生沉淀(如口服液);乙醇耗量大,生产成本高;生产周期长等。

(2) 醇提水沉法:本法先以适宜浓度的乙醇提取药材成分,再用水除去提取液中的杂质,在中药制药工业中应用也较为普遍。其基本原理及操作流程与水提醇沉法基本相同。适于提取药效物质为醇溶性或在醇和水中有较好溶解性的药材,可避免药材中大量淀粉、蛋白质、黏液质等高分子杂质的浸出;水处理又可较方便地将醇提液中的树脂、油脂、色素等杂质沉淀除去。应特别注意,如果药效成分在水中难溶或不溶,则不可采用水沉处理,如厚朴中的厚朴酚、五味子中的五味子甲素均为药效成分,易溶于乙醇而难溶于水,若采用醇提水沉法,其水溶液中厚朴酚、五味子甲素的含量甚微,而沉淀物中含量却很高。

(3) 盐析法:在含有某些高分子物质的溶液中加入大量的无机盐,降低其溶解度,使其沉淀析出,从而与其他成分分离。本法主要适用于蛋白质的分离纯化,并且不影响其生物活性。此外,也常用于提高药材蒸馏液中挥发油的含量及蒸馏液中微量挥发油的分离。高浓度的盐之所以能使蛋白质沉淀,一是中和蛋白质分子表面的电荷;二是减少蛋白质胶体的水化层,使之易于凝聚沉淀。

(4) 酸碱法:利用中药成分在水中的溶解性与酸碱度的关系,在溶液中加入适量酸或碱,降低这些成分的溶解度,使其沉淀析出,以实现分离和精制。适用于多数生物碱、有机酸及蒽醌等化合物的分离与精制。

(5) 絮凝澄清法:在中药提取液中加入絮凝沉淀剂,通过吸附架桥、电中和等方式与蛋白质、果胶等发生分子间作用,使之沉降,除去溶液中的粗粒子,以达到精制和提高成品质量的目的。本法专属性较强,无毒性,成品稳定性好,工艺简单,操作方便,成本低,生产效益高,是替代水提醇沉工艺的一种好方法。

常用的絮凝剂有鞣酸、明胶、蛋清、101 果汁澄清剂、ZTC 澄清剂、壳聚糖等。其中,101果汁澄清剂为水溶性胶状物质,在水中分散速度较慢,通常配制成 5% 的水溶液使用。ZTC天然澄清剂能保留中药提取液中大部分多糖,目前常用的是 ZTC_{1+1} 天然澄清剂,由 A、B 二组分组成,A 配成 1% 的黏胶液,B 用 1% 醋酸配成 1% 的黏胶液,使用时二组分按不同比例先后加入。壳聚糖是甲壳素脱乙酰的产物,白色或灰白色,不溶于水和碱溶液,可溶于稀酸,通常用 1% 醋酸配制成 1% 的壳聚糖溶液使用。

絮凝澄清的基本操作流程与水提醇沉法相同,但具体操作条件不同,如水提液浓缩程度、絮凝剂加入方法、保温和静置条件等。

(6) 大孔树脂吸附法:以大孔树脂为吸附剂,利用其对不同成分的选择性吸附与筛选作用,在适宜的吸附与解吸条件下,可以实现分离、提纯某种或某类有机化合物的目的。一般适用于中药材水溶性有效成分的纯化。

大孔吸附树脂是一类不溶于酸、碱及各种有机溶剂、具有大孔结构的海绵状非离子型有机高分子聚合物。大孔吸附树脂的网状孔是由于在树脂制备过程中加入了致孔剂,当高聚物结构形成时发生相分离,在树脂中留下许多大小不一、形态各异、互相贯通的孔道。这样大孔树脂既有类似于活性炭的吸附作用,也有离子交换的能力,而且比离子交换更容易再生,同时还具有稳定性高、使用寿命长及颜色浅淡等特点。

大孔吸附树脂通常分为非极性和极性两大类。非极性吸附树脂一般由苯乙烯、二乙烯苯等中弱极性聚合而成,孔表的疏水性较强,可通过与分子内疏水部分的相互作用吸附溶液中的有机物,适用于从极性溶剂(如水)中吸附非极性物质。多用于黄酮、香豆素、萜类、甾体化合物、木脂素等分离,如国产 HPD100、HPD300、GDX104、SIP-1100、D101、D8 等型号。

根据极性大小,极性树脂可分为中等极性、极性和强极性等几类。中等(弱)极性吸附树脂一般由丙烯酸类物质聚合而成,具有酯基等极性基团,其表面兼有疏水和亲水部分,既可从极性溶剂中吸附非极性物质,也可从非极性溶剂中吸附极性物质。常用型号如 AB-8、

XAD-6 等,常用于生物碱、苷类的分离。极性吸附树脂具有酰胺、亚砜、酚羟基等基团,极性大于酯基,可从非极性溶剂中吸附极性物质,如 XAD-10,常用于黄酮、蒽醌、木脂素等分离。强极性吸附树脂含有季铵、吡啶、酮基等强极性基团,可用于吸附环烯醚萜苷等,如 XAD-11、GDX-401。常以对溶液中溶质的吸附量、吸附率、吸附速度、吸附选择性、脱附性能等为指标评价大孔吸附树脂的性能。

由于市售大孔吸附树脂都是含水的,在储存过程中可能因失水而缩孔;同时在出厂前未进行彻底清洗,可能残留原料(单体、致孔剂、聚乙烯醇或明胶分散剂、引发剂、惰性溶剂、防腐剂)或副产物,因此在使用大孔吸附树脂前,通常须采用合适的方法进行预处理,如采用丙酮或甲醇进行回流,或湿法装柱后用不同溶剂进行渗漉洗脱,使树脂的孔得到最大限度的恢复。

在使用大孔吸附树脂精制时,一般是将需要处理的溶液自上至下通过树脂床柱,树脂选择性地吸附溶质并在柱中形成色谱带,再用溶剂(如乙醇)进行逆流或正流洗脱,直至洗脱液中不含溶质为止。

(四) 干燥

广义干燥泛指从湿物料中除去湿分(主要是水或其他有机溶剂)的各种操作。狭义干燥是指通过加热使湿物料中的湿分汽化逸出,以获得规定湿分含量的固体物料的过程。中药制剂生产过程中,提取部分如需要以干浸膏或干燥提取物入药,则其提取(精制)液须浓缩至一定程度(稠膏),再进行干燥,中药提取浓缩液常用干燥方法有常压厢式干燥、减压厢式干燥、喷雾干燥等。

1. 常压厢式干燥　常称为烘干。将提取液浓缩至稠膏状,再将稠膏放入厢式干燥器中,采用蒸汽间接加热,或电加热,或远红外加热,将稠膏干燥成干膏。生产中常用设备为热风循环烘厢(烘房),如图 9-30 所示。该设备为水平气流式干燥设备,是一种间歇式干燥器。干燥的热源为蒸汽,干燥介质为自然空气及部分循环热风。小车上的烘盘装载被干燥的物料,料层厚度一般为 10~30mm,干燥过程中物料保持静止状态。热风沿着物料表面和烘盘底面水平流过,与湿物料进行热交换,并带走湿气,携带湿气的热风在循环风机作用下,部分从排风口放出,同时由进风口补充部分湿度较低的新鲜空气,与其余的热风一起加热进行干燥循环。当物料湿含量达到工艺要求时停机出料。干燥时不能太快,以免表面结壳,内部水分难以蒸发。

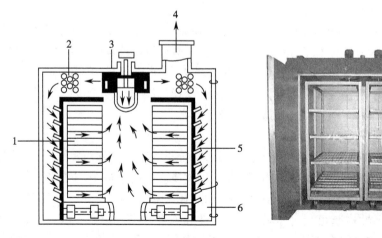

图 9-30　水平气流厢式干燥器示意图(左)与外观结构图(右)
1. 载料小车;2. 加热器;3. 风机;4. 排气口;5. 气流挡板;6. 厢体

本法操作简单,设备投资较小,但热利用率低,干燥时间长,不适于热敏性物料。操作时应注意料层厚度、干燥温度、热风循环比例等,同时还应注意翻动,避免出现局部过热现象。

2. 减压厢式干燥 将提取液浓缩至稠膏状,放入真空厢式干燥器(图9-31)中进行减压干燥,其基本操作与常压厢式干燥相同。真空厢式干燥器的干燥室为钢制外壳,横截面为长方形或圆形,内部安装有多层空心隔板,分别与进气列管及冷凝液列管相接。干燥时汽化的水分在真空状态被抽走。真空厢式干燥器的热源为低压蒸汽或热水,热效率高,药物不受污染;但设备结构和生产操作都较为复杂,相应的费用也较高。

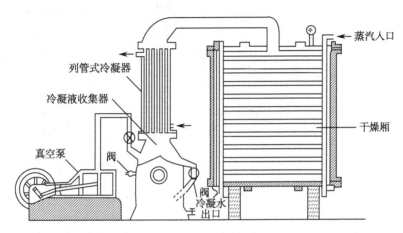

图 9-31 真空厢式干燥器示意图

3. 喷雾干燥 将提取液浓缩至一定相对密度,利用雾化器将料液分散为细小雾滴,并在热空气中迅速蒸发溶剂形成干膏粉。本法能将液态物料直接干燥成固态产品,简化了传统干燥所需的蒸发、结晶、分离、粉碎等一系列单元操作。本法料液受热时间短,无过热现象产生,因此适用于热敏性物料;同时产品疏松易溶,能保持原有的色、香、味。整个操作环境粉尘少,易于控制,生产连续性好,容易实现自动化。但对物料的黏度要求较高,单位产品耗能较大,热效率和传热系数都较低,同时设备体积大,结构较为复杂,一次性投资较高。

喷雾干燥所用设备为喷雾干燥器(图9-32),主要由空气加热系统、物料雾化系统、干燥系统、气-固分离系统和控制系统组成,其中雾化系统是核心部分。不同型号的设备,其空气加热系统、气-固分离系统和控制系统区别不大,雾化系统和干燥系统则有多种配置。

目前常见的雾化系统有气流式雾化器、压力式雾化器、离心式雾化器3种型式。气流式雾化器是将压缩空气或蒸汽以较高的速度从环形喷嘴喷出,高速气流产生的负压将液体物料从中心喷嘴以膜状吸出。液膜与气流的速度差产生较大的摩擦力,液膜被分散成为雾滴。一般液膜与高速气流在环形喷嘴内侧混合的称为内混式,而在外侧混合的称为外混式。气流式喷嘴结构简单,磨损小,对高、低黏度的物料,甚至含少量杂质的物料都可雾化,调节气液量之比还可控制雾滴大小,即控制了成品的粒度,缺点是动力消耗较大。

压力雾化器是利用高压液泵,以2~20MPa的压力将液态物料加压喷出,分散成雾滴。压力式雾化器结构简单,制造成本低,操作、检修和更换方便,动力消耗较气流式雾化器要低得多;但这种雾化器需要配置一台高压泵,料液黏度不能太大,而且要严格过滤(不能含有固体颗粒),否则易发生堵塞;喷嘴的磨损也较大,往往要用耐磨材料制作。

离心式雾化器是将料液从高速旋转的离心盘中部输入,在离心盘加速作用下,料液被

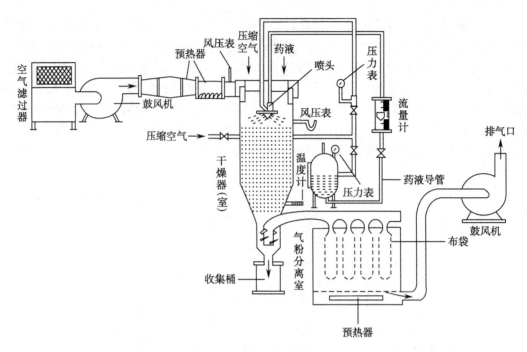

图 9-32 喷雾干燥装置示意图

高速甩出,形成薄膜、细丝或液滴,并即刻受周围热气流的摩擦、阻碍与撕裂等作用而形成雾滴。离心式雾化器操作简便,适用范围广,料路不易堵塞,动力消耗小,多用于大型喷雾干燥;但结构较为复杂,制造和安装技术要求高,检修不便,有时润滑剂会污染物料。

中药提取浓缩液多含固体杂质,故多选用气流式雾化器和离心式雾化器进行喷雾干燥,而不用压力式雾化器。操作时应注意料液黏度、进风温度、出风温度、进料速度等对干燥的影响。

二、生产管理要点

1. 称量、配料 提取用原料应是中药饮片;若为药材,则应根据工艺要求加工成不同规格的炮制品,以适应不同提取工艺的需要。

称量人核对净药材的名称、编号、炮制批号、规格、合格证等,确认无误后,按规定的称量方法和指令的定额量称量、记录。称量必须复核,复核人核对称量后的药材名称、数量,确认无误后记录。称量人、复核人均需在记录上签名,注明日期。

生产中所需贵细药、毒性药、中药饮片,须按规定监控投料,并有记录监控人签名。剩余药材应附有标志,注明名称、规格、数量、批号、日期等,包装完好,放备料室,并记录、签名。

2. 提取 采用煎煮法时,应控制好煎煮的温度、压力、时间、加水量及次数,煎煮液过滤后合并入贮罐。采用回流法时,应经常检查温度、压力等,提油时注意速度和时间,油、水分离后,挥发油密封备用,同时收集药液,过滤入贮罐。采用渗漉法时,药材粗粉充分浸润后装筒,分层加料,松紧均匀,表面压平后加覆盖物,添加溶剂,浸润规定时间后开始收集流液,控制流速、流量,并不断补充溶剂,不使药材外露,直至符合工艺规定量。采用浸渍法时,根据工艺要求采用冷浸或温浸,掌握好浸渍次数及每次溶剂加入量,浸渍时容器上加盖,浸至规定时间后取上清液,过滤,最后药渣压滤,合并滤液。

3. 浓缩 含醇药液浓缩前先回收乙醇。浓缩的工艺技术参数应经验证确认。浓缩时控制好温度、压力、进液速度等。根据工艺规定浓缩至规定浓度的浸膏装洁净容器,每件容器均应附有标志,注明品名、规格、批号、数量、生产日期、操作者等。经质量检验合格后交下一工序或入冷库。

4. 精制 以水提醇沉为例,浓缩液在搅拌状态下加入一定数量的乙醇,使药液含醇量达到规定要求,静置规定时间,取上清液,沉淀用乙醇洗涤后过滤,滤液合并入上清液中。醇提水沉精制工艺,除溶剂互换外,操作同水提醇沉。

5. 过滤 过滤工艺技术参数应经验证确认。每次过滤前应检查滤器、滤材,符合要求后方可操作,使用后应及时清洗。滤渣及废弃物应按规定及时处理。

6. 干燥 干燥工艺技术参数应经验证确认。干燥用空气应经净化处理,干燥设备进风口设有过滤装置,出风口应有防止空气倒流装置。干燥时要经常检查温度,控制好每箱装量及干燥时间。真空干燥应严格控制蒸汽流量、真空度、温度及每箱装量,防止浸膏泡溢。喷雾干燥应控制好浸膏(浓缩液)浓度、进出口温度、进料速度、离心转速或喷料压力,防止物料粘壁或焦结。喷雾干燥出粉口环境应洁净,其生产操作应参照洁净区管理。干燥后物料降至室温后,装洁净容器,每件容器均应附有标志,注明品名、规格、批号、数量、操作日期、操作者等,经质量检验合格后交下一工序或入中间库。

7. 粉碎、混合 干膏的配料、粉碎、过筛、混合等生产操作应参照洁净区管理。

8. 生产结束 中药材提取和浓缩使用的提取、浓缩、过滤、精制、干燥、粉碎、混合等设备必须彻底清洗与清洁,不得有遗留物。浓缩后浸膏、干燥后干膏或干粉等按规定计算收率,应在合理的偏差范围内。

三、生产特殊要求

中药制剂生产中,常以中药材提取物(浸膏或干膏粉等)为原料,经继续加工成为一定剂型的中药成品,因此中药材提取、浓缩、精制、干燥等前处理也必须符合GMP要求。

GMP的一些要求包括:中药材提取、浓缩等生产操作,必须与其制剂在厂房设施、生产设备、生产操作及人物流向等方面严格分开。中药材提取、浓缩等厂房应与其生产规模相适应,并有良好的排风、排水及防止污染和交叉污染的设施。中药材提取工艺用水的质量标准应不低于饮用水标准。提取药材的处方投料量应以洗涤干燥后的净药材计量。干膏粉碎及喷雾干燥收粉等生产操作应参照洁净区管理。有机溶剂提取、浓缩等厂房建筑应符合防火、防爆等要求。

四、中药提取车间设计

(一)中药提取车间设计的一般性要求

中药提取车间硬件设施和车间布置应依据现行版GMP、《医药工业洁净厂房设计规范》等进行设计,做到技术先进、确保质量、安全实用、经济合理,同时要满足国家关于建筑、消防、环保、能源、职业安全卫生等方面的规范要求。

在总图设计时尽可能将提取车间布置在制剂车间的下风侧,并靠近厂区物流出入口。人流物流应符合要求,平面布局合理,严格划分区域,防止污染和交叉污染,方便生产操作。

在进行设计时,既要满足当前产品生产的工艺要求,也应适当考虑今后生产发展和工艺改进的需要。

(二)中药提取车间设计的特殊要求

在设计中药提取车间的总体布局时,应将提取车间的原料进口靠近前处理车间,浸膏和半成品出口靠近制剂车间,出渣间门前应留有物流通道。

提取车间一般有醇提和醇沉,应考虑车间的防爆。提取车间产热、产湿岗位较多,在设计时应考虑采取适合的排热、排湿方式。提取车间一般不宜设计得太宽,产热、产湿设备和需要采取防爆措施的设备尽量靠外墙布置。

提取车间药材处理量较大,为了管理和运输方便,一般将原药材库、净药材库、药材的前处理与提取车间设在同一建筑内。为了减轻劳动强度和保障安全,原药材及净药材最好采用电梯运输,设投料层或采用真空吸料,并设出渣间。投料操作中会有产尘现象,应设计必要的捕尘、除尘装置。

墙面、地面宜采用瓷器类物质贴面,既便于清洗,又能避免真菌附着。防爆区域内的电器开关应为防爆型,产热、产湿区域的灯具及开关应为防水型。提取车间的末端工序"精、烘、包"应为洁净区,其洁净级别与对应制剂的剂型同步要求,洁净区设计应满足 GMP 规范要求。车间应设冷藏库,以暂存浓缩液。如果在洁净区内设冷藏库,冷藏库口应设洁净缓冲间。毒性药材提取应设专用设备,并在专用区域内提取,以防止交叉污染。

中药提取车间生产品种多、工艺流程长、工艺管线多而复杂,所以设计时应充分考虑。既要方便操作、又要整齐美观;既要有效合并、又要单独清洁;既要保证工艺路线合理、又要达到管道最短设计。

(三)中药提取车间平面布置

中药提取车间多采用多层厂房垂直布置,如图 9-33 和图 9-34 为二层中药提取车间的平面布置,其中二层布置中药材的前处理(洗药、切药、炒药、烘药等),饮片投料,提取罐的操作等工段,一层布置中药提取液的浓缩、醇沉、乙醇回收、干燥、包装等工段。成品的"精、烘、包"洁净级别为 D 级。

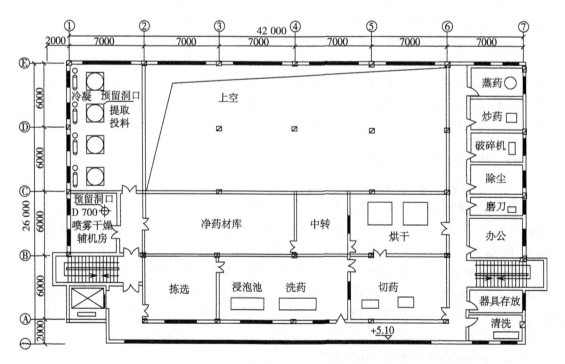

图 9-33 中药提取车间二层平面布置

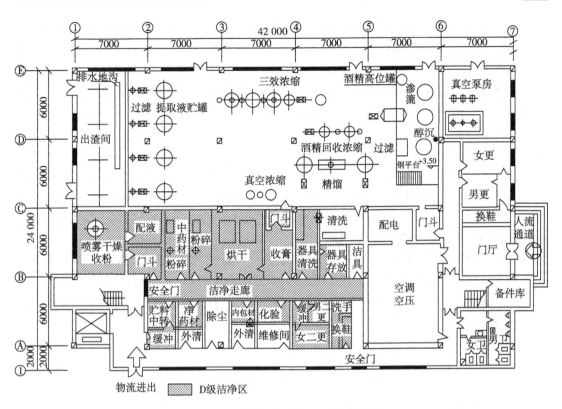

图 9-34 中药提取车间一层平面布置

第三节 中药丸剂

中药丸剂是指药物细粉或药材提取物加适宜的黏合剂或辅料制成的球形或类球形的制剂。丸剂一般供口服。大部分丸剂在胃肠道中缓慢崩解,逐渐释放药物,吸收显效迟缓,作用持久。对毒、剧、刺激性药物可延缓吸收,减少毒性和不良反应。丸剂多适用于慢性病的治疗或久病体弱、病后调和气血等,如蜜丸;也可以根据医疗需要制成速效的丸剂,如滴丸。

丸剂生产技术和设备简单,能容纳固体、半固体药物以及黏稠性的液体药物,并可利用包衣来掩盖药物的不良臭味,或调节丸剂的溶散时限及药物的释放。泛制丸还可将药物分层制备以避免药物的相互作用。但丸剂通常服用量较大,尤其是小儿服用困难;溶散时限较难控制,操作不当易致溶散困难而影响疗效;且多以生药粉直接入药,易霉变。

一、丸剂的分类

(一)按赋形剂分类

按赋形剂的不同,丸剂可分为水丸、蜜丸、水蜜丸、糊丸、蜡丸等。

1. 水丸　系指药材细粉用水或酒、醋、药汁等为赋形剂,经泛制而成的丸剂,又称水泛丸。水丸以水性液体为赋形剂,较易溶散,起效较快,因此多作解表剂与消导剂。水丸中的药物亦可分层泛入,可掩盖不良气味,防止芳香成分损失;或将速效部分泛于外层、缓释部分泛于内层,达到长效的目的。由于水丸重量差异较大,故一般均按重量服用。

2. 蜜丸　系指药材细粉以炼制过的蜂蜜为黏合剂制成的丸剂,一般用塑制法制备。由于蜂蜜黏稠,使蜜丸在胃肠道中逐渐溶蚀释药,故作用持久,适用于治疗慢性疾病和用做滋补剂。根据丸重,蜜丸又可分为大蜜丸和小蜜丸,一般来说,大于0.5g(3~9g)者为大蜜丸,按粒数服用;小于0.5g者为小蜜丸,按重量服用。

3. 水蜜丸　系指药材细粉用蜜水为黏合剂制成的小球形丸剂。蜜和水的比例一般为1:2~1:4,视药粉性质和用蜜量,既可采用泛制法,亦可采用塑制法制备。若药粉黏性较差,用蜜量较小,则采用塑制法时,丸条易断,不宜于大生产。采用泛制法时,一般先用水起模,成型时蜜水浓度由低至高,再降低,交替应用,可使泛制的水蜜丸光滑圆整。

4. 糊丸　系指药物细粉用米粉或面粉糊为黏合剂而制成的丸剂。糊丸在消化道中崩解迟缓,适用于作用峻烈或有刺激性的药物,但由于溶散时限不易控制,现已较少应用。

5. 蜡丸　系指药物细粉与蜂蜡混合而制成的丸剂。蜡丸在消化道内难以溶蚀和溶散,故在过去多用于剧毒药物制丸,但现在已很少应用。

此外,将处方中的部分药物经提取浓缩成膏,再与其他药物或适宜的辅料制成的丸剂称浓缩丸。浓缩丸的特点是体积小,疗效强,服用、携带及贮存均较方便,符合中医用药特点,又适应机械化生产的要求,并可节约辅料。浓缩丸又分为浓缩水丸、浓缩蜜丸、浓缩水蜜丸等,可用塑制法或泛制法制备。

(二) 按制法分类

1. 泛制丸　是指将药物细粉用适宜的液体为黏合剂,经泛制而成的丸剂。如水丸、水蜜丸等。

2. 塑制丸　是指将药物细粉与适宜的黏合剂混合,制成软硬适宜的可塑性丸块,然后再分割而成的丸剂。如蜜丸等。

3. 滴制丸　是指将主药溶解、混悬、乳化在一种熔点较低的脂肪性或水溶性基质中,滴入到一种不相混溶的液体冷却剂中,经冷凝而制成的丸剂。

二、丸剂的制备

(一) 泛制法

泛制法是将药物细粉与水或其他液体(黄酒、醋、药汁、浸膏等)交替润湿及撒布在适宜的容器或机械中,不断翻滚,逐层增大的一种方法。泛制法主要用于水丸的制备,其他如水蜜丸、糊丸、浓缩丸等,也可用泛制法制备。

1. 工艺流程　泛制法工艺流程如图9-35所示。

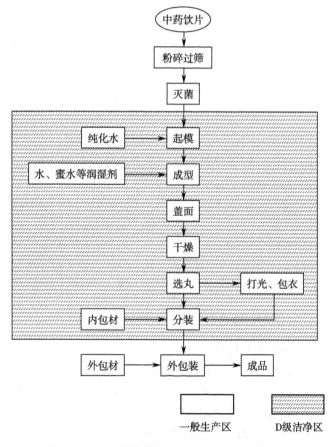

图9-35　泛制法制备丸剂一般生产工艺流程图

2. 具体操作

(1) 原辅料的粉碎与准备:泛丸前,处方中适于打粉的药材应经净选,炮制合格后粉碎,药料的粉碎程度一般以100目左右为宜。粉碎后的药粉一般须混合,以使其均匀。因工艺中起模和盖面用粉要求更细,过筛时宜筛取适量细粉,并与成型用粉分开。某些纤维性成分较多或黏性过强的药物(如大腹皮、丝瓜络、灯心草、生姜、葱、红枣、桂圆、动物胶、树脂类等)不易粉碎或不适泛丸时,需先将其加水煎煮,提取有效成分的煎汁作黏合剂,以供泛丸应用;动物胶类如阿胶、龟甲胶等,可加水加热熔化,稀释后泛丸应用;树脂类药物如乳香、没药、阿魏、安息香等,可用适量黄酒溶解,以代水作润湿剂泛丸;某些黏性强、刺激性大的药物如蟾酥等,也需用酒溶化后加入泛丸。

泛丸用的黏合剂应为8小时以内的新鲜纯化水或药汁等。常用的泛丸工具包括糖衣锅(药匾)、塑料毛刷、喷雾器、不同孔径圆孔药筛等,使用前须充分清洁、干燥。

(2) 起模:泛丸起模是利用水的湿润作用诱导出药粉的黏性,使药粉相互黏着成细小的颗粒,并在此基础上层层增大而成丸模的过程。起模是泛丸成型的基础,是制备水丸的关键。模子形状直接影响成品的圆整度;模子的大小和数目,也影响加大过程中筛选的次数、丸粒的规格以及药物含量的均匀性。

起模时应选用方中黏性适中的药物细粉。黏性太大的药粉,加入液体时,由于分布不均匀,先被湿润的部分产生的黏性较强,容易相互黏合成团,如半夏、天麻、阿胶、熟地黄等。无黏性的药粉不宜起模,如磁石、朱砂、雄黄等。

起模方法有粉末加水起模法、喷水加粉起模法、湿粉制粒起模法等。粉末直接起模法是先将一部分起模用粉置包衣锅中,开动机器,药粉随机器转动,用喷雾器喷入水,借机器转动和人工搓揉使药粉分散,全部均匀地受水湿润,继续转动片刻,部分药粉成为细粒状,再撒布少许干粉,搅拌均匀,使药粉黏附于细粒表面,再喷水湿润。如此反复操作直至模粉用完,取出、过筛、分等,即得丸模。

喷水加粉起模法是取适量起模用的冷开水,将包衣锅锅壁湿润,然后撒入少量药粉,使均匀地黏附于锅壁上,用塑料刷在锅内沿转动相反方向刷下,使成为细小的颗粒,包衣锅继续转动,再喷入冷开水,加入药粉,在加水加粉后搅拌、搓揉,使黏粒分开。如此反复操作,直至模粉全部用完,达到规定标准,过筛分等即得丸模。

湿粉制粒起模法是将起模用的药粉放包衣锅内喷水,开动机器滚动或搓揉,使粉末均匀润湿,成为手捏成团、松之即散的软材,过8~10目筛制成颗粒。将此颗粒再放入糖衣锅内,略加少许干粉,充分搅匀,继续使颗粒在锅内旋转摩擦,撞去棱角成为球形颗粒,取出过筛分等即得。

因处方药物的性质不同,起模的用粉量多凭经验。有的吸水量大,如质地疏松的药粉,起模用药量宜较少;而有的吸水量少,如质地黏韧的药粉,起模用粉量宜多。成品丸粒大,用粉量少;反之,则用粉量多。大生产时一般用下列经验公式进行计算。

$$X = 0.6250D/C \qquad\qquad 式(9\text{-}3)$$

式(9-3)中:X 为起模用粉量(kg);C 为成品100粒干重(g);D 为药粉总量(kg);0.6250 为标准模子100粒湿重(g)。

此外,生产上也有直接购买空白模子的情况。

(3) 成型:是将已筛选均匀的球形模子,逐渐加大至接近成丸的过程。操作时,将模子置糖衣锅(药匾)中,使转动,喷水使模子湿润,加入药粉,使药粉均匀黏附于丸模上,再加水、加粉,依次反复操作。当丸粒大小出现较大分化时,用适宜孔径筛网进行过筛分等,取其中的小丸粒置锅中,继续如上加水、加粉操作;待粒径接近中等大小丸粒时,将原来的中等大小丸粒并入,再进行加水、加粉操作;待粒径接近大丸粒时,将原来的大丸粒并入。如此反复操作,直至制成所需大小的丸粒。

处方中若含有芳香挥发性或特殊气味以及刺激性极大的药物,最好分别粉碎,然后泛于丸粒中层,可避免芳香成分的挥发或掩盖不良气味。

(4) 盖面:采用盖面用粉,将已成型并筛选均匀的丸粒继续泛制的过程,其作用是使丸粒大小均匀,色泽一致,并提高其圆整度和光洁度。常用的盖面方法有干粉盖面、清水盖面、浆头盖面和清浆盖面。

干粉盖面是将丸粒充分湿润,撒入盖面用粉,然后滚动至丸面光滑。此法所得丸剂色泽较其他盖面方法浅,接近于干粉本色。操作方法与成型基本相同,主要区别在于最后一次湿润和上粉过程。

清水盖面的方法与干粉盖面相同,但最后不需留有干粉,而以冷开水充分润湿打光,并迅速取出,立即干燥。

浆头盖面的方法与清水盖面相同,但用废丸加水溶成糊浆稀释使用,仅适用于一般色泽要求不高的品种。

某些丸剂对成丸色泽有一定要求,但用干粉和清水盖面都难以达到目的时,可采用清浆盖面。本法与清水盖面相同,惟在盖面用水中加适量干粉,调成粉浆,待丸面充分润湿后迅速取出。

以上4种盖面方法一般都用于水泛丸,其他泛丸盖面的基本操作与水丸相同,但各有特殊要求。如水蜜丸盖面,应以厚炼蜜为主,若和以废丸糊,须与蜜液调和均匀,做到丸剂盖面用的蜜厚薄一致,最后加蜜润湿,不宜过潮,取出前要多滚,至丸面光洁、色泽一致为度。较黏的丸剂品种在最后润湿后需加适量麻油润滑。特殊品种可用干粉盖面,在干粉全部黏着丸面后,再用麻油润湿,至丸面光洁呈黑色,待色泽一致,取出及时干燥。糊丸盖面所用的糊应以厚糊为主,或和以厚浆(糊浆调和要求与蜜丸相同),最后润湿宜适中。浓缩丸盖面时的剩余浸膏应稀释(或和以厚浆)均匀,最后润湿宜略干。

(5) 干燥:成型的丸粒含15%~30%的水分,易引起发霉,须及时进行干燥,将含水量控制在10%以内。干燥时应注意温度并及时翻料,一般干燥温度为80℃左右,若丸剂中含有芳香挥发性或遇热易分解变质的成分时,干燥温度不宜超过60℃。

也可采用流化床干燥,可降低干燥温度,缩短干燥时间,并且提高水丸中的毛细管和孔隙率,有利于水丸的溶散。

(6) 选丸:制备的丸剂往往出现大小不均和畸形的丸粒,必须经过筛选以求均匀一致,保证丸粒圆整,剂量准确。用适宜孔径筛网将过大或过小的丸粒去除,并挑除畸形丸粒。常用筛丸机(图9-36)或选丸机(图9-37)等。筛丸机用三级冲有不同孔径的筛网构成滚筒,成品药丸进入旋转的滚筒筛内,三节滚筒筛在主动轴盘的带动下,顺时针绕中心轴旋转,分别选出符合要求的各种丸剂。选丸机是将药丸置于上端的料斗内,经等螺距、不等径的螺旋轨道,利用离心力产生的速度差将符合圆度的药丸与不合格产品自动分开,由底部分别流入成品容器和废品容器内。

(7) 打光:将选好的丸粒置糖衣锅内(锅底可贴胶布以增大摩擦力),使转动,撒入规定量白蜡粉,转至丸粒表面光亮。若丸粒表面出现白蜡斑点,可喷入少量乙醇。

图 9-36 筛丸机

图 9-37 离心式自动选丸机

(二) 塑制法

又称丸块制丸法,是指药材细粉或药材提取物与适宜的赋形剂混匀,制成软硬适宜的塑性丸块,再依次制成丸条、分割及搓圆而制成的丸剂。中药蜜丸、糊丸等都可采用此法制备。下面以蜜丸为例介绍塑制法的工艺过程。

1. 工艺流程 塑制法工艺流程见图 9-38。

2. 具体操作

(1) 原辅料准备:首先按照处方将所需的药材挑选清洁,炮制合格,称量配齐,干燥,粉碎,过筛(按《中国药典》2010 年版要求,应过六号筛),混合使成均匀细粉。如方中有毒、剧、贵重药材时,宜单独粉碎,然后再用等量递增法与其他药物细粉混合均匀。视处方药物的性质,将蜂蜜炼成程度适宜的炼蜜,备用。

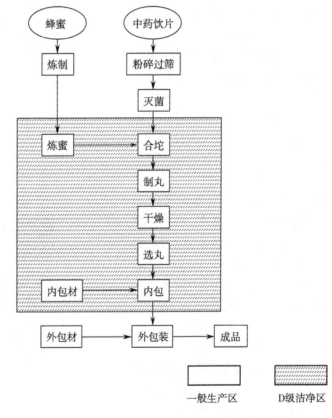

图 9-38 塑制法制备丸剂一般生产工艺流程图

为了防止药物与工具粘连,并使丸粒表面光滑,在制丸过程中还应加入适量的润滑剂。大生产时,蜜丸所用的润滑剂为乙醇,手工操作时为蜂蜡与麻油的融合物(油蜡配比一般为 7 : 3)。

(2) 合坨:取混合均匀的药物细粉,加入适量炼蜜(一般趁热),充分混匀,制成湿度适宜、软硬适度的可塑性软材,称之为丸块,习称"合坨"。生产上一般使用捏合机(双桨槽形混合机)完成此操作。丸块的软硬程度应不影响丸粒的成型和在贮存中不变形为度。丸块取出后应立即搓条,若暂时不搓条,应以湿布盖好,以防止干燥。

合坨时使用的炼蜜应根据药物的性质、粉末的粗细与含水量的高低以及气温、湿度等因素来决定其程度,炼蜜过嫩则黏合不好,丸粒搓不光滑;过老则丸块发硬,难以成丸。一般多用热蜜和药。若药料中含有树脂、胶质、糖、油脂类或挥发性药物时,以 60~80℃ 温蜜为宜。若含大量的叶、茎或矿物性药材,黏性很小,须用老蜜,趁热加入。蜜量的多少也是影响丸块质量的重要因素。蜜和粉的比例一般为 1:(1~1.5),含胶质、糖类等黏性强的药粉用蜜量应少;含纤维较多而黏性差的药粉用蜜量宜多,甚至可达 1:2 以上。夏季用蜜量较少,冬季用蜜量较多。机械制丸用蜜量较少,手工制丸用蜜量较多。

(3)制丸:包括制丸条、制丸粒、滚圆等过程,是将制好的丸块放置一定时间(习称"醒坨"),使蜂蜜等黏合剂充分润湿药粉,再将丸块制成粗细适宜的条形,然后将丸条切割成大小适宜的小段或丸粒,由一斜面滚下,以增加其圆整度,也可将其置于旋转锅内或转盘内,利用离心力使其滚圆。大生产时由制丸机在同一台设备上完成。图 9-39 为中药自动制丸机工作原理示意图。图 9-40 为大蜜丸机外观结构图。

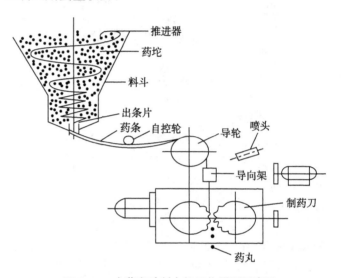

图 9-39　中药自动制丸机工作原理示意图

(4)干燥:丸剂应干燥后贮藏。蜜丸剂所用的炼蜜已预先加热,水分可控制在一定范围之内,一般成丸后可在室内放置适宜时间,保持丸药的滋润状态,即可包装。水蜜丸因蜜中加水稀释,所成丸粒含水量较高,必须干燥,使含水量不超过 12%,否则易发霉变质。同时由于中草药原料常带菌,操作过程中也可能带来污染,使制成的丸粒带菌,贮存期间易生虫发霉,因此蜜丸制成后应进行灭菌。目前已采用微波加热、远红外辐射等方法,既可干燥,又可起到一定的灭菌作用。

图 9-40　大蜜丸机外观结构图

(三)滴制法

滴制法制丸是将药物溶解、乳化或混悬于适宜的熔融基质中,滴入另一与之不相混溶的冷却剂中,由于表面张力作用,液滴收缩成球状,并冷却凝固而成丸。由于药丸与冷却剂的密度不同,凝固形成的药丸徐徐沉于器底或浮于冷却剂表面,取出,除去冷却剂,干燥即得。

1. 工艺流程　滴制法生产丸剂的工艺流程见图 9-41。

2. 具体操作

（1）原辅料准备：滴丸的原辅料包括药物、基质和冷却剂。滴丸适用于小剂量的药物。在基质中不溶的药物须进行粉筛；中药滴丸须经提取纯化等处理，使其变成干燥提取物、稠膏或干膏粉。

滴丸基质应与主药无化学反应，不影响主药的疗效与检测；熔点较低，而遇冷后又能凝固成固体（在室温下仍保持固体状态），并在加进一定量的药物后仍能保持上述性质；对人体无害。滴丸基质可分为水溶性基质和脂溶性基质两类，常用水溶性基质有聚乙二醇6000（或4000）、硬脂酸钠、甘油明胶等；脂溶性基质有硬脂酸、单硬脂酸甘油酯、蜂蜡、虫蜡、氢化油与植物油等。

冷却剂的溶解性应与基质相反：不溶解主药与基质，不与主药、基质发生化学反应；密度与液滴密度相近，使滴丸在其中缓缓下沉或上浮，充分凝固圆整。水溶性基质滴丸常以液状石蜡、植物油、甲基硅油等为冷却剂，脂溶性基质滴丸常以水或不同浓度乙醇等为冷却剂。

（2）基质的制备与药物的加入：按处方比例称取基质与药物，将基质加温熔化，若有多种成分组成时，应将熔点较高的成分先熔化，再加入熔点低的成分，随后将药物溶解、混悬或乳化在已熔化的基质中。

药物加入过程中往往需要搅拌，会带入一定量的空气，若立即滴制会把气体带入滴丸中致剂量不准，故需保温（80~90℃）一定时间，以使其中空气逸出。

（3）滴制：滴制流程如图9-42所示。物料贮槽和分散装置的周围均设有可控制温度的电热器及

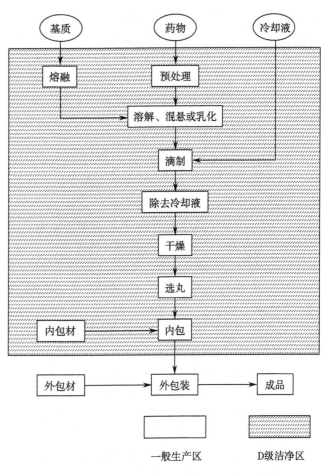

图 9-41 滴制法制备丸剂一般生产工艺流程图

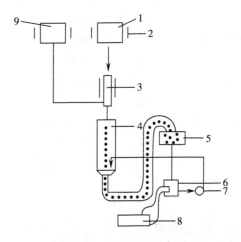

图 9-42 滴制流程示意图
1.熔融物料贮槽；2.保温电热器材；3.分散装置；4.冷却柱；5.滤槽；6.冷却液贮槽；7.循环泵；8.致冷机；9.药液贮槽

保温层,使物料在贮槽内始终保持熔融状态。熔融物料经分散装置形成液滴,进入冷却柱中冷却固化,所得丸剂随冷却液一起进入过滤器,过滤出的丸剂经清洗、风干等工序后即得成品滴丸剂。滤除固体颗粒后的冷却液进入冷却液贮槽,经冷却后再由循环泵输送至冷却柱中循环使用。

(4)去除冷却剂:刚刚制备的滴丸上黏附有冷却剂,可采用离心、滤纸吸附、低沸点有机溶剂(如石油醚)洗涤等方法去除。

(5)干燥:应采用低温干燥。

(6)选丸:用适宜孔径的筛网将过大或过小的丸粒去除,并挑除畸形丸粒,以保证丸粒均匀,服用剂量准确。常用过筛法或捡丸器等。

(四)丸剂包衣、包装与贮存

1. 包衣 根据医疗的需要,有的丸剂表面需要包裹一层物质,使与外界隔绝,这一过程称为包衣或上衣。包衣后的丸剂称为包衣丸。

丸剂中有的药物遇空气、水分、光线后易氧化、水解、变质;有的药物易吸潮而发霉、生虫;有的药物成分易挥发。包衣后可防止上述现象,增加药物的稳定性。包衣还可掩盖一些丸剂的恶臭、苦、涩、怪味,并减少刺激性,便于服用。有些包衣材料可以控制丸剂在胃中或肠液中溶散,达到用药目的。包衣也可使丸粒表面光滑而具有鲜明色彩,既增加了丸剂的美观,又便于鉴别,以免误服。

2. 丸剂的包装与贮存 丸剂制成后,包装或贮藏条件不当会引起丸剂的变质或挥发性成分散失。各类丸剂的性质不同,其分装及贮藏方法也不同。一般的小丸多用塑料或玻璃容器包装,也有用塑料袋包装的。大蜜丸一般是蜡纸盒包装、塑料小盒包装、塑料盒挂蜡封固及蜡皮包装,铝塑泡罩包装现在也普遍采用。

其中蜡皮包封是大蜜丸的传统包装方法。蜡皮包封是用蜡做成一个空壳,将一粒大蜜丸放在里面,再密封而成。蜡性质稳定,不与主药发生作用;同时蜡壳的通透性差,可使丸药与空气、水分、光线等隔绝,防止丸剂吸潮、虫蛀、氧化和有效成分挥发,所以用蜡皮包封的大蜜丸一般可以保持十几年不变色、不干枯、不生虫、不发霉。因此,凡含有芳香药物的、名贵的、疗效好的、受气候影响变化大的蜜丸,都宜用蜡皮包装,确保丸剂在贮存过程中不发霉变质。传统制蜡壳以蜂蜡为主要原料,随着石油工业的发展,现在多用固体石蜡为主要原料,以降低成本。石蜡性脆,夏季硬度差,常加适量蜂蜡和虫白蜡加以调节,蜂蜡能增加其韧性,虫白蜡能增加其硬度。蜂蜡和虫白蜡的加入量因地区季节而异,一般来说,在北方或冬季主要加蜂蜡,少加或不加虫白蜡。

目前,有的厂家采用塑料小盒装蜜丸。塑料小盒是用硬质无毒塑料制成的两半圆形螺口壳,用时由于螺口镶嵌形成球形,其大小以能装入蜜丸为度,外面再挂蜡衣,封口严密,防潮效果良好,操作简便,价廉,可以代替蜡壳包装。

三、丸剂生产管理要点

(一)生产前准备

丸剂生产按D级洁净区要求管理,操作人员、物料按相关要求进入洁净区。检查操作间、工具、容器、设备等是否有清场合格标志,并核对是否在有效期内。否则按清场标准操作规程进行清场,QA人员检查合格后,填写清场合格证,进入本操作。

根据要求使用适宜的生产设备,设备要有"合格"标牌,"已清洁"标牌,并对设备状况进行检查,确认设备正常后方可使用。清理设备、容器、工具、工作台。检查整机各部件是否完整、干净;乙醇桶内是否有乙醇;各开关是否处于正常状态,如调频开关处于关位,速度调节旋钮和调频旋钮处于最低位。一切正常后,接通电源,低速检查机器运行是否正常。

(二) 称量、配料

按生产指令领取制丸用物料,核对名称、批号、规格、数量等。填写"生产状态标志"、"设备状态标志"挂于指定位置,取下原标志牌,并放于指定位置。按处方量逐一称取各种物料,用洁净容器盛装,贴签。

(三) 泛丸

称配后的药粉宜进行混合,控制转速和混合时间。宜筛取一定数量的细粉,用于起模与盖面,注意筛网目数、细粉数量。

根据工艺规程,取细粉用适宜润湿剂起模,注意起模用粉量、润湿剂种类及用量、丸模大小、圆整度、均匀性等。成型时注意每次加入的药粉量与润湿剂比例、间隔时间,控制锅转速。采用适宜方法进行盖面,注意盖面用粉量、润湿剂用量、滚转时间,出锅前检查丸粒圆整度、表面光滑程度等。

(四) 塑制丸

称配后的药粉宜进行混合,控制转速和混合时间等。蜂蜜应炼至规定程度,控制炼蜜杂质、水分、相对密度等。将炼蜜装于洁净容器,每件容器均应附有标志,注明品名、规格、批号、数量、生产日期、操作者等。经质量检验合格后交下一工序。

按工艺规定,将一定量炼蜜加至相应量药粉中,捏合使成丸块,控制炼蜜加入温度、捏合时间等。将放置一定时间后的丸块采用适宜设备制成丸条、丸粒,并滚圆,控制制丸速度,按规定使用润滑剂。

(五) 滴制丸

按工艺处方要求取一定量基质熔融,控制熔融温度。取相应量药物与熔融的基质制成溶液、混悬液或乳浊液,并保温脱气,控制药物与基质比例、温度、脱气时间等。将药液滴入冷却剂中,控制药液温度、滴口直径、滴速、冷却剂温度等。收集滴丸,用规定方法除去冷却剂。

(六) 干燥

干燥工艺技术参数应经验证确认,尤其是干燥温度。干燥用空气应经净化处理,干燥设备进风口设有过滤装置,出风口应有防止空气倒流装置。干燥时要经常检查温度,控制好装量及干燥时间,并按时翻料。应及时干燥,干燥后物料降至室温后,装洁净容器,每件容器均应附有标志,注明品名、规格、批号、数量、操作日期、操作者等,经质量检验合格后交下一工序或入中间库。

(七) 生产结束

关闭设备开关。对所使用的设备按其清洁标准操作规程进行清洁、维护和保养。对操作间进行清场,并填写清场记录。请 QA 检查,QA 检查合格后发清场合格证。设备和容器上分别挂上"已清洁"标志牌,在操作间指定位置挂上"清场合格证"标志牌。

(八) 记录

及时、如实地填写生产操作记录。

四、丸剂车间平面布置

丸剂车间设计的原则及要求与片剂、硬胶囊剂大体相同,其平面布置可参照进行。图

9-43 为水丸、水蜜丸车间平面布置图,图中按工艺流程布置各工序,洁净级别为 D 级。

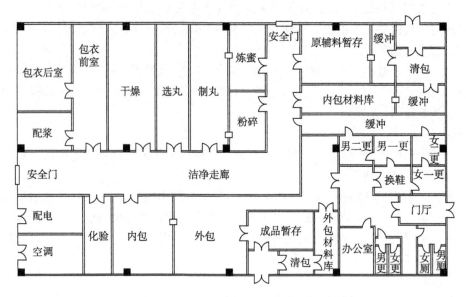

图 9-43　水丸、水蜜丸车间平面布置图

(陈凌云)

参 考 文 献

[1] 于颖,赵玉忠.中药制剂工程自动化及在线监测技术.机电信息,2010,(14):37-42

[2] 陈秦娥,梁金龙.中药制剂分离与纯化技术创新进展.过滤与分离,2012,22(2):1-8

[3] 徐冰,史新元,乔延江,等.中药制剂生产工艺设计空间的建立.中国中药杂志,2013,38(6):924-929

[4] 谈武康.中药制剂生产实施 GMP 的思考.中国医药工业杂志,2008,39(2):12-145